国家级一流本科课程配套教材

普通高等教育“十一五”国家级规划教材

面向21世纪课程教材

Textbook Series for 21st Century

北京高等教育精品教材

BEIJING GAODENG JIAOYU JINGPIN JIAOCAI

普通高等教育农业农村部“十四五”规划教材

“大国三农”系列规划教材

全彩版

AR 教材

使用方法见封底

畜禽解剖学

ANATOMY OF DOMESTIC ANIMALS

第 4 版

陈耀星◎主编

中国農業大學出版社
China Agricultural University Press
·北 京·

内容简介

本书是我国首部动物解剖学全彩版 AR 新形态教材，共分 14 章，按系统全面介绍了畜禽各器官的位置、形态、结构和功能及其物种间的差异。

• 教材内容全面。覆盖了马、牛、羊、猪、犬和猫等家畜以及鸡、鸭和鹅等家禽的解剖学知识，满足高等农业院校动物医学、动物科学和生命科学等专业的教学需要，还适合作为相关科研人员和研究生的基础参考资料。

• 形态图片丰富。全书选用全彩色插图 355 幅，含实物标本图片和先进成像技术的解剖图片（X 光、CT 和核磁影像及 3D 图片），以图释文，简洁明晰。

• 动态数字资源再现。全书含应用 AR 技术建模的 111 个数字解剖学资源，动静结合，全方位再现立体解剖结构。

图书在版编目（CIP）数据

畜禽解剖学 / 陈耀星主编. --4版. --北京：中国农业大学出版社，2022.10（2025.5重印）

ISBN 978-7-5655-2873-6

Ⅰ.①畜… Ⅱ.①陈… Ⅲ.①家畜 - 动物解剖学 - 教材②家禽 - 动物解剖学 - 教材 Ⅳ.S852.1

中国版本图书馆CIP数据核字（2022）第 178469 号

普通高等教育农业农村部“十四五”规划教材审定编号：NY-1-0039

书　名　畜禽解剖学　第 4 版
作　者　陈耀星　主编

策划编辑　张秀环　　**责任编辑**　张秀环
封面设计　李尘工作室
出版发行　中国农业大学出版社
社　　址　北京市海淀区圆明园西路 2 号　　**邮政编码**　100193
电　　话　发行部 010-62818525，8625　　读者服务部 010-62732336
编辑部 010-62732617，2618　　出　版　部 010-62733440
网　　址　http://www.caupress.cn　　**E-mail**　cbsszs@cau.edu.cn
经　　销　新华书店
印　　刷　运河（唐山）印务有限公司
版　　次　2023 年 3 月第 4 版　　2025 年 5 月第 3 次印刷
规　　格　210 mm × 285 mm　　16 开本　　22 印张　　650 千字
定　　价　98.00 元

第4版编审人员

主　　编：陈耀星（中国农业大学）

副 主 编：雷治海（南京农业大学）
刘为民（佛山科技学院）
董玉兰（中国农业大学）
曹　静（中国农业大学）

编　　者（排名不分先后）：
陈耀星　董玉兰　曹　静（中国农业大学）
雷治海　苏　娟（南京农业大学）
刘为民（佛山科技学院）
宋德光（吉林大学）
赵慧英（西北农林科技大学）
蔡玉梅（山东农业大学）
李　奎（河南农业大学）
胡　格（北京农学院）
王金泉（新疆农业大学）
王家乡（长江大学）
额尔敦木图（内蒙古农业大学）
靳二辉（安徽科技学院）
李　剑（浙江大学）
张自强（河南科技大学）
李　健（阜阳师范大学）
刘冠慧（河北工程大学）
荆海霞（青海大学）
李方正（青岛农业大学）
王全溪（福建农林大学）
王　勇（安徽农业大学）
耿梅英（河北农业大学）

主　　审：李福宝（安徽农业大学）

第 3 版编审人员

主　　编： 陈耀星（中国农业大学）

副 主 编： 李福宝（安徽农业大学）

尹逊河（山东农业大学）

雷治海（南京农业大学）

刘为民（佛山科技学院）

编　　者（排名不分先后）：

陈耀星　董玉兰　曹　静（中国农业大学）

李福宝　蒋书东（安徽农业大学）

尹逊河　蔡玉梅（山东农业大学）

雷治海　苏　娟（南京农业大学）

刘为民（佛山科技学院）

张书松（河南农业大学）

穆　祥（北京农学院）

宋德光（吉林大学）

金升藻（长江大学）

崔成都（延边大学）

王全溪（福建农林大学）

黎宗强（广西大学）

刘彦威（河北工程大学）

额尔敦木图（内蒙古农业大学）

荆海霞（青海大学）

邓衔柏（华南农业大学）

金光明（安徽科技学院）

主　　审： 张玉龙（河南农业大学）

绘　　图： 祖国红　王子旭（中国农业大学）

第2版编审人员

主　　编：陈耀星（中国农业大学）

副 主 编：李福宝（安徽农业大学）

尹逊河（山东农业大学）

参编人员（排名不分先后）：

彭克美（华中农业大学）

张书松（河南农业大学）

郑世学　胡　满（河北农业大学）

穆　祥（北京农学院）

刘为民（佛山科技学院）

金升藻（长江大学）

马云飞　常建宇　董　军（中国农业大学）

额尔敦木图（内蒙古农业大学）

王文利　张玉仙（北京农业职业学院）

主　　审：张玉龙（河南农业大学）

绘　　图：祖国红（中国农业大学）

第 1 版编审人员

主　　编：陈耀星

副 主 编：于梅芳　彭克美

编　　者（排名不分先后）：

于梅芳　刘为民　刘济五　孙秉贵

陈耀星　林树根　梁梓森　彭克美

主　　审：刘济五

绘　　图：祖国红

第 4 版前言

《畜禽解剖学》（第 4 版）作为我国首部动物解剖学全彩版 AR 教材付梓发行了。本教材是在普通高等教育“十一五”国家级规划教材和北京高等教育精品教材《畜禽解剖学》（第 3 版）的基础上，根据国家级一流教材建设的新标准和新农科教材的新需求，重新修订的新形态教材。中国农业大学的动物解剖学课程是首批国家级线上线下混合式一流本科课程和国家级虚拟仿真实验教学一流本科课程。本教材是该课程的配套教材。除了继续传承前 3 版的“新”“活”和“精”等特点，主要修订内容如下：

1. 根据学科发展的新动态，充实完善了部分章节的内容，规范了专业名词，增加了一些新知识点、临床相关的知识以及课程思政元素，使教材内容更全面覆盖了马、牛、羊、猪、犬和猫等家畜以及鸡、鸭和鹅等家禽的解剖学知识，不仅满足高等农业院校动物医学、动物科学和生命科学等专业的教学需要，还适合作为本学科的科研人员和研究生的基础参考资料。

2. 根据新农科动物解剖学课程的特点，更换或新增了部分插图，将黑白插图全部更换为彩色插图，特别包括实物标本图片和先进成像技术的解剖图片（X 光、CT 和核磁影像及 3D 图片），选图考究，使全书图文并茂，以图释文，相得益彰。

3. 随着 3D 技术等高科技的快速发展，虚拟仿真在动物解剖学教学中得到进一步应用。虚拟仿真技术包括早期的虚拟现实（Virtual Reality, VR）技术和后续发展的增强现实（Augmented Reality, AR）技术、混合现实（Mix Reality, MR）技术等。本教材新增了应用 AR 技术建模的 111 个数字解剖学资源（App 安装说明见封底，手机扫描各章带有 AR 标记码的插图可见相应的数字资源），便于线上线下混合式和虚拟仿真实验教学，方便学生课前预习、课后复习、随时学习的需求以及后期临床课学习与实践的参考。

4. 增加了与本教材内容配套的网络数字资源链接，包括国家级一流本科课程“动物解剖学”（https://www.xuetangx.com/course/CAU07101001769/14768304）、“犬骨骼及关节虚拟解剖实验”（https://www.ilab-x.com/details/page?id=2676）和国家级精品资源共享课“动物解剖学”（https://www.icourses.cn/sCourse/course_6300.html），输入链接地址即可实现网络学习。

本教材由陈耀星教授、董玉兰教授、曹静教授（第一章、第二章第二节、第七章第二节、第十章第三、四节和数字解剖学部分），王勇副教授（第二章第一节），刘冠慧副教授（第二章第三节），宋德光教授（第三章），王金泉教授（第四章第一节），王家乡教授（第四章第二节），额尔敦木图教授（第四章第二节），蔡玉梅教授（第四章第三节），李剑副教授（第四章第四节），李奎教授（第五章），靳二辉教授（第六章），李健副教授（第七章第一节），胡格教授（第八章第一节），雷治海教授和苏娟副教授（第八章第二、三节），赵慧英教授和王全溪教授（第九章），刘为民教授（第十章第一、二节），耿梅英讲师（第十一章），张自强副教授（第十二章），荆海霞副教授（第十三章），李方正副教授（第十四章）分别修订。书中插图除了部分由修订者提供外，大部分由陈耀星教授、曹静教授和董玉兰教授精心选取和绘制。最后由陈耀星教授统稿。

本教材的修订工作凝聚了全体编写人员的心血和汗水。曹静教授对数字资源的建设与核对，董玉兰教授和曹静教授在后期文字校对工作中付出了辛勤的劳动，李福宝教授对全书进行了全面审定，在此一并表示由衷的感谢。

本教材的出版还得益于中国农业大学出版社和承担 AR 建模的北京迦勒天诚科技有限公司的大力支持，特此向他们表示诚挚的感谢。

部分插图是根据书后所列参考文献仿绘或修改的，在此对原书作者和出版者谨致衷心的谢意。

由于编者水平有限，书中错误和欠妥之处，竭诚希望读者和同行批评指正。

编　者

2022 年 5 月

第 3 版前言

在中国农业大学出版社和各方的大力支持下，动物解剖学及实验教程第一分册《畜禽解剖学》（第 3 版）作为普通高等教育“十一五”国家级规划教材付梓发行了。本书是在我们编写并于 2005 年出版的教育部面向 21 世纪课程教材《畜禽解剖学》（第 2 版）的基础上，经过广泛征求许多使用第 2 版教材的兄弟院校的动物解剖学同仁和广大读者的意见，努力按国家精品课程建设一流教材的标准，重新进行修订的。除了继续传承第 2 版的“新”“活”和“精”等特点，主要修订如下：

1. 为了更方便教师实际授课和学生学习的需要，避免内容重复，本教材把第 2 版中独立成章的犬和猫解剖学特征的内容分解融合到第 1 ～ 13 章中。因此，全书共 14 章，包括前 13 章的比较解剖学，分别按系统比较叙述家畜各器官的一般形态、结构、位置关系；最后一章则重点叙述家禽的解剖学特征。教材内容全面覆盖了马、牛、羊、猪、犬和猫等家畜以及鸡、鸭和鹅等家禽的解剖学知识，不但能满足高等农业院校动物医学、动物科学和生命科学等专业的教学需要，还适合为本学科的科研人员和研究生的基础参考资料。

2. 根据解剖学课程的特点，更换或新增了彩色图版 18 幅和插图 193 幅，选图考究，精选并引用了一些国外新出版的教材和图谱，使全书图文并茂，相得益彰。

3. 为了便于学生阅读国外原版教材，本教材采用了解剖学名词英文注释的方式。

本书由中国农业大学陈耀星教授、董玉兰副教授、曹静讲师（第一章、第二章第一节和第三节、第九、十章），安徽农业大学李福宝教授、蒋书东副教授（第十四章），山东农业大学尹逊河教授、蔡玉梅副教授（第七章第一节），南京农业大学雷治海教授、苏娟讲师（第八章），佛山科技学院刘为民教授（第四章），河南农业大学张书松教授（第五章、第九章），吉林大学宋德光教授（第七章第二节），北京农学院穆祥教授（第六章），长江大学金升藻教授（第十二章），延边大学崔成都教授（第三章），广西大学黎宗强教授（第二章第二节），福建农林大学王全溪讲师（第十一章），华南农业大学邓衔柏教授和安徽科技学院金光明教授（第十三章），河北工程大学刘彦威教授（第二章第三节）等分别编写修订。内蒙古农业大学额尔敦木图副教授和青海大学荆海霞副教授分别参与第二章的编写修订。书中插图除了部分由修订者提供外，大部分由中国农业大学陈耀星教授、董玉兰副教授、曹静讲师、祖国红高级实验师和王子旭高级实验师精心选取和绘制。

本教材的修订工作凝聚了全体编写老师的心血和汗水。中国农业大学董玉兰副教授、曹静讲师在后期文字校对工作中付出了辛勤的劳动，河南农业大学张玉龙教授对全书进行了全面审定，并提出了许多宝贵意见，在此一并表示由衷的感谢。

部分插图是根据书后所列参考文献仿绘或修改的，在此对原书作者和出版者谨致衷心的谢意。

由于编者水平有限，错误和欠妥之处竭诚希望读者和同行老师批评指正。

陈耀星

2009 年 6 月于北京

第 2 版前言

教育部从 2003 年起在全国范围内开展“五个一流”的示范性国家精品课程建设，以优化课程教学体系，提高教学质量，适应“素质教育、能力培养、创新精神”的 21 世纪人才培养新目标。其中一流教材是国家精品课程必备条件之一。为此，教育部对教材建设提出了更高的要求。我们编写的教育部面向 21 世纪课程教材《畜禽解剖学》(第 1 版) 自 2001 年初出版以来，被许多兄弟院校广泛使用，并承蒙各院校动物解剖学同仁和广大读者的关心和支持，也提出了一些改进意见。鉴于此，本书第 2 版是经过广泛征求同行和读者的意见，努力按国家精品课程建设一流教材的标准，在第 1 版的基础上进行修订的。主要特点如下：

1. 在内容选取和切入方面力求一个“新”字。注重传统知识的更新，引入最新的科研成果和理论体系，以代替原有的知识。根据学科的新发展，适时地增加了犬、猫解剖的新内容，使学生掌握更全面的解剖学知识，以适应当前市场经济对人才培养的新要求。

2. 在编写方面力求一个“活”字。在描述基础知识和基本概念的同时，注重理论联系实际。如叙述骨器官的理化特性就结合临床生产上预防骨软症的措施加以阐明，这种增加简单扼要的文字描述就加强了基础课与专业课之间的衔接，既体现知识的连续性，又拓宽了知识面，增加了学生分析问题和解决问题的能力，提高了趣味性，使本教材更具专业性、实用性。

3. 在各章前附有教学目标，以突出本章要点，在各章后附加了思考题。同时在内容编排上还附加了部分参考内容。这些便于学生学习及其他专业人员参考。

为了保持课程系统性和科学性，并兼顾兽医临床宠物门诊数量剧增的需要，本教材的编排形式仍然沿用第 1 版的风格。全书共 16 章，前 13 章分别按系统叙述家畜各器官的一般形态、结构、位置关系，对大动物牛（羊）、猪和马的特征作适当比较；后 3 章分别重点叙述犬、猫和家禽的解剖学特征，便于读者使用和各校根据需要斟酌。全书内容力求精练，深入浅出，文字约 18 万字，插图 259 幅，图文并茂，相得益彰。

本书由中国农业大学陈耀星教授（第一章、第二章第一节、第三、五、六、八章）、马云飞讲师（第十四章），安徽农业大学李福宝教授（第四章），山东农业大学尹逊河教授（第二章第三节、第十二、十三章），华中农业大学彭克美教授（第十五章），河南农业大学张书松教授（第二章第二节、第九章），河北农业大学郑世学教授、胡满教授（第七章），北京农学院穆祥教授（第十章），佛山科技学院刘为民教授（第十六章），长江大学金升藻教授（第十一章）等分别编写修订。北京农业职业学院王文利讲师、张玉仙讲师和内蒙古农业大学额尔敦木图副教授分别参与第五、六、八章的编写修订。书中插图除了部分由修订者提供外，大部分由中国农业大学祖国红高级实验师、常建宇讲师和董军兽医师精心绘制。

河南农业大学张玉龙教授对本书进行了全面审定，并提出了许多宝贵意见，在此表示由衷的感谢。

在教材的整个编写过程中，中国农业大学动物医学院的各级领导给予了很大的支持和帮助。中国农业大学王子旭高级实验师在后期文字校对工作中付出了辛勤的劳动。在此向他们表示诚挚的感谢。

部分插图是根据书后所列参考文献仿绘或修改的，在此对原书作者和出版者谨致衷心的谢意。

由于编者水平有限，错误和欠妥之处竭诚希望读者和同行老师批评指正。

编　者

2005 年 2 月于北京

第 1 版前言

家畜解剖学是畜牧兽医科学的重要基础理论学科之一。因此，家畜解剖学教材的编写和修订一直深受全国各高等农业院校的重视。新中国成立后我国曾多次出版过《家畜解剖学》教材，如 1960 年由北京农业大学（现中国农业大学）主编的《家畜解剖学》，后来有由内蒙古农牧学院和安徽农学院主编的《家畜解剖学》（1978 年第 1 版，1989 年第 2 版）等。随着畜牧兽医事业和交叉学科的日益发展，不少专家同行对家畜解剖学教材提出了新的要求。特别是在新旧千年交替之际，编写适应 21 世纪现代畜牧兽医事业和家畜解剖学学科发展需要的新教材，是广大家畜解剖学科技工作者的愿望。为此，我们以我国著名家畜解剖学家林大诚教授、刘济五教授等编著的《家畜解剖学》（1985 年出版，北京农业大学自编教材）为蓝本，结合近年来解剖学的新进展和各兄弟院校的教学实践，并参考国内外同类书籍，编写了这本《畜禽解剖学》教材。本书是高等教育面向 21 世纪教学内容和课程体系改革项目（04–15）研究成果，可供兽医、畜牧、卫检、动物生理生化和经济动物等专业本、专科学生使用，也可供广大畜牧兽医科技工作者阅读参考。

本教材在内容和编写形式上进行了较大调整。全书共 16 章，前 13 章按系统叙述家畜各器官的一般形态、结构、位置关系，对大动物牛（羊）、猪和马的特征作适当比较；后 3 章分别重点叙述犬、猫和家禽的解剖学特征，以适应小动物养殖业发展和临床门诊数量剧增的新需要，同时把犬、猫和家禽解剖内容单列成章，便于读者使用和各校根据需要斟酌。本书的编写，尽可能做到既突出重点，又避免重复；力求文笔流畅，内容精练；根据学科的新发展，更新旧知识和旧概念，使其兼具系统性、实用性、科学性和先进性，便于读者使用。

本书各章内容选择和篇幅大小适当，深入浅出，其中一部分小号字供学生自学，以满足不同读者需要。全书文字约 15 万字，插图 227 幅，图文并茂，相得益彰。本书中所使用的名词以国际兽医解剖学名词委员会新出版的《兽医解剖学名词（N.A.V.）》为准。

参加本书编写的有 5 个单位，参编人员均在有关院校的教学第一线工作，使本教材集各家所长。具体人员和单位有：中国农业大学刘济五教授、陈耀星副教授、于梅芳副教授、孙秉贵讲师；华中农业大学彭克美教授；内蒙古农业大学刘为民副教授；华南农业大学梁梓森副教授；福建农业大学林树根副教授等。书中插图由中国农业大学祖国红实验师精心绘制。

刘济五教授对本书进行了全面审校，付出了辛勤的劳动；中国农业大学佘锐萍教授也提出了宝贵修改意见，使本书内容进一步得到了充实。陈耀星、孙秉贵和于梅芳老师在后期文字校对工作中付出了辛勤的劳动。本教材的出版还得益于中国农业大学出版社的大力支持。在此谨向他们表示诚挚的感谢。

部分插图是根据书后所列参考文献中仿绘或修改的。在此对原书作者和出版者谨致衷心的谢意。

由于编者水平有限，错误和欠妥之处竭诚希望读者和同行老师批评指正。

编　者

2000 年 12 月

目录

第一章 绪论

【教学目标】

1. 了解畜禽解剖学的概念和内容
2. 了解畜禽体的基本结构
3. 了解畜体各部的划分：头部、躯干、前肢和后肢
4. 掌握解剖学常用的方位术语：三个基本切面、躯干常用术语、四肢常用术语

第一节 畜禽解剖学的概念及其在动物科学中的意义

一、畜禽解剖学的概念、研究内容及其意义

解剖学（Anatomy）是研究生物有机体的形态结构及其规律性科学。它是医学和生物学各学科的主要基础课之一。畜禽解剖学（The anatomy of domestic animals）是形态学（Morphology）的一个分支，以牛、羊、猪、马、犬、猫及家禽为主要对象，主要借助于解剖器械（刀、剪等）用分离切割的方法，通过肉眼（包括使用放大镜或解剖镜）观察，研究畜禽有机体各器官的正常形态、构造、色泽、位置及相互关系的学科，故又可称为大体解剖学（Gross anatomy）或称巨视解剖学（Macroscopic anatomy）。

解剖学有着悠久的历史。早在古希腊时期人们就开始有意识地对动物体进行观察和记载。这些早期的解剖记载形成了解剖学的萌芽。解剖学界公认的创始人是希波克拉底（Hippocrates，公元前460—公元前377年）和亚里士多德（Aristoteles，公元前384—公元前322年）。自他们开始，经过两千多年的历程才发展成现代解剖学。在现代解剖学领域中，由于研究目的和叙述方法的不同，解剖学又有许多分支，如系统解剖学、局部解剖学、比较解剖学和发育解剖学等。

系统解剖学（Systemic anatomy）是按功能将动物体分成若干系统，如运动系统、呼吸系统、生殖系统等，并按系统分别叙述。局部解剖学（Topographic anatomy）是以临床应用为目的，针对动物体的某一部位，如头、颈、胸、腹、四肢等，或某一器官的形态结构、排列顺序和相互关系，由浅入深逐层进行观察研究，常涉及数个系统。比较解剖学（Comparative anatomy）是以了解器官形成的特点和原因为目的而进行比较多种动物同一器官的形态结构变化的研究。发育解剖学（Developmental anatomy）主要是研究动物体不同生长发育阶段，各器官变化规律的科学。

随着时代的发展，科学技术的进步，解剖学这门古老的学科又焕发出新的活力，同时形成了新的分支学科，如神经解剖学（Neuroanatomy）、X光解剖学（X- ray anatomy）和试验解剖学（Experimental anatomy）等。一些新的科学技术也应用到了解剖学研究之中，如计算机图像分析、CT和虚拟仿真技术等。这些都为解剖学的发展提供了良好条件。但这些发展都必须以大体解剖学的知识为基础。特别

是学习和研究医学（包括兽医学）和畜牧学的人员，要学好后期课程，必须打下坚实的解剖学基础。根据动物类专业学习的需要，本教材按运动、消化、呼吸、泌尿、生殖、心血管、淋巴、神经、内分泌、被皮和感官等功能系统叙述。

畜禽解剖学是动物科学与动物医学专业的专业基础课之一，与其他专业基础课和专业课，如生理学、病理学、兽医临床学、饲养学等课程都有着密切的联系，是学好上述课程必不可少的基础。只有掌握了畜禽形态结构的规律，才能进一步掌握和了解畜禽的生理功能和病理变化，进而应用这些规律去合理地饲养、繁殖改良畜禽和防治畜禽疾病，使畜牧业健康、快速发展，促进人类健康。

要想牢固打下解剖学的基础知识，首先必须了解它的特点和规律，依据其规律性采取适宜的学习方法，才能收到良好的学习效果。畜禽解剖学的特点是非常用字多、名词多。因此，在学习过程中，应首先注意正确地使用这些非常用字，注意其发音和书写，以免混淆。繁多的名词都各代表着一定的形态，都需要熟记，以便于使用。故学习中不能忽视名词的记忆，同时也要理解这些名词。记忆时一定要联系其形态。盲目地记忆名词而不了解其意义，则不会收到应有的学习效果。其次在学习某一局部的构造时，应同时注意了解它在整体的位置关系。另外，学习中要正确理解个体的形态特点与一般形态规律的关系。解剖学中描述的形态规律都是经过对大量个体的观察研究后总结得出的。在学习中首先是掌握这些规律性的形态知识，再运用这些知识去认识和观察不同的个体。经多次反复学习和观察，才能真正理解解剖学基本内容，所以在学习过程中要高度重视标本的观察。

二、畜禽解剖学的研究方法

畜禽解剖学的研究方法主要借助于解剖器械，采取分离切割的方法，以及现在的虚拟数字等技术研究器官的正常形态、构造、色泽、位置及相互关系。

（一）常用解剖器械的使用方法

常用的解剖器械有解剖刀、解剖镊和解剖剪等。各种器械都有它的不同用处，用得恰当，一方面可使操作顺利进行；另一方面也可以少破坏一些结构，故应注意其使用方法。

1. 解剖刀： 是切割的工具，主要用于切割皮肤、分离神经、清理血管、解剖肌肉及剖割脏器等。

2. 解剖镊： 一般常有的解剖镊子包括有齿镊和无齿镊。在剥皮时，常使用有齿镊；在夹起或分离各种结构时，多用无齿镊。

3. 解剖剪： 除剪物用外，还用于钝性分离血管、神经和器官等。使用时常是剪、镊并用（一手持镊，一手拿剪），例如寻找皮神经和分离神经血管时，最好使用剪子，而不轻易用刀。

解剖器械使用过后要清洗擦干，用过的刀要磨快放好。

（二）动物标本灌流固定

动物标本长期保存，首先进行动物防腐处理。行动脉（常用颈总动脉）放血致死，15%的福尔马林溶液通过动脉注入尸体内。灌注前应将尸体姿势整复，摆好头、颈和四肢的位置，并将两前肢及后肢间用支架撑开，保持一定的距离，以便于日后解剖操作，并防止器官位置的变移。防腐固定液的灌注量取决于尸体的大小和肥瘦程度，对于一般体况、中等大小的黄牛或马，灌注 25 000 ~ 30 000 mL（每 100 kg 体重约灌注 10 000 mL）即可；对于中等大小的犬的灌注量约为 10 000 mL，当其唇、颊、耳、股内侧和四肢下部达到一定硬度时即可。在灌注防腐固定液的过程中，应多次翻转尸体，以保证固定液灌注充分。为了便于解剖操作过程中对于小动脉的观察，可用注射器经大动脉血管注入一些红色血管填充剂，如红色橡胶乳等，可使小动脉充填起来，以便于辨认和观察。为了区别静脉，可以从静脉注入蓝色的血管填充剂。

（三）冻干标本的制作

冻干标本原理是通过低温保存，使得标本内部的水分完全蒸发出，在一定程度上起到长时间不腐烂的效果。

将灌流固定、防腐处理完毕的动物，根据需要剥离皮肤，依此分离出应保留的肌肉、血管、神经及部分器官组织，去除应废弃的部分。将剥离好的器官或动物尸体移至寒冷通风的地方或者低温冰柜，整理好姿势且固定住，冷冻风干，反复冻融数次。后期根据活体器官的色泽涂以颜色，并以清漆喷敷表面，形成光洁的保护膜。

（四）铸型标本的制作

铸型标本又称腐蚀标本，是通过向动物尸体的管腔（血管、器官或排泄管道）灌注有塑型能力的填充剂，使其在管腔内塑模成型，然后用强酸、强碱等化学药品或自然腐蚀等方法将器官组织除掉，仅留下成型填充物。该制作的标本能清楚地反映器官内腔或其血管和分泌管的分支与分布，观察到一般解剖学方法难以观察清楚的结构，标本三维立体感强，结构清晰、直观、层次鲜明（图 1–1）。制作步骤简述如下：取死亡不久的器官，首先生理盐水冲洗管腔内容物，直至流出清澈的液体为止；然后用注射器抽取配制好的填充剂，排净空气，注入连结好的塑料插管，缓慢推动活塞使填充剂注入器官管腔内（可根据需要添加有色填充剂），如此重复进行，直到将需要量灌完为止。制作全身整体血管铸型时，血管分布广泛，各部血管承受压力不同，因此选用多位点插管、灌注。在灌注过程中，要控制好压力，以免造成细小管道破裂而发生溢漏。填充剂凝固后采取自然腐蚀法、酸腐蚀法、碱腐蚀法等去除不必要的组织，使管道的铸型充分显示出来，清水冲洗，反复进行，直至组织完全脱落。铸型标本采用 5% 甲醛加入 1% 甘油保存液保存。

图 1–1　肾铸型标本

（引自陈耀星和王子旭等，2018）

（五）生物塑化标本的制作

生物塑化技术是通过真空过程，用液态高分子化合物或多聚物对生物标本进行渗透，代替生物标本中的水分，并通过硬化处理达成组织塑化，具有无味、无毒、可用手直接触摸、无须防腐液保存、持久耐用等特点（图 1–2）。制作步骤简述如下：将固定防腐后的动物尸体，按照需求解剖、剥离，显示器官和组织；选择脱水脱脂剂（例如丙酮），逐级置换，直至完全替换动物标本中组织的水分和脂肪；将动物标本浸入 –15℃装有液态硅橡胶的特制密封容器中逐渐减压抽真空，直至液态硅橡胶完全浸入组织内部；根据需要将动物标本进行造型修复，并使标本处于自然状态；标本中的硅橡胶逐渐变为固态、硬化。

图 1–2　塑化标本

第二节　动物体的基本结构

畜禽有机体的最基本的结构和功能单位是细胞（Cell）。它是一切生物进行新陈代谢、生长发育和繁殖分化的形态基础。起源相同、形态相似和功能相关的细胞借助于细胞间质结合起来构成的结构，称为组织（Tissue）。畜禽有机体全身的细胞可组成 4 种基本组织，即上皮组织、结缔组织、肌组织和神经组织。上述结构在肉眼下不能分辨其形态，须借助显微镜观察，属于组织学研究范畴。大体解剖学观察的是器官和系统的形态构造。器官（Organ）是由执行同一机能的不同类型的组织构成的。不同的器官，执行相近的机能就构成了一个系统。畜禽有机体可分成运动系统、消化系统、呼吸系统、泌尿系统、生殖系统、心血管系统、淋巴系统、神经系统、内分泌系统、被皮系统和感觉器官系统。

为了描述方便，常以骨为基础，将畜体从外表划分成如下各部（图 1–3）。

1. 头部（Head）　包括颅部和面部。

①颅部（Skull）　位于颅腔周围，可分为枕部（Occipital region，位于颅部后方，两耳根之间）、顶部（Parietal region，位于枕部的前方，牛在两角根之间，猪、马、犬位于颅腔顶壁）、额部（Frontal region，在两眼眶之间）、颞部（Temporal region，在耳和眼之间）、耳部（Region of external ear，指耳及耳根）和眼眶部（Orbital region，包括眼及眼睑）。

②面部（Face）　位于口腔和鼻腔周围，可分为眶下部（Infraorbital region，在眼眶前下方）、鼻部（Nasal region，包括鼻孔、鼻背和鼻侧）、咬肌部（Masseteric region，为咬肌所在部位）、颊部（Region of cheek，为颊肌所在部位）、口部（Oral region，包括上唇和下唇）、颏部（Region of chin，在下唇腹侧）和下颌间隙部（Intermandibular region，在两下颌支之间）。

2. 躯干（Trunk） 分为：①颈部（Cervical region），包括颈背侧部、颈侧部和颈腹侧部；②胸背部，包括胸椎部（Region of vertebrae，分鬐甲部和背部）、胸侧部（肋部，Costal region）和胸腹侧部（Ventral thoracic region，分胸前部或胸骨柄部和胸骨部）；③腰腹部，分为腰部（Lumbar region）和腹部（Abdominal region）；④荐臀部，包括荐部（Sacral region）和臀部（Gluteal region）；⑤尾部（Caudal region）。

3. 前肢（Forelimb） 包括肩（胛）部（Scapular region）、臂部（Brachial region）、前臂部（Antebrachial region）和前脚部（Mamus）。前脚部又可分腕部（Carpal region）、掌部（Metacarpal region）和指部（Region of digits）。

4. 后肢部（Hindlimb） 分为臀部（Gluteal region）、股部（Fermoral region）、膝部（Knee）、小腿部（Crural region）和后脚部（Pes）。后脚部又可分跗部（Tarsal region）、跖部（Metatarsal region）和趾部（Region of digits）。

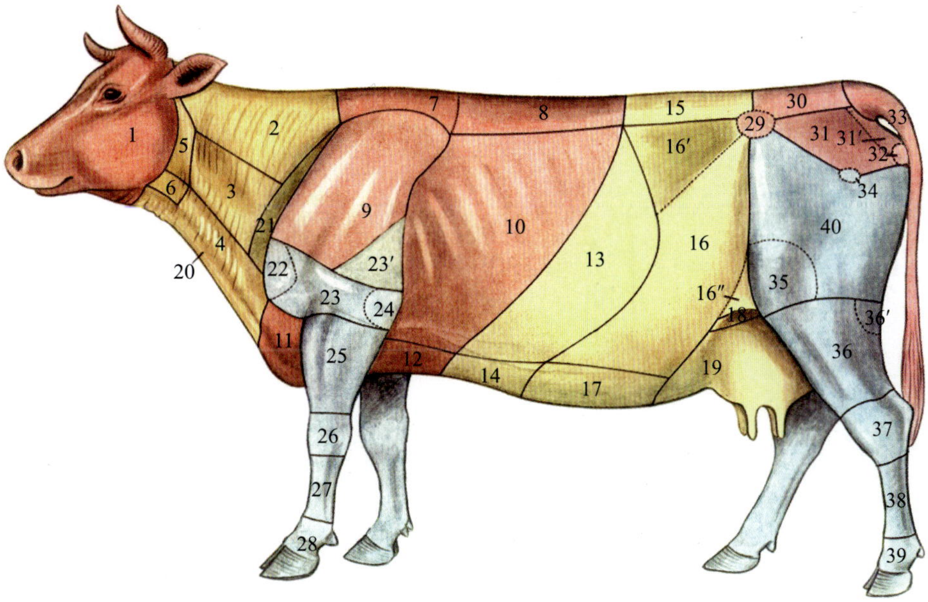

图 1-3 牛体各部名称

1. 头部 2. 颈背侧部 3. 颈侧部 4,6,20. 颈腹侧部 5. 腮腺区 6. 喉部 7,8. 胸椎部 7. 鬐甲部 8. 背部 9. 肩胛部 10. 肋部 11. 胸骨柄部 12. 胸骨部 13. 季肋部 14. 剑状软骨区 15. 腰部 16,16′,16″,17. 腹部（16′. 腰旁窝 16″. 膝褶部 17. 脐部）18. 腹股沟部 19. 耻骨部 20. 颈腹侧褶 21. 肩胛前部 22. 肩骨关节区 23. 臂部 23′. 三角肌部 24. 尺骨部 25. 前臂部 26. 腕部 27. 掌部 28. 指部 29. 髋结节 30. 荐部 31. 臀部 31′. 尻部 32. 坐骨结节部 33. 尾部 34. 髋关节区 35. 膝关节区 36. 小腿部 36′. 腘区 37. 跗部 38. 跖部 39. 趾部 40. 股部

（引自 Popesko，1985）

第三节 解剖学常用方位术语

解剖学方位术语（图 1-4）是解剖学的基本术语，在学习和阅读解剖学内容时首先要了解这些术语的意思，才能弄懂学会。

一、基本切面

1. 矢状面（Sagittal plane） 是与动物体长轴平行且与地面垂直的切面，将动物体分成左、右两半。其中通过动物体正中轴将动物体分成左、右两等份的面称为正中矢面，其他与正中矢面平行的矢状面称为侧矢面。

2. 横断面（Transverse plane） 是与动物体的长轴或某一器官的长轴垂直的切面，可将动物体分成前、后两部分。

3. 额面（Frontal plane）或水平面（Horizontal plane） 是与地面平行且与矢状面和横断面垂直的切面，可将动物体分成背、腹两部分。

二、用于躯干的术语

1. 前、后 是相对的两点，以某一横断面为参照面，近头侧的为前（Anterior，亦称嘴侧或颅侧 Cranial），近尾侧的为后（Posterior，亦称尾侧 Caudal）。

2. 背侧、腹侧 以某一额面为参照面，近地面为腹侧（Ventral），背离地面者为背侧（Dorsal）。

3. 内侧、外侧 以正中矢状面为参照，近者为内侧（Medial），远者为外侧（Lateral）。

4. 内、外 以某一腔壁为参照，位于内部者为内（Internal），位于其外者为外（External）。与内侧和外侧意义不同。

5. 浅、深 近体表者为浅（Superficial），反之为深（Deep）。

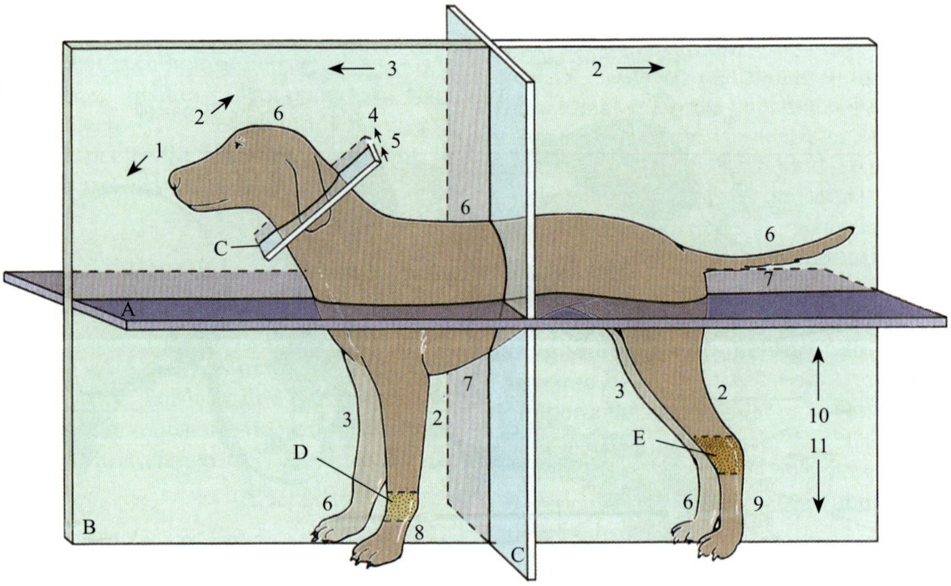

图 1-4 动物体的方位术语及切面

A. 水平面 B. 矢状面 C. 横断面 D. 腕部 E. 跗部

1. 嘴侧 2. 尾侧 3. 颅侧 4. 外侧 5. 内侧 6. 背侧 7. 腹侧 8. 掌侧 9. 跖侧 10. 近端 11. 远端

（引自 Reece 和 Rowe 等，2017）

三、用于四肢的术语

1. 近、远 对某一部位而言，近躯干的一侧为近侧，近躯干的某一点为近端（Proximal）。反之称为远侧及远端（Distal）。

2. 背侧、掌侧和跖侧 四肢的前面为背侧（Dorsal）。前肢的后面称掌侧（Palmar），后肢的后面称跖侧（Plantar）。此外，前肢的内侧为桡侧（Radial），外侧为尺侧（Ulnar）；后肢的内侧为胫侧（Tibial），外侧为腓侧（Fibular）。

【思考题】

1. 什么叫畜禽解剖学？
2. 畜禽解剖学常用方位术语有哪些？

第二章 运动系统

【教学目标】

1. 了解骨和骨骼的含义、骨的类型、骨的物理特性和化学成分，掌握骨器官的结构和全身骨骼的划分
2. 熟记畜体全身骨的名称，比较牛（羊）、猪、马和犬骨的特点
3. 了解骨连结的概念、类型和关节的运动，掌握关节的构造
4. 熟记四肢关节的名称，掌握前肢腕关节和系关节及后肢膝关节和跗关节的构造特点
5. 掌握肌器官的构造，了解肌肉的作用和命名原则及肌肉的辅助器官
6. 认识全身部分肌肉的名称和位置，掌握颈静脉沟、腹股沟管、髂肋肌沟、鬐甲和前臂正中沟等部位的位置和肌肉组成
7. 掌握颈腹侧肌、胸壁肌（呼吸肌）、腹壁肌以及前肢、后肢主要肌肉的名称和位置

运动系统（Locomotor system）由骨、骨连结和肌肉三部分组成。全身骨借骨连结形成骨骼，构成畜体的支架，使畜体形成一定的形态。肌肉附着于骨上，收缩时以骨连结为支点，牵引骨骼而产生运动。在运动中，骨是运动的杠杆，骨连结（关节）是运动的枢纽，肌肉则是运动的动力。

运动系统在畜体体重中占相当大的比例，为体重的 75%～80%。它直接影响家畜的使役能力、肉用畜禽的屠宰率和肌肉的品质。同时，体表的一些骨突起和肌肉形成了某种自然的外观标志，在畜牧兽医生产实践中可作为确定体内器官的位置、体尺测量和针灸穴位的依据。

第一节 骨

骨（Bone）是主要由骨组织构成的器官，坚硬而富有弹性，有丰富的血管和神经，能不断地进行新陈代谢和生长发育，并具有改建、修复和再生的能力。畜体内每一块骨为一个骨器官。骨与骨连结在一起，形成具有一定形态的支架，称为骨骼。骨骼形成家畜体的坚硬支架，决定家畜的体形，保护体内器官——脑、心、肺以及胃、肠等器官，并作为肌肉收缩时的杠杆。骨内含有骨髓，是重要的造血器官。骨也是钙、磷在体内贮存的地方，并参加动物体的代谢。

一、类型

畜体各骨因其位置和机能不同，形态也不一样。根据骨的大小和形状，可分为长骨、短骨、扁骨和不规则骨 4 种类型（图 2-1）。

1. 长骨（Long bone） 呈长管状，其中部称骨干或骨体，内有空腔，称骨髓腔，含有骨髓；两端

称为骺或骨端。在骨干和骺之间有软骨板，称骺板，幼龄时明显，成年后骺板骨化，骺与骨干愈合。长骨多分布于四肢的游离部，主要作用是支持体重和形成运动杠杆。

2. 短骨（Short bone） 一般呈立方形，多见于结合坚固且有一定灵活性的部分，如腕骨、跗骨等，有支持、分散压力和缓冲震动的作用。

3. 扁骨（Flat bone） 多呈板状，主要位于颅腔、胸腔的周围以及四肢带部，可保护脑和内脏器官，或供大量肌肉附着。

4. 不规则骨（Irregular bone） 形状不规则，一般构成畜体中轴，如椎骨等，起支持、保护和供肌肉附着等作用。

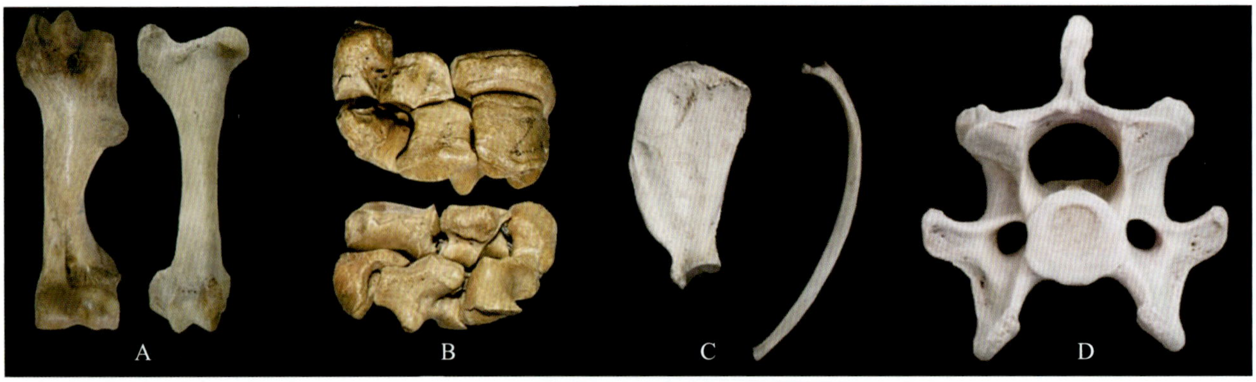

图 2–1 骨的类型

A. 长骨 B. 短骨 C. 扁骨 D. 不规则骨

（引自陈耀星，2013）

二、基本结构

每个骨器官均由骨膜、骨质、骨髓和血管、神经组成（图 2–2）。

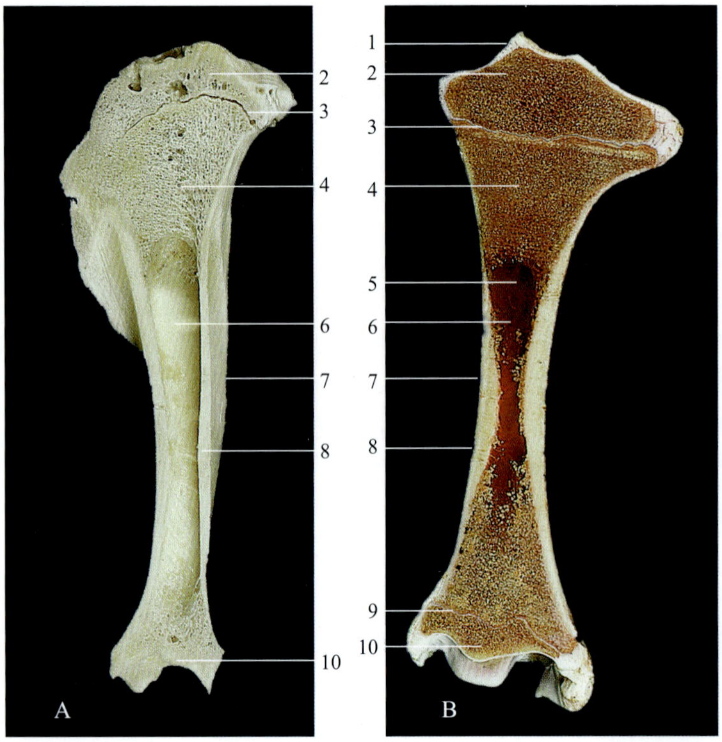

图 2–2 骨的形态和构造

A. 不含骨髓 B. 含骨髓

1. 关节软骨 2. 近骺 3. 近骺板 4. 骨松质 5. 骨髓 6. 骨髓腔 7. 骨干 8. 骨密质 9. 远骺板 10. 远骺

（引自 König 和 Liebich，2007）

1. 骨膜 包括骨外膜（Periosteum）和骨内膜（Endosteum）。骨外膜位于骨质的外表面，骨内膜内衬于骨腔的内表面。在骨的关节面没有骨膜，由关节软骨覆盖着。骨外膜富有血管、淋巴管及神经，故呈粉红色，对骨的营养、再生和感觉有重要意义。

骨膜分两层。外层为纤维层，富有胶原纤维和血管、神经，起营养和保护作用。内层为成骨层，富有细胞成分。在幼龄时期正在生长的骨，成骨层很发达，细胞非常活跃，直接参与骨的生长；到成年期成骨层逐渐萎缩，细胞转为静止状态，但它终生保持分化能力。在骨受损时，成骨层有修补和再生骨质的作用，故在骨的手术中应尽量保留骨膜，以免发生骨的坏死和延迟骨的愈合。

2. 骨质 是构成骨的主要成分，分骨密质（Compact bone）和骨松质（Spongy bone）。骨密质位于骨的外周，构成长骨的骨干和骺以及其他类型骨的外层，坚硬、致密。骨松质位于骨的深部，呈海绵状，由互相交错的骨小梁构成。骨松质小梁的排列方向与受力的作用方向一致。骨密质和骨松质的这种配合，使骨既坚固又轻便。

3. 骨髓（Bone marrow） 分红骨髓和黄骨髓。红骨髓位于骨髓腔和所有骨松质的间隙内，具有造血机能。成年家畜长骨骨髓腔内的红骨髓被富含脂肪的黄骨髓代替，但长骨两端、短骨和扁骨的骨松质内终生保留红骨髓。当机体大量失血或贫血时，黄骨髓又能转化为红骨髓而恢复造血机能。骨松质中的红骨髓终生存在，所以，临床上常进行骨髓穿刺，检查骨髓像，诊断疾病。

4. 血管、神经 骨具有丰富的血液供应，一部分血管随骨膜穿入骨质，另一部分由骨端的滋养孔穿入骨内。神经与血管伴行，分布于骨膜、骨质和骨髓。

三、物理特性和化学成分

骨的最基本物理特性是具有硬度和弹性。这与骨的形态、内部结构及其化学成分有密切的关系。骨的化学成分主要包括有机物和无机物（图 2–3）。有机物主要是骨胶原，在成年家畜约占 1/3，使骨具有弹性和韧性；无机物主要是磷酸钙和碳酸钙，在成年家畜约占 2/3，使骨具有硬度和脆性。有机物和无机物在骨中的比例，随年龄和营养健康状况不同而变化。幼畜的骨，有机物较多，有机物与无机物的比例接近 1∶1，所以骨的弹性大，硬度小，不易发生骨折，但容易弯曲变形。老年家畜则相反，骨的无机物多，有机物与无机物的比例接近 3∶7，只有硬度而缺乏弹性，因此脆性较大，易发生骨折。妊娠母畜骨内钙质被胎儿吸收，使母畜骨质疏松而易发生骨软症。乳牛在泌乳期，如饲料成分比例不适，可发生上述情况。为了预防骨软症，应注意饲料成分的调配。

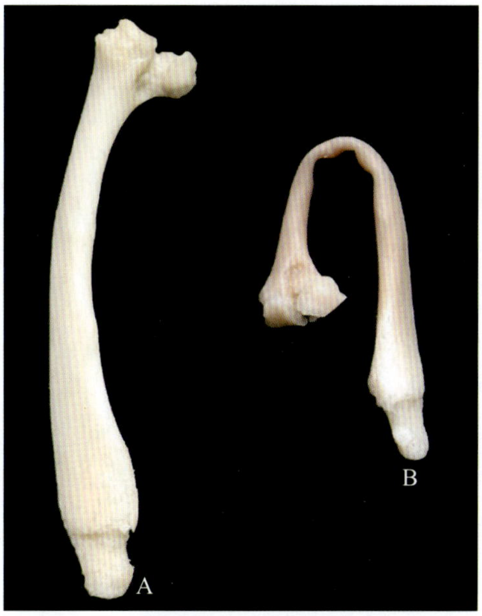

图 2–3　骨的成分

A. 正常肋骨　B. 经盐酸浸泡的肋骨
（引自陈耀星，2013）

四、骨表面的形态

骨的表面由于受肌肉的附着、牵引，血管和神经的穿通及附近器官的接触，形成了不同的形态。

1. 突起 骨面上突然高起的部分称为突（Process）；逐渐高起的部分称为隆起（Eminentia）。突出较小且有一定范围的称为结节（Tuber）；较高的突称为棘或棘突（Spine）；薄而锐的长形隆起称为嵴（Crista）；长形细小的凸出称为线（Line）；骨端部球状凸出部称为头（Caput）；在关节部横的圆柱状膨大称为髁（Condyle）。

2. 凹陷 骨面较大的凹陷称为窝（Fossa），细长者为沟（Groove）。指状压痕为压迹（Impression）。

骨缘部的凹陷称切迹（Incisure）。骨内长的管道称为骨管（Canal）或骨道（Meatus）。骨间或骨面的裂隙称为裂（Fissure），较大的裂隙称为裂孔（Hiatus）。骨的内外骨板间充气的空腔称为窦（Sinus）。

五、畜体全身骨骼的分布

畜体全身的骨骼分为中轴骨、四肢骨以及内脏骨（图 2–4 至图 2–7）。中轴骨又可分为头骨和躯干骨。四肢骨包括前肢骨和后肢骨。内脏骨位于内脏器官和柔软器官内，如犬的阴茎骨和牛的心骨等。

畜体全身骨骼的划分

- 全身骨骼
  - 中轴骨骼
    - 头骨
      - 颅骨：枕骨、额骨、顶骨、顶间骨、筛骨、颞骨、蝶骨
      - 面骨：上颌骨、切齿骨、鼻骨、颧骨、泪骨、腭骨、翼骨、犁骨、鼻甲骨、下颌骨、舌骨
    - 躯干骨：椎骨、肋、胸骨
  - 四肢骨骼
    - 前肢骨：肩胛骨、肱骨、前臂骨（桡骨、尺骨）、腕骨、掌骨、指骨、籽骨
    - 后肢骨：髋骨（髂骨、坐骨、耻骨）、股骨、膝盖骨、小腿骨（胫骨、腓骨）、跗骨、跖骨、趾骨、籽骨
  - 内脏骨

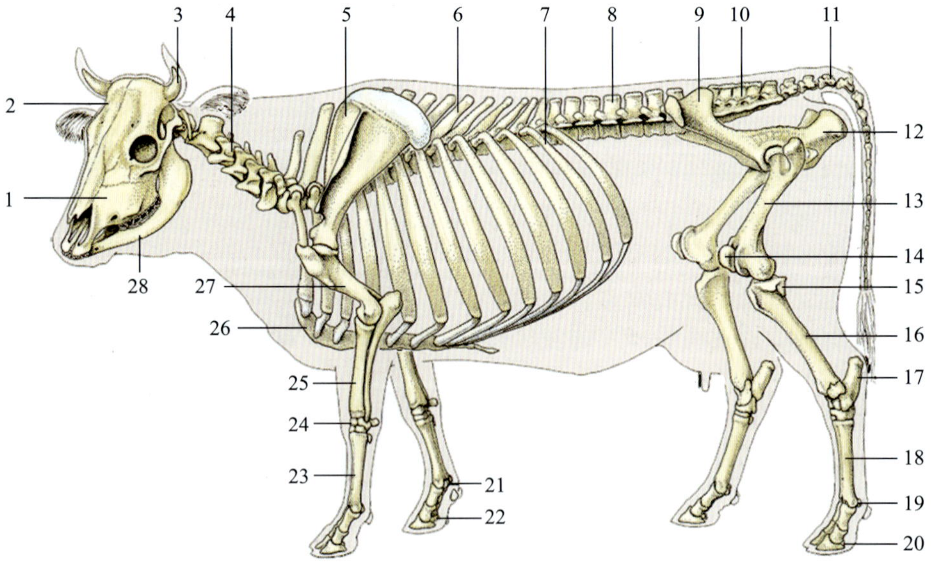

图 2–4　牛全身骨骼名称

1. 上颌骨　2. 额骨　3. 角突　4. 颈椎　5. 肩胛骨　6. 胸椎　7. 肋骨　8. 腰椎　9. 髂骨　10. 荐骨　11. 尾椎　12. 坐骨　13. 股骨　14. 膝盖骨　15. 腓骨　16. 胫骨　17. 跗骨　18. 跖骨　19. 近籽骨　20. 远籽骨　21. 近籽骨　22. 远籽骨　23. 掌骨　24. 腕骨　25. 桡骨　26. 胸骨　27. 肱骨　28. 下颌骨

（引自 König 和 Liebich，2007）

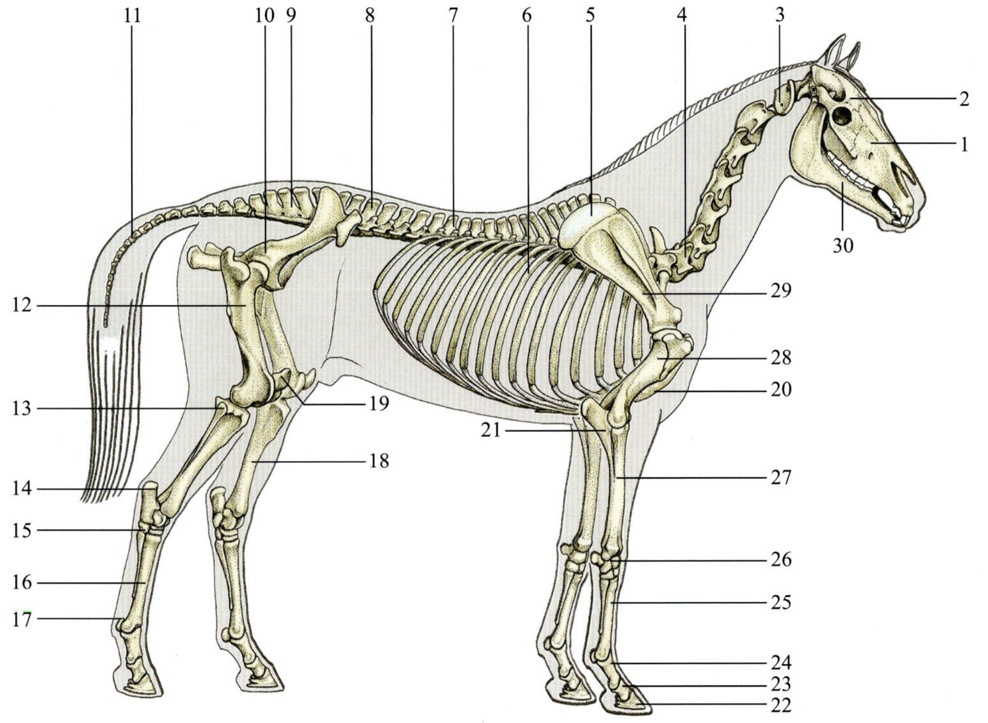

图 2-5　马全身骨骼名称

1. 上颌骨　2. 额骨　3. 寰椎　4. 第 7 颈椎　5. 肩胛软骨　6. 第 8 肋骨　7. 胸椎　8. 腰椎　9. 荐椎　10. 髋骨　11. 尾椎　12. 股骨　13. 腓骨　14. 跟骨　15. 跗骨　16. 跖骨　17. 近籽骨　18. 胫骨　19. 膝盖骨　20. 胸骨　21. 尺骨　22. 蹄骨　23. 冠骨　24. 系骨　25. 掌骨　26. 腕骨　27. 桡骨　28. 肱骨　29. 肩胛骨　30. 下颌骨

（引自 König 和 Liebich，2007）

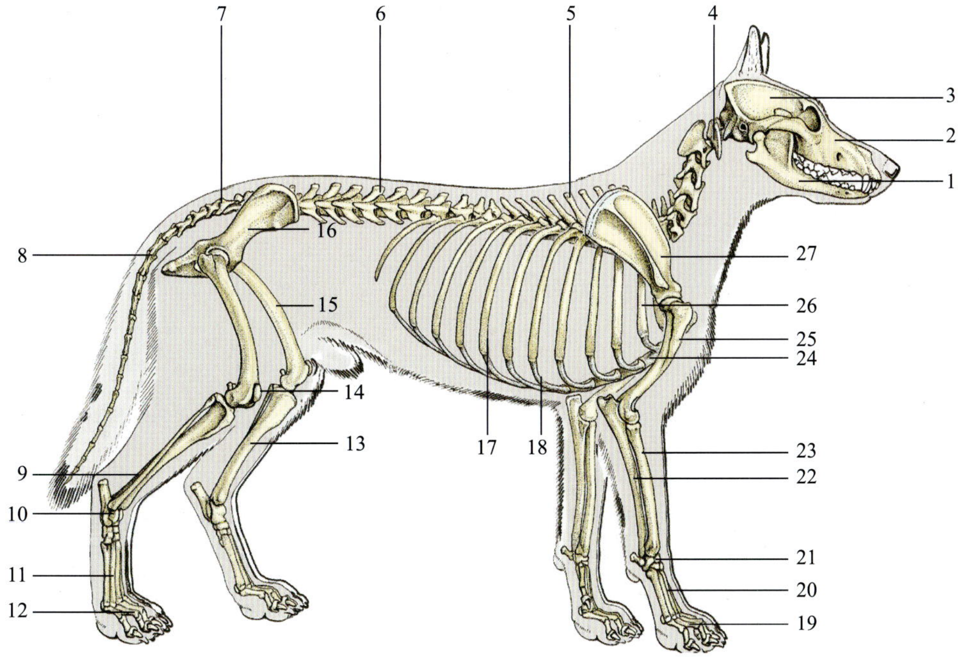

图 2-6　犬全身骨骼名称

1. 下颌骨　2. 上颌骨　3. 顶骨　4. 寰椎　5. 胸椎　6. 腰椎　7. 荐椎　8. 尾椎　9. 腓骨　10. 跗骨　11. 跖骨　12. 趾骨　13. 胫骨　14. 膝盖骨　15. 股骨　16. 髂骨　17. 第 8 肋骨　18. 肋软骨　19. 指骨　20. 掌骨　21. 腕骨　22. 尺骨　23. 桡骨　24. 胸骨　25. 肱骨　26. 第 2 肋骨　27. 肩胛骨

（引自 König 和 Liebich，2007）

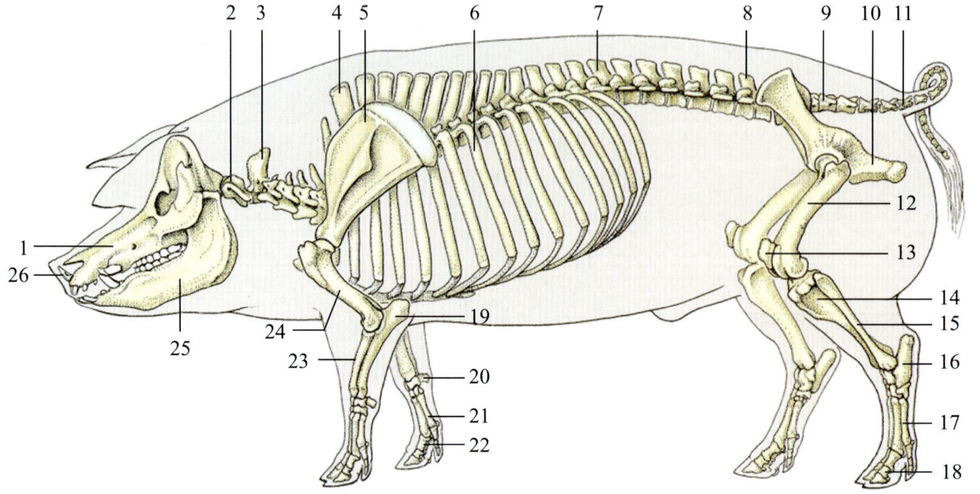

图 2-7 猪全身骨骼名称

1. 上颌骨 2. 寰椎 3. 枢椎 4. 第 1 胸椎 5. 肩胛骨 6. 肋骨 7. 第 1 腰椎 8. 腰椎 9. 荐骨 10. 髋骨 11. 尾椎 12. 股骨 13. 膝盖骨 14. 胫骨 15. 腓骨 16. 跗骨 17. 跖骨 18. 趾骨 19. 尺骨 20. 腕骨 21. 掌骨 22. 指骨 23. 桡骨 24. 肱骨 25. 下颌骨 26. 吻骨

（引自 König 和 Liebich，2007）

六、各部骨的解剖结构

（一）头骨

头骨（Skull）主要由扁骨和不规则骨构成，分颅骨和面骨两部分（图 2-8 至图 2-16）。

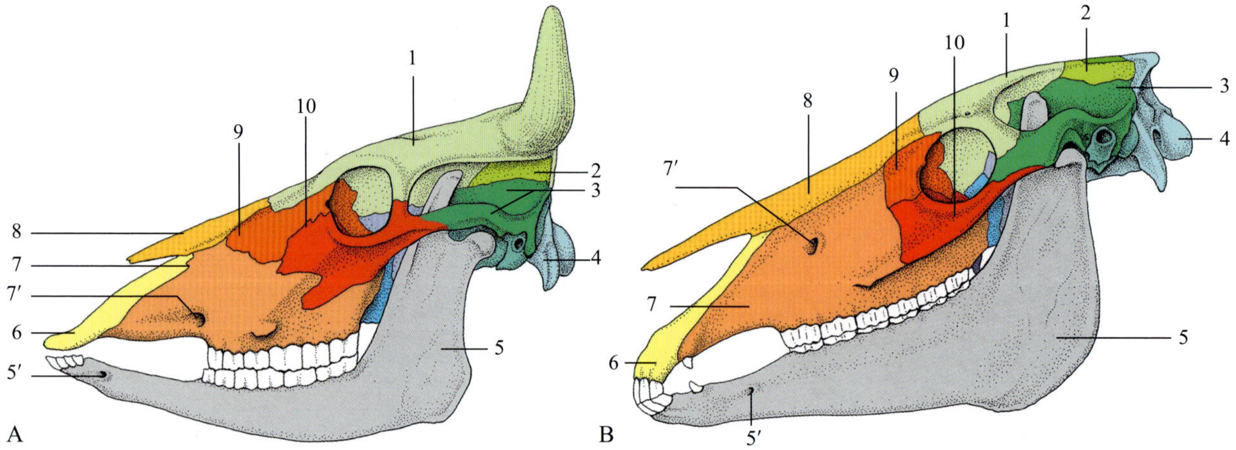

图 2-8 牛和马头骨侧面示意图

A. 牛 B. 马

1. 额骨 2. 顶骨 3. 颞骨 4. 枕骨 5. 下颌骨 5′. 颏孔 6. 切齿骨 7. 上颌骨 7′. 眶下孔 8. 鼻骨 9. 泪骨 10. 颧骨

（引自 König 和 Liebich，2007）

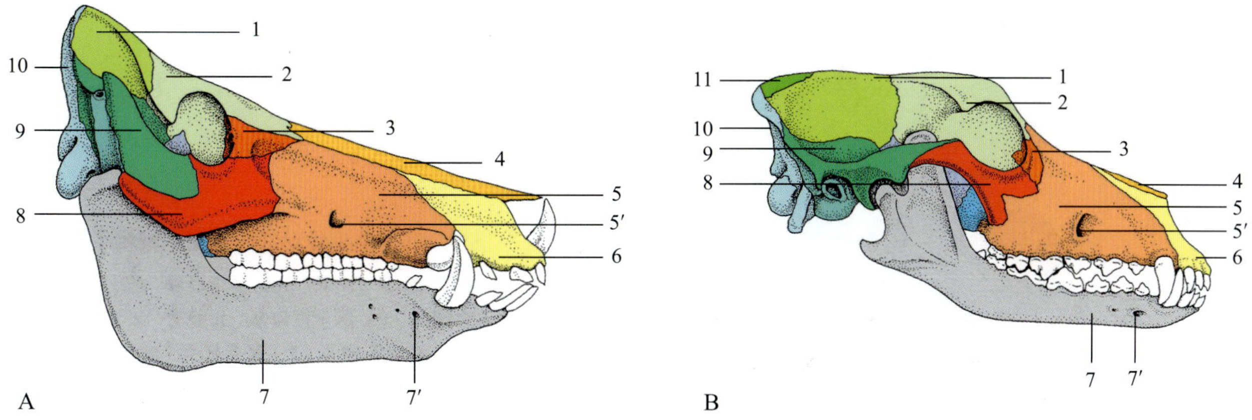

图 2-9　猪和犬头骨侧面示意图

A. 猪　B. 犬

1. 顶骨　2. 额骨　3. 泪骨　4. 鼻骨　5. 上颌骨　5′. 眶下孔　6. 切齿骨　7. 下颌骨　7′. 颏孔　8. 颧骨　9. 颞骨　10. 枕骨　11. 顶间骨

（引自 König 和 Liebich，2007）

1. 颅骨（Cranial bone） 位于头的后上方，构成颅腔、感觉器官（眼、耳）和嗅觉器官的保护壁。颅腔的后壁和底壁后部由枕骨构成，两侧壁是颞骨，底壁前部是蝶骨。顶壁包括顶骨、顶间骨和额骨的后部（额骨前部形成鼻的后上壁），颅腔和鼻腔之间是筛骨。

（1）枕骨（Occipital bone） 单骨，构成颅腔的后壁和下底的一部分。枕骨的后上方有横向的枕嵴（项嵴）。猪的枕嵴特别高大。枕骨的后下方有枕骨大孔，后接椎管。枕骨大孔的两侧有枕骨髁，与寰椎构成寰枕关节。髁的外侧有颈静脉突（髁旁突），髁与颈静脉突之间的窝内有舌下神经孔。

（2）顶间骨（Interparietal bone） 为一小骨，位于左、右顶骨和枕骨之间，常与相邻骨结合。故外观不明显，但在其脑面有枕内结节。

（3）顶骨（Parietal bone） 成对骨，构成颅腔的顶壁（黄牛为后壁），其后面与枕骨相连，前面与额骨相接，两侧为颞骨。

（4）额骨（Frontal bone） 成对骨，位于顶骨的前方，鼻骨的后方，构成颅腔的前上壁和鼻腔的后上壁。额骨的外部有突出的眶上突，构成眼眶的上界。眶上突的基部有眶上孔。突的后方为颞窝；突的前方为眶窝，是容纳眼球的深窝。额骨的内、外板以及与筛骨之间，形成额窦。

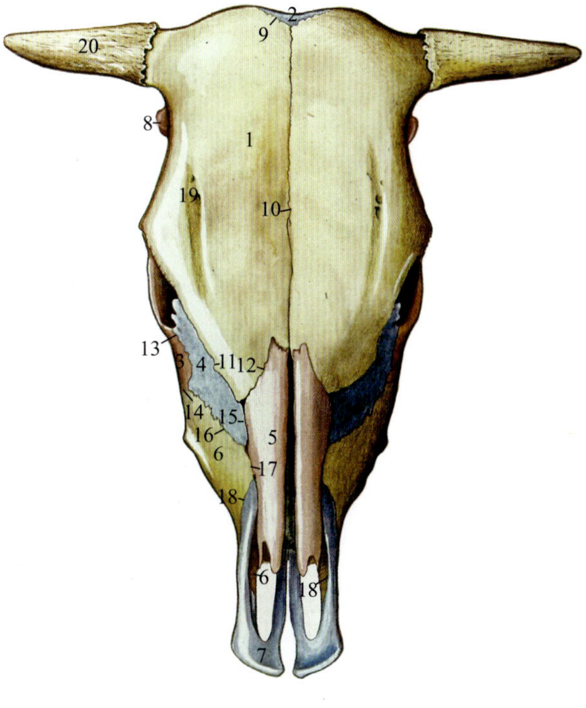

图 2-10　牛头骨背侧面

1. 额骨　2. 顶骨　3. 颧骨　4. 泪骨　5. 鼻骨　6. 上颌骨　7. 切齿骨体　8. 颞骨　9. 冠状缝　10. 额间缝　11. 额泪缝　12. 额鼻缝　13. 泪颧缝　14. 颧上颌缝　15. 鼻泪缝　16. 泪上颌缝　17. 鼻上颌缝　18. 上颌切齿缝　19. 眶上孔　20. 角突

（引自 Popesko 等，1985）

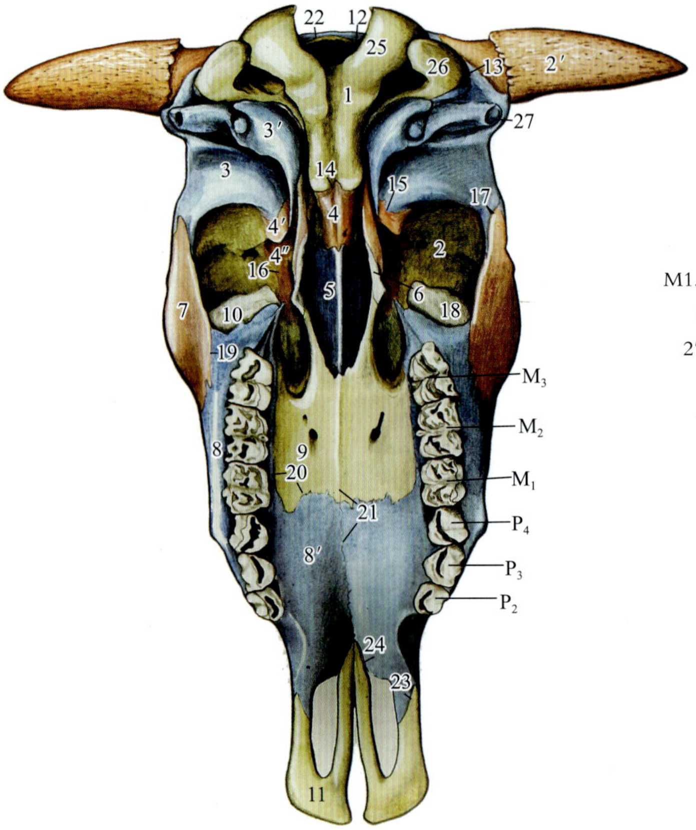

图 2-11 牛头骨腹侧面（去下颌骨）

M1. 第 1 臼齿 M2. 第 2 臼齿 M3. 第 3 臼齿 P2. 第 2 前臼齿 P3. 第 3 前臼齿 P4. 第 4 前臼齿 1. 枕骨 2. 额骨眶部 2′. 额骨角突 3. 颞骨鳞部 3′. 颞骨鼓部（鼓泡） 4. 蝶骨 4′. 底蝶骨翼（颞翼） 4″. 前蝶骨翼（眶翼） 5. 犁骨 6. 翼骨 7. 颧骨 8. 上颌骨 9. 腭骨 10. 泪骨 11. 切齿骨体 12. 顶骨 13. 枕乳突缝 14. 蝶枕软骨结合 15. 蝶鳞缝 16. 蝶额缝 17. 颞颧缝 18. 泪上颌缝 19. 颧上颌缝 20. 腭横缝 21. 腭正中缝 22. 人字缝 23,24. 上颌切齿缝 25. 枕髁 26. 髁旁突 27. 外耳道

（引自 Popesko 等，1985）

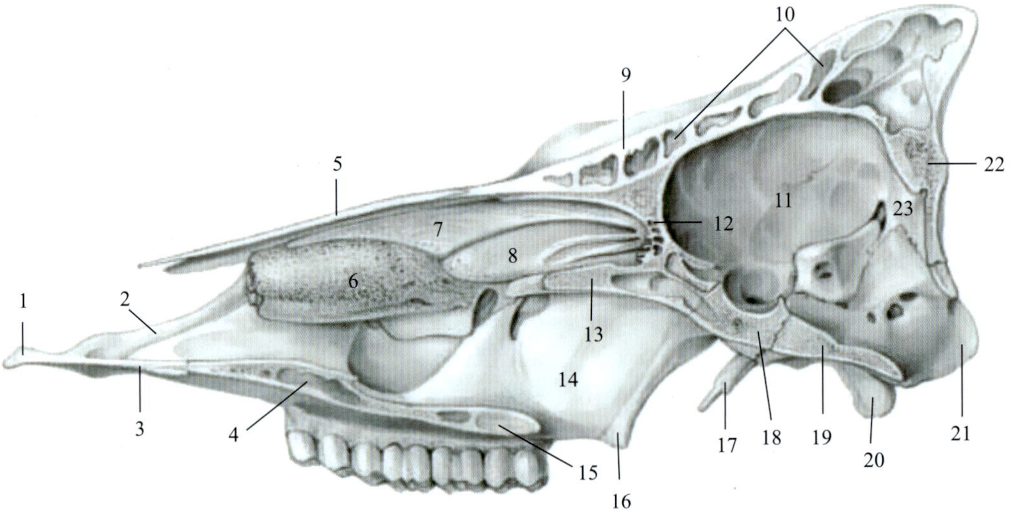

图 2-12 牛头骨矢状切面

1. 切齿骨体 2. 切齿骨鼻突 3. 切齿骨腭突 4. 上颌骨齿槽突 5. 鼻骨 6. 下鼻甲骨 7. 第 1 内鼻甲骨（上鼻甲骨） 8. 第 2 内鼻甲骨 9. 额骨 10. 额窦 11. 颅腔 12. 筛骨 13. 犁骨 14. 翼骨 15. 腭窦 16. 翼骨钩 17. 肌突 18. 底蝶骨 19. 枕骨基底部 20. 髁旁突 21. 枕髁 22. 枕骨鳞部 23. 枕内隆突

（引自 Budras 等，2003）

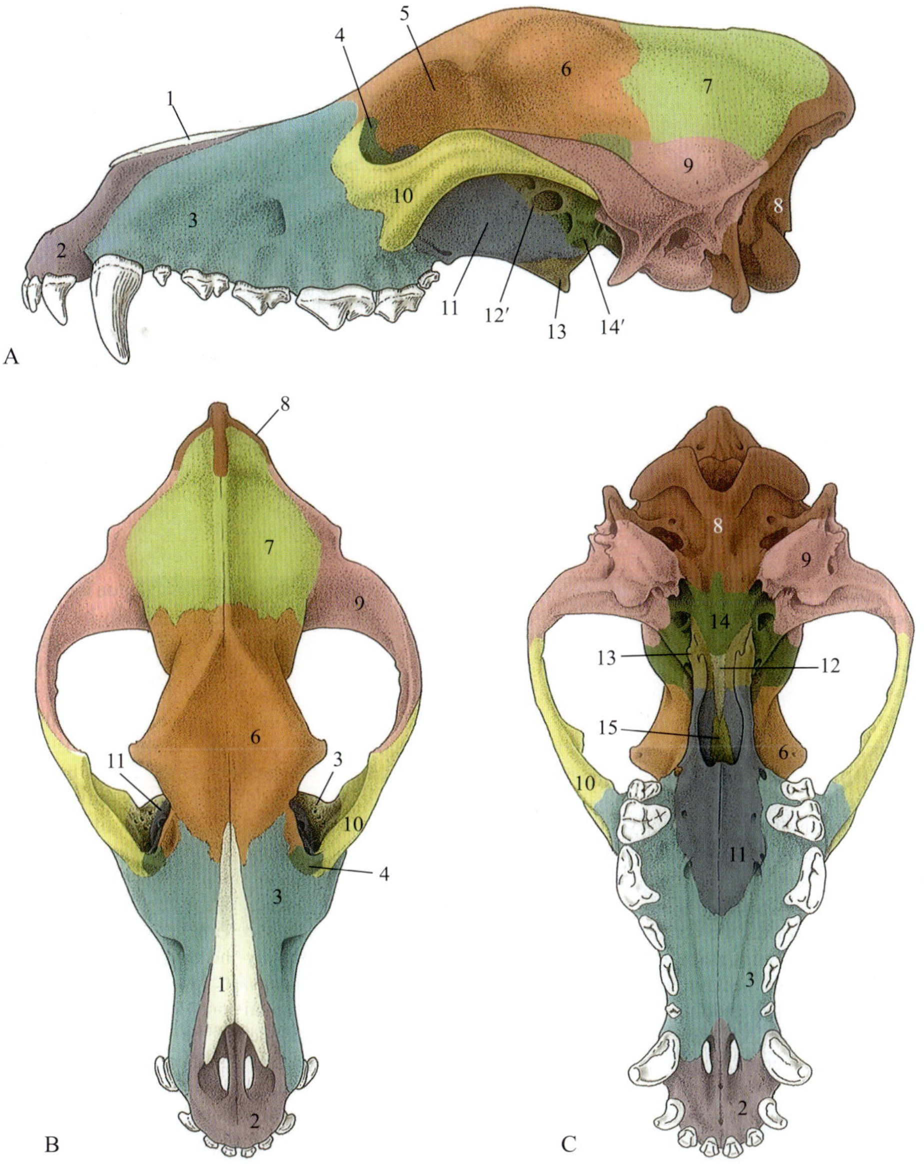

图 2–13　犬头骨

A. 外侧面　B. 背侧面　C. 腹侧面

1. 鼻骨　2. 切齿骨　3. 上颌骨　4. 泪骨　5. 眼眶　6. 额骨　7. 顶骨　8. 枕骨
9. 颞骨　10. 颧骨　11. 腭骨　12. 前蝶骨　12′. 前蝶骨翼　13. 翼骨
14. 底蝶骨　14′. 底蝶骨翼突　15. 犁骨

（引自 Singh 等，2018）

（5）筛骨（Ethmoid bone）　单骨，位于颅腔和鼻腔之间。由一垂直板、一筛板和一对侧块组成。垂直板位于正中，将鼻腔后部分为左、右两部。侧块由筛骨迷路组成，向前突入鼻腔后部。侧块后方是多孔的筛板，构成颅腔的前壁。

（6）蝶骨（Sphenoid bone）　单骨，构成颅腔下底的前部。幼龄时，蝶骨分为底蝶骨和前蝶骨，成年后愈合。蝶骨由蝶骨体和两对翼（眶翼、颞翼）以及一对翼突组成，形如蝴蝶。蝶骨的后缘与枕骨及颞骨形成不规则的破裂孔。其前缘与额骨及腭骨相连处有 4 个孔与颅腔相通。4 个孔由上而下为筛孔、视神经孔、眶孔和圆孔，圆孔向后还以翼管通于后翼孔。这些孔、裂都是血管和神经的通路。

（7）颞骨（Temporal bone）　成对骨，位于颅腔的侧壁，又分为鳞部和岩部。鳞部与顶骨、额骨及蝶骨相连。在外面有颧突伸出，并转而向前与颧骨的突起合成颧弓。颧突根部有髁状关节面，与下颌髁成关节。岩部位于鳞部与枕骨之间，是中耳和内耳的所在部位。

2. 面骨（Facial bones） 主要构成鼻腔、口腔和面部的支架，由成对的鼻骨、泪骨、颧骨、上颌骨、切齿骨、腭骨、翼骨、鼻甲骨和不成对的犁骨、下颌骨和舌骨等 19 块骨组成。猪有 1 块吻骨（Rostral bone）。

（1）上颌骨（Maxillary bone） 位于面部的两侧，构成鼻腔的侧壁、底壁和口腔的上壁，几乎与面部各骨均相接连。它向内侧伸出水平的腭突，将鼻腔与口腔分隔开。齿槽缘上具有臼齿齿槽，前方无齿槽的部分，称齿槽间缘。骨内有眶下管通过。骨的外面有面嵴和眶下孔。

（2）切齿骨（Incisive bones） 又称颌前骨（Premaxillare bone），位于上颌骨前方，构成鼻腔的侧壁和下底及口腔上壁的前部。骨体上有切齿齿槽，但牛无切齿齿槽。骨体向后伸出腭突和鼻突。腭突向后接上颌骨的腭突，鼻突则与鼻骨之间形成鼻颌切迹。

（3）鼻骨（Nasal bone） 位于额骨的前方，构成鼻腔顶壁的大部。

（4）泪骨（Lacrimal bone） 位于上颌骨后背侧，眼眶底的内侧。其眶面有泪囊窝和鼻泪管的开口。

（5）颧骨（Zygomatic bone） 位于泪骨腹侧，构成眼眶的下界。前接上颌骨的后缘，下部有面嵴，并向后方伸出颞突，与颞骨的颧突结合形成颧弓。

（6）腭骨（Palatine bone） 位于上颌骨内侧的后方，形成鼻后孔的侧壁与硬腭的后部。可分为水平部和垂直部，分别构成硬腭和鼻后孔侧壁的骨质基础。

（7）翼骨（Pterygoid bone） 是成对的狭窄薄骨片，位于鼻后孔的两侧。

（8）犁骨（Vomer） 位于鼻腔底面的正中，背侧呈沟状，接鼻中隔软骨和筛骨垂直板。

（9）鼻甲骨（Nasal conchae bone） 是两对卷曲的薄骨片，附着在鼻腔的两侧壁上，并将每侧鼻腔分为上、中、下 3 个鼻道。

（10）下颌骨（Mandible） 是头骨中最大的骨，有齿槽的部分，称为下颌骨体，下颌骨体之后没有齿槽的部分，称下颌支（图 2-14）。下颌骨体呈水平位，前部为切齿齿槽，后部为臼齿齿槽。切齿齿槽与臼齿齿槽之间为齿槽间隙。下颌骨体外侧前部有颏孔。下颌支呈垂直位，上部有下颌髁，与颞骨的髁状关节面成关节。下颌髁之前有较高的冠状突。下颌支内侧面有下颌孔。两侧下颌骨体和下颌支之间，形成下颌间隙。

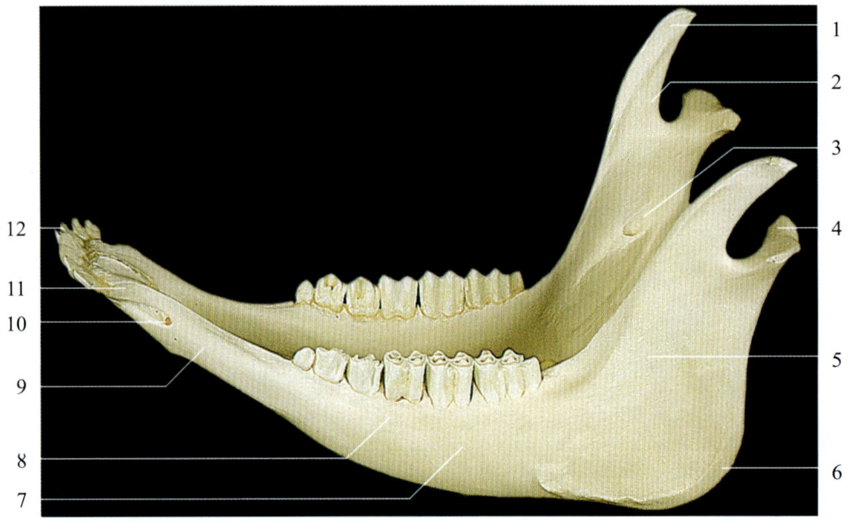

图 2-14 牛下颌骨侧面

1. 冠状突 2. 下颌骨切迹 3. 下颌孔 4. 下颌骨髁状突 5. 咬肌窝 6. 下颌角 7. 下颌骨体臼齿部 8. 齿槽缘 9. 齿槽间缘 10. 颏孔 11. 下颌骨体切齿部 12. 切齿

（引自 König 和 Liebich，2007）

（11）舌骨（Hyoid bone） 位于下颌间隙后部，由几枚小骨片组成，即一个底舌骨（Basihyoid）以及成对的舌骨支［角舌骨（Ceratohyoid）、甲状舌骨（Thyrohyoid）、上舌骨（Epihyoid）和茎突舌骨（Stylohyoid）］构成（图 2-15）。底舌骨有向前突出的舌突。茎突舌骨借鼓舌骨与两侧颞骨的岩部相连，甲状舌骨与喉的甲状软骨相连，构成舌、咽和喉的支架。舌骨有支持舌根、咽和喉的作用。

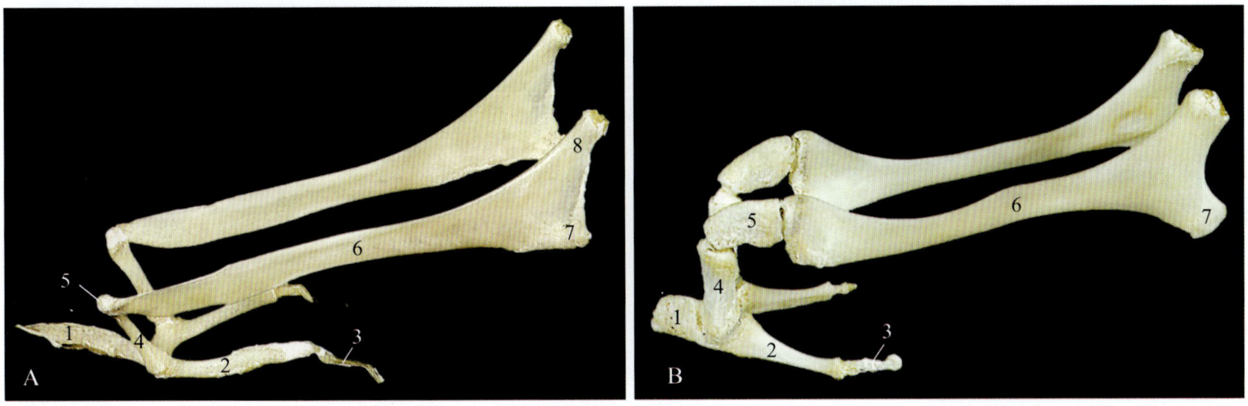

图 2-15　舌骨

A. 马　B. 牛

1. 底舌骨舌突　2. 甲状舌骨　3. 甲状舌骨的软骨　4. 角舌骨
5. 上舌骨　6. 茎突舌骨　7. 茎突角　8. 鼓舌骨

（引自 König 和 Liebich，2007）

3. 鼻旁窦（Paranasal sinus） 为一些头骨的内、外骨板之间的腔洞，可增加头骨的体积而不增加其重量，并对眼球和脑起保护、隔热的作用，因其直接或间接与鼻腔相通，故称为鼻旁窦。鼻旁窦内的黏膜和鼻腔的黏膜相延续，当鼻腔黏膜发炎时，常蔓延到鼻旁窦，引起鼻旁窦炎。鼻旁窦包括上颌窦、额窦、蝶腭窦和筛窦等（图 2-16）。其中，牛的额窦（Frontal sinus）和马的上颌窦（Maxillar sinus）比较发达。

4. 各种动物头骨的特征 各种动物的头骨差别比较大（图 2-17），主要表现在：①因各种动物脑的发育不同，颅腔大小、形态有差别，例如马的头骨呈长锥状，猪的呈锥状，牛的则比马的短；②动物食性不同，牙齿的发育不同，面部的长短也不一样，例如马、兔的面部较长，而犬、猫的则较短；③眶窝发育情况、角的有无等也不一样，如牛的额骨上有角突，猪有吻骨等。

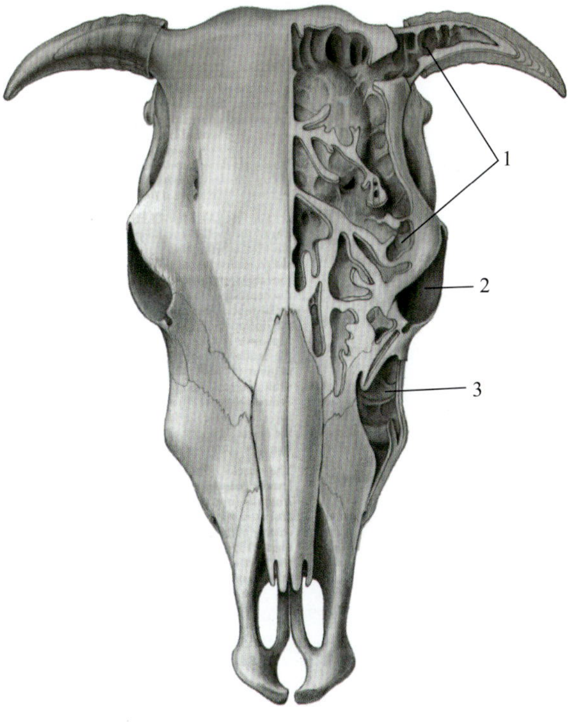

图 2-16　牛窦

1. 额窦　2. 眼眶　3. 上颌窦

（引自 Budras 等，2003）

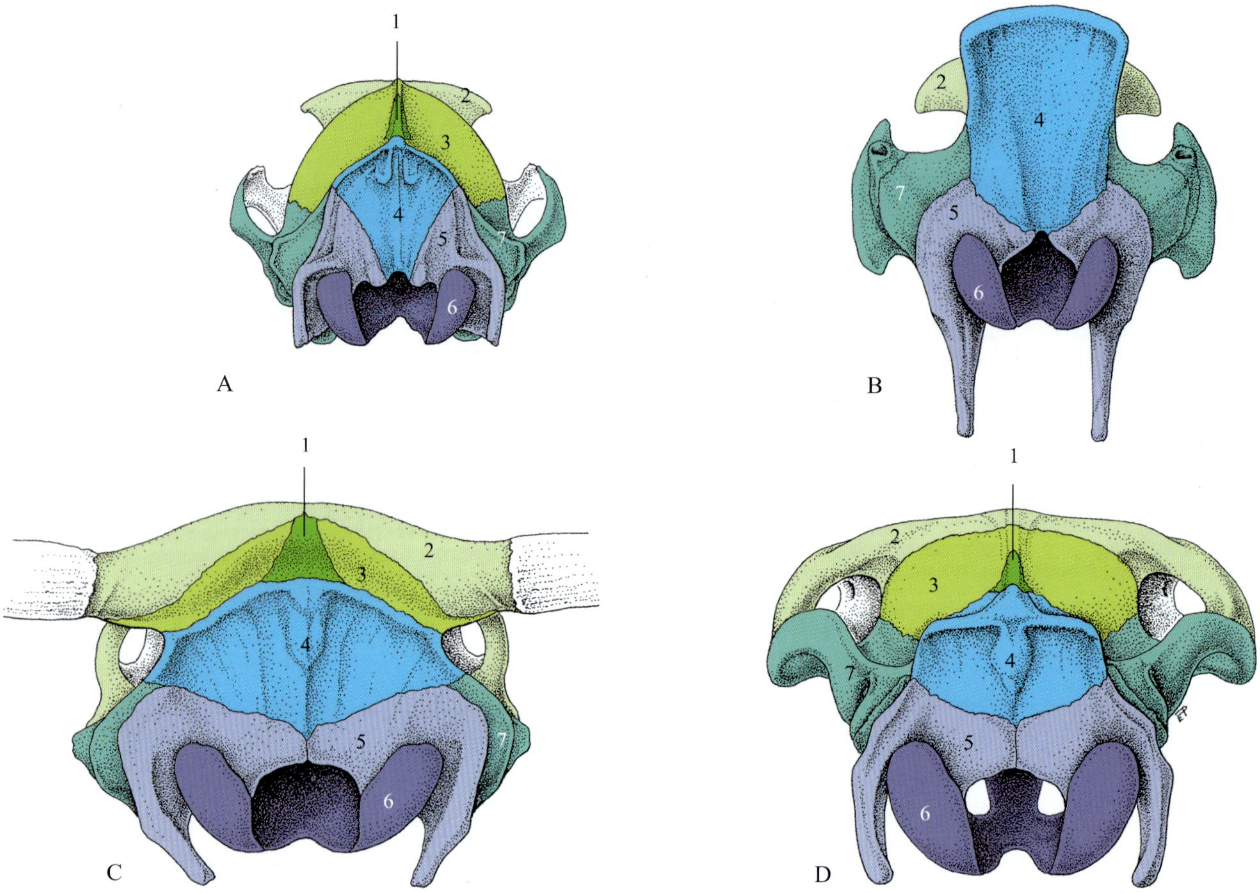

图 2-17 头骨项面观

A. 犬 B. 猪 C. 牛 D. 马

1. 项间骨 2. 额骨 3. 顶骨 4. 枕骨鳞部 5. 枕骨侧部 6. 枕骨髁 7. 颞骨

（引自 König 和 Liebich，2007）

（二）躯干骨

躯干骨包括椎骨、肋和胸骨。

1. 椎骨（Vertebrae） 按其位置分为颈椎、胸椎、腰椎、荐椎和尾椎。所有的椎骨按从前到后的顺序排列，由软骨、关节和韧带连结在一起形成身体的中轴，有保护脊髓、支持头部、悬挂内脏、传递冲力等作用，称为脊柱（Vertebral column）。

（1）椎骨的一般构造 各部位椎骨的形态构造虽然不同，但都具有共同的基本构造：椎体、椎弓和突起（图 2-18）。椎体（Vertebral body）位于椎骨的腹侧，呈短圆柱状，前端凸出为椎头，后端凹窝为椎窝。椎弓（Vertebral arch）位于椎体的背侧，是拱形的骨板，与椎体共同围成椎孔（Vertebral foramen）。所有椎骨的椎孔按前后序列连结在一起形成一个连续的管道，称为椎管（Vertebral canal），主要容纳脊髓。椎弓基部的前缘和后缘两侧各有一个切迹，相邻的椎间切迹合成椎间孔（Intervertebral foramen）。它是神经和血管出入椎管的通道。突起（Processes）有 3 种：①从椎弓背侧向上伸出的突起称为棘突（Spinous process）。②从椎弓基部向两侧横向伸出的突起称为横突（Transverse process）。棘突和横突主要供肌肉和韧带附着。③椎弓背侧前缘和后缘各有一对前、后关节突（Articular process），它们与相邻椎骨的关节突构成关节。

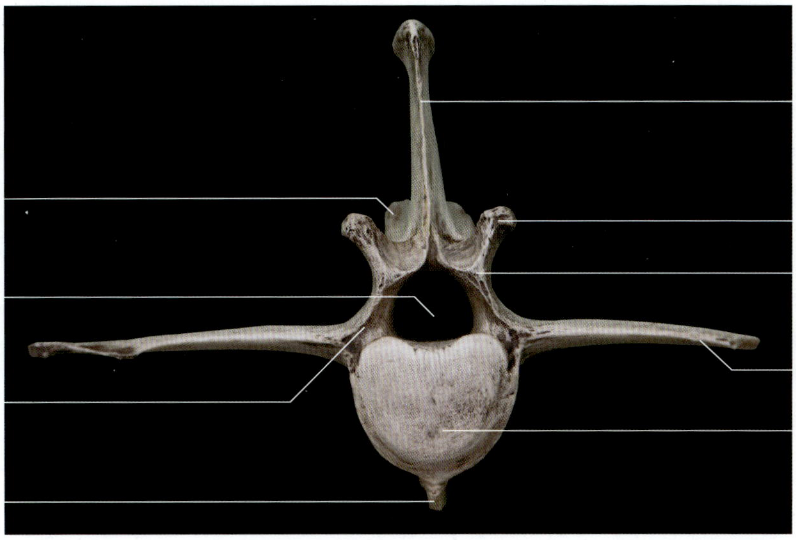

图 2-18　椎骨的基本构造

1. 棘突　2. 前关节突　3. 椎弓　4. 横突　5. 椎头　6. 腹侧嵴
7. 前切迹　8. 椎孔　9. 后关节突
（引自陈耀星，2013）

（2）各段椎骨的形态特征　不同动物椎骨的数目不同，例如，牛的脊柱由 49 ～ 51 枚椎骨组成，犬的由 50 ～ 53 枚椎骨组成（各种动物椎骨的数目详见表 2-1）。

表 2-1　动物椎骨的数目　　枚

动物	颈椎	胸椎	腰椎	荐椎	尾椎
牛	7	13	6	5	18 ～ 20
羊	7	13	6 ～ 7	4	13 ～ 24
马	7	18	6	5	15 ～ 21
猪	7	13 ～ 16	6 ～ 7	4	20 ～ 23
犬	7	13	7	3	20 ～ 23
兔	7	12	7	4	10

①颈椎（Cervical vertebrae）　一般有 7 枚。第 1 颈椎呈环形，又称为寰椎（Atlas）。寰椎由背侧弓和腹侧弓构成。背侧弓背面有背侧结节，腹侧弓腹面有腹侧结节。寰椎前面有成对关节窝，与枕骨髁成关节；后面有与第 2 颈椎成关节的鞍状关节面（后关节凹）。寰椎两侧的宽板叫寰椎翼（图 2-19）。寰椎翼的腹侧面凹，称寰椎窝。翼的前部有 2 个孔，内侧的通向椎管，称椎外侧孔；外侧的通向寰椎窝，称翼孔。犬无翼孔，但有翼切迹。马、猪和犬寰椎翼的后部有横突孔。第 2 颈椎又称枢椎（Axis），椎体发达，前端突出称为齿状突，与寰椎的鞍状关节面构成可转动的关节，棘突发达，呈板状（图 2-20）。椎弓根前部有大而圆的椎外侧孔。第 3 ～ 6 颈椎形态相似，椎体发达，椎头和椎窝明显；关节突发达，横突分前、后两支（图 2-21）。在横突基部有横突孔（Transverse foramen），各颈椎横突孔连结在一起形成横突管（Transverse canal），供血管和神经通过。第 7 颈椎的椎体短而宽，椎窝两侧有与第 1 肋骨成关节的关节面，棘突明显。

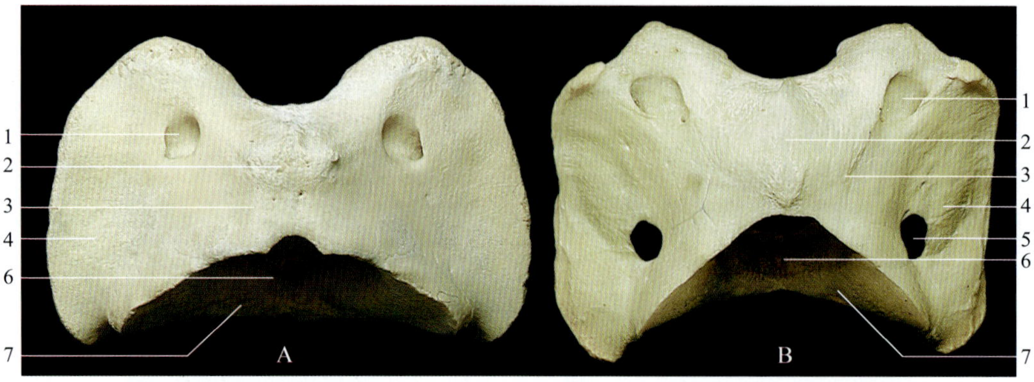

图 2-19　寰椎

A. 牛　B. 马

1. 翼孔　2. 背侧结节　3. 背侧弓　4. 寰椎翼　5. 横突孔　6. 后关节凹　7. 腹侧弓

（引自 König 和 Liebich，2007）

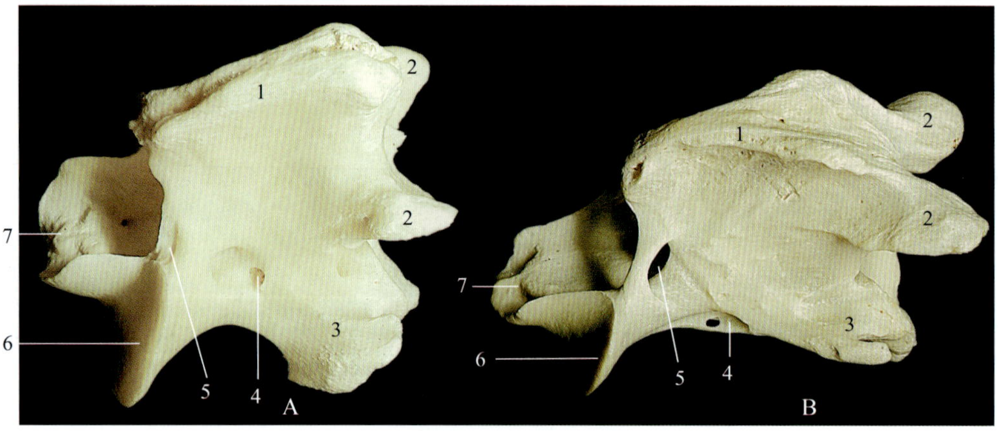

图 2-20　枢椎

A. 牛　B. 马

1. 棘突　2. 后关节突　3. 横突　4. 横突孔　5. 椎外侧孔　6. 鞍状关节面　7. 齿状突

（引自 König 和 Liebich，2007）

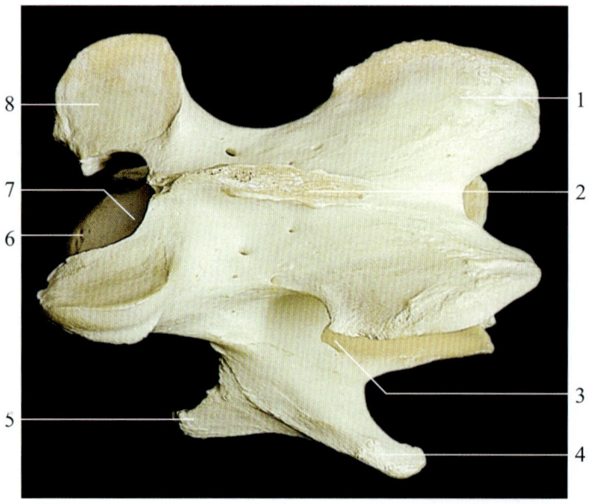

图 2-21　马第 3 颈椎（侧面观）

1. 后关节突　2. 棘突　3. 横突孔　4. 横突后支　5. 横突前支　6. 椎头　7. 椎孔　8. 前关节突及关节面

（引自 König 和 Liebich，2007）

②胸椎（Thoracic vertebrae） 牛、羊 13 枚，猪 14 枚或 15 枚，马 18 枚，犬、猫 13 枚，兔 12 枚。椎体大小较一致，在椎头和椎窝的两侧均有与肋骨头成关节的前、后肋窝（图 2–22）。棘突发达，以 2 ～ 6（牛）或 3 ～ 5（马）胸椎的棘突最高，是构成鬐甲的基础（图 2–23）。横突短，有小关节面与肋骨结节成关节。

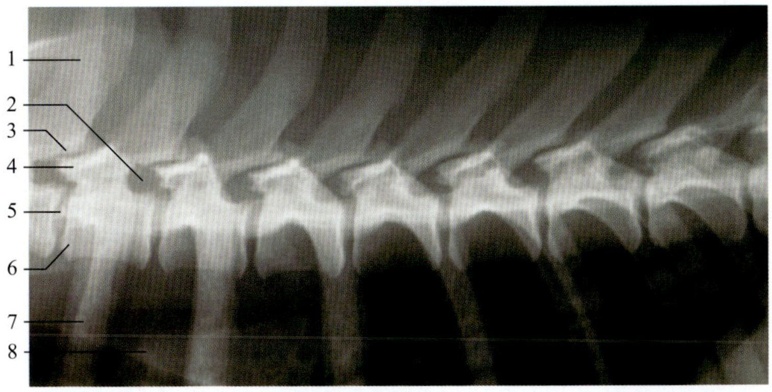

图 2–22　犬胸椎 X 光照片（侧面观）

1. 棘突　2. 椎间孔　3. 后关节突　4. 前关节突
5. 椎间盘　6. 椎体　7. 肋骨　8. 肺
（引自 König 和 Liebich，2007）

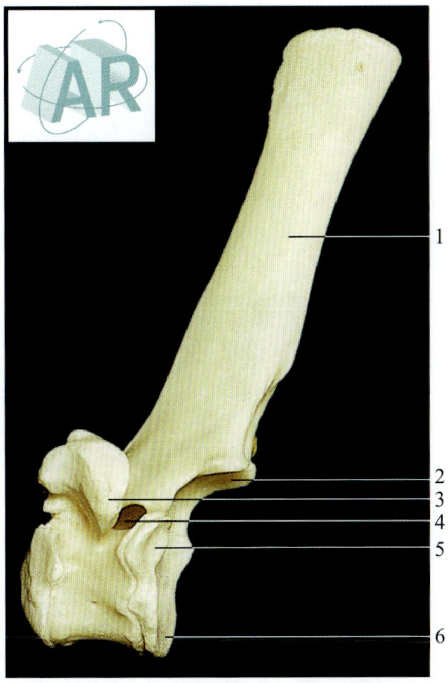

图 2–23　牛胸椎（侧面观）

1. 棘突　2. 后关节突　3. 横突及肋窝
4. 椎外侧孔　5. 后肋窝　6. 椎窝
（引自 König 和 Liebich，2007）

③腰椎（Lumbar vertebrae） 牛和马 6 枚，驴和骡常为 5 枚，猪和羊 6 枚或 7 枚，犬、猫和兔为 7 枚。腰椎椎体长度与胸椎相近；棘突较发达，其高度与后段胸椎得相等；横突长，牛的腰椎横突更长，呈上下压扁的板状，伸向外侧，有利于扩大腹腔顶壁的横径（图 2–24）。

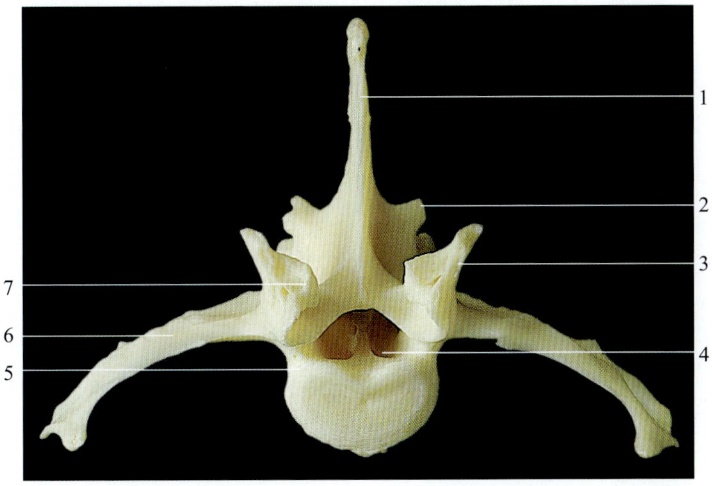

图 2–24　牛腰椎前面观

1. 棘突　2. 后关节突　3. 关节乳突　4. 椎孔　5. 椎前切迹　6. 横突　7. 前关节突
（引自 König 和 Liebich，2007）

④荐椎（Sacral vertebrae） 牛和马均 5 枚，驴常为 6 枚，羊、猪和兔 4 枚，犬和猫 3 枚，是构成骨盆腔顶壁的基础。成年家畜的荐椎愈合在一起，称为荐骨。荐骨前端两侧的突出部称荐骨翼（图 2–25）。第 1 荐椎椎体腹侧缘前端的突出部称荐骨岬。荐骨的背面和盆面每侧各有 4 个孔，分别称为荐背侧孔和荐盆侧孔，是血管和神经的通路。牛的荐骨愈合较完全，腹侧面凹，荐盆侧孔也大，棘突

顶端愈合形成粗厚的荐骨正中嵴。马的荐骨呈三角形，棘突未愈合。猪的荐骨愈合较晚，棘突不发达。犬荐骨呈四边形，棘突未愈合。

⑤ 尾椎（Coccygeal vertebrae） 数目变化大，牛有 18～20 枚，马有 15～21 枚，羊有 3～24 枚，猪有 20～23 枚，兔有 10 枚，犬有 20～30 枚。除前 3 枚或 4 枚尾椎具有椎骨的一般构造外，其余尾椎椎弓、棘突和横突则逐渐退化，仅保留有椎体。有的动物（如牛）的前几个尾椎椎体腹侧有成对腹棘，中间形成一血管弓，供尾中动脉通过，可在此诊脉（图 2-26）。

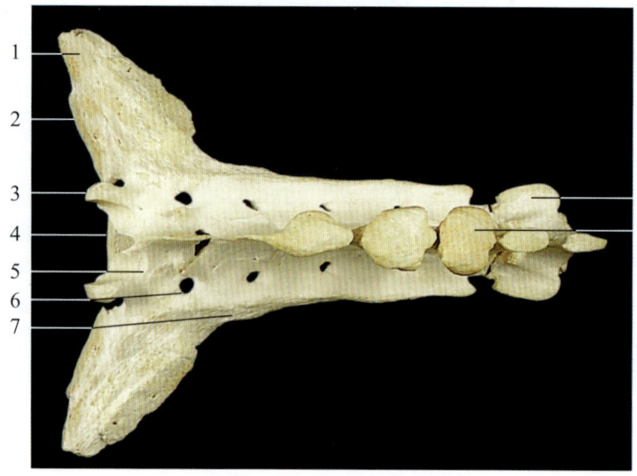

图 2-25　马荐骨背侧面

1. 荐骨翼和耳状关节面　2. 与第 6 腰椎形成关节的横突关节面　3. 前关节突　4. 椎孔　5. 椎弓　6. 荐背侧孔　7. 荐外侧嵴　8. 第 1 尾椎　9. 棘突

（引自 König 和 Liebich，2007）

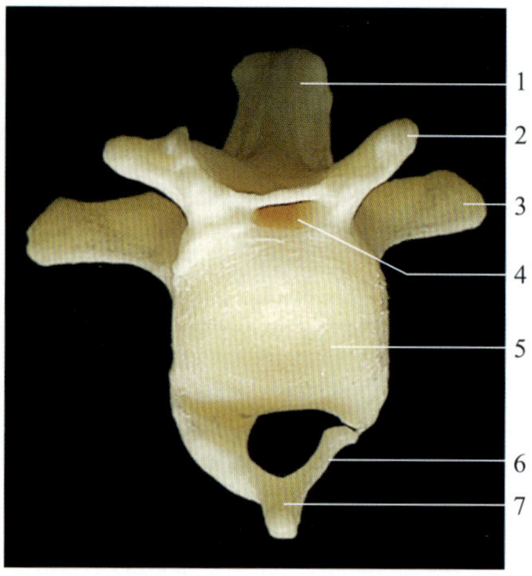

图 2-26　犬尾椎前面观

1. 后关节突　2. 前关节突　3. 横突　4. 椎孔　5. 椎体　6. 血管弓　7. 血管突

（引自 König 和 Liebich，2007）

2. 肋（Rib） 肋包括肋骨和肋软骨。肋骨（Costal bone）为弓形长骨，构成胸廓的侧壁，左、右成对。其对数与胸椎数目相同：牛、羊、犬 13 对，马 18 对，猪 13 对或 16 对。肋骨的椎骨端（近端）有肋骨小头和肋骨结节，分别与相应的胸椎椎体和横突成关节（图 2-27）。相邻肋骨间的空隙称为肋间隙。每一肋骨的下端接一肋软骨（Costal cartilage）。经肋软骨与胸骨直接相接的肋称真肋（Trae rib）。一般真肋有 8 对，但猪、犬分别有 7 对和 9 对。肋软骨不与胸骨直接相连，而是连于前一肋软骨上的肋称为假肋（False rib）。肋软骨不与其他肋相接的肋骨称为浮肋（Floating rib）。最后肋骨与各假肋的肋软骨依次连结形成的弓形结构称为肋弓（Costal arch），作为胸廓的后界。

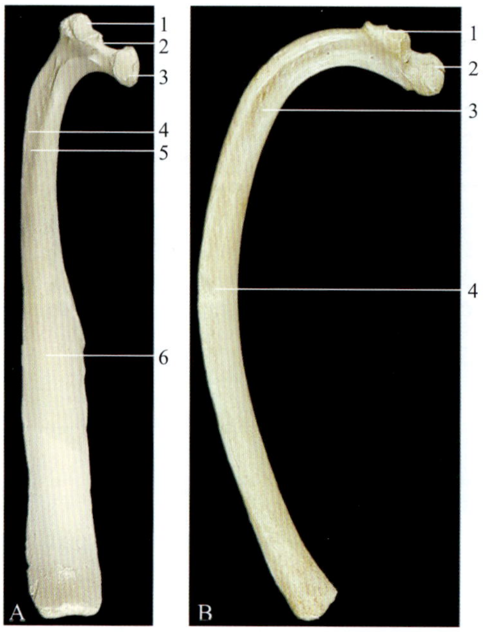

图 2-27　牛和猪的肋骨

A. 牛：1. 肋结节　2. 肋颈　3. 肋骨小头　4. 肋角　5. 肋沟　6. 肋骨干　B. 猪　1. 肋结节　2. 肋骨小头　3. 肋角　4. 肋骨干

（引自 König 和 Liebich，2007）

3. 胸骨（Breast bone, *Sternum*） 位于胸底部，由 6～8 个胸骨节片借软骨连结而成。其前端为胸骨柄；中部为胸骨体，两侧有肋窝，与真肋的肋软骨相接；后端为剑状软骨（图 2-28）。牛的胸骨较长，呈上下压扁状，无胸骨嵴，马的胸骨呈舟形，前部左右压扁，有发达的胸骨嵴，后部上下压扁。猪的胸骨与牛的相似，但胸骨柄明显突出。犬胸骨体两侧压扁，剑状软骨狭小。

背侧的胸椎、两侧的肋骨和肋软骨以及腹侧的胸骨围成胸部的轮廓，称为胸廓（Thorax，图 2-29），呈前小后大的截顶的圆锥形。胸前口较小，由第 1 胸椎、两侧的第 1 肋和胸骨柄构成。胸后口宽大，由最后胸椎、两侧的肋弓和腹侧的剑状软骨构成。马的胸廓前部两侧显著压扁，向后逐渐扩大。牛的胸廓较马的短。

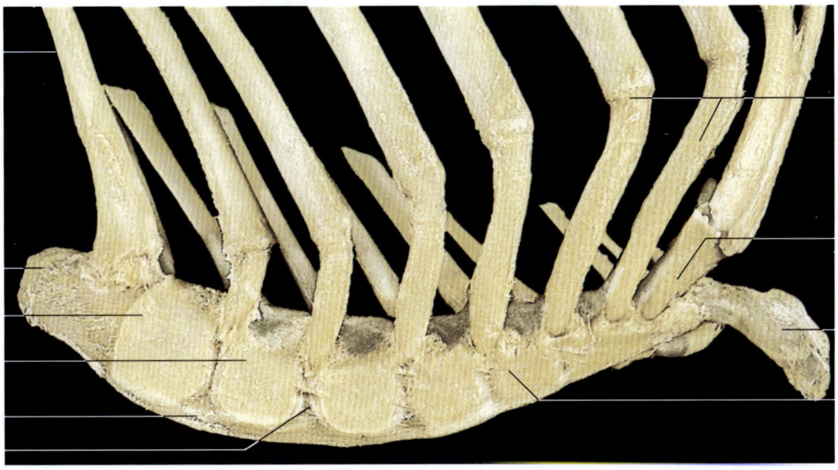

图 2-28　马胸骨与肋软骨（侧面观）

1. 真肋肋软骨　2. 第 8 肋软骨　3. 剑状软骨　4. 第 4 胸骨节　5. 胸骨软骨联合　6. 胸骨嵴　7. 第 1 胸骨节　8. 胸骨柄　9. 胸骨柄软骨　10. 第 1 肋

（引自 König 和 Liebich，2007）

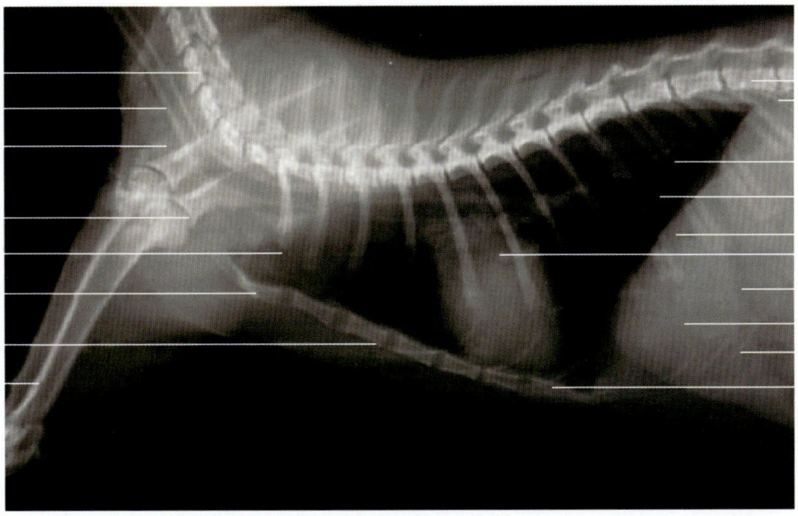

图 2-29　猫的胸部骨骼 X 光照片

1. 最后胸椎　2. 第 13 肋骨　3. 第 10 肋骨　4. 肺　5. 膈　6. 心　7. 肋软骨　8. 肝　9. 肋弓　10. 剑状软骨　11. 肱骨　12. 胸骨　13. 胸骨柄　14. 第 1 肋骨　15. 肩关节　16. 肩胛骨　17. 气管　8. 第 6 颈椎

（引自 König 和 Liebich，2007）

（三）前肢骨

前肢骨包括肩胛骨、肱骨、前臂骨和前脚骨，其中前臂骨包括桡骨和尺骨，前脚骨包括腕骨、掌骨、指骨（又分为系骨、冠骨和蹄骨）和籽骨（图 2-30）。

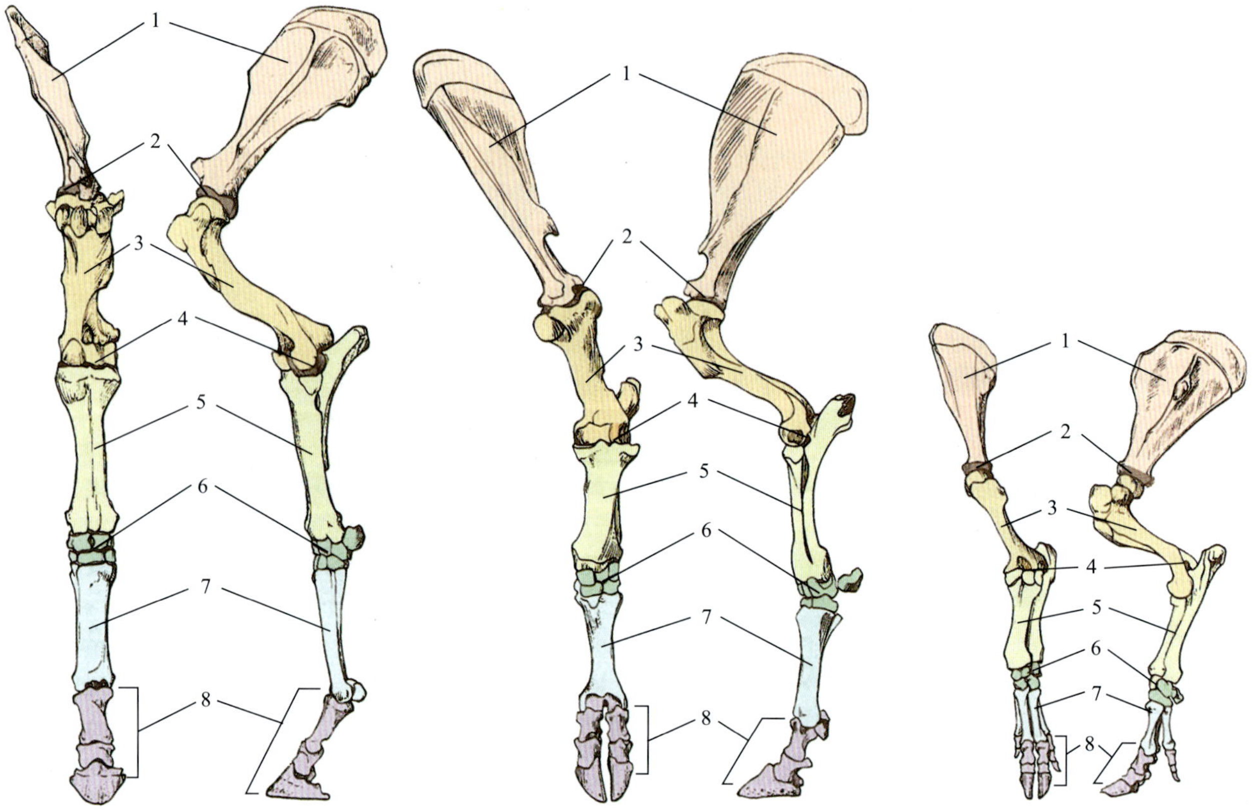

图 2-30　前肢骨前面观和外侧观

A. 马　B. 牛　C. 猪

1. 肩胛骨　2. 肩关节　3. 肱骨　4. 肘关节　5. 前臂骨（桡骨和尺骨）6. 腕骨　7. 掌骨　8. 指骨

（引自 Reece 和 Rowe，2017）

1. 肩胛骨（Scapula） 为三角形扁骨，外侧面有一纵向隆起，称肩胛冈。牛、兔、犬和猫的肩胛冈远端突出明显，称为肩峰。除肉食动物外，所有家养哺乳动物肩胛冈的背部到中部均有肩胛冈结节。马的肩胛冈发达，肩胛冈的中部有较粗大的冈结节（图 2-31）。猪的冈结节特别发达且弯向后方，肩

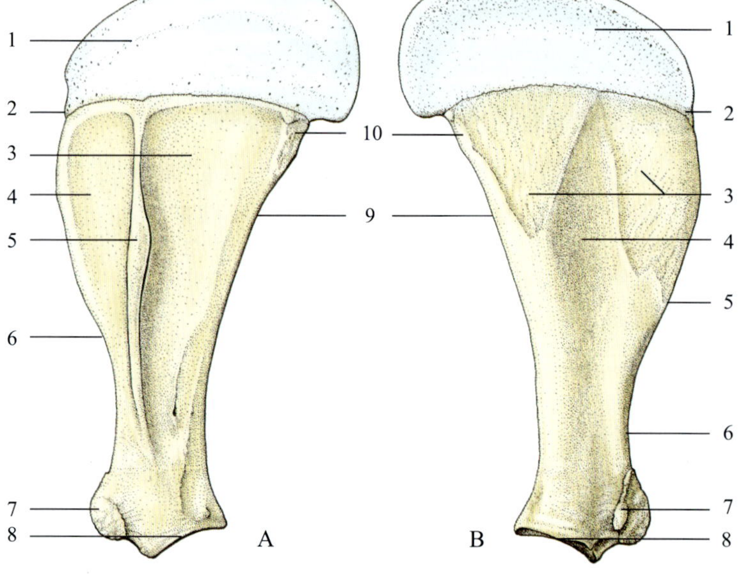

图 2-31　马左肩胛骨

A. 外侧面：1. 肩胛软骨　2. 前角　3. 冈下窝　4. 冈上窝　5. 冈结节　6. 肩胛切迹　7. 盂上结节　8. 关节盂　9. 后缘　10. 后角

B. 内侧面：1. 肩胛软骨　2. 前角　3. 锯肌面　4. 肩胛下窝　5. 前缘　6. 肩胛切迹　7. 盂上结节　8. 关节盂　9. 后缘　10. 后角

（引自 König 和 Liebich，2007）

峰不明显。肩胛冈前方称冈上窝，后方为冈下窝，供肌肉附着。肩胛骨内侧面的上部为三角形粗糙面，是锯肌面；中、下部凹窝，称为肩胛下窝。肩胛骨的上缘附有肩胛软骨，远端较粗大，有一圆形浅凹称为关节盂（肩臼）。肩臼前方突出部为盂上结节（肩胛结节）。

2. 肱骨（Humerus） 又称臂骨（Bone of arm），为管状长骨，可分为骨干和两个骨端（图 2-32）。近端后部球状关节面是肱骨头，前部内侧是小结节，外侧是大结节。两结节之间为肱二头肌沟。骨干呈不规则的圆柱状，形成一螺旋状沟为臂肌沟，外侧上部有三角肌粗隆，内侧中部有卵圆形的大圆肌粗隆。肱骨远端有内、外侧髁。髁间是鹰嘴窝（肘窝）。窝的两侧是内、外侧上髁。马的三角肌粗隆发达，而牛、羊、猪则不太发达，但大结节粗大。

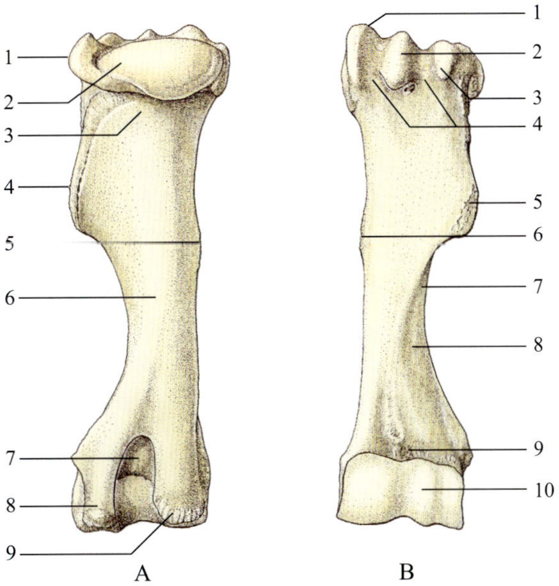

图 2-32 马左肱骨

A. 后面：1. 大结节 2. 肱骨头 3. 肱骨颈 4. 三角肌粗隆 5. 大圆肌粗隆 6. 肱骨体 7. 鹰嘴窝 8. 外侧上髁 9. 内侧上髁
B. 前面：1. 小结节 2. 中间结节 3. 大结节 4. 二头肌沟 5. 三角肌粗隆 6. 大圆肌粗隆 7. 肱骨嵴 8. 臂肌沟 9. 桡骨窝 10. 肱骨髁
（引自 König 和 Liebich，2007）

3. 前臂骨（Skeleton of forearm） 包括桡骨和尺骨（图 2-33）。桡骨（Radius）在前内侧，尺骨（Ulna）在后外侧。在马、牛和羊，桡骨发达；尺骨显著退化，仅近端发达，骨体向下逐渐变细，与桡骨愈合，近侧有间隙，称前臂骨间隙。尺骨近端高出桡骨的部分称为鹰嘴，其顶端粗糙部分称为鹰嘴结节，鹰嘴前缘的中部有一钩状突称为肘突。在猪、犬、兔和鼠等动物，尺骨发达，比桡骨粗长，两骨之间有较大的前臂间隙。

图 2-33 马左侧桡骨和尺骨

A. 外侧面 B. 内侧面
1. 鹰嘴结节 2. 内侧冠突 3. 韧带附着的内侧隆起 4. 前臂骨间隙 5. 横嵴 6. 内侧茎突 7. 桡骨滑车 8. 桡骨体 9. 尺骨体 10. 韧带附着的外侧隆起 11. 外侧冠突 12. 鹰嘴 13. 肘突 14. 滑车切迹 15. 腱沟 16. 尺骨外侧茎突
（引自 König 和 Liebich，2007）

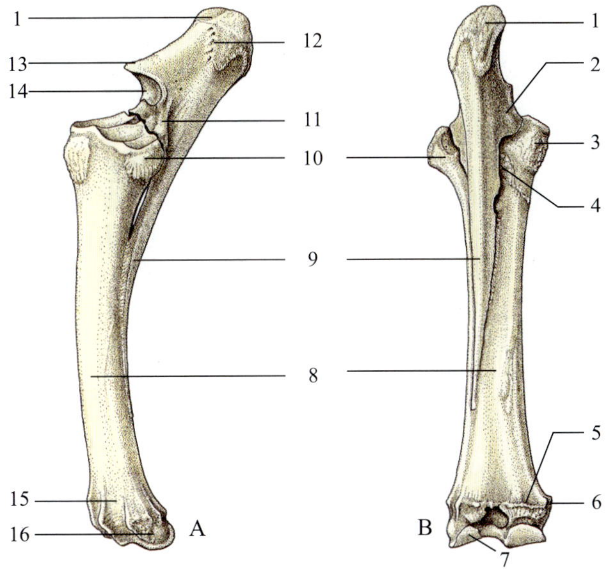

畜禽解剖学 第4版

自/学/知/识

在进化过程

手掌向后转（内

尺骨和桡骨则会

转运动能力受限

当旋转运动

着尺骨的环状关

做 45° 的外旋，

充骨间隙（Spati

而不能转动了。

4. 腕骨（Carpa

自内向外为桡腕骨

远列一般为 4 枚，

2 和第 3 腕骨愈合。

5. 掌骨（Meta

第 3、第 4 和第 5 掌

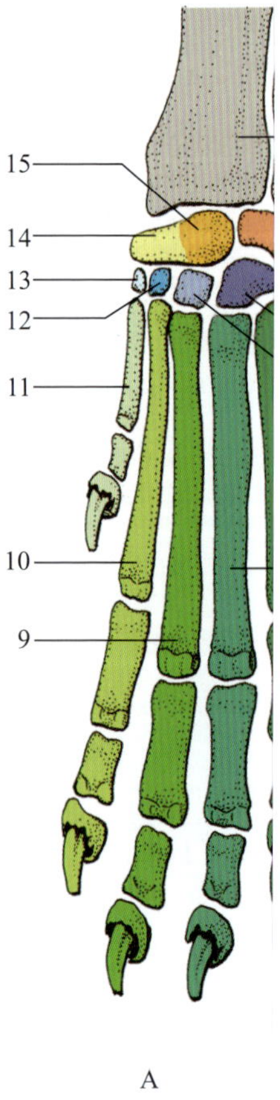

1. 尺骨 2.

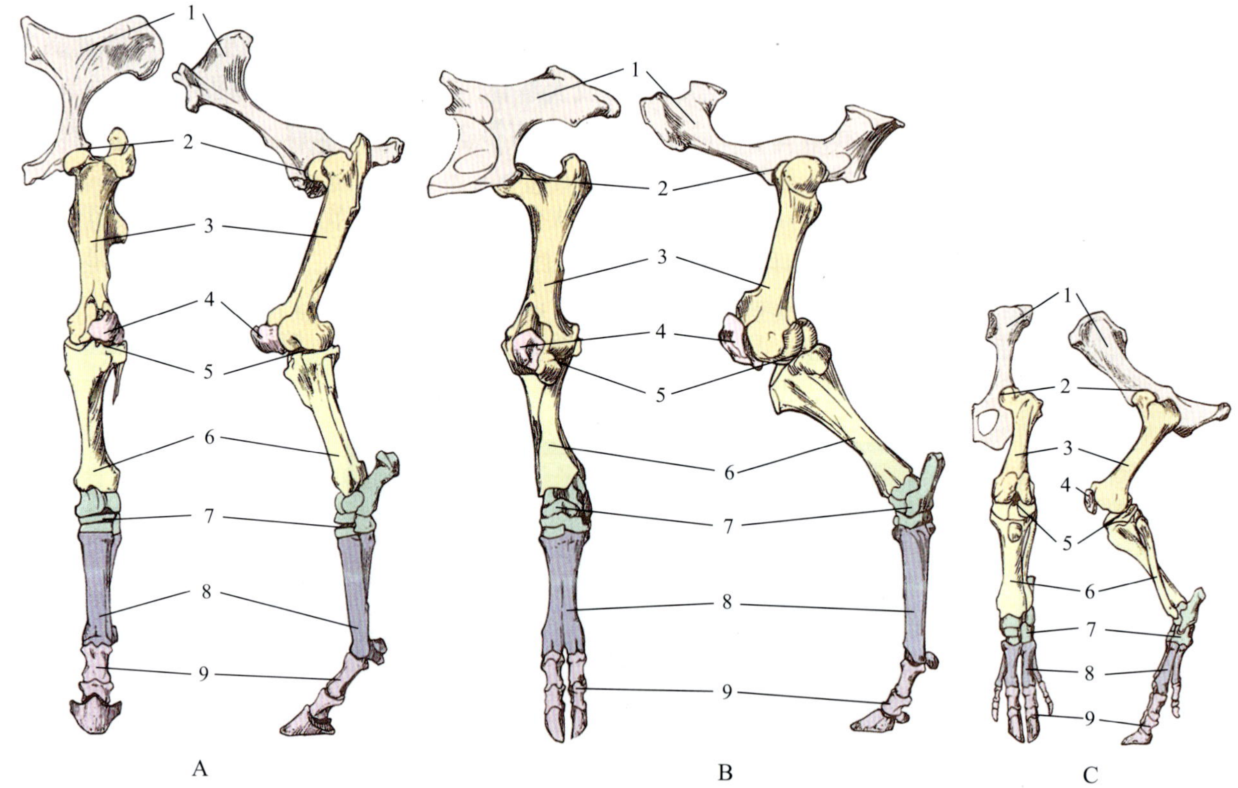

图 2–36 后肢骨前面观和外侧观

A. 马 B. 牛 C. 猪

1. 髋骨 2. 髋关节 3. 股骨 4. 膝盖骨 5. 膝关节 6. 小腿骨（胫骨和腓骨） 7. 跗骨 8. 跖骨 9. 趾骨

（引自 Reece 和 Rowe，2017）

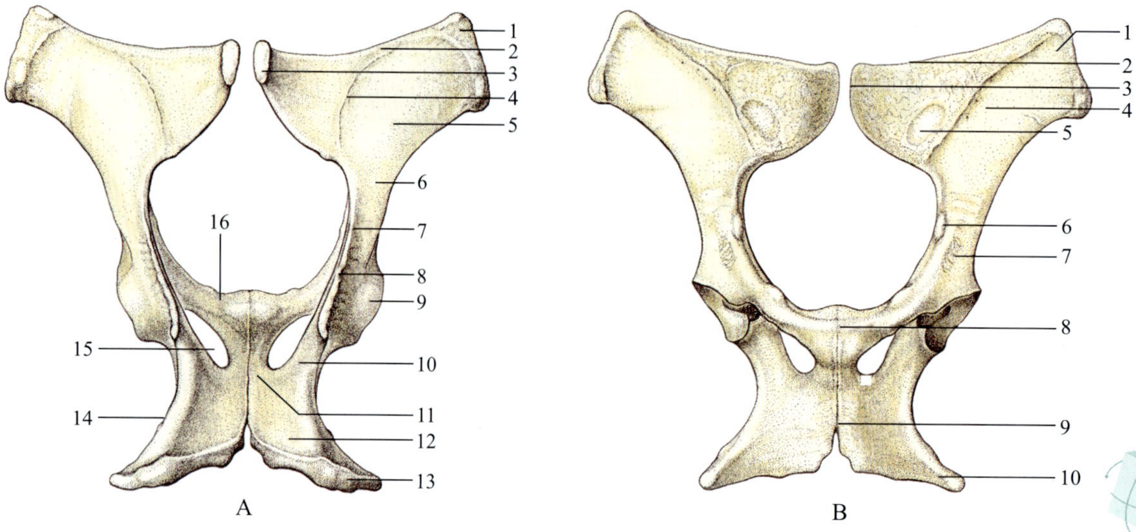

图 2–37 马髋骨

A. 背侧面：1. 髋结节 2. 髂嵴 3. 荐结节 4. 臀线 5. 髂骨翼 6. 髂骨体 7. 坐骨大切迹 8. 坐骨棘 9. 髋臼 10. 坐骨体 11. 坐骨支 12. 坐骨板 13. 坐骨结节 14. 坐骨小切迹 15. 闭孔 16. 耻骨

B. 腹侧面：1. 髋结节 2. 髂嵴 3. 荐结节 4. 髂肌面 5. 耳状关节面 6. 腰小肌结节 7. 髂骨体 8. 耻骨联合 9. 坐骨联合 10. 坐骨结节

（引自 König 和 Liebich，2007）

后者供股骨头韧带附着。左、右侧髋骨在骨盆中线处以软骨连结形成骨盆联合。骨盆（Pelvis）是指由两侧髋骨、背侧的荐骨和前4枚尾椎以及两侧的荐结节阔韧带共同围成的结构，呈前宽后窄的圆锥形腔。前口大，以荐骨岬、髂骨和耻骨为界；后口小，背侧为尾椎，腹侧为坐骨，两侧为荐结节阔韧带后缘。骨盆形态因性别而异，雌性动物骨盆的底壁平而宽，雄性动物则较窄。雌性动物骨盆入口的倾斜度即正中直径（荐骨岬至骨盆联合前端的直线）、骨盆的垂直径（骨盆联合前端与荐骨的垂直线）、髋骨两侧对应点的距离（髋结节间距、坐骨棘间距和坐骨结节间距）和骨盆后口都较雄性的大。

（1）髂骨（Ilium） 位于髋骨的外上方，为三角形的扁骨，从前上方斜向后下方。前部宽扁，称髂骨翼；后部窄小，呈三棱柱状，称髂骨体。髂骨翼的背外侧面称臀肌面，有臀肌附着；腹内侧面称荐盆面，包括外侧部的平滑髂肌面和内侧部的粗糙髂骨粗隆与耳状关节面，后者与荐骨翼成关节。髂骨翼的外侧角粗大，称髋结节，内侧角为荐结节。髂骨体的背内侧缘形成坐骨大切迹，切迹后方为坐骨棘；腹侧缘有腰小肌结节，供腰小肌附着。

（2）坐骨（Ischium） 为不正的四边形，位于髋骨的后下方，构成骨盆底的后部。坐骨前缘与耻骨围成闭孔；后外角粗大，称坐骨结节。坐骨结节与坐骨棘之间为坐骨小切迹。左、右侧坐骨的后缘连成坐骨弓。两侧坐骨内侧缘被软骨结合形成坐骨联合，形成骨盆联合的后部。

（3）耻骨（Pubis） 较小，位于髋骨的前下方，构成骨盆底的前部。耻骨的前缘称耻骨梳，后缘与坐骨前缘共同围成闭孔。两侧耻骨内侧缘由软骨结合形成耻骨联合，构成骨盆联合的前部。

2. 股骨（Thigh bone, Femur） 为管状长骨。近端粗大，内侧是球状的股骨头，头的中央有一凹陷称头窝，供圆韧带（股骨头韧带）附着，与髋臼成关节；外侧有粗大的突起，称大转子。猪和犬的大转子的高度不超过股骨头，但马和牛的大转子超过股骨头，且马的大转子被一切迹分为前、后两部。骨干呈圆柱状，内侧近1/3处的嵴称为小转子；外侧缘在与小转子相对处有一较大的突，称第3转子。牛、猪和犬的第3转子不明显或缺如，马的第3转子发达（图2-38）。股骨远端粗大，前部是滑车关节面，由内侧嵴和外侧嵴组成，内侧嵴高，与膝盖骨成关节；后部由股骨内、外侧髁构成，与胫骨成关节。在两髁间有深的髁间窝，而髁内、外侧的上方有内、外侧上髁，供肌肉、韧带附着。

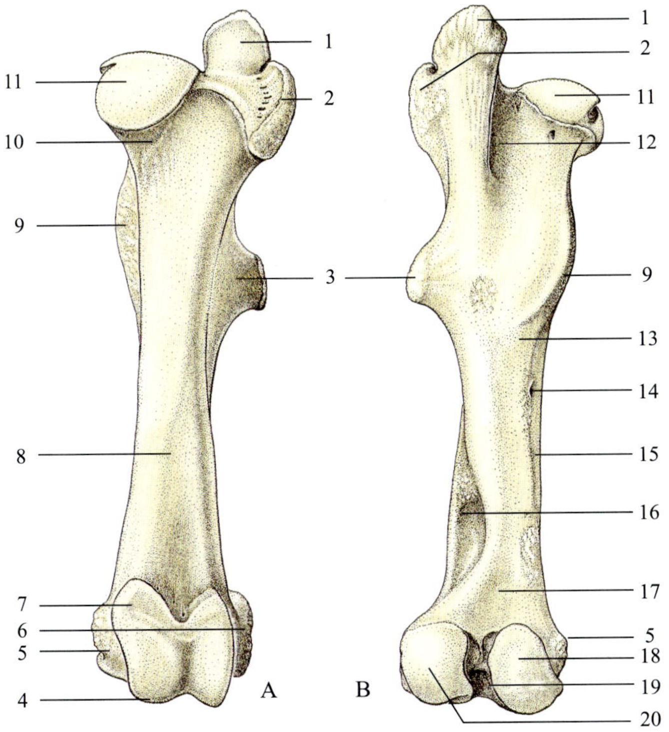

图2-38 马左股骨

A. 前面观 B. 后面观

1. 大转子后部 2. 大转子前部 3. 第3转子 4. 股骨滑车 5. 内侧上髁 6. 外侧上髁 7. 股骨滑车结节 8. 股骨干 9. 小转子 10. 股骨颈 11. 股骨头 12. 转子窝 13. 粗糙面 14. 滋养孔 15. 内侧缘 16. 髁上窝 17. 腘肌面 18. 内侧髁 19. 髁间窝 20. 外侧髁

（引自König和Liebich，2007）

3. 膝盖骨（Kneecap，Patella） 又称髌骨，呈顶端向下的楔形，位于股骨远端的前方。膝盖骨的前面粗糙，供肌腱、韧带附着，后面为与股骨滑车形成关节的关节面。

4. 小腿骨（Skeleton of leg） 包括胫骨和腓骨（图 2-39）。胫骨（Tibia）位于小腿内侧，粗大，呈三面棱柱状长骨。近端粗大，有胫骨内、外侧髁，与股骨髁成关节。骨干为三面体，背侧缘隆起，称胫骨嵴。远端有螺旋状滑车（胫骨蜗），与胫跗骨成关节。腓骨（Fibula）细小，位于胫骨近端外侧。马的腓骨近端较大，称腓骨头，骨体向下逐渐尖细，远端细小，与胫骨的远端愈合。在牛、羊，腓骨更退化，仅有两端，无骨体，其近端为退化的腓骨头，远端腓骨又称踝骨（Malleolar bone）。猪、犬的腓骨发达，长度与胫骨相当，两骨之间为小腿骨间隙（Interosseous space of crus）。

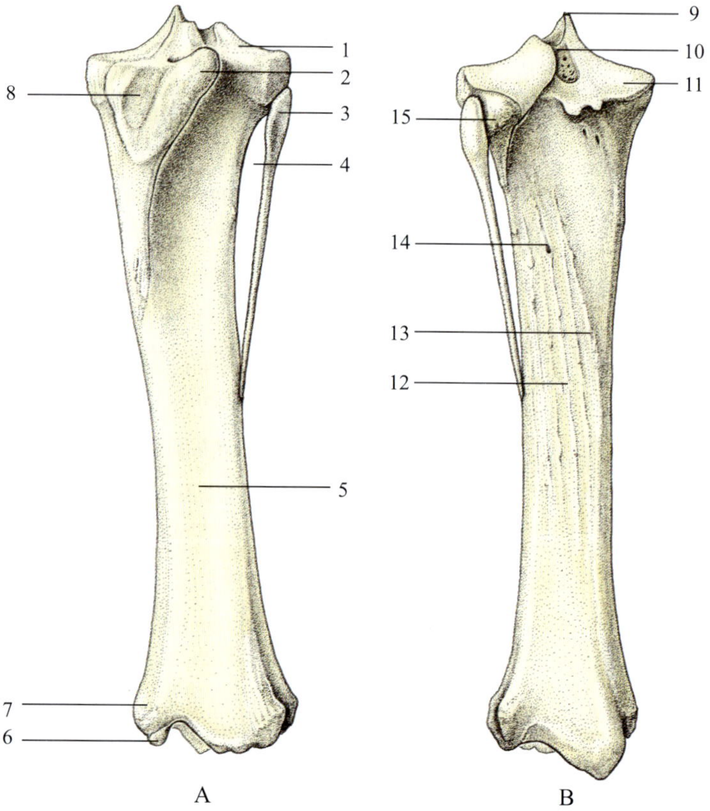

图 2-39 马左小腿骨

A. 前面观 B. 后面观

1. 外侧髁 2. 胫骨粗隆 3. 腓骨头 4. 小腿骨间隙 5. 胫骨 6. 胫骨蜗 7. 内侧踝 8. 胫骨粗隆沟 9. 髁间隆起 10. 中央髁间区 11. 内侧髁 12. 肌线 13. 腘肌线 14. 滋养孔 15. 腘切迹

（引自 König 和 Liebich，2007）

5. 跗骨（Tarsal bone） 由数枚短骨构成，位于小腿骨与跖骨之间。各种家畜跗骨的数目不同，但一般分为近、中、远 3 列（图 2-40）。近列有 2 枚，内侧是距骨（胫跗骨），外侧是跟骨（腓跗骨）。跟骨近端粗大，称跟结节。中列仅有 1 枚中央跗骨。远列由内向外依次是第 1、第 2、第 3 和第 4 跗骨。牛、羊的跗骨共 5 枚，第 2、第 3 跗骨愈合，第 4 跗骨与中央跗骨愈合；马的跗骨共 6 枚，第 1、第 2 跗骨愈合；猪、犬共有 7 枚跗骨。

6. 跖骨（Metatarsal bone） 与前肢掌骨的形态和数目相似，但较细长。

7. 趾骨（Digital bone） 分系骨、冠骨和蹄骨，与前肢指骨的形态和数目相似。一般犬缺第 1 趾，但纯种日本秋田犬和纪州犬常有第 1 趾。

8. 籽骨（Sesamoid bone） 位置、形态与前肢籽骨相似。

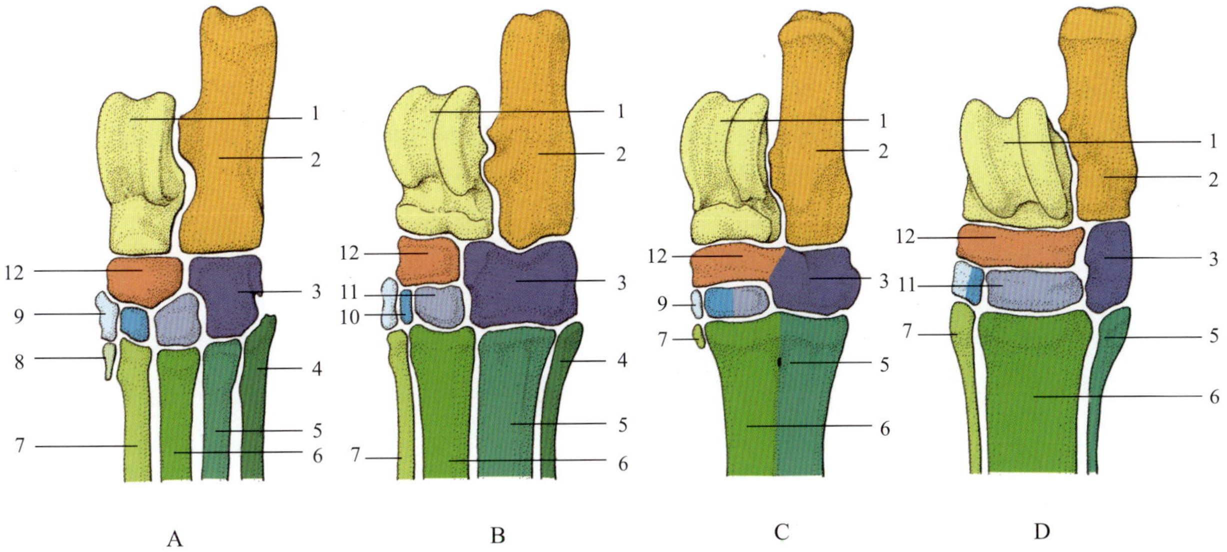

图 2-40　不同家畜动物跗骨示意图

A. 犬　B. 猪　C. 牛　D. 马

1. 距骨　2. 跟骨　3. 第 4 跗骨　4. 第 5 跖骨　5. 第 4 跖骨　6. 第 3 跖骨　7. 第 2 跖骨

8. 第 1 跖骨　9. 第 1 跗骨　10. 第 2 跗骨　11. 第 3 跗骨　12. 中央跗骨

（引自 König 和 Liebich，2007）

临床知识

骨盆底（Solum pelvis osseum）在产科学上具有重要的意义。在反刍动物，骨盆底深凹，特别是在横向，且在后部斜向背侧；在肉食动物，骨盆底也是凹的，但较浅；在马，骨盆底平坦、垂直。骨盆腔的几个直径定义为伸展于骨盆骨质标志之间的直径。在产科学上使用如下骨盆腔测量：

- 骨盆轴（Axis pelvis）：为由前向后方向的、经过荐骨和骨盆联合之间所有连线中点的假设线。
- 骨盆直径（Diameter conjugata）：从荐骨岬到骨盆联合前缘的距离。它反映骨盆入口的大小。
- 骨盆对角径（Conjugata diagonalis）：从荐骨岬到骨盆联合后缘的距离。
- 垂直径（Diameter verticalis）：荐骨或尾椎与骨盆联合前缘之间的直径，与骨盆联合呈直角。

骨盆腔直径：为背腹向直径，具有重要的临床实践意义。在反刍动物、马和成年猪，垂直径伸展于荐骨和骨盆联合之间，它使骨盆不可能扩展。在肉食动物，荐骨很短，垂直径伸展于尾椎和骨盆联合之间。

第二节　骨的连结

骨连结是指骨与骨之间借纤维结缔组织、软骨或骨组织的连结。

一、骨连结的类型

根据骨间连结及其运动形式不同，可分为直接连结和间接连结两大类。

（一）直接连结

骨连结间由结缔组织、软骨或骨直接相连，无腔隙，不活动或有少许活动，具有保护和支持功能。由于骨连结间组织的不同，可分为纤维连结和软骨连结。

1. 纤维连结（Fibrous joint） 即两骨间借纤维结缔组织相连，连接牢固，一般无活动性，因此又称不动连结。这种连结有缝（Seam）和韧带连结（Ligamentous joint）两种方式，如头骨诸骨之间的缝，椎弓间的黄韧带以及桡骨与尺骨间的韧带连结等。纤维连结常随年龄的增长而骨化，成为骨性连结，不再具有活动性。

2. 软骨连结（Cartilaginous joint） 两骨间借软骨组织相连，具有弹性和韧性，能微量活动或基本不活动，故又称微动连结。软骨连结包括两种形式：透明软骨连结，如长骨的骨干与骺之间的结合，这种连结一般为暂时性的，随着年龄增长逐渐骨化，成为骨性连结（Synosteosis）；纤维软骨连结，如椎体间的椎间盘和骨盆联合等，这种连结在正常情况下一般不骨化。

（二）间接连结

间接连结又称滑膜连结（Synovial joint），简称关节（Articulation, Joint），是骨连结的最高分化形式，也是骨连结中较普遍的一种形式。其特点是骨与骨之间借由结缔组织构成的关节囊相连，不直接相连，其间有腔隙，周围有滑膜包围，活动度较大。

二、关节的结构

关节的结构包括基本结构和辅助结构两部分。

（一）关节的基本结构

畜体内任何关节均具备下列基本结构：关节面、关节软骨、关节囊、关节腔和血管、神经与淋巴管等（图 2–41）。

1. 关节面（Articular surface）和关节软骨（Articular cartilage） 关节面是组成关节的骨与骨相对的光滑面。关节面均覆盖有一层光滑的透明软骨，称关节软骨，富有弹性，具有减少摩擦和缓冲外力冲击的作用。关节软骨不含血管、淋巴管和神经，其营养由滑液和滑膜层血管渗透获得。关节面的形状多样，但大多一凹一凸，主要是适应关节的运动。家畜中常见的关节面形态有窝形、球形、髁状和滑车状，运动范围较大；少数关节面呈平面，运动范围较小，主要起支持作用。

2. 关节囊（Articular capsule） 为由结缔组织构成的囊，附着于关节面周缘及其附近的骨面上。关节囊壁由外层的纤维层（Fibrous layer）和内层的滑膜层（Synovial layer）构成。纤维膜由致密结缔组织构成，周缘与骨膜相延续，厚而坚韧，其厚度与关节的功能相适应，有保护作用。滑膜层由疏松结缔组织构成，薄、柔软而光滑，与关节软骨围成密闭的关节腔。滑膜具有丰富的毛细血管网，向关节腔内形成皱褶和绒毛，能分泌滑液到腔内，润滑关节、缓冲震动，并营养关节软骨和排出代谢产物。关节囊有丰富的血管、淋巴管和神经分布。关节囊的厚

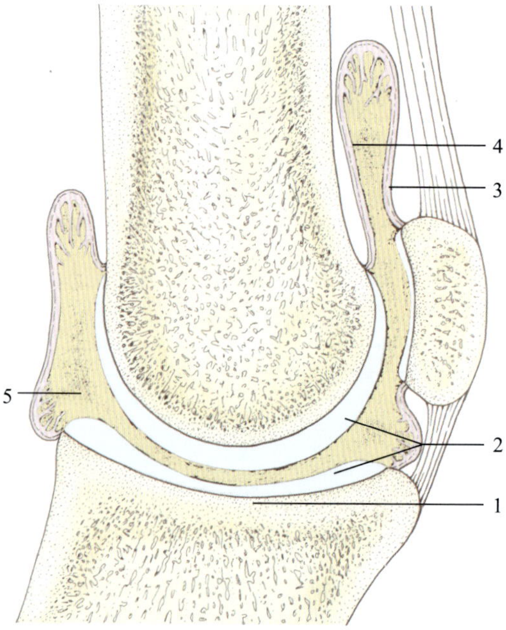

图 2–41 关节构造模式图

1. 关节面 2. 关节软骨 3. 关节囊纤维层 4. 关节囊滑膜层 5. 关节腔

（引自 König 和 Liebich，2007）

薄和紧张度与关节的稳固性和灵活性有关。如果关节负重较大，关节囊坚厚而紧张，比较稳固而灵活性较差；如果关节运动灵活，则关节囊薄而松弛。

3. 关节腔（Articular cavity） 是由关节软骨与滑膜层围成的密闭腔隙，腔内含少量滑液，可减少关节运动的摩擦。关节腔内为负压，这对关节的运动和维持关节的稳定性都有一定作用。

4. 血管、淋巴管及神经 关节囊各层均有丰富的血管、神经和淋巴管网分布。关节的动脉来自附近动脉的分支，神经也来自附近神经的分支，滑膜层有丰富的神经纤维分布，并有特殊的感觉神经末梢分布，如环层小体。

（二）关节的辅助结构

关节的辅助结构主要是部分关节为适应特殊功能而形成的一些结构，主要包括韧带、关节盘和关节唇。

1. 韧带（Ligament） 见于多数关节，是由致密纤维结缔组织束构成，有囊外韧带和囊内韧带两种。位于关节囊之外的称囊外韧带（Extracapsular ligament），其中位于关节两侧的称内、外侧副韧带（Medial / Lateral collateral ligament）；位于关节囊壁的纤维层与滑膜层之间的称囊内韧带（Intracapsular ligament），如髋关节的圆韧带。位于骨间的称为骨间韧带。韧带可增强关节的稳固性，并可限定关节的运动。

2. 关节盘（Articular disc） 是位于两关节面之间的纤维软骨板或致密结缔组织，中间较薄，周缘略厚，其周缘附着在关节囊内面，将关节腔分隔为两部分，使关节变成复关节，关节的运动范围得以扩大，同时它可使两关节面更加吻合，并有扩大关节运动范围和缓冲震动的作用。关节盘多呈圆盘形，如椎体间的椎间盘，但膝关节中的关节盘呈半月形，称半月板。

3. 关节唇（Articular labrum） 指附着在关节窝周缘的纤维软骨环，具有加深关节窝、扩大关节面、增强关节稳固性的作用，如髋臼周缘的缘软骨。

三、关节的运动

关节的运动形式与关节面的形状及韧带的分布有密切的关系。关节的运动有下列 4 种。

1. 滑动（Gliding movement） 是关节最简单的运动形式，一个关节面在另一个关节面上滑动。如股髌关节。

2. 屈和伸运动 是关节沿横轴进行的运动。运动时构成关节的两骨角度发生变化，关节角变小的运动称屈（Flexion）；相反，关节角增大的运动为伸（Extension）。

3. 内收和外展运动 是关节沿纵轴进行的运动。运动时骨向正中矢状面靠拢的运动称内收（Adduction）；反之，使骨远离正中矢状面的运动为外展（Abduction）。

4. 旋转（Rotation） 即骨围绕垂直轴进行的运动。骨运动时，向前内侧旋转称旋内（Pronation）；反之，向后外侧旋转称旋外（Supination）。有的运动，骨的上端在原位转运，下端做圆圈或椭圆运动，称为环转（Circumduction），它实际上是内收、外展和屈、伸相结合的一种运动。

四、关节的类型

（一）根据构成关节的骨的数目分类

分为单关节和复关节。单关节（Simgle joint）仅由两枚骨连结形成，如肩关节。复关节（Composite joint）有以下两种形式：①由两枚以上的骨构成，如腕关节。②在两枚骨间夹有关节盘构成，如股胫关节。

（二）按照关节运动轴的多少分类

分为单轴关节、双轴关节和多轴关节 3 类。

1. 单轴关节（Uniaxial joint） 只有一个运动轴，只能沿一个轴作屈、伸运动。如肘关节。

2. 双轴关节（Biaxial joint） 有两个互相垂直的运动轴，既能围绕横轴作屈、伸运动，又能围绕纵轴左、右摆动，如寰枕关节。

3. 多轴关节（Multiaxial joint） 具有3个互相垂直的运动轴，可作各种方向的运动。根据关节面的不同可分为两种形式。一为关节面呈球、窝状，如髋关节，能作伸、屈、内收、外展运动和旋转运动；另一为平面关节，如腕骨间关节和肩关节。

五、躯干骨的连结

躯干骨的连结包括脊柱连结和胸廓连结。

（一）脊柱连结

躯干骨的一系列椎骨借骨连结形成脊柱，构成畜体的中轴，也是畜体的支柱，起到支撑颅部、支持体重、保护脊髓及运动躯干的功能。脊柱连结包括椎体间连结、椎弓间连结、寰枕关节和寰枢关节。

1. 椎体间连结 为相邻椎骨的椎头和椎窝借纤维软骨和韧带相连接。但是，寰枕关节和寰枢关节缺如纤维软骨。纤维软骨呈圆盘状，称椎间盘（Interverbral disc）（图2-42）。盘的中央为柔软而富有弹性的髓核（Pulpy nucleus），外周是纤维环（Fibrous ring），为胚胎时期脊索的遗迹。椎间盘具有弹性，在运动时起缓冲作用。椎间盘越厚的部位，活动范围越大，颈部和尾部的椎间盘厚，所以活动性也较大。

主要韧带有背侧纵韧带（Dorsal longitudinal ligament）和腹侧纵韧带（Ventral longitudinal ligament）（图2-42）。背侧纵韧带位于椎管的底壁，由枢椎向后伸延止于荐骨，有防止椎间盘脱出的作用；腹侧纵韧带位于椎体和椎间盘的腹侧，起始于第7胸椎，止于荐骨的骨盆面。

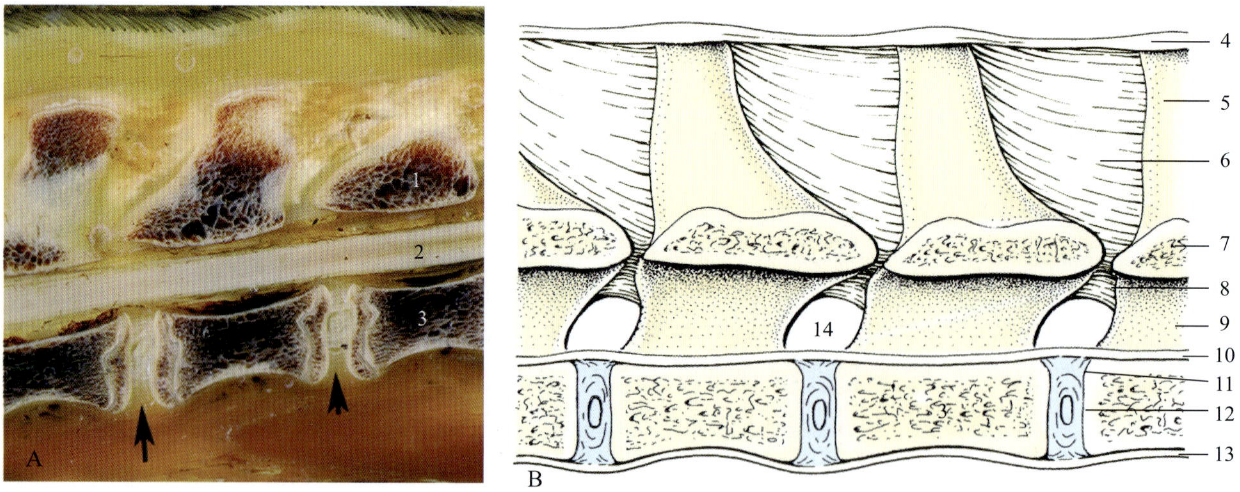

图2-42 腰椎间盘（矢状面）

A. 实物标本 B. 示意图

1. 棘突 2. 脊髓 3. 椎体 4. 棘上韧带 5. 棘突 6. 棘间韧带 7. 椎弓 8. 弓间韧带 9. 椎管 10. 背侧纵韧带 11. 椎间盘纤维环 12. 椎间盘髓核 13. 腹侧纵韧带 14. 椎间孔 ↑. 椎间盘

（引自König和Liebich，2007）

2. 椎弓间连结 主要由相邻的关节突间或棘突间借助关节囊和短的韧带相连形成。颈部的关节囊宽大，活动性也大，胸腰部的小而紧。

椎弓间连接的韧带包括棘上韧带、横突间韧带和棘间韧带。

棘上韧带和项韧带（图 2–43）：棘上韧带（Supraspinal ligament）为由枕骨向后伸延到荐骨，连于多数椎骨棘突顶端的长的韧带，其作用是连接和固定椎骨，协助头颈部肌肉支持头颈。颈部和胸前部的棘上韧带特别强大而富有弹性，主要由弹性纤维构成，呈黄色，称为项韧带（Nuchal ligament），并分为左、右两侧部，每侧又分索状部和板状部。索状部（Nuchal funiculus）呈圆索状，起始于枕外隆凸，由枢椎向后，左、右并列，沿颈的背侧缘向后延伸至第 3 ～ 4 胸椎棘突两侧，逐渐加宽变扁，并逐渐变小，至腰部消失。板状部（Nuchal lamina）呈板状，位于索状部和颈椎棘突之间，由左、右两层构成，两层间以疏松结缔组织相连，由第 2 ～ 3 胸椎棘突及索状部，向前下方伸延止于颈椎棘突。牛、马的项韧带很发达，牛项韧带板状部后部为单层。猪的项韧带不发达。犬棘上韧带从枢椎至第 3 尾椎，项韧带无板状部。

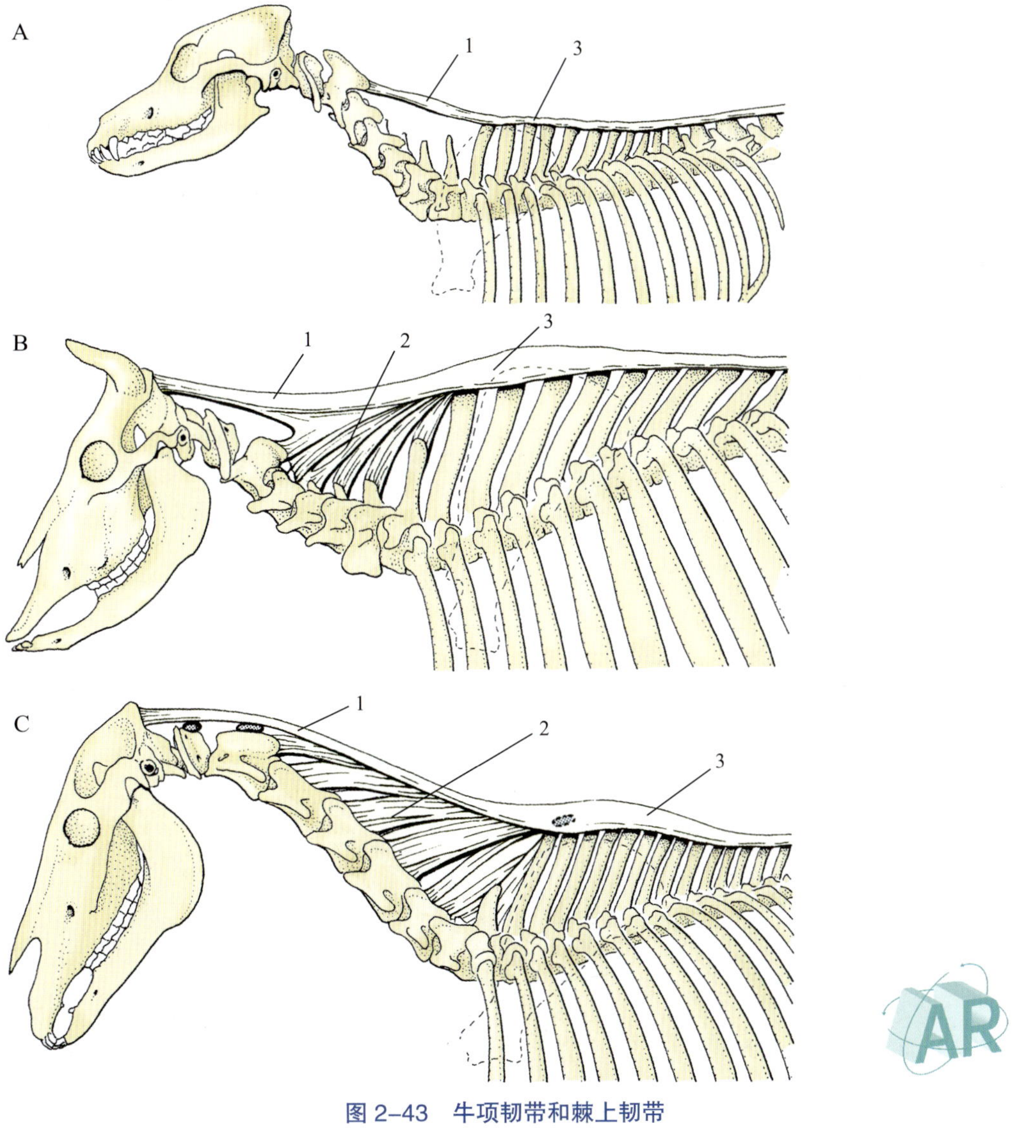

图 2–43　牛项韧带和棘上韧带

A. 犬　B. 牛　C. 马

1. 项韧带索状部　2. 项韧带板状部　3. 棘上韧带

（引自 König 和 Liebich，2007）

横突间韧带（Intertransverse ligament）和棘间韧带（Interspinous ligament）：为分别连接相邻椎骨的横突、棘突之间的短韧带，均由弹性纤维构成。腰部无横突间韧带。

3. 寰枕关节（Atlanto–occipital joint） 由寰椎的前关节凹与枕骨的枕骨髁构成，为双轴关节，可作屈、伸和小范围的侧转运动。它的关节囊宽大，而且有一对连结在寰椎翼和枕骨颈静脉突之间的外侧韧带。

4. 寰枢关节（Atlantoaxial joint） 由寰椎的鞍状关节面与枢椎齿状突构成，关节囊松大，运动范围较大，可作旋转运动，即左、右转动头部。

（二）胸廓连结

包括肋椎关节和肋胸关节。

1. 肋椎关节（Costovertebral joint） 是每一肋骨近端与胸椎相连结构成的关节，包括肋头关节（Costal head joint）和肋横突关节（Costotransverse joint）（图 2–44）。前者是由肋骨小头两个小关节面与相邻胸椎椎体上的前、后肋凹组成；后者是由肋结节关节面与胸椎横突肋凹形成的关节。这两个关节在功能上属于联合关节。肋椎关节的运动可使肋前后移动产生呼吸运动，前部的关节活动性小，后部的活动范围大。

2. 肋胸关节（Costosternal joint） 由真肋的肋软骨与胸骨两侧的肋窝构成的微动的关节，有关节囊和韧带。第 2 ～ 11 肋骨远端和肋软骨的近端还构成肋软骨关节（Costochondral joint），也有关节囊韧带和肋间韧带（Intercostal ligament）。

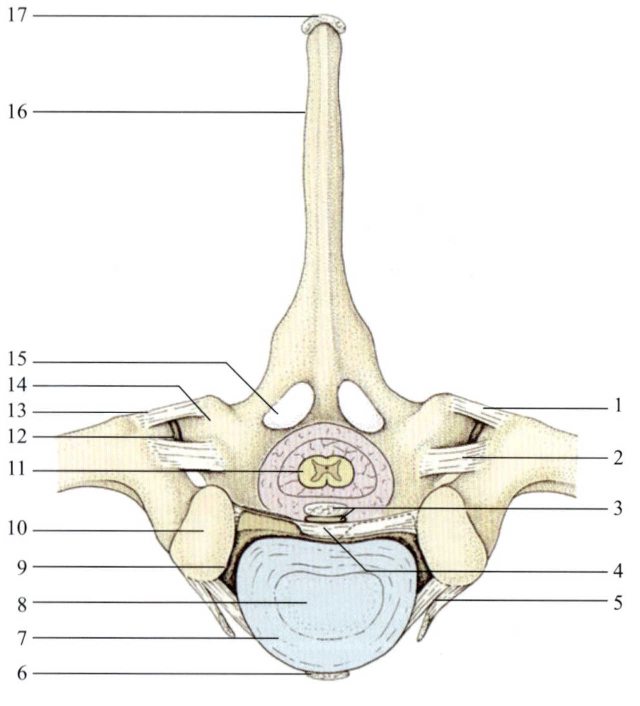

图 2–44　肋椎关节

1. 结节韧带　2. 肋横突韧带　3. 背侧纵韧带和滑液囊　4. 肋头间韧带　5. 头韧带　6. 腹侧纵韧带　7. 椎间盘纤维环　8. 椎间盘髓核　9. 肋头关节　10. 肋骨小头　11. 脊髓　12. 肋横突关节　13. 肋结节　14. 横突　15. 前关节突　16. 棘突　17. 棘上韧带

（引自 König 和 Liebich，2007）

六、头骨的连结

头骨连结多为直接连结，颅顶大部分形成骨缝，颅底各骨间为软骨连结或骨性连结，其特点是彼此间结合较为牢固，不能活动。随着年龄的增长，有的骨缝可发生骨化而成为骨性连结。舌骨借韧带与颅底连接。

颞下颌关节（Temporomandibular joint） 又称下颌关节，是颅骨间唯一一对滑膜连结。由颞骨腹侧关节结节与下颌骨的髁突构成。有关节囊和侧副韧带，关节囊松弛，包于关节的周围，侧副韧带附着在关节的外侧，以加固关节的连结。此外，关节面之间有纤维软骨板，为横椭圆形，中央薄，周缘厚并附着于关节囊，将关节腔分为上、下两部分。

颞下颌关节属于联动关节，同时运动，可进行开口、闭口和侧运动。

七、前肢骨的连结

前肢的肩胛骨与躯干骨之间为肌肉连结，不形成骨连结。前肢各骨之间自上向下依次形成肩关节、肘关节、腕关节和指关节（图 2–45）。指关节又包括掌指关节、近指节间关节和远指节间关节。

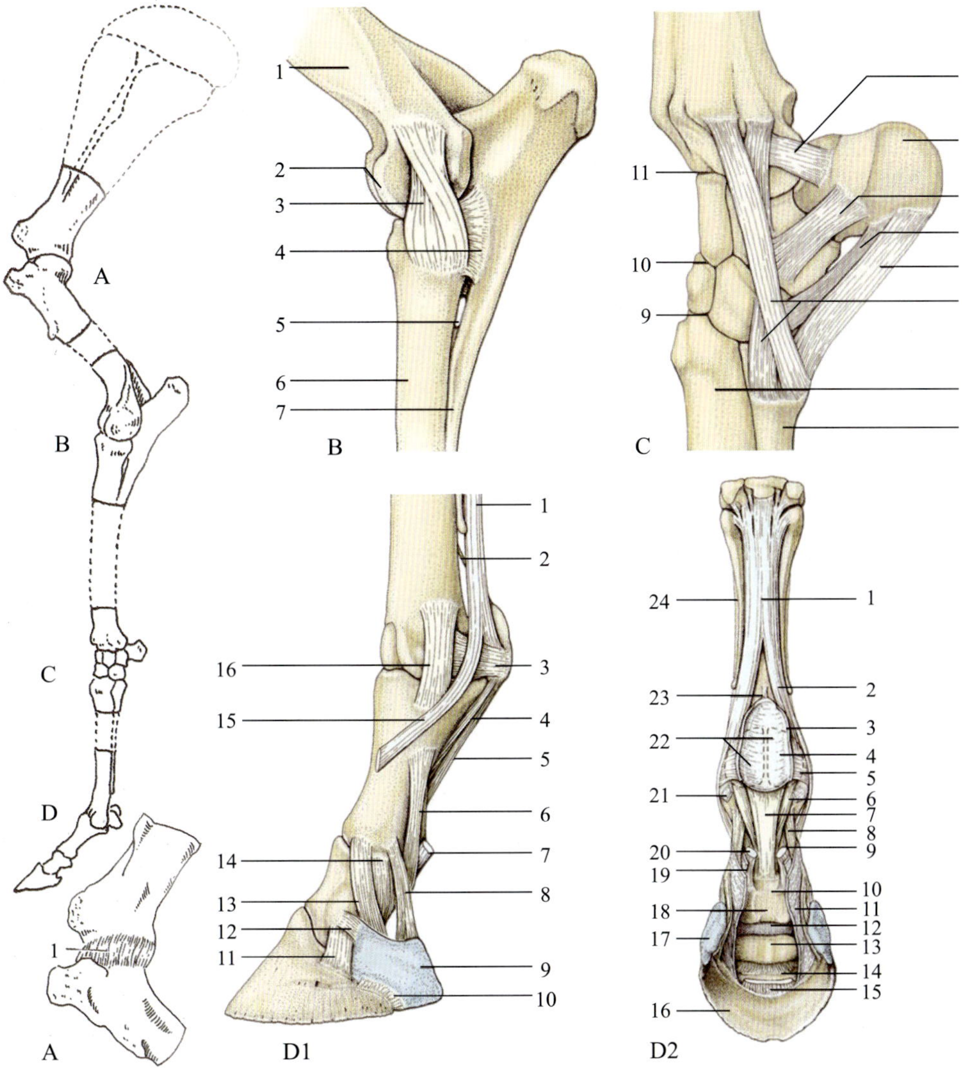

图 2–45　马前肢关节

A. 肩关节：1. 关节囊

B. 肘关节：1. 肱骨　2. 肱骨滑车　3. 外侧侧副韧带　4. 前臂骨间膜　5. 前臂骨间隙　6. 桡骨　7. 尺骨

C. 腕关节：1. 副尺骨韧带　2. 副腕骨　3. 副腕骨韧带　4. 第 4 腕骨副韧带　5. 副掌骨韧带　6. 腕外侧侧副韧带　7. 大掌骨　8. 小掌骨　9. 腕掌关节　10. 腕中关节　11. 前臂腕关节

D. 指关节

D1. 指关节侧面：1. 悬韧带　2. 掌籽骨间韧带　3. 籽骨副侧韧带　4. 籽骨斜韧带　5. 籽骨直韧带　6. 掌侧韧带　7. 指浅屈肌腱　8. 蹄软骨韧带　9. 蹄软骨　10. 蹄软骨蹄骨外侧侧副韧带　11. 蹄关节外侧侧副韧带　12. 蹄软骨冠骨韧带　13. 籽骨外侧侧副韧带　14. 冠关节外侧侧副韧带　15. 骨间中肌悬韧带支　16. 掌指关节外侧侧副韧带

D2. 指关节掌侧面：1. 悬韧带　2. 悬韧带近籽骨支　3. 球节掌环状韧带　4. 近纤维软骨板　5. 籽骨侧副韧带　6. 籽骨斜韧带　7. 籽骨直韧带　8. 内侧远轴侧掌韧带　9. 内侧轴侧掌韧带　10. 中纤维软骨板　11. 指纤维鞘环状部　12. 蹄关节关节囊　13. 远纤维软骨板　14. 远籽骨直韧带　15. 指深屈肌腱　16. 远指节骨　17. 远指节骨软骨　18. 中指节骨　19. 近指环状韧带　20. 指浅屈肌腱　21. 指环状韧带　22. 籽骨　23. 掌籽骨间韧带　24. 小掌骨

（引自 König 和 Liebich，2007）

（一）肩关节

肩关节（Humeral joint） 由肱骨头和肩胛骨的关节盂（肩臼）构成，属于多轴关节。关节角在后方，没有侧副韧带，关节囊薄而松弛，因此肩关节的活动性大。但在家畜，由于受内、外侧肌肉的限制，肩关节屈、伸运动的范围较大，而内收和外展运动的活动性较小。

（二）肘关节

肘关节（Elbow joint） 由肱骨远端的肱骨滑车与桡骨头凹和尺骨近端滑车切迹构成的单轴复关节，关节角在前方。关节囊背侧壁厚而紧张，掌侧壁薄而松弛，并伸入鹰嘴窝内，两侧分别有外侧副韧带（Lateral collateral ligament）和内侧副韧带（Medial collateral ligament）加强，而且将关节牢固连接与固定，故只能作屈、伸运动。

桡骨与尺骨之间有骨间韧带相连结，成年家畜逐步骨化成为骨性连结。

（三）腕关节

腕关节（Carpal joint）包括以下各关节：

桡腕关节　由桡骨远端和近列腕骨构成。

腕间关节　由相邻各腕骨之间构成的关节。

腕掌关节　由远列腕骨和掌骨近端构成。

腕关节属于多轴复关节，关节角位于后方。关节囊纤维层包围整个腕关节，背侧面薄而松弛，掌侧面厚而紧张。滑膜层形成 3 个互不相通的关节囊：桡腕关节囊宽松，关节腔最大，活动范围也大；腕间关节囊次之；腕掌关节囊的关节腔最小，活动范围较小。腕关节的内、外侧有长的侧副韧带，分别起始于前臂骨远端内、外侧，止于掌骨的内、外侧。在腕关节的背侧面有 2 条斜向的背侧韧带。另外，腕骨间尚有一些短小的腕骨间韧带。由于关节面的形状，关节囊掌侧的特殊结构和侧副韧带及骨间韧带的限制，故腕关节仅能向掌侧屈曲。

掌骨间连结　在牛第 3、第 4 掌骨愈合成大掌骨。第 5 掌骨与大掌骨形成关节，但不与腕骨之间成关节，其关节腔与腕掌关节腔相连通。

（四）指关节

指关节（Phalangeal joint）包括掌指关节（系关节）、近指节间关节（冠关节）和远指节间关节（蹄关节），均为单轴关节。家畜的指关节在正常站立时呈背屈状态或过度伸展状态。

1. 掌指关节（Metacarpophalangeal joint） 又称系关节或球节（Fetlock joint）。由掌骨远端、近指节骨近端的关节面和一对近籽骨构成。关节囊背侧壁厚而较坚韧，掌侧壁宽大。

掌指关节的韧带主要有：内、外侧副韧带和籽骨韧带。

内、外侧副韧带分别起自大掌骨远端的内、外侧韧带窝，止于近指节骨近端的内、外侧韧带结节，而且均与关节囊紧密相连。

籽骨韧带连接近籽骨、掌骨、近指节骨近端及中指节骨，起到加固、缓冲震动、防止系关节过度背屈的作用。籽骨韧带包括籽骨上韧带、籽骨下韧带、籽骨侧副韧带、籽骨间韧带和指间指节骨籽骨韧带。

籽骨上韧带又称悬韧带（Suspensory ligament）或骨间（中）肌（Interosseous muscle），由骨间肌腱质化而形成，位于掌骨的掌侧面，被指深屈肌腱覆盖。起于大掌骨近端，下行至大掌骨下 1/3 处，分成 3 束：内侧束和外侧束的大部分止于相应近籽骨，其余分支转向背侧，并入指伸肌腱；中间束较大，大部分止于轴侧近籽骨，并有分支并入指深肌腱。牛的悬韧带含有肌质称骨间肌。

籽骨下韧带位于近籽骨下缘和近指节骨之间，在屈肌腱深面，分浅、深 2 束：浅束较细；深束较粗，在浅束的深面交叉，所以称籽骨交叉韧带。

籽骨内、外侧副韧带较短，位于近籽骨和近指节骨之间，由远轴侧近籽骨连于近指节骨的远轴侧。

籽骨间韧带（Intersesamoidean ligament）又称掌韧带，连接 4 个近籽骨，供屈肌腱通过。

指间指节骨籽骨韧带（Interdigital phalangosesamoidean ligament） 分别起始于第 3、第 4 指轴侧籽骨，止于近指节骨轴侧中部。此外，还有连于第 3 和第 4 指节骨之间的短的指间近韧带（Proximal interdigital ligament）。

2. 近指节间关节（Proximal interphalangeal joint） 又称冠关节（Coronal joint），由近指节骨远端的关节面与中指节骨近端的关节面构成，有关节囊、侧副韧带和掌侧韧带，韧带连于关节囊，仅能作小范围的屈、伸运动。

3. 远指节间关节（Distal interphalangeal joint） 又称蹄关节（Coffin joint），由中指节骨的远端、远指节骨近端关节面及远籽骨构成。关节囊的背侧及两侧强厚，并与伸肌腱及侧副韧带紧密结合，掌侧较薄。蹄关节韧带含有较多韧带，包括侧副韧带、指节间轴侧韧带、与籽骨相连的韧带、背侧韧带和指间远韧带。由于侧副韧带短而强，故蹄关节只能作屈、伸运动。

牛为偶蹄，两指关节成对，其构造与上述各指关节结构相似。两主指系关节的关节囊在掌侧相互连通。悬韧带含有较多的肌组织，特别是犊牛，含肌质更多。此外，在两主指的系骨、冠骨和蹄骨之间，有较强的近侧和远侧两组指间韧带，以防止两指过分开张。

八、后肢骨的连结

后肢关节包括荐髂关节、髋关节、膝关节、跗关节和趾关节。后肢各关节与前肢各关节相对应，除趾（指）关节外，各关节角方向相反，这种结构特点有利于家畜站立时姿势保持稳定。除髋关节外，各关节均有侧副韧带，因此均为单轴关节，主要进行屈、伸运动。趾关节和前肢的指关节构造相似。

（一）荐髂关节

荐髂关节（Sacroiliac joint） 由荐骨翼和髂骨翼的耳状关节面构成，彼此连接紧密（图 2-46）。关节面粗糙，周围有关节囊，囊壁紧张，并有短而强的荐髂腹侧韧带（Ventral sacroiliac ligament）和荐髂骨间韧带（Interosseous sacroiliac ligament）加固。因此，荐髂关节几乎不能活动，主要起连结后肢和躯干的作用。家畜后肢在推动机体前进方面起主要作用，因此，髋骨与荐骨由荐髂关节牢固连结起来，以便把后肢肌肉收缩时产生的推动力沿脊柱传至前肢。

除荐髂关节外，还有一些强大的骨盆韧带连结荐骨和髋骨之间，包括荐髂背侧韧带和荐结节阔韧带（图 2-47）。

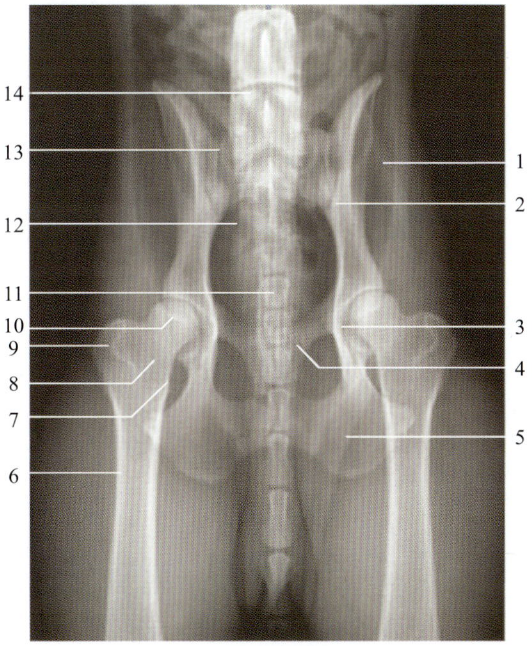

图 2-46 犬骨盆部 X 光片

1. 椎骨肋突 2. 髂骨 3. 髋臼 4. 耻骨 5. 坐骨 6. 股骨 7. 小转子 8. 股骨颈 9. 大转子 10. 股骨头 11. 尾椎 12. 荐骨 13. 荐髂关节 14. 腰椎椎体

（引自 König 和 Liebich，2007）

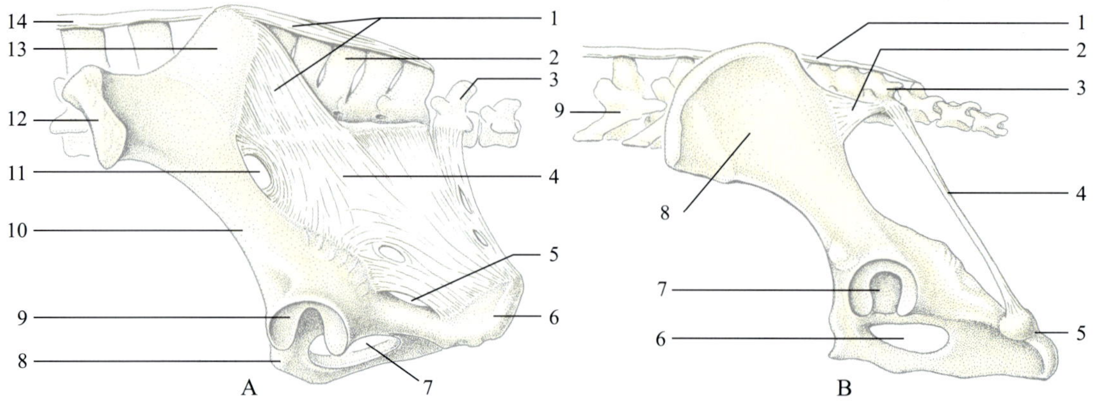

图 2-47　骨盆韧带示意图

A. 马：1. 荐髂背侧韧带　2. 荐骨　3. 尾椎　4. 荐结节阔韧带　5. 坐骨小孔　6. 坐骨　7. 闭孔　8. 耻骨　9. 髋臼　10. 髂骨　11. 坐骨大孔　12. 髋结节　13. 荐结节　14. 荐棘韧带
B. 犬：1. 棘上韧带　2. 荐髂背侧韧带　3. 荐骨　4. 荐结节韧带　5. 坐骨结节　6. 闭孔　7. 髋臼　8. 髂骨翼　9. 腰椎
（引自 König 和 Liebich，2007）

荐髂背侧韧带（Dorsal sacroiliac ligament） 可分两部分，一部分呈索状，起于髂骨荐结节，止于荐骨棘顶端；另一部分较厚，呈三角形，起于髂骨荐结节和坐骨大切迹前部内侧缘，止于荐骨外侧缘并与荐结节阔韧带合并。

荐结节阔韧带（Broad sacrotuberous ligament） 又称荐坐韧带，呈四边形薄板状，起自荐骨两侧缘和第1、第2尾椎横突，止于坐骨棘和坐骨结节，形成骨盆的侧壁。其前缘凹与坐骨大切迹围成坐骨大孔（Greater ischiatic foramen），下缘与坐骨小切迹围成坐骨小孔（Lesser ischiatic foramen），供血管、神经通过。在犬，此韧带从荐骨外侧缘后部和第1尾椎横突伸至坐骨结节，称荐结节韧带（Sacrotuberous ligament）。猫缺荐结节韧带。

（二）髋关节

髋关节（Hip joint） 是由髋臼和股骨头构成的多轴关节，关节角在前方（图 2-48）。关节囊坚韧

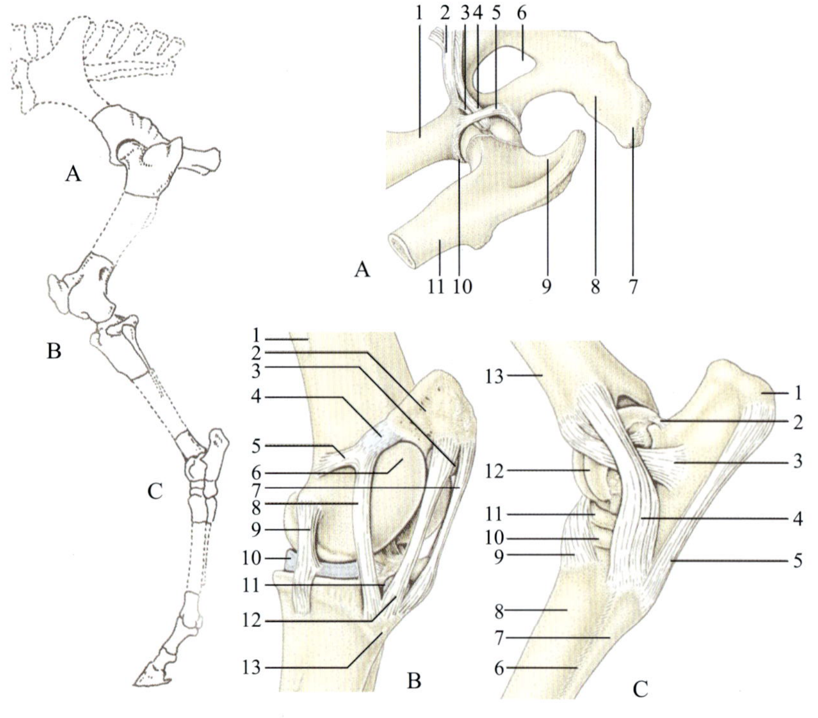

图 2-48　马后肢关节

A. 髋关节：1. 髂骨　2. 耻前韧带　3. 股骨头韧带　4. 股骨副韧带　5. 髋臼横韧带　6. 闭孔　7. 坐骨结节　8. 坐骨　9. 大转子　10. 髋臼唇　11. 股骨
B. 膝关节：1. 股骨　2. 膝盖骨　3. 膝盖骨下近囊　4. 纤维软骨　5. 股膝内侧韧带　6. 滑车结节　7. 膝外侧韧带　8. 膝内侧韧带　9. 内侧副韧带　10. 内侧半月板　11. 膝盖骨下远囊　12. 膝中间韧带　13. 胫骨粗隆
C. 跗关节：1. 跟骨　2. 距跟跖侧韧带　3. 外侧副韧带短部　4. 外侧副韧带长部　5. 跖侧长韧带　6. 跖骨韧带　7. 第4跖骨　8. 第3跖骨　9. 距中央远列跗骨跖骨韧带　10. 第3跗骨　11. 中央跗骨　12. 距骨　13. 胫骨
（引自 König 和 Liebich，2007）

致密。髋臼的周缘附有由纤维软骨环形成的关节盂缘或髋臼唇（Acetabular lip），以增加髋臼的深度，在髋臼切迹处有髋臼横韧带（Acetabular transversal ligament）。在髋臼与股骨头凹之间有一短而强的圆韧带（Round ligament），又称股骨头韧带（Ligament of femoral head）。马属动物还有一条侧副韧带加固关节，来自腹直肌的耻前腱，沿耻骨腹侧面向两侧连于股骨头窝，并可限制马的后肢作外展运动。髋关节能进行屈伸运动，并伴有轻微的内收、外展和旋内、旋外运动。

（三）膝关节

膝关节（Stifle joint）包括股胫关节和股膝关节的单轴复关节，是畜体最大、最复杂的关节。关节角在后方，可作屈伸运动。

1. 股膝关节（Femoropatellar joint） 由膝盖骨的关节面与股骨远端前部滑车关节面构成。膝盖骨的内侧缘有纤维软骨构成的软骨板，与滑车内侧嵴相适应。关节囊薄而松弛。在关节囊的上部有滑膜形成的盲囊伸入股四头肌的下面。

股膝关节主要的韧带有：膝直韧带（Patellar retinacula ligament）和内、外侧副韧带（图 2-49）。牛和马的膝直韧带有 3 条：膝外侧（直）韧带起于膝盖骨前外侧的粗糙面，止于胫骨粗隆近端及外缘；膝中间（直）韧带由膝盖骨顶的前方连于胫骨粗隆前端；膝内侧（直）韧带起自膝盖骨内侧的纤维软骨，止于胫骨粗隆的内侧。猪和犬的膝直韧带只有 1 条（图 2-49）。膝直韧带强韧，韧带与关节囊之间填充有脂肪。内、外侧副韧带分别位于股骨内、外侧上髁粗糙面与膝盖骨内侧缘软骨和外侧缘之间。

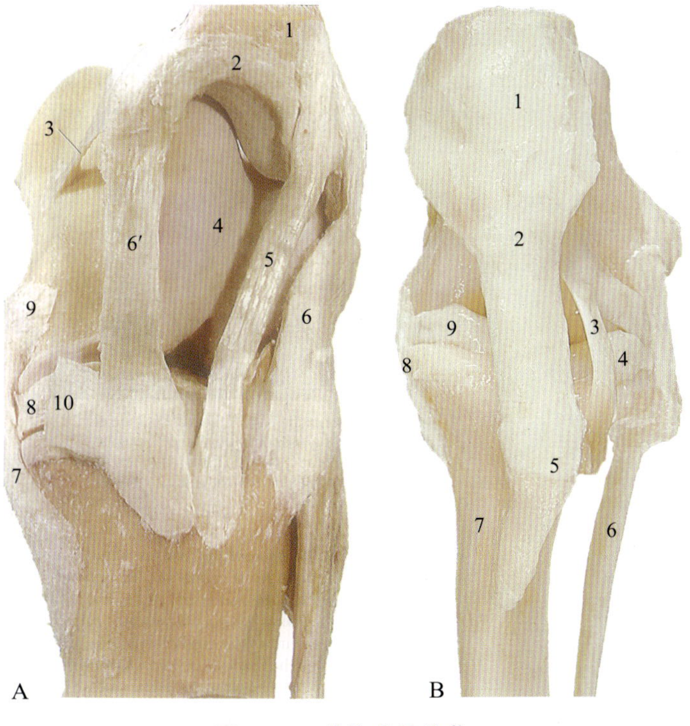

图 2-49　牛和犬膝关节

A. 牛：1. 膝盖骨　2. 膝纤维软骨　3 股膝内侧韧带　4. 滑车内侧缘　5. 膝中间韧带　6. 膝外侧韧带　6′. 膝内侧韧带　7. 内侧副韧带　8. 内侧半月板　9. 半膜肌附着处　10. 股薄肌和缝匠肌附着处
B. 犬：1. 膝盖骨　2. 膝（直）韧带　3. 趾长伸肌腱　4. 外侧半月板　5. 胫骨粗隆　6. 腓骨　7. 胫骨　8. 内侧副韧带　9. 内侧半月板
（引自 König 和 Liebich，2007；Singh 等，2018）

2. 股胫关节（Femorotibial joint） 由股骨远端后部的内、外侧髁与胫骨近端的内、外侧髁构成，其间有两个半月状软骨板，分别称内、外侧半月板（Medial / Lateral meniscus）。关节囊附着于股胫关节的周围及半月板的周缘，前壁薄，后壁厚，其滑膜层是全身关节中最宽阔、最复杂的，附着于该关节各骨的关节面周缘。关节中央有两条膝交叉韧带（Cruciate ligament），分别称前交叉韧带（Cranial cruciate ligament）和后交叉韧带（Caudal cruciate ligament），前者起于胫骨的髁间隆起，止于股骨外侧髁的内侧；后者短而强韧，连于胫骨腘肌切迹与股骨髁间窝的前部。也有内、外侧副韧带，而且有半月板韧带连于股骨和胫骨。内侧半月板较大，呈“C”形，外侧半月板较小，呈“O”形，半月板上面凹，下面平坦，可使股骨和胫骨的关节面互相吻合，既缓冲压力，又吸收震荡，起弹性垫的作用。

股膝关节的运动，主要是膝盖骨在股骨滑车上滑动，通过改变股四头肌作用力，而伸展膝关节。股胫关节的运动主要是屈伸运动，在屈曲时可进行小范围的旋转运动。

（四）跗关节

跗关节（Tarsal joint） 又称飞节（图 2-48），由小腿骨远端、跗骨和跖骨近端构成的单轴复关节，包括小腿跗关节、跗间近和远关节、跗跖关节。关节角在前方。

关节囊背侧壁薄而宽松，跖侧紧而强厚，紧密附着于跗骨。其纤维层包围整个跗关节，滑膜层形成 4 个滑膜囊，即位于胫骨远端与距骨之间的胫距囊，在距骨、跟骨与中央跗骨和第 4 跗骨之间的近跗间囊，位于中央跗骨和第 4 跗骨与第 1 跗骨及第 2 和第 3 跗骨之间的远跗间囊，连于远列跗骨与跖骨近端之间的跗跖囊，其中以胫距囊最大。

在跗关节的内、外侧有内、外侧副韧带，附着于小腿骨远端和跖骨近端的内、外侧，分为浅层的长韧带和深层的短韧带，但在跗骨的近列与中间列之间没有内侧副韧带。跗关节的背侧有背侧韧带，在跗关节的背内侧，起自距骨的远端内侧，止于跖骨近端背侧，有些个体缺如。跖侧有跖侧韧带，连于跟骨跟结节的跖侧面和跖骨近端之间。另外，在踝骨与距骨的跖侧面有强韧的横韧带相连。

牛的跗关节除胫跗关节活动范围较大外，跗间近关节也有一定的活动性，可进行屈曲和伸展运动，肉食动物的跗间近关节除屈曲和伸展外，也可以进行关节的侧运动和旋转。马的跗关节仅胫跗关节能作屈伸运动，其余 3 个关节连接紧密，活动范围极小，只起缓冲作用。

（五）趾关节

趾关节包括系关节（跖趾关节）、冠关节（近趾节间关节）和蹄关节（远趾节间关节），其构造与前肢指关节相似。

第三节　肌肉

一、概述

运动系统所描述的肌肉（Muscle）由横纹肌构成，它们附着于骨骼上，又称为骨骼肌，是运动的动力部分。

（一）肌肉的构造

每一块肌肉就是一个肌器官，主要由骨骼肌纤维（肌细胞）构成，此外还有结缔组织、血管和神经。肌器官可分为能收缩的肌腹和不能收缩的肌腱两部分（图 2-50）。

1. 肌腹（Muscle belly） 是肌器官的主要部分，位于肌器官的中间，由无数骨骼肌纤维借结缔组织结合而成，具有收缩能力。肌纤维为肌器官的实质部分，在肌肉内部先集合成肌束，肌束再集合成一块肌肉。肌肉的结缔组织形成肌膜，构成肌器官的间质部分。每一条肌纤维外面包有肌膜，称肌内膜（Endomysium）。若干肌纤维组成肌束，肌束外面包有肌束膜（Perimysium）。整块肌肉外面由肌外膜（Epimysium）包裹。肌膜是肌肉的支持组织，使肌肉具有一定的形状。血管、淋巴管和神经随着肌膜进入肌肉内，对肌肉的代谢和机能调节有重要意义。当动物营养良好的时候，在肌膜内蓄积有脂肪组织，使肌肉横断面上呈大理石状花纹。

2. 肌腱（Muscle tendon） 位于肌腹的两端或一端，由规则的致密结缔组织构成。在四肢多呈索状；在躯干多呈薄板状，又称腱膜。腱纤维借肌内膜直接连接肌纤维的两端或贯穿于肌腹中。腱不能收缩，但有很强的韧性和抗张力，不易疲劳。它传导肌腹的收缩力，以提高肌腹的工作效力。其纤维伸入骨膜和骨质中，使肌肉牢固附着于骨上。

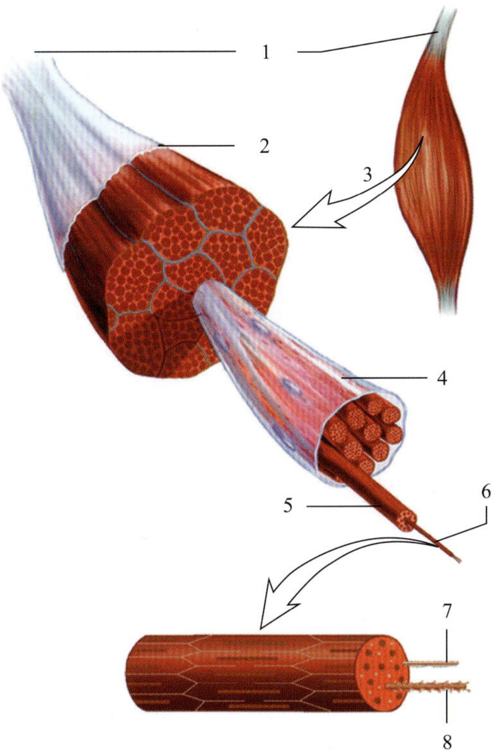

图 2-50 肌肉的构造

1. 肌腱 2. 肌外膜 3. 肌腹 4. 肌束膜
5. 一根肌纤维及肌内膜 6. 一根肌原纤维
7. 肌动蛋白丝 8. 肌球蛋白丝

肌肉根据肌腹内腱纤维的含量，可分为动力肌、静力肌和动静力肌 3 种。

（1）动力肌 肌腹由肌纤维及柔软的肌膜组成，肌纤维的方向与肌腹的长轴平行。这种肌肉收缩迅速有力，幅度较大，是推动身体前进的主要动力。但消耗的能量多，易疲劳。

（2）静力肌 肌腹中肌纤维很少，甚至消失，而由腱纤维所代替。因而失去收缩能力，只起连接等机械作用。在家畜静止时起维持身体姿势的作用，如马的骨间中肌。

（3）动静力肌 肌腹中含有或多或少的腱质，构造复杂。根据肌腹中腱的分布和肌纤维的方向，又可分为：半羽状肌、羽状肌和复羽状肌。表面有一条腱索或腱膜，肌纤维斜向排列于一侧的为半羽状肌；腱索伸入肌腹中间，肌纤维以一定角度对称地排列于腱索两侧的为羽状肌；肌腹中有数条腱索或腱层，肌纤维有规律斜向排列于腱索两侧的为复羽状肌。动静力肌由于肌腹中有腱索，肌纤维短，但数量大为增多，从而增强了肌腹的收缩力，而且不易疲劳，但收缩幅度较小。动静力肌在维持身体姿势和运动均起着重要作用。

（二）肌肉的形态

一般肌肉可分为纺锤形肌、多裂肌、板状肌和环形肌 4 种（图 2-51）。这主要与其位置和功能有关。

1. 纺锤形肌（Spindle-shaped muscle） 呈纺锤形，在肌肉内部，肌纤维束的排列多与肌的长轴平行，收缩时使肌肉显著缩短，从而引起大幅度的运动。纺锤形的肌肉，两端多为腱质，中部主要由肌质构成，多分布于四肢。起端为肌头，止端为肌尾，中部膨大为肌腹。

2. 多裂肌（Multifidus muscle） 由许多短肌束组成，收缩的幅度不大，但收缩力较大而持久，主要分布于各椎骨之间，有明显的分节性。如背腰最长肌、髂肋肌等。

3. 板状肌（Wide muscle） 多呈薄板状，有的呈扇形，如背阔肌；有的呈锯齿状，如腹侧锯肌等。板状肌的腱质形成腱膜。此种肌肉主要分布于腹壁和肩带部。

4. 环形肌（Circular muscle） 肌纤维呈环行，位于自然裂孔的周围，形成括约肌，如口轮匝肌，肛门括约肌等，收缩时可关闭裂孔。

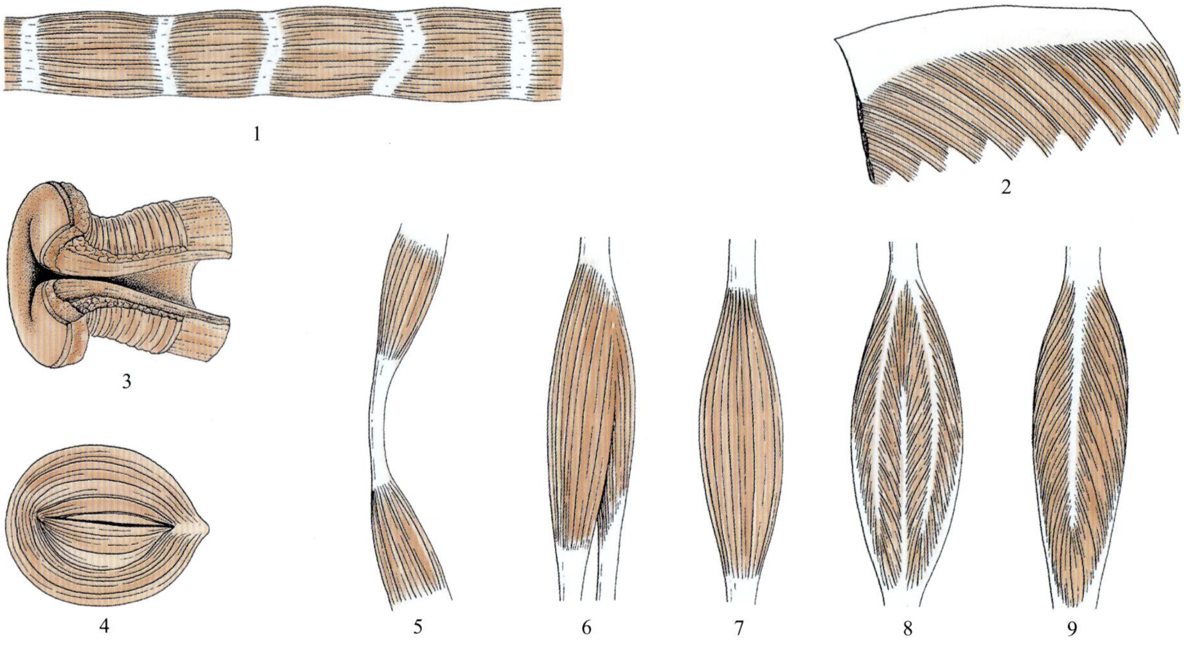

图 2-51　肌肉的形态结构

1. 板状肌（腱在中间）2. 板状肌（形成腱膜）3. 括约肌　4. 环形肌
5. 二腹肌　6. 二头肌　7. 单头肌　8. 多羽肌　9. 单羽肌
（引自 König 和 Liebich，2007）

此外，畜体内还有一些其他形态的肌肉，如仅有一个肌尾而有数个肌头的肌肉（臂三头肌、股四头肌）；由一中间腱分为两个肌腹的二腹肌；以及由一段肌纤维和一段腱纤维交错构成的具有腱划的腹直肌等。

（三）肌肉的起止点和作用

肌肉一般都以两端附着于骨或软骨，中间越过一个或多个关节。当肌肉收缩时，肌腹变短，以关节为运动轴，牵引骨发生位移而产生运动。肌肉收缩时，固定不动的一端称为起点（Origin），引起骨移动的一端称止点（Insertion）。例如，四肢的肌肉，通常近端为起点，远端为止点。但随运动状况发生变化，起止点也可发生改变，如臂头肌在站立时头端是止点，肌肉收缩时可举头颈，但当前进运动时，头颈伸直固定不动，头端则变为起点，肌肉收缩时，可向前提举前肢。在自然孔周围的环行肌的起止点难以区分。

肌肉根据收缩时对关节的作用，可分为伸肌、屈肌、内收肌和外展肌等。肌肉对关节的作用与其位置的配布有密切关系。伸肌配布在关节的伸面，通过关节角顶，当肌肉收缩时可使关节角变大从而伸展关节。屈肌配布于关节的屈面，即关节角内，肌肉收缩时使关节角变小实现关节的屈曲。内收肌位于关节的内侧，外展肌则位于关节的外侧。掌握了肌肉配布的规律，根据关节的类型和关节角的方向，便可大致确定作用于该关节的肌群及其位置，如肘关节为单轴关节，关节角顶向后，那么该关节只有伸屈两组肌肉，而且伸肌位于后方，屈肌位于前方。

肌肉起止点之间越过一个关节的，只对一个关节起作用，如冈上肌只能伸肩关节，起止点之间越过多个关节的肌肉，则可对多个关节起作用，如指深屈肌，不仅能屈指关节，而且可以屈腕关节和伸肘关节。

（四）肌肉的活动

家畜在运动时，肌肉通过其肌腹的收缩改变长度，从而牵动骨产生运动。每个动作并不是单独一块肌肉起作用，而是许多肌肉互相配合的结果。在一个动作中，起主要作用的肌肉称主动肌；起协助作用的肌肉称协同肌；而产生相反作用的肌肉则称对抗肌。此外，还有些肌肉参与稳定躯干或肢体近侧部分，这些起固定作用的肌肉称固定肌。例如，屈肩关节时，三角肌和大圆肌为主动肌。背阔肌也有屈肩关节的作用，为协同肌。而冈上肌为对抗肌，斜方肌和菱形肌固定肩胛骨，为固定肌。每一块肌肉的作用不是固定不变的，在不同工作条件下起不同的作用。

（五）肌肉的命名

一般根据肌肉的作用、结构、形态、位置、起止点以及肌纤维的方向等来命名。例如，伸肌、屈肌、内收肌、外展肌、咬肌等的命名是根据其作用，二腹肌、四头肌等是根据其结构，三角肌、锯肌等是根据其形状，颞肌、胸肌等是根据其位置，胸头肌、臂头肌等是根据其起止点，斜肌、直肌等是根据其肌纤维方向。但大多数肌肉是综合几个特点来命名，如腕桡侧伸肌；少数只据其一个最明显特征命名，如咬肌。

（六）肌肉的辅助器官

肌肉的辅助器官包括筋膜、黏液囊、腱鞘、滑车和籽骨，其作用是保护和辅助肌肉的工作。

1. 筋膜（Fascia） 为被覆在肌肉表面的结缔组织膜，分浅筋膜和深筋膜。

（1）浅筋膜（Superficial fascia） 位于皮下（也称皮下组织），由疏松结缔组织构成，覆盖在全身肌肉的表面。有些部位的浅筋膜中有皮肌。营养良好的家畜在浅筋膜内蓄积有脂肪，形成脂肪层，参与脂肪贮存和体温的维持。

（2）深筋膜（Deep fascia） 由致密结缔组织构成，位于浅筋膜下。在某些部位深筋膜形成包围肌群的筋膜鞘；或伸入肌间，附着于骨上，形成肌间隔；或提供肌肉的附着面。深筋膜在某些部位（如前臂、小腿等处）形成总的筋膜鞘；在关节附近形成环韧带以固定腱的位置；有些筋膜可作为肌肉的附着点。总之，深筋膜主要起保护、固定肌肉位置的作用，为肌肉的工作创造有利条件。在病理情况下，深筋膜一方面可局限炎症扩散，同时肌肉与深筋膜形成的间隙又可成为病变蔓延途径。

2. 黏液囊（Bursa） 是密闭的结缔组织囊，囊壁内衬有滑膜，腔内有滑液。多位于骨的突起与肌肉、腱和皮肤之间，起减少摩擦的作用。位于关节附近的黏液囊多与关节腔相通，常称为滑膜囊（Synovial bursa）（图 2-52）。当发生黏液囊炎，可因液体渗出而引起黏液囊肿胀。

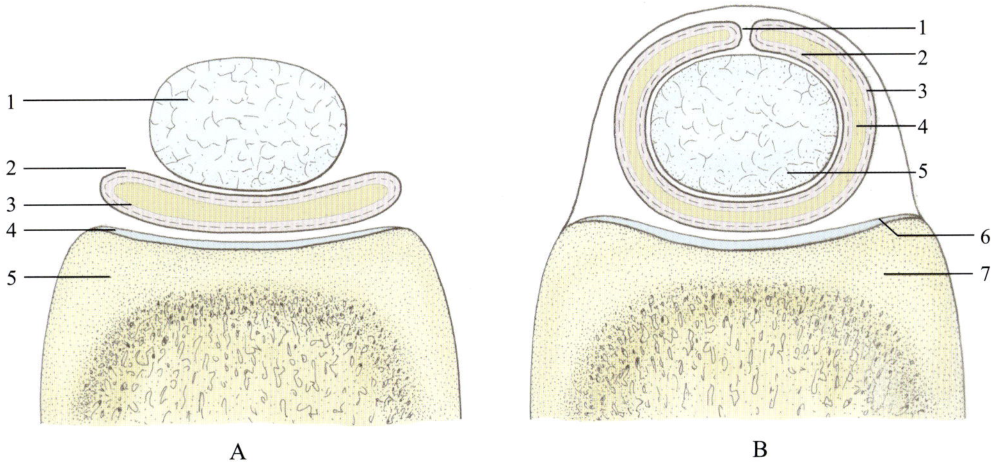

图 2-52　黏液囊和腱鞘的结构

A. 黏液囊　1. 腱　2. 纤维层　3. 滑膜层　4. 软骨　5. 骨

B. 腱鞘　1. 腱系膜　2. 滑膜脏层　3. 滑膜壁层　4. 滑液腔　5. 腱　6. 软骨　7. 骨

（引自 König 和 Liebich，2007）

3. 腱鞘（Tendon sheath） 由黏液囊包裹于腱外而成，多位于腱通过活动范围较大的关节处（图2–52）。呈筒状包围于腱的周围，表面为纤维层，滑膜分内、外两层，内层称腱层，紧贴于腱的表面；外层称壁层，附着于纤维层内面，两层滑膜在腱系膜处连续。壁层与腱层之间有少量滑液，可减少腱活动时的摩擦。在病理因素刺激下，可导致腱鞘发炎肿胀，引起腱鞘炎。

4. 滑车与籽骨 其作用是改变肌肉力的方向，减少腱与骨或关节之间摩擦。

（1）滑车（Trochlea） 多位于骨的突出部，为具有沟的滑车状突起，表面覆有软骨，腱与滑车之间常垫有黏液囊。

（2）籽骨（Sesamoid bone） 是位于关节角顶部的小骨。籽骨有关节面与相邻骨成关节，腱通过籽骨时附着于籽骨。

（七）全身肌肉分布

动物全身肌肉按部位分为头部肌、躯干肌、前肢肌和后肢肌4部分（图2–53至图2–56）。在机体某些部位的浅筋膜中含有皮肌。

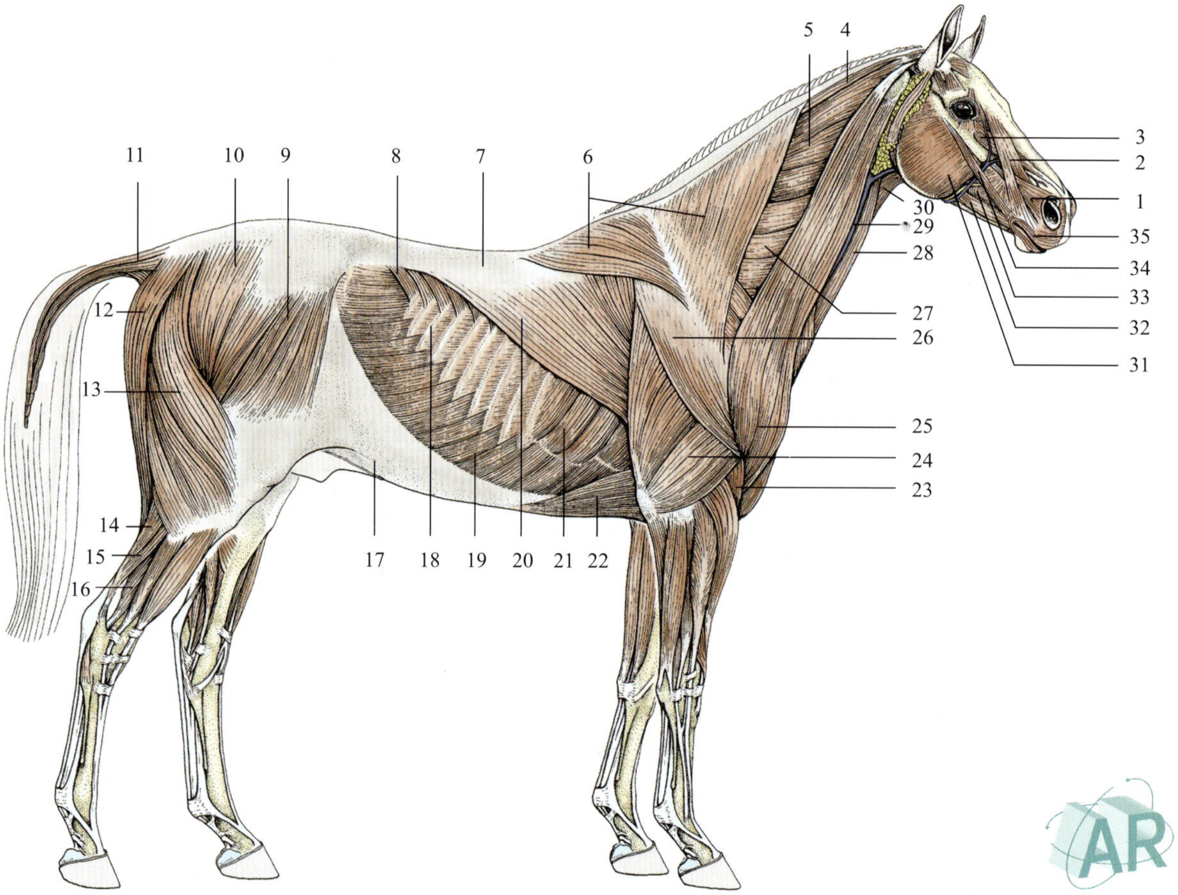

图2–53 马体浅层肌

1. 犬齿肌 2. 鼻唇提肌 3. 上唇固有提肌 4. 颈菱形肌 5. 夹肌 6. 斜方肌 7. 腰背筋膜 8. 后背侧锯肌 9. 阔筋膜张肌 10. 臀浅肌 11. 尾肌 12. 半腱肌 13. 股二头肌 14. 腓肠肌 15. 比目鱼肌 16. 趾深屈肌 17. 腹外斜肌腱膜 18. 肋间外肌 19. 腹外斜肌 20. 背阔肌 21. 胸腹侧锯肌 22. 胸升肌 23. 臂肌 24. 臂三头肌 25. 臂头肌 26. 三角肌 27. 颈腹侧锯肌 28. 胸头肌 29. 颈静脉 30. 肩胛舌骨肌 31. 咬肌 32. 下唇降肌 33. 颊肌 34. 颧肌 35. 口轮匝肌

（引自König和Liebich，2007）

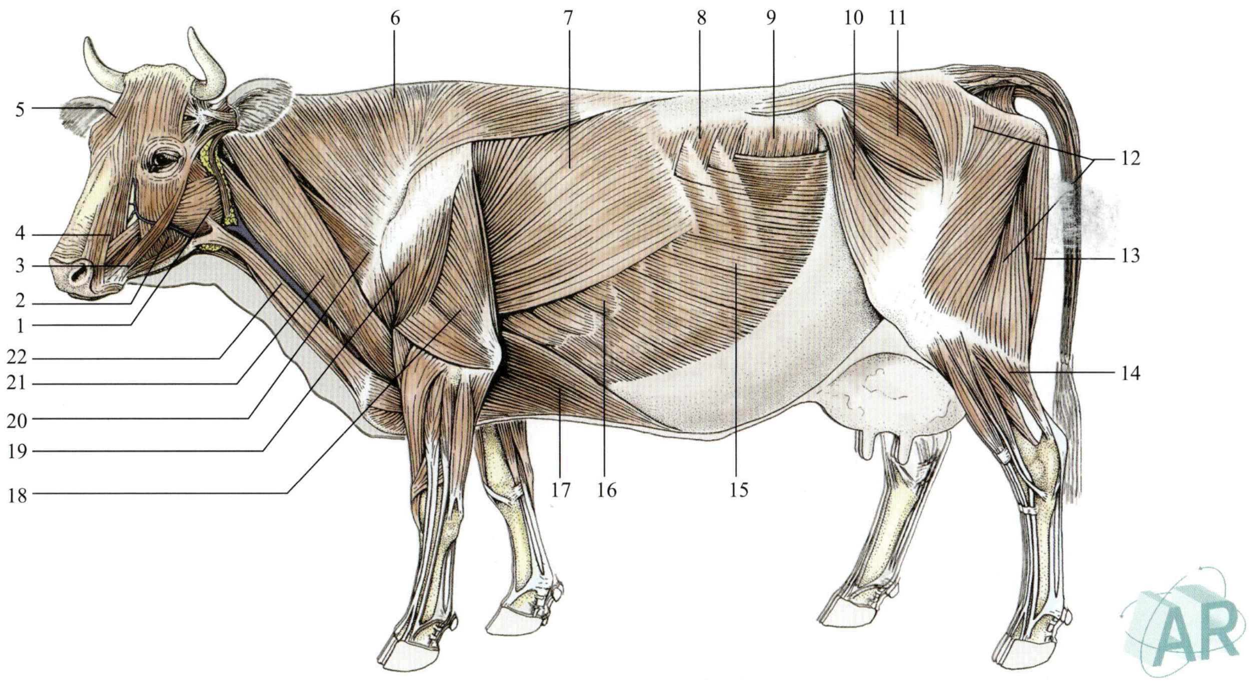

图 2-54 牛体浅层肌

1. 咬肌 2. 颊肌 3. 颧肌 4. 鼻唇提肌 5. 额皮肌 6. 斜方肌 7. 背阔肌 8. 后背侧锯肌 9. 腹内斜肌 10. 阔筋膜张肌 11. 臀中肌 12. 臀股二头肌 13. 半腱肌 14. 腓肠肌 15. 腹外斜肌 16. 胸腹侧锯肌 17. 胸升肌 18. 臂三头肌 19. 三角肌 20. 肩胛横突肌 21. 臂头肌 22. 胸头肌

（引自 König 和 Liebich，2007）

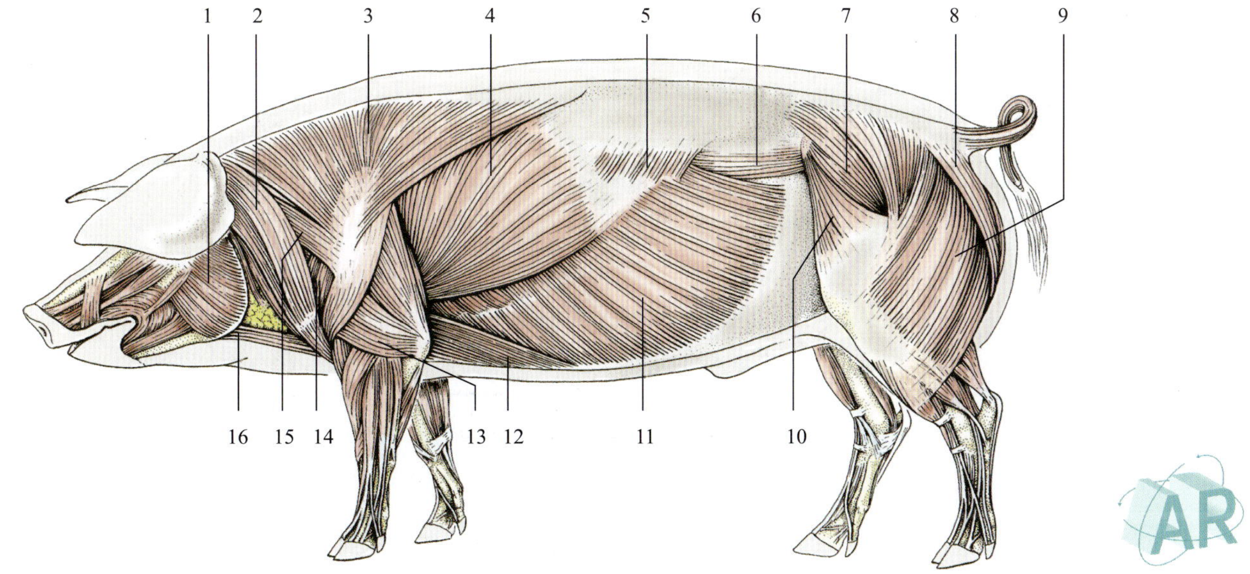

图 2-55 猪体浅层肌

1. 咬肌 2. 臂头肌 3. 斜方肌 4. 背阔肌 5. 后背侧锯肌 6. 髂肋肌 7. 臀中肌 8. 半腱肌 9. 臀股二头肌 10. 阔筋膜张肌 11. 腹外斜肌 12. 胸升肌 13. 臂三头肌 14. 冈上肌 15. 肩胛横突肌 16. 胸头肌

（引自 König 和 Liebich，2007）

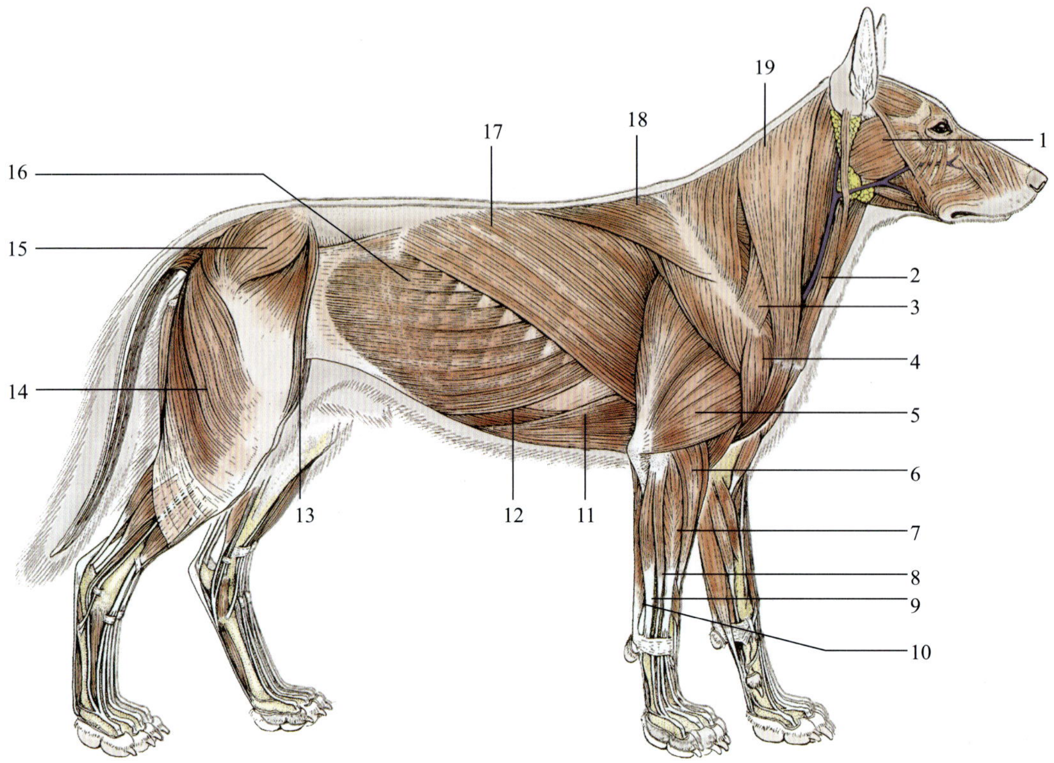

图 2-56 犬体浅层肌

1. 咬肌 2. 胸头肌 3. 肩胛横突肌 4. 三角肌肩峰部 5. 臂三头肌 6. 腕桡侧伸肌 7. 指总伸肌 8. 指外侧伸肌 9. 腕外侧屈肌 10. 腕尺侧屈肌 11. 胸升肌 12. 腹直肌 13. 缝匠肌 14. 股二头肌 15. 臀中肌 16. 腹外斜肌 17. 背阔肌 18. 斜方肌 19. 臂头肌

（引自 König 和 Liebich，2007）

二、皮肌

皮肌（Cutaneous muscle）是分布于浅筋膜内的薄板状肌，大部分与皮肤深层紧密相连，并不覆盖全身，只分布于面部、颈部、肩臂部和胸腹部，分别称为面皮肌、额皮肌、颈皮肌、肩臂皮肌和胸腹皮肌（躯干皮肌）。犬躯干皮肌非常发达，几乎覆盖整个胸、腹部；牛、羊缺乏颈皮肌，马没有额皮肌（图 2-57）。皮肌收缩时，可使皮肤抖动，以驱赶蚊蝇和抖掉皮肤上的灰尘。

1. 面皮肌（Cutaneous muscle of the face） 薄而不完整，覆盖于下颌间隙、腮腺和咬肌表面。起于腮筋膜，肌纤维向前呈放射状分布，部分纤维向前伸向颊部和口角，称唇皮肌（Musculus cutaneus labiorum）。部分纤维向前上方伸延，止于面结节、眶前下缘和颧弓处的筋膜，并入眼轮匝肌。

2. 额皮肌（Cutaneous muscle of the forehead） 马缺乏此肌，牛额皮肌薄而宽大，覆盖于额部。起于枕部筋膜和角基部，与眼轮匝肌融合。有使额部皮肤起皱及提举上眼睑的作用。

3. 颈皮肌（Cutaneous muscle of the neck） 牛无此肌，马的颈皮肌起自胸骨柄和颈正中缝，向颈的腹侧伸延，起始部较厚，向前逐渐变薄，有的马特别发达，可与面皮肌相连。犬的颈皮肌发达。

4. 肩臂皮肌（Cutaneous omobrachial muscle） 覆盖于肩臂部，牛的较窄。肌纤维垂直，上端附着于皮肤，下端与前臂筋膜相连。

5. 躯干皮肌（Cutaneous muscle of the trunk） 覆盖胸腹壁侧壁的大部分，前缘接肩臂皮肌，下缘与胸深后肌融合，上缘与背阔肌融合，后部伸入膝褶。

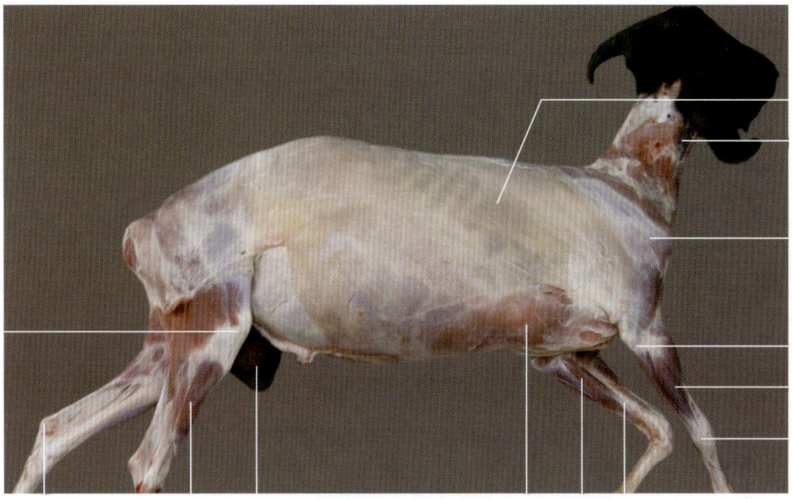

图 2-57 羊的皮肌

1. 躯干皮肌 2. 右颈静脉 3. 肩关节 4. 肘关节 5. 指总伸肌 6. 腕关节 7. 桡骨 8. 腕桡侧屈肌 9. 胸肌 10. 阴囊 11. 小腿部肌 12. 跟结节 13. 膝关节

（引自陈耀星，2013）

三、前肢主要肌肉

前肢肌按部位分为肩带肌、肩部肌、臂部肌、前臂部肌和前脚部肌。

（一）肩带肌

肩带肌是连结前肢与躯干的肌肉，多数为板状肌。一般起于躯干，止于肩部和臂部。主要包括斜方肌、菱形肌、背阔肌、臂头肌、胸肌和腹侧锯肌，牛、羊、猪、犬还有肩胛横突肌（图 2–58 和图 2–59）。

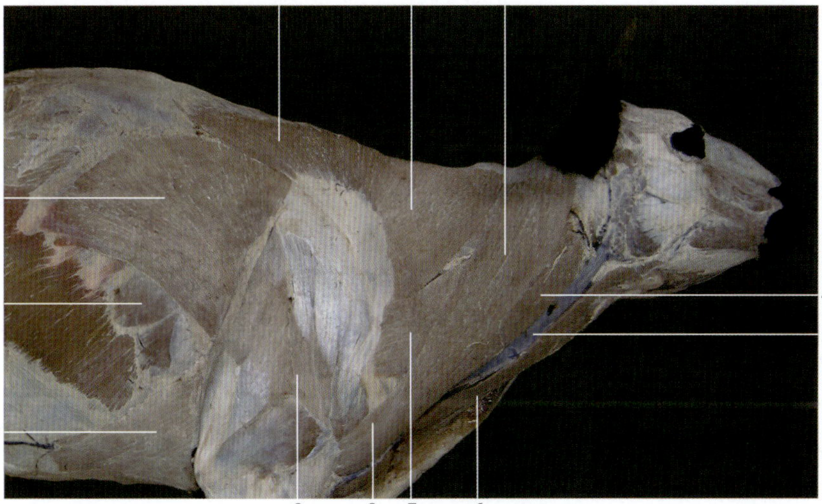

图 2–58 牛肩带部肌肉

1. 胸斜方肌 2. 颈斜方肌 3. 锁枕肌（臂头肌上部） 4. 锁乳突肌（臂头肌下部） 5. 颈外静脉 6. 胸头肌 7. 肩胛横突肌 8. 臂头肌 9. 三角肌 10. 胸深后肌（胸升肌） 11. 胸腹侧锯肌 12. 背阔肌

（引自陈耀星，2013）

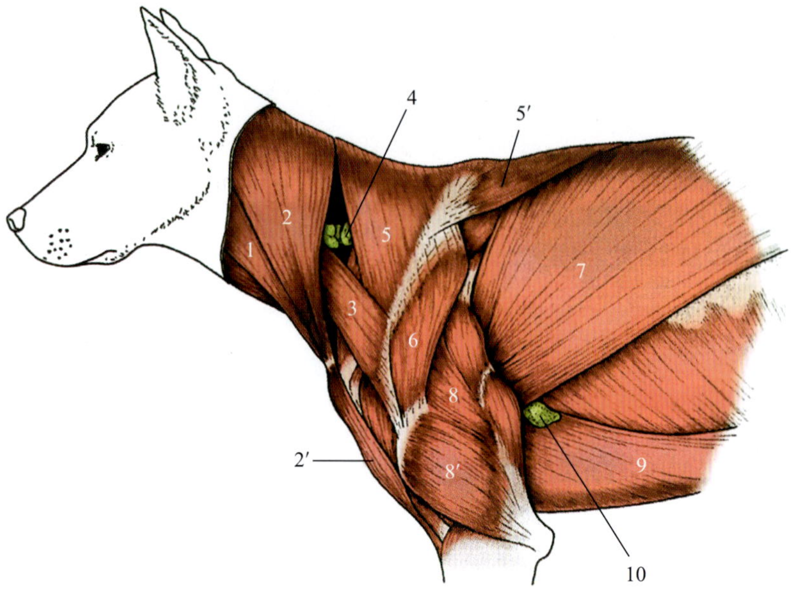

图 2–59　犬肩带部肌肉

1. 胸头肌　2. 锁颈肌　2′. 锁臂肌
3. 肩胛横突肌　4. 颈浅淋巴结
5. 颈斜方肌　5′. 胸斜方肌　6. 三角肌
7. 背阔肌　8. 臂三头肌长头
8′. 臂三头肌外侧头　9. 胸升肌
10. 腋副淋巴结
（引自 Singh 等，2018）

1. 斜方肌（Trapezius muscle） 为三角形薄板状肌，位于肩颈上部浅层，分颈、胸两部。牛的较厚，两部分的界限并不明显；犬和马的较薄，分界明显。其背侧以深筋膜起于项韧带索状部和前 10 个胸椎棘突，肌腹下端止于肩胛冈。有提举、摆动和固定肩胛骨的作用。

2. 菱形肌（Rhomboid muscle） 位于斜方肌深面，牛和马的分颈、胸 2 部分。颈菱形肌狭长，起于项韧带索状部，纤维多纵行，止于肩胛骨前上角内侧。胸菱形肌呈四边形，起于前数个胸椎棘突，止于肩胛骨后上角内侧。猪和犬的分头、颈、胸 3 部分，分别起于枕嵴、项韧带索状部和第 4 ～ 6 胸椎棘突，均止于肩胛骨上缘内侧面和肩胛软骨。具有提举肩胛骨和伸头颈的作用，如前肢不动，可伸头颈。在斜方肌和菱形肌之间形成肩胛上间隙，如鞍伤感染，可以蔓延到间隙内，成为蓄脓场所。

3. 背阔肌（Broadest muscle of back） 呈三角形，位于胸侧壁的后上方，肌纤维由后上方斜向前下方，部分被躯干皮肌和臂三头肌覆盖。牛和马背阔肌起于腰背筋膜，在牛还起始于第 9 ～ 11 肋骨、肋间外肌和腹外斜肌的筋膜，止于肱骨的内侧结节。犬的起于腰背及后两个肋骨，在肩后部与皮肌相混，止于大圆肌结节。其作用为向后上方牵引肱骨，屈肩关节，牵引躯干向前，在牛还可协助吸气。

4. 臂头肌（Brachiocephalic muscle） 位于颈侧部浅层，长带状，在颈外侧面构成颈静脉沟的上界。起始于枕嵴、寰椎和第 2 ～ 4 颈椎横突，止于肱骨嵴和臂部、前臂部的筋膜。其作用为牵引前肢向前，伸肩关节。当前肢站立时，则有偏转（一侧肌收缩）或降低头颈（两侧肌同时收缩）的作用。

在牛、羊和猪的臂头肌前宽后窄，可明显分为上部的锁枕肌和下部的锁乳突肌两部。锁枕肌（Cleidooccipital muscle）起自枕嵴和附近的项韧带；锁乳突肌（Cleidomastoid muscle）起自颞骨的乳突，并有薄腱膜连于下颌支（牛、羊），两部向后相重叠（后者被前者部分覆盖），肌腹明显变窄，覆盖于肩关节的前外侧，而后止于肱骨嵴及臂部和前臂部筋膜（图 2–58）。

犬臂头肌在肩关节前方，有一横向腱质板，称锁骨腱划（clavicular intersection），内有锁骨，锁骨腱划将臂头肌划分为两部分，前部为锁头肌（Cleidocephalic muscle），后部为锁臂肌（Cleidobrachial muscle），而锁头肌又分为锁颈肌（Cleidocervical muscle）和锁乳突肌（Cleidomastoid muscle）。锁臂肌起始于锁骨腱划，止于肱骨嵴。锁颈肌自锁骨腱直伸向颈的背侧；锁乳突肌是深部肌，常分为二圆束，以强腱止于颞骨乳突（图 2–59）。

5. 肩胛横突肌（Omotransverse muscle） 马无此肌。前部位于臂头肌深面，后部位于颈斜方肌与臂头肌之间。起始于寰椎翼，止于肩峰部筋膜。有牵引前肢向前、侧偏头颈的作用。

6. 胸肌（Pectoral muscle） 位于臂和前臂内侧与胸骨之间，分为胸浅前肌（胸降肌）、胸浅后肌

（胸横肌）、胸深前肌（锁骨下肌）和胸深后肌（胸升肌）。有内收前肢的作用。当前肢向前踏地时，可牵引躯干向前。马和猪的锁骨下肌发达，犬无锁骨下肌。

7. 腹侧锯肌（Ventral serrate muscle） 或称下锯肌，位于颈、胸部的外侧面，为一宽大的扇形肌，下缘呈锯齿状，可分颈腹侧锯肌和胸腹侧锯肌两部分。自后 3～4 颈椎横突和前 4～9（牛）或 8～9（马）或 7～8（犬）肋骨外侧面，集聚止于肩胛骨内侧上部锯肌面及肩胛软骨内侧，其作用为举颈、提举和悬吊躯干，并能协助呼吸。

（二）肩部肌

肩部肌分布于肩胛骨的内侧及外侧面，起自肩胛骨，止于肱骨，跨越肩关节，可伸、屈肩关节和内收、外展前肢。可分为外侧组和内侧组（图 2–60 和图 2–61）。

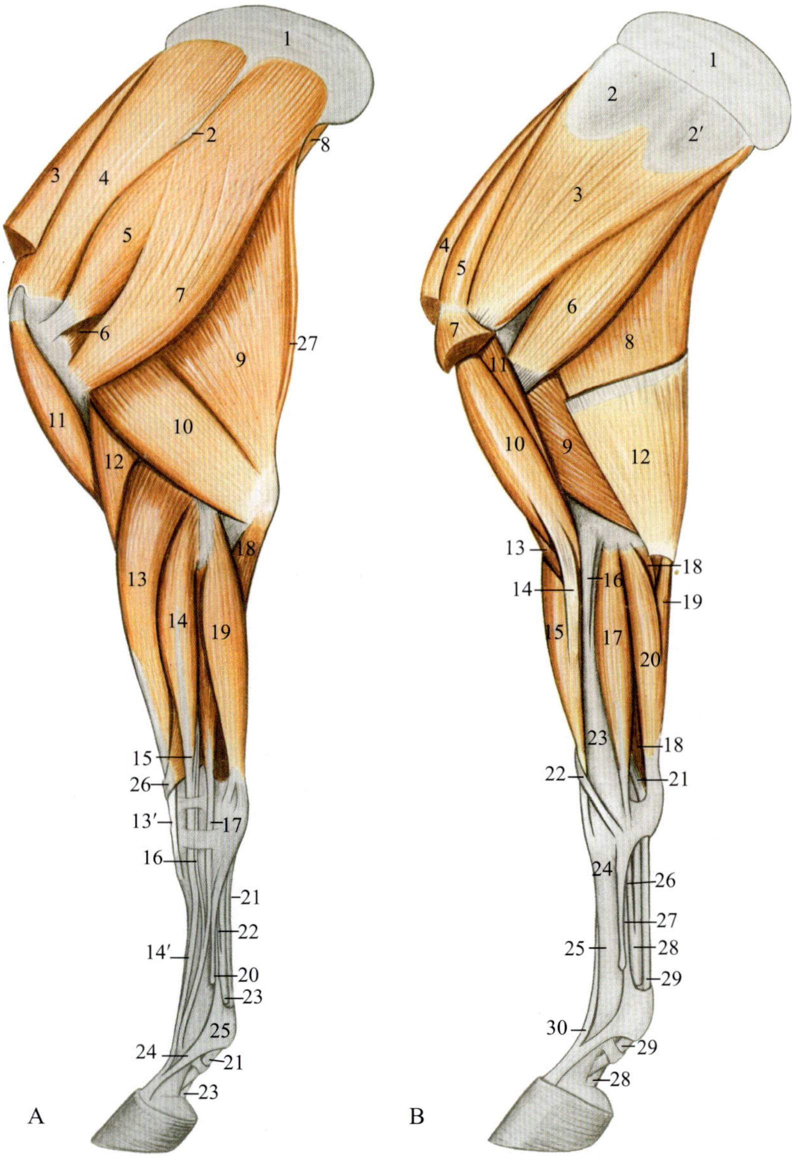

图 2–60　马前肢肌肉

A. 左前肢外侧观：1. 肩胛软骨　2. 肩胛冈　3. 锁骨下肌　4. 冈上肌　5. 冈下肌　6. 小圆肌　7. 三角肌　8. 大圆肌　9. 臂三头肌长头　10. 臂三头肌外侧头　11. 臂二头肌　12. 臂肌　13,13′. 腕桡侧伸肌　14,14′,15,16. 指总伸肌　17. 指外侧伸肌　18. 指深屈肌尺头　19. 腕外侧屈肌　20. 第 4 掌骨　21. 指浅屈肌腱　22,23. 指深屈肌腱　24. 悬韧带　25. 支持带　26. 腕斜伸肌　27. 前臂筋膜张肌

B. 右前肢内侧观：1. 肩胛软骨　2,2′. 肩胛骨锯肌面　3. 肩胛下肌　4. 胸深前肌　5. 冈上肌　6. 大圆肌　7. 胸升肌　8. 臂三头肌长头　9. 臂三头肌内侧头　10. 臂二头肌　11. 喙臂肌　12 前臂筋膜张肌　13. 臂肌　14. 臂二头肌纤维索　15. 腕桡侧伸肌　16. 前臂内侧副韧带　17. 腕桡侧屈肌　18. 指深屈肌　19. 指浅屈肌　20. 腕尺侧屈肌　21. 指浅屈肌副韧带　22. 腕斜伸肌腱　23. 桡骨　24. 第 2 掌骨　25. 第 3 掌骨　26. 指深屈肌副韧带　27. 悬韧带　28. 指深屈肌腱　29. 指浅屈肌腱　30. 指总伸肌腱

（引自 Popesko，1985）

1. 外侧组

（1）冈上肌（Supraspinous muscle） 呈扁平长方形肌，位于肩胛骨冈上窝内。起自冈上窝，止腱分两支，分别止于肱骨大结节和小结节。牛和猪的冈上肌肌腹突出于肩胛骨前缘。作用为伸展或固定

肩关节。

（2）冈下肌（Infraspinous muscle） 位于肩胛骨冈下窝内，一部分被三角肌覆盖。起于冈下窝及肩胛软骨，肌腹下端形成一条短腱和一条长腱，分别止于肱骨大结节的前、后部。腱下有一较大的滑膜囊（牛的直径可达 7 cm）。可外展臂部和固定、屈肩关节。临床进行腱下滑膜囊穿刺时，可在肱骨大结节的外下方（牛）或在肩关节外侧中点处（马）触摸索状的冈下肌腱，在该腱的上缘即为穿刺点。

（3）三角肌（Deltoid muscle） 位于冈下肌的外面，呈三角形。起于肩胛冈及冈下肌腱膜，牛、犬还起于肩峰，肌腹越过肱骨大结节和肩关节的后外侧，并覆盖小圆肌、方形孔和臂三头肌长头及外侧头的一部分，末端止于肱骨外侧三角肌粗隆。牛和犬的三角肌很发达，分两部分，起于肩胛冈的部分形成腱膜在冈下肌的表面；起于肩峰的部分为一肉质肌腹，位于冈下肌的后下方。可屈肩关节。

（4）小圆肌（Minor teres muscle） 较小，呈短索状或楔状（猪的较发达），位于冈下肌后下方、三角肌肩胛部的深面。起于肩胛骨后缘中部（牛）或以腱膜起于肩臼窝稍上方的小结节上（犬），止于肱骨大结节后部和下方（牛）或由腱止于肱骨嵴上的隆起，在三角肌粗隆的上方（犬）。有屈肩关节的作用。

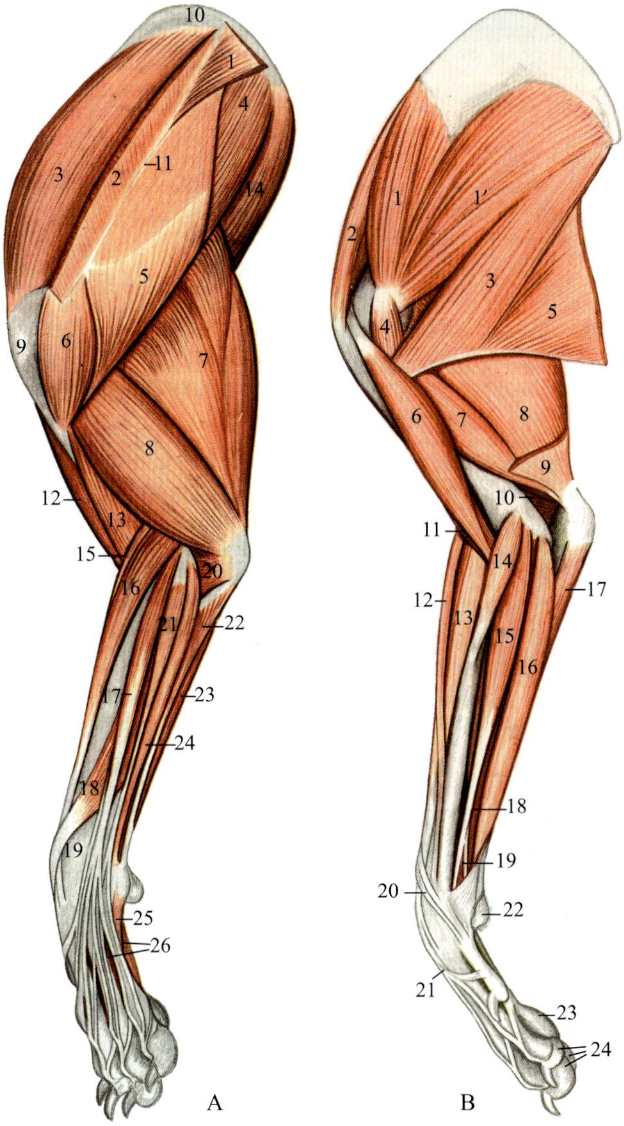

图 2-61 犬前肢肌肉

A. 左前肢外侧观：1. 胸斜方肌 2. 颈斜方肌 3. 冈上肌 4. 冈下肌 5. 三角肌肩胛部 6. 三角肌肩峰部 7. 臂三头肌长头 8. 臂三头肌外侧头 9. 肱骨大结节 10. 肩胛软骨 11. 肩胛冈 12. 臂二头肌 13. 臂肌 14. 大圆肌 15. 臂桡肌 16. 腕桡侧伸肌 17. 指总伸肌 18. 拇长展肌 19. 第 1 和第 2 指伸肌 20. 肘肌 21. 指外侧伸肌 22. 腕尺侧屈肌尺骨头 23. 腕尺侧屈肌肱骨头 24. 尺外侧肌 25. 第 5 指展肌 26. 骨间肌

B. 右前肢内侧观：1,1′. 肩胛下肌 2. 冈上肌 3. 大圆肌 4. 喙臂肌 5. 背阔肌 6. 臂二头肌 7. 臂三头肌内侧头 8. 臂三头肌长头 9. 前臂筋膜张肌 10. 肘肌 11. 臂肌 12. 臂桡肌 13. 腕桡侧伸肌 14. 旋前圆肌 15. 腕桡侧屈肌 16. 指浅屈肌 17. 腕尺侧屈肌尺骨头 18. 指深屈肌肱骨头 19. 指深屈肌桡骨头 20. 拇长展肌 21. 指总伸肌 22. 腕枕 23. 掌枕 24. 指枕

（引自 Popesko，1985）

2. 内侧组

（1）肩胛下肌（Subscapular muscle） 位于肩胛骨内侧面，略呈扇形，起于肩胛下窝，在牛明显分为 3 个肌束，止于肱骨近端内侧小结节。此肌肉含有大量腱质，可固定肩关节或内收肱骨。

（2）大圆肌（Major teres muscle） 呈长梭形，位于肩胛下肌后方，起于肩胛骨后角，止于肱骨内侧圆肌结节。具有屈肩关节和内收肱骨的作用。

（3）喙臂肌（Coracobrachial muscle） 呈扁平纺锤形（猪的较发达），位于肩关节和肱骨的内侧上部。起于肩胛骨的喙突，止于肱骨内侧面的圆肌粗隆（牛、犬）或肱骨内侧嵴（猪）。具有内收和屈曲肩关节的作用。

（三）臂部肌

臂部肌分布于肱骨周围，起于肩胛骨和肱骨，跨越肩关节及肘关节，止于前臂骨，主要作用于肘关节。可分伸、屈两组。伸肌组位于肱骨后方，屈肌组在前方（图 2–60 和图 2–61）。

1. 伸肌组

（1）臂三头肌（Triceps muscle of forearm） 位于肩胛骨和肱骨后方的夹角内，呈三角形。肌腹大，分长头、外侧头和内侧头。长头最大，起于肩胛骨后缘；外侧头较厚，起于肱骨颈外后方和三角肌粗隆之间；内侧头最小，起于肱骨内侧面。在犬的长头稍下方，还有一个副头，位于外侧头的深部，起于肱骨颈的后面，故犬的臂三头肌有 4 个头。这些头共同止于鹰嘴结节。主要作用为伸肘关节。

（2）前臂筋膜张肌（Tensor muscle of antebrachial fascia） 为肌纤维垂直向下的长带状肌，位于臂三头肌的后缘及内侧面。牛的狭长而薄，起于肩胛骨后角，以一薄腱止于鹰嘴结节内侧；犬的薄而窄，起于背阔肌腱膜，止于肘突和前臂腱膜；马的宽而薄，只有后缘，以一薄的腱膜起于背阔肌的止端腱及肩胛骨的后缘，止于肘突及前臂筋膜。作用为伸肘关节。

（3）肘肌（Anconeus muscle） 呈三棱形，较小，位于臂三头肌外侧头的深层，覆盖着肘窝，深面接肘关节囊。当肘关节伸展时，可紧张关节囊，免被夹伤。

2. 屈肌组

（1）臂二头肌（Biceps muscle of forearm） 位于肱骨前面，呈圆柱状（牛）或纺锤形（马），被臂头肌所覆盖。起自肩胛结节，越过肩关节前面和肘关节，止于桡骨近端前面的桡骨结节。另分出一个长腱支并入腕桡侧伸肌，间接止于掌骨。猪的止腱分为 3 支，分别止于旋前圆肌、桡骨近端内侧和尺骨近端内侧，腱下滑膜囊位于桡骨和尺骨之间；犬的远端腱分为 2 支，一支较强，止于尺骨粗隆，另一支较弱，止于桡骨粗隆。主要作用是屈肘关节，也有伸肩关节的作用。

（2）臂肌（Brachial muscle） 位于肱骨臂肌沟内。起自肱骨后面上部，止于桡骨近端内侧缘。作用为屈肘关节。

（四）前臂及前脚部肌

前臂及前脚部肌的肌腹分布于前臂骨的背侧、外侧和掌侧面，多为纺锤形。均起自肱骨远端和前臂骨近端。在腕关节上部变为腱质，作用于腕关节的肌肉的腱短，止于腕骨及掌骨；作用于指关节的肌肉，其腱较长，跨过腕关节和指关节，止于指骨。除腕尺侧屈肌外，其他各肌的肌腱在经过腕关节时，均包有腱鞘。前臂及前脚部肌可分为背外侧肌群和掌内侧肌群（图 2–60 至图 2–62）。

1. 背外侧肌群 分布于前臂骨的背侧和外侧面，由前向后依次为腕桡侧伸肌、指总伸肌和指外侧伸肌，在前臂下部还有腕斜伸肌。在牛，腕桡侧伸肌和指总伸肌之间还有指内侧伸肌。它们是作用于腕、指关节的伸肌。

（1）腕桡侧伸肌（Radial extensor muscle of carpus） 位于桡骨的背侧面，起于肱骨远端外侧，肌腹于前臂下部延续为一扁腱，止于第 3 掌骨近端。腱提高腕关节前方的表面包有腱鞘。犬的腕桡侧伸肌分内、外两部，分别止于止于第2、第3掌骨。主要作用是伸腕关节，固定肩、肘、腕关节。

（2）腕斜伸肌（Oblique carpal extensor muscle ） 又称拇长展肌（Long abductor muscle of the first digit），呈扁三角形，在指伸肌覆盖下，起自桡骨外侧下半部，斜伸延向腕关节内侧，穿经腕桡侧伸肌腱表面到达腕骨内侧缘，止于第3（牛）或第2（马）或第1（犬）掌骨近端。有伸和旋外腕关节的作用。

（3）指总伸肌（Common digital extensor muscle） 牛的指总伸肌较细，位于指内侧伸肌和指外侧伸肌之间，起于肱骨外侧上髁（浅头）和尺骨外侧面（深头），其腱向下伸延至掌骨远端分为2支，分别沿第3指和第4指背侧面下行，止于蹄骨。犬的指总伸肌有4个肌腹，末端腱分别止于第2、第3、第4、第5指的蹄骨。猪的指总伸肌有3个肌腹，末端腱分别止于第2、3、4、5指的蹄骨。

马的指总伸肌位于腕桡侧伸肌的后方，桡骨的外侧。主要起于肱骨远端前面，至前臂下部延续为腱，经腕关节背外侧面、掌骨和系骨背侧面向下伸延，止于蹄骨的伸腱突。主要作用是伸指和腕关节，也可屈肘。

（4）指外侧伸肌（Lateral digital extensor muscle） 位于前臂外侧面，在指总伸肌后方，牛的发达，马的很小。起自肱骨外侧上髁、桡骨近端外侧和尺骨体的外侧面，其腱经腕关节外侧面下延，至掌部，则沿指总伸肌腱外侧缘下行。牛的止于第4指的冠骨和蹄骨，又称第4指固有伸肌；马的止于系骨近端。犬的指外侧伸肌腱索分为2支，较强的一支腱伸向第5指，经掌骨至近指节与相当的指总伸肌腱愈合；较弱的一支，在腕部又分为2支，分别伸至第3与第4指，在近指节与相应的指总伸肌腱相连；它们的作用是伸第3、第4、第5指关节。猪的指外侧伸肌分两部分，即第4、第5指固有伸肌，分别止于第4和第5指，有伸指和腕关节的作用。

（5）指内侧伸肌（Medial digital extensor muscle） 又称第3指固有伸肌，马、犬无此肌。牛的位于腕桡侧伸肌和指总伸肌之间，肌腹和腱紧贴其后缘的指总伸肌及其腱；起于肱骨外侧上髁及桡骨窝的外侧粗面，以长腱止于第3指冠近端和蹄骨内侧缘，有伸第3指的作用。猪的第2指固有伸肌相当于牛的指内侧伸肌，位于指总伸肌深部，起于尺骨，止于第2指骨。

（6）臂桡肌（Brachioradial muscle） 在肘关节的屈面，是一长而窄的肌肉。多数犬缺乏此肌。起自肱骨远端外上髁嵴，伸延于腕桡侧伸肌的前面，然后转向内侧。在腕桡侧伸肌与桡骨间止于桡骨远端上1/4部的骨膜上。其作用向背外侧旋转桡骨。

（7）拇长伸肌（Extensor pollicis longus） 犬的明显，是一小的扁肌，起于尺骨中1/3部的背外侧缘。该肌与尺骨平行，肌纤维斜向远端内侧，位于腕尺侧伸肌、指外侧伸肌和指总伸肌下方，到达腕部则位于指总伸肌腱的内侧，以腱伸至第1指和第2指。其作用伸第1指和第2指及内收第1指。

2. 掌内侧肌群 分布于前臂骨的掌侧面，为腕和指关节的屈肌。肌群的浅层为屈腕的肌肉，包括腕外侧屈肌、腕尺侧屈肌和腕桡侧屈肌；深层为屈指的肌肉，有指浅屈肌和指深屈肌。

（1）腕尺侧伸肌（Ulnar extensor muscle of carpus） 又称尺外侧肌（Lateral ulnar muscle）或腕外侧屈肌（Lateral carpal flexor muscle），位于前臂外侧后部，指外侧伸肌的后方。起自肱骨远端外侧上髁，止于副腕骨和第4掌骨（犬为第5掌骨）近端外侧。作用为屈腕、伸肘。

（2）腕尺侧屈肌（Ulnar flexor muscle of carpus） 位于前臂部内侧后部，起于肱骨远端内侧和肘突，止于副腕骨。犬的发达，有2个肌腹，其中一较细的尺骨头在指浅屈肌的浅面和外侧；另一较强的肱骨头位于其深部。有屈腕、伸肘的作用。

（3）腕桡侧屈肌（Radial flexor muscle of carpus） 位于腕尺侧屈肌前方，桡骨之后，它与桡骨内侧缘之间形成前臂正中沟，沟内有正中动脉、正中静脉和正中神经。起于肱骨远端内侧，牛的止于第3掌骨近端，马的止于第2掌骨近端，犬的止于第2、第3掌骨。作用为屈腕、伸肘。

（4）指浅屈肌（Superficial digital flexor muscle） 位于腕尺侧屈肌的深面与指深屈肌之间。牛的指浅屈肌起于肱骨内侧上髁，肌腹分浅、深两部，肌腱分别止于第3、第4指冠骨近端的两侧。犬位于前臂部内面掌侧浅层，其远端分为 4 个腱，止于第 2、第 3、第 4、第 5 指的冠骨。马的指浅屈肌有 2 个起点，一个起于肱骨远端内侧，另一个以腱质起自桡骨掌侧面下半部；肌腹与指深屈肌不易分离，其腱索经腕管至掌部，位于指深屈肌腱的浅面，在系骨远端分为 2 支，分别止于系骨和冠骨的两侧。猪的指浅屈肌位于腕桡侧屈肌和腕尺侧屈肌深部之间，两个肌腹下伸至第 3、第 4 指的掌侧。作用为屈指和腕关节。

（5）指深屈肌（Deep digital flexor muscle） 其肌腹在前臂掌侧面，被其他屈肌包围。有 3 个头，即肱骨头、桡骨头和尺骨头。肱骨头起自肱骨内侧上髁，肌腹最强，位于前臂的后内侧。桡骨头在桡骨的后内侧面，起于桡骨近 3/5 处的后面，肌腹最弱，在腕部附近，腱加入肱骨头腱内。尺骨头是一扁肌，在尺骨的后面，起于尺骨后缘。3 个头的腱合成 1 个总腱，经腕管向下伸延至掌部，走在指浅屈肌腱深面、悬韧带的浅面，在系关节附近，穿过指浅屈肌的腱环，并在其分支间下行，以扁腱止于蹄骨的屈腱面。牛的指深屈肌腱分支分别止于第 3、第 4 指蹄骨的屈腱面。犬的分为 5 支，止于第 1 ～ 5 指的远指节骨。作用为屈指和腕关节。

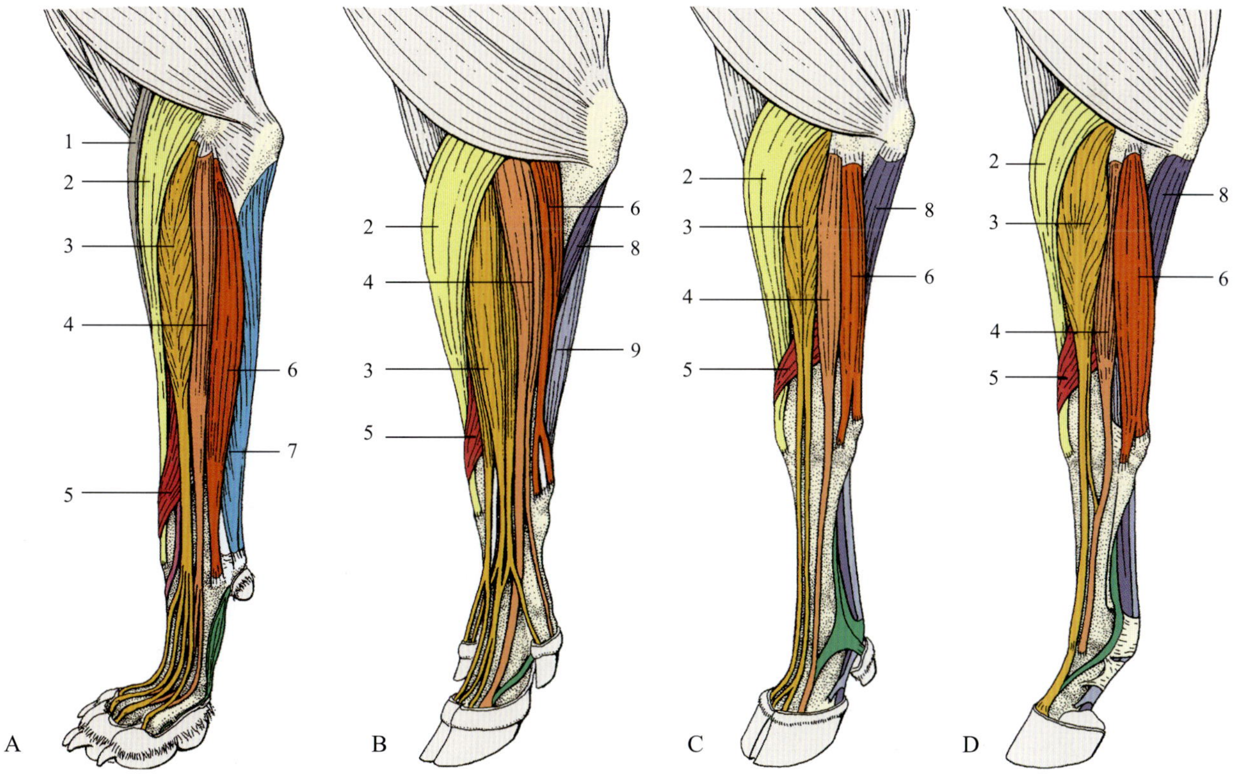

图 2–62 动物前臂和前脚部肌肉示意图（背外侧面）

A. 犬 B. 猪 C. 牛 D. 马

1. 臂桡肌 2. 腕桡侧伸肌 3. 指总伸肌 4. 指外侧伸肌 5. 拇长展肌（腕斜伸肌）
6. 尺外侧肌 7. 腕尺侧屈肌 8. 指深屈肌 9. 指浅屈肌

（引自 König 和 Liebich，2007）

除上述肌肉外，还有骨间肌（Interosseus muscle）和屈肌间肌（Interflexor muscle），前者位于掌骨的掌侧面，下部接近籽骨，主要由腱质组成；后者分腕上部和腕下部，由指浅屈肌腱走向指深屈肌腱。另外牛、猪和犬的前臂部还有旋前圆肌（Round pronator muscle），尤其犬的发达，位于前臂内侧，腕桡侧伸肌与腕桡侧屈肌之间，起于肱骨内上髁，止于桡骨中部背内侧缘，旋转前臂使其背侧转向内侧或屈肘的作用；旋前方肌（Quadrate pronator muscle），在犬，位于桡骨和尺骨之间，呈菱形，起于尺骨，肌纤维斜向远内侧，止于桡骨，可向前旋前臂和爪；旋后肌（Supinator muscle），犬有此肌，是一宽的扁肌，位于腕桡侧伸肌深面，起于臂骨外侧上髁，止于桡骨上端的背内侧面；第 1、第 2 指固有伸肌位于指总伸肌深部的一块肌肉，伴随指总伸肌下行，止于第 1、第 2 指，有旋转爪的作用。

四、后肢主要肌肉

后肢肌肉较前肢肌肉发达，是推动身体前进的主要动力，可分为臀部肌、股部肌、小腿和后脚部肌，只有髋关节除了有伸、屈肌群外，还有内收和旋转肌群（图 2–63 至图 2–65）。

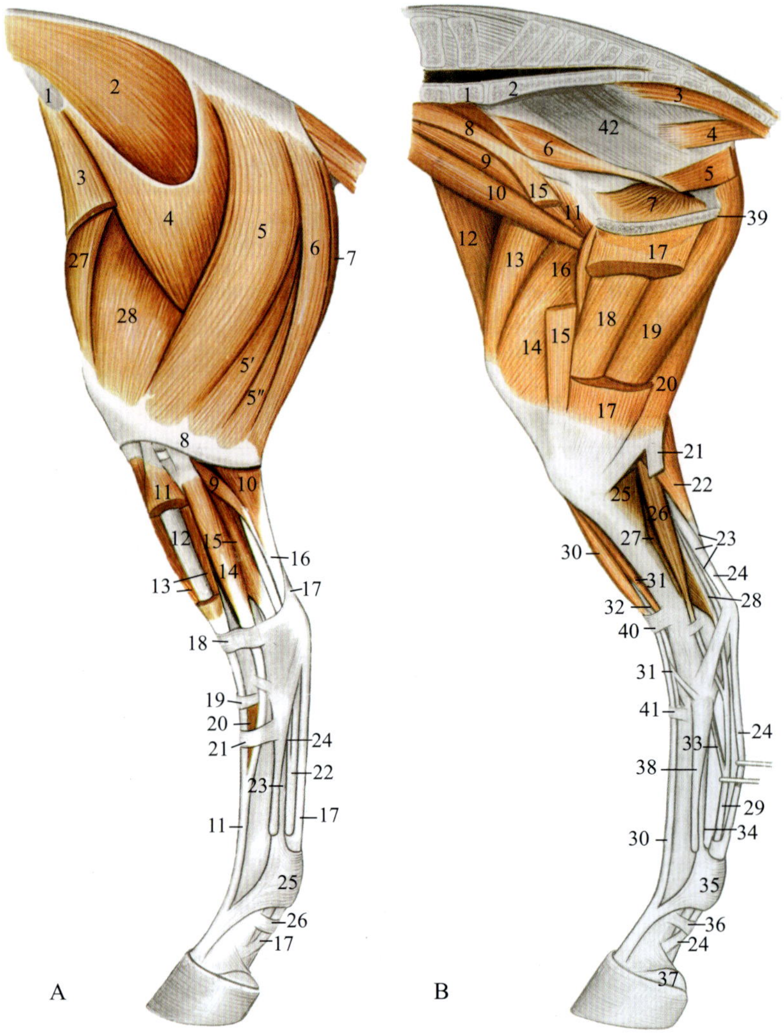

图 2–63　马后肢肌

A. 左后肢外侧观：1. 髋结节　2. 臀中肌　3. 阔筋膜张肌　4. 臀浅肌　5,5′,5″. 股二头肌　6. 半腱肌　7. 半膜肌　8,17 小腿筋膜　9. 比目鱼肌　10. 腓肠肌　11. 趾长伸肌　12. 第 3 腓骨肌　13. 胫骨前肌　14. 趾外侧伸肌　15. 趾深屈肌　16. 跟腱　18,19,21. 支持带　20. 趾短伸肌　22. 趾深屈肌腱　23. 悬韧带　24. 趾深屈肌副韧带　25. 浅横跖侧韧带　26. 趾环韧带　27. 股直肌　28. 股外侧肌

B. 右后肢内侧观：1. 第 6 腰椎　2. 荐骨　3. 荐尾腹内侧肌　4. 尾骨肌　5. 肛提肌　6. 闭孔内肌髂部　7. 闭孔内肌坐骨部　8. 腰小肌　9. 腰大肌　10. 髂肌外侧部　11. 髂肌内侧部　12. 阔筋膜张肌　13. 股直肌　14. 股内侧肌　15. 缝匠肌　16. 耻骨肌　17. 股薄肌　18. 内收肌　19. 半膜肌　20. 半腱肌　21,23,24. 跟总腱　22. 腓肠肌内侧头　25. 腘肌　26. 趾长屈肌　27. 第 Ⅰ 趾长屈肌　28. 胫骨后肌　29. 趾深屈肌腱　30. 趾长伸肌　31. 胫骨前肌　32. 第 3 腓骨肌　33. 趾深屈肌副韧带　34. 悬韧带　35. 浅横跖侧韧带　36. 趾环韧带　37. 第 3 跖侧韧带　38. 第 2 跖骨　39. 骨盆联合　40. 近支持带　41. 远支持带　42. 荐结节阔韧带

（引自 Popesko，1985）

（一）臀部肌

分布于臀部，跨越髋关节，止于股骨。可伸、屈髋关节及外旋大腿（图 2–63 和图 2–64）。

1. 臀浅肌（Superficial gluteal muscle） 牛、羊无此肌。犬臀浅肌较小，略呈三角形，位于臀部皮下、臀中肌的后方，分前、后两部。马的臀浅肌位于臀部浅层，也分前、后两部分，有两个起点，一个是髋结节，另一个是臀筋膜，止于股骨第三转子。有外展后肢和伸髋关节的作用。

2. 臀中肌（Middle gluteal muscle） 是臀部的主要肌肉，大而厚。起自髂骨翼、荐骨、腰背最长肌腱膜及荐结节阔韧带（犬为荐坐韧带），止于股骨大转子，由深、浅两部分组成，浅部较大，通常称为臀中肌；深部较小称臀副肌（犬无臀副肌）。主要作用是伸髋关节，外展后肢，由于其与背最长肌结合，还参与竖立、蹴踢和推动躯干前进等动作。

3. 臀深肌（Deep gluteal muscle） 位于最深层，臀中肌的下面。牛的较宽而薄，马的短而厚，起自坐骨棘，在牛还起于荐结节阔韧带，止于大转子前下方（牛）和大转子前部（犬、马）。有外展髋关节和内旋后肢的作用。

4. 髂肌（Iliac muscle） 位于髋关节前方，起自髂骨和荐骨腹侧面，止于小转子。分内、外两部，因其与腰大肌的止部紧密结合在一起，故常合称为髂腰肌。其作用为屈髋关节及外旋后肢。

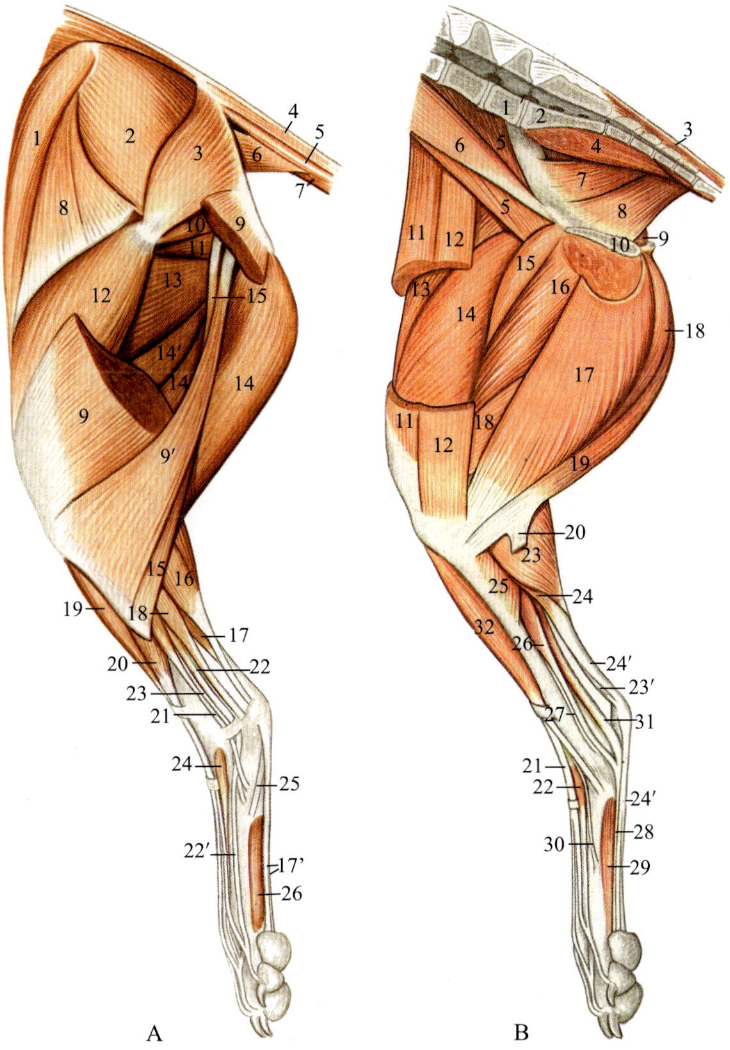

图 2-64 犬后肢肌肉

A. 左后肢外侧观：1. 缝匠肌前部 2. 臀中肌 3. 臀浅肌 4. 荐尾背外侧肌 5. 尾横突间肌 6. 尾骨肌 7. 荐尾腹外侧肌 8. 阔筋膜张肌 9. 股二头肌浅头 9′. 股二头肌深头 10. 孖肌 11. 股方肌 12. 股外侧肌 13. 内收肌 14. 半膜肌后部 14′. 半膜肌前部 15. 小腿后外展肌 16. 腓肠肌 17. 趾浅屈肌 17′. 趾浅屈肌腱 18. 第Ⅰ趾长屈肌 19. 胫骨前肌 20. 趾长伸肌 21. 腓骨长肌 22. 趾外侧伸肌 22′. 趾外侧伸肌腱 23. 腓骨短肌 24. 趾短伸肌 25. 第Ⅴ趾收肌 26. 骨间肌

B. 右后肢内侧观：1. 第7腰椎 2. 荐骨 3. 荐尾背内侧肌 4. 荐尾腹外侧肌 5. 髂腰肌 6. 腰小肌 7,8. 肛提肌（内侧尾骨肌） 7. 髂尾肌 8. 坐骨耻尾肌 9. 闭孔内肌 10. 骨盆联合 11. 缝匠肌前部 12. 缝匠肌后部 13. 股直肌 14. 股内侧肌 15. 耻骨肌 16. 内收肌 17. 股薄肌 18. 半膜肌 19. 半腱肌 20. 跟腱 21. 趾长伸肌 22. 趾短伸肌 23. 腓肠肌内侧头 23′. 小腿三头肌腱 24. 趾浅屈肌 24′. 趾浅屈肌腱 25. 腘肌 26. 趾长屈肌 27. 胫骨后肌 28. 趾深屈肌腱 29. 骨间肌 30. 第Ⅰ趾长伸肌 31. 第Ⅰ趾长屈肌 32. 胫骨前肌

（引自 Popesko，1985）

（二）股部肌

分布于股骨周围，可分为股前、股后和股内侧肌群（图 2-63 和图 2-64）。

1. 股前肌群 位于股骨前面。

（1）阔筋膜张肌（Tensor muscle of the fascia lata） 呈三角形，位于股前外侧皮下，起自髋结节，向下呈扇形连于阔筋膜，并借阔筋膜止于膝盖骨和胫骨前缘。犬的阔筋膜张肌起自髂骨外侧缘，分前后两部，止于股阔筋膜。可紧张阔筋膜，屈髋关节和伸膝关节。

（2）股四头肌（Quadrate muscle of the thigh） 大而厚，位于股骨前面及两侧，被阔筋膜张肌覆盖。有4个肌头，包括股直肌、股内侧肌、股外侧肌和股中间肌。股直肌起自髂骨体，其余3个肌头起于股骨。4个头都止于膝盖骨。作用为伸膝关节。

2. 股后肌群 位于股后部。

（1）股二头肌（Biceps muscle of thigh） 长而宽大，位于股后外侧，有2个头，一是椎骨头（长头），起于荐骨，二是坐骨头（短头），起自坐骨结节，牛和猪的椎骨头还起于荐结节阔韧带，与臀浅肌融合，形成臀股二头肌。两个头合并后下行逐渐变宽，牛的分前、后两部，马的明显地分为前、中、后3部，分别止于膝盖骨侧缘、胫骨嵴，另分出一腱支加入跟腱，止于跟结节，犬起始部两个头分别起于荐结节韧带和坐骨结节，止于膝盖骨、胫骨和跟骨。可伸髋关节、膝关节、跗关节。提举后肢时又可屈膝关节。

小腿后展肌（Caudal abductor muscle of leg） 犬有此肌。犬股二头肌深层的小腿后展肌，为一细长的小肌肉，起自荐结节韧带，止于小腿外侧筋膜，其作用为伸髋关节和屈膝关节。

（2）半腱肌（Semitendinous muscle） 长而大，位于（臀）股二头肌后方，止端转到内侧。其起点是前两个尾椎和荐结节阔韧带（马）以及坐骨结节（马、牛、犬），止点是胫骨嵴、小腿筋膜和跟结节。猪半腱肌的起点为2个头，上支起于荐骨棘和前几节尾椎，与股二头肌和臀浅肌同起点；下支起于坐骨结节，止于胫骨嵴的内侧面和跟节结。牛、羊和犬半腱肌仅有坐骨头（下支），起自坐骨结节。作用同（臀）股二头肌。

（3）半膜肌（Semimembranous muscle） 大，呈三棱形，位于半腱肌后内侧。起于荐结节阔韧带后缘（马）和坐骨结节（马、牛），止于股骨远端内侧（马、牛）。犬半膜肌肌腹较大，起于坐骨结节，分前后两部，前部止于耻前腱和股骨内侧上髁，后部止于胫骨内侧髁。有伸髋关节并内收后肢的作用。

3. 股内侧肌群 位于股部内侧，可分3层。浅层有缝匠肌和股薄肌，中层有耻骨肌和内收肌，深层有股分肌、闭孔外肌、闭孔内肌和孖肌（Gemellus）。

（1）股薄肌（Gracilis muscle） 呈四边形，薄而宽，位于缝匠肌后方。起自骨盆联合及耻前腱，止于膝内侧直韧带和胫骨近端内侧面。它将耻骨肌、内收肌覆盖于其下。有内收后肢的作用。

（2）耻骨肌（Pectineal muscle） 为锥形，位于耻骨前下方，起于耻骨前缘和耻前腱，止于股骨中部的内侧缘。可内收后肢和屈髋关节。

（3）内收肌（Adductor muscle） 呈三棱形，位于耻骨肌后面，半膜肌前方，股薄肌深面。起于耻骨和坐骨的腹侧面，止于股骨下1/3的内侧面。犬的内收肌分为3块：长收肌小，大收肌和短收肌大。前面的小肌肉称长收肌（Long adductor muscle），起点位于耻骨前缘，耻骨肌与内收肌之间，止于股骨小转子的下方。可内收后肢，也可伸髋关节。

（4）缝匠肌（Sartorius muscle） 牛、羊、猪的缝匠肌呈狭长带状，位于股内侧前部，起点分前、后两头，分别起自髂骨骨盆面的髂筋膜和腰小肌腱，并在两者之间形成一个三角形的间隙，止于膝内侧直韧带和胫骨嵴，有内收后肢的作用。犬的缝匠肌分为前、后两部，前部位于臀前和股前部，起自髂骨翼的外角腹侧和腰背筋膜，与股四头肌的股直肌一起终于膝盖骨，有屈髋关节、伸膝关节的作用；后部位于股内侧，起于髂骨翼的腹侧缘，与股薄肌一起终止于胫骨内侧面，为屈髋关节和膝关节的作用。

马、牛、羊和猪的缝匠肌与深层的髂腰肌、股内侧肌及后方的耻骨肌、股薄肌围成股骨内侧的肌缝称为股管（Femoral canal），内有股动、静脉和股神经的分支隐神经通过。犬的缝匠肌的后部与股薄肌之间呈三角形的肌缝，为股三角（Femoral triangle），其前界为缝匠肌，后界为耻骨肌和内收肌，深层为股直肌和股内侧肌，浅层为股薄肌。股三角内的血管神经分布与牛、羊和猪的股管基本相同。

股内侧肌群还有股方肌（Quadrate muscle），呈长方形，在内收肌外侧的前上方，由坐骨腹侧面至股骨小转子，可内收后肢，并使股骨向外传动。在深层、骨盆底壁和股骨之间还有一些小肌，其作用是旋外股骨，包括闭孔外肌（External obturator muscle），呈扇状，起于骨盆底壁和闭孔的腹侧面，止于股骨转子窝；闭孔内肌（Internal obturator muscle）呈扇形，起于坐骨和耻骨的骨盆面，其扁腱经闭孔止于股骨转子窝；孖肌为三角形薄肌，位于臂股二头肌的深面，起于坐骨外侧缘，止于股骨转子窝。

（三）小腿和后脚部肌

多为纺锤形肌，肌腹位于小腿部，在跗关节均变为腱，作用于跗关节和趾关节。可分为背外侧肌群和跖侧肌群（图 2-63 至图 2-65）。背外侧肌群为跗关节的屈肌和趾关节的伸肌，跖侧肌群为跗关节的伸肌和趾关节的屈肌。

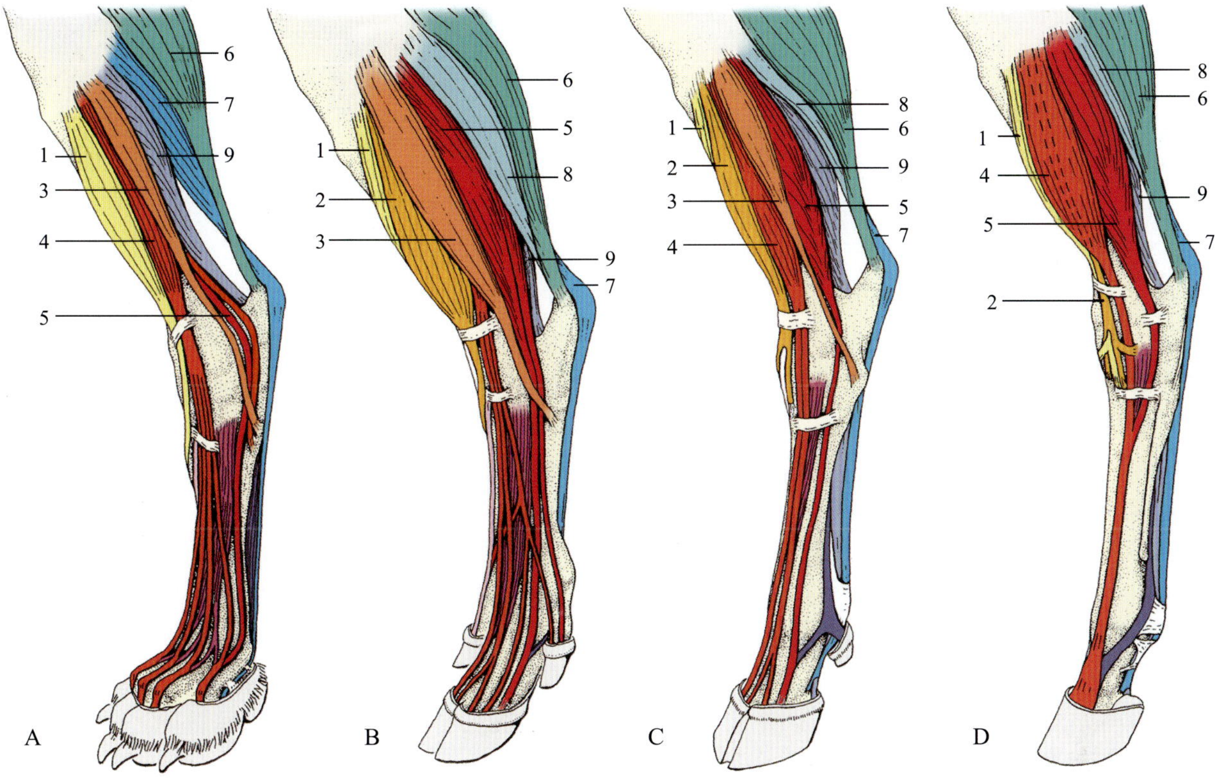

图 2-65　动物小腿和后脚部外侧浅层肌肉示意图

A. 犬　B. 猪　C. 牛　D. 马

1. 胫骨前肌　2. 第 3 腓骨肌　3. 腓骨长肌　4. 趾长伸肌　5. 趾外侧伸肌

6. 腓肠肌　7. 趾浅屈肌　8. 比目鱼肌　9. 趾深屈肌

（引自 König 和 Liebich，2007）

1. 小腿背外侧肌群　牛、猪的小腿背外侧伸肌从前向后分别为第 3 腓骨肌、趾长伸肌、腓骨长肌和趾外侧伸肌；犬的分别为胫骨前肌、趾长伸肌和腓骨长肌；马的则分别为胫骨前肌（部分）、趾长伸肌和趾外侧伸肌（图 2-65）。

（1）趾长伸肌（Long digital extensor muscle）　位于小腿背外侧部，在马位于浅层，而其他家畜的趾长伸肌被第 3 腓骨肌（牛、猪）或胫骨前肌（犬）覆盖着。起自股骨远端，牛、猪的趾长伸肌的肌腹分内侧肌腹（趾内侧伸肌 Medial digital extensor muscle，在牛又称为第 3 趾固有伸肌）和外侧肌腹。在跗关节上方延续为一长腱，经跗、跖及趾的背侧面伸向趾端，止于蹄骨伸腱突，分别止于第 2（犬）、第 3（牛、猪、犬、马）、第 4（牛、猪、马、犬）、第 5（犬）趾的趾节骨。有伸趾关节、屈跗关节的作用。

（2）趾外侧伸肌（Lateral digital extensor muscle）　在牛又称为第 4 趾固有伸肌，猪则是第 4 趾、第 5 趾伸肌。位于小腿的外侧部，在趾长伸肌的后方（马）或腓骨长肌的后方（牛、猪）。起于胫骨近端外侧及腓骨，于跖中部并入趾长伸肌腱（马），或沿趾长伸肌腱的外侧缘下行，止于第 4 趾冠骨（牛、猪）。犬的趾外侧伸肌位于腓骨长肌的深层，起于腓骨近端，止于趾节骨近端。作用同趾长伸肌。

（3）第3腓骨肌（Third fibular muscle） 马的第3腓骨肌无肌质，为一强腱，位于胫骨前肌与趾长伸肌之间。牛、猪的第3腓骨肌比马的发达，呈纺锤形，位于小腿背侧面的浅层，在趾长伸肌的表面。起自股骨远端，沿胫骨前肌背侧下行，在跗关节上方分为2支，分别止于大跖骨近端和跗骨。有屈跗关节的作用。犬无此肌或仅有一腱索，在胫骨前肌内侧。

（4）胫骨前肌（Cranial tibial muscle） 紧贴于胫骨前外侧，被第3腓骨肌（牛）或趾长伸肌（马）覆盖。起自胫骨近端外侧，在跗关节背侧，其止腱自第3腓骨肌二腱间穿过，分为2支，分别止于大跖骨近端和第1、第2跗骨（马、犬）或第2、第3跗骨（牛、猪）。有屈跗关节的作用。

（5）腓骨长肌（Long fibular muscle） 马无此肌。牛、猪的腓骨长肌位于小腿背外侧部，第3腓骨肌后方，在趾长伸肌和趾外侧伸肌之间，起于胫骨外侧髁和腓骨，止于大跖骨近端和第1跗骨。犬的腓骨长肌位于趾长伸肌后方，起于胫骨上端和腓骨，肌腹到达胫骨中部，到小腿下部变成一长腱，转向内侧，止于第4跗骨和第1跖骨。有屈跗关节和旋内后脚的作用。

2. 小腿跖侧肌群

（1）腓肠肌（Gastrocnemius muscle） 位于小腿后部，分内、外2头，起自股骨远部跖侧，于小腿中部变为腱，与趾浅屈肌腱扭结一起，止于跟结节。作用为伸跗关节。腓肠肌腱以及附着于跟结节的趾浅屈肌腱、股二头肌腱和半腱肌腱合成一粗而坚硬的腱索，称为跟总腱（Common calcaneal tendon）。

（2）趾浅屈肌（Superficial digital flexor muscle） 肌腹夹于腓肠肌2个头之间，几乎全为腱质。起于股骨髁上窝，其腱与腓肠肌腱扭结一起，在跟结节处变宽，呈帽状罩于其上，两侧附着于跟结节两旁。主腱继续下行，经跗部和跖部后面向下伸延至趾部，牛分2支，分别止于第3、第4趾的冠骨，犬分为4支，分别止于第1～5趾，马止于冠骨两侧。其主要作用是屈趾关节。

（3）趾深屈肌（Deep digital flexor muscle） 肌腹位于胫骨后面，有3个头，即外侧浅头、外侧深头和内侧头，均起于胫骨后面。3部肌腱在跗关节处合成一总腱，沿趾浅屈肌腱深面下行。犬趾深屈肌有2个头，外头大，内头较小，均起于经外侧髁和腓骨后面，到跖部2腱合并，然后再分为4支，止于第1～5趾的趾节，牛分2支，止于第3、第4趾的蹄骨，马骨止于蹄骨的屈腱面。作用为屈趾关节、伸跗关节。

（4）腘肌（Popliteal muscle） 位于膝关节后面。以圆形腱起于股骨远端，肌腹扩大为厚的三角形，止于胫骨近端后面。有屈股胫关节的作用。

除以上肌肉外，还有比目鱼肌（Soleus muscle）和骨间肌。比目鱼肌为一小而薄的带状小肌，由胫骨外侧髁至腓肠肌的外头。猪的比目鱼肌宽而厚，比牛、马的发达。骨间肌系位于掌骨后面的短肌，已变成肌纤维很少的腱索。

五、躯干肌

躯干肌包括脊柱肌、颈腹侧肌、胸廓肌和腹壁肌。

（一）脊柱肌

脊柱肌指支配脊柱活动的肌肉，分为脊柱背侧肌群和脊柱腹侧肌群。脊柱背侧肌群很发达，位于脊柱的背外侧；脊柱腹侧肌群不发达，仅位于颈部和腰部脊柱的腹侧（图2-66至图2-68）。

1. 脊柱背侧肌群

（1）背最长肌（Dorsal longest muscle） 又称胸腰最长肌，为全身最长的肌肉，呈三棱形，位于胸、腰椎棘突与横突和肋骨椎骨端所形成的夹角内，由许多肌束结合而成，表面覆盖一层强厚的腱膜。起于髂骨嵴、荐骨、腰椎和后位胸椎棘突，止于腰椎、胸椎和最后颈椎的横突及肋骨外面。两侧同时收缩时可伸腰背，另外还有伸颈、侧偏脊柱和助呼吸的作用。

（2）髂肋肌（Iliocostal muscle） 由一束束斜向的肌束组成，位于背最长肌的腹外侧。牛起于腰椎

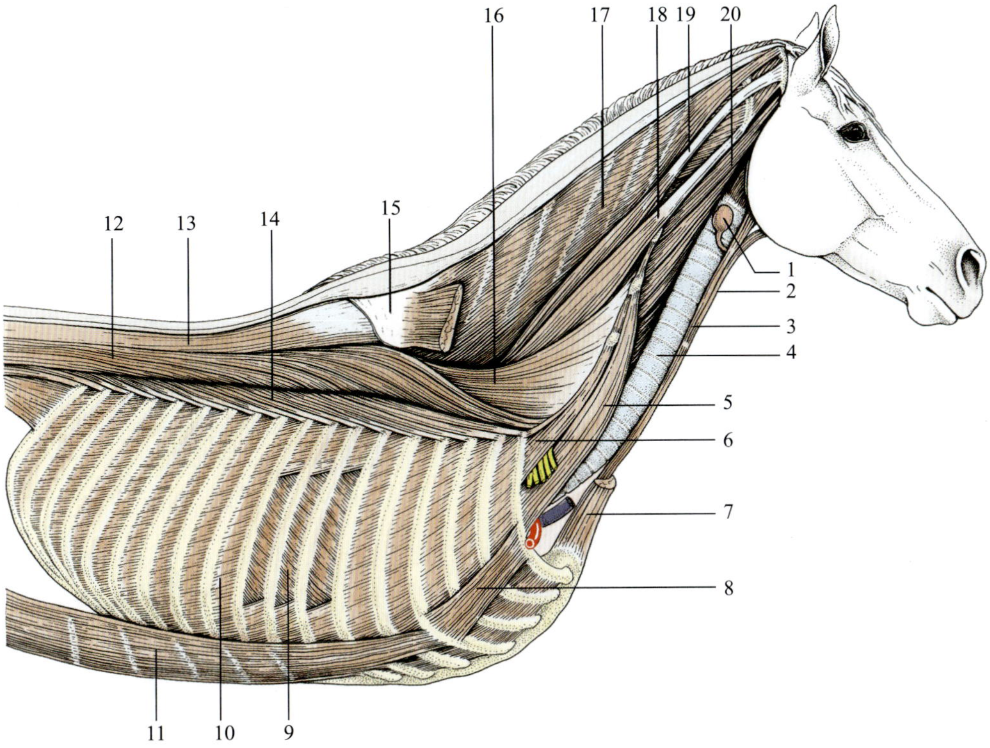

图 2-66 马躯干中层肌

1. 甲状腺 2. 胸骨舌骨肌 3. 胸骨甲状肌 4. 气管 5. 腹斜角肌 6. 中斜角肌 7. 胸头肌 8. 胸直肌 9. 肋间内肌 10. 肋间外肌 11. 腹直肌 12. 背最长肌 13. 胸部和颈部棘肌 14. 胸髂肋肌 15. 夹肌和棘肋横筋膜 16. 颈最长肌 17. 头半棘肌 18. 寰最长肌 19. 头最长肌 20. 头长肌

（引自 König 和 Liebich，2007）

横突末端和后 8 个肋的前缘，马起于腰椎横突末端和后 15 个肋的前缘，犬起于髂骨，向前止于所有肋骨后缘和第 7 颈椎横突（牛、马）或后 4 枚颈椎（犬）。可向后牵引肋骨，协助呼吸。它与背腰最长肌之间形成髂肋肌沟，沟内有针灸穴位。

（3）夹肌（Splenius muscle） 位于颈侧部皮下，在鬐甲、项韧带索状部与颈椎和头部之间，呈三角形，其后部被斜方肌及颈下锯肌覆盖。本肌在牛、马起自与第 4、第 5 胸椎相对的棘横筋膜和项韧带索状部，止于枕骨、颞骨及前 4 个（牛）或 5 个（马）颈椎横突；在犬起自腰背筋膜的前缘、前 3 个胸椎棘突和整个颈正中缝，止于枕骨项嵴和颞骨乳突部。猪的夹肌也很发达，肌腹中部向前分为 3 支，分别止于枕骨、颞骨和寰椎翼。两侧同时收缩可抬头颈，单侧收缩可偏头颈。

（4）头半棘肌（Semispinal muscle of head） 又称复肌。为三角形的板状肌，表面有 3～5 条斜行的腱划，位于夹肌和项韧带板状部之间。该肌起自前 8～9 个（牛）或 5～7 个（猪和马）或 3～4 个（犬）胸椎的横突以及后 5 个（在犬是后 4 个）颈椎的关节突，止于枕骨的项面及枕嵴下方处。作用同夹肌。

（5）颈多裂肌（Cervical multifidus muscle） 被头半棘肌覆盖，位于后 6 个颈椎椎弓背侧。起于第 1 胸椎横突和后 4～5 个颈椎关节突，止于后 6 个颈椎的棘突和关节突。有伸、偏头颈的作用。

在脊柱背侧肌群深层还有一些小肌。头寰最长肌（Longest muscle of caput-atlas） 包括头最长肌和寰最长肌两条平行的扁平带状肌肉。头最长肌较大，在背侧，起于前 2、3 个胸椎横突，止于颞骨乳突；寰最长肌较窄小，在腹侧，起于第 3～7 颈椎关节突，止于寰椎翼。两者的深面贴邻头后斜肌和头半棘肌，浅面大部分被夹肌所覆盖。颈最长肌（Longest muscle of neck），呈三角形，是背最长肌的向前延续，止于后 4 个颈椎横突。头背侧大直肌（Major dorsal straight muscle of head），在项韧带索状部的下方与枕骨之间。头背侧小直肌（Minor dorsal straight muscle of head），在头背侧大直肌之下。头后斜肌（Caudal oblique muscle of head），在枢椎和寰椎的背外侧。头前斜肌（Cranial oblique muscle of head），短而厚，在寰枕关节的背外侧。颈横突间肌（Cervical intertransversal muscle），在颈横突与横突或横突与关节突之间。这些肌肉有不同程度的伸头和偏侧头的作用，有的还有旋转头的作用。

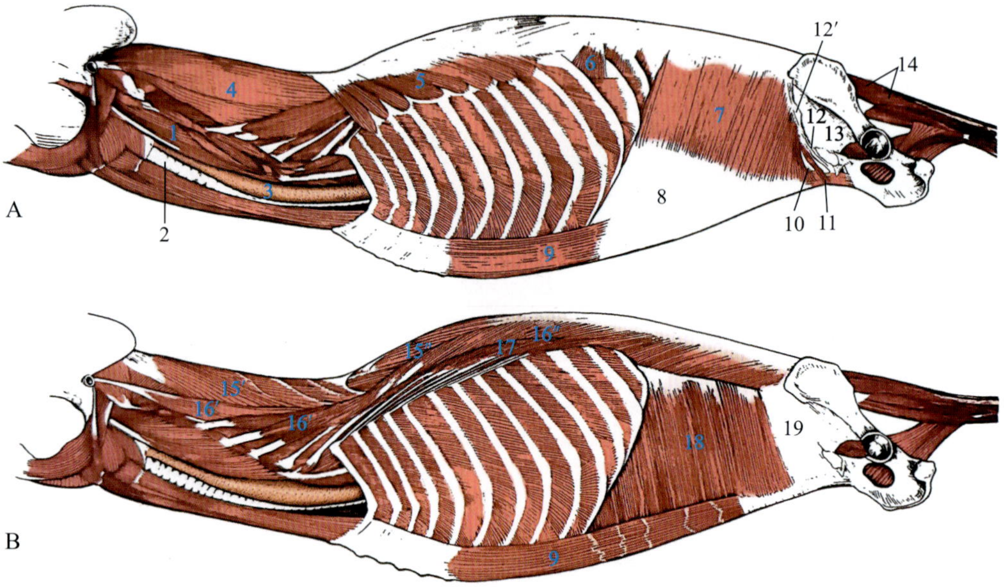

图 2-67 犬躯干肌

A. 中层肌 B. 深层肌

1. 头长肌 2. 气管 3. 食管 4. 夹肌 5. 前背侧锯肌 6. 后背侧锯肌 7. 腹内斜肌 8. 腹内斜肌腱 9. 腹直肌 10. 腹内斜肌游离后缘 11. 提睾肌 12. 腹股沟韧带 12′. 切断并掀起的腹外斜肌腱膜 13. 髂腰肌 14. 荐尾背侧肌 15. 横突棘肌系 15′. 头半棘肌 15″. 棘肌和半棘肌 16. 最长肌系 16′. 头最长肌和颈最长肌 16″. 胸最长肌 17. 髂肋肌 18. 腹横肌 19. 腹横筋膜

（引自 Singh 等，2018）

2. 脊柱腹侧肌群 不发达，仅存在于颈、腰部。颈部有头长肌、颈长肌和斜角肌，腰部主要有腰方肌、腰小肌和腰大肌。它们位于椎体的腹侧。

（1）头长肌（Long muscle of head） 位于前部颈椎的腹外侧，向前一直伸至颅底部。由许多长肌束组成，起于第 3 ～ 6 颈椎横突，至于枕骨基底部。作用为屈头。

（2）颈长肌（Long muscle of neck） 位于颈椎椎体和前 6（7）个胸椎椎体的腹侧，由许多分节性的短肌束组成，分为颈胸两部分。胸部起于第 6（7）胸椎椎体的腹侧，向前外侧止于最后 2 个颈椎的椎体和横突腹侧。颈部起于最后颈椎的椎体和横突腹侧，向前内侧止于寰椎的腹侧。作用为屈颈。

（3）斜角肌（Scalene muscle） 位于颈后部的腹外侧，表面有膈神经横过，分为上、下两部，臂神经丛从其间通过。起于最后 4 ～ 5 颈椎横突，止于第 1 ～ 3 肋骨，可牵引前部肋向前，协助吸气。

（4）腰小肌（Minor psoas muscle） 狭而长，位于腰椎椎体腹侧面的两侧，起于最后胸椎和腰椎椎体腹侧，止于髂骨腰小肌结节。作用是屈腰和下降骨盆。

（5）腰大肌（Major psoas muscle） 腰椎腹侧诸肌中最大的肌肉，宽扁而长，位于腰小肌外侧，起于最后 1 ～ 2 肋骨椎骨端和腰椎椎体及横突的腹侧，与髂骨合称髂腰肌，止于股骨小转子。作用是屈曲髋关节。

（6）腰方肌（Lumbar quadrate muscle） 较薄，位于腰椎横突腹侧，大部分在腰大肌的深面，起于最后 2 ～ 3 胸椎椎体腹外侧及相应肋骨的椎骨端和腰椎横突腹侧，止于腰椎横突前缘和髂骨翼的腹侧面。作用是两侧同时收缩时可固定腰椎，一侧收缩是屈腰。

（二）颈腹侧肌

颈腹侧肌位于颈腹侧，包括胸头肌、胸骨甲状舌骨肌、肩胛舌骨肌。

1. 胸头肌（Sternocephalic muscle） 位于颈下部的外侧，起自胸骨柄，止于下颌骨后缘，呈长带状（图 2–66 和图 2–67）。它与臂头肌之间形成颈静脉沟，沟内有颈静脉。牛的止端分浅、深两部。浅部止于下颌骨下缘，称胸下颌肌（Sternomandibular muscle）；深部止于颞骨，称胸乳突肌（Sternomastoid muscle）。作用为屈头颈；肉食动物的胸头肌由胸乳突肌和胸枕肌两部分组成，这两部分都是从胸骨柄与对侧同名肌共同发出后，分别各自止于颞骨乳突和枕骨项嵴。

2. 胸骨甲状舌骨肌（Sterno–thyrohyoid muscle） 位于气管的腹侧，扁平带状。起自胸骨柄，向前分为 2 支。外侧支止于喉的甲状软骨，称为胸骨甲状肌（Sternothyroid muscle）；内侧支止于舌骨，称为胸骨舌骨肌（Sternohyoid muscle）（图 2–68）。作用为向后牵引舌和喉，以助吞咽。

3. 肩胛舌骨肌（Omohyoid muscle） 呈薄带状。起于肩胛下筋膜，止于舌骨体（图 2–68）。它位于颈侧，臂头肌的深面，在颈前部，于颈总动脉和颈静脉之间穿过，形成颈静脉沟的沟底。作用同胸骨甲状舌骨肌。犬无肩胛舌骨肌。

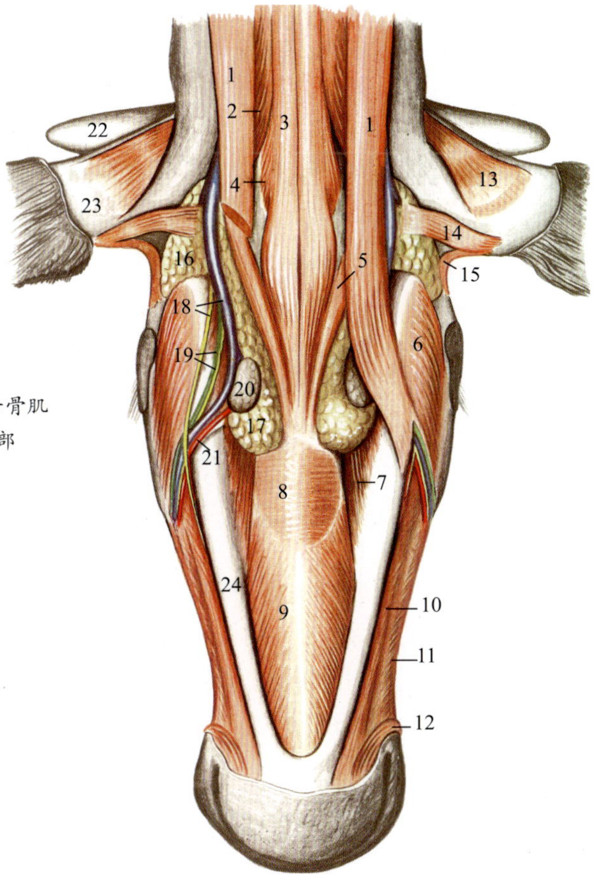

图 2–68　牛头颈部腹侧肌

1. 胸下颌肌　2. 胸乳突肌　3. 胸骨舌骨肌　4. 胸骨甲状肌　5. 肩胛舌骨肌　6. 咬肌　7. 二腹肌前腹部　8. 下颌舌骨肌后部　9. 下颌舌骨肌前部　10. 下唇降肌肉　11. 颊肌颊部　12. 口轮匝肌　13. 颈耳深肌　14. 腮耳肌　15. 颧耳肌　16. 腮腺　17. 颌下腺　18. 舌面静脉、面神经下颊支　19. 腮腺管和神经　20. 下颌淋巴结　21. 面动脉　22. 角　23. 外耳　24. 下颌骨

（引自 Popesko，1985）

（三）胸廓肌

胸廓肌位于胸侧壁和胸腔后壁，参与呼吸，可分为吸气肌和呼气肌（图 2–67 和图 2–69）。

1. 吸气肌 吸气肌除膈外，均位于胸侧壁，肌纤维斜向后下方，收缩时肋骨前移，使胸腔横径增大，造成吸气动作。

（1）肋间外肌（External intercostal muscles） 位于相邻两肋骨间隙内，起自肋骨后缘，斜向后下方止于后一肋骨的前缘。作用是向前外方牵引肋骨，扩大胸腔，引起吸气。

（2）前背侧锯肌（Cranial dorsal serrate muscles） 位于胸壁前上部，背最长肌的表面，由几片薄肌组成。起于胸腰筋膜，止于第 6 ～ 9（牛）或第 5 ～ 11（马）肋骨近端的外侧面。可向前牵引肋骨，以助吸气。

（3）膈（Diaphragm） 是一圆拱形凸向胸腔的板状肌，构成胸腔和腹腔间的分界。其周围由肌纤维构成，称肉质缘；中央是强韧的腱质，称中心腱。肉质缘分别附着于前 4 枚腰椎腹侧面、肋弓内侧面和剑状软骨的背侧面。在腰椎附着部，膈的肉质缘形成左、右膈脚。两脚间裂孔供主动脉通过，称主动脉裂孔。在膈上还有分别供食管和后腔静脉通过的食管裂孔和腔静脉裂孔。膈的收缩和舒张改变了胸腔的大小，从而导致呼吸。因此，膈是重要的呼吸肌（图 2–69）。

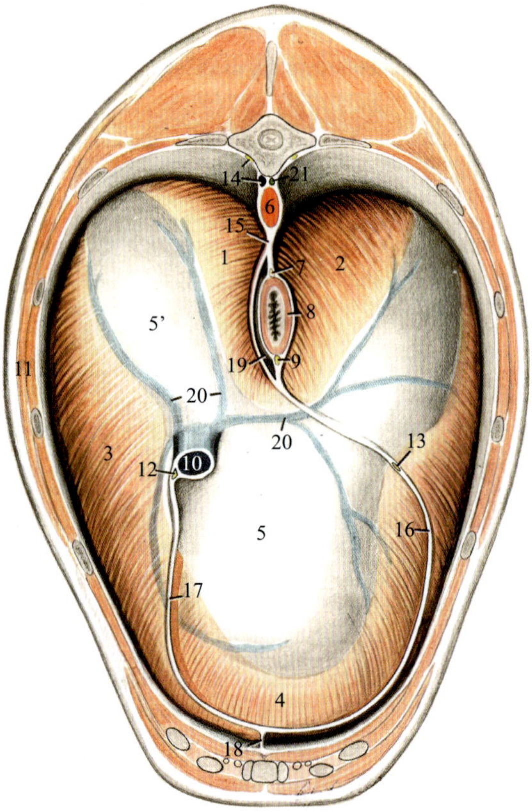

图 2–69 犬膈（前面观）

1. 右膈脚 2. 左膈脚 3. 膈肋部 4. 膈胸骨部
5,5′. 中心腱 6. 主动脉 7. 迷走神经背侧干
8. 食管 9. 迷走神经腹侧干 10. 后腔静脉
11. 胸壁 12. 右膈神经 13. 左膈神经
14. 右奇静脉、交感干 15. 背侧纵隔
16. 腹侧纵隔 17. 后腔静脉褶
18. 胸骨心包韧带 19. 纵隔浆膜腔
20. 膈前静脉 21. 胸导管
（引自 Popesko，1985）

2. 呼气肌 肌纤维斜向前下方，可向后牵引肋骨，使胸腔横径减小，造成呼气动作。

（1）后背侧锯肌（Caudal dorsal serrate muscles） 为薄肌片，位于胸壁后下部，背最长肌的表面。起自腰背筋膜，肌纤维方向为后上至前下，止于后 7 ～ 8 个（马）或后 3 个（牛）肋骨的后缘。作用是向后牵引肋骨，协助呼气。

（2）肋间内肌（Internal intercostal muscles） 位于肋间外肌深面，起于肋骨和肋软骨的前缘，肌纤维方向自后上向前下，止于前一个肋骨的后缘。作用为牵引肋骨向后并拢，协助呼气。

（四）腹壁肌

构成腹侧壁和腹底壁，由 4 层纤维方向不同的板状肌构成，其表面覆盖有腹壁筋膜。左、右两侧腹壁肌在腹底正中线上，以腱质相连，形成腹白线（Abdominal linea alba）。在牛和马等草食动物，腹壁肌外包的深筋膜含有大量的弹性纤维，呈黄色，称为腹黄膜，但犬腹壁肌没有腹黄膜。它可加强腹壁的强韧性。其深部的腹壁肌自浅至深分别有腹外斜肌、腹内斜肌、腹直肌和腹横肌（图 2–70）。

1. 腹外斜肌（External oblique abdominal muscle） 为腹壁肌最外层，以锯齿状自第 5 至最后肋骨的外侧面起始，肌纤维由前上方斜向后下方，在肋弓下约一掌处变为腱膜，止于腹白线。腹外斜肌

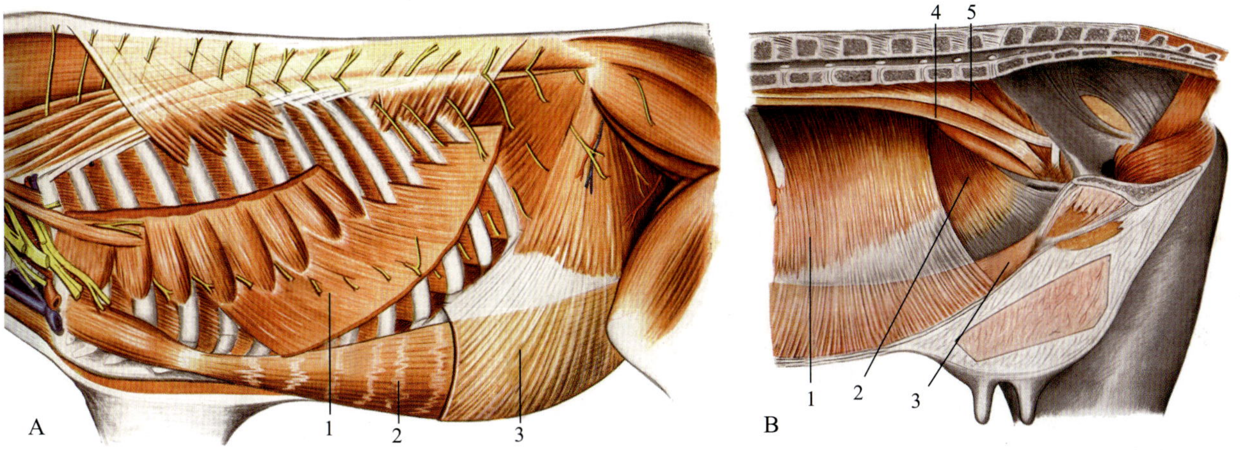

图 2-70　牛腹壁肌

A. 外侧观：1. 腹外斜肌　2. 腹直肌　3. 腹内斜肌

B. 内侧观：1. 腹横肌　2. 腹内斜肌　3. 腹直肌　4. 腰小肌　5. 腰大肌

（引自 Popesko，1985）

的筋膜外面与腹黄膜紧密接触，内面与腹内斜肌腱膜的外层结合，自髋结节至耻前腱，腱膜强厚，称腹股沟韧带（Inguinal ligament），在其前方腱膜上有一长 10 cm 的裂孔，为腹股沟管的皮下环。

2. 腹内斜肌（Internal oblique abdominal muscle） 位于腹外斜肌深面，其肌质部起自髋结节，在牛还起于腰椎横突，犬还起于背腰筋膜，呈扇形向前下方扩展，逐渐变为腱膜，止于耻前腱、腹白线及最后几个肋软骨的内侧面。牛腹内斜肌的腱膜分内、外两层，外层与腹外斜肌腱膜交织在一起，形成腹直肌外鞘。在腹内斜肌与腹股沟韧带之间，有一裂隙，为腹股沟管腹环。

3. 腹直肌（Straight abdominal muscle） 为一宽带状肌，左、右二肌并列于腹腔底的腹白线两侧，肌纤维纵行，有数条横向的腱划将肌纤维分成数段。腹直肌起于胸骨及肋软骨，以强厚的耻前腱止于耻骨前缘。

4. 腹横肌（Transverse abdominal muscle） 是腹壁的最内层肌，起自腰椎横突及假肋下端的内侧面，肌纤维横行，走向内下方，以腱膜止于腹白线。

5. 腹股沟管（Inguinal canal） 位于腹底壁后部，耻前腱两侧，是腹内斜肌（形成管的前内侧壁）与腹股沟韧带（形成管的后外侧壁）之间的斜行裂隙。管的内口通腹腔，称腹环，由腹内斜肌的后缘及腹股沟韧带围成；外口通皮下，称为皮下环，是腹外斜肌腱膜上的一个裂孔。公畜的腹股沟管明显，是胎儿时期睾丸从腹腔下降到阴囊的通道，内有精索、总鞘膜、提睾肌和脉管、神经通过。如生后腹股沟管腹环未缩小或扩大时，小肠可进入管内，形成腹股沟疝。给公马去势时，也要注意防止小肠从腹股沟管脱出。母畜的腹股沟管仅供脉管、神经通过。

腹壁肌各层肌纤维走向不同，彼此重叠，再加上腹黄膜，形成了柔韧的腹壁，对腹腔内器官起着重要的支持和保护作用。腹肌收缩时，可增大腹压，有利于呼气、排便和分娩等活动。

六、头部肌

头部肌分为面部肌、咀嚼肌和舌骨肌。面部肌位于口和鼻腔周围，主要有鼻唇提肌、上唇固有提肌、犬齿肌、下唇降肌、口轮匝肌和颊肌。咀嚼肌包括闭口肌（咬肌、翼肌和颞肌）和开口肌（枕颌肌和二腹肌）。舌骨肌主要包括下颌舌骨肌和茎舌骨肌。

（一）面部肌

位于口腔和鼻孔周围的肌肉，可分为开张自然孔的开肌和关闭自然孔的括约肌（图 2-71 至图 2-73）。

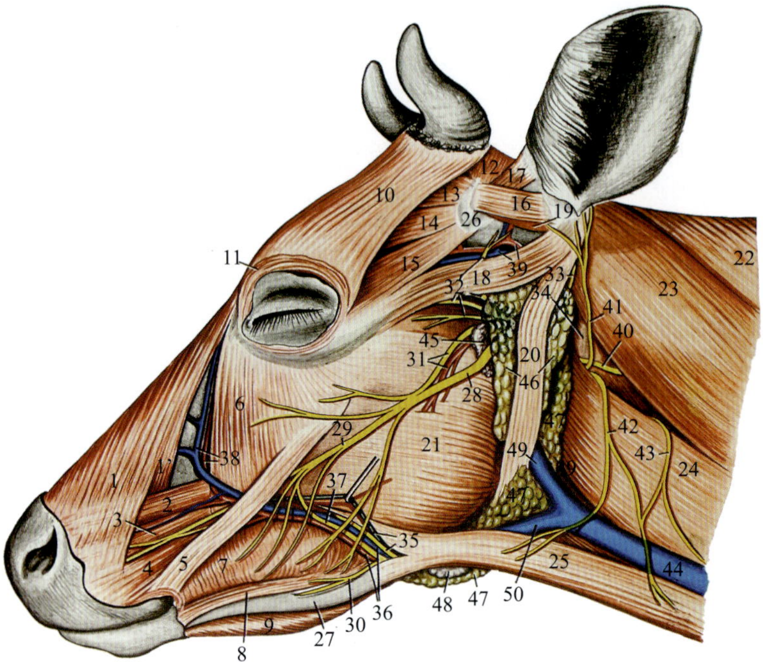

图 2-71　牛头部浅层肌

1. 鼻唇提肌　2. 上唇提肌　3. 犬齿肌　4. 上唇降肌
5. 颧肌　6. 颧骨肌　7. 颊肌颊部　8. 下唇降肌
9. 下颌舌骨肌　10. 额肌　11. 眼轮匝肌　12. 颈盾肌
13. 盾间肌　14. 额盾肌额部　15. 额盾肌颞部
16. 盾耳肌颞部　17. 盾耳浅副肌　18. 颧耳肌
19. 盾耳浅中肌　20. 腮耳肌　21. 咬肌　22. 斜方肌
23. 锁枕肌　24. 锁乳突肌　25. 胸下颌肌
26. 盾状软骨　27. 下颌骨　28,29. 面神经颊背侧支
30. 面神经颊腹侧支　31. 面横动脉、耳颞神经
32. 耳睑神经　33. 耳后神经　34. 寰椎翼
35. 腮腺管和神经　36. 面动脉、静脉
37. 颊背侧支与颊腹侧支交通支
38. 面静脉（眼角静脉）与颧动脉吻合支
39. 颞浅动、静脉　40. 副神经背侧支
41. 耳大神经　42. 颈横神经　43. 第 3 颈神经
44. 颈外静脉　45. 腮淋巴结　46. 腮腺
47. 颌下腺　48. 下颌淋巴结
49. 上颌静脉　50. 舌面静脉
（引自 Popesko，1985）

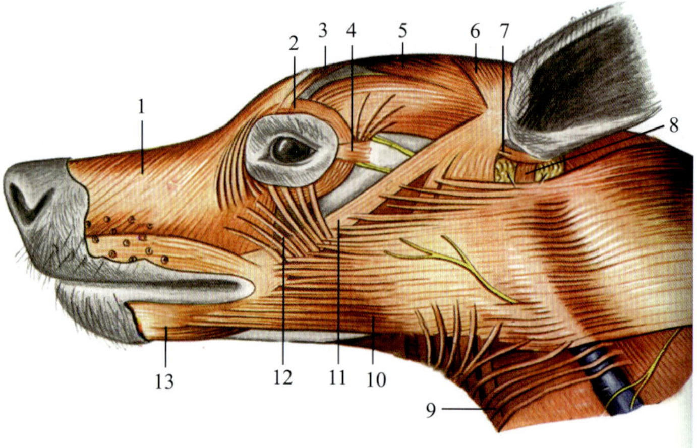

图 2-72　犬头部浅层肌

1. 鼻唇提肌　2. 眼轮匝肌　3. 内眼角提肌
4. 眼球收肌　5. 额盾肌　6. 盾间肌　7. 耳前肌
8. 腮耳肌　9. 颈括约肌　10. 颈皮肌
11. 颧肌　12. 颈深括约肌
13. 口轮匝肌
（引自 Popesko，1985）

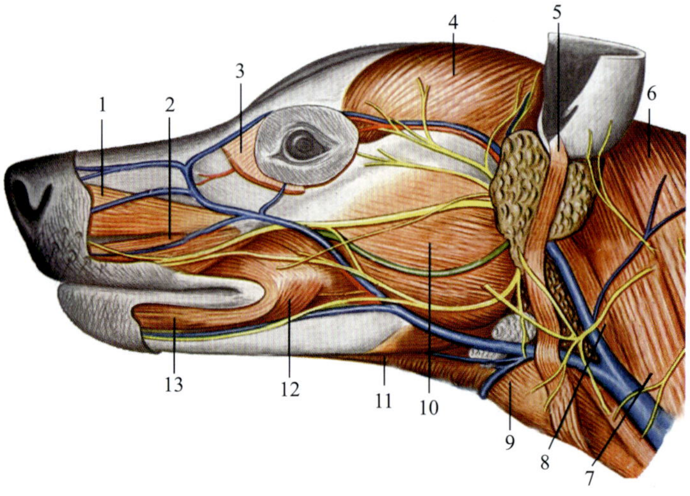

图 2-73　犬头部深层肌

1. 鼻唇提肌　2. 上唇提肌　3. 犬齿肌　4. 颞肌
5. 腮耳肌　6. 锁颈肌　7. 胸骨枕肌　8. 胸骨乳突肌
9. 胸骨甲状舌骨肌　10. 咬肌　11. 下颌舌骨肌
12. 颊肌　13. 口轮匝肌
（引自 Popesko，1985）

1. 鼻唇提肌（Nasolabial levator muscle） 呈薄板状，起于额骨和鼻骨交界处，肌腹分浅、深两部，分别止于鼻孔外侧和上唇。作用为上提上唇，开张鼻孔。

2. 犬齿肌（Canine muscle） 起于面嵴前方，穿行鼻唇提肌浅、深两部之间。牛的位于上唇提肌与上唇降肌之间；马的呈三角形。作用为开张鼻孔。

3. 上唇提肌（Levator muscle of upper lip） 牛的较小，起于面结节，穿过鼻唇提肌两层间，以数条细腱止于鼻唇镜。马的特别发达，起于泪骨，向前走于鼻唇提肌下面，两侧止腱合并，止于上唇。作用为上提上唇。

4. 下唇降肌（Depressor muscle of lower lip） 位于颊肌下缘，向前伸延，止于下唇。

5. 口轮匝肌（Orbicular muscle of mouth） 呈环状，构成上、下唇的基础。牛口轮匝肌两侧的肌纤维在上唇正中不衔接。

6. 颊肌（Buccinator muscle） 位于颊部，构成口腔侧壁。作用为参与吸吮、咀嚼等动作。

（二）咀嚼肌

咀嚼肌是使下颌发生运动的肌肉。草食动物的咀嚼肌很发达，可分为闭口肌和开口肌。

1. 咬肌（Masseter muscle） 位于下颌支的外面，起于颧弓和面嵴，止于下颌支的外面。

2. 翼肌（Pterygoid muscle） 位于下颌骨的内面，起于蝶骨翼突和翼骨，止于下颌骨内面（翼内侧肌）和下颌骨冠状突下部及下颌头前缘（翼外侧肌）（图 2-74）。

3. 颞肌（Temporal muscle） 位于颞窝内，起于颞窝，止于下颌骨冠状突。

4. 枕下颌肌（Occipitomandibular muscle） 牛无此肌，马的枕下颌肌位于下颌骨后缘，起于枕骨颈静脉突，止于下颌骨支后缘。

5. 二腹肌（Digastric muscle） 位于翼肌内面，由前、后 2 个肌腹中间借一圆腱相连而成，起于颈突，斜向前下方，止于下颌骨下缘内侧面（图 2-74）。有降下颌骨（开口）的作用。猪的二腹肌只有一个肌腹，犬的无中间腱。

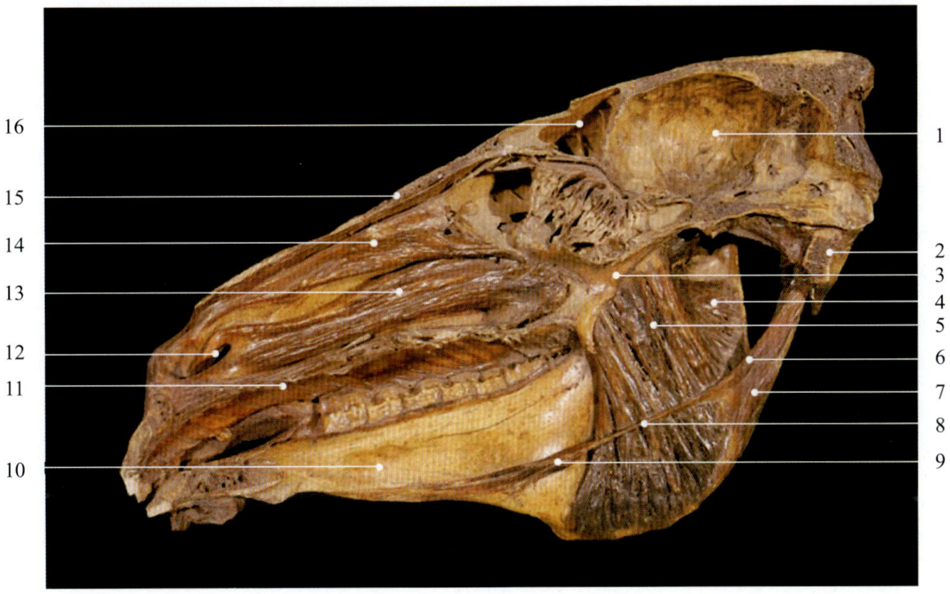

图 2-74　马头部肌肉（矢状面）

1. 颅腔　2. 枕骨颈静脉突（髁旁突）　3. 翼骨　4. 翼外侧肌　5. 翼内侧肌　6. 二腹肌的后腹　7. 枕颌肌　8. 中间腱　9. 二腹肌的前腹　10. 下颌骨　11. 硬腭　12. 鼻前庭　13. 下鼻甲　14. 上鼻甲　15. 鼻骨　16. 额窦

（引自陈耀星，2013）

（三）舌骨肌　附着于舌骨的肌肉，参与舌的运动及吞咽动作。

1. 下颌舌骨肌（Mylohyoid muscle）　较厚，位于下颌间隙皮下，起自下颌骨体颊齿部齿槽的内侧，止于舌骨及下颌间隙正中纤维缝。有提举口腔底、舌和舌骨的作用。

2. 茎舌骨肌（Stylohyoid muscle）　呈细长的扁梭形，位于茎舌骨的后方，二腹肌的后内侧，由茎舌骨向前下方延伸至基舌骨。可向后上方牵引舌根及喉头。

附1　马运动或站立时的机械作用

1. 运动时的机械作用

家畜前进运动时身体各部肌肉都参与，但前、后肢肌起主要作用。在前进运动时，可以分为两段互相交替的时期，即悬空时期和支持时期。

（1）悬空时期　是四肢前进中离地的时期。悬空时期包括屈和伸两个阶段：各关节的屈曲阶段——由于屈肌的收缩，四肢关节依次屈曲，使四肢离地，向前移动。各关节的伸展阶段——由于伸肌的收缩，各关节的依次伸展，使四肢重新踏地。四肢于悬空时期内前进的距离，比同一单位时间内躯干前进的距离大一倍。在前肢悬空时期关节的屈曲阶段中，由于后肢推动躯干和各关节的向前提举，使前肢向前移动。在后肢悬空时期，由于前进运动的冲动传给躯干，而使后肢离地，并向前移动。此时，虽是第2种速度杠杆，但因跗关节角顶向后，借助于屈肌的作用，使跖部向前上方移动，而不像前肢的掌部那样向后上方移动。膝关节角顶向前，使小腿部斜向后上方，而不像前臂那样斜向前上方移动。

（2）支持时期　此期由于伸肌的作用又使四肢踏地并支持体重。在支持时期中，蹄不动而支持在地面上，躯干仍然继续前进，其前进距离等于悬空时期的前进距离。

在悬空期，屈肌先收缩而蹄离地并抬腿，伸肌后收缩而向前伸迈步蹄着地。在支持期，伸肌继续收缩而蹄踏地负重并向后蹬，产生推动畜体前进的推动力。故四肢的屈肌有病时，不敢抬腿；伸肌有病时，步子迈不远，且不敢踏地，对诊断四肢疾病有一定意义。

2. 站立时的机械作用

（1）前肢站立时的机械作用　强大的腱性腹侧锯肌将躯干机械地支持在两前肢之间，是躯干前部重量的负荷者。躯干前部的重力垂线，为通过肘关节和腕关节至地面的垂线，由于肩关节和系关节保持一定角度，在接受压力时，肩关节发生掌侧屈曲，系关节发生背侧屈曲。腱性的臂二头肌和系关节后面的强腱索可限制各关节的过度屈曲。

站立时因肘关节和腕关节成一直线，故不甚紧张。臂三头肌有固定肩关节的作用。由于腕部的深筋膜和指伸肌腱形成腱韧带器官，故当腕关节伸展时，系关节、冠关节和蹄关节也机械地伸展。由于通过系关节的腱均经过腕关节或有腱头附着于腕关节，故也可固定腕关节。因为有了这些静力装置，故在休息时，不易疲劳。

（2）后肢站立时的机械作用　当马站立时，躯干后部的重力垂线，经过髋关节中央、膝关节和跗关节角的附近，并通过蹄而达地面。因此，当膝关节、跗关节与系关节受压力时，各关节发生屈曲。但膝关节部的股四头肌，可制约膝关节的过度屈曲，第3腓骨肌与后面的腱性趾浅屈肌和腓肠肌，有被动的机械作用，可限制跗关节的屈曲，膝关节固定时，髋关节和跗关节也自动地固定起来；后肢的系关节和前肢的系关节一样，借助于强腱索不致发生过度背屈现象。

马前肢、后肢的静力装置比较完备，不仅能长期站立，且能站着睡觉，其它家畜的静力装置不如马的发达，需要卧地信息。股四头肌几乎完全为肉质的动力肌，固定膝关节时要经常保持紧张而需要消耗能量，易于疲劳，需要休息，故马站立时两后腿需要交替支持体重和休息，出现歇蹄现象。

附2 肌沟

肌沟是肌肉之间或与骨之间的间隙，有血管和神经通过。在兽医临床上，熟悉这些肌沟，对神经封闭及针灸取穴等具有实践意义。

1. 躯干部的肌沟

（1）胸正中沟　在胸降肌之间。

（2）胸外侧沟　在胸降肌和臂头肌之间。

（3）颈静脉沟　在臂头肌和胸头肌之间。

（4）髂肋肌沟　在背最长肌和髂肋肌之间。

2. 前肢的肌沟

（1）桡沟　在指总伸肌和腕桡侧伸肌之间。

（2）尺沟　在腕尺侧伸肌和腕尺侧屈肌之间。

（3）正中沟　在桡骨与腕桡侧屈肌之间。

3. 后肢的肌沟

（1）股二头肌沟　在臀股二头肌和半腱肌之间。

（2）腓沟　趾长伸肌和趾外侧伸肌之间。

（3）股管　为三角形的肌间隙，前为缝匠肌，后为耻骨肌，外为髂腰肌和股内侧肌，内为股薄肌和股内侧筋膜围成。其通向腹腔的孔称为股环，管内有股动脉、静脉和隐神经通过。

【思考题】

1. 骨由哪几部分组成？
2. 全身骨骼是如何划分的？
3. 椎骨的一般构造包括哪些？
4. 各段椎骨各有哪些主要特征？
5. 按顺序写出前肢、后肢各骨的名称。
6. 体表可以摸到的、与兽医临床和动物生产有关的骨性标志有哪些？
7. 总结鼻旁窦、胸廓、骨盆的概念。
8. 试描述关节的构造。
9. 请按顺序写出前肢、后肢关节的名称。
10. 简述膝关节的构造。
11. 简述肌器官的构造。
12. 按顺序写出前臂部和小腿部各肌肉的名称及作用（提示：可以按外侧从前到后、内侧从前到后、中间由浅层到深层的顺序来写）。
13. 临床上在腹部（软腹壁）切口做手术时，切开腹膜就是腹腔，应切开哪几层肌肉才到腹膜？
14. 试说明颈静脉沟、髂肋肌沟、前臂正中沟和腹股沟管的部位及肌肉组成，以及上述沟（管）内通过的血管或神经名称。

第三章 内脏概论

【教学目标】

1. 明确内脏的概念
2. 掌握管状器官和实质性器官的形态结构特点
3. 掌握体腔、浆膜及浆膜腔的含义
4. 了解腹腔的分区和腹膜腔的概念

一、内脏概念

内脏（Viscera）广义上的概念是指机体内部的器官，但从狭义上是指绝大部分位于体腔（胸腔、腹腔和骨盆腔）内的器官，一般包括消化、呼吸、泌尿和生殖 4 个器官系统。内脏各系统均由一套连续的管道和一个或多个实质性器官组成，以其一端或两端的开口与外界环境相通，具有摄取和排出某种物质的作用。内脏的功能是参与动物体的新陈代谢和生殖活动，以维持个体生存和种属延续。消化系统前端经口腔、后段经肛门与体外相通，对食物起消化和吸收作用。呼吸系统有鼻孔与体外相通，主要进行气体代谢，机体内部氧化过程所需要的氧从呼吸器官经血管输送到全身各部，机体代谢产物如二氧化碳，亦通过血液循环经呼吸系统排出。泌尿、生殖系统有尿道外口或阴门通到机体的外面。溶于水中的废物主要经泌尿系统（小部分经皮肤）排出体外。生殖系统主要起繁殖作用，保证种族延续。内脏各系统在发生上关系十分密切，最早出现的是消化管，随后由咽后腹侧壁发生喉气管沟，进而形成喉、气管、支气管和肺，故咽为消化和呼吸系统所共有的器官；泌尿系统和生殖系统在发生和形态上关系更密切，也有部分器官共用，因此常合称为泌尿生殖系统。

二、内脏器官结构特点

根据内脏器官的基本结构，可将其分为管状器官（Tubular organ）和实质性器官（Parenchymatous organ）两大类。

（一）管状器官

大多数内脏器官属于管状器官。这类器官呈管状或囊状，内部有较大而明显的空腔，如消化道、呼吸道、泌尿和生殖管道。其结构有两个特点：一个是器官的中央都有管腔，而管壁结构从内向外依次由黏膜、黏膜下层、肌层和外膜（或浆膜）组成（图 3-1）；另一个是都以一端或两端与体外相通。

1. 黏膜（Mucosa） 构成管壁的最内层，正常黏膜呈淡红色或鲜红色，柔软而湿润，有一定的伸展性，空虚状态下常形成皱褶。因黏膜表面常覆盖有分泌的黏液而得名。黏膜又分为 3 层，由内向外依次为黏膜上皮、固有层和黏膜肌层。

（1）黏膜上皮（Epithelium） 位于黏膜的内表面，由不同的上皮组织构成，是执行该器官机能活

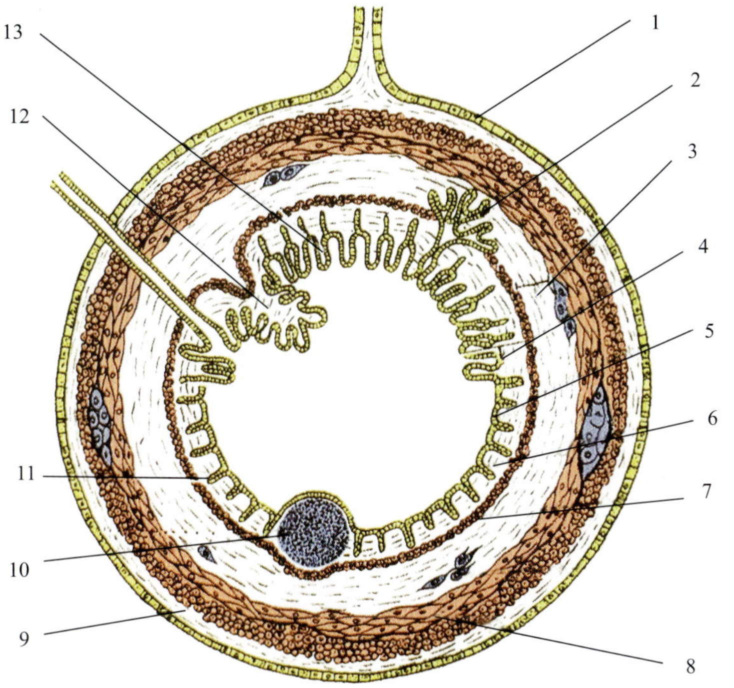

图 3-1 管状器官结构模式图

1. 浆膜 2. 黏膜下腺 3. 黏膜下层 4. 黏膜层 5. 黏膜上皮 6. 固有层 7. 黏膜肌层 8. 环形肌 9. 纵行肌 10. 淋巴小结 11. 黏膜腺 12. 皱襞 13. 肠绒毛

动的主要部分。上皮的种类因所在部位和功能而异，如口腔、食管、肛门和阴道等处的上皮细胞为复层扁平上皮，有保护作用；胃肠的上皮为单层柱状上皮，有分泌、吸收等作用；呼吸道上皮为假复层柱状纤毛上皮，有运动和保护作用；输尿管、膀胱和尿道上皮为变移上皮，有适应器官扩张和收缩作用。

（2）黏膜固有层（Mucosa proper layer） 或称黏膜固有膜，由结缔组织构成，含有小血管、淋巴管和神经纤维等。有些器官的黏膜固有层内还含有淋巴组织、淋巴小结和腺体等。黏膜固有层有支持、固定和营养上皮及转运物质的作用。

（3）黏膜肌层（Mucosa muscular layer） 位于黏膜的最外层，为位于固有层与黏膜下层之间较薄的平滑肌。黏膜肌层收缩时可使黏膜形成皱褶，促进黏膜的血液循环、物质吸收和腺体分泌物的排出。

2. 黏膜下层（Submucosa layer） 位于肌层与黏膜层之间，由疏松结缔组织构成，有连接黏膜层和肌层的作用，并使黏膜有一定的活动性，在富有伸展性的器官（如胃、膀胱等）特别发达。黏膜下层内有较大的血管、淋巴管和黏膜下神经丛，有些器官的黏膜下层内分布有淋巴组织和腺体（食管腺、十二指肠腺）。

3. 肌层（Muscular layer） 主要由平滑肌构成，一般可分为外纵行肌（Longitudinal muscle）和内环行肌（Circumduction muscle），两层之间有少量结缔组织和肌间神经丛。纵行肌收缩可使管道缩短、管腔变大，环行肌收缩可使管腔缩小，两肌层交替收缩时，可使内容物按一定的方向移动。一些部位的肌层由横纹肌构成，如咽和食管等。

4. 浆膜（Serous membrane）或外膜（Ectal membrane） 位于管状器官的最外层，是一薄层疏松结缔组织，称为外膜。在体腔内的管状器官，外膜表面被覆一层间皮，称浆膜。间皮是由一层扁平细胞组成，是浆膜执行其机能活动的主要部分，它们能分泌少量的浆液，具有润滑作用，可减少内脏器官之间运动时产生的摩擦。

（二）实质性器官

实质性器官包括肺、肝、胰、肾和卵巢等。其中有些器官，如肝、胰等属于腺体。腺体以导管开口于管状器官。实质性器官无特定的空腔，均由实质（Parenchyma）和间质（Stroma 或 Mesenchyme）组成。实质是实质性器官的结构和功能的主要部分，又称主质，如睾丸的实质为曲细精管和睾丸网，肺的实质由肺内各级支气管和无数的肺泡组成。间质由结缔组织构成，被覆于器官的外表面，称为被膜，被膜深入实质内将器官分隔成许多小叶，如肝小叶。

分布于实质性器官的血管、神经、淋巴管及该器官的导管出入器官处常为一凹陷，称此处为该器官的“门”（Hilum 或 Porta），如肝门（Hepatic porta）、肾门（Renal hilum）和肺门（Hilum of lung）等。

三、体腔与浆膜腔

（一）体腔

体腔（Body cavity）是由中胚层形成的腔隙，容纳大部分内脏器官，即指机体内部的腔洞，一般包括胸腔、腹腔和骨盆腔（图 3-2 至图 3-11）。

1. 胸腔（Thoracic cavity） 位于胸部，是胸廓内的腔洞，由骨骼（胸椎、肋、胸骨）、肌肉和皮肤围成，呈截顶的圆锥形腔体。锥尖向前，称为胸腔前口，由第 1 胸椎、第 1 对肋和胸骨柄组成；锥底向后，称为胸腔后口，呈倾斜的卵圆形，较大，由最后胸椎、肋弓和胸骨的剑状软骨组成。胸腔借膈与腹腔隔开，内有心、肺、气管、食管和大血管等器官。

2. 腹腔（Abdominal cavity） 位于胸腔的后方，为最大的体腔，呈卵圆形，前壁为膈，顶壁为腰椎、腰肌和膈脚，两侧壁和底壁主要为腹壁肌及其腱膜，后端与骨盆腔相通。腹腔内容纳胃、肠、肝、胰、肾、输尿管和子宫（部分）等器官。腹壁上有 5 个开口：主动脉裂孔、食管裂孔、腔静脉孔和 1 对腹股沟管内口。

3. 骨盆腔（Pelvic cavity） 为最小的体腔，可视为腹腔向后的延续，骨盆腔的顶壁为荐骨和前 3 个尾椎，两侧壁为髂骨和荐结节阔韧带，底壁为耻骨和坐骨。骨盆腔前口呈卵圆形，由荐骨岬、髂骨和耻骨前缘组成，骨盆腔以骨盆腔前口与腹腔相通；骨盆腔后口由尾椎、髂骨、荐结节阔韧带和坐骨弓围成。骨盆腔内有直肠、输尿管和膀胱，公畜有输精管、尿生殖道骨盆部和副性腺；母畜有子宫（后部）和阴道。

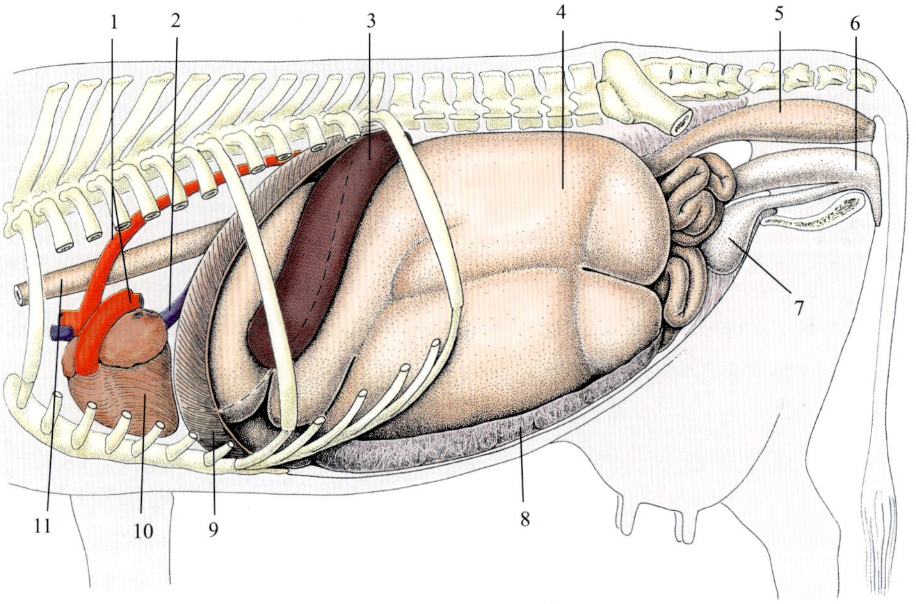

图 3-2 牛腹腔内器官图解（左侧观）

1. 主动脉和肺动脉 2. 后腔静脉 3. 脾 4. 瘤胃 5. 直肠 6. 尿生殖道 7. 膀胱 8. 大网膜 9. 膈 10. 心 11. 食管

（引自 König 和 Liebich，2007）

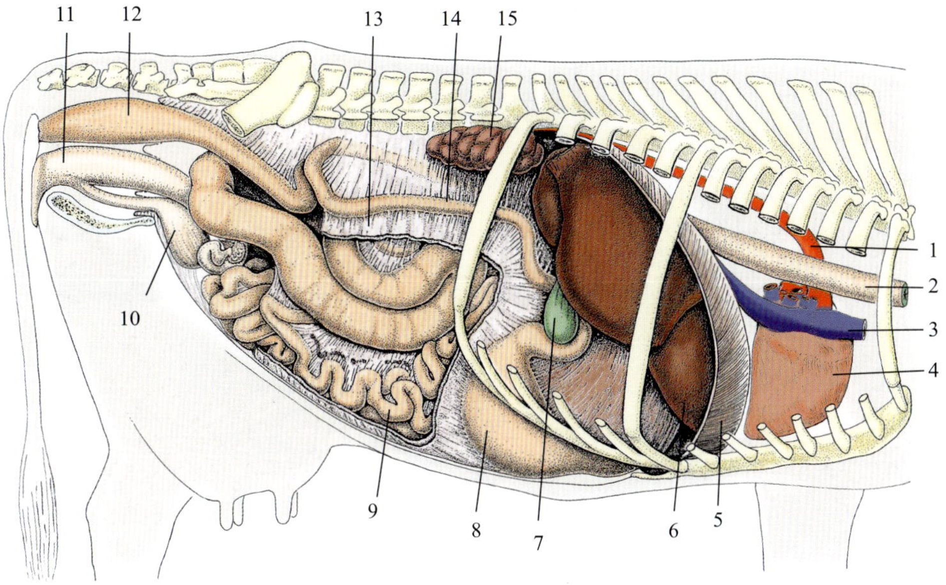

图 3-3 牛腹腔内器官图解（右侧观）

1. 主动脉 2. 食管 3. 前腔静脉 4. 心 5. 膈 6. 肝 7. 胆囊 8. 皱胃
9. 空肠 10. 膀胱 11. 尿生殖道 12. 直肠 13. 大网膜
14. 十二指肠 15. 右肾
（引自 König 和 Liebich，2007）

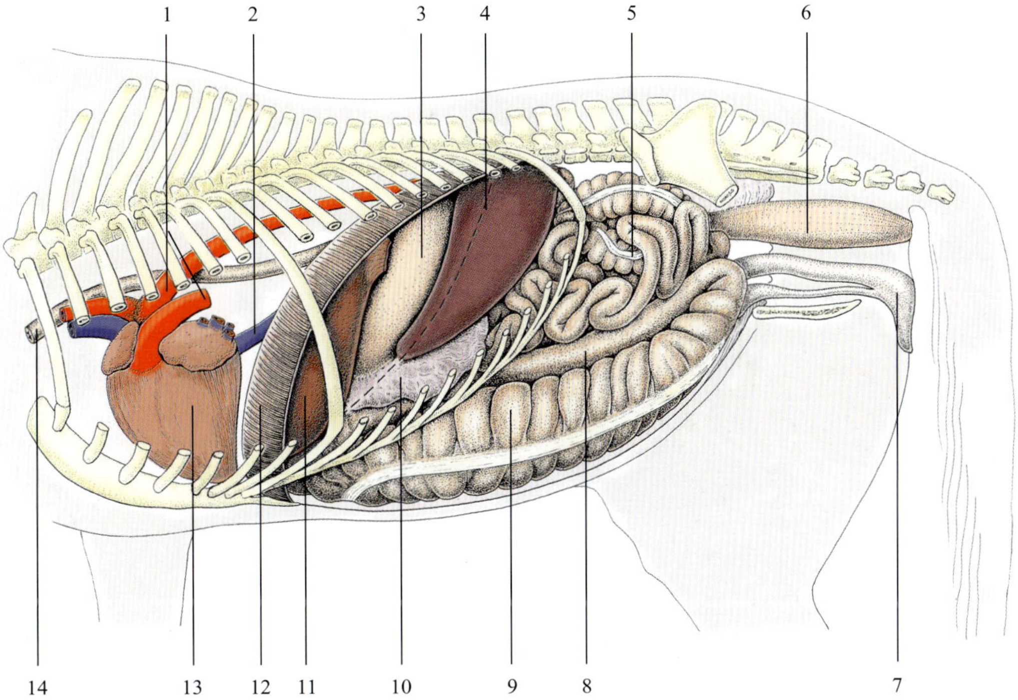

图 3-4 马腹腔内器官图解（左侧观）

1. 主动脉和肺动脉 2. 后腔静脉 3. 胃 4. 脾 5. 空肠和小结肠 6. 直肠
7. 尿生殖道 8. 左上大结肠 9. 左下大结肠 10. 大网膜
11. 肝 12. 膈 13. 心 14. 食管
（引自 König 和 Liebich，2007）

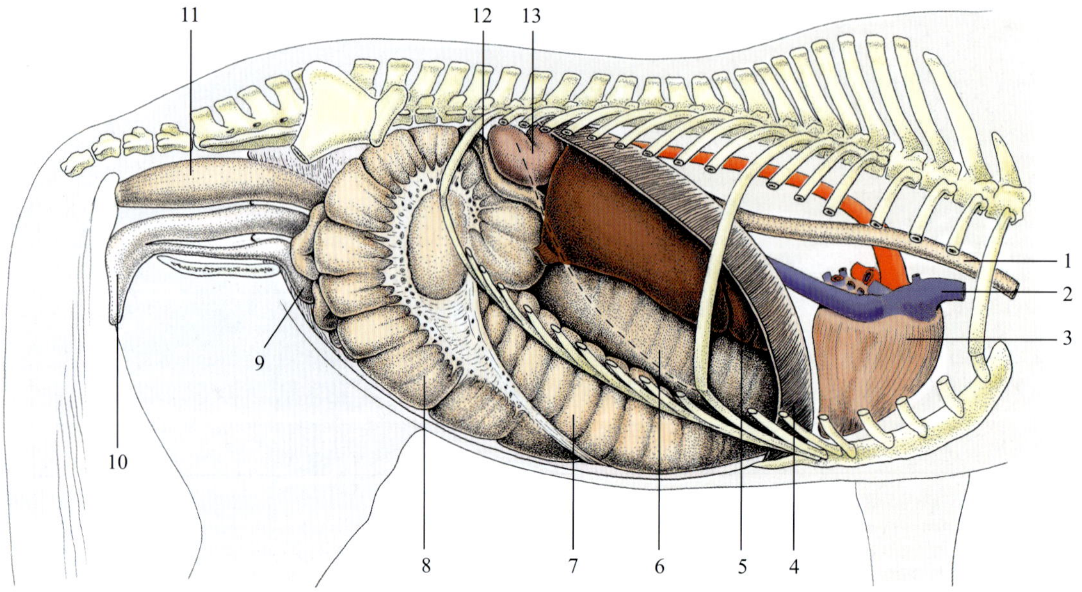

图 3-5　马腹腔内器官图解（右侧观）

1. 食管　2. 前腔静脉　3. 心　4. 膈　5. 肝　6. 右上大结肠
7. 右下大结肠　8. 盲肠　9. 膀胱　10. 尿生殖道
11. 直肠　12. 十二指肠　13. 右肾
（引自 König 和 Liebich，2007）

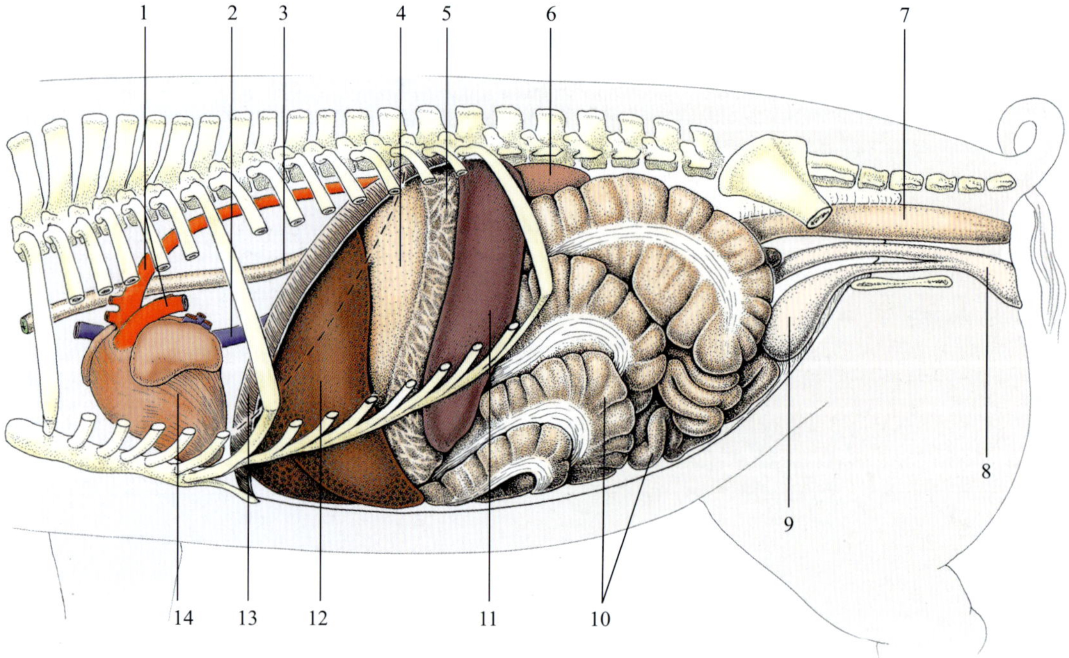

图 3-6　猪腹腔内器官图解（左侧观）

1. 主动脉和肺动脉　2. 后腔静脉　3. 食管　4. 胃　5. 大网膜　6. 左肾
7. 直肠　8. 尿生殖道　9. 膀胱　10. 大肠　11. 脾
12. 肝　13. 膈　14. 心
（引自 König 和 Liebich，2007）

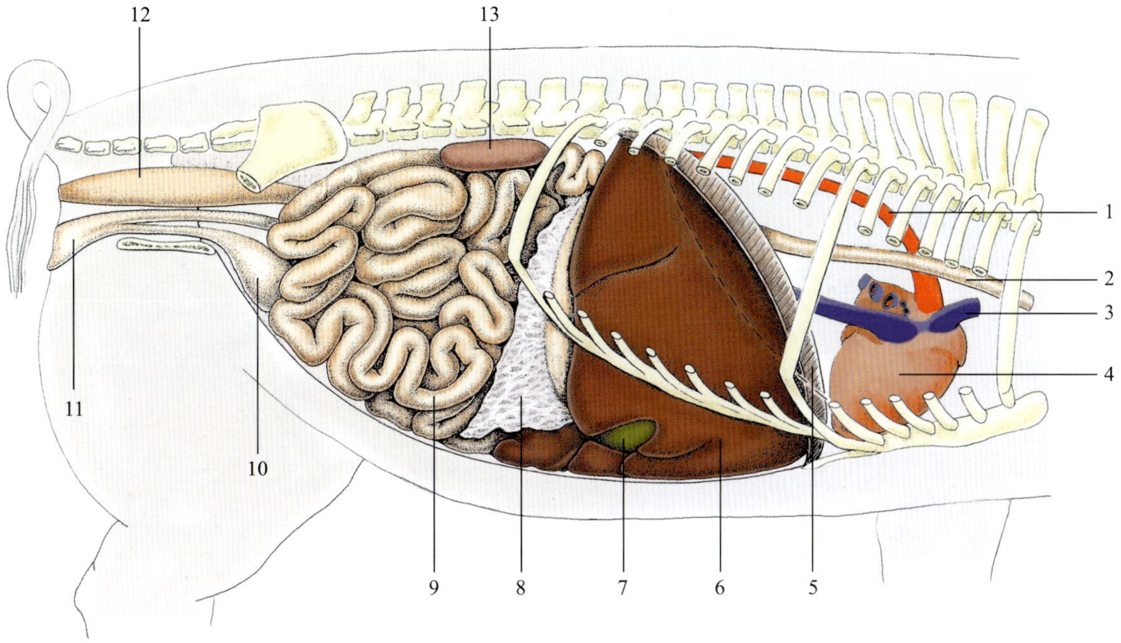

图 3-7 猪腹腔内器官图解（右侧观）

1. 主动脉 2. 食管 3. 前腔静脉 4. 心 5. 膈 6. 肝
7. 胆囊 8. 大网膜 9. 空肠 10. 膀胱 11. 尿生殖道
12. 直肠 13. 右肾
（引自 König 和 Liebich，2007）

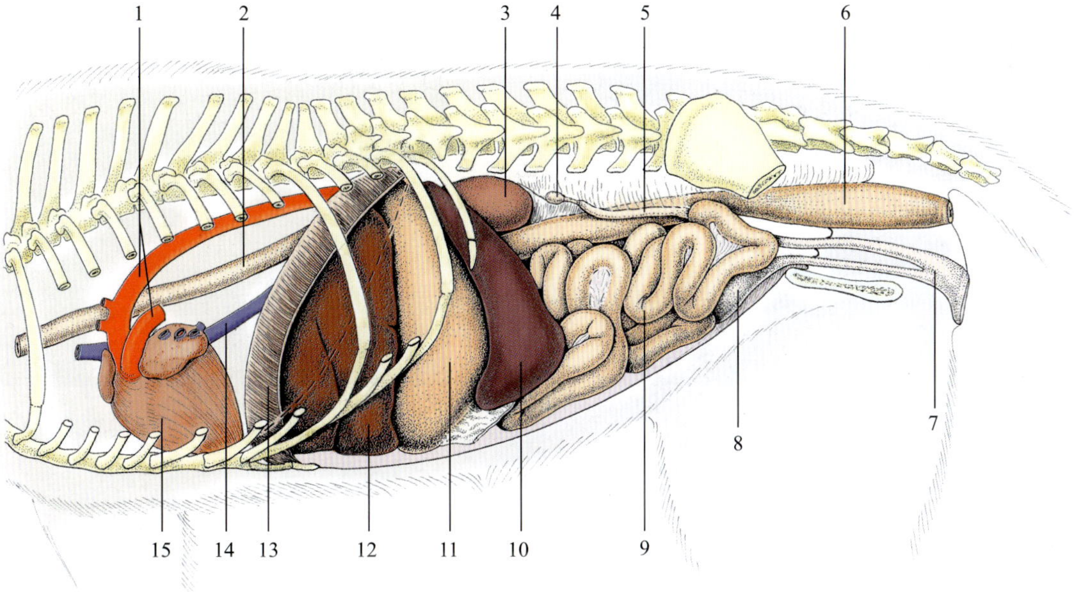

图 3-8 犬腹腔内器官图解（左侧观）

1. 主动脉和肺动脉 2. 食管 3. 左肾 4. 卵巢 5. 子宫角 6. 直肠
7. 尿生殖道 8. 膀胱 9. 肠 10. 脾 11. 胃
12. 肝 13. 膈 14. 后腔静脉 15. 心
（引自 König 和 Liebich，2007）

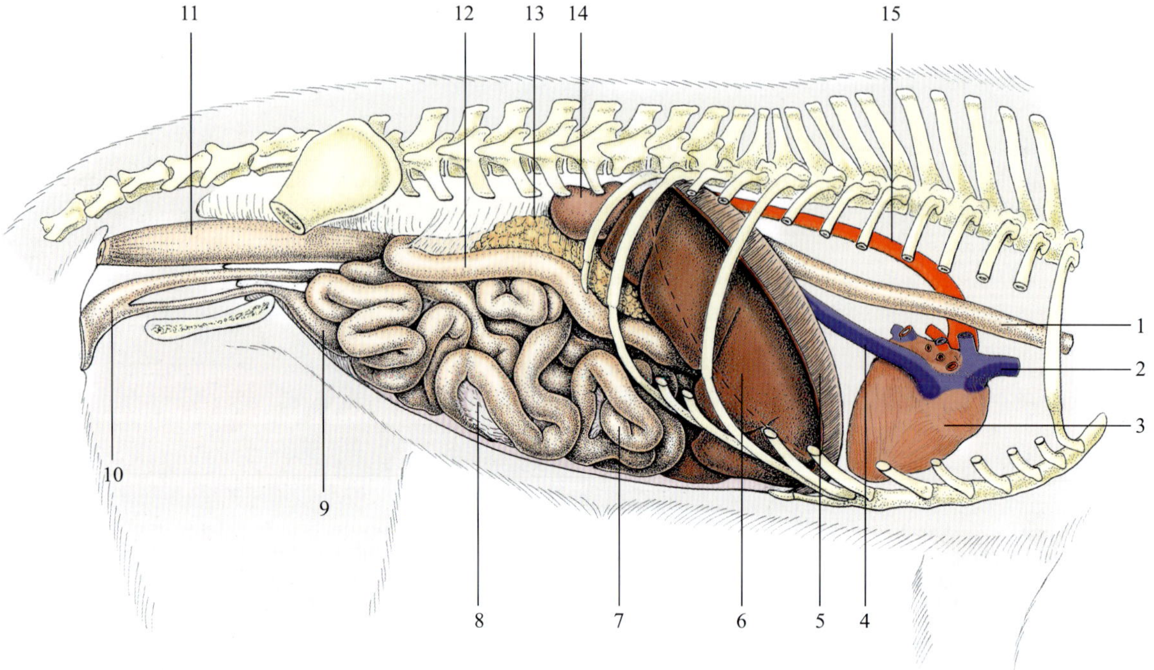

图 3-9　犬腹腔内器官图解（右侧观）

1. 食管　2. 前腔静脉　3. 心　4. 后腔静脉　5. 膈　6. 肝　7. 空肠
8. 肠系膜　9. 膀胱　10. 尿生殖道　11. 直肠　12. 十二指肠
13. 胰　14. 右肾　15. 主动脉
（引自 König 和 Liebich，2007）

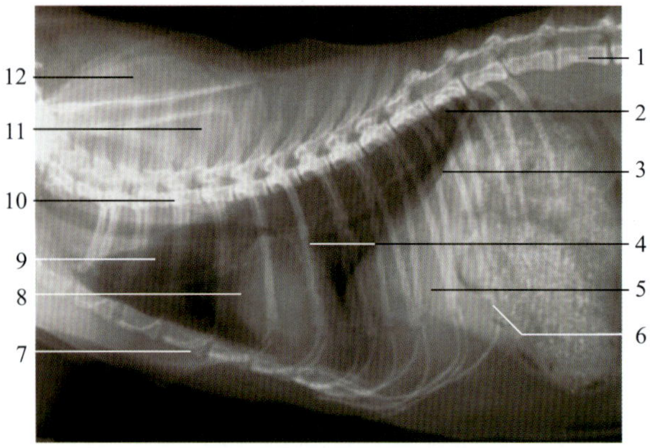

图 3-10　猫胸部 X 光片

1. 腰椎椎体　2. 肋膈隐窝　3. 膈　4. 真肋
5. 肝　6. 假肋　7. 胸骨　8. 心脏
9. 肺　10. 胸椎椎体　11. 棘突
12. 肩胛骨
（引自 König 和 Liebich，2007）

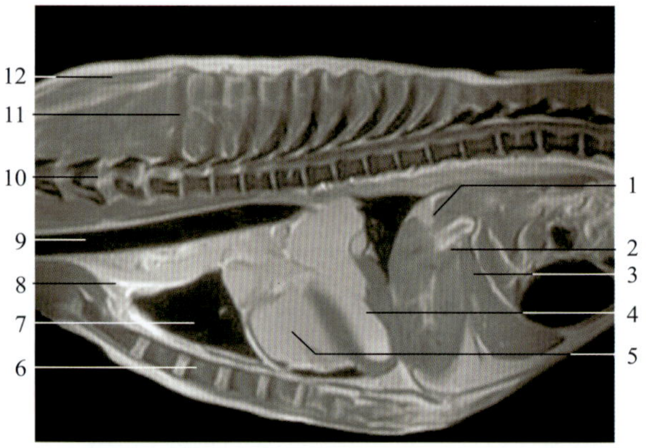

图 3-11　犬胸部及腹前部的磁共振成像

1. 后腔静脉　2. 门静脉支　3. 肝　4. 左心室
5. 右心室　6. 胸骨　7. 肺
8. 前纵隔　9. 气管　10. 脊柱
11. 棘突　12. 背部肌
（引自 König 和 Liebich，2007）

（二）浆膜和浆膜腔

浆膜（Serosa）为衬于体腔内面和折转覆盖在内脏器官外表面的一层薄膜。浆膜衬于体壁内面的部分，称为浆膜壁层（Parietal serous membrane）。浆膜壁层折转覆盖在内脏器官表面的部分，称为浆膜脏层（Visceral serous membrane）。浆膜壁层和浆膜脏层之间的腔隙称为浆膜腔，腔内有少量浆液，起润滑作用，用以减少内脏器官活动时的摩擦。浆膜按部位分为胸膜（Pleura）和腹膜（Peritoneum）。

1. 胸膜和胸膜腔 衬在胸腔内的浆膜称为胸膜，胸膜分别覆盖在肺的表面、胸壁内面、纵隔侧面及膈的前面（图 3–12）。例如，临床上的胸膜炎，就是位于胸腔内的浆膜发生的炎症。胸膜被覆于肺表面的部分称肺胸膜（Pulmonary pleura），即胸膜脏层（Visceral layer of pleura）。被覆于胸壁内面、纵隔侧面及膈的前面部分称壁胸膜（Parietal pleura），即胸膜壁层（Parietal layer of pleura）。胸膜壁层和脏层在肺根处互相移行，共同围成胸膜腔（Pleural cavity）。胸膜腔只是一个潜在的腔隙，正常情况下，由于腔内为负压，使两层胸膜紧密相贴在一起，这种负压状态对于牵拉肺，使其开张膨大具有关键作用。在进行呼吸运动时，肺可随着胸壁和膈的运动而扩张或回缩。胸膜腔内有胸膜分泌的少量浆液，称胸膜液，有减少呼吸时两层胸膜摩擦的作用。胸膜壁层按部位不同又分为衬附于胸腔侧壁的肋胸膜（Costal pleura）、膈前面的膈胸膜（Diaphragmatic pleura）及参与构成纵隔的纵隔胸膜（Mediastinal pleura），而被覆于心包外面的纵隔胸膜特称为心包胸膜（Pericardial pleura）。

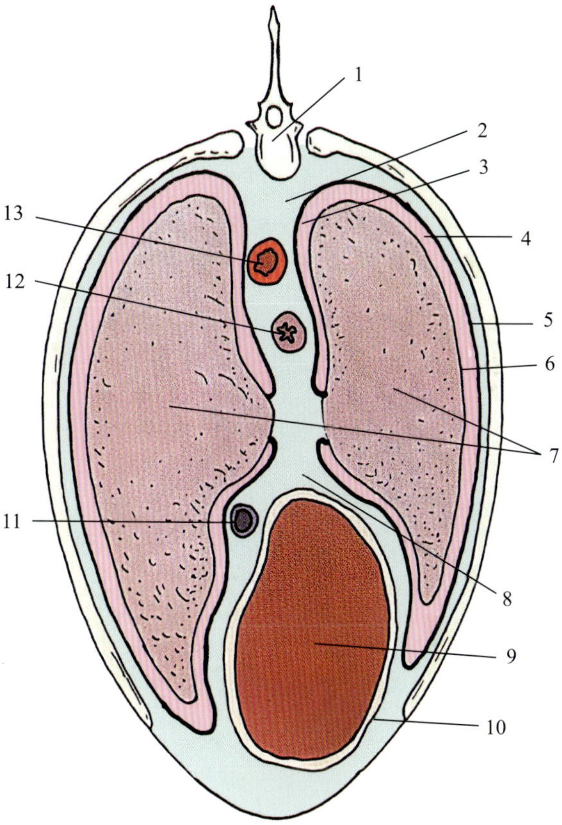

图 3–12 胸膜及胸膜腔示意图（横断面）

1. 胸椎 2,8. 纵隔 3. 纵隔胸膜 4. 胸膜腔 5. 肋胸膜 6. 肺胸膜 7. 肺 9. 心 10. 心包 11. 后腔静脉 12. 食管 13. 主动脉

（引自 Reece 和 Rowe，2017）

2. 纵隔 纵隔（Mediastinum）位于胸腔正中矢状面上，略偏左，由左、右两层纵隔胸膜及夹于其间的器官（气管、食管、前腔静脉、主动脉、心和心包等）组成。纵隔以肺根为界分为背侧纵隔和腹侧纵隔，后者又以心和心包为界分为心前纵隔和心后纵隔。

3. 腹膜和腹膜腔 腹膜（Peritoneum）为衬附于腹腔和骨盆腔内面和折转覆盖在腹腔和骨盆腔内脏器官表面的浆膜，衬于腹腔和骨盆腔内面的部分为腹膜壁层（Parietal peritoneum）；覆盖于腹腔和骨盆腔内脏器官表面的部分为腹膜脏层（Visceral peritoneum）（图 3–13）。腹膜壁层与脏层互相移行，两层之间的腔隙为腹膜腔（Peritoneal cavity）。在正常情况下，腹膜腔内仅有少量浆液，起润滑作用，可减少内脏器官之间的摩擦，而在腹膜有炎症时，腹膜的分泌增加，造成大量液体积蓄在腹膜腔内，这种病理现象称为腹水。此外，腹膜还具有吸收作用，所以，在治疗某些疾病，或者进行手术麻醉，必要时可以把药物注射到腹膜腔内。通常所说的腹腔注射，实际上是把药物注射到腹膜腔内。雄性动物的腹膜腔为一密闭的腔隙，雌性动物的腹膜腔则借输卵管腹腔口，经输卵管、子宫、阴道和阴道前庭与外界相通。腹膜腔套在腹腔内，腹腔和骨盆腔内的脏器均位于腹腔之内、腹膜腔之外。根据腹腔和骨盆腔内脏被腹膜覆盖情况不同，可分为腹膜内位器官和腹膜外位器官。表面几乎均被腹膜覆盖的器官为腹膜内位器官，如胃、脾、空肠、卵巢等；仅一面被腹膜覆盖的器官为腹膜外位器官，如肾、肾上腺等。

腹膜从体壁移行到内脏器官表面，或者从一个器官移行至另一器官之间，形成各种形式的腹膜褶，分别称为系膜、网膜、韧带和皱褶，它们不仅对内脏器官起着连结和固定作用，而且也是血管、神经、淋巴管等进出脏器的途径。系膜（Mesenterium）一般指连于腹腔顶壁与肠管之间宽而长的腹膜褶，如空肠系膜、直肠系膜等。网膜（Omentum）为连于胃与其他脏器之间的腹膜褶，如大网膜和小网膜。韧带和皱褶为连于腹腔、骨盆腔壁与脏器之间或脏器与脏器之间短而窄的腹膜褶，如回盲韧带、肝左右三角韧带、子宫阔韧带、尿生殖褶等。

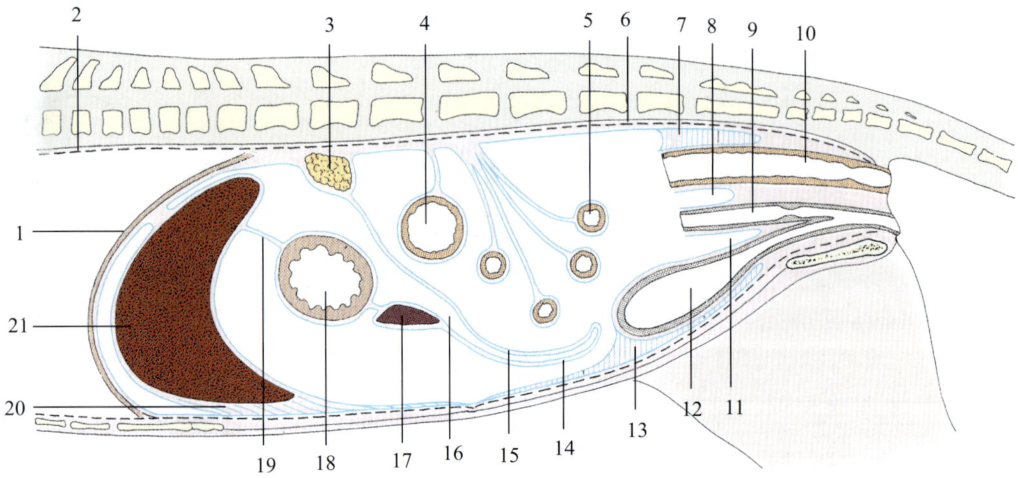

图 3-13　猫腹腔和盆腔腹膜示意图

1. 膈　2. 胸膜　3. 胰　4. 结肠　5. 空肠　6. 腹膜　7. 直肠系膜与直肠旁窝　8. 直肠生殖陷凹　9. 子宫　10. 直肠　11. 膀胱生殖陷凹　12. 膀胱　13. 膀胱中韧带　14. 大网膜（壁层）　15. 大网膜（脏层）　16. 网膜后隐窝　17. 脾　18. 胃　19. 肝胃韧带　20. 镰状韧带　21. 肝

（引自 König 和 Liebich，2007）

四、腹腔分区

为了便于准确描述腹腔各器官的位置，一般用两个假想的横切面（一个面通过左、右最后肋骨后缘，另一个面通过髋结节前缘）将腹腔分为腹前部、腹中部和腹后部（图 3-14）。

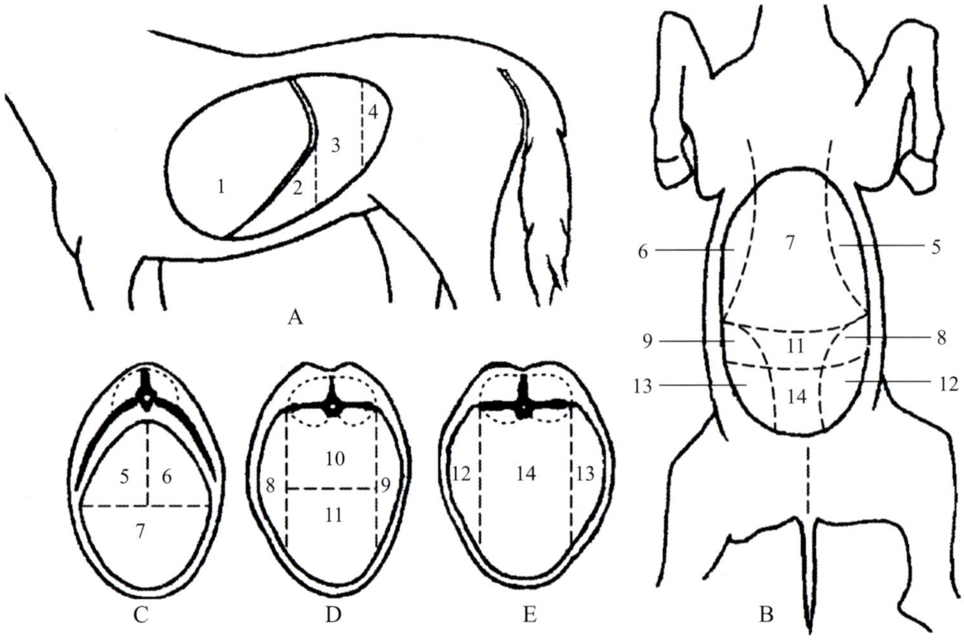

图 3-14　腹腔分区

A. 侧面观　B. 腹侧观　C. 腹前部横断面　D. 腹中部横断面　E. 腹后部横断面

1,2. 腹前部（1. 季肋部；2. 剑状软骨部）　3. 腹中部　4. 腹后部　5. 左季肋部　6. 右季肋部　7. 剑状软骨部　8. 左髂部　9. 右髂部　10. 腰部（肾部）　11. 脐部　12. 左腹股沟部　13. 右腹股沟部　14. 耻骨部

1. 腹前部（Epigastric region） 最大，细分为 3 部分。沿左右侧肋弓做一假想平面，平面以下的部分称为剑状软骨部（Xiphoid region）。平面与膈之间又被正中矢状面划分为左季肋部和右季肋部（Left and right hypochondrium）。

2. 腹中部（Masogastric region） 位于两个横切面之间，细分为 4 部分。首先通过两侧腰椎横突端部做 2 个矢状面，可将腹中部分为左、右髂部（Left and right iliac region）及中间部，中间部的上半部称腰部（Lumbal region）或肾部（Renal region），下半部称脐部（Unbilical region）。

3. 腹后部（Hypogastric region） 位于第 2 个横切面骨盆前口之间，细分为 3 部分。腹中部的 2 个矢状面向后延续，把腹后部分为左、右腹股沟部（Left and right inguinal region）和中间的耻骨部（pubic region）。

腹腔各部分区情况如下所示：

- 腹腔
  - 腹前部
    - 左、右季肋部
    - 剑状软骨部
  - 腹中部
    - 左、右髂部
    - 腰部、脐部
  - 腹后部
    - 左、右腹股沟部
    - 耻骨部

【思考题】

1. 何谓内脏？
2. 如何区分管状器官和实质性器官？
3. 胸、腹腔、骨盆腔及胸膜腔和腹膜腔的组成如何？
4. 如何区分腹腔？

第四章 消化系统

【教学目标】

1. 掌握牛（羊）、猪消化系统各器官的位置形态及其相互的功能关系
2. 比较牛（羊）、马、猪及犬消化器官的主要特点
3. 了解各种家畜腹腔消化器官的体表投影
4. 联系动物的生活习性，总结其与消化器官形态结构特点的关系

动物有机体在其整个生命活动过程中，要不断地从外界获取营养物质，以供新陈代谢的需要。消化系统由一系列完成采食、咀嚼、吞咽、饮水、输送、分泌、消化、吸收和排泄功能的器官组成。所谓消化，即指将摄入的食物经过物理的、化学的和微生物的作用，分解为结构简单的小分子物质的过程。吸收则是将消化后的小分子物质摄入血液和淋巴的过程。

消化系统（Digestive system）包括消化管（Alimentary canal）和消化腺（Alimentary gland）。消化管包括口腔、咽、食管、胃、小肠、大肠和肛门。消化腺包括壁内腺和壁外腺。壁内腺存在于消化管壁中，如食管腺、胃腺、肠腺等。壁外腺位于消化管外，其分泌物通过导管输入消化管，如唾液腺（腮腺、颌下腺、舌下腺等）以及肝、胰。

由于动物的食性、习性和生存方式不同，在长期的物种进化过程中其消化器官形态结构形成了显著差异。本章将分节叙述牛（羊）、马、猪及犬消化系统的形态结构和功能。

第一节 牛（羊）的消化系统

牛、羊属于反刍的草食家畜，在结构上以极其发达的前胃为突出特征。牛消化系统的组成参见图 4–1。

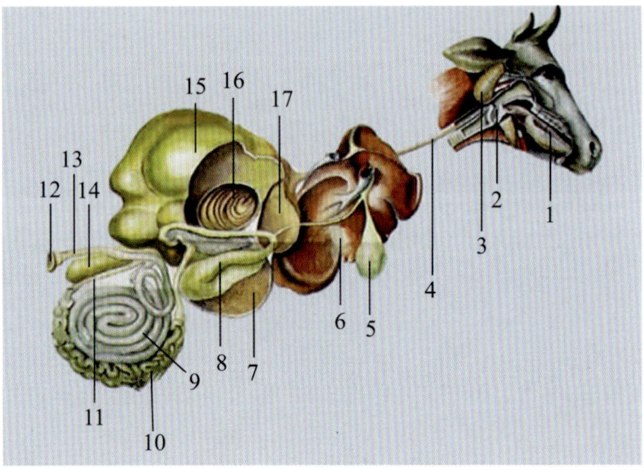

图 4–1 牛消化器官模式图

1. 口腔 2. 咽 3. 腮腺 4. 食管 5. 胆囊 6. 肝 7. 皱胃 8. 十二指肠 9. 结肠 10. 空肠 11. 回肠 12. 肛门 13. 直肠 14. 盲肠 15. 瘤胃 16. 瓣胃 17. 网胃

一、口腔

口腔（Oral cavity）是消化管的起始部，具有采食、咀嚼、吸吮、尝味等功能。口腔前壁为唇，侧壁为颊，顶壁为硬腭，底壁的大部分被舌所占据。前端经口裂与外界相通，向后与咽相通（图 4–2）。

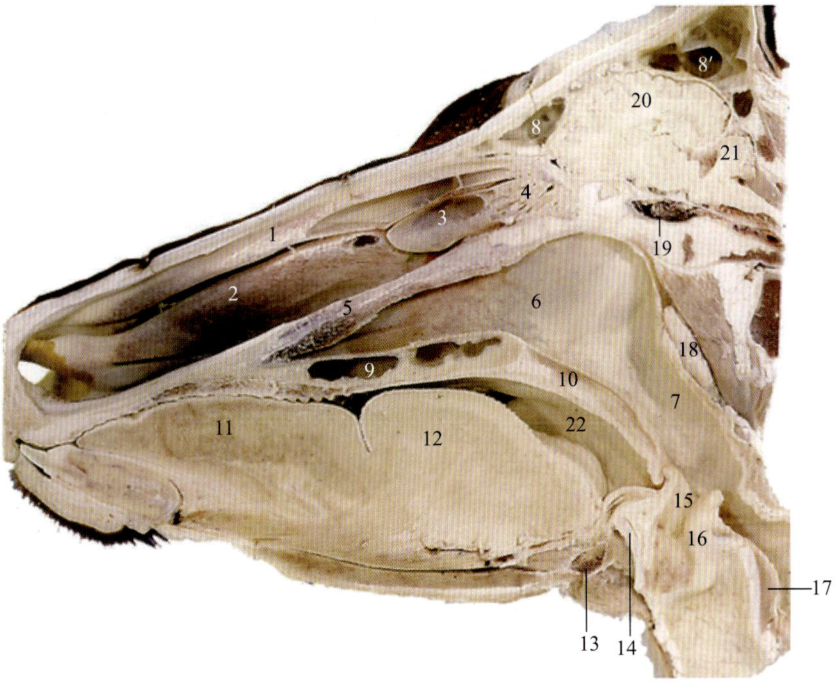

图 4–2　牛头矢状面

1. 上鼻甲　2. 下鼻甲　3. 中鼻甲　4. 筛骨　5. 犁骨　6. 鼻后孔　7. 鼻咽部　8. 前额窦　8′. 后额窦　9. 腭窦　10. 腭骨　11. 舌尖　12. 舌圆枕　13. 舌骨体　14. 甲状软骨　15. 会厌　16. 勺状软骨　17. 环状软骨　18. 咽后内侧淋巴结　19. 垂体周围静脉丛　20. 大脑　21. 小脑　22. 扁桃体窦口

（引自 Singh，2018）

口腔可分为口腔前庭（Oral vestibule）和固有口腔（Oral cavity proper）两部分。口腔前庭是指齿弓与唇、颊之间的空隙；固有口腔是指齿弓以内的空间，为舌所占据。口腔内表面由湿润的口腔黏膜被覆，呈粉红色，常有色素沉积，黏膜在唇缘与皮肤相连。黏膜下组织有丰富的毛细血管、神经和腺体。正常时口腔黏膜保持一定的颜色和湿度，临床上很重视对口腔黏膜的检查。

（一）唇

唇（Lip）分为上唇和下唇，上、下唇之间围成口裂（Oral fissure）。上、下唇在两侧汇合形成口角（Angle of mouth）。牛上唇短厚而不灵活，其中部及两鼻孔间无毛而湿润，称为鼻唇镜（Nasolabial planum）（图 4–3A），深层有鼻唇腺（Nasolabial gland），腺管直接开口于鼻唇镜表面，分泌清亮的浆液。健康牛的鼻唇镜常湿润而温度低。下唇短小，几乎没有独立活动性。唇以口轮匝肌、唇腺以及结缔组织为基础，内覆黏膜，外被皮肤而成。黏膜面具有尖端向后的角质锥状乳头。

羊的唇薄而灵活，是羊重要的采食器官。上唇中间有明显的纵沟，为人中（Philtrum），在鼻孔间形成很窄的无毛带，称鼻镜（Nasol planum）（图 4–3B）。

图 4-3 牛、羊、马、猪和犬的唇和鼻端外观图

A. 牛鼻唇镜 B. 羊鼻镜 C. 马人中 D. 猪吻突 E. 犬鼻镜

（引自陈耀星和曹静等，2021）

（二）颊

颊（Cheek）位于口角的后方，构成口腔的侧壁，主要由颊肌内衬黏膜、外覆皮肤构成。颊黏膜面有许多尖端向后的锥状乳头。沿颊肌分布有颊腺，腺管直接开口于黏膜面。

（三）硬腭

硬腭（Hard palate）形成固有口腔的顶壁，向后与软腭相延续（图 4-4）。硬腭黏膜角化，固有层厚而坚实，深面与切齿骨腭突、上颌骨腭突以及腭骨水平部共同构成的骨性硬腭密接。黏膜内不含腺体、肌层以及黏膜下层，但含有丰富的静脉丛，有利于体温调节和热量交换。

黏膜面正中有一条不太明显的矢状沟，称为腭缝（Palatine raphe）。腭缝的两侧为数条横行隆起（牛为 15～16 条，羊约 14 条），称为腭褶（Palatine rugae）。腭褶的游离缘具有尖端向后的锯齿状乳头，高度角化。腭缝的前端有一扁平的突起，称为切齿乳头（Incisive papilla），其两侧沟内有切齿管（Incisive canal）的开口，管的另一端通鼻腔（图 4-4）。

由于牛（羊）不具有上切齿，硬腭前端部平坦而高度角化，称为齿枕（Dental pillow），又称齿垫（Dental pad），或切齿板，为半月形的结缔组织板，被覆厚的黏膜，代替了上切齿的功能。

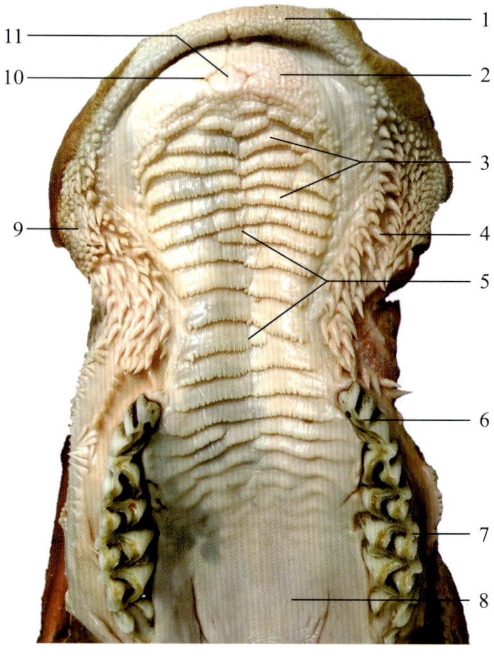

图 4-4 牛上颌结构

1. 上唇 2. 齿枕 3. 腭褶 4. 颊部锥状乳头 5. 腭缝 6. 第 2 前臼齿 7. 第 1 臼齿 8. 硬腭扁平部 9. 颊 10. 切齿管孔 11. 切齿乳头

（引自陈耀星和曹静等，2021）

（四）口腔底和舌

口腔底部大部分被舌所占据，但在舌尖腹侧可见到小范围的口腔底，由双侧下颌骨体切齿部被覆黏膜而成。黏膜面具有一对乳头，称舌下（肉）阜（Sublingual caruncle），为颌下腺和单口舌下腺的共同开口（图 4–5）。

舌（Tongue）是一个肌性器官，表面覆有黏膜，具有味觉、搅拌、推送、吸吮等多种功能。牛的舌是采食的重要器官。

舌可分为舌尖、舌体和舌根 3 部分（图 4–6）。舌尖为前部游离的部分，活动性大，略呈锥状或扁平勺状（羊）。舌体为舌尖向后的延续，向背侧隆起形成舌圆枕（Lingual torus）。在舌尖向舌体移行处的腹侧面上具有两条舌系带（Lingual frenulum），为连结口腔底与舌之间的黏膜褶。舌根为与软腭相对的部分，其内部有舌骨体。

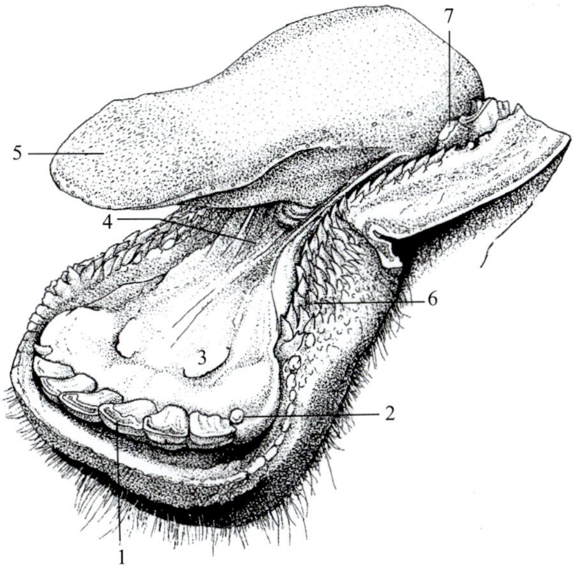

图 4–5　牛口腔底

1. 门齿　2. 磨损的乳切齿（隅齿）遗迹　3. 舌下肉阜　4. 舌系带　5. 舌尖　6. 颊乳头　7. 第 2 前臼齿

（引自 Dyce 等，1987）

舌黏膜被覆于舌的表面，其上皮为复层扁平上皮。舌背面的黏膜较厚并且角化，形成一层密布的突起，称为舌乳头。在舌黏膜深面分布有许多舌腺，其腺管开口于黏膜表面或乳头基部，分泌物参与形成唾液。舌根背侧黏膜内有发达的淋巴组织，称舌扁桃体（Lingual tonsil）。

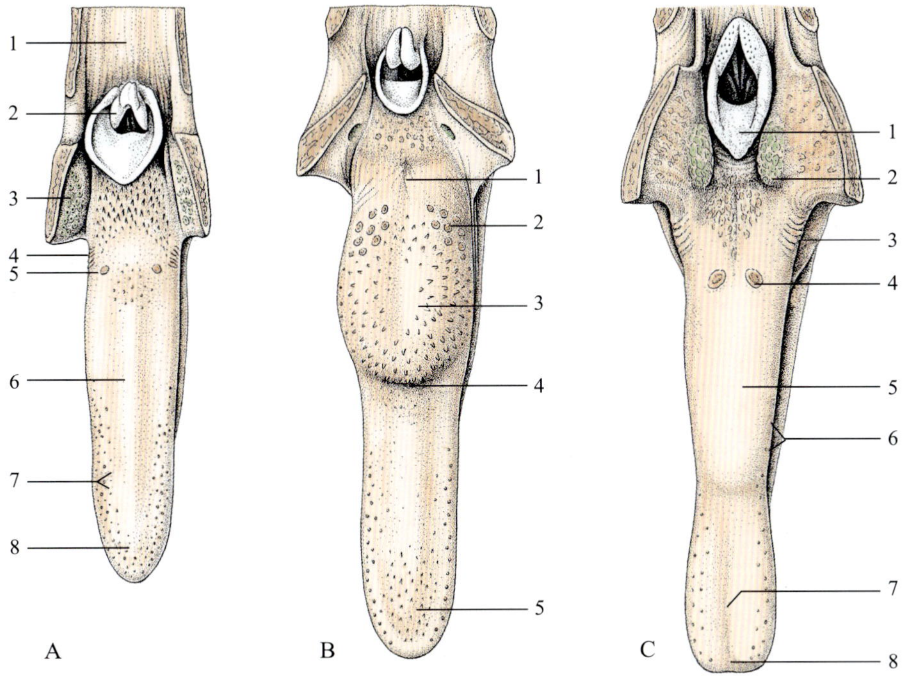

图 4–6　舌的模式图

A. 猪：1. 食道　2. 喉　3. 腭帆扁桃体　4. 叶状乳头　5. 轮廓乳头　6. 舌体　7. 菌状乳头　8. 舌尖

B. 牛：1. 舌根　2. 轮廓乳头　3. 舌圆枕　4. 舌隐窝　5. 菌状乳头

C. 马：1. 会厌　2. 腭扁桃体　3. 叶状乳头　4. 轮廓乳头　5. 舌体　6. 菌状乳头　7. 正中沟　8. 舌尖

（引自 König 和 Liebich，2007）

牛舌的乳头有 5 种：

丝状乳头（Filiform papilla） 密集分布于舌尖和部分舌体的背侧，尖端向后，坚硬，使舌的表面极其粗糙，便于采食。丝状乳头不含味觉细胞，主要发挥机械搅拌作用。

豆状乳头（Lentiform papilla）和锥状乳头（Coniform papilla） 分布于舌圆枕表面，形态和大小不一，有的呈钝而矮的锥状，有的呈圆而扁平的豆状，均不含味蕾，可看作丝状乳头的变形。

轮廓乳头（Vallate papilla） 集中分布于舌圆枕后部的背面，每侧 8 ～ 17 个，呈圆形扁平隆起，有环状沟，含有味蕾，具有味觉功能。

菌状乳头（Fungiform papilla） 数目较多，散在分布于舌尖和舌体的背面和两侧，呈大头针帽状，含有味蕾，具有味觉功能。

（五）齿和齿龈

1. 齿（Tooth） 嵌合于上、下颌骨及切齿骨的齿槽内，是体内最坚硬的器官。上、下列齿排列形成弓状，称为上、下齿弓。齿有切割、撕裂和磨碎食物的作用，有的齿还是防卫、争斗的武器。

（1）齿的种类和数目 根据齿的功能、位置和形态结构，可将齿分为切齿、犬齿和颊齿。切齿（Incisor tooth）位于齿弓前部。牛、羊无上切齿，下切齿每侧有 4 颗，由内向外分别是门齿、内中间齿、外中间齿和隅齿（边齿）。犬齿（Canine tooth）位于齿槽间隙处，约与口角相对，牛、羊缺如。颊齿（Cheek tooth）位于齿弓后部，与颊相对，又分为前臼齿（Premolar tooth）和臼齿（Molar tooth），其主要功能是磨碎食物（图 4–7）。

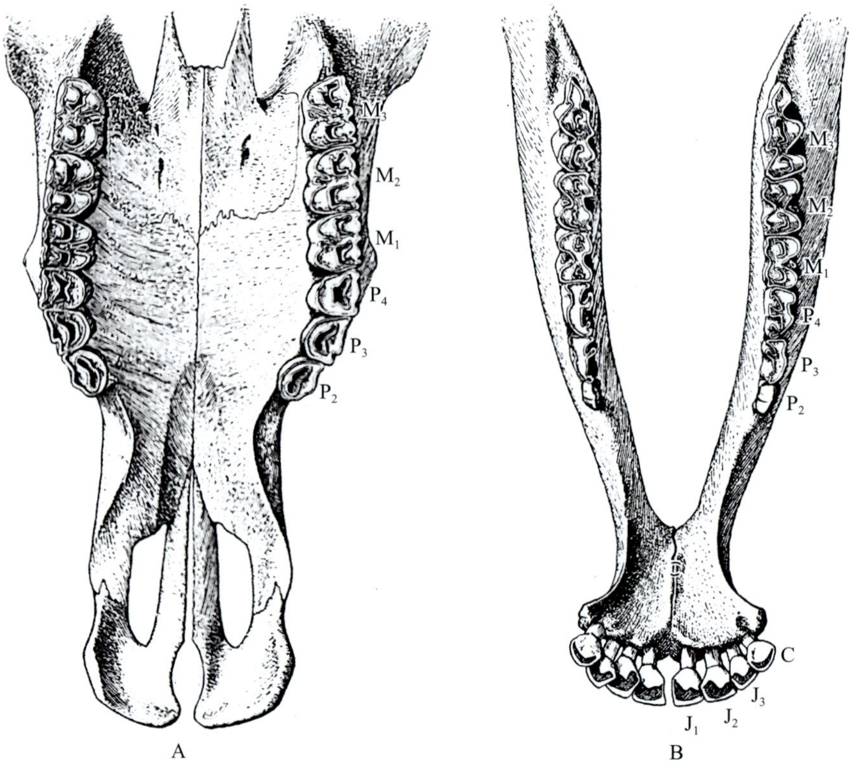

图 4–7 牛恒齿示意图

A. 上齿弓 B. 下齿弓 C. 隅齿
J_1. 门齿 J_2. 内中间齿 J_3. 外中间齿
P_2. 第 2 前臼齿 P_3. 第 3 前臼齿
P_4. 第 4 前臼齿 M_1. 第 1 臼齿
M_2. 第 2 臼齿 M_3. 第 3 臼齿
（引自 Nickel 等，1977）

除臼齿之外，其余各齿均要在一定年龄更换一次，更换前的齿称乳齿（Deciduous tooth），更换后的齿称为恒齿（Permanent tooth）或永久齿。乳齿较小，较白，易磨损。臼齿只有恒齿，上、下颌各有 3 对。前臼齿每侧上、下颌通常各有 3 枚，由前向后为第 2、第 3、第 4 前臼齿，缺第 1 前臼齿（狼齿，Dentes lupinus）。

动物上、下齿弓各种齿的分布及其数目一般左右对称，所以可以用齿式表示：

$$2\left(\frac{\text{切齿（I）} \quad \text{犬齿（C）} \quad \text{前臼齿（P）} \quad \text{臼齿（M）}}{\text{切齿（I）} \quad \text{犬齿（C）} \quad \text{前臼齿（P）} \quad \text{臼齿（M）}}\right)=n$$

式中：n 代表某种动物齿的总数。

齿式又可分为乳齿式和恒齿式。例如：

$$\text{牛的乳齿式：}2\left(\frac{0\text{（I）} \quad 0\text{（C）} \quad 3\text{（P）} \quad 0\text{（M）}}{4\text{（I）} \quad 0\text{（C）} \quad 3\text{（P）} \quad 0\text{（M）}}\right)=20$$

$$\text{牛的恒齿式：}2\left(\frac{0\text{（I）} \quad 0\text{（C）} \quad 3\text{（P）} \quad 3\text{（M）}}{4\text{（I）} \quad 0\text{（C）} \quad 3\text{（P）} \quad 3\text{（M）}}\right)=32$$

（2）齿的形态和构造

①齿的形态　齿通常分为齿冠、齿颈和齿根 3 部分。齿冠为露在齿槽和齿龈外的部分，可分为前庭面、舌面、接触面和嚼面。其中，嚼面是上、下列齿弓相对的面，随年龄的变化呈现出不同的磨灭状态。齿根为嵌于齿槽内的部分，常呈锥状，末端中央有齿根尖孔。齿颈为齿根向齿冠的过渡，由齿龈包被。

②齿的构造　齿由两类组织构成，一类是坚硬的矿化组织；另一类是柔软的结缔组织，构成齿髓，由齿根尖孔伸入齿腔内。矿化组织有 3 种：齿质（齿本质，Dentine）构成齿的主体，并围成齿腔，坚硬，呈黄白色；釉质（Enamelum）包被于齿冠的外围，是一层乳白色、光滑而极坚硬的组织；最外层是薄层的黏合质（Cementin），又称齿骨质，极不完整，仅出现于齿根和齿颈，呈黄色。齿内有齿腔，开口于齿根末端的齿根尖孔，齿腔内有胚胎性结缔组织构成的齿髓（Dental pulp），富含血管和神经，主司痛觉，与齿的新陈代谢有关（图 4–8）。齿髓与齿质交接处含有成齿质细胞（Odontoblast），可继续形成次生齿质，使齿腔随年龄增长不断减小。

齿可根据齿冠的长短分为短冠齿（Brachyodont teeth）和长冠齿（Hypselodont teeth）。牛切齿属短冠齿，齿冠呈不对称的铲形，唇面隆凸，舌面平或略凹，唇面与舌面形成锐利的游离缘。齿颈明显，齿根较细呈圆锥形或角锥形。随年龄增长，所有切齿均出现磨损，磨损后的嚼面，在外周形成一圈釉质，中央为齿质。当磨损达齿腔时又出现颜色较深的次生齿质，称为齿星。齿星初为圆形，逐渐变为方形。臼齿属于长冠齿，齿颈不明显，齿冠较长，部分埋于齿槽中，随着磨损而不断生长推出。齿根较短，形成也晚。在嚼面上有 1 ～ 5 个被覆釉质的齿漏斗，又称齿坎或齿窝，所以嚼面在磨损后出现内、外两圈釉质褶。长冠齿的黏合质包被整个齿的表面，并深入齿坎内，磨损后嚼面上出现齿星。

齿的发育、生长、磨损、更换和脱落与动物年龄有密切的关系，临床上常常将齿的更换、磨面形态结构作为判断动物年龄的依据，如下切齿中各恒切齿出现的时间。

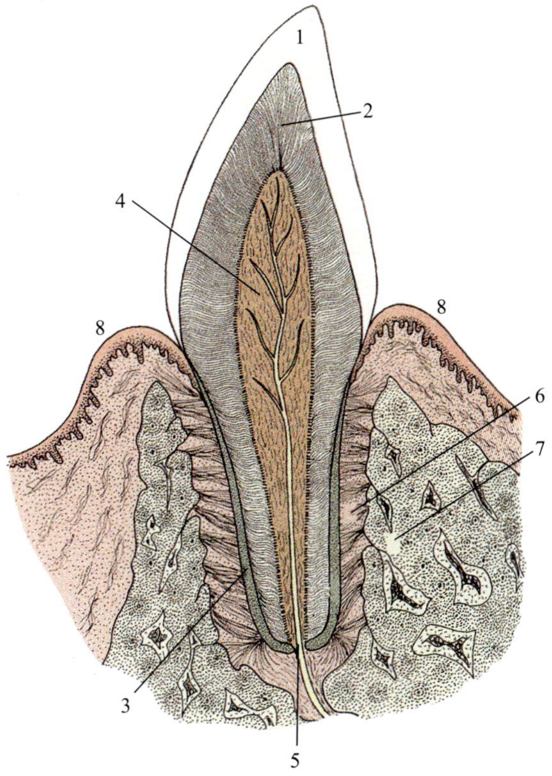

图 4–8　牛切齿的构造

1. 釉质　2. 齿质　3. 齿骨质　4. 齿髓　5. 齿根尖孔　6. 齿周韧带　7. 齿槽　8. 齿龈

（引自 Dyce 等，2010）

表 4-1 牛、羊乳齿和恒齿出齿时间

名 称	乳 齿	恒 齿
门齿	牛，生前；羊，生后 2 周	牛，1.5 ～ 2 岁；羊，1 ～ 1.5 岁
内中间齿	牛，生前；羊，生后 2 周	牛，2 ～ 2.5 岁；羊，1.5 ～ 2 岁
外中间齿	牛，生前或生后 2 周；羊，生后 3 周	牛，3 岁左右；羊，2.5 ～ 3 岁
隅齿	牛，生前或生后 2 周；羊，生后 4 周	牛，3.5 ～ 4 岁；羊，3 ～ 3.5 岁
第 2 前臼齿	牛，生后数日；羊，生后 2 ～ 6 周	牛，2 ～ 2.5 岁；羊，1.5 ～ 2 岁
第 3 前臼齿	牛，生后数日；羊，生后 2 ～ 6 周	牛，2 ～ 2.5 岁；羊，1.5 ～ 2 岁
第 4 前臼齿	牛，生后数日；羊，生后 2 ～ 6 周	牛，2.5 ～ 3 岁；羊，1.5 ～ 2 岁
第 1 臼齿		牛，5 ～ 6 个月；羊，3 ～ 5 个月
第 2 臼齿		牛，12 ～ 18 个月；羊，9 ～ 12 个月
第 3 臼齿		牛，2 ～ 2.5 岁；羊，1.5 ～ 2.5 岁

2. 齿龈（Gum） 为被覆于齿槽突及齿颈表面的一层黏膜，无黏膜下层，与口腔黏膜相延续（图 4-8）。正常情况下呈淡粉色，临床上常根据齿龈色泽作为诊断疾病的依据。

（六）唾液腺

唾液腺（Salivary gland）分布于口腔周围，分泌的唾液有浸润饲料、便于咀嚼和吞咽、清洁口腔、参与消化等作用。唾液腺分为小唾液腺和大唾液腺两类。前者如颊腺、唇腺、舌腺等壁内腺，直接位于黏膜下；后者如腮腺、颌下腺、舌下腺，通常称 3 对大唾液腺，以较长的腺管开口于口腔（图 4-9）。

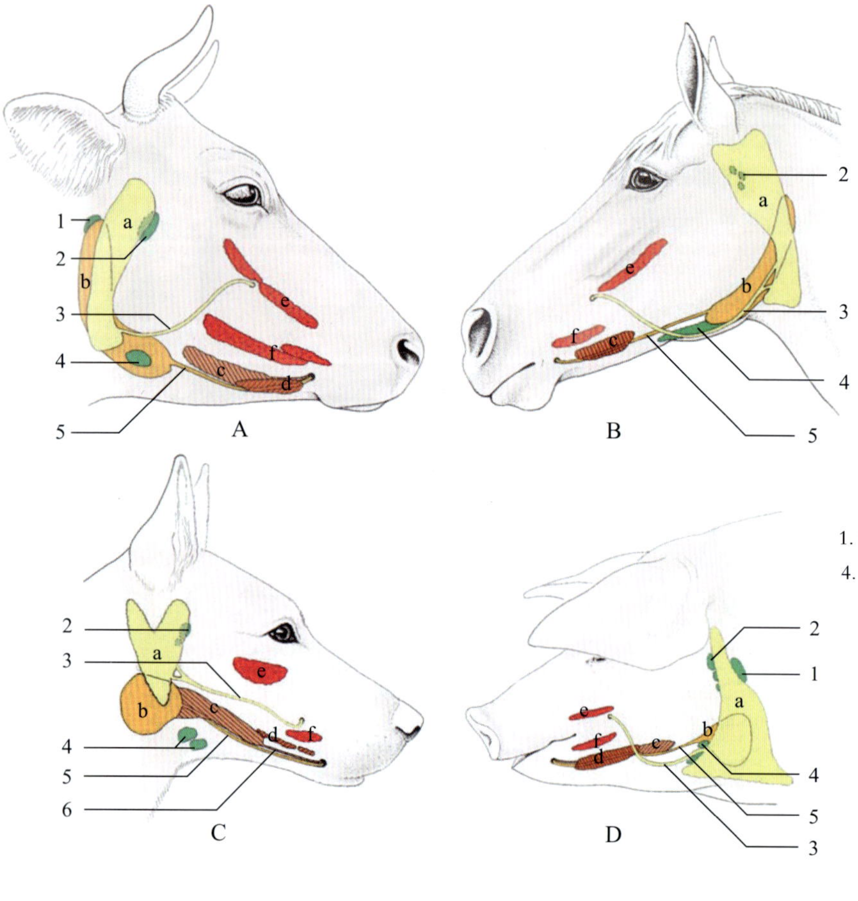

图 4-9 动物唾液腺示意图

A. 牛 B. 马 C. 犬 D. 猪

a. 腮腺 b. 颌下腺

c. 单口舌下腺 d. 多口舌下腺

e. 背侧颊腺（犬为颧腺） f. 腹侧颊腺

1. 咽后外侧淋巴结 2. 腮腺淋巴结 3. 腮腺管

4. 下颌淋巴结 5. 颌下腺管 6. 单口舌下腺管

（引自 König 和 Liebich，2007）

1. 腮腺（Parotid gland） 位于耳的下方，下颌骨支的后缘，咬肌与皮肤之间。呈狭长的倒立三角形。腺管由腺体深部向下延伸，进入下颌间隙，伴随面动、静脉从下颌骨的血管切迹处沿咬肌前缘走向颊部，开口于第 2 上臼齿相对的颊黏膜上。羊的腮腺管沿咬肌外面直向前行，开口于第 2 上臼齿相对的颊黏膜上。

2. 颌下腺（Mandibular gland） 比腮腺大，部分被腮腺覆盖，淡黄色，呈新月形，自寰椎窝向前下延伸至下颌角内，其腺管开口于舌下肉阜。

3. 舌下腺（Sublingual gland） 位于舌体与下颌骨体之间的黏膜下，呈片状，可分上、下两部。上部为多口舌下腺（Polystomatic sublingual gland），以 20 余条小腺管开口于舌体腹外侧的口腔底部。下部为单口舌下腺（Monostomatic sublingual gland），位于上部的前下方，腺管伴随颌下腺管开口于舌下肉阜。

二、咽与软腭

咽（Pharynx）位于鼻腔和口腔的后方、喉和食管的前上方，是消化管与呼吸道的共同通道（图 4–10）。由于软腭的伸入，咽腔被分为 3 部分：软腭上方的鼻咽部、软腭下方的口咽部和软腭游离缘之后与喉口之间的喉咽部。咽通过鼻咽部的前方经一对鼻后孔与鼻腔相通和两侧壁经一对咽鼓管咽口与中耳相通，通过口咽部（咽峡）通口腔，通过喉咽部的后上方的食管口和后下方的喉口通食管和喉腔。

咽壁由黏膜、肌层和外膜 3 层组成。咽黏膜内淋巴组织发达，形成的淋巴器官称扁桃体（Tonsil）。扁桃体由于部位不同而有不同的名称。腭扁桃体（Palatine tonsil）较发达，长约 3 cm，位于口咽部侧壁的肌肉和结缔组织内，以扁桃体窦开口于近软腭附着处的口咽部两侧。咽扁桃体（Pharyngeal tonsil）位于咽中隔的后端，为不规则隆起。咽鼓管扁桃体（Tubal tonsil）位于咽鼓管咽口的黏膜内。腭帆扁桃体（Velum palatinum tonsil）在软腭的口腔面黏膜下，分散存在。

软腭（Soft palate）为硬腭后缘向咽腔延伸出的肌性黏膜瓣，前缘附着于硬腭，侧缘附着于咽侧壁黏膜，后缘游离，呈月牙形弓向前方，称为腭咽弓（Palatopharyngeal arch）。软腭腹侧面与舌根两侧有弯曲的黏膜褶，称腭舌弓（Palatoglossal arch）。

咽是消化和呼吸的共同通道。吞咽时，软腭上提关闭鼻后孔，而会厌翻转盖住喉口，停止呼吸，食团经咽进入食管。呼吸时，软腭下垂，空气通过鼻腔、咽、喉和气管进出肺（图 4–10）。

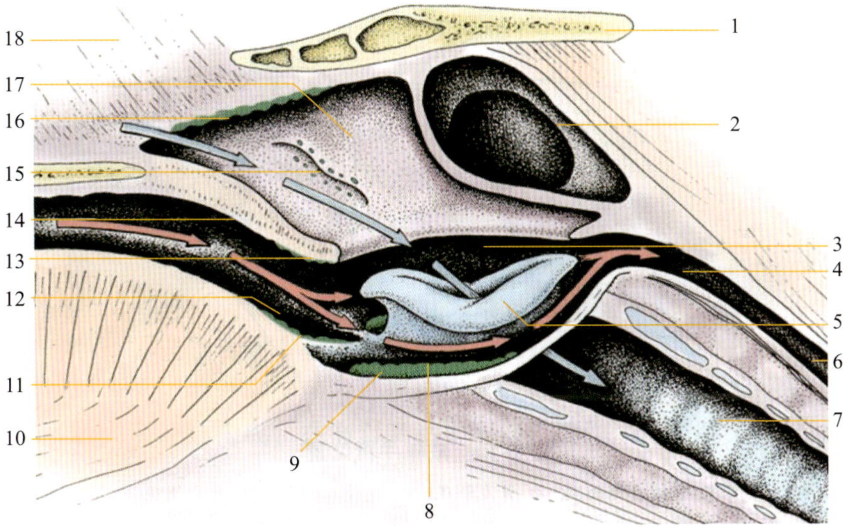

图 4–10 咽与喉、食管通道的关系

1. 蝶骨 2. 咽喉囊 3. 喉咽部 4. 咽食管部 5. 喉 6. 食管 7. 气管 8. 梨状隐窝 9. 腭扁桃体 10. 舌 11. 舌扁桃体 12. 口咽部 13. 腭帆扁桃体 14. 软腭 15. 咽鼓管咽口 16. 咽扁桃体 17. 鼻咽部 18. 鼻中隔

（引自 König 和 Liebich，2007）

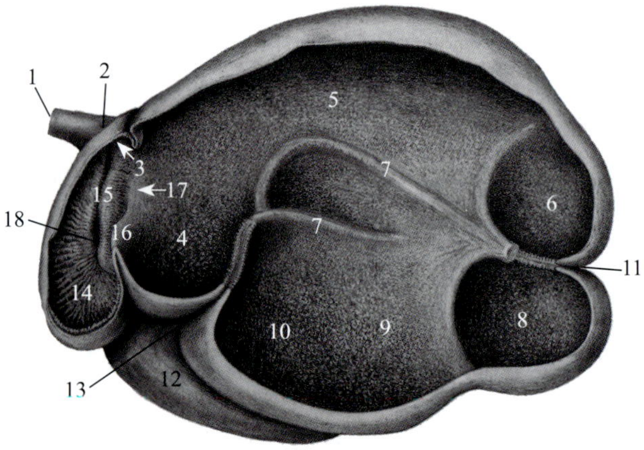

图 4-13 牛瘤胃和网胃内部结构

1. 食管 2. 贲门 3. 瘤胃前庭 4. 瘤胃房 5. 瘤胃背囊
6. 后背盲囊 7. 肉柱 8. 后腹盲囊 9. 瘤胃腹囊
10. 瘤胃隐窝 11. 后沟 12. 皱胃 13. 前沟
14. 网胃 15. 食管沟 16. 瘤网胃襞
17. 瘤网胃口 18. 网瓣胃口
（引自 Budras 等，2003）

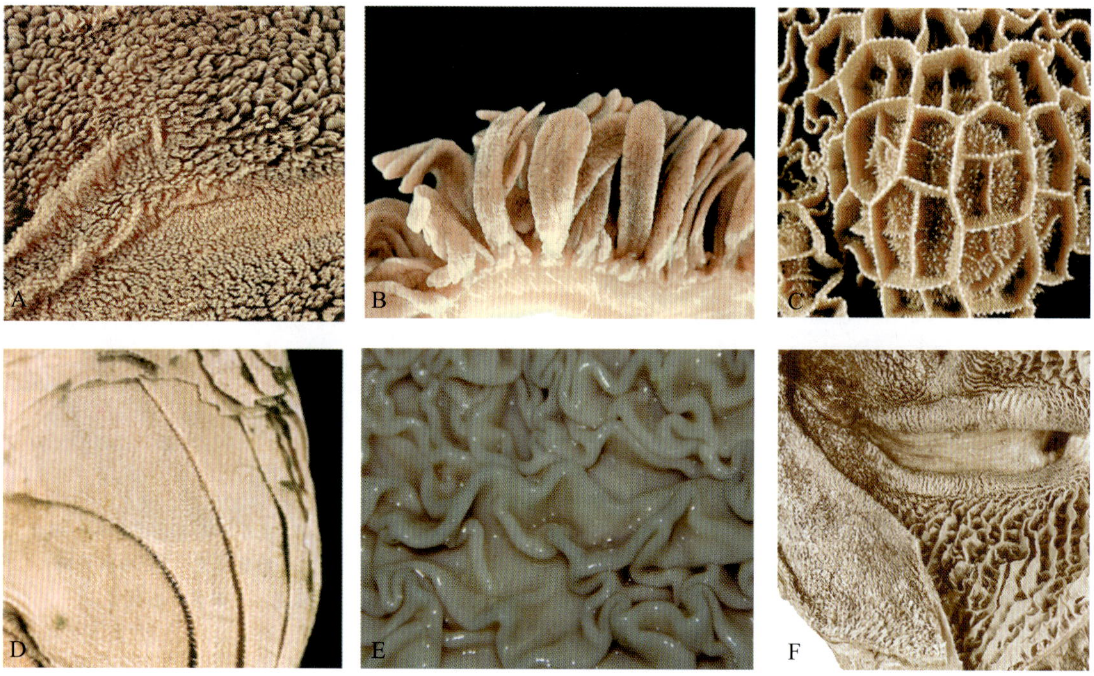

图 4-14 牛胃黏膜

A. 瘤胃黏膜 B. 瘤胃乳头（放大） C. 网胃黏膜 D. 瓣胃黏膜 E. 皱胃黏膜 F. 食管沟
（引自 König 和 Liebich，2007）

瘤网胃褶（Ruminoreticular fold），呈月牙状。此褶的上方即为宽大的瘤网胃口，与瘤胃背囊相通。在瘤网胃口的右下方，网胃右侧壁上有较小的网瓣胃口（Reticulo-omasal orifice），与瓣胃相通。网瓣胃口上有弯曲锥状的爪状乳头（Unguiform papilla）。网胃因位置较低，食入胃内的金属异物易于存留于网胃，并因网胃壁强力收缩而刺穿胃壁，引起创伤性网胃炎，严重还会穿过膈而刺入心包，继发创伤性网胃心包炎。

网胃壁的结构与瘤胃相似，黏膜角化，形成永久性的多边形网格状皱褶，称为网胃房，如同矮的蜂巢状（图 4-14），故网胃也称蜂巢胃。网胃肌层发达，收缩时几乎完全闭合，与反刍时逆呕有关。

在网胃右侧壁的黏膜面上，起自贲门，向下延伸到网瓣胃口的网胃沟（Reticular groove），也称食管沟（图 4-13 和图 4-14），在牛长为 18 ～ 20 cm，羊为 10 cm。沟两侧黏膜隆起，称为网胃沟唇，沟底的黏膜苍白而光滑，无乳头。网胃沟在犊牛（羔羊）乳汁消化中发挥作用，吮乳时两侧沟唇可闭合成管，乳汁从贲门经网胃沟和瓣胃沟直接到达皱胃。成年牛（羊）的网胃沟则闭合不全，一般情况下

不起作用。

3. 瓣胃（Omasum） 在成年牛占 4 个胃总容积的 7% ～ 8%，在羊则为 4 个胃中最小的一个。呈两侧稍压扁的圆球状，体积和形状约与篮球相似。位于右季肋部，在瘤胃和网胃交界处的右侧（图 4–12），体表与第 7 ～ 11 肋相对。右面隔小网膜与肝相邻，左面与瘤胃相贴，腹缘和后缘与皱胃相邻。大弯称瓣胃弯（Omasal curvature），凸向后上方；小弯称为瓣胃底（Omasal fundus），为凹缘，朝向左前方。在瓣胃底的上部和下部各有网瓣胃口和瓣皱胃口（Omasoabomasal orifice），分别通网胃和皱胃。

瓣胃壁的结构类似于瘤胃和网胃，但黏膜形成大小不等的百余片的瓣叶（图 4–14），每片瓣叶为新月状的黏膜皱褶，凸缘附着于胃壁，伸入胃腔内，游离缘朝向瓣胃底。瓣叶按大小分为大、中、小和最小四级，呈有规律的相间排列。从剖面观，很像一叠“百叶”，故称百叶胃或百叶肚。瓣胃叶的表面分布许多小的角质化乳头。瓣胃叶间形成叶间隐窝，平时充满较干的饲草和饲料细粒。在瓣胃底的黏膜无瓣叶附着，形成瓣胃沟（Omasal groove），它与最大一级的瓣叶游离缘围成一个无瓣叶分布的瓣胃管（Omasal canal），是流体食物进入皱胃的直接通道。

瓣胃壁的平滑肌发达，不仅分布于胃壁，还伸入到每片瓣叶内，瓣叶的相对运动可对瓣叶间的食物做进一步的研磨。瓣胃还有吸收水分、无机盐的作用，这成为瓣胃阻塞的一个重要诱因。

4. 皱胃（Abomasum） 在成年牛占胃总容积的 7% ～ 8%，呈前粗后细的弯曲囊袋状（图 4–12）。位于剑突软骨部和右季肋部的腹底壁上方，体表与第 8 ～ 12 肋骨相对。腹缘凸向腹侧，并与腹壁相接触，称为大弯。背缘凹向下方，与瓣胃相接触，称为小弯。皱胃分为胃底、胃体和幽门部 3 部分。皱胃底（Fundus of abomasum）为前端的膨大部，位于网胃下方。皱胃体（Body of abomasum）逐渐由粗变细，位于瓣胃腹侧。幽门部（Pyloric part）较长，呈粗细较均匀的管状，位于瓣胃后方，末端以幽门（Pylorus）通十二指肠。

皱胃黏膜不同于前 3 个胃，其上皮属于单层柱状上皮，湿润、柔软而光滑（图 4–14），在胃底和大部分胃体形成大约 12 片大的螺旋形皱褶，称皱胃旋褶（Spiral plica of abomasum）。皱胃黏膜内含 3 种壁内腺：贲门腺、胃底腺和幽门腺。围绕瓣皱胃口周围的黏膜色淡而稍薄，为贲门腺区。在大部分胃底和胃体的黏膜呈灰红色，为胃底腺区。幽门部的黏膜略呈黄色，称为幽门腺区，内表面不具有皱胃旋褶。幽门为皱胃与十二指肠的界口。幽门有发达的环形平滑肌，并在黏膜面形成隆起的幽门枕，控制幽门的启闭。

皱胃的贲门腺及幽门腺分泌黏液有保护胃黏膜的作用；而胃底腺则分泌胃酸和胃蛋白酶对食物进行化学性消化。

附 犊牛胃的特点

初生的犊牛（羔羊）以消化乳汁为主，前 3 个胃尚处于萌发阶段，不发挥作用，皱胃的相对容积较大，瘤胃与网胃容积相加约为皱胃的一半（图 4–15 和图 4–16），局限于腹腔左侧的前上部，食管沟发达。10 ～ 12 周龄后，犊牛逐渐摄食部分饲草，瘤胃和网胃发育加快，其容积相加约为皱胃的 2 倍，但瓣胃仍较小。4 月龄后，随着消化植物性纤维能力的出现，瘤胃、网胃和瓣胃容积迅速增大，瘤胃和网胃的容积约达瓣胃和皱胃容积的 4 倍。1 岁之后，瓣胃与皱胃的容积几乎相等，4 个胃容积比例接近成年。

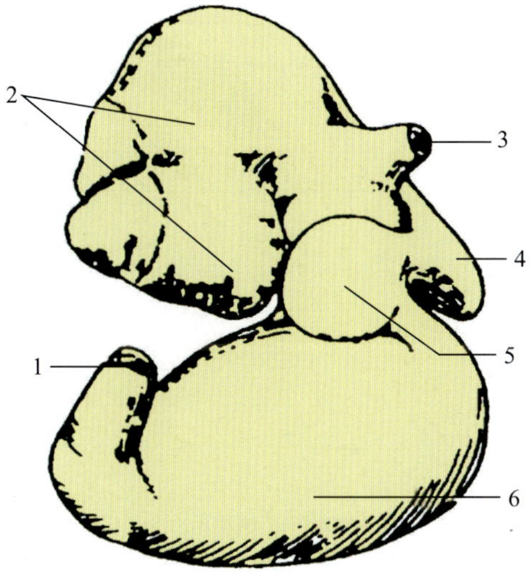

图 4–15　犊牛的胃（右侧观）

1. 幽门　2. 瘤胃　3. 食管　4. 网胃　5. 瓣胃　6. 皱胃

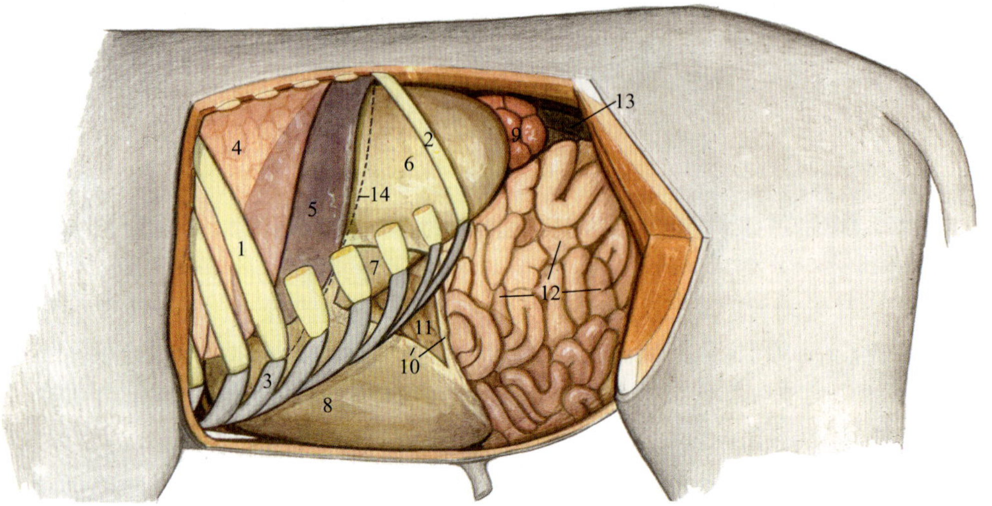

图 4-16　犊牛腹腔内脏器官左侧观

1. 第 8 肋骨　2. 第 13 肋骨　3. 第 8 肋软骨　4. 肺　5. 脾　6. 瘤胃背囊　7. 瘤胃腹囊　8. 皱胃　9. 左肾　10. 大网膜浅层　11. 大网膜深层　12. 空肠　13. 降结肠　14. 膈的附着线

（引自 Popesko，1985）

四、肠

肠管是消化管的重要组成部分，其长度与食物被消化的难易程度、生存机制等密切相关。牛、羊为草食动物，摄入的植物纤维为难消化物，其肠管相对较长，相当于其体长的20倍（牛）到25倍（羊），依据机能和形态，可分为小肠和大肠两部分（图 4-17）。肠借总肠系膜悬挂于腹腔顶壁，并在肠系膜中转折，高度盘曲于腹腔右侧，形成圆形肠盘。肠盘中央为大肠，周围为小肠。

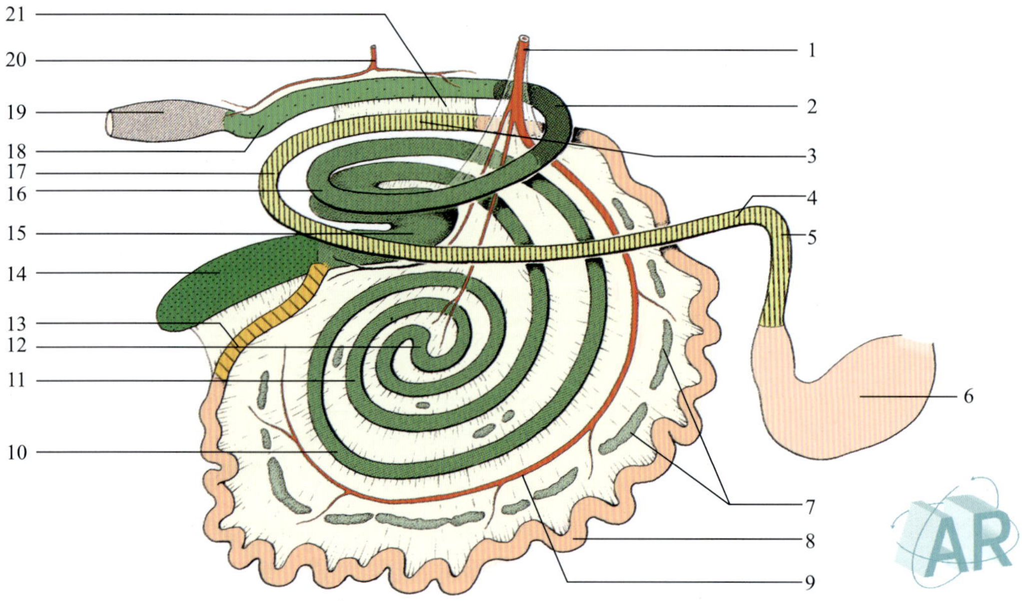

图 4-17　牛肠管模式图

1. 肠系膜前动脉　2. 横结肠　3. 十二指肠升部　4. 十二指肠降部　5. 十二指肠前曲　6. 皱胃　7. 空肠淋巴结　8. 空肠　9. 空肠动脉　10. 结肠旋袢离心回　11. 结肠旋袢向心回　12. 结肠旋袢中央曲　13. 回肠　14. 盲肠　15. 结肠初袢　16. 结肠终袢　17. 十二指肠后曲　18. 降结肠　19. 直肠　20. 肠系膜后动脉　21. 十二指肠结肠韧带

（引自 König 和 Liebich，2007）

（一）小肠

小肠（Small intestine）是细长的管道，粗细较均匀，是利用消化液和消化道酶类进行消化吸收的主要场所。前端起于皱胃的幽门，后端止于盲肠，可分为十二指肠、空肠和回肠 3 部分（图 4–17）。牛小肠长 30 ～ 40 m，直径 5 ～ 6 cm；羊的小肠长约 25 m，直径 2 ～ 3 cm。

1. 十二指肠（Duodenum） 牛约 1 m 长，羊约 0.5 m。起自幽门，延伸于右季肋部区和腰区。可再分为 3 部 3 曲：顺次为前部（Cranial portion）、十二指肠前曲（Cranial duodenal flexure）、降部（Descending portion）、十二指肠后曲（Caudal duodenal flexure）、升部（Ascending portion）和十二指肠空肠曲（Duodenal jejunal flexure）。前部短，前起自幽门，在瓣胃后缘向背侧延伸，与胆囊相邻，在此形成“乙状袢”。其紧后方为前曲，前曲为一不太明显的弯曲。十二指肠降部较长，在总肠系膜根部右侧向后背侧延伸到骨盆腔前口处，转而向左，再向前，这一折转称为后曲。由后曲向前，在总肠系膜根部左侧向前形成升部，继续向前行至总肠系膜根的左方时形成十二指肠空肠曲，延接空肠。十二指肠升部以十二指肠结肠褶或十二指肠结肠韧带与降结肠相连，常以其作为十二指肠与空肠的分界。

十二指肠的特点是肠管较平直，以极短的十二指肠系膜附着于总肠系膜上，移动性极小。

2. 空肠（Jejunum） 是小肠中最长的一段，长 23 ～ 33.5 m。大部分位于右季肋部、右髂部和右腹股沟部，形成无数肠袢，以空肠系膜附着于结肠盘周缘。空肠的右侧和腹侧隔着大网膜与腹壁相邻，左侧隔着大网膜与瘤胃腹囊相贴，背侧为大肠，前方与肝、胰、瓣胃和皱胃相接触，后达盆腔前口。空肠后部的肠袢因系膜较长而游离性较大，往往绕过瘤胃后方至左侧。空肠有较大的游离性，可落入自然裂孔，如脐孔、鞘膜腔内形成肠疝。

3. 回肠（Ileum） 为小肠的末端，较短而直。牛的回肠长约 0.5 m，羊约 0.3 m，在肠系膜中由盲肠的腹侧向前上方伸延。回肠以回肠口（Ileal orifice）开口于盲肠与结肠交界处的腹侧壁，向前上方延伸到盲肠腹缘，以三角形的双层腹膜褶——回盲韧带相连。回肠壁内由于含有大量的淋巴组织而较厚，其中丰富的淋巴集结眼观即可见到，也称派伊尔氏斑（Peyer’s patch），构成消化道重要的免疫屏障。

4. 小肠壁的构造 小肠壁由黏膜、黏膜下组织、肌层和浆膜构成。黏膜形成环形褶和绒毛（Villus），以增加与食物接触的面积。黏膜上皮为单层柱状上皮，在固有膜内分布有小肠腺（Gland of small intestine）。黏膜中的淋巴孤结很丰富，淋巴集结大而明显，成年牛 20 ～ 40 个，最后一个淋巴结从回肠经回肠口延续至盲肠肠壁。回肠壁有发达的淋巴集结，对防止大肠微生物进入小肠有重要作用。黏膜下组织为疏松结缔组织，在十二指肠黏膜下组织中有十二指肠腺（Duodenal gland），分布于小肠前部，牛为小肠前 4 ～ 4.5 m，绵羊为 60 ～ 70 cm，山羊为 20 ～ 25 cm。肌层由较厚的内环和较薄的外纵两层平滑肌组成，回肠的肌层较空肠厚。浆膜被覆肠管表面，并延伸形成系膜等。

（二）大肠

牛的大肠（Large intestine）全长 6.4 ～ 10 m（羊 7.8 ～ 10 m），管径大部分与小肠相似，表面平滑而无肠带和肠袋。位于腹腔背右侧，总肠系膜的两层浆膜之间，外侧隔大网膜与腹腔右壁相邻，内侧主要邻瘤胃。除盲肠的游离部分外，其余均位于网膜隐窝中。大肠内含有大量微生物，对食物进行微生物性消化，吸收水分并形成、积存、排泄粪便。大肠包括盲肠、结肠、直肠，以肛门开口于外界（图 4–17）。

1. 盲肠（Caecum） 呈圆筒状，位于右髂部。牛的盲肠长约 75 cm，直径约 12 cm；羊的盲肠长约 30 cm，直径约 8 cm。盲肠从右侧最后肋骨下端稍后起于回肠口，隔着大网膜沿右腹壁向后上方延伸至盆腔前口的右侧，盲端钝圆而游离，充盈时可突入盆腔内。盲肠的前 2/3 内侧有肠系膜附着，而后 1/3 游离。背侧以短的盲结褶与结肠近袢相连接，腹侧以回盲褶与回肠相连。盲肠自回肠口向前，直接转为升结肠。

2. 结肠（Colon） 为盲肠与直肠之间的肠管，是大肠最长的一段，在牛长 6 ～ 9 m、羊长 7.5 ～ 9 m。

自回肠口处为盲肠直接延续，以后逐渐变细。牛、羊的结肠无纵带及肠袋，盘曲成一椭圆形盘状。结肠可分为升结肠、横结肠和降结肠。

升结肠（Ascending colon） 最长，又可分为初袢、旋袢和终袢。初袢呈“S”形，从回肠口处承接盲肠，在腰椎的腹侧先向前至右肾腹侧，然后向背侧折转向后，于十二指肠后曲腹侧绕过总肠系膜后缘，转至左侧前行至第 2、3 腰椎腹侧，延续为旋袢。初袢的管径与盲肠相似，延伸途中逐渐变细。旋袢位于由空肠围成的肠盘中央，沿矢状平面盘曲成圆盘状，顺序分为向心回、中央曲和离心回。从右侧观，向心回从初袢开始呈顺时针方向旋转 1.5 ～ 2 圈（牛）或 3 ～ 4 圈（羊）至肠盘中心，形成中央曲，延续为离心回，后者以逆时针方向向外围旋转约 2.5 周而转为终袢。终袢离开肠盘后，向后行至第 5 腰椎水平，然后折转由左向右绕过肠系膜后缘，向前并抵达肝门附近，延续为横结肠。

横结肠（Transverse colon） 很短，为由右侧向左侧越过肠系膜前动脉根部的一段肠管，折转向后延续为降结肠。

降结肠（Descending colon） 为横结肠的直接延续，在肠系膜动脉根左侧由前向后行到骨盆腔前口处，延为直肠。

3. 直肠（Rectum）和肛门（Anus） 直肠位于骨盆腔内，较短，粗细均匀。直肠前 3/5 被覆有腹膜，由直肠系膜连接于盆腔顶壁。其后部为腹膜外部，借疏松结缔组织和肌肉附着于盆腔周壁，营养好的个体还含有脂肪组织。当蓄积粪便时牛的直肠后部能扩张变粗，形成不明显的直肠壶腹（Rectal ampulla）。

直肠的末端即为肛管和肛门。肛管指直肠末端缩细的部分，含肛门括约肌。牛的肛管短而平滑，以肛直肠线为界与直肠黏膜分开，按顺序分为 3 区：前面为肛柱区，黏膜形成一圈长约 10 cm（羊为 1 cm）的纵褶，称直肠柱（Rectal column）或肛柱（Anal column），各柱后端之间借半月形皱褶相连，称肛瓣（Valvulae anales），它与相邻直肠柱后端之间围成的小隐窝，称直肠窦（Rectal sinus）或肛窦（Anal sinus），此区反刍动物不明显；中间区很狭窄；后部为皮区，围绕肛门内面，上皮角化。黏膜与皮肤相互移行的界线称齿状线，线的前端为黏膜覆盖，后端为皮区。齿状线附近的黏膜有毛和色素沉积。肛门是消化管末端的开口，位于尾根下方，平时不突出于体表。外面被盖的皮肤薄而无毛。肌肉由内向外分别为：肛门内括约肌（Internal sphincter muscle of anus），为直肠环形肌所形成；肛门外括约肌（External sphincter muscle of anus），为内括约肌周围的环形横纹肌，部分肌纤维走向背侧的尾椎筋膜和腹侧的会阴部筋膜。在肛管两侧还有起始于荐结节阔韧带或坐骨棘的肛提肌，向后伸入肛门外括约肌的深层。

4. 大肠壁的构造 大肠壁的构造与小肠壁基本相似，也由黏膜、黏膜下组织、肌层和外膜构成。黏膜表面光滑，无绒毛。在固有膜内有排列整齐的大肠腺，在盲肠和结肠黏膜内有较多的淋巴孤结，淋巴集结则很少，仅见于升结肠近袢的后部。肌层为内环、外纵两层平滑肌，分布均匀，不形成肠带和肠袋。直肠肌层较厚，背侧外纵肌形成一对较粗的肌束，称直肠尾骨肌（Rectococcygeal muscle），从直肠背侧向后上方止于第 2、第 3 尾椎侧面，腹侧外纵肌向下在会阴腱膜中心处交叉汇入母畜阴道前庭和阴唇，公畜则汇入尿道。

五、肝和胰

（一）肝

肝（Liver）是牛体内最大的腺体以及新陈代谢的枢纽，具有分解、合成、贮存营养物质和解毒以及分泌胆汁等作用，在胎儿时期也是造血器官。

1. 形态 牛（羊）肝扁而厚，略呈长方形，质坚实而脆，略有弹性（图 4–18）。幼龄和营养良好的个体肝呈淡褐色，老龄或消瘦个体的肝呈深红褐色。

（1）肝的壁面和脏面 壁面（前面）隆凸，为膈面，接膈。脏面（后面）凹入，与网胃、瓣胃、皱胃、十二指肠和胰腺接触，并形成相应器官的压迹。脏面中央有门静脉、肝动脉、神经、淋巴管和肝管出入肝，该处称为肝门（Hepatic porta）。

（2）肝的背缘和腹缘　肝的背缘厚，左侧有一肾压迹和后腔静脉通过，静脉壁与肝组织连在一起，多条大小不等的肝静脉支直接开口于后腔静脉。肝的腹缘较薄，有圆韧带切迹，内有肝圆韧带（Round ligament），为脐静脉的遗迹。

（3）肝的分叶　家畜的肝一般可被肝腹侧缘的叶间切迹分为左叶、中叶和右叶，其中的中叶被肝门分为尾叶和方叶。牛（羊）肝因无叶间切迹（Interlobar incisure），分叶不明显，但仍可由胆囊（Gall bladder）和圆韧带切迹（Round ligament incisure）将肝分为左、中、右 3 叶（图 4–18）。在圆韧带切迹与食管压迹（Esophageal impression）之间连线的腹侧为左叶（Left lobe），在胆囊的背侧为右叶（Right lobe），两叶之间为中叶（Median lobe）。中叶又以肝门为界分为右侧的方叶（Quadrate lobe）和左侧的尾叶（Caudate lobe）。尾叶有覆盖于肝门上的乳头突（Papillary process）和突出于肝背侧的尾状突（Caudate process）。尾状突发达，与肝右叶的背侧缘形成深的肾压迹（Renal impression），容纳右肾前端。

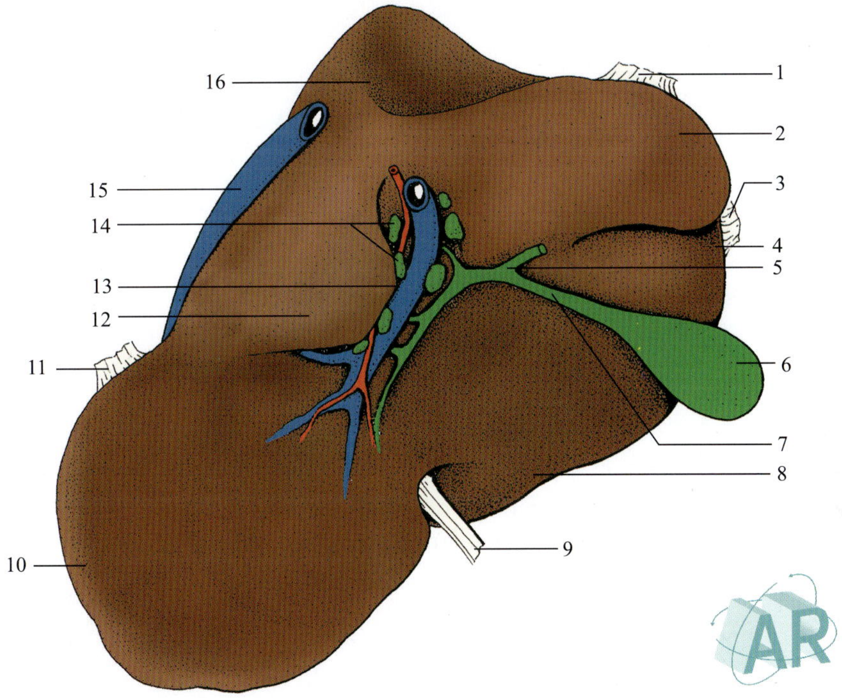

图 4–18　牛肝脏面

1. 肝肾韧带　2. 尾状突　3. 右三角韧带　4. 右叶　5. 胆管　6. 胆囊　7. 胆囊管　8. 方叶　9. 镰状韧带和圆韧带　10. 左叶　11. 左三角韧带　12. 乳头突　13. 门静脉　14. 肝门淋巴结　15. 后腔静脉　16. 肾压迹

（引自 König 和 Liebich，2007）

2. 位置和附着　肝位于右季肋部，膈的后方（图 4–19）。最前方达第 6 肋间隙，长轴斜向后上方，达最后肋间隙或肋骨的背侧端。肝的膈面背内侧部有三角形的裸区（Bare area），以结缔组织直接与膈相邻。肝的右叶背侧缘以右三角韧带（Right triangular ligament）连结于右腹壁的背外侧。此韧带延伸为肝肾韧带（Hepatorenal ligament），将尾状突与右肾相连。左三角韧带（Left triangular ligament）较小，将食管压迹附近的肝左缘连于膈的食管裂孔处。冠状韧带（Coronary ligament）很狭窄，从右三角韧带延续到肝的膈面和后腔静脉右侧，绕过后腔静脉腹侧而延伸到左三角韧带，将肝与膈相连，可分为左、右冠状韧带。圆韧带（Round ligament）为脐静脉的遗迹，成年后多退化消失。镰状韧带（Falciform ligament）是很薄的浆膜褶，从圆韧带切迹沿肝的膈面延续到食管压迹，将肝连于膈的中心腱。此韧带也随年龄的增长而逐渐萎缩。

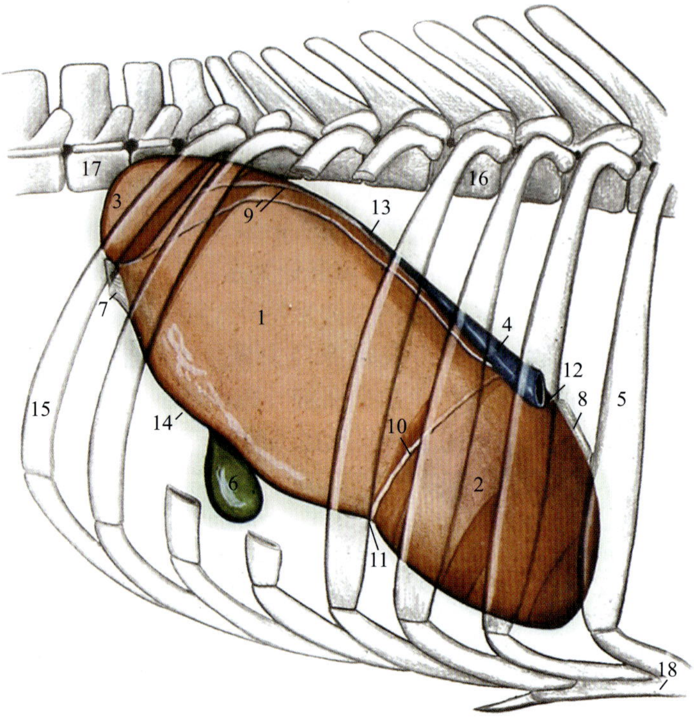

图 4-19 牛肝和胆囊的位置（右侧观）

1. 肝右叶 2. 肝左叶 3. 尾状突 4. 后腔静脉 5. 第 6 肋骨 6. 胆囊 7. 右三角韧带 8. 左三角韧带 9. 冠状韧带 10. 镰状韧带 11. 圆韧带切迹 12. 食管压迹 13. 肝背侧缘 14. 肝腹侧缘 15. 第 13 肋骨 16. 第 9 胸椎 17. 第 2 腰椎 18. 胸骨

（引自 Popesko，1985）

3. 胆囊 牛（羊）肝有梨状胆囊（Gall bladder）（图 4-20）。牛的较大，长 10 ～ 15 cm，羊的较细长，贴附于肝的脏面。胆囊分为胆囊底（Fundus of gall bladder）、胆囊体（Body of gall bladder）和胆囊颈（Neck of gall bladder）3 部分。胆囊底突出于肝的右缘以外，与腹壁相接，其位置相当于第 10 ～ 11 肋间隙与肩关节水平线的交叉点（图 4-19）。肝管（Hepatic duct）出肝门后，以锐角与胆囊管（Cystic duct）汇合，形成较粗的胆总管（Common bile duct），开口于十二指肠乙状曲第二曲黏膜上的十二指肠大乳头（Major duodenal papilla），距幽门 50 ～ 70 cm。羊的胆总管与胰管合成一条总管，在距幽门 25 ～ 35 cm 处开口于十二指肠乙状曲第二曲处。胆囊有储存和浓缩胆汁的作用。

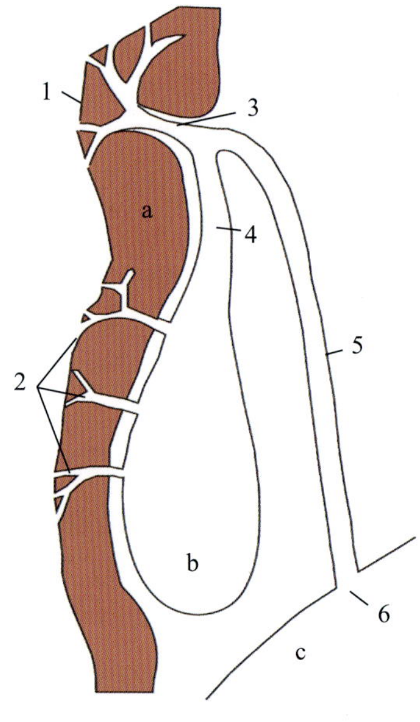

图 4-20 牛肝胆管系统

a. 肝 b. 胆囊 c. 十二指肠

1. 胆小管 2. 肝胆囊管 3. 肝管 4. 胆囊管 5. 胆总管 6. 十二指肠大乳头

（二）胰

胰（Pancreas）为重要的消化腺，兼有内分泌功能。有外分泌部和内分泌部。外分泌部占腺体的大部分，属于消化腺，含有多种酶，由胰管排入十二指肠，参与消化作用；内分泌部称胰岛，对糖代谢起重要调节作用。胰为不正的四边形（图 4-21），呈黄褐色，柔软而具小叶结构。成年牛的胰重约 550 g，绵羊 50 ～ 70 g。位于右季肋部和腰部，肝门的正后方，可分为胰右叶（Right lobe of pancreas）、胰左叶（Left lobe of pancreas）和胰体（Body of pancreas）3 部分。胰右叶发达而较长，在十二指肠系膜内沿十二指肠降部向后至肝的尾状突后方，到第 2 ～ 4 腰椎处，其背侧与肝及右肾相接。胰左叶较宽，呈小四边形，其背侧附着于膈脚，腹侧在瘤胃背囊与左膈脚之间。胰体位于肝的脏面，其背侧面形成胰环（Pancreatic ring）或称胰切迹（Notch of pancreas），门静脉由此通过，在门静脉与后腔静脉之间是游离的，并形成网膜孔的腹内侧壁。胰管只有一条，属副胰管（Accessory pancreatic duct），自胰右叶末端走出，在胆总管开口处的后方 30 ～ 40 cm 开口于十二指肠降部，开口形成十二指肠小乳头（Minor duodenal papilla）。少数个体胰左叶还有一条小的主胰管（维尔松管，Duct of Wirsung），简称胰管（Pancreatic duct），从胰体走出而开口于胆总管，再进入十二指肠。

羊的胰管属主胰管，从胰体走出，与胆总管汇合成总管进入十二指肠乙状曲第二曲处。

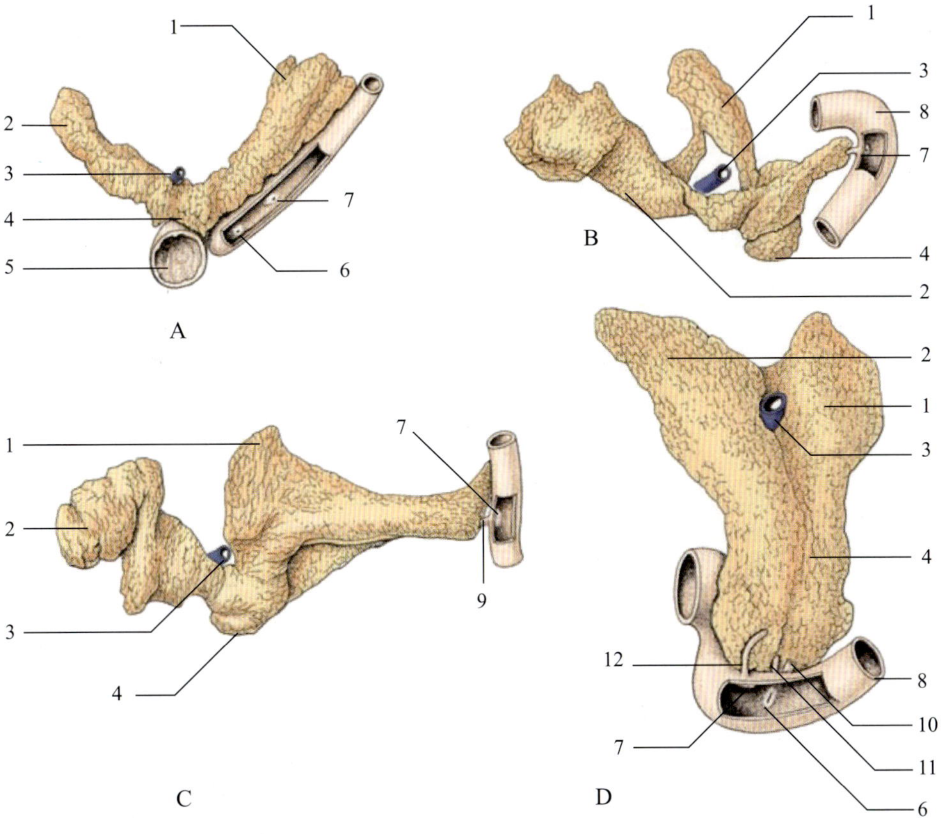

图 4–21　动物胰腺的形态

A. 犬　B. 猪　C. 牛　D. 马

1. 胰右叶　2. 胰左叶　3. 门静脉　4. 胰体　5. 幽门　6. 十二指肠大乳头　7. 十二指肠小乳头　8. 十二指肠　9. 右侧胰管　10. 肝总管　11. 胰管　12. 副胰管

（引自 König 和 Liebich，2007）

六、腹膜结构

（一）大网膜

大网膜（Greater omentum）很发达，为联系瘤胃与其他内脏之间的腹膜褶，可分为浅、深两层，覆盖在肠管右侧面的大部分和瘤胃腹囊的表面（图 4–22）。浅层起自瘤胃左纵沟，向下绕过瘤胃腹囊，贴腹腔底壁至腹腔右侧腹壁，继续沿右腹侧壁向上延伸，止于皱胃大弯和十二指肠前部与降部。浅层大网膜由瘤胃后沟折转到右纵沟转为大网膜深层。深层大网膜起自瘤胃右纵沟，向下达腹底壁，绕过肠管到肠管右侧面，沿浅层深面向上，也止于十二指肠降部（但有时浅、深两层先合并，然后止于十二指肠），与浅层汇合。浅、深两层大网膜之间的腔隙形成一个大的网膜囊（Omental sac），将瘤胃腹囊包在其中，但在瘤胃腹囊右侧，形成网膜囊的两层大网膜相贴延伸，在肠管与右腹壁之间向上抵止于十二指肠前部、降部和皱胃大弯。在两层大网膜和瘤胃右侧壁之间，形成一个似兜袋的网膜上隐窝（Supraomental recess），兜着大部分肠管，向后开口，口的游离缘就是深、浅两层的相互折转处。网膜上常沉积有大量的脂肪，营养状况良好的个体更为明显。由于大网膜内含有许多巨噬细胞，因此又是腹腔内重要的防卫器官。

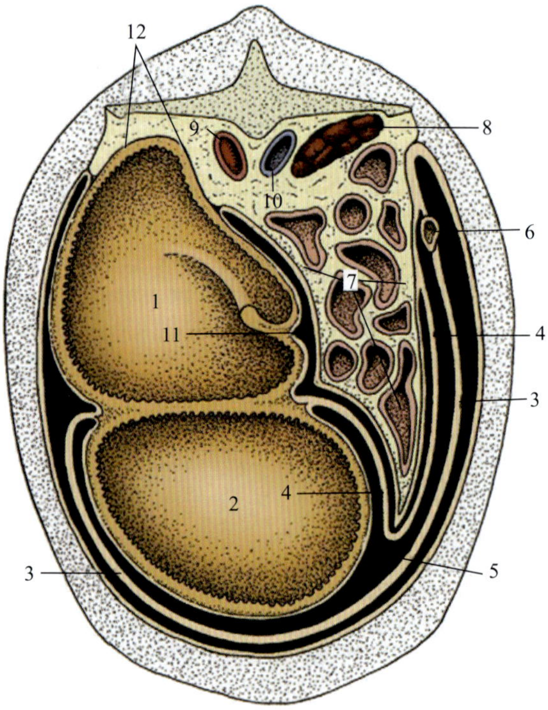

图 4-22　牛、羊大网膜及总肠系膜示意图

1. 瘤胃背囊　2. 瘤胃腹囊　3. 大网膜浅层
4. 大网膜深层　5. 网膜囊　6. 十二指肠降部
7. 小肠　8. 右肾　9. 主动脉　10. 后腔静脉
11. 网膜上隐窝　12. 瘤胃腹膜后附着处
（引自 Singh，2018）

（二）小网膜

小网膜（Lesser omentum）较小，起自肝的脏面，抵止于皱胃小弯和十二指肠前部，在肝与十二指肠间形成一个网膜孔，可容一、二指通过，为网膜囊向腹膜腔的开口。

（三）总肠系膜

牛（羊）的大肠及小肠以一总肠系膜悬挂于腹腔顶壁，总肠系膜的两层浆膜由脊柱向下左、右分开，其间夹有全部结肠和部分盲肠，以及肠系膜前后脉管、植物性神经和淋巴结、淋巴管等，其中旋袢构成了一个圆形的结肠袢。在结肠袢的周边，总肠系膜延续为短的（在牛宽约 30 cm）空肠系膜，将空肠附于结肠袢的周围。

牛腹腔内消化器官的位置关系见图 3-2 和图 3-3。

第二节　马消化系统的结构特点

马属动物也属于草食家畜，但无反刍习性，消化道结构也与反刍动物显著不同，以相对较小的胃和极其发达的大肠为显著特征。马消化系统的组成参见模式图 4-23。

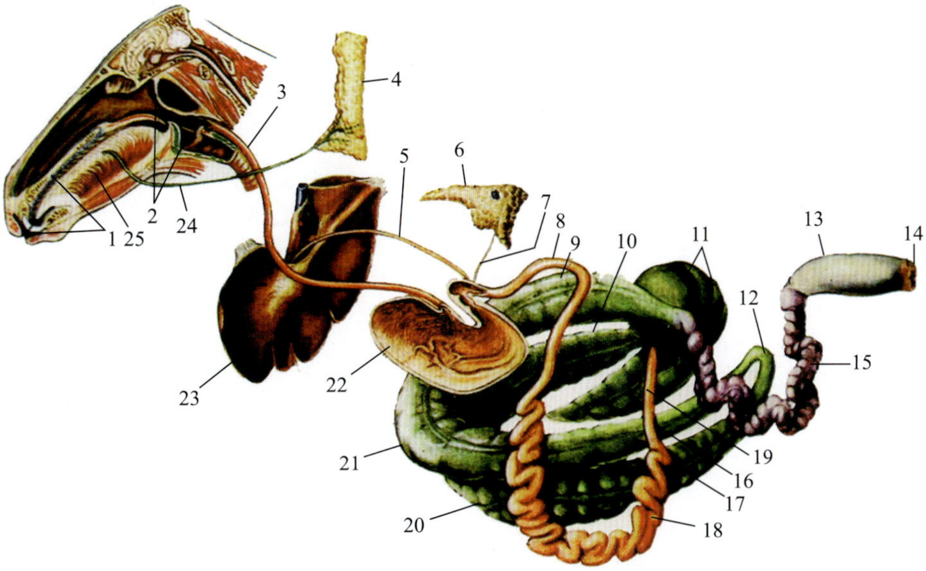

图 4-23　马消化系统半模式图

1. 口腔　2. 咽　3. 食管　4. 腮腺　5. 肝管　6. 胰　7. 胰管　8. 十二指肠　9. 右上大结肠　10. 右下大结肠　11. 盲肠　12. 骨盆曲　13. 直肠　14. 肛门　15. 小结肠　16. 左上大结肠　17. 左下大结肠　18. 空肠　19. 回肠　20. 胸骨曲　21. 膈曲　22. 胃　23. 肝　24. 腮腺管　25. 舌下腺

（引自中国人民解放军兽医大学，1979）

一、口腔

马的口腔较狭长，黏膜柔软光滑，缺锥状乳头。口腔的前壁为唇，侧壁为颊，顶壁为硬腭，底壁大部分为舌所占据，仅舌尖下方有下颌骨切齿部为基础形成的口腔底。

（一）唇与颊

唇灵活，是采食的主要器官。上、下唇之间为口裂，在两侧汇合为口角。唇的表面密生短的被毛，并掺杂有长的触毛（图 4-3）。上唇长而薄，正中为一条浅缝，称为人中（Philtrum）。下唇较短而厚，腹侧有一明显的丘状圆隆突出，称颏（Chin），由肌肉、脂肪和结缔组织构成，为马属动物所特有。唇和颊部黏膜薄而呈粉红色，常有色素斑。在唇黏膜和颊黏膜下分布有唇腺和颊腺。

在正对第 3 前臼齿的颊黏膜上，有圆形隆突的腮腺乳头（Parotid papilla），为腮腺管的开口处。

（二）硬腭

厚而坚实，正中有矢状的腭缝，腭缝的两侧有 16～18 条横行腭褶（图 4-24）。腭褶游离缘光滑。腭缝前端有扁平的切齿乳头（Incisive papilla）。幼驹的切齿乳头两侧有切齿管（Incisive canal），成年已不明显。

（三）口腔底和舌

口腔底的前部，舌尖下面有一对舌下肉阜（图 4-24），为马的颌下腺管的开口处。

舌窄而长，舌尖扁平，舌体稍大，柔软而灵活（图 4-7 和图 4-24）。舌体无舌圆枕，舌表面有 4 种舌乳头。丝状乳头呈丝状密布于舌背及舌尖两侧，浅层的扁平上皮细胞不断角化脱落，与食物、细菌混合而附着于舌表面，形成舌苔。菌状乳头为小的圆形突起，数量少，散布于舌背和舌尖的两侧。轮廓乳头一般只有 2 个，位于舌后部背面中线两侧。叶状乳头也为 2 个，左、右各 1 个，位于舌体后部两侧缘，腭舌弓附着部前方，为一长 2～3 cm 的长形隆起，表面有数条横裂。4 种乳头中，除丝状乳头上皮中无味蕾，无味觉作用，仅起机械性作用，其他的乳头上皮中有味蕾，司味觉。

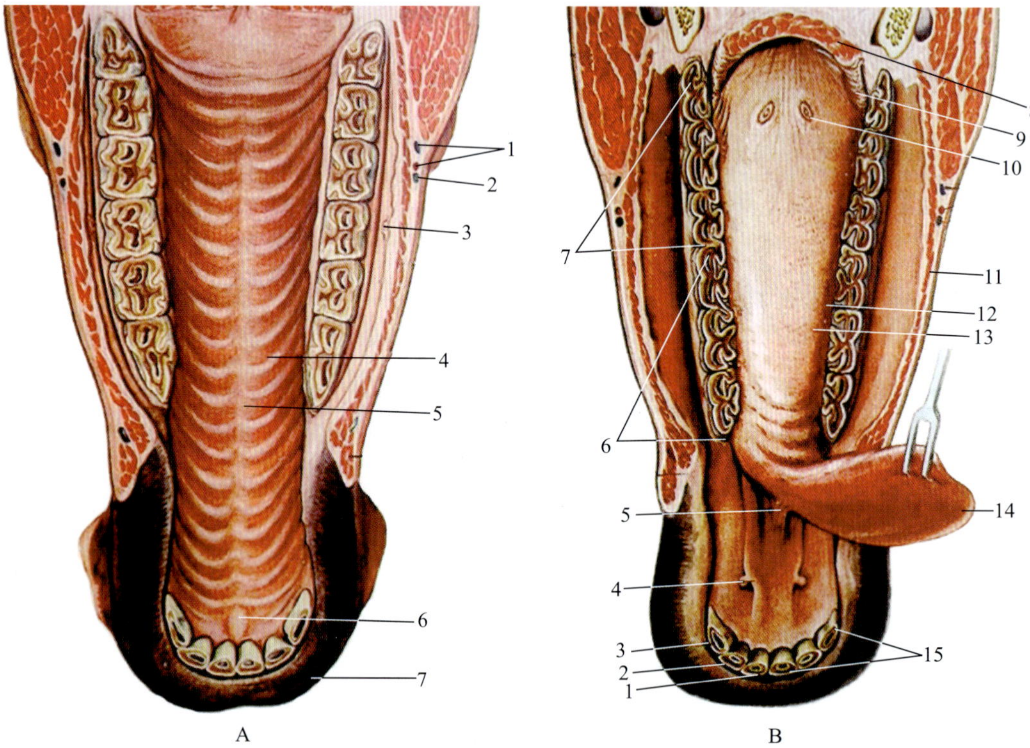

图 4-24　马的上颌（A）和下颌（B）口腔面半模式图

A：1. 面动脉、静脉　2. 腮腺管　3. 唾液乳头　4. 腭褶　5. 腭缝　6. 切齿乳头　7. 上唇

B：1. 门齿　2. 中间齿　3. 隅齿　4. 舌下肉阜　5. 舌系带　6. 前臼齿　7. 臼齿

8. 腭肌　9. 叶状乳头　10. 轮廓乳头　11. 颊肌　12. 菌状乳头

13. 丝状乳头　14. 舌尖　15. 切齿

（引自中国人民解放军兽医大学，1979）

（四）齿

$$公马的恒齿式：2\left(\frac{3(I)\quad 1(C)\quad 3(P)\quad 3(M)}{3(I)\quad 1(C)\quad 3(P)\quad 3(M)}\right)=40$$

$$母马的恒齿式：2\left(\frac{3(I)\quad 0(C)\quad 3(P)\quad 3(M)}{3(I)\quad 0(C)\quad 3(P)\quad 3(M)}\right)=36$$

$$马的乳齿式：2\left(\frac{3(I)\quad 0(C)\quad 3(P)\quad 0(M)}{3(I)\quad 0(C)\quad 3(P)\quad 0(M)}\right)=24$$

马具有上、下切齿，每侧切齿由内向外依次称为门齿、中间齿和隅齿（图 4-25）。个别母马下颌可具有犬齿，但很不发达。成年马具 3 枚前臼齿，由前向后分别是第 2、第 3、第 4 前臼齿。偶见在上颌第 2 前臼齿之前出现不发达的第 1 前臼齿，称为狼齿，无乳狼齿。

切齿属长冠齿，呈楔形，长约 7 cm，部分齿冠嵌埋于齿龈和齿槽内，随着嚼面的磨损，齿冠不断长出，由于齿冠各部分断面的形状和构造不同，根据切齿出齿、换齿及嚼面磨损的形态可判断马的年龄（图 4-26）。在未磨损的切齿磨面上，具有椭圆形的齿漏斗，也称齿坎、黑窝；初步磨损后在齿漏斗周缘和齿周缘各出现一圈齿釉质的磨面，称内釉质环和外釉质环。随着磨损加深，在齿漏斗前方的内、外釉质环之间出现黄褐色条状斑，称为齿星。随年龄增加，磨损继续加深，齿星和齿漏斗可渐变短，齿漏斗最终可被磨掉，仅见齿星和外釉质环，嚼面轮廓也由横向椭圆形过渡为三角形。

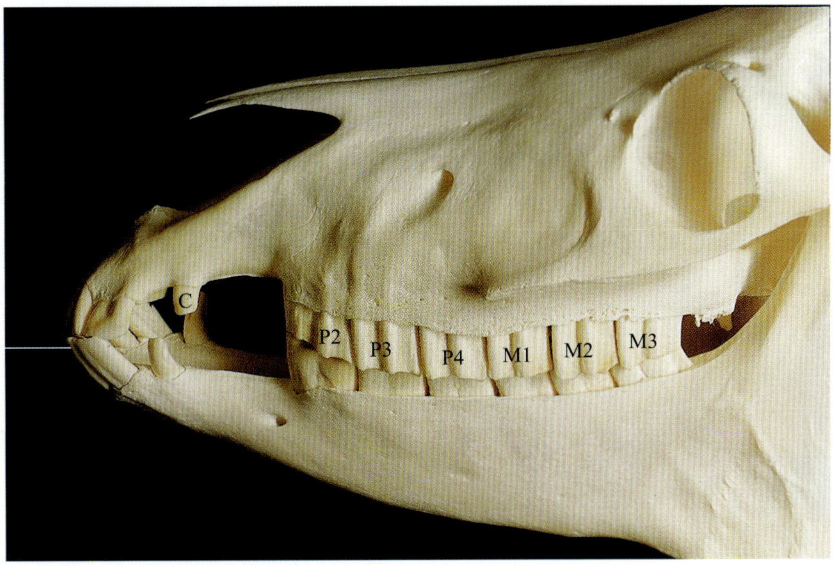

图 4-25 马齿示意图

Ⅰ. 切齿 C. 犬齿 P2. 第 2 前臼齿 P3. 第 3 前臼齿 P4. 第 4 前臼齿 M1. 第 1 臼齿 M2. 第 2 臼齿 M3. 第 3 臼齿

（引自 König 和 Liebich，2007）

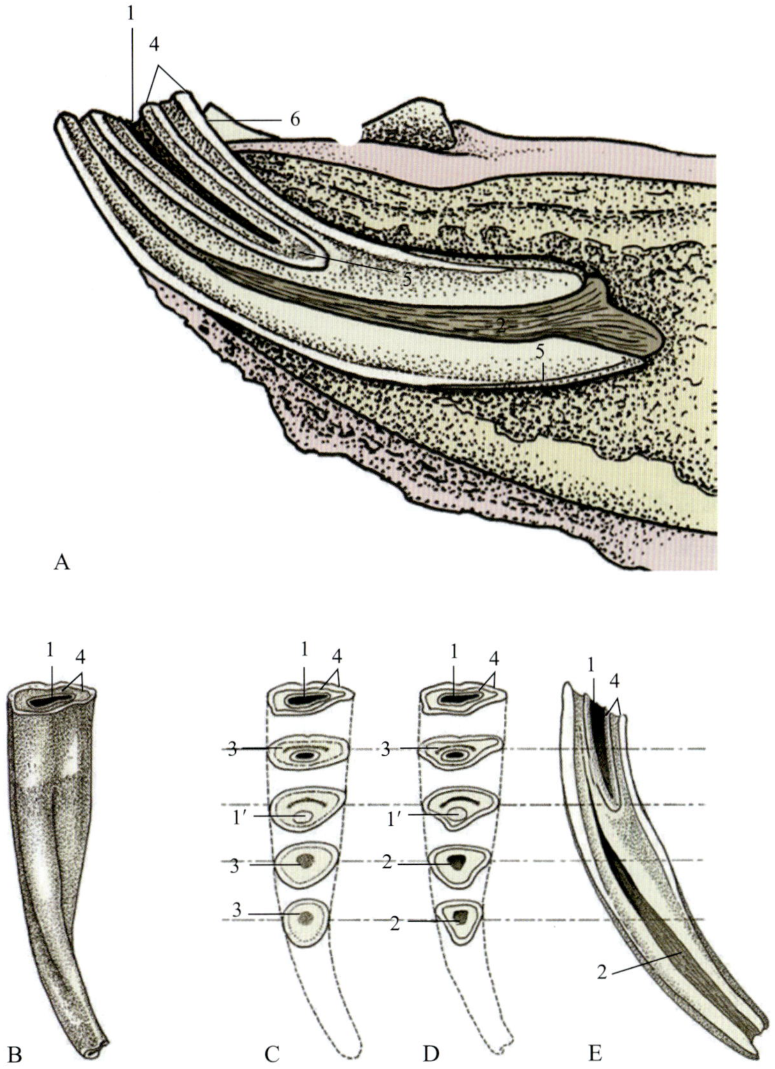

图 4-26 马下切齿结构

A. 切齿原位纵切面 B. 切齿后面观

C. 切齿横切面变化（齿漏斗变小直至消失，留下釉质斑，齿星出现，形状由线状变成圆形）

D. 青年马切齿的横切面

E. 切齿纵切面（示齿漏斗与齿腔的关系）

1. 齿漏斗 1′. 齿釉质斑 2. 齿腔 3. 齿星 4. 内、外齿釉质环 5. 黏合质 6. 舌面

（引自 Dyce，2010）

犬切齿属短冠齿，前臼齿和臼齿属长冠齿。前臼齿和臼齿的磨面上可见黑色月牙状的齿漏斗和波浪状的釉质嵴。

附 马齿的出齿时间及年龄特征

在正常情况下，马的出齿、换齿及在磨损过程中齿的形态结构的变化是有规律的，人们常常根据这种变化规律判断动物的年龄。马的年龄鉴定主要依据下切齿的出齿和磨损情况。一般在5岁前观察下切齿的出齿、换齿和开始磨损的时间，5岁后依据下切齿嚼面形态而定（表4–2）。

表4–2 马乳齿和恒齿出齿时间

名　称	乳　齿	恒　齿
门齿	生前或生后1～2周	2.5岁（3岁开始磨损）
中间齿	生后3～4周	3.5岁（4岁开始磨损）
隅齿	生后9个月	4.5岁（5岁开始磨损）
犬齿	生后6个月	4～5岁
第2前臼齿		2.5岁
第3前臼齿		3岁
第4前臼齿		4岁
第1臼齿		9～12个月
第2臼齿		2～2.5岁
第3臼齿		3.5～4岁

下恒切齿嚼面的年龄变化：

6岁……门齿黑窝消失

7岁……中间齿黑窝消失

8岁……隅齿黑窝消失

9岁……门齿嚼面近似圆形，并出现齿星

10岁……中间齿嚼面近似圆形，并出现齿星

11岁……隅齿嚼面近似圆形，并出现齿星

12岁……门齿齿坎消失，齿星明显且位于中央

13岁……中间齿齿坎消失，齿星明显且位于中央

（五）唾液腺

具有3对大的唾液腺（图4–9）。

1. 腮腺　是马属动物最大的唾液腺，位于耳根下方，下颌骨支和寰椎翼之间，呈长四边形，灰黄色，腺小叶明显。腮腺管在腺体的下部由3～4条小支合成，从腮腺前缘向前下方伸延，随舌面静脉沿下颌骨腹缘内侧前行，越过下颌骨血管切迹至面部皮下，沿咬肌前缘上行，开口于第3上臼齿相对的颊黏膜的腮腺乳头。

2. 颌下腺　比腮腺小，狭长而弯曲，后端位于寰椎窝，前端位于舌根的外侧，位置略深，在腮腺的深层和下颌间隙，呈茶褐色。上缘薄而凹；下缘厚而凸。颌下腺管沿腺的凹缘向前延伸，离开腺的前端，横越二腹肌中间腱，行于下颌舌骨肌和舌肌之间，继而沿舌下腺腹缘前伸，至口腔底的黏膜下，

开口于舌下肉阜。

3. 舌下腺 腺体呈片状，只有多口舌下腺而无单口舌下腺。腺管有 30 余条，直接开口于口腔底的舌下外侧隐窝。

二、咽与软腭

马的咽较牛的略长。在咽鼓管咽口后方的正中，黏膜向后上方形成一盲囊，深约 2.5 cm，称为咽隐窝（Pharyngeal recess）。马属动物的咽鼓管在颅底和咽后壁之间形成一膨大的黏膜囊，称为咽鼓管囊（Guttural pouch）或喉囊（图 4–10 和图 4–27）。

硬腭后方为软腭，马软腭发达（图 4–27），平均长约 15 cm，向后下方延伸，其游离缘围绕会厌基部，将口咽部与鼻咽部隔开，故马不能用口呼吸，在病理情况下逆呕时逆呕物从鼻腔流出。软腭游离缘向后沿咽侧壁延伸到食管口的上方，并与对侧的相互汇合，为腭咽弓。软腭两侧以短而厚的黏膜褶连于舌根两侧，为腭舌弓。在腭舌弓之后，黏膜稍隆凸为腭扁桃体，表面有许多小孔。马腭扁桃体不如牛等动物的发达。

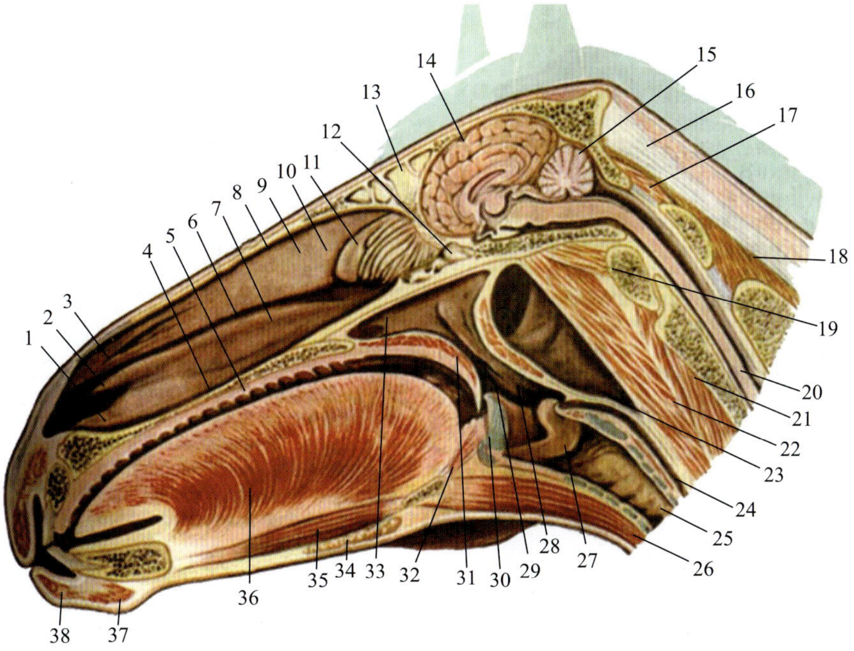

图 4–27　马头纵剖（矢状）面模式图

1. 底襞　2. 翼襞　3. 直襞　4. 下鼻道　5. 硬腭　6. 中鼻道　7. 下鼻甲　8. 上鼻道　9. 上鼻甲　10. 嗅区　11. 筛鼻甲　12. 蝶腭窦　13. 额窦　14. 大脑　15. 小脑　16. 项韧带　17. 头背侧小直肌　18. 头背侧大直肌　19. 头背侧直肌　20. 脊髓　21. 颈长肌　22. 头长肌　23. 喉囊　24. 食管　25. 气管　26. 胸骨舌骨肌　27. 喉　28. 咽　29. 耳咽管口　30. 咽峡　31. 软腭　32. 舌骨会厌肌　33. 鼻后孔　34. 下颌淋巴结　35. 颏舌骨肌　36. 颏舌肌　37. 颏肌　38. 口轮匝肌

（引自中国人民解放军兽医大学，1979）

三、食管和胃

（一）食管

较长，起始部位于喉与气管的背侧，至颈中部渐偏至气管的左侧。胸段位于纵隔内，在第 3 胸椎处由气管的左侧移至背侧，经主动脉弓的右侧向后，约在第 13 肋骨处穿过食管裂孔。腹段很短。

食管肌层前部由横纹肌构成，在气管分叉之后转为平滑肌，且逐渐增厚。食管外膜在颈段为疏松结缔组织，在胸、腹段为浆膜。

（二）胃

1. 胃的形态 马胃为单室混合型胃，容积 5 ～ 8 L，大的可达 12 L（驴为 3 ～ 4 L），为横向朝下弯曲的囊状。位于腹腔前部，膈的后方，大部分在左季肋部，仅幽门部在右季肋部，其腹缘即使在饱食状态下也不达于腹腔底壁。胃的形状呈前后压扁的囊袋状，具有两面两缘。壁面凸，朝向前上方，与膈、肝接触；脏面朝向后下方，与大结肠、小结肠、小肠、胰及大网膜相接触。腹缘为胃大弯，凸向下方，左侧部有脾附着；背缘为胃小弯，凹陷而短。胃的左端向后背侧膨大，形成胃盲囊（Gastric caecum）。胃的右端较细，称为幽门部。中间膨大的部分为胃体（图 4–28）。

2. 胃壁的构造 胃的黏膜由一褶缘（Margo plicatus）分为无腺部和有腺部。无腺部黏膜厚而苍白，无消化腺分布，类似食管的黏膜。褶缘以下和幽门部的黏膜柔软而光滑，表面覆有黏液，含有胃腺，为有腺部。此部又可分为 3 个界限不清的腺区：贲门腺区为沿褶缘分布的窄带状区域，呈灰黄色，黏膜内含贲门腺；在贲门腺区下方有大片棕红色区域，黏膜厚且表面有小凹，称为胃底腺区；胃底腺区的右侧及幽门窦部的黏膜薄而呈灰黄或灰红色，内含幽门腺，为幽门腺区（图 4–29）。

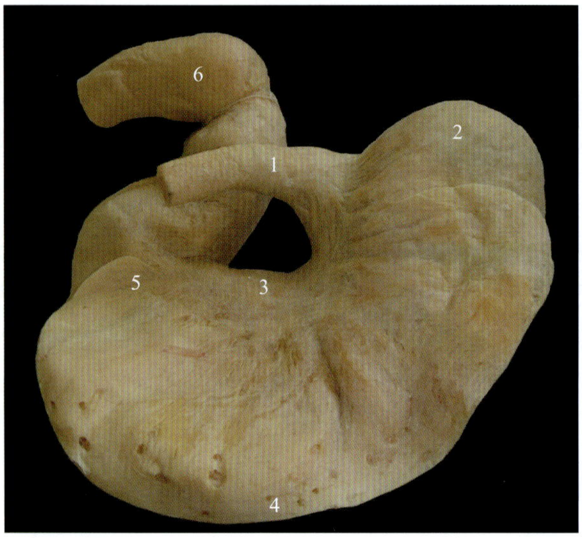

图 4–28 马胃

1. 食管 2. 胃盲囊 3. 胃小弯 4. 胃大弯
5. 幽门部与十二指肠相连接处 6. 十二指肠
（引自陈耀星，2013）

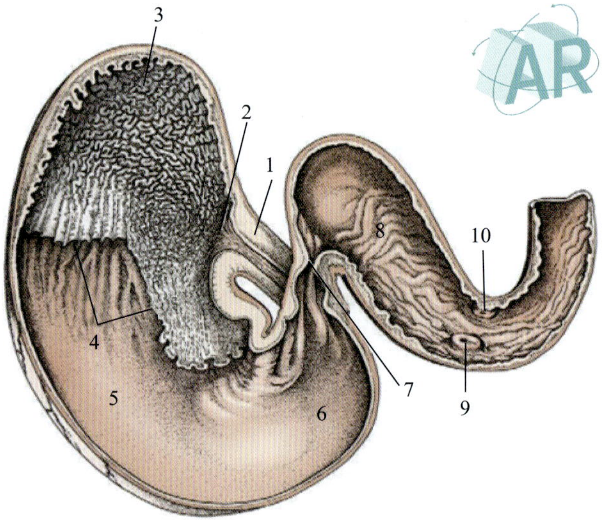

图 4–29 马胃黏膜面

1. 食管 2. 贲门 3. 胃盲囊 4. 褶缘 5. 胃底腺区 6. 幽门腺区
7. 幽门 8. 十二指肠前部 9. 十二指肠大乳头 10. 十二指肠小乳头
（引自 Dyce，2010）

胃的肌层可分 3 层，外层为纵行纤维层，很薄；中层为环行肌，仅存在于有腺部，在幽门处增厚形成发达的幽门括约肌；内层为斜行肌，仅分布于无腺部，在贲门处最厚。

四、肠

马肠约为体长的 10 倍，可分为小肠和大肠两部分。小肠包括十二指肠、空肠和回肠，大肠包括盲肠、结肠和直肠（图 4–30）。

（一）小肠

1. 十二指肠 为小肠的第一段，长约 1 m，由幽门起始，沿右季肋部向后至腰部延接空肠，以短的十二指肠系膜连系于肝、右上大结肠、盲肠底、小结肠起始部、右肾和腰下肌，位置比较固定。全

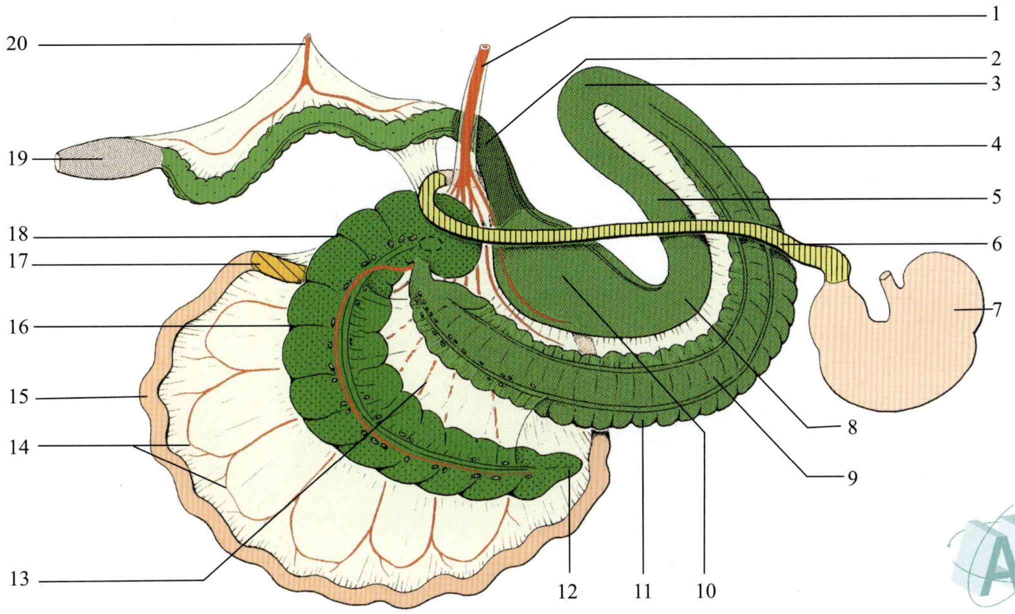

图 4-30 马肠管模式图

1. 肠系膜前动脉 2. 横结肠 3. 盆曲 4. 左下大结肠 5. 左上大结肠 6. 十二指肠降部 7. 胃 8. 膈曲
9. 胸骨曲 10. 右上大结肠 11. 右下大结肠 12. 盲肠尖 13. 盲结褶 14. 空肠动脉
15. 空肠 16. 盲肠体 17. 回肠 18. 盲肠底 19. 直肠 20. 肠系膜后动脉
（引自 König 和 Liebich，2007）

程可分为前部、降部和升部。前部为十二指肠第一部分，向右侧弯曲成两个曲。第一曲小而凸向上方，其近幽门处管腔膨大，称为十二指肠壶腹（Duodenal bulb）；第二曲凸向右下方，其黏膜面具有一纽扣状突起，中央凹陷，内有胰管和肝总管的开口，称为十二指肠憩室（Duodenal diverticulum），也称肝门曲（Portal flexure）。在憩室处黏膜面有十二指肠大乳头（Major duodenal papilla）和十二指肠小乳头（Minor duodenal papilla），分别为胰管与肝总管和副胰管（驴无）的开口处。由于第一曲和第二曲排列成“S”状，因此前部也称乙状曲或“S”状弯曲。降部最长，由肝右叶腹侧沿右上大结肠的背侧向后伸延，至右肾和盲肠底，约在最后肋骨水平折转向左，转为升部，至空肠系膜根部后方，然后向前至左肾腹侧接空肠。

十二指肠与小结肠起始部之间有短的浆膜褶相连，该浆膜褶称为十二指肠（小）结肠韧带，该韧带可作为十二指肠与空肠的分界标志。

2. 空肠 最长，约 20 m，迂回盘曲，系于宽阔的空肠系膜上，位置变化大，常与降结肠（小结肠）混在一起，占据腹腔左半部的背侧，分布于腹腔的左季肋部、左腹外侧区、左腹股沟区、耻骨区、右腹股沟区，但由于其系膜很长，移动范围广，向前可抵达胃、肝，向后可入骨盆腔，向右可到右腹外侧区，向腹侧可经两腹侧结肠之间抵达腹腔底壁，在某些公马可经腹股沟管下降至阴囊（即腹股沟疝）。

3. 回肠 与空肠界线不甚明确，一般常将小肠最后一段为回肠，长约 1 m。回肠与空肠比较，由于管壁内含大量淋巴组织，因而壁较厚，肠管较直。回肠从左腹外侧区斜向右背侧走向盲肠底小弯，以回肠口突入盲肠，回肠口周围黏膜环形隆起，称为回肠乳头（Ileal papilla）。

在回肠与盲肠之间有三角形的回盲韧带相连。习惯上将回盲韧带附着于小肠的肠段算作回肠。

（二）大肠

1. 盲肠 十分发达，长约 1.25 m，容积 25 ～ 30 L，整个外形呈逗点状（图 4-31），可分为盲肠底（Caecal base）、盲肠体（Caecal body）和盲肠尖（Caecal apex）3 部分，从右腹外侧区斜向前下方到脐区和剑突区。盲肠底为盲肠后上方的盲肠起始部最弯曲的部分，位于腹腔右后上部，由浆膜附着于胰和右肾腹侧。背缘凸出称为盲肠大弯，腹缘凹，称为盲肠小弯。盲肠小弯处有回肠口和结肠口分别通回肠和右下大结肠。盲肠体自盲肠底起，向后腹侧弯曲，再折转向前下方延伸，占据右腹外侧区、右腹股沟区、耻骨区和脐区。盲肠尖是盲肠体前端渐缩细的部分，为一盲端，在剑状软骨的稍后方。

马盲肠表面有 4 条增厚的纵肌带，称为盲肠带（Caecal band），分别位于盲肠的内侧、外侧、背侧和腹侧。盲肠带之间为盲肠袋（Caecal sacculation），也有 4 列，为囊袋状隆起。盲肠与大结肠之间（除盲肠尖外）有盲肠大结肠韧带。

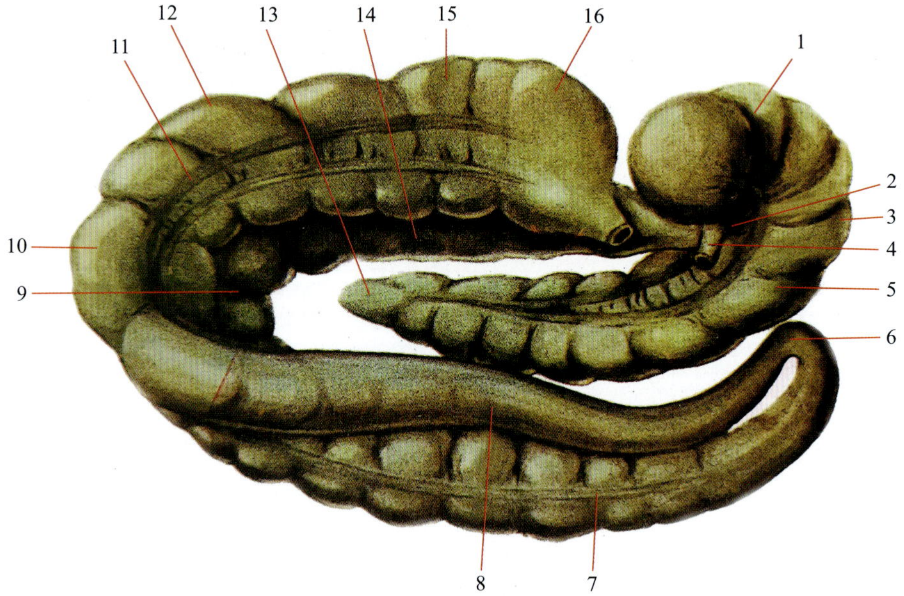

图 4–31　马的大结肠和盲肠

1. 盲肠底　2. 盲肠小弯　3. 盲肠大弯　4. 回肠　5. 盲肠体　6. 盆曲　7. 左下大结肠　8. 左上大结肠　9. 胸骨曲　10. 膈曲　11. 纵带　12. 肠袋　13. 盲肠尖　14. 右下大结肠　15. 右上大结肠　16. 结肠壶腹

（引自中国人民解放军兽医大学，1979）

2. 结肠　可分为升结肠、横结肠和降结肠。升结肠十分发达，体积庞大，又称为大结肠（Great colon）。降结肠体积较小，称为小结肠（Small colon）（图 4–30 和图 4–31）。

（1）大结肠　起始于盲结口，长 3 ～ 3.7 m（驴约 2.5 m），主要位于腹腔下半部分，盘曲成双层马蹄铁形，可分为 4 部 3 曲，依次为右下大结肠→胸骨曲→左下大结肠→盆曲→左上大结肠→膈曲→右上大结肠。

右下大结肠（Right ventral colon）：位于腹腔右下部，起自盲肠小弯的盲结口，约与最后肋骨或肋间隙的下端相对，起始端附近，管径仍较细，称为结肠颈（Colic cervicum），由此沿右肋弓向前下方至剑状软骨上方并行向左侧，构成胸骨曲（Sternal flexure），延接左下大结肠。右下大结肠除起始部较细外，余皆较粗，直径 20 ～ 25 cm，具有 4 条结肠带（Colic band）和 4 列结肠袋（Colic sacculation），并有三角形的盲结褶连于盲肠小弯。

左下大结肠（Left ventral colon）：由胸骨曲沿左侧肋弓向后上方行至骨盆腔口，再曲向背侧，此曲为盆曲（Pelvic flexure）。左下大结肠粗细约与右下大结肠相似，但在近盆曲处管径变细，直径 8 ～ 9 cm，结肠带也减少为 1 条。

左上大结肠（Left dorsal colon）：由盆曲沿左下大结肠背侧向前至胸骨曲背侧，形成膈曲（Diaphragmatic flexure）。此部后半部分管径与盆曲粗细相似，前半部分渐增粗，结肠带也由 1 条逐渐增至 3 条。

右上大结肠（Right dorsal colon）：由膈曲在右下大结肠背侧向后行，管径继续增大，至盲肠底内侧，体积增到最大，管径可达 40 cm，膨大如囊，称结肠壶腹（Colon bulb），旧称胃状膨大部。结肠壶腹之后，管径急剧变细成漏斗状，延续为横结肠。右上大结肠具有 3 条结肠带。

大结肠除起始部和终末部以无浆膜区与周围器官相附着外，其余部分仅上、下结肠之间以系膜相连，与其他器官无任何连系，呈游离状态。但由于大结肠体积巨大，受腹壁局限和周围器官挤压，位置比较恒定。大结肠近末端处背侧与胰、右侧与盲肠底以及肝分出的浆膜褶相连。

（2）横结肠　为大结肠（升结肠）向小结肠（降结肠）之间的移行部，借腹膜和疏松结缔组织附着于胰的腹侧面及盲肠底，位置固定。横结肠承接大结肠末端漏斗状缩细部，由右至左在肠系膜前动脉前方越过，延续为小结肠。

（3）小结肠　粗细及结构与横结肠相仿。长约 3.5 m（驴约 2 m），直径 7.5 ～ 10 cm（驴 5 ～ 6 cm）。小结肠由降结肠系膜连系于左肾腹侧至荐骨岬之间的腹腔顶壁，小结肠系膜起初很窄，以后变宽（80 ～ 90 cm），因此，小结肠的移动范围很大，常与空肠混在一起。小结肠具有 2 条结肠带和 2 列结肠袋，借此可与空肠相区别。

3. 直肠与肛管　直肠自骨盆口起至肛门止，长约 30 cm（驴约 25 cm），位于盆腔内，直肠的前部由直肠系膜悬吊于盆腔顶壁，后部膨大，称直肠壶腹（Rectal ampulla），表面无浆膜被覆，借疏松结缔组织与肌肉附着于盆壁。

肛门为消化管的末端，位于尾根下方，在第 4 尾椎正下方。肛门前方为长约 5 cm 的肛管，除排粪期之外，肛管由于括约肌收缩，黏膜形成褶状紧相闭锁。肛管黏膜呈灰白色，缺腺体，上皮为复层扁平上皮。肛管处有肛门内括约肌和肛门外括约肌，前者属平滑肌，后者属横纹肌。

五、肝和胰

（一）肝

1. 形态　马肝较扁，呈厚板状，质脆，色棕红，平均重约 5 kg（驴约 3 kg），大型挽马可达 10 kg。大部分位于右季肋部，小部分在左季肋部，可分为 2 个面、2 个缘和 3 个肝叶。

（1）肝的壁面和脏面　壁面隆凸，接膈（图 4-32）；脏面凹入，与胃、肠等相接触（图 4-33）。脏面中央有门静脉、肝动脉、神经、淋巴管和肝管出入肝门。

（2）肝的背缘和腹缘　肝的背缘厚，左侧有一食管压迹，右侧有后腔静脉通过，静脉壁与肝组织

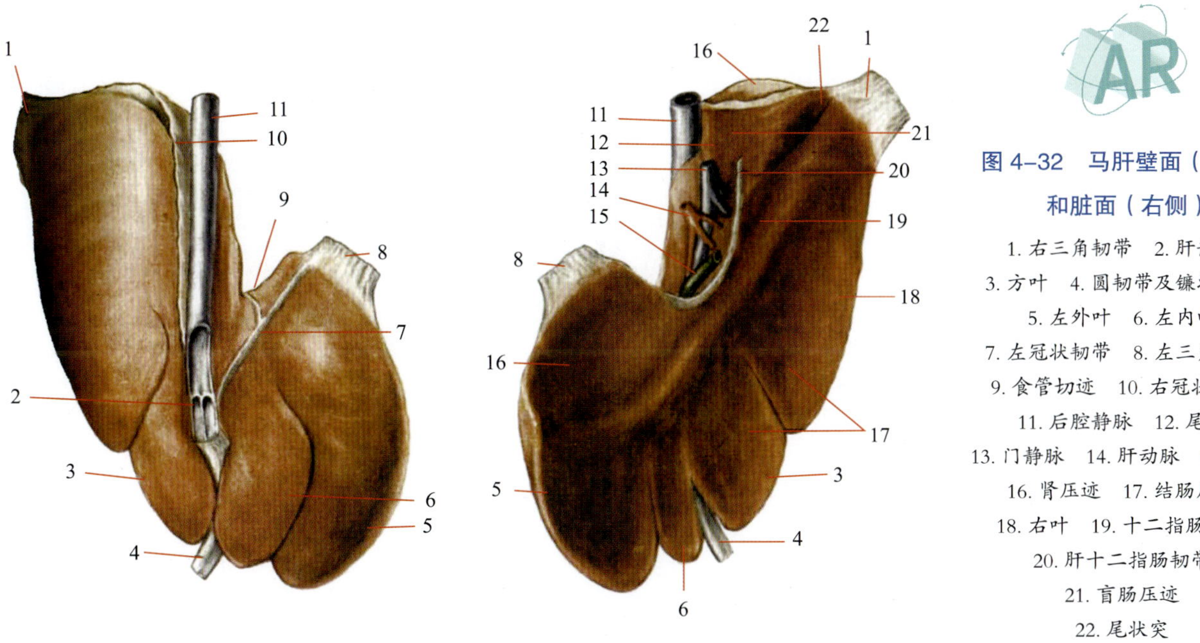

图 4-32　马肝壁面（左侧）和脏面（右侧）

1. 右三角韧带　2. 肝静脉　3. 方叶　4. 圆韧带及镰状韧带　5. 左外叶　6. 左内叶　7. 左冠状韧带　8. 左三角韧带　9. 食管切迹　10. 右冠状韧带　11. 后腔静脉　12. 尾叶　13. 门静脉　14. 肝动脉　15. 肝管　16. 肾压迹　17. 结肠压迹　18. 右叶　19. 十二指肠压迹　20. 肝十二指肠韧带　21. 盲肠压迹　22. 尾状突

连在一起，多条大小不等的肝静脉支直接开口于后腔静脉。肝的腹缘较薄。

（3）肝的分叶　在肝的腹侧缘有两个叶间切迹将肝分为左叶、中叶和右叶。左叶间切迹内有圆韧带，右叶间切迹处无胆囊。中叶被肝门分为背侧的尾叶和腹侧的方叶，尾叶向右侧的突出部分称为尾状突。左叶的内侧分出一个不明显的左内叶。右叶的后上方与右肾前端接触，有较深的肾压迹。

2. 位置和附着　马肝斜位于膈的后方，大部分在右季肋部，右上端位置最高，与右肾前端接触，左下端最低，约平第7、第8肋骨的胸骨端。肝的表面有浆膜被覆，并形成下列韧带以固定肝，它们是：左、右冠状韧带，镰状韧带和左、右三角韧带。这些韧带将肝牢牢地固定在膈的腹腔面上。

3. 肝管　因无胆囊，胆汁经肝总管直接注入十二指肠。肝总管在肝门的腹侧部由左、右肝管汇合而成，行经十二指肠系膜内，在距幽门 12 ～ 15 cm 处，同胰管一起斜穿十二指肠壁，开口于肝胰壶腹（十二指肠憩室）。

（二）胰

胰重约 350 g（驴 200 ～ 250 g），在第 16 ～ 18 胸椎水平横位于腹腔顶壁下方，大部分在体中线右侧，柔软呈淡红色，外形呈三角形片状，具有背腹两面及左、右、后 3 缘。右缘较直，与十二指肠降部相邻，左缘凹陷，与十二指肠起始部、胃盲囊相邻接，后缘有一深切迹，与空肠系膜根相邻，切迹内侧有门静脉通过，门静脉背侧的胰腺组织与切迹两侧的胰腺组织桥联起来，形成胰环，供门静脉通过。

胰可分 3 叶（图 4-21）：胰体（中叶），位于胰的右前部，附着于十二指肠前部及肝的脏面；左叶伸入胃盲囊与左肾之间；右叶较钝，位于右肾和右肾上腺的腹侧。

胰管由左、右支汇合而成，自胰体走出与肝总管分别开口于十二指肠憩室。副胰管小，自胰管或左支分出，开口于十二指肠憩室对侧的黏膜上（图 4-33）。

马腹腔内脏器官的位置及相互关系见图 3-4 和图 3-5。

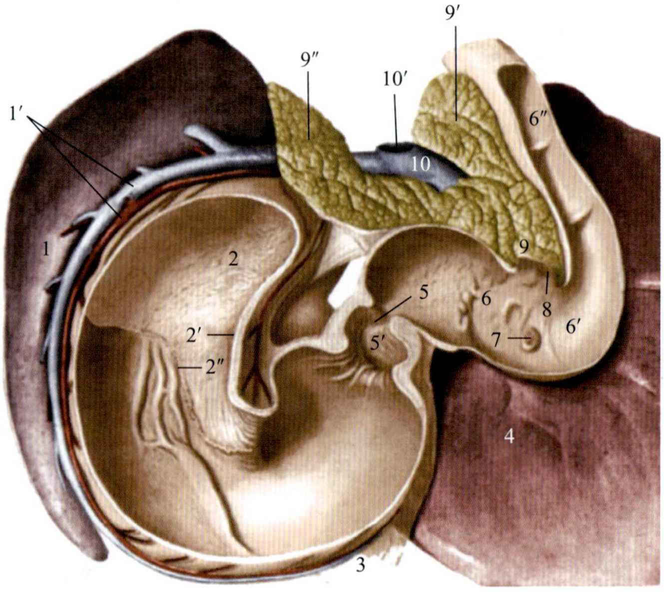

图 4-33　马肝、胰和胃、脾相对位置关系

1. 脾的脏面　1′. 脾动、静脉　2. 胃盲囊　2′. 贲门　2″. 褶缘　3. 大网膜　4. 肝脏　5. 幽门口　5′. 幽门窦　6. 十二指肠乙状弯曲前部　6′. 十二指肠前曲　6″. 十二指肠降部　7. 十二指肠大乳头　8. 十二指肠小乳头　9. 胰体　9′. 胰右叶　9″. 胰左叶　10. 门静脉　10′. 肠系膜前静脉

（引自 Dyce，2010）

第三节　猪消化系统的结构特点

猪属于杂食动物，且具有掘地觅食的习性。较之肉食动物，颊齿（包括前臼齿和臼齿）均为结节型。

胃为单室混合型，但无腺区较马的小。肠管长，具有发达的大肠。

一、口腔和咽

（一）口腔

1. 唇与硬腭 唇的活动性小，口裂大。上唇与鼻连为一体构成吻突（Rostral disc, Snout），内有一吻骨，有掘地觅食的作用（图 4–3）。下唇短而尖，不灵活。口腔较长，硬腭为口腔顶壁，狭长，正中为腭缝，腭缝两侧的腭褶较密，多达 22 条。腭缝前端有一隆起，为切齿乳头。切齿乳头的两侧有切齿管，通鼻腔（图 4–34）。

2. 舌 长而狭，舌尖薄，舌乳头与马的相似（图 4–6），即舌背黏膜具有一层柔软而细密的丝状乳头。有 2～3 个轮廓乳头。菌状乳头小，两侧最密。舌体后端两边具有一对叶状乳头。在舌根，有软而尖端向后的锥状乳头。舌系带有 2 条。猪舌下肉阜小或不明显（或缺如），位于舌系带处。颌下腺管开口于舌系带处。

3. 齿 猪的各部齿数较为完善（图 4–35）。

$$\text{猪的乳齿式：}2\left(\frac{3(\mathrm{I})\quad 1(\mathrm{C})\quad 3(\mathrm{P})\quad 0(\mathrm{M})}{3(\mathrm{I})\quad 1(\mathrm{C})\quad 3(\mathrm{P})\quad 0(\mathrm{M})}\right)=28$$

$$\text{猪的恒齿式：}2\left(\frac{3(\mathrm{I})\quad 1(\mathrm{C})\quad 4(\mathrm{P})\quad 3(\mathrm{M})}{3(\mathrm{I})\quad 1(\mathrm{C})\quad 4(\mathrm{P})\quad 3(\mathrm{M})}\right)=44$$

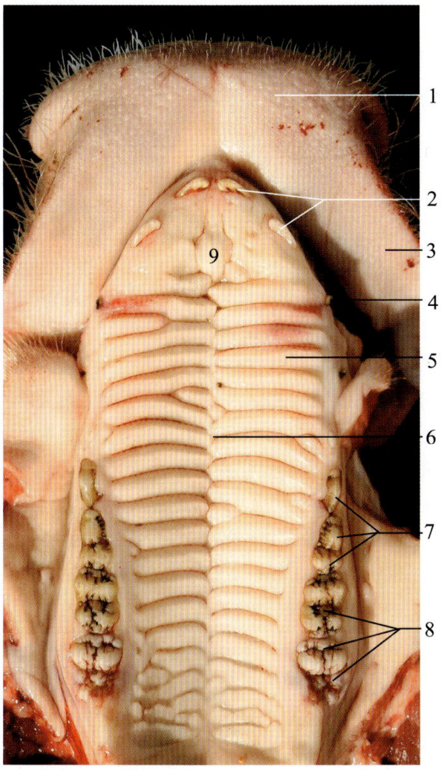

图 4–34 猪的硬腭

1. 上唇及吻突 2. 切齿 3. 颊 4. 犬齿 5. 腭褶 6. 腭缝 7. 前白齿 8. 白齿 9. 切齿乳头

（引自陈耀星和王子旭，2018）

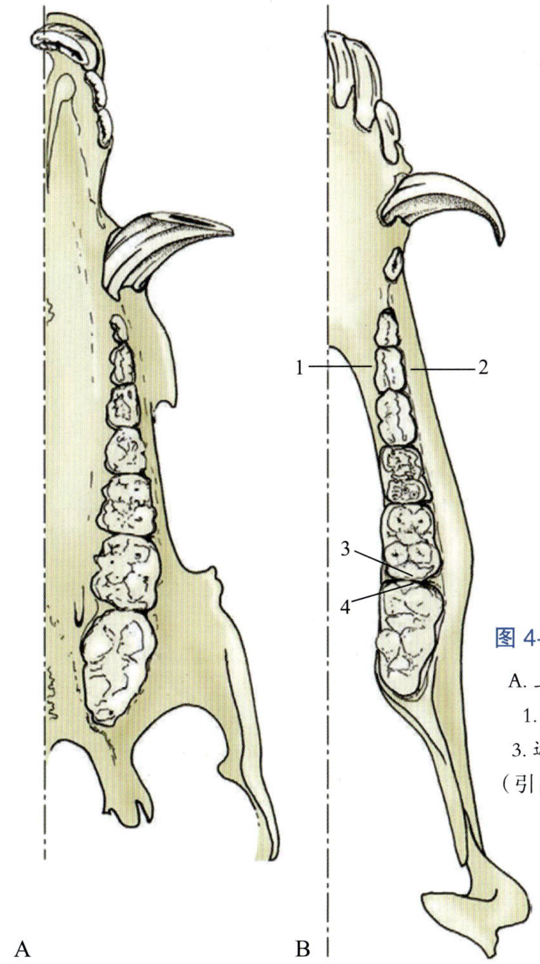

图 4–35 猪齿示意图

A. 上齿弓 B. 下齿弓

1. 舌面 2. 前庭面

3. 远中面 4. 近中面

（引自 Singh 等，2018）

上、下切齿每侧各有 3 枚。上切齿较小，均为短冠齿。下切齿较大，呈杆状，紧靠在一起，以中间齿最大，隅齿最小。下切齿的齿根较长，深埋于齿槽内。乳犬齿小，恒犬齿发达。公猪的犬齿发育完好，由口突出，上犬齿长 5～18 cm，下犬齿长 6～10 cm，都向后外方弯曲，相互摩擦，越磨越尖。颊齿由前向后，渐次增大。前臼齿每侧 4 枚，属于切齿型。第 1 前臼齿较小，也称狼齿，无乳狼齿。臼齿每侧 3 枚，属于丘齿型，后部臼齿的齿结节数目较多。猪乳齿和恒齿出齿时间见表 4–3。

表 4–3 猪乳齿和恒齿出齿时间（参考数据）

名　称	乳　齿	恒　齿
门齿	生后 2～4 周龄	1.5 岁
中间齿	上颌，2～3 月龄；下颌，1.5～2 月龄	1.5～2 岁
隅齿	生前	8～10 个月
犬齿	生前	9～10 个月
第 1 前臼齿		5 个月
第 2 前臼齿	上颌，4～14 日龄；下颌，2～4 周龄	12～15 个月
第 3 前臼齿	上颌，4～8 日龄；下颌，2～4 周龄	12～15 个月
第 4 前臼齿	上颌，4～8 日龄；下颌，2～4 周龄	12～15 个月
第 1 臼齿		4～6 个月
第 2 臼齿		8～12 个月
第 3 臼齿		18～20 个月

注：猪的第 1 前臼齿很小或缺如。

4. 唾液腺

（1）腮腺　很发达，呈倒三角形（图 4–9 和图 4–36），淡红色。腮腺管起自深侧，行程与牛的相似，开口于第 4 上前臼齿相对的颊黏膜上。

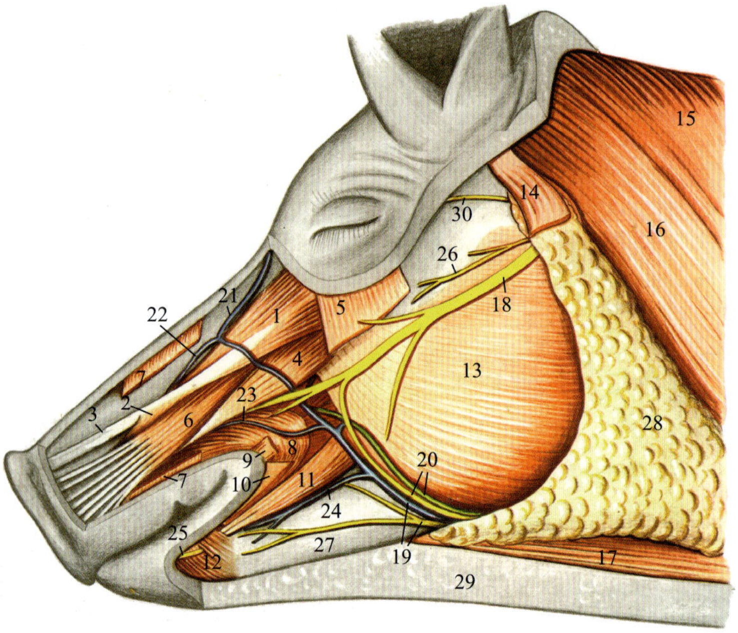

图 4–36　猪腮腺

1. 上唇提肌　2. 上唇提肌附着点　3. 上唇提肌腱　4. 上唇降肌　5. 下眼睑降肌　6. 犬齿肌　7. 鼻唇提肌　8. 颊肌颊部　9. 颧肌　10. 唇皮肌　11. 下唇降肌　12. 颏肌　13. 咬肌　14. 腮耳肌　15. 颈斜方肌　16. 臂头肌　17. 胸骨舌骨肌　18. 面神经上颊支　19. 面静脉、面神经下颊支　20. 面神经交通支、腮腺管　21. 眼角静脉　22. 鼻外侧静脉　23. 上唇静脉　24. 下唇静脉　25. 颏神经　26. 耳颞神经面横支　27. 下颌骨　28. 腮腺　29. 脂肪体　30. 耳睑神经

（引自 Popesko，1985）

（2）颌下腺　较小，呈卵圆形，淡红色（图 4–9）。被腮腺覆盖，腺管在多口舌下腺的深面向前延伸，开口于舌系带附着处。

（3）舌下腺　与牛的相似，分为单口舌下腺和多口舌下腺2部分（图4–9）。单口舌下腺位置靠后，较小，呈5 cm长、1 cm宽的长条形，淡红黄色，各小叶的腺管汇集为一条舌下腺大管，与颌下腺管相伴开口于舌系带附着处。多口舌下腺位置靠前，宽大而厚，以8～10条舌下腺小管开口于舌体两侧的口腔底黏膜上。

（二）咽和软腭

猪咽狭长，可向后延至枢椎水平处（图4–37）。以软腭为界可分为鼻咽部、口咽部（咽峡）和喉咽部。鼻咽部较大，正中有矢状的咽中隔，为鼻中隔的延续，其侧壁上有咽漏斗，为咽鼓管的咽口。喉咽部的喉口及会厌向前突出，在其侧面形成凹陷的梨状隐窝，因而猪可在饮水的同时继续呼吸。在食管口背侧有一咽后隐窝，或称咽憩室。

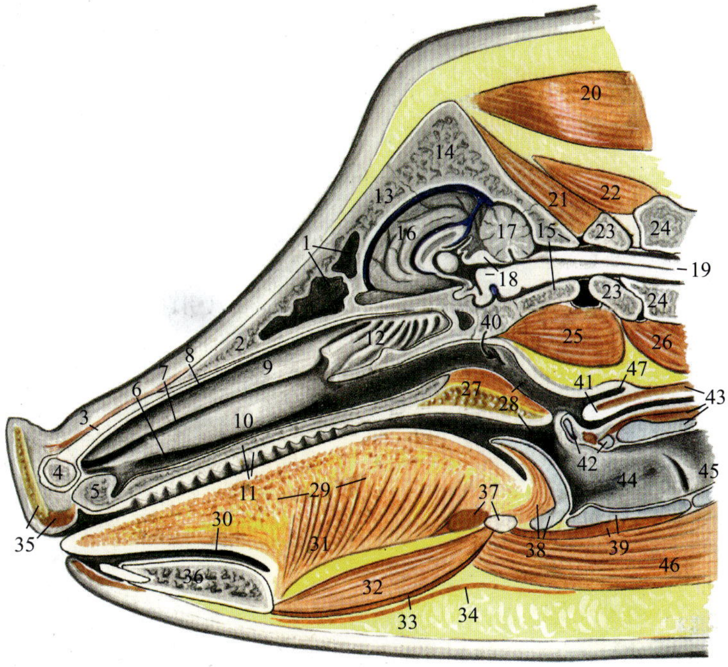

图4–37　猪头部纵剖矢状面

1. 额窦　2. 鼻骨　3. 鼻中隔软骨　4. 吻骨　5. 切齿骨　6. 下鼻道　7. 中鼻道　8. 上鼻道　9. 上鼻甲　10. 下鼻甲　11. 硬腭　12. 筛骨迷路　13. 额骨　14. 顶骨　15. 枕骨　16. 大脑半球　17. 小脑　18. 中脑　19. 脊髓　20. 头半棘肌　21. 头背侧小直肌　22. 头背侧大直肌　23. 寰椎　24. 枢椎　25. 头长肌　26. 颈长肌　27. 软腭　28. 咽腔　29. 舌　30. 固有口腔舌下隐窝　31. 颏舌肌　32. 颏舌骨肌　33. 下颌舌骨肌　34. 面皮肌　35. 口轮匝肌、鼻口部腺体　36. 下颌骨　37. 舌骨舌肌　38. 舌骨会厌肌、会厌软骨　39. 甲状软骨、甲状舌骨肌　40. 咽鼓管咽口　41. 腭咽弓　42. 勺状软骨　43. 食管、环状软骨　44. 喉腔　45. 声襞　46. 胸骨舌骨肌　47. 咽后隐窝

（引自Popesko，1985）

软腭厚而较短，长约5 cm，其后端游离缘有悬雍垂。软腭的腹侧面，有一浅矢状沟，沟的两侧是卵圆形隆起的增厚部，具有许多小孔，为猪的腭帆扁桃体。

二、食管和胃

（一）食管

短而直，始终位于气管的背侧。肌层几乎全部为横纹肌，仅腹腔段有平滑肌分布。

（二）胃

属于单室混合型胃，容积较大（5～8 L）。大部分位于左季肋部，小部分位于右季肋部。呈左、右横向弯曲的囊状。胃小弯短而凹，胃大弯向下突出，饱食时可接触到腹腔底。左端对着第13肋，向后上方突出一圆锥状的胃憩室（Gastric diverticulum）。贲门位于胃小弯左侧面。幽门位于右季肋部，膨大而坚实，其内腔有一鞍形黏膜隆起，称为幽门圆枕（Torus pyloricus），具有关闭幽门的作用。

胃黏膜分为有腺部和无腺部。无腺部甚小，仅分布于贲门周围，黏膜苍白，向上可延伸至胃憩室。无腺部黏膜内无腺体，以明显的界线与有腺部分开。有腺部面积大，分为贲门腺区、胃底腺区和幽门腺区（图 4–38）。猪的贲门腺区特别大，约占胃黏膜面积的 1/3。胃底腺区较厚，呈棕红色，表面呈斑点状，分布于胃体的腹侧部。幽门腺区呈淡红色至黄色，较薄，分布于幽门部黏膜。

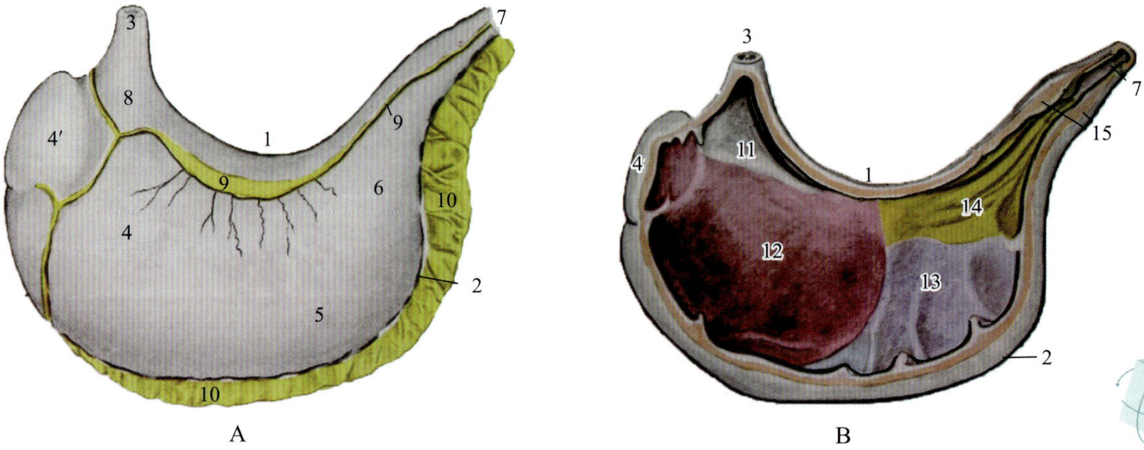

图 4–38　猪胃

A. 表面结构　B. 黏膜面结构

1. 胃小弯　2. 胃大弯　3. 食管　4. 贲门腺区外观　4′. 胃憩室　5. 胃体　6. 幽门部　7. 十二指肠　8. 贲门部　9. 小网膜　10. 大网膜　11. 无腺部　12. 贲门腺区　13. 胃底腺区　14. 幽门腺区　15. 幽门圆枕

（引自 Popesko，1985）

三、肠

猪肠约为体长的 15 倍，全长 19 ～ 25 m，其中小肠全长 15 ～ 20 m，大肠全长 4 ～ 4.5 m（图 4–39）。

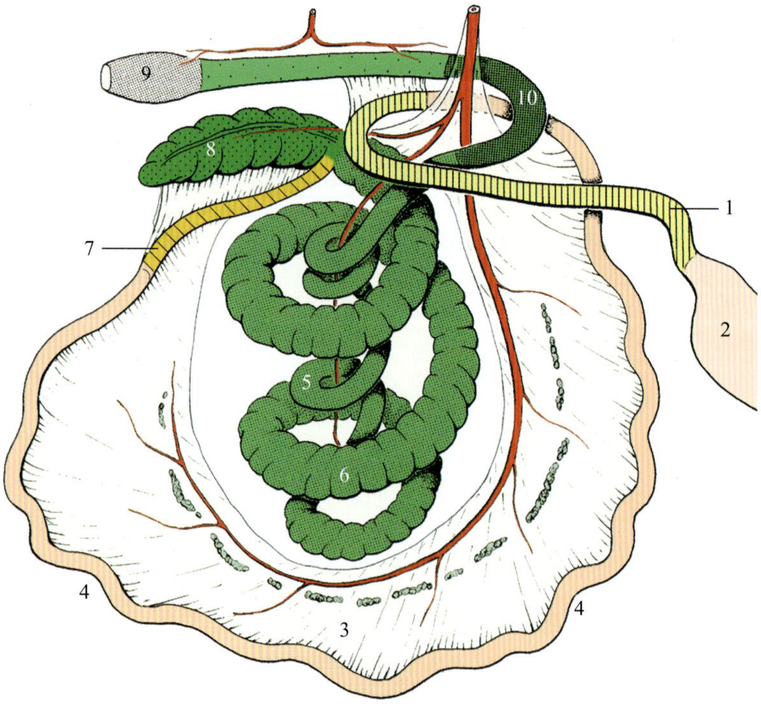

图 4–39　猪肠管模式图

1. 十二指肠　2. 胃　3. 空肠系膜　4. 空肠　5. 结肠旋袢离心回　6. 结肠旋袢向心回　7. 回肠　8. 盲肠　9. 直肠　10. 横结肠

（引自 König 和 Liebich，2007）

（一）小肠

1. 十二指肠 成年猪的十二指肠长约 60 cm，起自幽门，沿肝的脏面向后背侧行，全程可分为 3 部 3 曲：前部约 12 cm 长，由幽门向后背侧走向肝门附近，变水平方向后行，因而形成平缓的前曲，前部不形成乙状曲；前曲后方延为降部，平直地向后方伸延，在肋髎区中部，总肠系膜根部后缘向左越过正中矢状面，成为后曲；后曲向前成为升部，以十二指肠空肠曲延为空肠。

2. 空肠 长 15 ～ 20 m，形成许多肠袢悬于肠系膜下。空肠系膜较宽（15 ～ 20 cm），悬于腰下，因此具有较大的移动范围，但大部分仍位于腹腔右侧，仅小部分分布于腹腔左后部。

3. 回肠 为小肠末段，短而直，管壁稍厚。末端突入盲肠腔内，形成明显的回肠乳头（Ileal papilla），黏膜下含有丰富的淋巴组织，并不同程度地扩展到大肠壁。

（二）大肠

分为盲肠、结肠和直肠。

1. 盲肠 短而直，呈圆筒状，长为 20 ～ 30 cm，直径为 7 ～ 10 cm，位于左髂部。盲肠壁上有 3 列盲肠袋（Caecal sacculation）和 3 条盲肠带（Caecal band）。盲端钝圆，突向后下方，至骨盆前口和脐之间的腹腔底壁。

2. 结肠 长 3 ～ 4 m，位于腹腔左侧，胃的后方。结肠起始部是以回肠口为界，盲肠向前的直接延续。结肠分为升结肠、横结肠和降结肠。

升结肠为结肠中最发达的一段，在结肠系膜中盘曲形成螺旋圆锥状的结肠旋袢，或称结肠圆锥，占据左侧腹腔的大部，由向心回和离心回组成。锥底宽大，基部附着于腹腔顶壁，尖端向下。向心回承接盲肠，位于结肠圆锥的外侧，粗大，按顺时针方向（由顶部看）螺旋形盘曲 3 ～ 4 周，到达腹腔底壁，形成锥顶。然后转为离心回，位于结肠圆锥的内部，逆时针方向向上盘曲，出结肠圆锥，转为结肠终袢前段。结肠终袢前段与十二指肠降部并列，向前延伸到胃的后方，转为横结肠。升结肠的向心回较粗，具有 2 列结肠袋和 2 条结肠纵肌带。结肠其余部分较细，无结肠袋和结肠带。

横结肠很短，为结肠终袢中段，越过肠系膜前动脉前方，由右侧伸至左侧，折转向后移行为降结肠。

降结肠为横结肠之后，骨盆腔前口之前的一段，为结肠终袢后段，由前向后在胰的腹侧和两肾之间后行，由十二指肠结肠韧带与十二指肠相连系。向后延伸至骨盆前口，移行为直肠。

3. 直肠与肛门 直肠位于盆腔内，周围常有大量的脂肪，直肠有直肠壶腹。肛门位于第 3 ～ 4 尾椎下方，肛管较短，肛门不向外突出。

四、肝和胰

（一）肝

猪肝较大而发达，占体重的 1.5% ～ 2.1%，呈红褐色。大部分位于右季肋部，小部分位于左季肋部。中央厚而周边锐薄，壁面向前凸，与膈相贴；脏面凹，朝向后方，与胃和十二指肠等脏器接触，并有这些器官形成的压迹，但无肾压迹。肝的背侧缘有食管压迹和后腔静脉通过，腹侧缘有 3 个深的叶间切迹将肝分为左外叶、左内叶、右内叶和右外叶（图 4–40 和图 4–41）。其中右内叶的脏面具有嵌入胆囊窝内的胆囊。胆囊以及胆囊管与食管压迹（Esophageal impression）之间围成狭长的中叶，又以肝门分为腹侧的方叶（Quadrate lobe）和背侧的尾叶（Caudate lobe）。猪肝尾叶的尾状突（Caudate process）较小，不与肾接触。

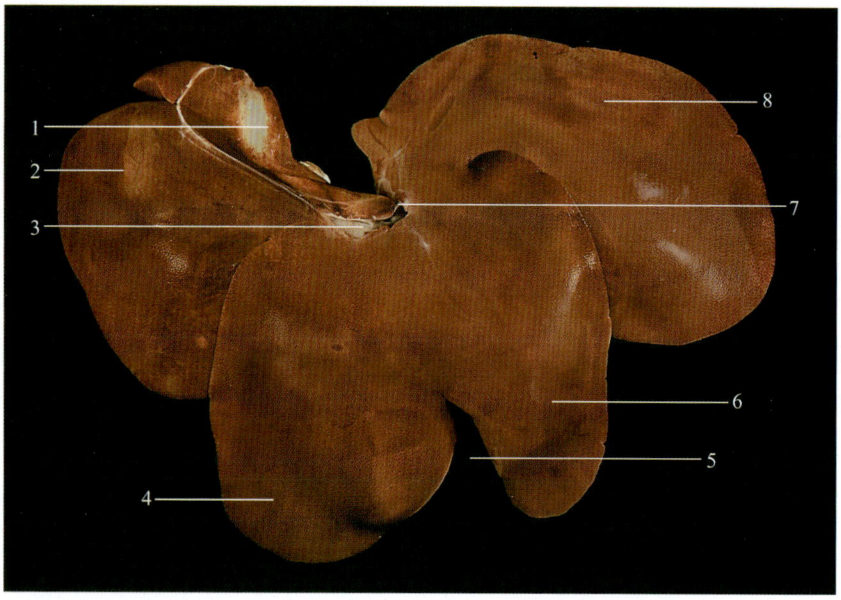

图 4-40 猪肝壁面

1. 后腔静脉 2. 肝右外侧叶 3. 后腔静脉（切面） 4. 肝右内侧叶 5. 圆韧带切迹
6. 肝左内侧叶 7. 肝静脉 8. 肝左外侧叶
（引自 König 和 Liebich，2007）

图 4-41 猪肝脏面

1. 肝左外侧叶 2. 肝方叶 3. 肝左内侧叶 4. 胆囊 5. 肝右内侧叶 6. 胆囊管
7. 肝右外侧叶 8. 门静脉 9. 肝动脉 10. 尾状突 11. 后腔静脉
（引自 König 和 Liebich，2007）

猪肝小叶间结缔组织发达，小叶结构明显，从肝的表面即可看到。

胆囊管在肝门处与肝管成锐角，二者汇合形成较长的胆总管，开口于距幽门 2 ～ 5 cm 的十二指肠乳头上。

（二）胰

猪胰略呈三角形，位于最后两个胸椎和前两个腰椎的腹侧，胃小弯后上方，十二指肠左侧。分为胰体和左右两个叶（图 4–21）。胰体居中，位于胃小弯和十二指肠前部附近，在门静脉和后腔静脉腹侧有胰环供门静脉通过。左叶从胰体向后延伸，与左肾前端、脾上端和胃左端接触。右叶较左叶小，沿十二指肠降部向后延伸至右肾前端。胰管（Pancreatic duct）相当于其他动物的副胰管，由右叶走出，在距幽门 10 ～ 12 cm 处开口于十二指肠小乳头。

猪腹腔内脏器官的位置及相互关系见图 3–6 和图 3–7。

第四节　犬、猫消化系统的结构特点

犬、猫分属于犬科和猫科动物，是典型的肉食动物。由于食物富含营养以及适应捕食和奔跑速度，消化系统容积小，结构简单（图 4–42）。

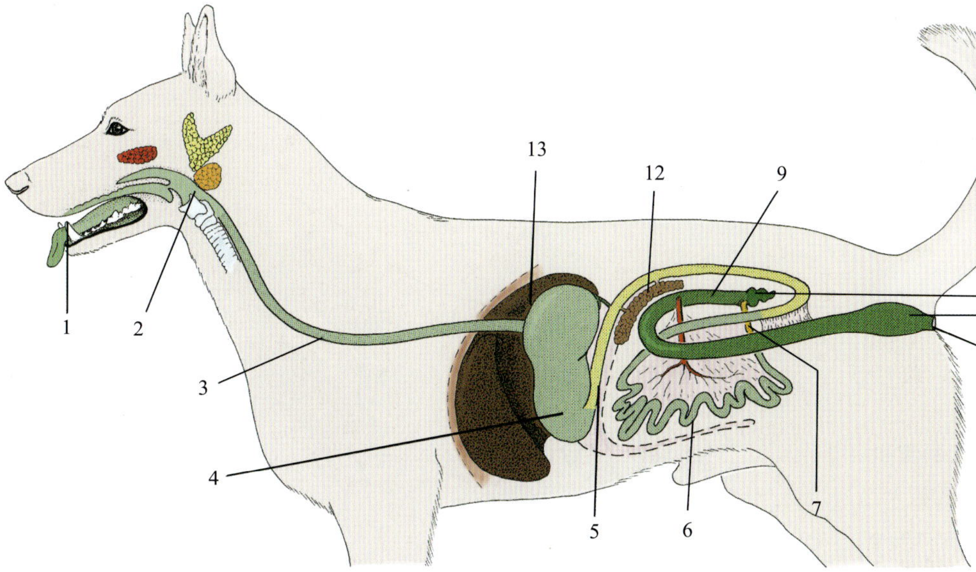

图 4–42　犬消化器官模式图

1. 口腔　2. 咽　3. 食管　4. 胃　5. 十二指肠　6. 空肠　7. 回肠　8. 盲肠
9. 结肠　10. 直肠　11. 肛门　12. 胰　13. 肝
（引自 König 和 Liebich，2007）

一、口腔

口的形状、大小因品种不同差异很大，有的长而狭，有的短而宽。但犬的口裂一般深而大，向后可达第 3 前臼齿水平。上、下唇密生被毛，下唇近口角处具锯齿状黏膜。具有沟状的人中（图 4–3）。颊较短，松弛而宽阔，此特点可能是犬、猫饮水时口腔不能发挥唧筒样作用的原因。硬腭具有腭缝和 7 ～ 10 条（猫为 7 ～ 8 条）横行的腭褶。在硬腭前端部有扁平的切齿乳头，其两侧的沟内有切齿管（Incisive canal）的开口（图 4–43）。

齿排列成上、下齿弓，下齿弓较窄。齿分切齿、犬齿、前臼齿和臼齿（图 4–44）。

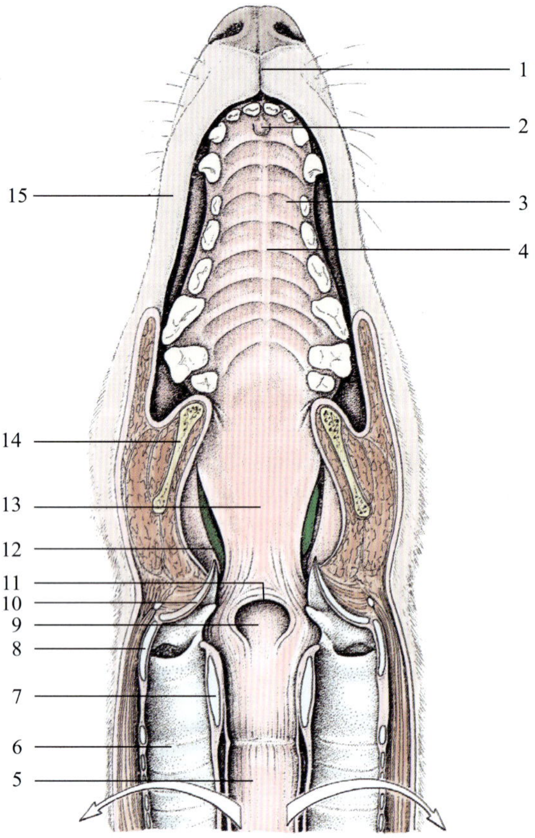

图 4-43 犬口腔和咽

（腹侧观，气管部分打开）

1. 人中 2. 切齿乳头 3. 硬腭 4. 腭缝 5. 食管 6. 气管 7. 环状软骨 8. 甲状软骨 9. 咽内口 10. 舌骨会厌肌及会厌软骨 11. 腭咽弓 12. 腭扁桃体 13. 软腭 14. 下颌支 15. 颊

（引自 König 和 Liebich，2007）

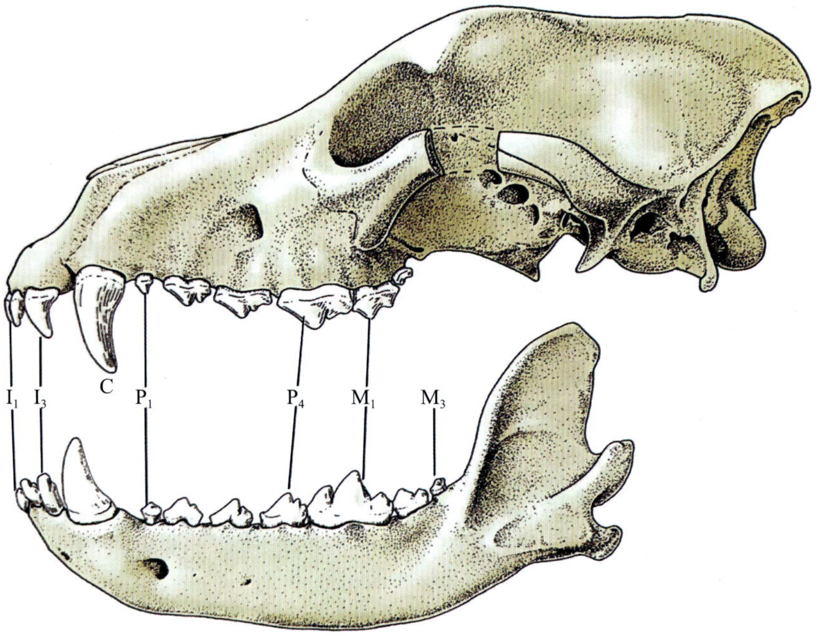

图 4-44 犬上颌齿和下颌齿侧面观

I_1. 第 1 切齿 I_3. 第 3 切齿 C. 犬齿 P_1. 第 1 前臼齿 P_4. 第 4 前臼齿 M_1. 第 1 臼齿 M_3. 第 3 臼齿

犬的各齿均为短冠齿，有明显的齿颈。

切齿小，齿尖锋利，每侧有 3 枚，分别为门齿、中间齿和隅齿。犬齿长而发达，上犬齿大于下犬齿。前臼齿每侧有 4 枚，第 1 前臼齿无乳齿阶段，也称狼齿。每侧臼齿在上颌为 2 枚，下颌为 3 枚。其中上颌的第 4 前臼齿，下颌的第 1 臼齿在颊齿中最大，称为割齿（Shearing tooth），担负着切割肉食的主要作用。上、下前臼齿在口闭合时不接触，其间隙称为前臼齿运载间隙。恒齿在 6 ～ 7 月龄时全部长出。

犬的恒齿式：$2\left(\frac{3(I)\quad 1(C)\quad 4(P)\quad 2(M)}{3(I)\quad 1(C)\quad 4(P)\quad 3(M)}\right)=42$

犬的乳齿式：$2\left(\frac{3(I)\quad 1(C)\quad 3(P)\quad 0(M)}{3(I)\quad 1(C)\quad 3(P)\quad 0(M)}\right)=28$

猫的恒齿式：$2\left(\frac{3(I)\quad 1(C)\quad 3(P)\quad 1(M)}{3(I)\quad 1(C)\quad 3(P)\quad 1(M)}\right)=30$

猫的乳齿式：$2\left(\frac{3(I)\quad 1(C)\quad 3(P)\quad 0(M)}{3(I)\quad 1(C)\quad 2(P)\quad 0(M)}\right)=26$

舌细长，分为舌尖、舌体和舌根，舌背部中央有矢状的舌正中沟。舌背面具有一层短而尖的丝状乳头。菌状乳头位于舌背的前部及两侧，小，数量少。叶状乳头 1 对，小。轮廓乳头位于舌背的后部两侧，2 ～ 3 对，排列呈倒“V”形。在舌根部背侧有尖端向后的锥状乳头（图 4–45）。

口腔底大部分为舌所占据，在舌系带下有舌下肉阜（Sublingual caruncle），但很小，为颌下腺和单口舌下腺的开口。

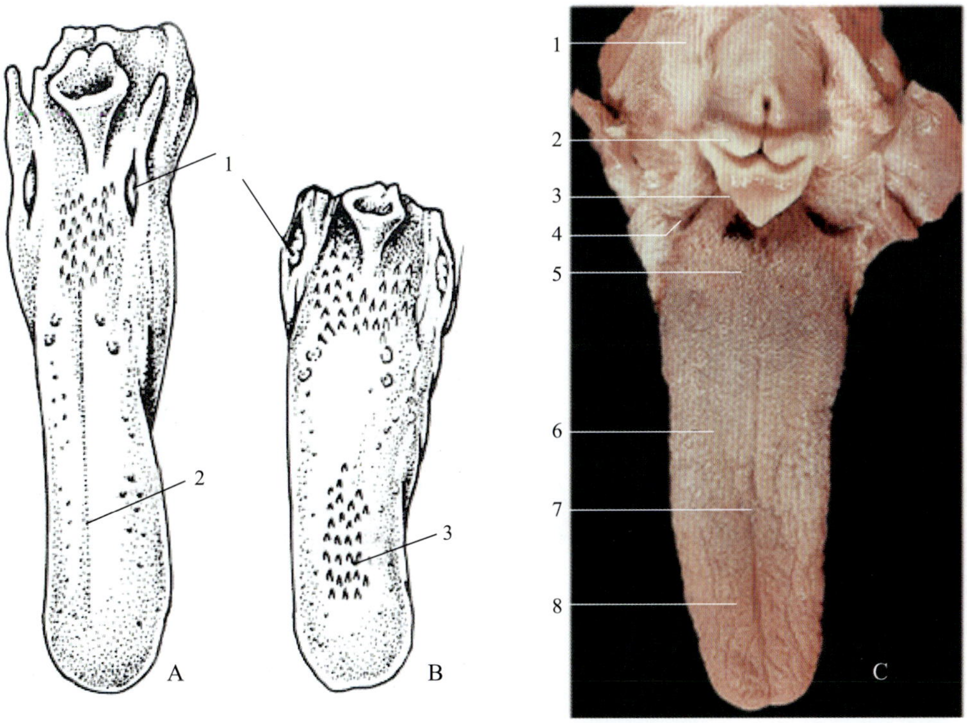

图 4–45　犬和猫的舌

A，B. 犬（A）和猫（B）舌模式图：1. 腭扁桃体　2. 正中沟　3. 丝状乳头

C. 犬舌实物图：1. 食管　2. 角突　3. 会厌　4. 腭扁桃体　5. 舌根　6. 舌体　7. 正中沟　8. 舌尖

腮腺较短小，位于耳下，呈三角形，腮腺管自前缘下部离开腮腺，向前横过咬肌表面，开口于正对第 3 上臼齿的颊黏膜上（图 4–9）。颌下腺比腮腺大，部分被腮腺覆盖，腺管自腺的深面离开，向前沿舌体下方前行，开口于舌下肉阜。舌下腺与猪、牛相似，分为多口舌下腺和单口舌下腺。颧腺（Zygomatic gland），为肉食动物所特有，位于眼球腹侧、颧骨颧突的深面，有 4 ～ 5 条腺管开口于最后颊齿附近，在腮腺管开口处后方。

二、咽与软腭

咽较短，由软腭向后伸入形成鼻咽部、口咽部（咽峡）和喉咽部。软腭较厚较长，因而其下方的咽峡也较狭长。在咽峡侧壁上，腭舌弓的后方，形成明显深陷的扁桃体窝，窝内有腭扁桃体（图 4–43）。

三、食管

起于咽，起始部在喉的背侧，呈环形缩细状，称为咽食管阈（Pharyngoesophageal limen），为肉食动物所特有。走向同牛、马，起始后食管偏于气管左背侧，直到气管分叉处再回归到正中线。在经过心基背侧以及主动脉右侧缘之后，穿过膈的食管裂孔接胃。肌层全长均为横纹肌。黏膜下层含有食管腺（Esophageal gland），犬、猫食管腺发达，分布于食管全长。

四、胃

犬胃为单室腺型胃，无前胃部。呈中间向下弯曲的长囊状，近似于“V”形，胃容积比较大，中等体型犬的胃，其容量约为 2.5 L。大部分在左季肋部，小部分在右季肋部，可分为胃底、胃体和幽门部 3 部分。胃底为贲门左背侧圆顶状的部分，胃体为胃的主体，在胃底下方角切迹（Angular incisure）左侧。犬角切迹在胃空虚状态不太明显，饱食状态下为胃小弯锐角状折转。各部黏膜内均含有腺体，分为贲门腺区、胃底腺区和幽门腺区。其中，贲门腺区为环绕贲门的一窄环带；胃底腺区大，约占全胃的 2/3；幽门腺区位于幽门部黏膜（图 4–46）。

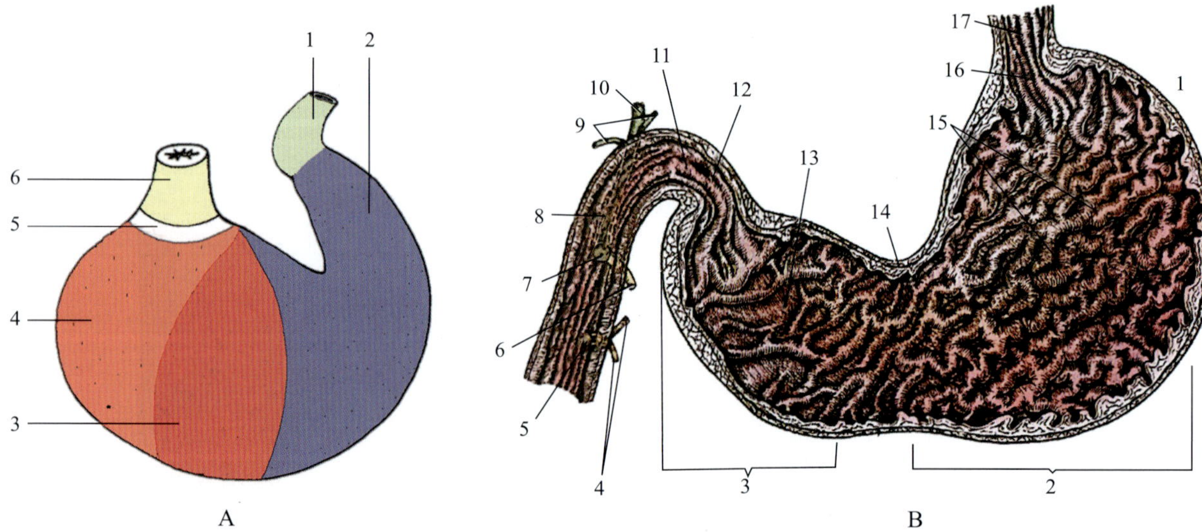

图 4–46　犬胃

A. 黏膜分区模式图：1. 幽门　2. 幽门腺区　3. 胃底腺暗区　4. 胃底腺亮区　5. 贲门腺区　6. 贲门
B. 黏膜面：1. 胃底　2. 胃体　3. 幽门部　4. 副胰管　5. 十二指肠小乳头　6. 胰管
7. 十二指肠大乳头　8. 胆总管壁内段　9. 肝管　10. 胆管　11. 幽门
12. 幽门管　13. 幽门窦　14. 方角切迹
15. 胃褶　16. 贲门　17. 食管
（引自 Evans 和 Lahunta，2013）

五、肠

犬的肠管较短，约为体长的 5 倍（5 ～ 6 m）。分为小肠、大肠两部分（图 4–47）。

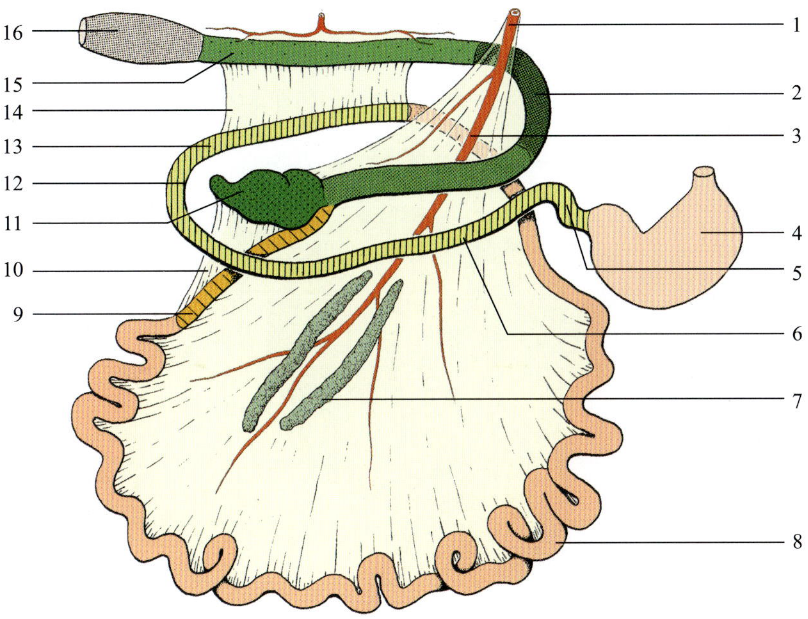

图 4-47 犬肠管模式图

1. 肠系膜前动脉 2. 横结肠 3. 空肠动脉 4. 胃 5. 十二指肠前曲 6. 十二指肠降部 7. 空肠淋巴结 8. 空肠 9. 回肠 10. 回盲韧带 11. 盲肠 12. 十二指肠后曲 13. 十二指肠升部 14. 十二指肠结肠韧带 15. 降结肠 16. 直肠

（引自 König 和 Liebich，2007）

（一）小肠

平均长约 4 m，肠管呈袢状盘曲，位于肝和胃的后方，占腹腔容积的大部，分为十二指肠、空肠和回肠。

1. 十二指肠 大部分在右季肋部和腰区。较粗而短，自幽门走向后上方，经右髂部到骨盆前口处转向内侧，再沿左结肠和左肾内侧向前移行，至胃后部。然后，再转向后方，移行为空肠。分为前部、前曲、降部、后曲、升部和十二指肠空肠曲。

2. 空肠 由 6 ～ 8 个肠袢组成，位于腹中部和腹后部，部分还位于剑突软骨部，以较长的空肠系膜悬于腰下，在肝、胃和盆腔前口之间。

3. 回肠 很短，自左向右，在肠系膜根的后方走向右侧，沿盲肠内侧向前，开口于结肠起始部，即回结口（Ileal-colic orifice），口的黏膜形成回肠乳头（Ileal papilla），其肌层相对较厚。

（二）大肠

犬的大肠平均长为 60 ～ 70 cm，直径与小肠相似，无肠袋、纵肌带。盲肠小而短，位于回肠口的右侧。由于腹膜的牵拉，使其呈螺旋状弯曲，呈“S”状盲管。后端为盲肠尖，前端以狭窄的盲结口（Cecocolic orifice）与结肠相通，位于十二指肠后部腹内侧和回肠外侧。结肠呈“U”形袢，分为升结肠、横结肠和降结肠。以升结肠最短，沿十二指肠降部前行，至幽门处转向左侧为横结肠，降结肠沿左肾腹内侧和十二指肠升部外侧后行，行至骨盆腔入口处，延为直肠。无乙状结肠。直肠壶腹宽大。肛管短，肛门周围有特殊的腺体，如肛腺、肛旁窦腺和围肛腺。肛旁窦腺分泌物为灰褐色脂肪块，有难闻的异味。

六、肝和胰

（一）肝

较大，相当于体重的 3%。棕红色，位于腹前部。由 4 个裂明显地分为左外叶、左内叶、方叶、右内叶、右外叶。其中左外叶最大。在左外叶和右外叶的脏面有明显的乳头突（Papillary process）和尾叶。胆囊位于方叶与右内叶之间的深窝内。胆囊延续为一胆囊管。由胆囊管和肝管汇合为胆总管，与胰管共同开口于距幽门 5 ～ 8 cm 处的十二指肠大乳头，注入十二指肠（图 4–48）。

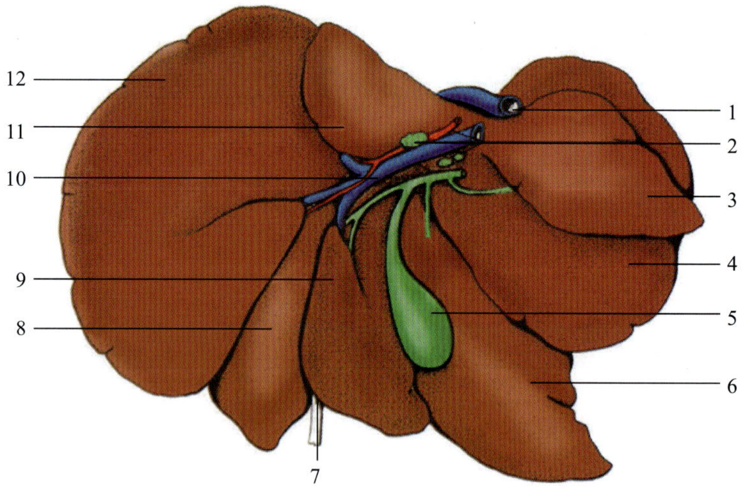

图 4–48　犬肝的分叶和胆囊

1. 后腔静脉　2. 肝动脉和肝门淋巴结　3. 尾状突　4. 右外叶　5. 胆囊　6. 右内叶　7. 镰状韧带和圆韧带　8. 左内叶　9. 方叶　10. 肝门静脉　11. 乳头突　12. 左外叶

（二）胰

胰腺呈“V”形片状，正常时呈浅粉色，分为胰左叶、胰体和胰右叶（图 4–21）。即包括两个细长的胰左叶和胰右叶。左叶位于胃和肝的后面，右叶位于十二指肠降部的背内侧。二叶于幽门处以锐角汇合，汇合处形成胰体。

胰管有 2 个，分别注入十二指肠。2 个胰管在胰腺内相互吻合，但在胰腺外分开，分别称为主胰管和副胰管。主胰管较细，又称小胰管（有时缺如），与穿行于十二指肠内的胆总管合并开口于十二指肠大乳头，或开口于胆总管处附近。副胰管较粗，又称大胰管，开口于十二指肠大乳头后方 2 ～ 3 cm 处的十二指肠小乳头。

七、网膜

网膜包括大网膜、小网膜和网膜囊。大网膜十分发达，浅层附着于胃大弯，深层附着于胰腺左叶以及脾门处。网膜上富含多量脂肪，交织成网状。两层大网膜沿腹腔底壁与肠管之间一直向后延伸到骨盆腔的前口，从腹侧观察几乎覆盖所有肠管。深、浅两层间围成网膜囊。

犬腹腔内脏器官的位置及相互关系见图 3–8 和图 3–9。

【思考题】

1. 牛（羊）的消化系统由哪些器官构成？各器官的功能如何？
2. 牛（羊）4 个胃的位置关系、黏膜特点和出入口如何？
3. 牛（羊）创伤性网胃炎和牛（羊）解剖生理特点有何关系？
4. 马属动物、猪和犬的胃、肠的形态、位置、构造有哪些特点？
5. 比较各家畜大肠的形态、位置和结构。
6. 各家畜肝、胰的位置及形态结构如何？

第五章 呼吸系统

【教学目标】

1. 了解呼吸系统的组成和功能
2. 了解呼吸肌、膈及胸廓在呼吸系统中的作用
3. 熟悉纵隔的构成
4. 掌握各呼吸器官的形态、位置与结构特点，比较牛、羊、猪、马和犬肺的形态特点

家畜有机体在新陈代谢过程中，需要不断地从环境中吸入氧气，以氧化体内的营养物质而产生能量，满足机体各种活动的需要；同时，又不断将体内氧化过程中产生的二氧化碳等代谢产物排出体外，以维持正常的生命活动。这种气体交换的过程称为呼吸。呼吸主要是靠呼吸系统来实现的，但与心血管系统有着密切的联系。呼吸包括 3 个环节：①外呼吸，是指空气进入肺，气体在肺内的肺泡与毛细血管之间进行气体交换的过程，又称肺呼吸；②气体运输，是指进入血液的氧气或二氧化碳与红细胞结合，被运送到全身组织细胞或肺的过程；③内呼吸，是气体在血液与组织、细胞之间进行气体交换的过程，又称组织呼吸。

呼吸系统（Respiratory system）是执行机体和外界气体交换的器官总称，包括鼻、咽、喉、气管、支气管和肺（图 5-1）。鼻、咽、喉、气管和支气管是气体进出肺的通道，称呼吸道。兽医临床上，通常将鼻、咽和喉称上呼吸道。呼吸道的特征是由骨或软骨构成支架，围成管腔，以保证气体出入通畅。肺是进行气体交换的场所，主要由肺内各级支气管和肺泡构成，总面积很大，有利于气体交换。胸膜和纵隔是呼吸系统的辅助装置。

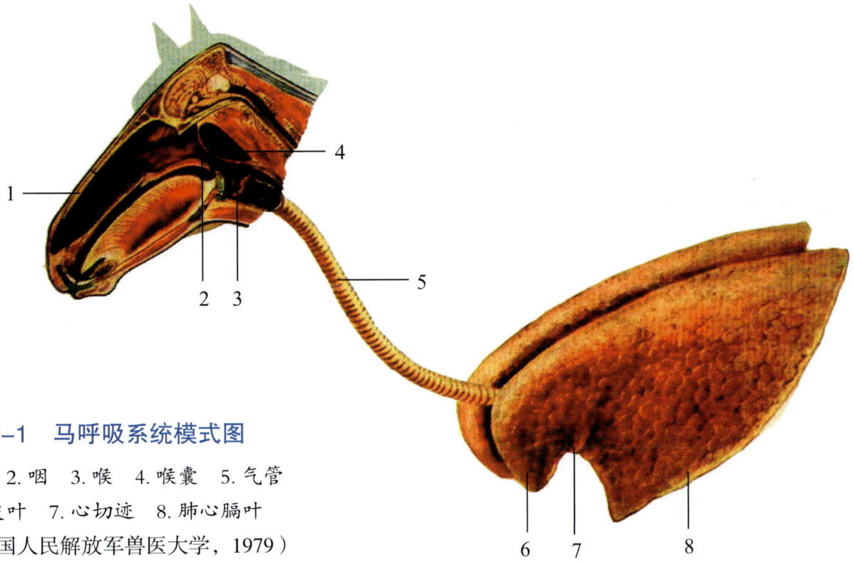

图 5-1 马呼吸系统模式图

1. 鼻腔 2. 咽 3. 喉 4. 喉囊 5. 气管 6. 肺尖叶 7. 心切迹 8. 肺心膈叶

（引自中国人民解放军兽医大学，1979）

第一节 鼻

鼻（Nose）位于面部的中央，既是气体出入肺的通道，又是嗅觉器官。鼻包括鼻腔和鼻旁窦。

一、鼻腔

鼻腔（Nasal cavity）是呼吸道的起始部，呈长圆筒状，位于面部的上半部，由面骨构成骨性支架，外覆皮肤，内衬黏膜。鼻腔前端经鼻孔与外界相通，后端经鼻后孔通咽。鼻腔正中有鼻中隔（Nasal septum），将鼻腔分为左、右两个腔（牛的两侧鼻腔后 1/3 是相通的）。每个鼻腔均包括鼻孔、鼻前庭和固有鼻腔 3 部分（图 5–2）。

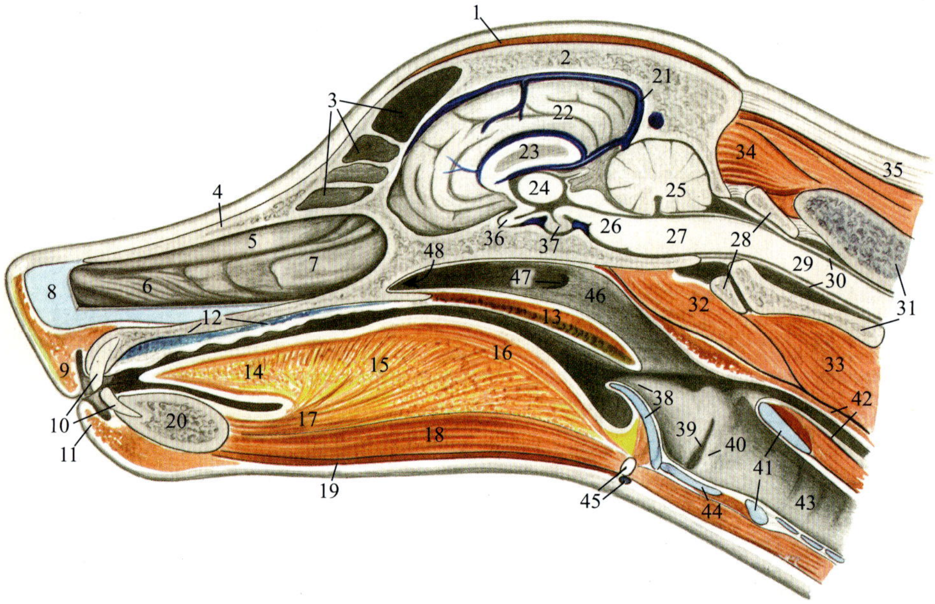

图 5–2 犬头部矢状面结构模式图

1. 额盾肌和盾间肌 2. 顶骨 3. 额窦 4. 鼻骨 5. 上鼻甲 6. 下鼻甲 7. 第 3 内鼻甲 8. 鼻中隔 9. 上唇 10. 切齿 11. 下唇 12. 硬腭 13. 软腭 14. 舌尖 15. 舌体 16. 舌固有肌的浅纵纤维 17. 颏舌肌 18. 颏舌骨肌 19. 下颌舌骨肌 20. 下颌骨 21. 矢状窦 22. 大脑 23. 胼胝体、透明隔 24. 丘脑间黏合 25. 小脑 26. 脑桥 27. 延髓 28. 寰椎 29. 脊髓 30. 硬脊膜 31. 枢椎 32. 头腹侧直肌 33. 颈长肌 34. 头背侧直肌 35. 项韧带 36. 视交叉 37. 垂体 38. 会厌 39. 喉室 40. 声裂 41. 环状软骨 42. 食管 43. 气管 44. 胸骨舌骨肌 45. 舌骨体、舌骨弓 46. 咽腔 47. 咽鼓管咽口 48. 鼻后孔

（引自 Popesko，1985）

（一）鼻孔

鼻孔（Nasal opening）为鼻腔的入口，属外鼻（External nose），由内、外侧鼻翼围成。鼻翼（Nasal wing）由鼻翼软骨、肌肉和皮肤组成，有一定的弹性和活动性（图 4–3 和图 5–3）。

牛的鼻孔小，呈不规则的椭圆形，位于鼻唇镜的两侧，鼻翼厚而不灵活。马的鼻孔大，呈逗点状，鼻翼灵活。猪的鼻孔小，呈卵圆形，位于吻突前端的平面上，鼻翼不灵活。羊、犬的鼻孔呈“S”形缝状，两鼻孔之间形成鼻镜。

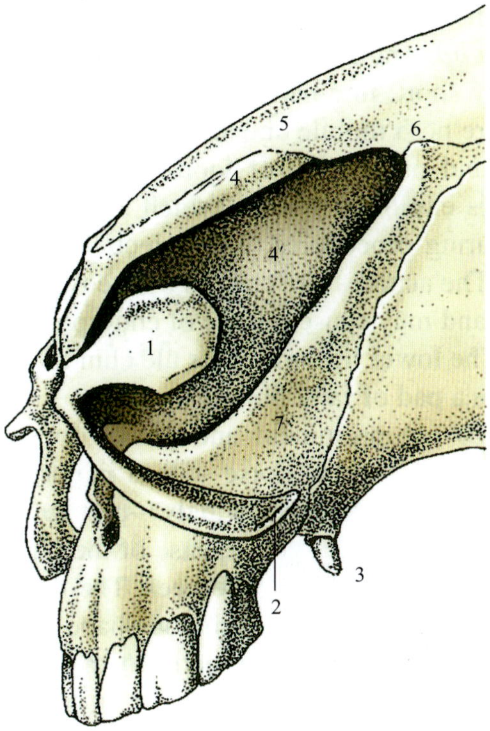

图 5-3 马鼻软骨

1. 鼻翼软骨板 2. 鼻翼软骨角 3. 犬齿
4. 鼻背外侧软骨 4′. 鼻中隔 5. 鼻骨
6. 鼻颌切迹 7. 切齿骨
（引自 Singh 等，2018）

（二）鼻前庭

鼻前庭（Nasal vestibule）为鼻腔前部被覆皮肤的部分，相当于内、外侧鼻翼所围成的空间，表面有色素沉着，并生有短毛。马鼻前庭背侧皮下有一盲囊，向后伸达鼻颌切迹，称为鼻憩室（Nasal diverticulum）或鼻盲囊（图 5-4）。因此，临床上插鼻胃管时，应从鼻前庭腹侧插入，以避免插入鼻憩室。在鼻前庭的外侧壁，靠近鼻黏膜的皮肤上有鼻泪管口（Orifice of nasolacrimal duct）。牛、羊、猪和犬无鼻憩室，鼻泪管口位于鼻前庭的侧壁（牛）或下鼻道的后部。

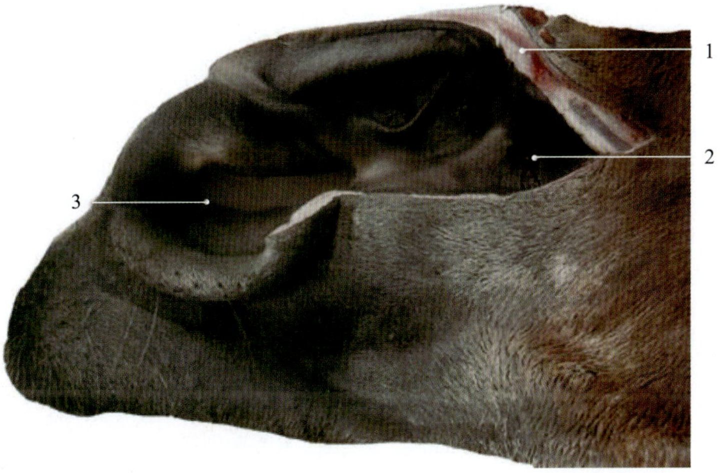

图 5-4 驴鼻盲囊

1. 鼻翼 2. 鼻盲囊 3. 鼻孔
（引自陈耀星，2013）

（三）固有鼻腔

固有鼻腔（Nasal cavity proper）位于鼻前庭的后方，为骨性鼻腔，内衬以黏膜（图 5-2、图 5-5 和图 5-6）。每侧固有鼻腔的侧壁上，附着有上下两个纵行的、由鼻甲骨被覆黏膜构成的上鼻甲（Dorsal nasal conchae）和下鼻甲（Ventral nasal conchae），将鼻腔分为上、中、下 3 个鼻道。上鼻道（Dorsal nasal meatus）较窄，位于鼻腔顶壁与上鼻甲之间，其后部主要为司嗅觉的嗅区。中鼻道（Middle nasal meatus）在上、下鼻甲之间，通鼻旁窦。下鼻道（Ventral nasal meatus）最宽，位于下鼻甲与鼻腔底壁之间，直接经鼻后孔通咽，为气体的主要通道。上、下鼻甲与鼻中隔之间的间隙称为总鼻道（General nasal meatus），与上、中、下鼻道相通。

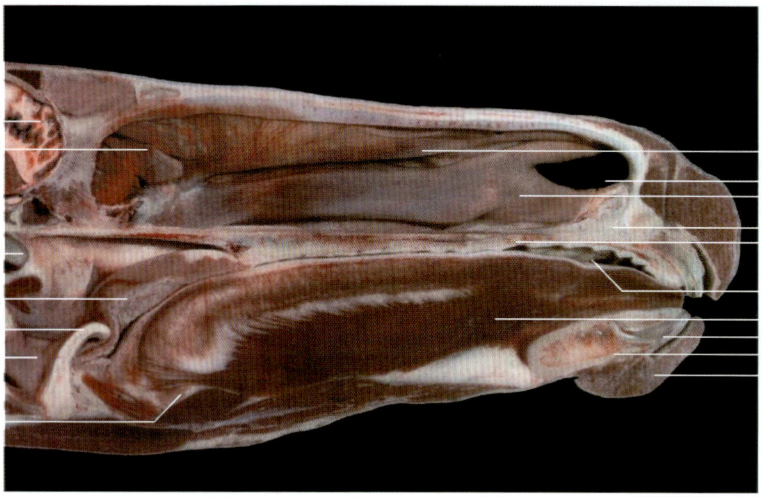

图 5-5　马头部纵剖（矢状）面

1. 上鼻甲　2. 鼻孔　3. 下鼻甲　4. 鼻中隔　5. 硬腭腭褶　6. 固有口腔　7. 舌　8. 切齿　9. 下颌　10. 下唇　11. 舌骨　12. 喉　13. 会厌　14. 软腭　15. 咽喉囊　16. 筛鼻甲　17. 脑

（引自 König 和 Liebich，2007）

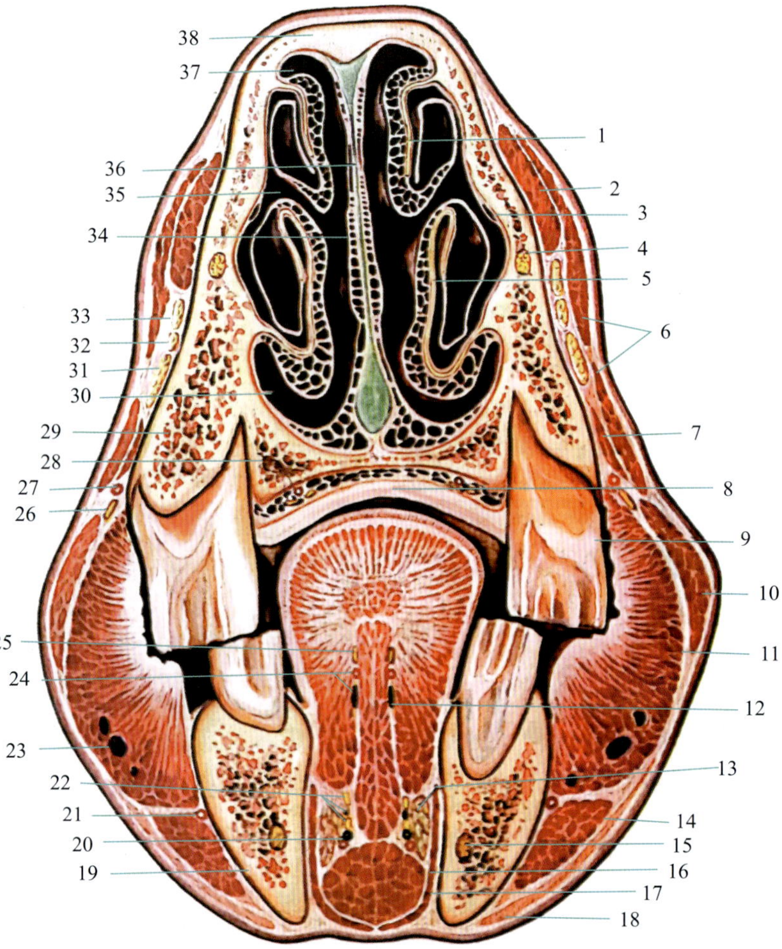

图 5-6　马鼻腔横断面模式图

1. 上鼻甲　2. 上唇固有提肌　3. 鼻泪管　4. 上颌切齿支　5. 下鼻甲　6. 鼻唇提肌　7. 犬齿肌　8. 硬腭　9. 第 3 上臼齿　10. 颧肌　11. 颊肌　12. 颏舌肌　13. 舌下腺　14. 下唇降肌　15. 下颌齿槽神经　16. 颏舌骨肌　17. 颌舌骨肌　18. 唇皮肌　19. 下颌骨　20. 舌下动脉、颌下腺管　21. 下唇动脉　22. 舌神经、舌背侧静脉　23. 唇总静脉　24. 舌动、静脉　25. 舌下神经　26. 颊上神经　27. 上唇动脉　28. 腭大动脉、神经　29. 上颌骨　30. 下鼻道　31. 上唇神经　32. 鼻前神经　33. 鼻外神经　34. 总鼻道　35. 中鼻道　36. 鼻中隔　37. 上鼻道　38. 鼻骨

（引自中国人民解放军兽医大学，1979）

鼻黏膜（Nasal mucosa）被覆于固有鼻腔内表面和鼻甲表面，因结构和功能不同，可分为呼吸区和嗅区两部分。呼吸区（Respiratory region）位于鼻前庭和嗅区之间、上下鼻甲所在的部分，占鼻黏膜的大部分，呈粉红色，由黏膜上皮和固有膜组成，含有丰富的血管和腺体，具有温暖、湿润和净化吸入空气的作用。嗅区（Olfactory region）位于呼吸区之后、中鼻甲（最大的筛鼻甲）所在的部分，其黏膜的颜色随家畜种类不同而异。牛、马呈淡黄色，绵羊呈黄色，山羊呈黑色，猪呈棕色。黏膜上皮含有嗅细胞，具有嗅觉作用。

二、鼻旁窦

鼻旁窦（Paranasal sinus）为鼻腔周围头骨内的含气空腔，腔的内表面衬以黏膜，黏膜较薄，血管少，与鼻黏膜相延续。鼻旁窦直接或间接与鼻腔相通。故鼻黏膜发炎时，可波及鼻旁窦，引起炎症。家畜的鼻旁窦包括上颌窦（Maxillary sinus）、额窦（Frontal sinus）、蝶腭窦（Sphenopalatine sinus）（马）和筛窦（Ethmoidal sinus），各 1 对。马的上颌窦最大，牛的则为额窦。窦可减轻头骨重量，温暖和湿润吸入的空气，以及对发声起共鸣的作用。在兽医临床上，较重要的鼻旁窦有上颌窦和额窦（图 5–7）。

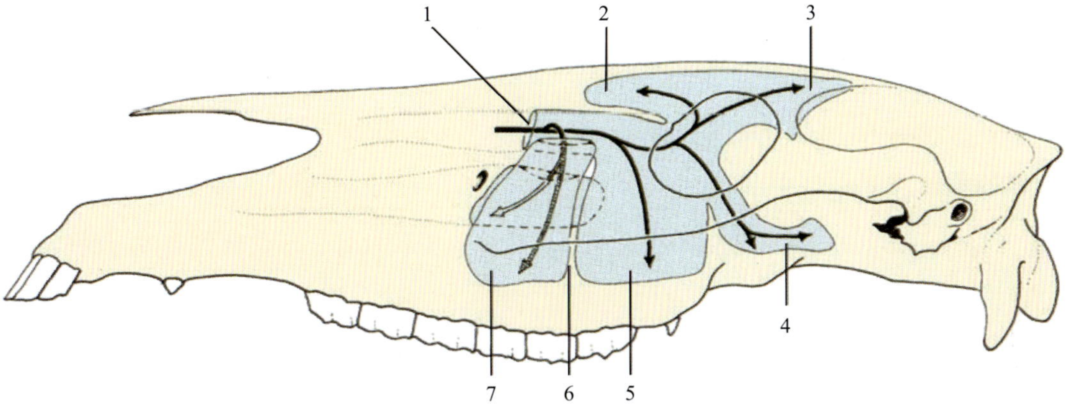

图 5–7　马鼻旁窦

1. 鼻上颌口　2. 上鼻窦　3. 额窦（鼻甲额窦）　4. 蝶腭窦　5. 上颌后窦　6. 上颌窦中隔　7. 上颌前窦
（引自 König 和 Liebich，2007）

第二节　咽、喉、气管和支气管

一、咽

此部分内容参见消化系统。

二、喉

喉（Larynx）是空气出入肺的重要通道，又是发声器官，位于下颌间隙后部、头颈交界处的腹侧。前端与咽相通，后端与气管相接。喉由喉软骨、喉黏膜和喉肌等组成（图 5–8）。

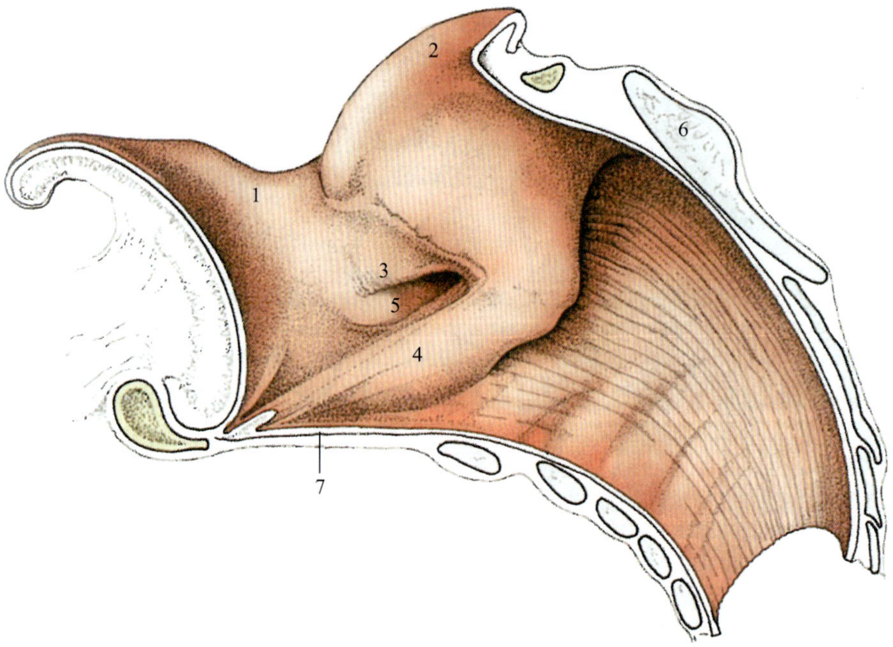

图 5-8　马喉模式图

1. 会厌　2. 杓状软骨小角突　3. 前庭襞　4. 声襞　5. 喉室　6. 环状软骨板　7. 环状甲状韧带

（引自 Singh 等，2018）

（一）喉软骨

喉软骨（Laryngeal cartilage）包括不成对的会厌软骨、甲状软骨、环状软骨和成对的勺状软骨（图 5-9 和图 5-10）。

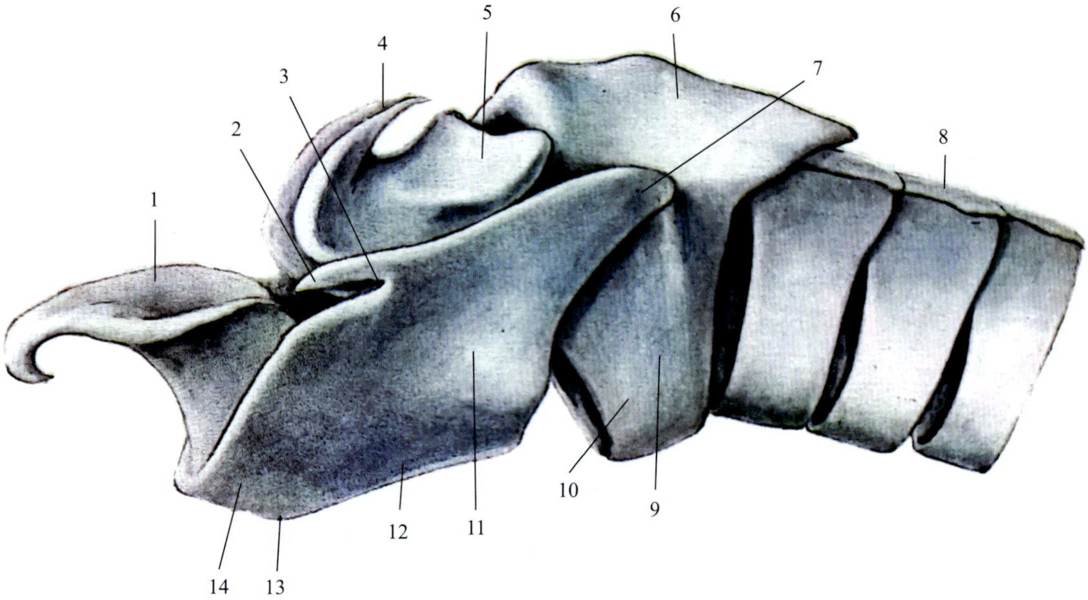

图 5-9　马喉软骨模式图

1. 会厌软骨　2. 甲状软骨前突　3. 甲状裂　4. 小角状软骨　5. 勺状软骨　6. 环状软骨板　7. 甲状软骨后突　8. 气管　9. 环状软骨　10. 环状软骨弓　11. 甲状软骨板　12. 甲状软骨　13. 喉结节　14. 甲状软骨体

（引自中国人民解放军兽医大学，1979）

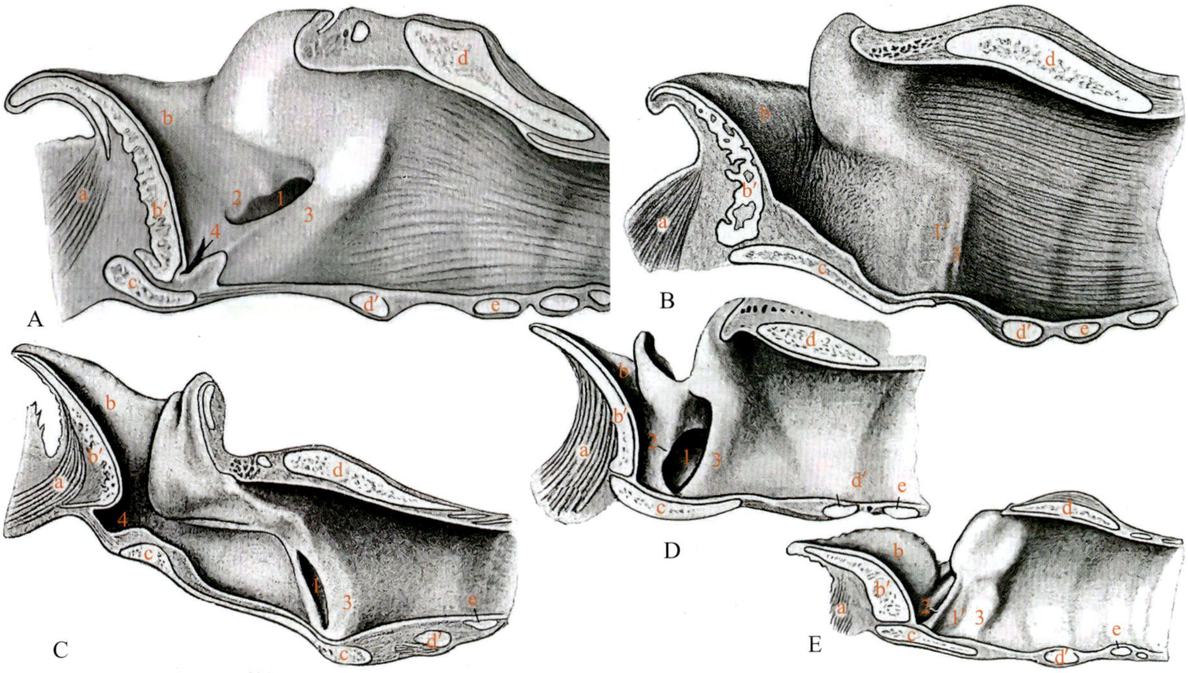

图 5-10　动物喉腔矢状面

A. 马　B. 牛　C. 猪　D. 犬　E. 猫　a. 舌骨会厌肌　b. 会厌　b′. 会厌软骨　c. 甲状软骨　d. 环状软骨板　d′. 环状软骨弓　e. 第 1 气管软骨　1. 喉室入口　1′. 声襞前方的凹陷　2. 前庭襞　3. 声襞　4. 喉正中隐窝（马、猪）

（引自 Nickel 等，1977）

1. 会厌软骨（Epiglottic cartilage） 位于喉的前部，呈叶片状，基部厚，由弹性软骨构成，借弹性纤维与甲状软骨体相连，尖端钝圆，弯向舌根。会厌软骨表面被覆黏膜，合称会厌（Epiglottis），具有弹性和韧性。当吞咽时，会厌向后翻转关闭喉口，防止食物误入气管。

2. 甲状软骨（Thyroid cartilage） 是喉软骨中最大的一块，呈弯曲的板状，位于会厌软骨和环状软骨之间，可分为甲状软骨体（Thyroid cartilage body）和左、右甲状软骨侧板（Lateral plate）。甲状软骨体连于两侧板之间，构成喉腔的底壁，其腹侧面形成喉结（Laryngeal prominence），活体可触及。两侧板呈四边形（牛）或菱形（马），从甲状软骨体的两侧伸出，构成喉腔两侧壁的大部分。

3. 环状软骨（Annular cartilage） 位于甲状软骨之后，呈指环状，由环状软骨板（Lamina of annular cartilage）和环状软骨弓（Arch of annular cartilage）组成。环状软骨板位于背侧，较宽，呈四边形，构成喉腔背侧壁。环状软骨弓较窄，位于两侧和腹侧，构成侧壁和腹侧壁，其前缘和后缘以弹性纤维分别与甲状软骨及气管软骨相连。

4. 杓状软骨（Arytenoid cartilage） 位于环状软骨的前缘两侧，部分在甲状软骨侧板的内侧，左、右各一，呈三面锥体形，其尖端弯向后上方，构成喉腔背侧壁的前部。杓状软骨上部较厚，前背侧有小角突，弯向后上方；下部变薄，形成声带突（Vocal process），供声韧带（Vocal ligament）和声带肌（Vocal muscle）附着。

喉软骨彼此借关节、韧带和纤维相连，构成喉的支架。

（二）喉腔和喉黏膜

喉腔（Laryngeal cavity）是以喉软骨为支架、内衬黏膜所围成的腔隙，前方以喉口（Laryngeal aperture）与咽相通，后方与气管相通。在喉腔中部的侧壁各有一黏膜褶，称声襞（Vocal fold）。声带（Vocal cord）由声襞、声韧带和声带肌构成，连于杓状软骨声带突至甲状软骨体之间，是发声器官。

声带将喉腔分为前、后两部分，前部为喉前庭（Laryngeal vestibule），其两侧壁凹陷称喉室（Laryngeal ventricle）；后部为声门下腔（Infraglottic cavity），又称喉后腔。在马和犬，喉室的前缘有前庭襞（Vestibular fold）。两声带间形成的裂隙称声门裂（Rima glottidis），喉前庭与喉后腔经声门裂相通。声带和声门裂共同构成声门（Glottis）。

喉黏膜（Laryngeal mucous membrane）被覆于喉腔的内面，与咽黏膜相延续，包括上皮和固有膜。上皮有两种，即被覆于喉前庭和声带的上皮为复层扁平上皮；喉后腔的上皮为假复层柱状纤毛上皮。固有膜由结缔组织构成，含有喉腺，可分泌黏液和浆液，有润滑声带的作用。

（三）喉肌

喉肌（Laryngeal muscle）属骨骼肌，可分为固有肌和外来肌两种。固有肌均起止于喉软骨，包括环杓背侧肌、环杓侧肌、环甲肌、甲杓肌和杓横肌等，可使喉腔扩大或缩小。外来肌有胸骨甲状肌、甲状舌骨肌和舌骨会厌肌等，可牵引喉前后移动。

牛的喉较短，会厌和声带短，声门裂宽大，无喉室。马的喉前庭宽，有前庭襞，喉室位于前庭襞与声襞之间，内有一孔，喉黏膜经此形成突向后外侧的盲囊（曾称喉小囊）。猪的喉较长，声门裂较窄，喉室口位于声韧带前、后两部之间。犬的喉有前庭襞和喉室。

三、气管和支气管

（一）形态、位置和构造

气管（Trachea）由一连串的“C”形气管软骨环（Tracheal cartilage ring）借结缔组织连结起来构成。每个环的背侧不完全闭合，由结缔组织和平滑肌连结（图 5-11 和图 5-12）。气管呈长圆筒状，前端与喉相连，向后沿颈椎腹侧正中而进入胸腔，然后经心前纵隔达心基的背侧，约在第 5、第 6 肋间隙处分成左、右两个主支气管（Principal bronchus），分别进入左、右肺。气管壁由黏膜、黏膜下层和外膜构成。黏膜的上皮为假复层柱状纤毛上皮。黏膜下层含有气管腺，可分泌黏液和浆液。外膜由气管软骨和结缔组织组成。

支气管的结构与气管基本相同。

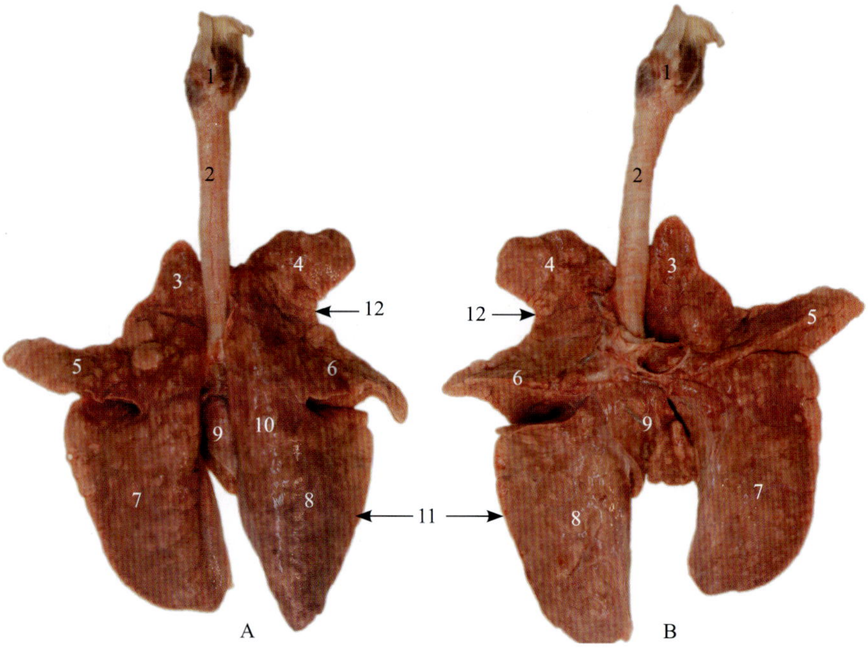

图 5-11　猪喉、气管和肺

A. 背侧观　B. 腹侧观

1. 喉　2. 气管　3. 左前叶　4. 右前叶　5. 左中叶　6. 右中叶　7. 左后叶　8. 右后叶　9. 副叶　10. 肺背侧缘　11. 肺腹侧缘　12. 心切迹

（引自陈耀星和王子旭，2018）

（二）牛（羊）、马、猪和犬气管的特点

牛、羊的气管较短，上下径大于横径，气管软骨环 48 ～ 60 个，缺口游离的两端重叠，形成向背侧突出的气管嵴（Tracheal ridge）。气管在分支为左、右主支气管之前，还在气管的右侧壁上分出一个气管支气管（Tracheal bronchus），又称右前叶（尖叶）支气管，进入右肺前叶或尖叶。

马的气管长，横径大于上下径，气管软骨环 50 ～ 60 个，背侧两端游离，不相接触，而由弹性纤维膜所封闭。无气管支气管。

猪的气管呈圆柱状，气管软骨环 32 ～ 36 个，缺口游离的两端重叠或互相接触。有气管支气管。

犬的气管软骨环 42 ～ 46 个，背侧两端互不相接，由一层横行平滑肌相连接。无气管支气管。

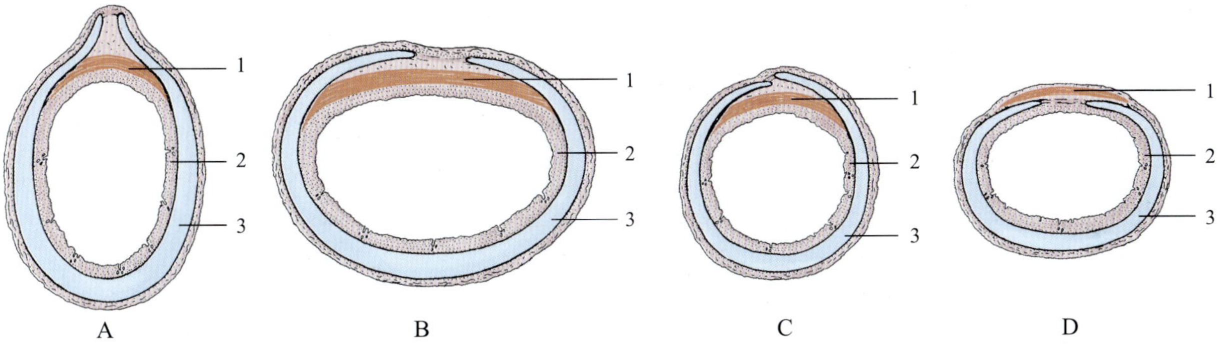

图 5-12 不同动物气管横切面模式图

A. 牛 B. 马 C. 猪 D. 犬 1. 气管肌层 2. 气管黏膜层 3. 气管软骨

（引自 König 和 Liebich，2007）

第三节 肺

肺（Lung）是吸入的空气直接与血液中的气体进行交换的场所。

一、肺的形态和位置

肺位于胸腔，纵隔的两侧，左、右各一，右肺通常比左肺大。健康家畜的肺为粉红色，光滑、湿润，柔软而富有弹性（图 5-11 和图 5-13）。

左、右肺均呈半圆锥体形，前端为肺尖（Tip of lung），朝前，位于胸腔前口处；后部为肺底（Base of lung），向后，与膈相贴。每个肺有 3 个面和 3 个缘（图 5-11 和图 5-13）。肺的外侧面称为肋面（Costal surface），凸，与胸腔侧壁接触，有肋骨压迹；后面（底面）称为膈面（Diaphragmatic surface），凹，与膈相贴；内侧为纵隔面（Mediastinum surface），该面较平，与纵隔接触，有心压迹（Cardiac impression）及食管和大血管的压迹。在心压迹的后上方有肺门（Hilus of lung），是支气管、肺动脉、肺静脉、淋巴管和神经出入肺的地方。出入肺门的上述结构被结缔组织包裹成束，称为肺根（Root of the lung）。肺的背侧缘钝而圆，位于肋椎沟内。腹侧缘和底缘薄而锐。腹侧缘位于胸外侧壁和胸纵隔之间的沟内，腹侧缘上有一缺如的部分叫心切迹（Cardiac notch），心和心包在此处与胸壁直接相接处。左肺心切迹较大，相对于第 3 ～ 6 肋骨；右肺的心切迹小，相对于第 3 ～ 4 肋骨，所以，兽医临床上听心音时，一般在左侧听诊。底缘位于胸外侧壁与膈之间的沟中，其体表投影在兽医临床诊断中有重要的参考价值，在牛相对于从第 12 肋骨的上端至第 4 肋间隙下端凸向后下方的弧线（图 5-14），在马相对于从第

17 肋骨的上端至第 5 肋间隙下端凸向后下方的弧线，在猪相对于从倒数第 2 肋间隙上端至第 5 肋间隙下端凸向后下方的弧线。

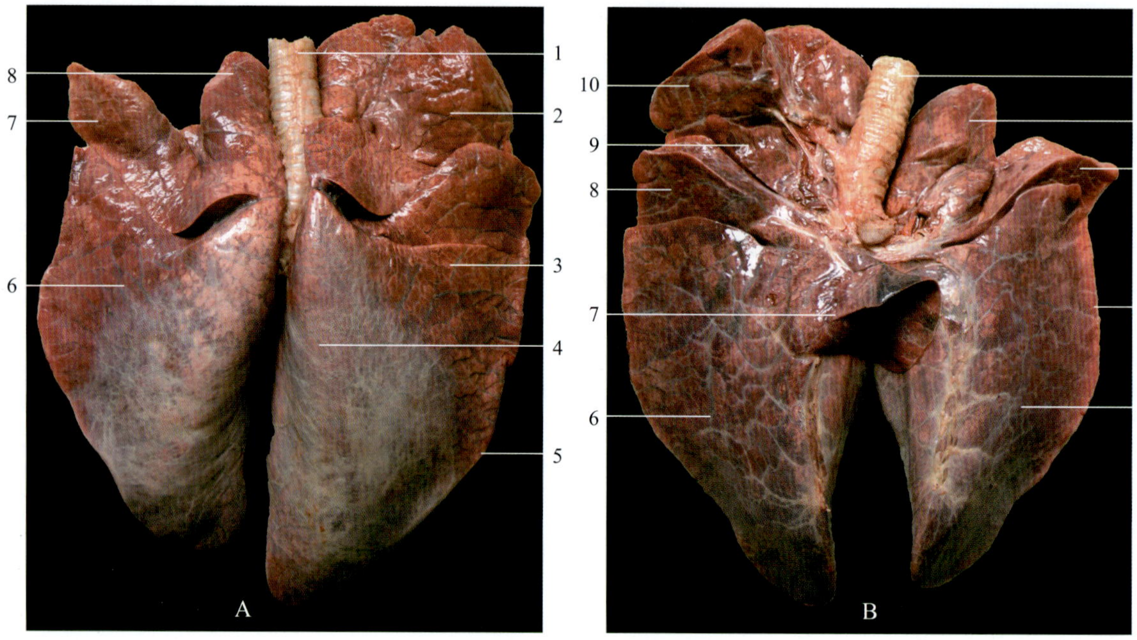

图 5-13 牛气管和肺

A. 背侧观：1. 气管 2. 右前叶（前部） 3. 右后叶 4. 肺背侧缘 5. 肺腹侧缘 6. 左后叶 7. 左中叶 8. 左前叶
B. 腹侧观：1. 气管 2. 左前叶 3. 左中叶 4. 肺腹侧缘 5. 左后叶 6. 右后叶
7. 副叶 8. 右中叶 9. 右前叶（后部） 10. 右前叶（前部）
（引自陈耀星和曹静等，2021）

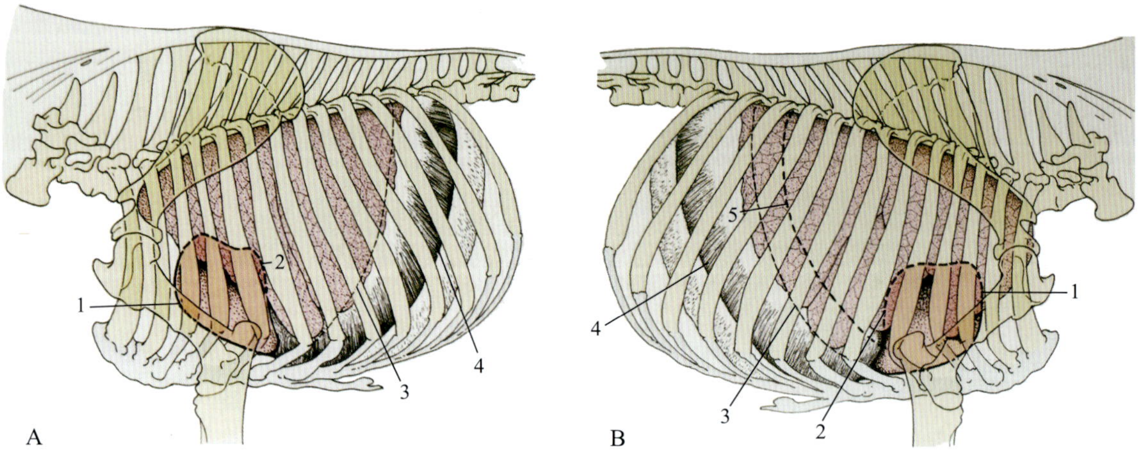

图 5-14 牛肺体表投影示意图

A. 左侧面 B. 右侧面
1. 心前界 2. 心后界 3. 肺底缘 4. 胸膜折转线 5. 肺叩诊区后界
（引自 Singh，2018）

二、肺的分叶

家畜的左、右肺上的心切迹和叶间裂（Interlobar fissure）把每个肺分成若干个叶。各种家畜肺的分叶不同（图 5-15）。

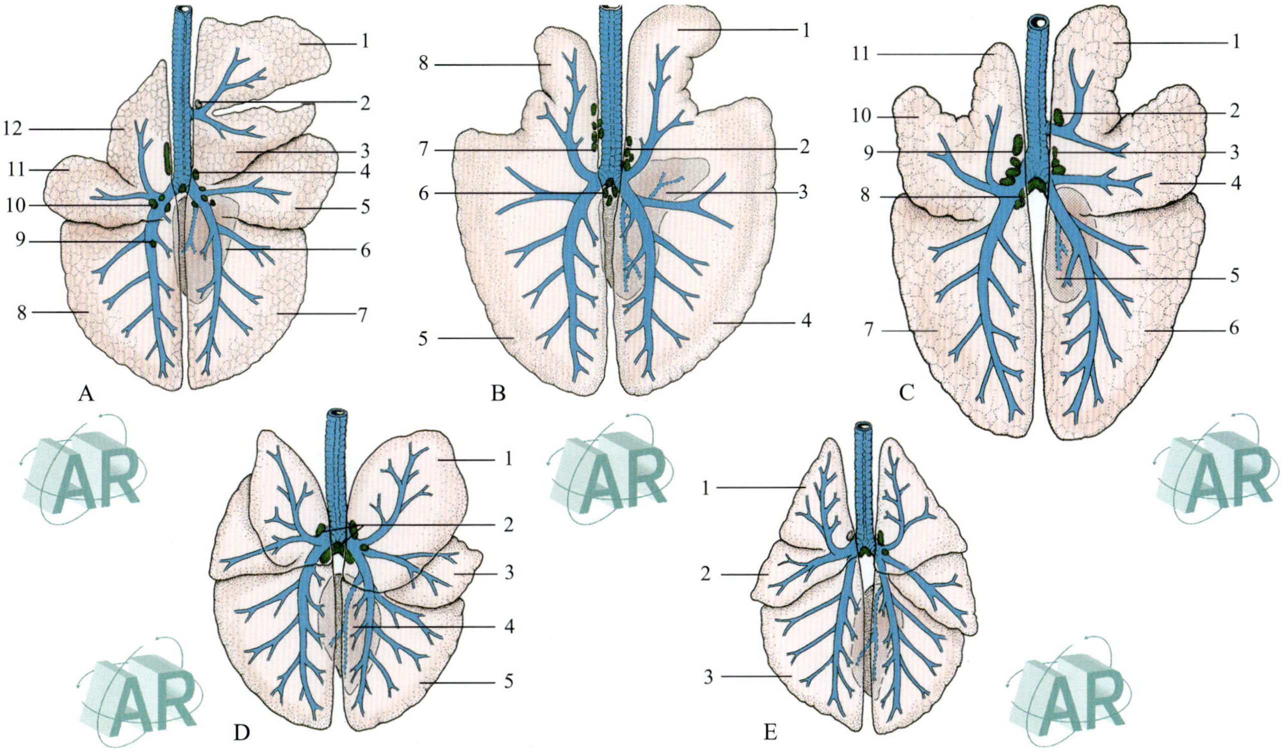

图 5-15　不同动物肺的分叶模式图

A. 牛：1. 右前叶（前部）2. 前气管支气管淋巴结　3. 右前叶（后部）4. 右气管支气管淋巴结　5. 右中叶　6. 副叶　7. 右后叶　8. 左后叶　9. 肺淋巴结　10. 左气管支气管淋巴结　11. 左中叶　12. 左前叶
B. 马：1. 右前叶　2. 前气管支气管淋巴结　3. 副叶　4. 右后叶　5. 左后叶　6. 中气管支气管淋巴结　7. 左气管支气管淋巴结　8. 左前叶
C. 猪：1. 右前叶　2. 前气管支气管淋巴结　3. 右气管支气管淋巴结　4. 右中叶　5. 副叶　6. 右后叶　7. 左后叶　8. 中气管支气管淋巴结　9. 左气管支气管淋巴结　10. 左中叶　11. 左前叶
D. 犬肺：1. 右前叶　2. 气管支气管淋巴结　3. 右中叶　4. 副叶　5. 右后叶
E. 猫肺：1. 左前叶　2. 左中叶　3. 左后叶
（引自 König 和 Liebich，2007）

牛、羊的肺叶间裂较深，分叶明显。左肺分前叶（Cranial lobe）（又称尖叶，Lobus apicalis）、中叶（Median lobe）（又称心叶，Cardiac lobe）和后叶（Caudal lobe）（又称膈叶，Lobus diaphragmaticus）。右肺分 4 叶，前叶（又分前部和后部）、中叶、后叶和内侧的副叶（Accessory lobes）。尖叶位于心切迹之前的部分，心切迹以后的部分为心叶和膈叶。副叶呈小锥体形，附着于心叶和膈叶的内侧、纵隔和后腔静脉之间。

马肺分叶不明显，在心切迹以前的部分为前叶（Cranial lobus）（又称尖叶），以后的部分称后叶（Caudal lobus）（又称心膈叶）。右肺有副叶（Accessory lobus），位于后叶的内侧，纵隔和后腔静脉之间。

猪肺分叶明显，左、右肺均分为前、中、后叶，右肺有副叶。

犬、猫肺叶间裂很深，分叶明显，分叶与猪肺相同。

三、肺的结构

肺由被膜和实质构成。被膜为肺表面的一层浆膜，称肺胸膜（Pulmonary pleura），其深部为结缔组织，内含血管、神经、淋巴管、弹性纤维和平滑肌纤维。肺胸膜的结缔组织伸入肺的实质内，将实质分为一些肺段（Pulmonary segment）和许多肺小叶（Lobules of lung）。肺小叶呈多边锥体形，底朝向肺的表面，顶朝向肺门。牛、猪的肺小叶界限明显；马的肺小叶间结缔组织不发达，小叶界限不十分明显。

肺的实质由肺内导管部和呼吸部组成。导管部为支气管经肺门入肺后反复分支，形成树枝状，依次为肺叶支气管（Lobar bronchi）、肺段支气管（Segmental bronchus）、细支气管（Bronchiole）、终末细支气管，它们统称为支气管树（Bronchial tree），是气体在肺内流通的管道（图 5-16）。

每一肺段支气管及其分支，以及所属的肺组织共同构成一个支气管肺段，简称肺段。肺段略呈锥体形，底朝向肺的表面，尖朝向肺门，相邻肺段间以薄层结缔组织相隔。牛、羊右肺有 13 个肺段，左肺有 9 个肺段。马的右肺有 11 个肺段，左肺有 9 个肺段。

呼吸部由终末细支气管的逐级分支组成，包括呼吸性细支气管（Respiratory bronchiole）、肺泡管（Alveolar duct）、肺泡囊（Alveolar sac）和肺泡（Alveoli of lung），其作用是与血液进行气体交换，即肺呼吸。

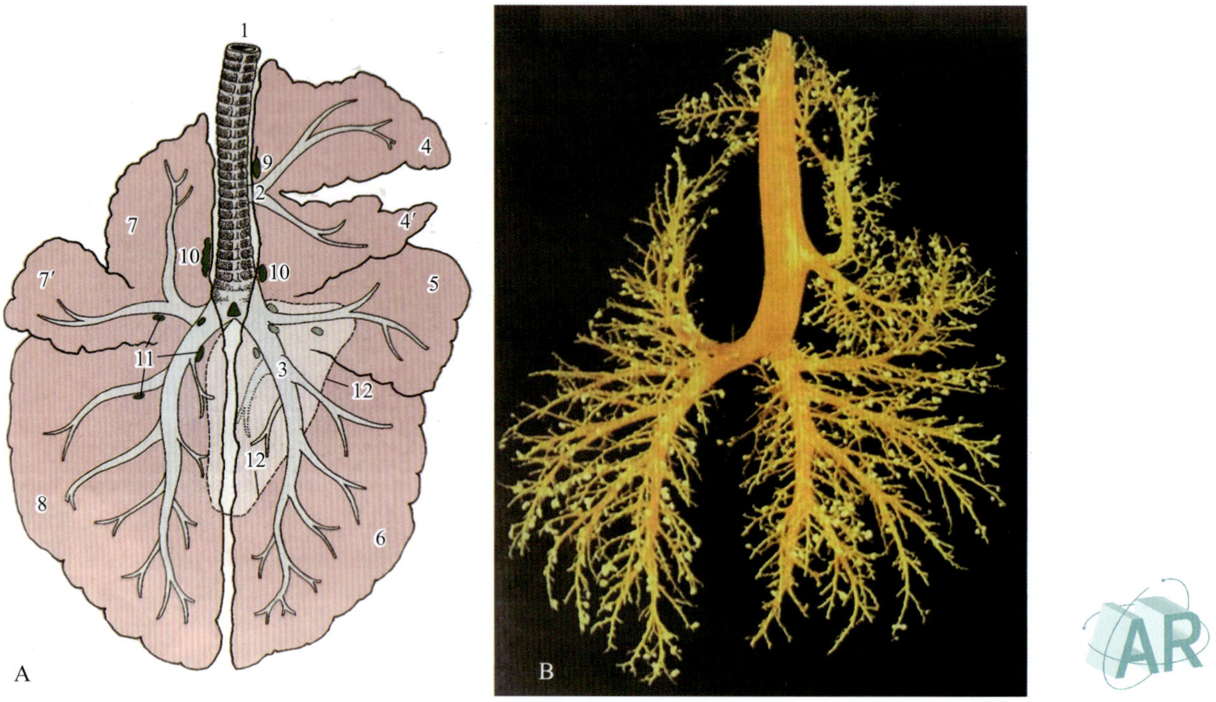

图 5-16 支气管树

A. 模式图 B. 铸型标本

1. 气管 2. 右前叶支气管 3. 右主支气管 4. 右前叶（前部） 4′. 右前叶（后部） 5. 右中叶 6. 右后叶 7. 左前叶 7′. 左中叶 8. 左后叶 9. 前气管支气管淋巴结 10. 气管支气管淋巴结 11. 肺淋巴结 12. 副叶界线

（引自 Singh 等，2018）

四、肺的血管和神经

肺内有两套血管系统，即功能性血管和营养性血管。功能性血管为肺动脉及其分支、肺泡毛细血管和肺静脉。肺动脉干从右心室发出，至肺门处分为左、右肺动脉，经肺门入肺，随支气管的分支而反复分支，最后形成肺泡毛细血管网包绕肺泡；毛细血管再逐步汇合成静脉，由小支到大支，最后汇合成 6 ～ 8 支肺静脉经肺门出肺，注入左心房。营养性血管为支气管动脉、毛细血管和支气管静脉。支气管动脉直接由主动脉分出，入肺后伴随支气管而分支，营养各级支气管、肺动脉、肺静脉、小叶间结缔组织和肺胸膜等，最后汇集成支气管静脉，出肺门后注入奇静脉。肺的两套血管之间有吻合支。反刍动物和马通常无支气管静脉。

肺的神经主要为交感神经和副交感神经。交感神经来自星状神经节和胸部交感神经干，副交感神经来自迷走神经，二者伴随血管和支气管的分支而分布。

第四节　胸膜和纵隔

一、胸膜

胸膜（Pleura）是覆盖在肺的外表面和衬贴于胸壁内表面的一层浆膜。前者称为胸膜脏层（Viseral pleura）或肺胸膜（Pulmonary pleura），后者称为胸膜壁层（Parietal pleura）。胸膜壁层贴于胸腔侧壁称肋胸膜（Costal pleura），贴于膈的胸腔面称膈胸膜（Diaphragmatic pleura），参与形成纵隔的称纵隔胸膜（Mediastinal pleura）。胸膜的脏层和壁层在肺根处互相移行，共同围成密闭的胸膜腔（图 5–17）。左、右胸膜腔被纵隔分开。胸膜腔内有少量浆液，称胸膜液，可减少呼吸时两层胸膜间的摩擦。牛、羊和猪的左、右胸膜腔完整，二者之间互不相通，一侧发生气胸，另一侧肺的功能仍正常。而马属动物的左、右胸膜腔间的纵隔较薄，常见有小的孔道相通，打开一侧胸膜腔，可造成气胸，会使另一侧同时发生气胸，使肺组织塌陷，失去呼吸功能。在马的临床手术中，应注意这一结构特点。

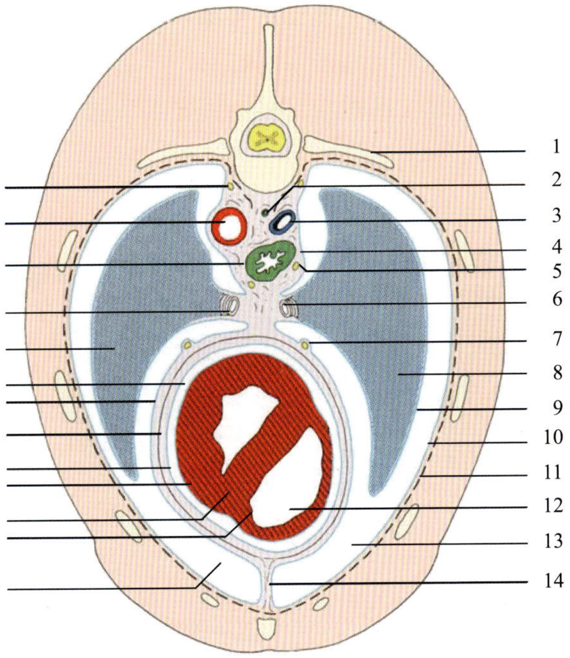

图 5–17　胸膜及胸膜腔示意图（横断面）

1. 肋　2. 胸导管　3. 纵隔　4. 胸膜　5. 右迷走神经　6. 肺门　7. 右膈神经　8. 右肺　9. 肺胸膜　10. 肋胸膜　11. 胸内筋膜　12. 右心室　13. 右胸膜腔　14. 胸骨心包韧带　15. 左胸膜腔　16. 心内膜　17. 心肌　18. 脏浆膜（心外膜）　19. 壁浆膜　20. 纤维心包　21. 心包胸膜　22. 心包腔　23. 左肺　24. 主支气管　25. 食管　26. 升主动脉　27. 左交感干

（引自 König 和 Liebich，2007）

第一节 肾

一、肾的一般结构

肾（Kidney）是成对的实质性器官，左、右各一，呈红褐色或深褐色，位于最后几枚胸椎和前3枚腰椎的腹侧，腹主动脉和后腔静脉的两侧（图6–2和图6–3）。右肾略偏前，常与肝的尾叶相接触并在其上形成肾压迹。营养状况良好的动物，肾周围有脂肪包裹，称肾脂囊（或脂肪囊 Adipose capsule）。肾的内侧缘中部凹陷，称肾门（Renal hilus），是输尿管、血管（肾动脉和肾静脉）、淋巴管和神经出入肾的地方。肾门深入肾内形成肾窦（Renal sinus），是由肾实质围成的腔隙，以容纳肾盏和肾盂等。肾的表面包有一层薄而坚韧的纤维膜，称纤维囊（Fibrous capsule），亦称被膜。健康动物肾的纤维囊容易剥离。

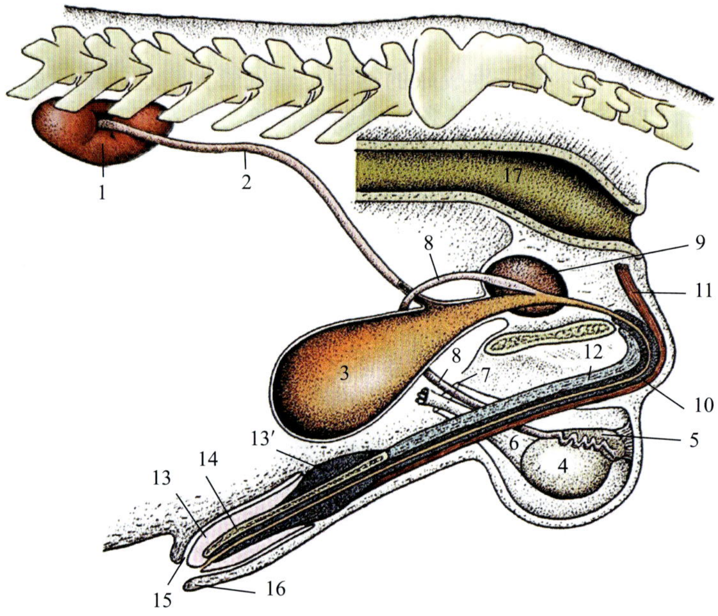

图6–2 公犬泌尿生殖器官位置（侧面观）

1. 右肾 2. 输尿管 3. 膀胱 4. 睾丸 5. 附睾 6. 精索 7. 腹股沟管 8. 输精管 9. 前列腺 10. 尿道海绵体 11. 阴茎缩肌 12. 阴茎海绵体 13. 阴茎头 13′. 龟头球 14. 阴茎骨 15. 包皮腔 16. 包皮 17. 直肠

（引自 Singh 等，2018）

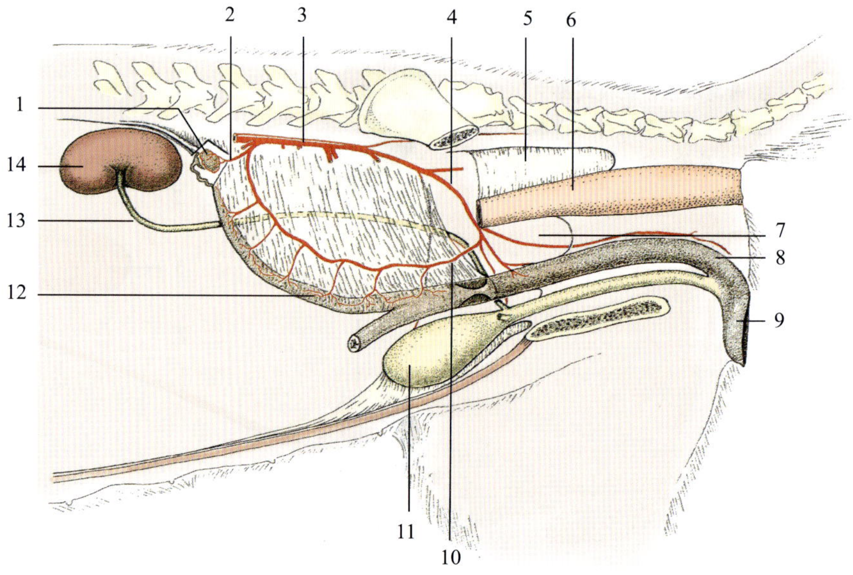

图6–3 母犬泌尿生殖器官位置（侧面观）

1. 卵巢 2. 卵巢动脉 3. 髂内动脉 4. 阴道动脉 5. 直肠系膜 6. 直肠 7. 直肠生殖腺凹 8. 阴道 9. 尿生殖前庭 10. 子宫动脉 11. 膀胱 12. 子宫角 13. 输尿管 14. 肾

（引自 König 和 Liebich，2007）

肾的实质由若干个明显或不明显的肾叶组成，每个肾叶分为浅部的皮质和深部的髓质（图 6–4）。肾皮质（Renal cortex）因富于血管，故新鲜标本呈红褐色，切面上有许多细小颗粒状小体，称肾小体（Renal corpuscle）。肾髓质（Renal medulla）颜色较浅，切面上可见许多纵向条纹，它由许多肾小管构成。每一肾叶的髓质形成尖端向内的圆锥形部分，称肾锥体（Renal pyramid）。肾锥体的底宽大，与皮质相接，锥体的顶部（末端）钝圆，形成肾乳头（Renal papilla），乳头上有许多乳头孔（Papillary foramen），形成筛区（Cribriform area），与肾盏或肾盂相对。伸入相邻肾锥体之间的皮质，在肾的切面上称为肾柱（Renal columns）。

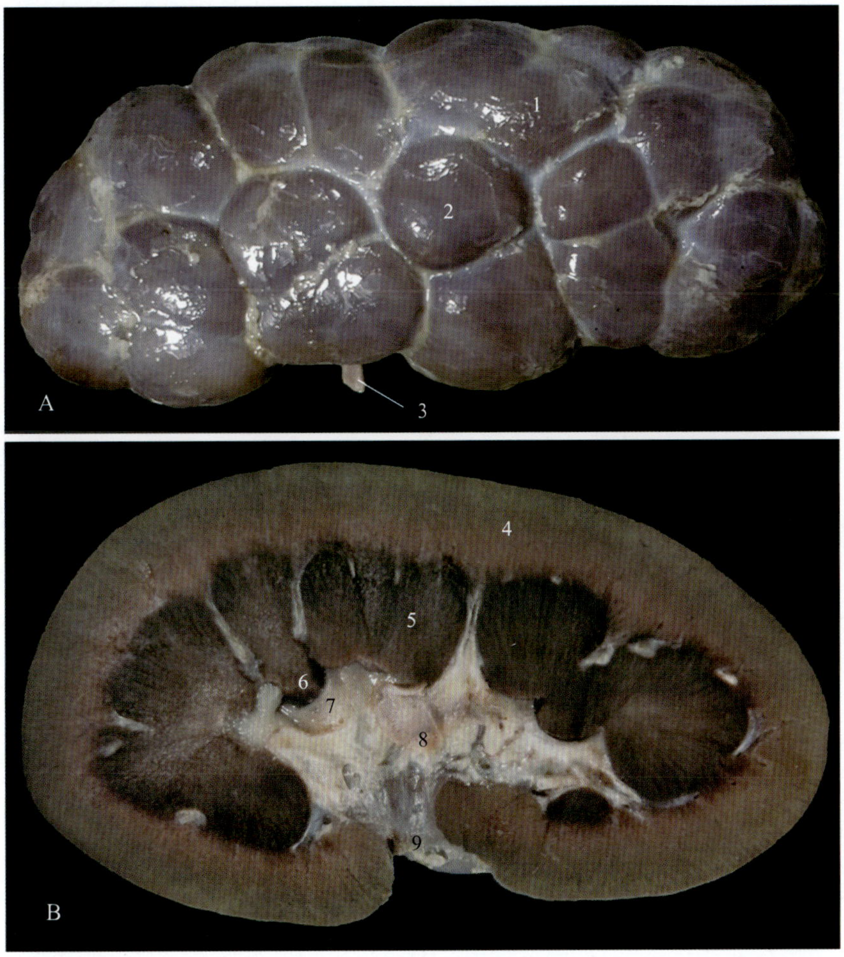

图 6–4　肾的外形与剖面

A. 牛肾外观　B. 猪肾剖面

1. 被膜　2. 肾叶　3. 输尿管　4. 皮质　5. 髓质　6. 肾乳头　7. 肾小盏　8. 肾窦和肾盂　9. 肾门

在肾窦内，输尿管的起始部常膨大形成肾盂（Renal pelvis）（图 6–4）。肾盂再发出 2 ～ 3 个分支，称为肾大盏（Renal major calyx）。每个肾大盏上发出 7 ～ 12 条分支，称为肾小盏（Renal minor calyx）。肾小盏的末端呈漏斗状，包围每一个肾乳头。终尿自肾乳头流出后，依次进入肾小盏、肾大盏和肾盂，然后经输尿管到达膀胱储存。

二、肾的类型及形态特点

动物种类不同，肾叶的合并程度不同，由此可分出各种不同的肾类型，包括有沟多乳头肾、平滑多乳头肾、平滑单乳头肾和复肾等（图 6–5）。有沟多乳头肾的肾叶仅中间部合并，肾表面有沟，内部有分离的乳头，如牛肾；平滑多乳头肾的肾叶的皮质部完全合并，表面光滑，但内部仍有单独存在的乳头，如猪肾；平滑单乳头肾的肾叶的皮质部和髓质部完全合并，肾乳头连成嵴状，如马肾、羊肾、犬肾和骆驼肾。复肾由许多独立的肾叶（小肾）组成，如鲸和熊的肾。

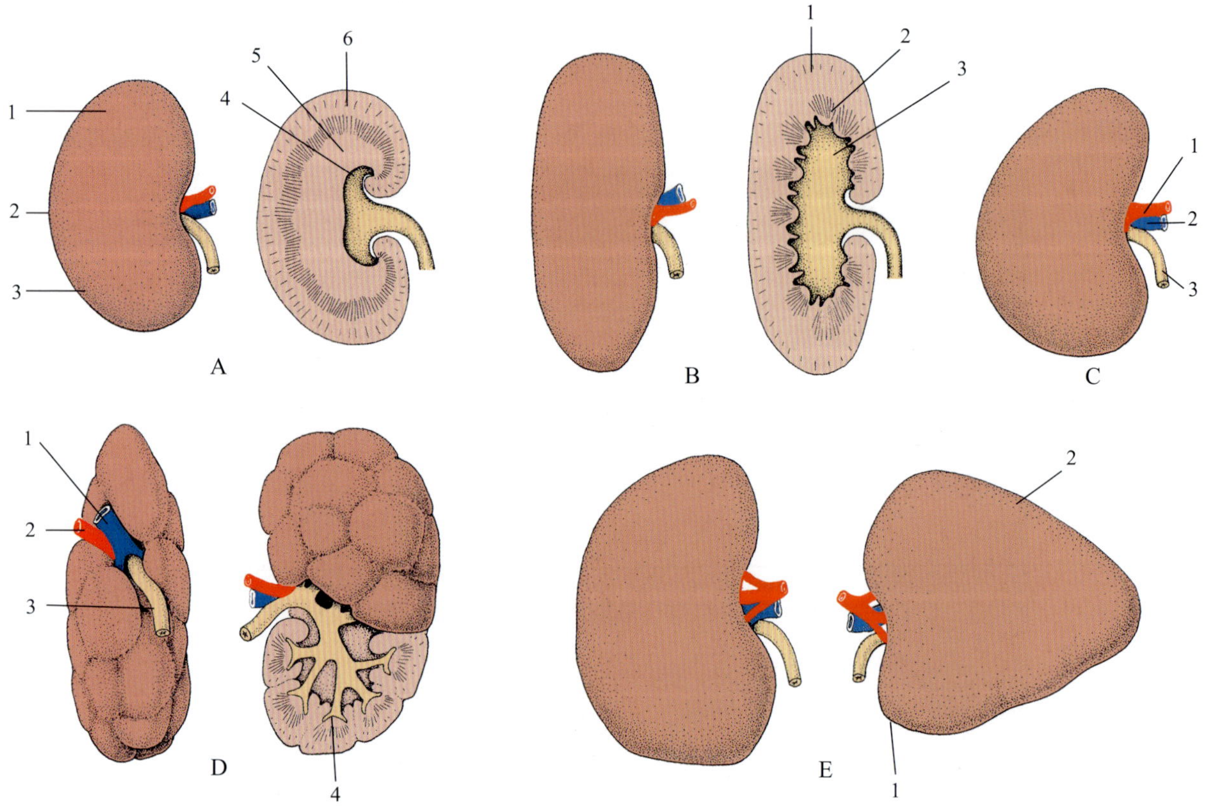

图 6–5　动物肾模式图

A. 犬左肾：1. 前端　2. 外侧缘　3. 后端　4. 肾盂　5. 肾髓质　6. 肾皮质
B. 猪左肾：1. 肾皮质　2. 肾髓质　3. 肾盂
C. 羊左肾：1. 肾动脉　2. 肾静脉　3. 输尿管
D. 牛左肾和右肾：1. 肾静脉　2. 肾动脉　3. 输尿管　4. 肾小盏
E. 马左、右肾：1. 内侧缘　2. 外侧缘
（引自 König 和 Liebich，2007）

（一）牛肾

牛的左、右两肾的形态和位置不对称。右肾呈长椭圆形，上、下稍扁（图 6–6），位于第 12 肋间隙至第 2、3 腰椎横突的腹侧。前端位于肝的肾压迹内。背侧面隆凸，与腰肌和右膈脚相接触；腹侧面较平，与肝、胰和十二指肠降部接触。肾门位于肾腹侧面的前部，接近内侧缘。左肾呈三棱形，前端较小，后端大而钝圆，因其有较长的系膜，故位置不固定。当瘤胃充满时，左肾横过体正中线至右侧，位于右肾的后下方、第 3 ～ 5 腰椎横突的腹侧。瘤胃空虚时，则左肾的一部分仍位于左侧。初生犊牛由于瘤胃不发达，左、右肾位置近似于对称。

牛肾属于有沟多乳头肾（图 6–6）。肾叶大部分融合在一起，肾的表面有沟，肾乳头单个存在。肾乳头孔流出的尿液汇入输尿管的起始部。输尿管的起始端，在肾窦内形成前、后两条集收管（相当于肾大盏）。每条集收管又分出许多分支，分支的末端膨大形成肾小盏，每个肾小盏包围一个肾乳头（图 6–6）。无明显的肾盂。

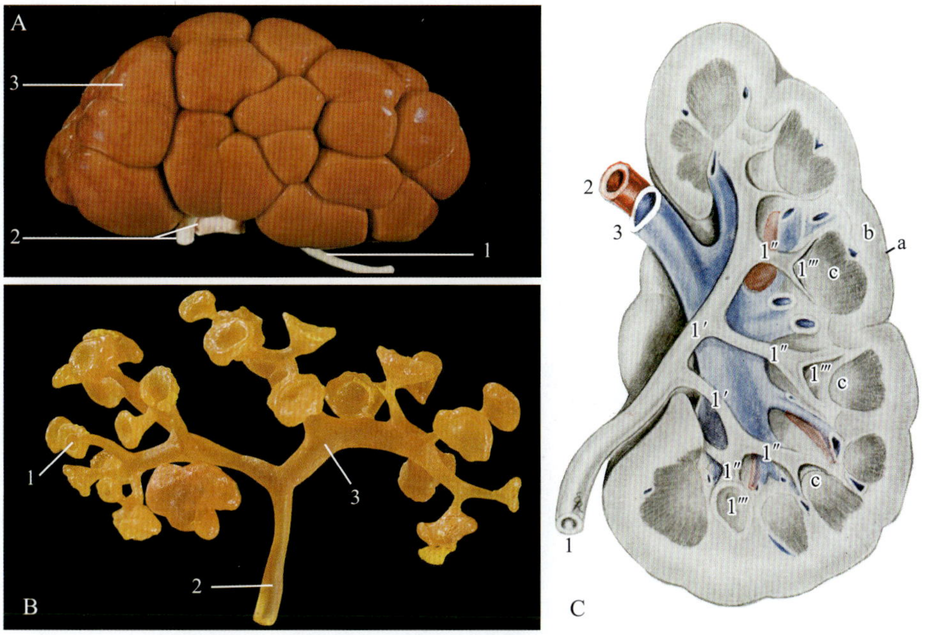

图 6-6　牛肾、输尿管及肾盏

A. 肾外形：1. 输尿管　2. 肾动、静脉　3. 肾叶　B. 输尿管及肾盏铸型：1. 肾小盏　2. 输尿管　3. 集收管
C. 肾剖面模式图：1. 输尿管　1′. 集收管　1″. 集收管分支　1‴. 肾小盏　2. 肾动脉　3. 肾静脉　a. 被膜　b. 皮质　c. 髓质和肾乳头
（部分引自 König 和 Liebich，2007）

（二）猪肾

猪肾属于平滑多乳头肾（图 6–7）。肾叶的皮质部完全合并，但髓质分开，肾乳头单独存在。每个肾乳头与一个肾小盏相对，肾小盏汇入两个肾大盏，后者汇成肾盂，延接输尿管（图 6–7）。左、右肾呈豆形，较长扁。两侧的肾位置对称，位于最后胸椎和前 3 枚腰椎横突腹侧。右肾前端不与肝相接。

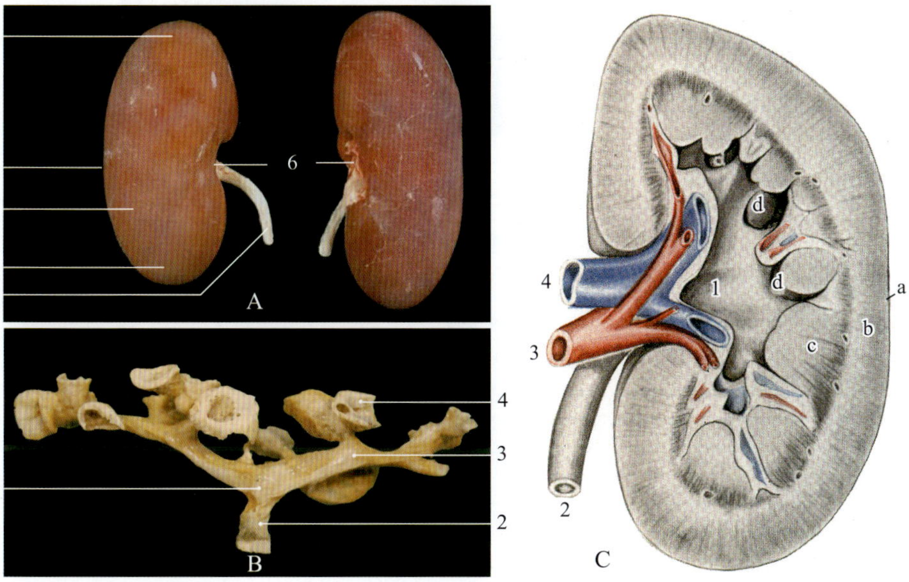

图 6–7　猪肾、输尿管及肾盂

A. 肾外形：1. 前端　2. 外侧缘　3. 腹侧面　4. 后端　5. 输尿管　6. 肾门　B. 肾盂铸型：1. 肾盂　2. 输尿管起始部　3. 肾大盏
4. 肾小盏　C. 肾的剖面模式图：1. 肾盂　2. 输尿管　3. 肾动脉　4. 肾静脉　a. 被膜　b. 皮质　c. 髓质　d. 肾乳头
（部分引自 König 和 Liebich，2007；陈耀星和王子旭等，2018）

（三）马肾

右肾略大，呈钝角三角形，位于最后 2、3 肋骨椎骨端及第 1 腰椎横突的腹侧。右肾前端与肝相接，在肝上形成明显的肾压迹。左肾呈豆形，位置偏后，位于最后肋骨和前 2 或 3 枚腰椎横突的腹侧。

马肾属于平滑单乳头肾（图 6–8），不仅肾叶之间的皮质部完全合并，而且相邻肾叶间的髓质部也完全合并，肾乳头融合成嵴状，称为肾嵴。从切面上观察，在皮质和髓质之间，可见血管断面，血管之间的肾组织的髓质部分称为肾锥体。皮质部肾组织伸入肾锥体之间，形成肾柱。肾盂呈漏斗状，中部稍宽，肾盂两端接裂隙状终隐窝（Terminal recess）。肾盂延接输尿管（图 6–8）。

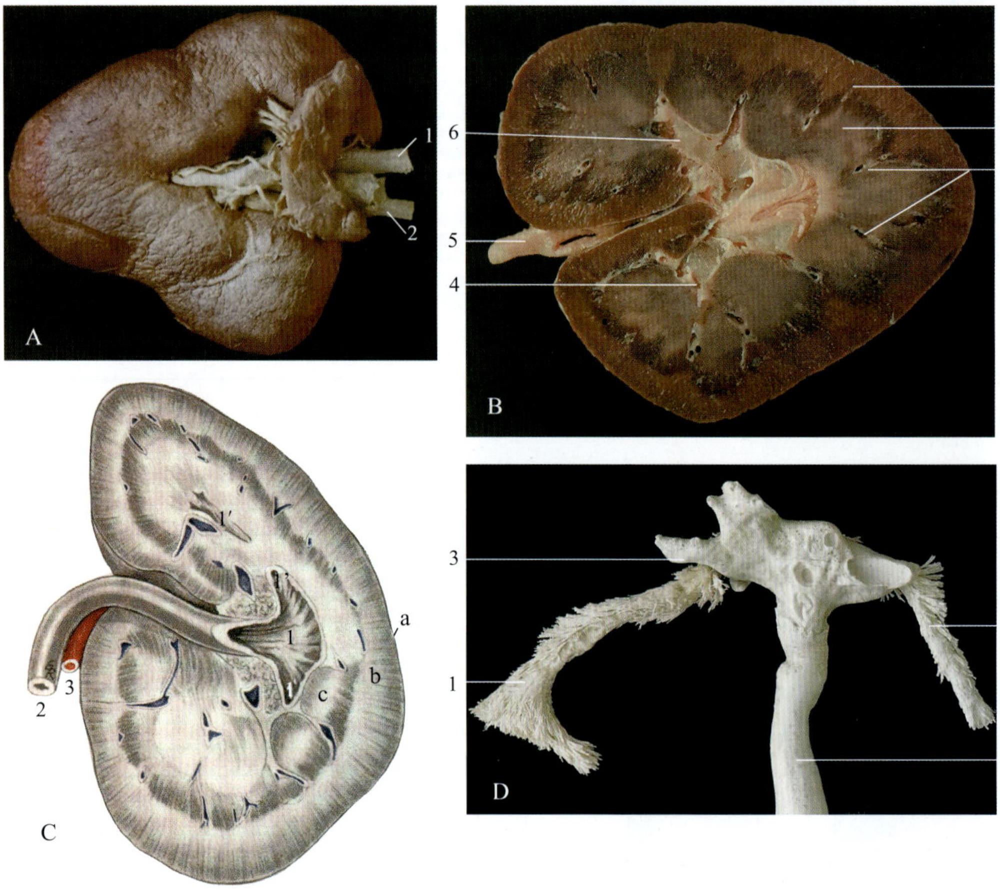

图 6–8　马肾、输尿管及肾盏

A. 右肾外形：1. 肾静脉　2. 肾动脉
B. 右肾剖面：1. 肾皮质　2. 肾髓质　3. 弓状动脉　4,6. 肾盂　5. 肾动脉
C. 肾剖面模式图：1. 肾盂　1′. 终隐窝　2. 输尿管　3. 肾动脉　a. 被膜　b. 皮质　c. 髓质
D. 肾盂铸型：1. 终隐窝　2. 输尿管　3. 肾盂
（部分引自 König 和 Liebich，2007）

（四）羊肾和犬肾

羊肾和犬肾均属于平滑单乳头肾（图 6–9 和图 6–10）。两肾均呈豆形，羊的右肾位于最后肋骨至第 2 腰椎下方，左肾在瘤胃背囊的后方，第 4 ～ 5 腰椎下方。犬的右肾位置比较固定，位于前 3 枚腰椎椎体的腹侧，有的前缘可达最后胸椎。左肾位置变化较大。当胃近于空虚时，肾的位置相当于 2 ～ 4 腰椎横突腹侧。当胃内食物充满时，左肾更向后移，左肾的前端约与右肾后端相对应。羊和犬的肾

除在中央纵轴为肾总乳头突入肾盂外，在总乳头两侧尚有多个肾嵴，肾盂除有中央的腔外，还形成相应的隐窝（图 6–10）。

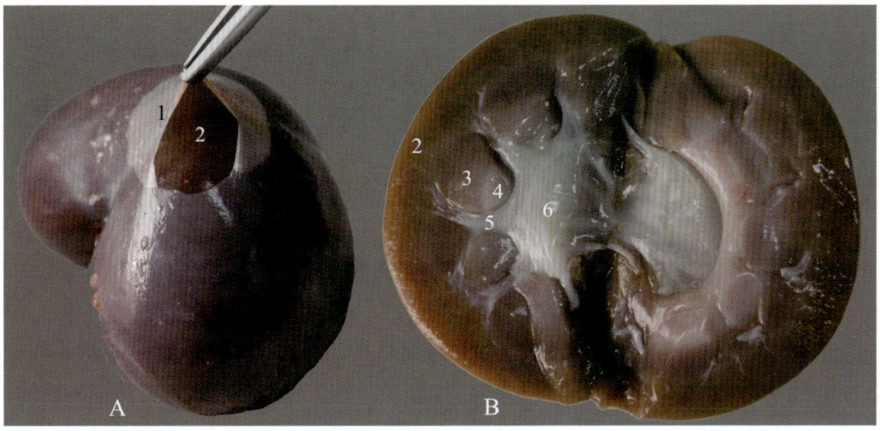

图 6–9　羊肾

A. 外形　B. 剖面　1. 被膜　2. 皮质　3. 髓质　4. 肾假乳头　5. 肾盂隐窝　6. 肾盂

（陈耀星供图）

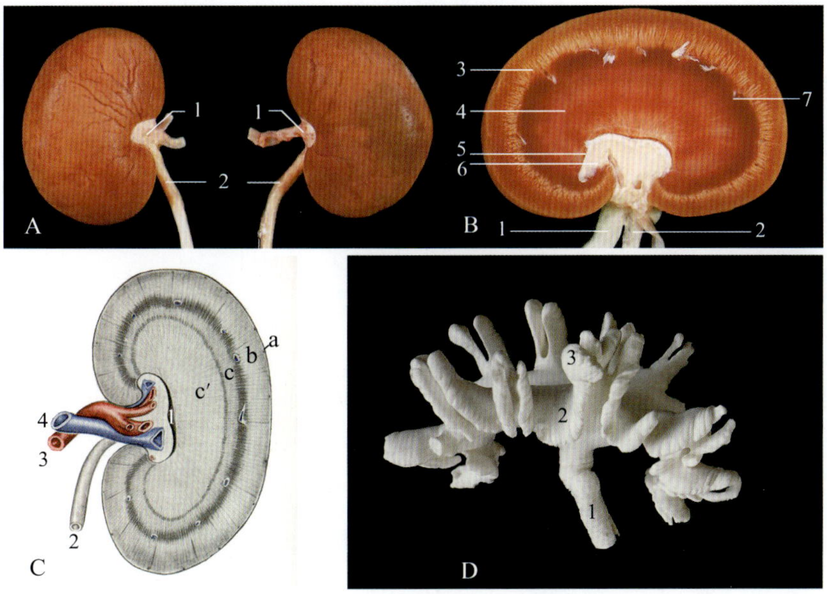

图 6–10　犬肾

A. 外形：1. 肾门及肾动、静脉　2. 输尿管

B. 剖面：1. 肾门及肾动、静脉　2. 输尿管　3. 肾皮质　4. 肾髓质　5. 肾嵴　6. 肾盂　7. 叶间动脉

C. 剖面模式图：1. 肾盂　2. 输尿管　3. 肾动脉　4. 肾静脉　a. 被膜　b. 皮质　c. 髓质外区　c′. 髓质内区

D. 肾盂铸型：1. 输尿管　2. 肾盂　3. 肾盂隐窝

（部分引自 König 和 Liebich，2007）

第二节　输尿管、膀胱和尿道

一、输尿管

输尿管（Ureter）是把肾脏生成的尿液输送至膀胱的细长管道，左、右各一条，起于集收管（牛）或肾盂（马、猪、羊、犬），出肾门后，沿腹腔顶壁向后伸延。左侧输尿管在腹主动脉的外侧，右侧输尿管在后腔静脉的外侧，横过髂内动脉的腹侧面进入骨盆腔。母畜输尿管大部分位于子宫阔韧带的背侧部，公畜的输尿管在骨盆腔内位于尿生殖褶中，与输精管相交叉，向后伸达膀胱颈的背侧，斜向穿入膀胱壁，在靠近膀胱颈的部位开口于膀胱背侧壁（图 6-11）。输尿管在膀胱壁内的一段长为 2～3 cm，当膀胱充盈时，壁内的这段输尿管因受挤压而闭合，有阻止尿液逆流的作用。

牛、羊的左侧输尿管由于左肾位置特殊，起初靠右侧，以后逐渐移向左侧，向后通入膀胱。猪的输尿管在形态上比较特殊，起始部较粗，向后逐渐变细，连于膀胱处最细。

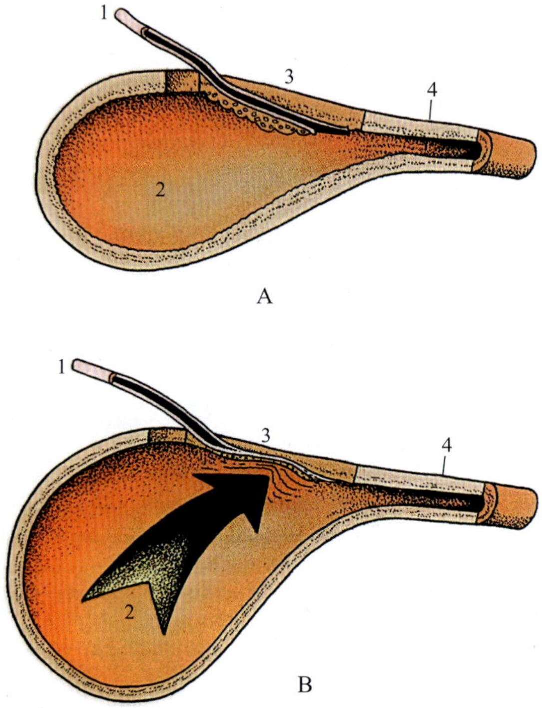

图 6-11　输尿管与膀胱（切开）

A. 未充盈　B. 充盈　1. 输尿管　2. 膀胱腔　3. 膀胱壁　4. 膀胱颈

（引自 Singh，2018）

二、膀胱

膀胱（Urinary bladder）为暂时储存尿液的器官。随着储存尿液量的不同，膀胱的形状、大小和位置均有变化。膀胱空虚时，呈梨状，约拳头大小（马、牛），位于骨盆腔内。充满尿液时，顶端可突入腹腔内。牛的膀胱比马的长，充满尿液时，可达腹腔底壁。猪的膀胱较大，充满尿液时大部分突入腹腔内。公畜的膀胱，背侧与直肠、尿生殖褶，输精管末端、精囊腺以及前列腺相接。母畜的膀胱背侧接子宫和阴道。

膀胱可分为膀胱顶（膀胱尖）、膀胱体和膀胱颈 3 部分（图 6–12）。膀胱顶（Vertex of bladder）为膀胱前部钝圆形的盲端，膀胱的中部为膀胱体（Body of bladder），后部为膀胱颈（Neck of bladder），向后延续为尿道，两者经尿道内口（Internal urethral orifice）相通。膀胱颈处有膀胱括约肌。

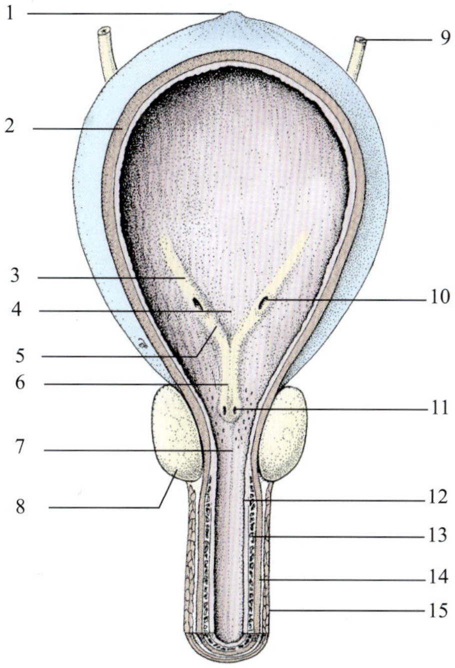

图 6–12 犬的膀胱（切开）

1. 膀胱顶 2. 黏膜和肌层 3. 输尿管柱 4. 膀胱三角区 5. 输尿管褶 6. 输尿管嵴 7. 前列腺管口 8. 前列腺 9. 输尿管 10. 输尿管开口部 11. 精阜和输精管口 12. 黏膜层 13. 尿道海绵体层 14. 肌层 15. 尿道肌

（引自 König 和 Liebich，2007）

膀胱壁由黏膜、肌层和外膜组成。黏膜上皮为变移上皮。输尿管开口于近膀胱颈背侧壁的黏膜上，呈裂隙状，为输尿管口（Ureteric ostium）。从输尿管口向后延伸出一对低的黏膜褶，称输尿管襞（褶）（Ureteric fold）。两侧的输尿管襞在尿道起始部合成一条尿道嵴（Urethral crest）。在膀胱背侧黏膜表面上由 2 个输尿管口和 1 个尿道内口形成膀胱三角（Trigone of bladder），其黏膜平滑无襞（图 6–12）。2 个输尿管口之间的皱襞称输尿管间襞（Interureteric fold），膀胱镜下所见为一苍白带，是临床寻找输尿管口的标志。膀胱肌层较厚，由平滑肌构成，分为内纵肌、中环肌和外纵肌 3 层。中环肌在尿道内口处形成括约肌，控制尿液的排出。

膀胱表面大部分覆有浆膜，膀胱的浆膜移行于膀胱与周围器官之间，形成一些浆膜褶。膀胱腹侧的浆膜褶沿正中矢状面与盆腔底壁相连，形成膀胱正中韧带（Middle ligament of bladder）。膀胱两侧的浆膜褶与盆腔侧壁相连，形成膀胱侧韧带（Lateral ligament of bladder）。在两侧膀胱侧韧带的游离缘各有一索状物，称膀胱圆韧带（Round ligament of bladder），是胎儿时期脐动脉的遗迹。

三、尿道

尿道（Urethra）为膀胱内的尿液向外排出的肌性管道，其内口接膀胱颈，外口在公畜开口于阴茎头，在母畜开口于阴道与阴道前庭的交界处的腹侧壁上。雄性尿道和雌性尿道在形态结构上有明显不同。此部分内容参见生殖系统。

公畜的尿道较长，兼有排尿和排精的作用，又称为尿生殖道。母畜的尿道较短，起自尿道内口，沿盆腔底壁向后伸延，开口于阴道前庭腹侧的尿道外口。母牛尿道外口的下方有一黏膜凹陷形成的短盲囊（长约 3 cm），称尿道下憩室（Suburethral diverticulum）。因此，在给母牛导尿时，应注意导尿管要向前下方直插，不要误插入憩室内（图 6–13）。母猪也有尿道下憩室。

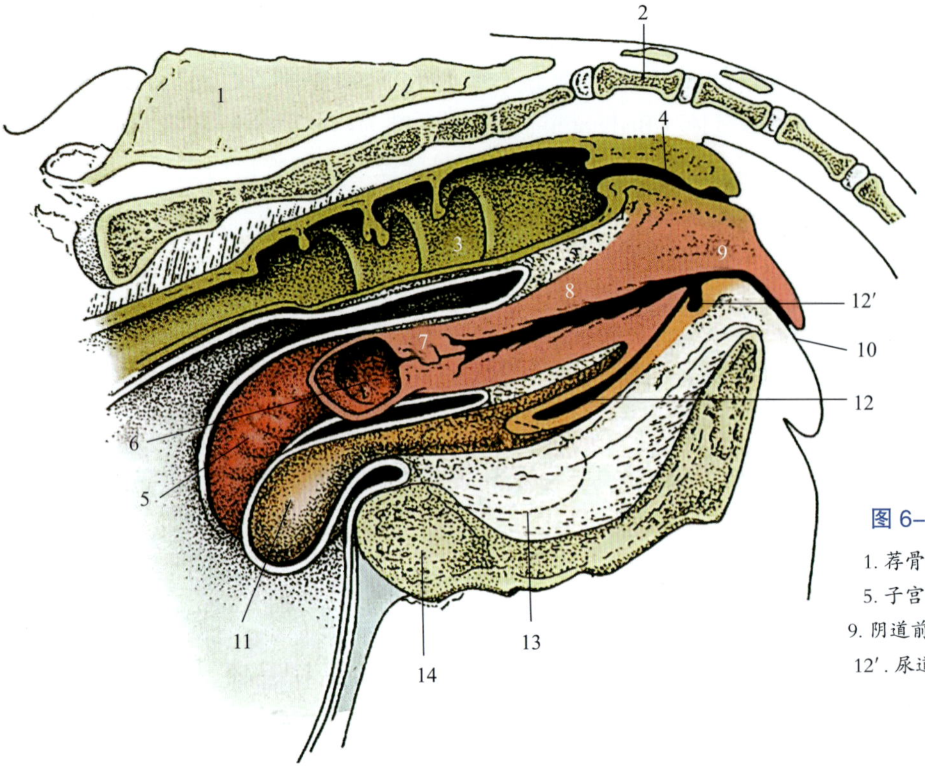

图 6-13　母牛尿道和尿道下憩室

1. 荐骨　2. 第 1 尾椎　3. 直肠　4. 肛管　5. 子宫角　6. 伪体　7. 子宫颈　8. 阴道　9. 阴道前庭　10. 阴门　11. 膀胱　12. 尿道　12′. 尿道下憩室　13. 闭孔　14. 骨盆联合

（引自 Singh，2018）

【思考题】

1. 泌尿系统包括哪些器官？
2. 肾脏包括哪些类型？
3. 简述肾和膀胱的位置及结构特点。
4. 解释下列名词：肾门、肾窦、肾盂、肾盏、膀胱圆韧带。

第七章 生殖系统

【教学目标】

1. 掌握公畜生殖器官的组成，各器官的形态、位置、结构及其功能
2. 比较公牛、公羊、公猪、公马和公犬生殖器官的结构特点
3. 掌握母畜生殖器官的组成，各器官的形态、位置及其功能
4. 了解母牛、母羊、母猪、母马和母犬卵巢、子宫形态结构的异同点
5. 理解睾丸下降、精索、排卵窝、子宫阜、阴道穹隆等概念

生殖系统（Reproductive system）的功能是产生生殖细胞（精子或卵子），分泌性激素，繁殖新个体，延续后代。家畜生殖系统有明显的性别差异，可分为公畜生殖器官和母畜生殖器官。

第一节　公畜生殖器官

公畜生殖器官由睾丸、附睾、输精管、精索、阴囊、尿生殖道、副性腺、阴茎和包皮组成（图 7-1 和图 7-2）。

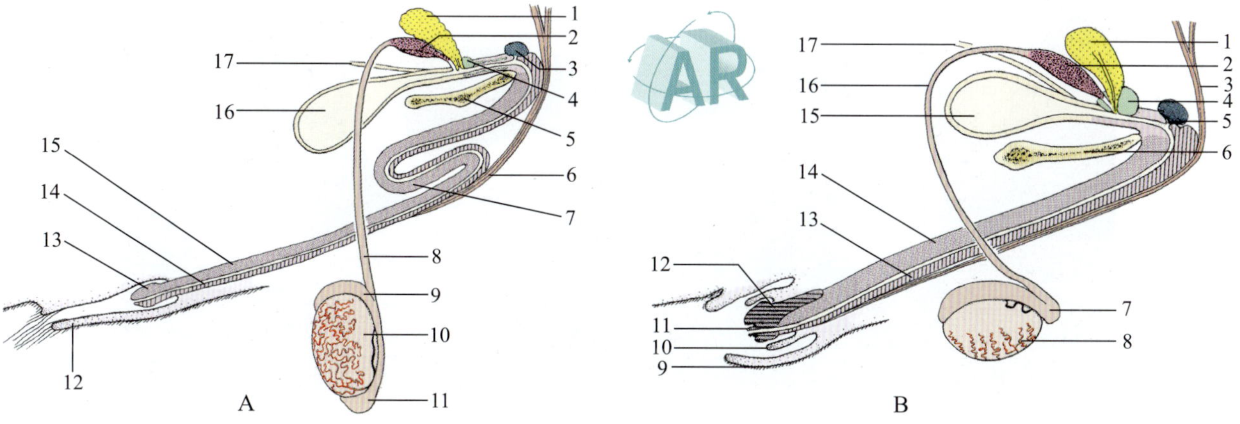

图 7-1　公畜生殖器官模式图

A. 牛：1. 精囊腺　2. 输精管壶腹　3. 尿道球腺　4. 前列腺　5. 耻骨　6. 阴茎缩肌　7. 乙状弯曲　8. 输精管　9. 附睾　10. 睾丸　11. 附睾尾　12. 包皮　13. 阴茎头　14. 尿道海绵体　15.（阴茎）海绵体　16. 膀胱　17. 输尿管

B. 马：1. 精囊腺　2. 输精管壶腹　3. 阴茎缩肌　4. 前列腺　5. 尿道球腺　6. 坐骨　7. 附睾　8. 睾丸　9. 包皮　10. 包皮褶　11. 尿道突　12. 阴茎头　13. 尿道海绵体　14.（阴茎）海绵体　15. 膀胱　16. 输精管　17. 输尿管

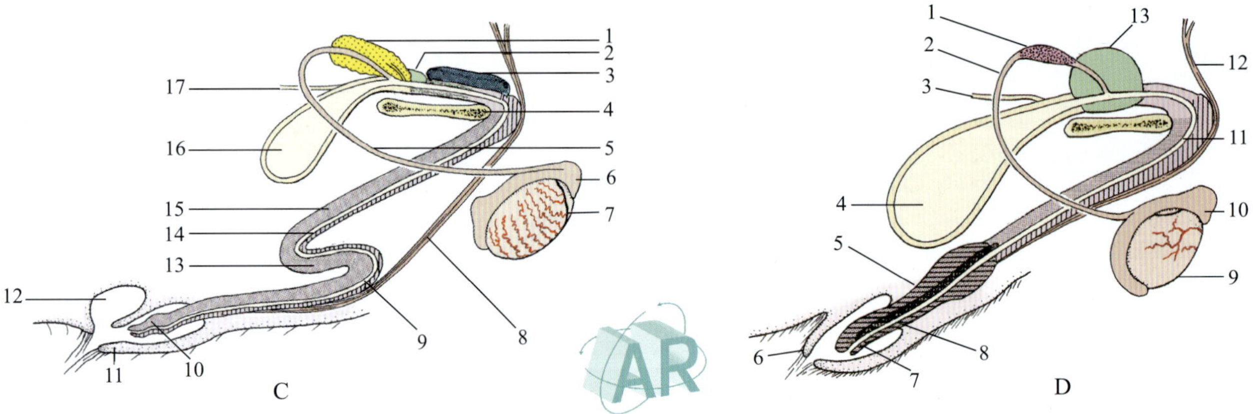

续图 7-1　公畜生殖器官模式图

C. 猪：1. 精囊腺　2. 前列腺　3. 尿道球腺　4. 坐骨　5. 输精管　6. 附睾尾　7. 睾丸　8. 阴茎缩肌　9. 尿道　10. 阴茎头　11. 包皮　12. 包皮憩室　13. 乙状弯曲　14. 尿道海绵体　15.（阴茎）海绵体　16. 膀胱　17. 输尿管

D. 犬：1. 输精管壶腹　2. 输精管　3. 输尿管　4. 膀胱　5. 龟头球　6. 包皮　7. 阴茎头　8. 阴茎骨　9. 睾丸　10. 附睾　11. 尿道　12. 阴茎缩肌　13. 前列腺

（引自 König 和 Liebich，2007）

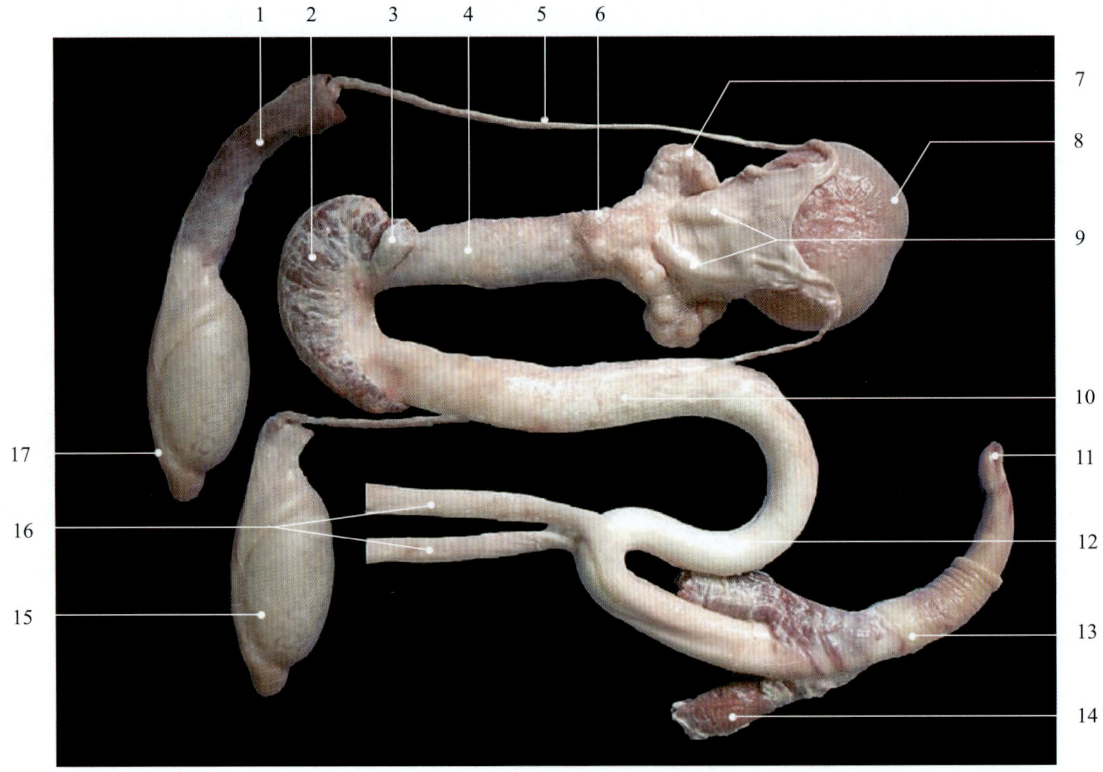

图 7-2　公牛生殖器官（实物标本）

1. 精索　2. 坐骨海绵体肌　3. 尿道球腺　4. 尿生殖道骨盆部　5. 输精管　6. 前列腺　7. 精囊腺　8. 膀胱　9. 输精管壶腹　10. 尿生殖道阴茎部　11. 阴茎头　12. 阴茎乙状弯曲　13. 阴茎　14. 包皮缩肌　15. 睾丸　16. 阴茎缩肌　17. 附睾

（引自陈耀星和曹静等，2021）

一、睾丸

睾丸（Testis）是雄性生殖系统的重要器官，有产生精子和分泌雄性激素的作用，后者可促进第二性征的出现和其他生殖器官的发育。

图 7–3　猪睾丸和附睾的形态

1. 睾丸附睾缘　2. 附睾体　3. 附睾尾　4. 睾丸尾　5. 睾丸体　6. 睾丸游离缘　7. 睾丸头　8. 附睾头　9. 精索

（引自陈耀星和王子旭等，2018）

（一）睾丸的形态和位置

睾丸位于阴囊内，左、右各一，由阴囊中隔隔开。睾丸一般呈椭圆形，表面光滑，分两缘、两端和两面。一侧有附睾附着，称为附睾缘，另一侧与附睾缘相对为游离缘（图 7–3）。血管和神经进入的一端为睾丸头，接附睾头，另一端为睾丸尾，以睾丸固有韧带（Proper ligament of testis）与附睾尾相连。睾丸与阴囊中隔相贴附的一面较平坦为内侧面，与阴囊外侧壁相邻的一面较隆凸为外侧面。

在胚胎时期，睾丸位于腹腔内，肾脏附近。出生前后，睾丸和附睾一起经腹股沟管下降至阴囊，这一过程被称为睾丸下降（Descent of the testes）。各种家畜睾丸下降完成时间不一，牛在胚胎 3 月龄，猪在出生前、后，犬在出生后，马在出生后 1 周完成。如果有一侧或两侧睾丸未下降至阴囊，称单睾或隐睾。这种家畜不宜作种畜用。但也有例外，如大象的睾丸始终位于腹腔，能够在腹腔内产生精子。很多小型哺乳动物，如啮齿类，在繁殖季节睾丸下降至阴囊，而后睾丸又返回至腹腔，呈现周期性改变。

各种动物睾丸的形态特征（图 7–1）：

1. 公牛（羊）的睾丸　位于两股部之间的阴囊内，呈长椭圆形（图 7–4），为上下垂直位，其长轴与地面垂直，上端为睾丸头，下端为睾丸尾，附睾位于睾丸的后内侧缘。睾丸实质呈黄色，羊的为白色。

2. 公马的睾丸 位于两股部之间的阴囊内，呈椭圆形（图 7–5），为前后水平位，其长轴与地面平行，睾丸头朝前，附睾位于睾丸的背侧。睾丸实质呈淡棕色。

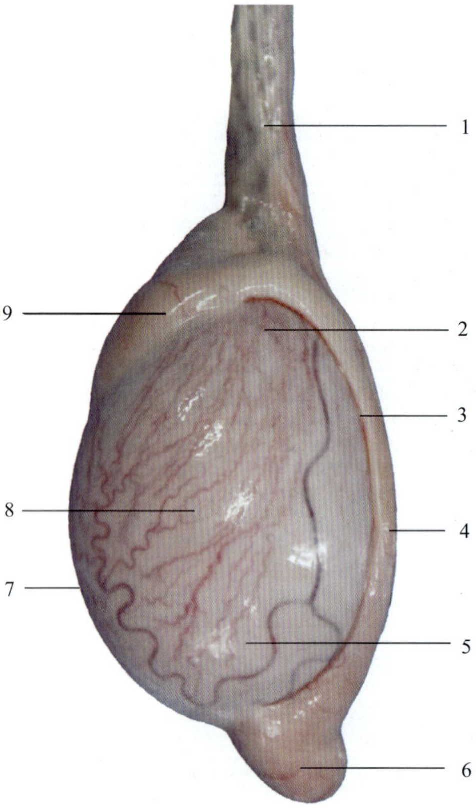

图 7–4 公羊睾丸和附睾

1. 精索 2. 睾丸头 3. 附睾缘
4. 附睾体 5. 睾丸尾 6. 附睾尾
7. 游离缘 8. 睾丸体 9. 附睾头
（李健供图）

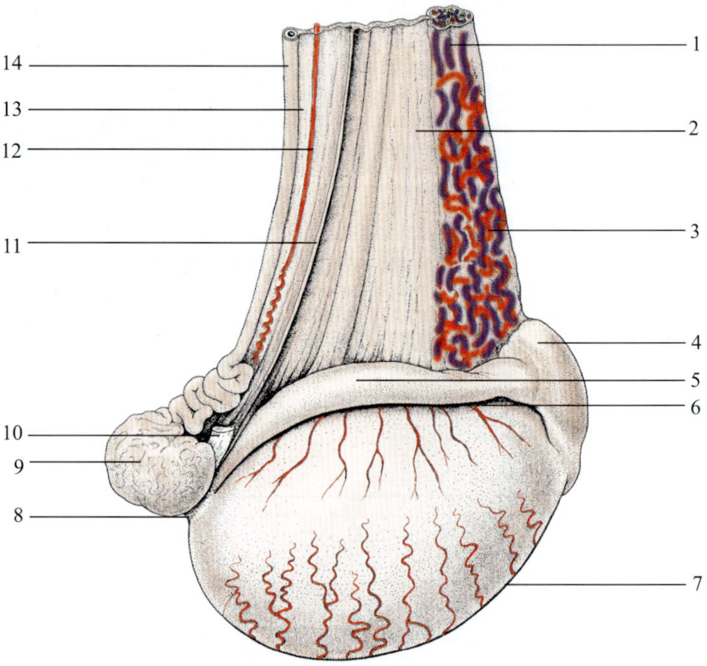

图 7–5 公马睾丸和附睾模式图

1. 睾丸动、静脉和淋巴管 2. 睾丸系膜 3. 蔓状丛和睾丸动脉 4. 附睾头
5. 附睾体 6. 睾丸附睾缘 7. 睾丸游离缘 8. 睾丸固有韧带 9. 附睾尾
10. 附睾尾韧带 11. 睾丸系膜 12. 输精管动脉 13. 输精管系膜 14. 输精管
（引自 König 和 Liebich，2007）

3. 公猪的睾丸 很大，斜位于会阴部肛门腹侧的阴囊内。长轴斜向后上方，睾丸头朝向前下方，附睾位于睾丸的背上缘。睾丸实质呈淡灰色，但因品种差异有深浅之分。

4. 公犬的睾丸 比较小，呈卵圆形，睾丸实质为白色，位置与猪的相似，斜位于肛门腹侧（会阴部）。长轴斜向后上方，睾丸头朝向前下方，附睾位于睾丸的背上缘。

（二）睾丸的结构

睾丸为实质性器官，表面覆有光滑的浆膜，称固有鞘膜（Proper vagina tunica）。鞘膜深面为厚而坚韧的致密结缔组织构成的白膜（Albugineous tunic）。白膜自睾丸头端伸入实质内，并沿睾丸纵轴延伸形成网状的睾丸纵隔（Mediastinum testis）（图 7–6）。睾丸纵隔呈放射状发出许多结缔组织间隔，这些睾丸小隔将睾丸实质分割成许多锥形的睾丸小叶。每一睾丸小叶内含有 2～3 条迂曲的精曲小管（Contorted seminiferous tubule），小管壁的生殖上皮可产生精子。小管之间为睾丸间质，含有间质细胞，分泌雄性激素，主要是睾酮。在靠近睾丸纵隔处，精曲小管变成直而短的精直小管（Straight seminiferous tubule），它们进入睾丸纵隔后，相互吻合形成睾丸网（Testicular network）。从睾丸网发出 6～12 条睾丸输出小管（Efferent ductules），穿出睾丸头，形成附睾头，然后移行为附睾管（Epididymal duct）（图 7–7）。

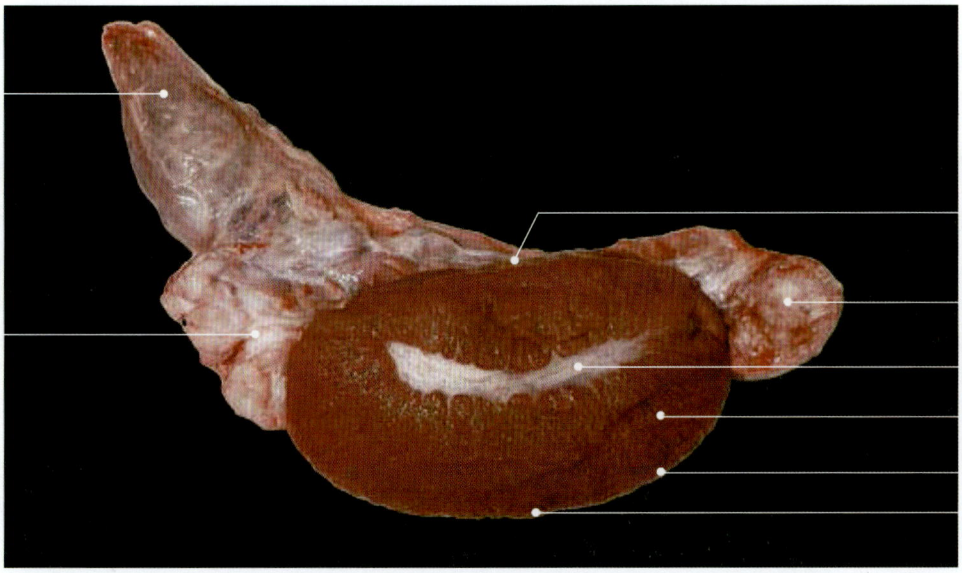

图 7-6　猪睾丸纵切面

1. 睾丸附睾缘　2. 附睾尾　3. 睾丸纵隔　4. 睾丸实质　5. 白膜　6. 睾丸游离缘　7. 附睾头　8. 精索

（引自陈耀星和王子旭等，2018）

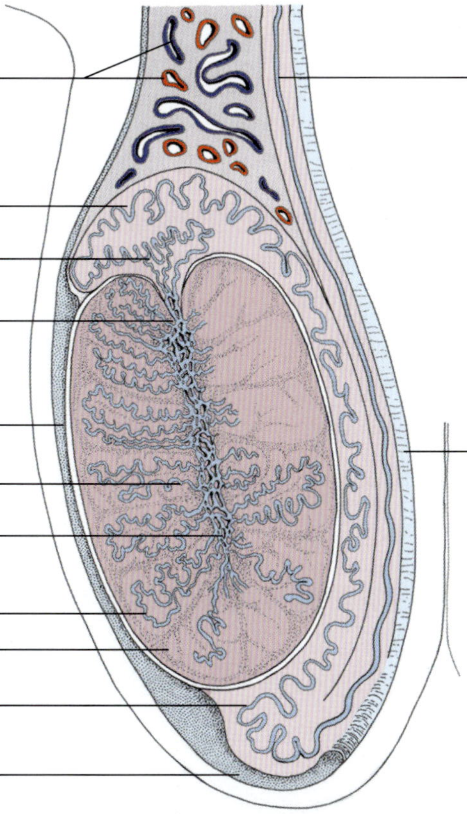

图 7-7　睾丸和附睾结构示意图

1. 睾丸动脉和蔓状丛　2. 附睾头　3. 睾丸输出小管　4. 睾丸纵隔　5. 白膜　6. 精直小管　7. 睾丸网　8. 精曲小管　9. 睾丸间隔　10. 附睾管　11. 附睾尾　12. 输精管　13. 附睾体

（引自 König 和 Liebich，2007）

二、附睾

附睾（Epididymis）是贮存精子和精子进一步成熟的地方。附睾呈新月形，附着于睾丸的附睾缘（图 7-3 至图 7-5），分为附睾头（Head of epididymis）、附睾体（Body of epididymis）和附睾尾（Tail of epididymis）3 部分（图 7-8）。附睾头膨大，由睾丸输出小管构成，与睾丸头相对应。输出小管汇合成一条较粗而长的附睾管，盘曲而成附睾体和附睾尾，附睾体细长，在附睾尾处管径增大，最后延续为输精管。附睾尾也膨大，借睾丸固有韧带与睾丸尾相连，借附睾尾韧带（前称阴囊韧带）与阴囊相连。在附睾的表面也被覆有固有鞘膜和薄的白膜。动物去势时，必须切断附睾尾韧带，才能摘除睾丸和附睾。

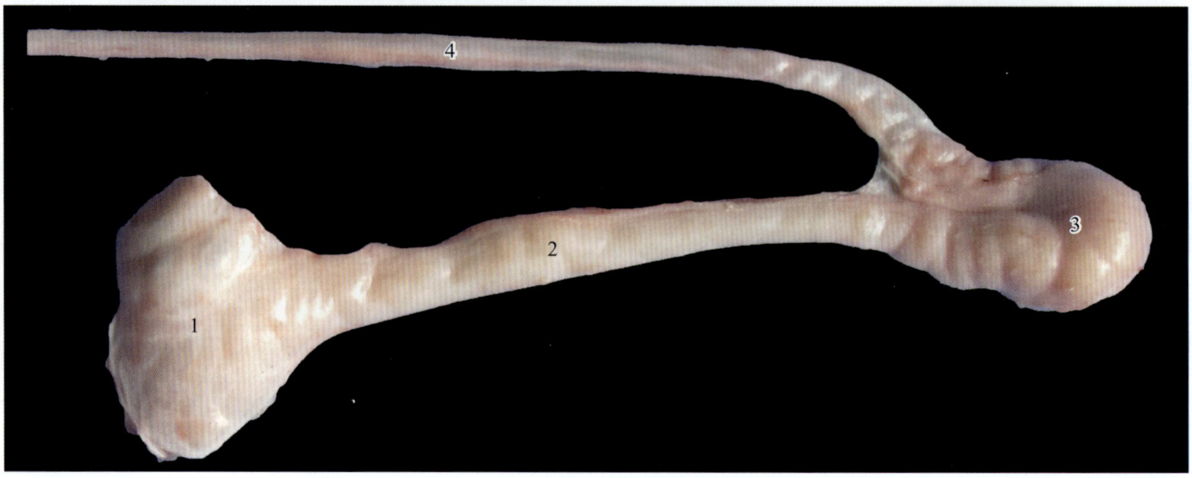

图 7-8　猪附睾

1. 附睾头　2. 附睾体　3. 附睾尾　4. 输精管

（引自陈耀星和王子旭等，2018）

三、输精管和精索

（一）输精管

输精管（Deferent duct）为运送精子的管道（图 7-2 和图 7-8）。公马的输精管最发达，牛、羊的次之，犬的较小。起始于附睾管，沿附睾体走至附睾头，由附睾头进入精索后缘内侧的输精管褶中，经腹股沟管上行进入腹腔，随即与精索中的血管、神经分离，单独折转向后进入骨盆腔，在膀胱背侧的尿生殖襞中继续后行，输精管末端与精囊腺导管合并成短的射精管（马、牛和羊）或与精囊腺导管一同（猪）开口于尿生殖道起始部背侧壁的精阜上。犬无精囊腺，输精管末端单独开口于精阜。

除猪外，公畜的输精管末段在膀胱的背侧呈纺锤形膨大，形成输精管壶腹（Ampulla of the deferent），其黏膜内有壶腹腺分布，腺体分泌物参与构成精液。猪的输精管壶腹不明显。

（二）精索

精索（Spermatic cord）为睾丸与腹股沟管腹环之间的一条扁平的圆锥形索状结构，由进入睾丸的脉管、神经、提睾肌和输精管等组成，外面包以固有鞘膜。精索基部较宽，附着于睾丸和附睾上（图 7-2 和图 7-5），向上逐渐变细，顶端达腹股沟管内口（腹环）。给公畜去势（睾丸摘除术）时，需切断精索。

四、阴囊

1. 阴囊的位置与形态　阴囊（Scrotum）为袋状的腹壁囊，借助腹股沟管与腹腔相通，相当于腹腔的突出部，内有睾丸、附睾和部分精索。马、牛、羊的阴囊位于腹底壁后部、两股之间，阴囊上端稍细，形成阴囊颈。马的阴囊呈前、后水平位。牛、羊的阴囊长轴垂直于地面，阴囊颈明显；阴囊颈的前方有 1 ～ 2 对雄性乳头。猪、犬的阴囊斜位于会阴部、肛门腹侧，与周围界限不明显。

2. 阴囊的结构　阴囊壁的结构与腹壁相似，由外向内为皮肤、肉膜、阴囊筋膜及提睾肌和总鞘膜（图 7-9）。

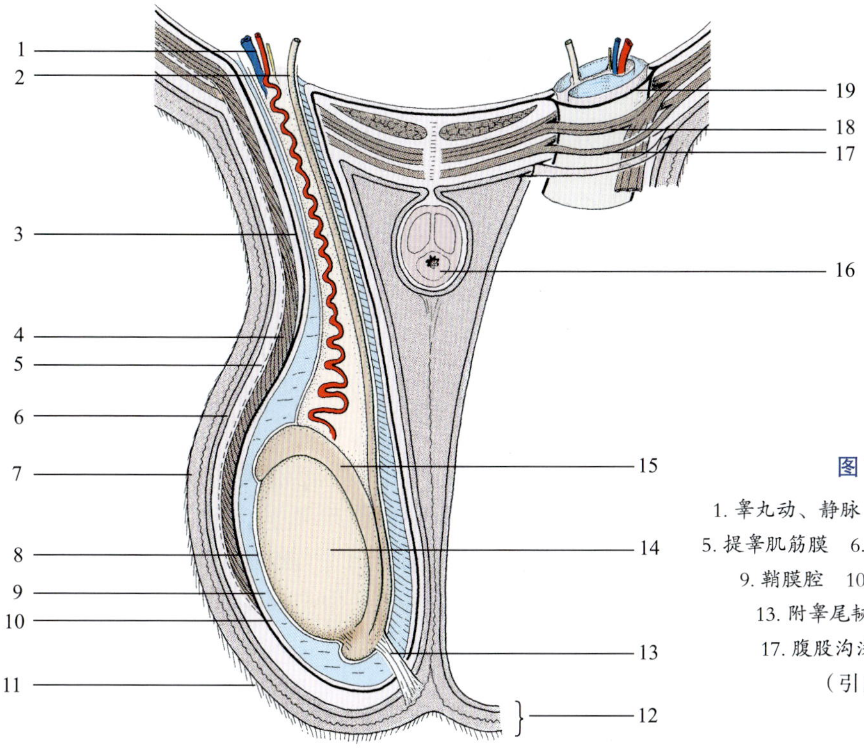

图 7-9　阴囊结构模式图

1. 睾丸动、静脉　2. 输精管　3. 精索内筋膜　4. 提睾肌　5. 提睾肌筋膜　6. 精索外筋膜　7. 肉膜　8. 睾丸鞘膜脏层　9. 鞘膜腔　10. 睾丸鞘膜壁层　11. 皮肤　12. 阴囊　13. 附睾尾韧带　14. 睾丸　15. 附睾　16. 阴茎　17. 腹股沟浅环　18. 腹股沟深环　19. 鞘膜环

（引自 König 和 Liebich，2007）

（1）阴囊皮肤（Scrotal skin）　薄而柔软，富有弹性，易于移动和伸展。表面生有短而细的毛，内含丰富的汗腺和皮脂腺，猪的阴囊皮肤毛少或无，不含皮脂腺。阴囊表面的腹侧正中有一条缝线，称为阴囊缝（Scrotal raphe），将阴囊从外表分为左、右两部分，为阉割术切口部位的定位标志。

（2）肉膜（Dartos coat）　位于皮肤内面，与阴囊皮肤紧贴，不易分离，相当于皮下组织，由富含弹性纤维和平滑肌纤维的致密结缔组织构成。肉膜在阴囊正中缝处形成阴囊中隔（Scrotal septum），将阴囊分为左、右互不相通的两个腔。阴囊中隔背侧分为两层，分别从阴茎的腹侧和两侧向上附着于腹壁。公牛的肉膜发达。肉膜内平滑肌有调节阴囊温度的作用，冷时肉膜收缩，使阴囊皱缩，散热面积减小；天热时肉膜松弛，阴囊下垂，有利于精子发育和生存。

（3）阴囊筋膜（Scrotal fascia）及提睾肌（Cremaster）　阴囊筋膜亦称精索外筋膜（External spermatic fascia），位于肉膜深面，由腹壁深筋膜和腹外斜肌腱膜延伸而来，将肉膜与总鞘膜以及夹于二者间的提睾肌较疏松的连接起来。精索外筋膜在附睾尾附近与肉膜黏着，称阴囊韧带。提睾肌位于阴囊筋膜深面，来自腹内斜肌，贴在总鞘膜的外侧面和后缘，收缩时可上提睾丸，接近腹壁，调节阴囊和睾丸与腹壁间的距离，与肉膜一同调节阴囊内的温度，以利于精子的发育和生存。猪的提睾肌发达，沿总鞘膜表面扩展到阴囊中隔。

（4）总鞘膜（Common vaginal tunic）　是阴囊的最内层，从腹膜壁层延伸而来，由外面一薄层来自腹横筋膜的精索内筋膜与其深面的鞘膜壁层愈合而成。

鞘膜（Vaginal tunic）位于精索内筋膜的深面，是睾丸下降时带到阴囊内的腹膜，分壁层和脏层。鞘膜壁层与精索内筋膜融合形成总鞘膜，贴附于腹股沟管和阴囊壁内层；沿精索和睾丸系膜缘折转而覆盖于精索、睾丸和附睾表面，称鞘膜脏层，又称为固有鞘膜（相当于腹膜的脏层）；两者转折处形成睾丸系膜、附睾系膜和输精管系膜。在总鞘膜和固有鞘膜之间的腔隙，称鞘膜腔（Vaginal cavity），内有少量浆液。鞘膜腔的上段细窄，称为鞘膜管（Vaginal canal），通过腹股沟管以鞘膜管口或鞘膜环（Vaginal ring）与腹膜腔相通。如成年家畜鞘膜环较大，鞘膜管口未缩小，当腹压增加，活动性较大的空肠可由腹膜腔脱入鞘膜管或鞘膜腔内，形成腹股沟疝或阴囊疝，须进行手术整复。

总鞘膜沿阴囊后壁，折向睾丸、附睾和精索的转折部，由上至下形成一浆膜褶，好似腹腔内的肠系膜，以此悬吊睾丸，故称睾丸系膜。睾丸系膜下端增厚，连于总鞘膜与附睾尾之间，称附睾尾韧带（Ligament of the tail of the epididymis）（图 7–9）或称阴囊韧带（Scrotal ligament）。当进行阉割术时，在切开阴囊壁之后，必须剪断附睾尾韧带、睾丸系膜和精索，才能摘除睾丸和附睾。

五、尿生殖道

雄性尿道（Male urethra）为尿液和精液排出的共同通道，又称尿生殖道（Urogenital tract）。以尿道内口起于膀胱颈，沿骨盆腔底壁向后伸延，绕过坐骨弓，再沿阴茎腹侧的尿道沟向前伸延，以尿道外口开口于外界。

尿生殖道分骨盆部和阴茎部两部分，两部间以坐骨弓为界。在交界处，尿生殖道内腔变细，称为尿道峡（Urethral isthmus）。尿道峡是临床上尿道结石或尿道阻塞的常发部位。

1. 尿生殖道骨盆部 指自膀胱颈到骨盆腔后口的一段，位于骨盆腔底壁与直肠之间（图 7–1、图 7–2 和图 7–10）。在尿生殖道骨盆部起始处背侧壁的黏膜上，有一圆形隆起，称为精阜（Seminal hillock）。精阜上有一对小孔，为输精管及精囊腺导管的共同开口（图 7–11）。此外，骨盆部黏膜的表面还有前列腺和尿道球腺的开口。家畜中以公猪的尿生殖道骨盆部为最长，牛、羊和犬次之，马的较短。

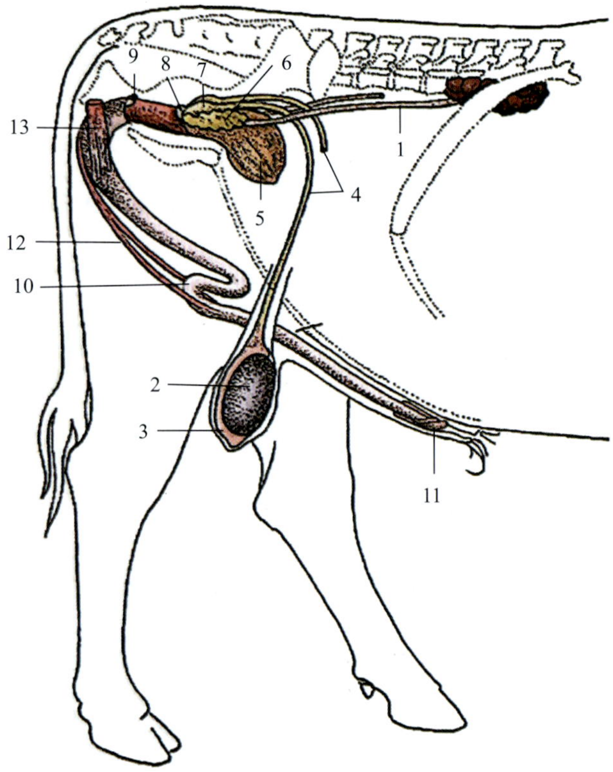

图 7–10　公牛泌尿生殖器官

1. 输尿管　2. 右侧睾丸　3. 附睾　4. 输精管　5. 膀胱　6. 精囊腺　7. 输精管壶腹　8. 前列腺　9. 尿道球腺　10. 阴茎乙状曲　11. 阴茎头　12. 阴茎缩肌　13. 坐骨海绵体

（引自 Singh 等，2018）

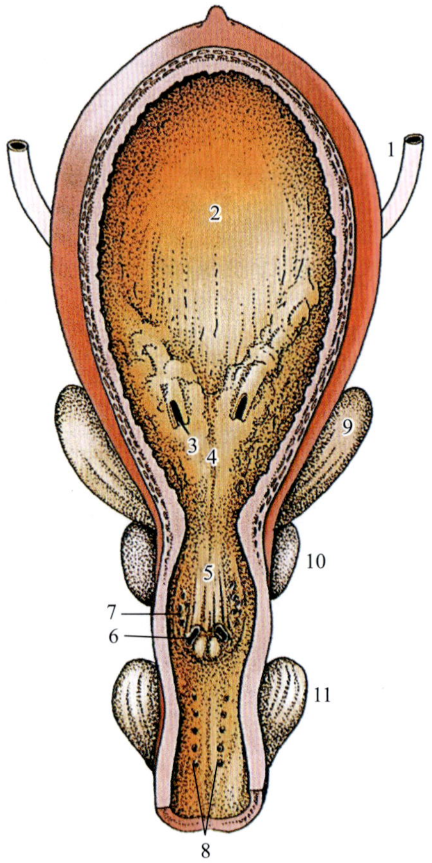

图 7–11　公马膀胱和尿生殖道骨盆部（切开，背侧观）

1. 输尿管　2. 膀胱　3. 输尿管口　4. 膀胱三角　5. 尿道嵴和精阜　6. 射精管口　7. 前列腺管口　8. 尿道球腺管口　9. 精囊腺　10. 前列腺　11. 尿道球腺

（引自 Singh 等，2018）

2. 尿生殖道阴茎部 是尿道经坐骨弓至阴茎腹侧的一段，末端开口在阴茎头，开口处称尿道外口（External urethral orifice）（图 7-1、图 7-2 和图 7-10）。

尿生殖道管壁从内向外由黏膜层、海绵体层、肌层和外膜构成。黏膜常集拢成许多皱褶，骨盆部的黏膜有副性腺的开口。在尿道球腺开口处，牛和猪的黏膜形成半月形的黏膜襞或盲囊。黏膜被覆变移上皮，在尿道外口处移行为复层扁平上皮。固有层富含弹性纤维，在马和猪有一些小尿道腺（Urethral gland）。海绵体层主要是由黏膜下层的毛细血管膨大而形成的海绵体腔构成，阴茎部发达，形成尿道海绵体。在尿道峡后方，尿生殖道壁上的海绵体层稍变厚，形成尿道球（Urethral bulb），又称阴茎球（Penis bulb）。肌层由深层的平滑肌和浅层的横纹肌组成。横纹肌在骨盆部的称为尿道肌（Urethral muscle），在阴茎部的称为球海绵体肌（Bulbocavernosus muscle）。马的球海绵体肌最发达，包围于尿道海绵体的腹外侧，向前伸达阴茎头。牛、羊的球海绵体肌仅覆盖于尿道球以及尿道球腺的表面，不达阴茎部。猪的球海绵体肌虽发达，但也只伸延很短的一段距离。犬的球海绵体肌较薄。横纹肌的收缩在交配时对射精起重要作用，还可帮助排出余尿。外膜为结缔组织膜。

六、副性腺

副性腺（Accessory genital gland）为位于尿生殖道骨盆部背侧的腺体，包括精囊腺、前列腺和尿道球腺 3 种（图 7-12 和图 7-13），有的动物还包括输精管壶腹（图 7-1 和图 7-2）。犬的副性腺无精囊腺和尿道球腺，只有前列腺。猫的副性腺有前列腺和退化的尿道球腺，无精囊腺和壶腹腺。所有副性腺都有发育完善的软组织囊和富含平滑肌纤维的内隔膜，这些肌纤维由自主神经支配，负责腺体分泌物的排出，睾酮对腺体的分泌有促进作用。但是，去势动物的副性腺均发育不良（图 7-14）。副性腺的分泌液中含有果糖、柠檬酸盐，参与构成精液，有稀释精子、营养精子、改善阴道环境和增强精子活力等作用。

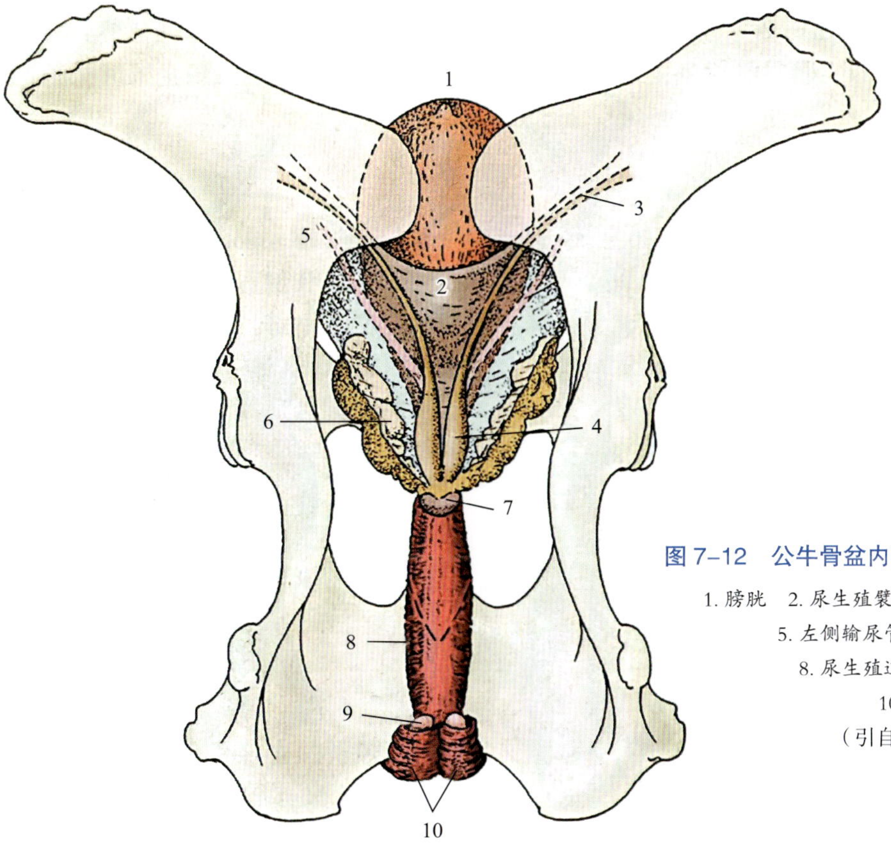

图 7-12　公牛骨盆内部分泌尿生殖器官位置（背侧观）

1. 膀胱　2. 尿生殖襞　3. 右侧输精管　4. 输精管壶腹
5. 左侧输尿管　6. 精囊腺　7. 前列腺
8. 尿生殖道骨盆部　9. 尿道球腺
10. 球海绵体肌
（引自 Singh 等，2018）

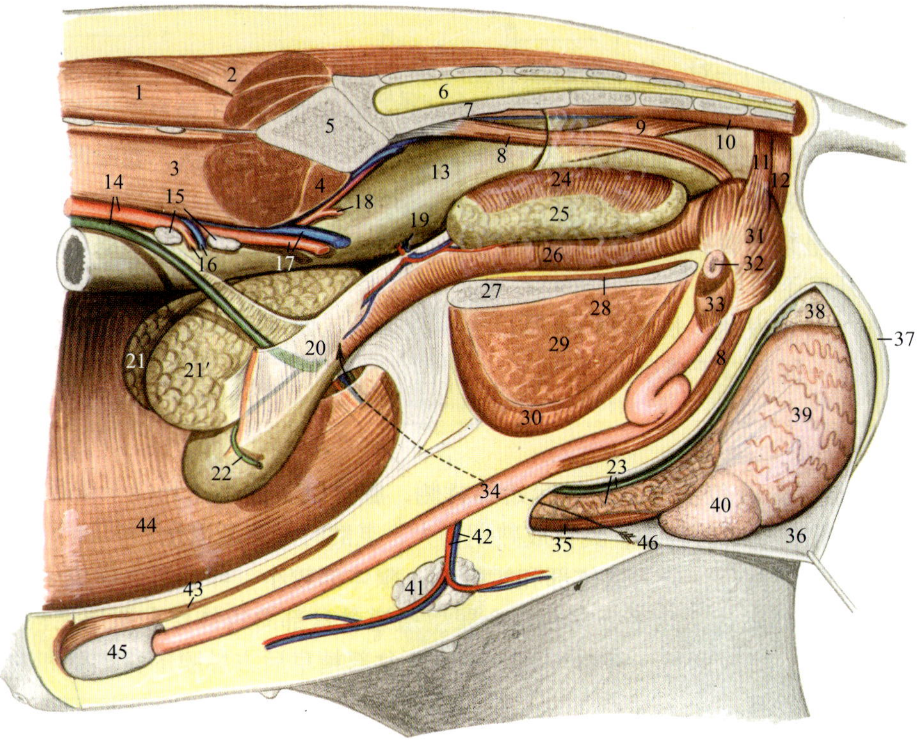

图 7–15　公猪骨盆部结构

1. 腰最长肌　2. 臀中肌　3. 腰大肌　4. 腰小肌　5. 髂骨　6. 脊髓　7. 荐骨　8. 阴茎缩肌　9. 直肠尾骨肌　10. 荐尾腹侧肌　11. 肛门外括约肌前部　12. 肛门外括约肌后部　13. 直肠壶腹　14. 腹主动脉、左输尿管　15. 髂内淋巴结　16. 睾丸动、静脉　17. 髂外动、静脉　18. 左脐动脉　19. 前列腺动、静脉　20. 膀胱侧韧带　21,21′. 精囊腺　22. 右输精管　23. 右精索　24. 球腺肌　25. 尿道球腺　26. 尿生殖道骨盆部　27. 骨盆联合　28. 闭孔外肌盆腔部　29. 内收肌　30. 股薄肌　31. 球海绵体肌　32. 阴茎脚　33. 坐骨海绵体肌　34. 阴茎　35. 睾提肌　36. 鞘膜、精索内筋膜　37. 阴囊　38. 附睾尾　39. 睾丸　40. 附睾头　41. 阴囊淋巴结　42. 阴部外动、静脉　43. 包皮后肌　44. 腹直肌　45. 包皮憩室　46. 腹股沟管

（引自 Popesko，1985）

（一）阴茎的形态

阴茎分为阴茎根、阴茎体和阴茎头 3 部分（图 7–1、图 7–2 和图 7–15）。阴茎根（Root of penis）位于会阴部，由左、右两个阴茎脚组成。阴茎脚的后端附着于坐骨弓两侧的坐骨结节腹侧面，其外面覆盖着发达的坐骨海绵体肌（横纹肌）。左、右两侧阴茎脚间为尿生殖道骨盆部向阴茎的延续。阴茎体（Body of penis）由两个阴茎脚向前合并而成，呈圆柱状，是阴茎的主要部分。在阴茎脚和阴茎体两者移行处，有两条平行的阴茎悬韧带，将阴茎固着于坐骨联合的腹侧面。阴茎头（Glands of penis）位于阴茎的前端，其形状因家畜种类不同而有差异（图 7–16）。

1. 牛的阴茎　呈圆柱状，长而细，成年公牛长约 90 cm。阴茎体在阴囊的后方形成乙状曲，勃起时伸直。阴茎头长而尖，自左向右扭转，游离端形成阴茎头帽，右侧沟内有尿道突（Urethral process）。尿道外口小而呈狭缝样，位于阴茎头前端尿道突的末端（图 7–16）。

羊的阴茎与牛的基本相似，但阴茎头最前端的阴茎头冠很发达，尿道突细而长，绵羊的长达 4 cm，呈“S”状弯曲，山羊的直而稍短（图 7–16）。

2. 马的阴茎　长约 50 cm，呈左、右略扁的圆柱状，粗大、平直，无乙状弯曲。阴茎头膨大，形成龟头，呈蘑菇状，后缘或基部周缘隆凸形成阴茎头冠（Corona of glans）。阴茎头冠后方略缩细，称阴茎头颈（Neck of glans）。阴茎头前腹侧有一凹窝，称阴茎头窝（Fossa of glans），窝内有一短的尿道突，尿道突上有尿道外口（图 7–17）。

图 7-16 牛和羊阴茎头形态

A. 牛 B. 山羊 C. 绵羊

（引自 König 和 Liebich，2007）

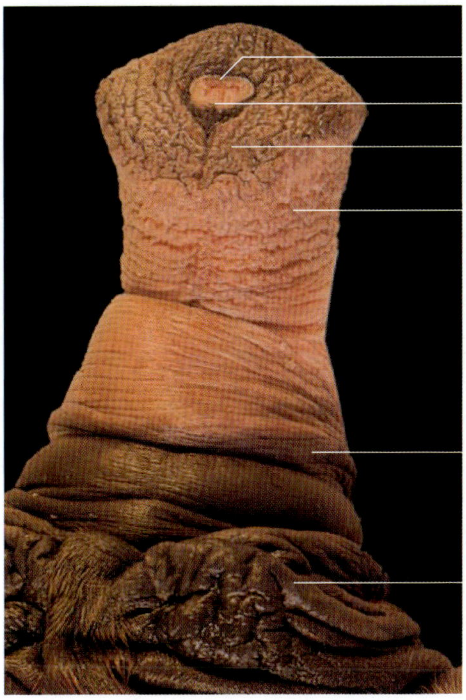

图 7-17 公马阴茎头和包皮

1. 尿道突 2. 阴茎头窝 3. 阴茎头冠
4. 阴茎头颈 5. 包皮褶 6. 包皮

（引自 König 和 Liebich，2007）

3. 猪的阴茎 与牛的相似，但乙状曲在阴囊的前方。阴茎头尖细呈螺旋状扭转。尿道外口呈裂隙状，位于阴茎头前端的腹外侧。

4. 犬的阴茎 呈圆柱状，由阴茎海绵体、尿生殖道阴茎部和阴茎骨组成。在阴茎前段内部有阴茎骨（Penile bone）（图 7-18），长约 10 cm 及以上（体型较大的犬），是由两部分阴茎海绵体骨化而成。阴茎骨的腹内侧有沟，容纳由尿道海绵体包裹的尿道。阴茎头很长，覆盖在阴茎骨的表面，前部呈圆柱状，游离端为一尖端。阴茎头的起始部膨大，称龟头球（Bulbus glandis），内有勃起组织。

5. 猫的阴茎 在家畜中唯一维持胚胎期的位置，尖朝向后腹侧，尿道面在最上面，交配时向前。阴茎内有阴茎骨。阴茎头小，其游离面有大量角化的小刺，在非勃起状态，它们平贴在阴茎头表面；在勃起时，其基部血管间隙充血而竖起。这些小刺可刺激母猫阴道，诱发母猫排卵。

（二）阴茎的构造

阴茎主要由阴茎海绵体（Cavernous body of penis）、尿生殖道阴茎部和阴茎肌构成（图 7-18）。另外，在阴茎的外面被覆皮肤。

1. 阴茎海绵体 呈长柱形，位于阴茎背侧，占据阴茎横断面的大部分。阴茎海绵体后端形成阴茎脚，向前延伸，前端伸入阴茎头；背侧面有纵行的阴茎背侧沟，供血管、神经通过；腹侧面有尿道沟，容纳尿生殖道阴茎部及尿道海绵体。阴茎海绵体外面包有很厚的致密结缔组织膜，称为阴茎海绵体白膜（Albuginea of cavernous body of penis），富含弹性纤维。白膜向内伸入，形成小梁，在正中矢状面上形成阴茎中隔，并分支互相连接成网。小梁内有血管、神经分布，并含有弹性纤维和平滑肌纤维。在小梁及其分支之间有许多腔隙，称为阴茎海绵体腔（Caverns of cavernous body of penis）。这些海绵体腔实际上是由毛细血管膨大而形成，衬以内皮，与阴茎血管直接相通。当充血时，海绵体膨胀，阴茎变粗变硬而勃起，故海绵体又称勃起组织。

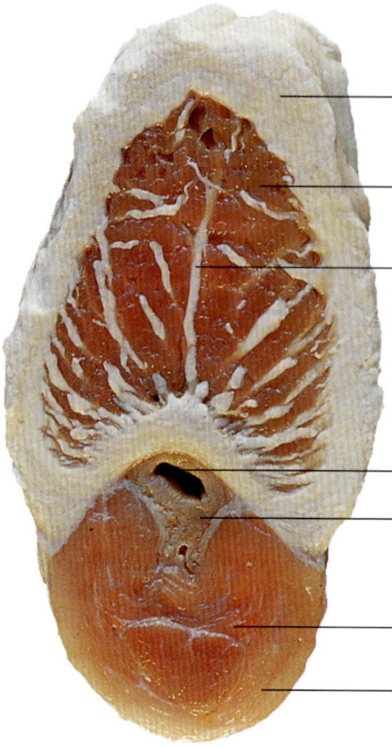

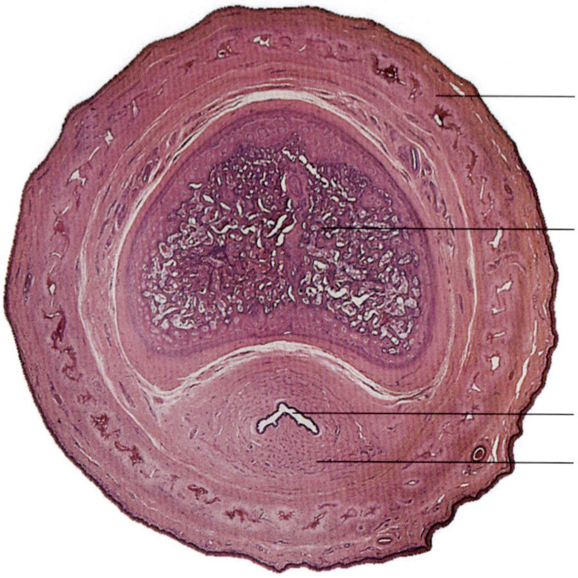

图 7-18 阴茎横断面

A. 马：1. 白膜 2. 阴茎海绵体 3. 中隔 4. 尿道 5. 尿道海绵体 6. 球海绵体肌 7. 阴茎缩肌

B. 犬：1. 阴茎海绵体 2. 阴茎骨 3. 尿道 4. 尿道海绵体

（引自 König 和 Liebich，2007）

马、犬的阴茎海绵体腔丰富，结缔组织不发达，勃起时阴茎体积明显增大，直径和长度均显著增加。牛、羊和猪的阴茎海绵体腔不发达，结缔组织丰富，所以阴茎较坚实，勃起时变硬，体积增大不明显。

2. 尿生殖道阴茎部 位于阴茎海绵体腹侧的尿道沟内，其管壁从内向外由黏膜、尿道海绵体层、肌层和外膜构成（见前述）。尿道海绵体（Cavernous body of urethra）呈管状包围在尿道黏膜之外。尿道海绵体在坐骨弓之后、左右阴茎脚之间，微膨大形成阴茎球（Bulb of penis）或尿道球。尿道海绵体的构造与阴茎海绵体相似，但海绵体腔多而大。海绵体腔之间为疏松结缔组织，含有弹性纤维。尿道海绵体外面的白膜薄而松软。

马的尿道海绵体的前端向上伸延形成阴茎头尿道海绵体（Cavernous body of glans），后者向后突出，形成阴茎头冠。犬的阴茎头尿道海绵体起始部膨大，形成龟头球。牛、羊和猪的阴茎头尿道海绵体不发达。

3. 阴茎肌 包括球海绵体肌、坐骨海绵体肌和阴茎缩肌。

（1）球海绵体肌（Bulbospongious muscle） 为尿生殖道阴茎部肌层浅层的横纹肌，包围于尿道海绵体的腹外侧（见尿生殖道）。

（2）坐骨海绵体肌（Ischiocavernosus muscle） 较发达，呈纺锤形，起于坐骨结节，止于阴茎脚的表面，收缩时可将阴茎向后或向骨盆腹侧牵拉，压迫阴茎海绵体及阴茎背侧静脉，阻止血液回流，使海绵腔充血，阴茎勃起，故又称阴茎勃起肌。

（3）阴茎缩肌（Retractor penis muscle） 为两条平行的带状平滑肌，起于前两个尾椎腹侧，经直肠后段两侧，在阴茎根腹侧汇合，之后沿阴茎腹侧向前伸延，止于阴茎头的后方（马、犬）或阴茎乙状曲的第二曲处（牛、羊、猪）。收缩时可使阴茎退缩，将阴茎头隐藏于包皮内。

自/学/知/识

根据阴茎海绵体内结缔组织和海绵体腔的发达程度，将家畜的阴茎分为纤维型（牛、猪）、中间型（犬）和海绵型（马）3类，也有人将其分为纤维弹性型和肌海绵型两类。

反刍动物和猪的阴茎属于纤维弹性型，血窦小，海绵体隔由大量坚实的纤维弹性组织构成，阴茎海绵体和尿道海绵体均被厚厚的白膜包裹。这些动物的阴茎较坚实，阴茎体在两股间形成阴茎“乙”状曲（Flexura sigmoidea penis），此类型的阴茎勃起时需要的血液相对较少，阴茎增粗不多，阴茎变长主要靠“乙”状曲的伸直来实现。

其他动物的阴茎属于肌海绵类型，海绵体腔发达，血窦较大，被膜和内部间隔结构更精细，肌组织含量更多，这种肌海绵类型的阴茎见于公马和食肉动物。阴茎勃起时需要的血液相对较多，勃起后阴茎的直径和长度均显著增加，如马的阴茎在静止时长约50 cm，勃起时长度可增加50%或以上。

八、包皮

包皮（Preputium）为下垂于腹底壁的皮肤折转而形成的双层管状皮肤鞘，有容纳和保护阴茎的作用。包皮的游离缘围成包皮口（Preputial opening）。包皮口位于脐后方，开口朝前，周围有长毛。包皮外层为腹壁皮肤，在包皮口向包皮腔折转，形成包皮内层。包皮内层无被毛和皮肤腺，但有淋巴小结和包皮腺，结构类似黏膜。包皮内层与阴茎头之间形成包皮腔。一些动物的包皮，其两层之间含有前后两对发达的包皮肌，可将包皮向前向后牵引。

1. 牛、羊的包皮 长而狭窄，包皮口在脐部稍后方，大小通常仅容一指通过，周围有一簇粗而硬的长毛，具有两对较发达的包皮前、后肌。

2. 马的包皮 与其他家畜不同，为双层皮肤套，分别称为内包皮和外包皮，当勃起时展平。外包皮较长，套在内包皮外面，其游离缘围成包皮口或包皮外口。内包皮折叠形成圆筒状的皮肤褶，直接包于阴茎头之外，比外包皮短小，游离缘围成包皮环（Preputial ring）或包皮内口。

3. 猪的包皮 包皮口狭窄，周围也有粗硬的长毛。包皮腔很长，前宽后窄，前部背侧壁上有一圆孔，通向椭圆形的包皮憩室（Preputial diverticulum）（图7-19）。包皮憩室是由黏膜形成的一大盲囊，囊腔内常聚集有腐败的余尿和脱落的上皮细胞，具有特殊的腥臭味。在猪屠宰后，应将其切除，以免污染肉品。猪有一对包皮前肌，包皮后肌有时缺如。

4. 犬的包皮 为完整的皮肤套，包围着龟头球。包皮外层是皮肤，内层薄，呈粉红色，内层与龟头球紧密结合。包皮中分布着淋巴小结和包皮腺，尤其在包皮腔底部多而明显。有一对包皮前肌。

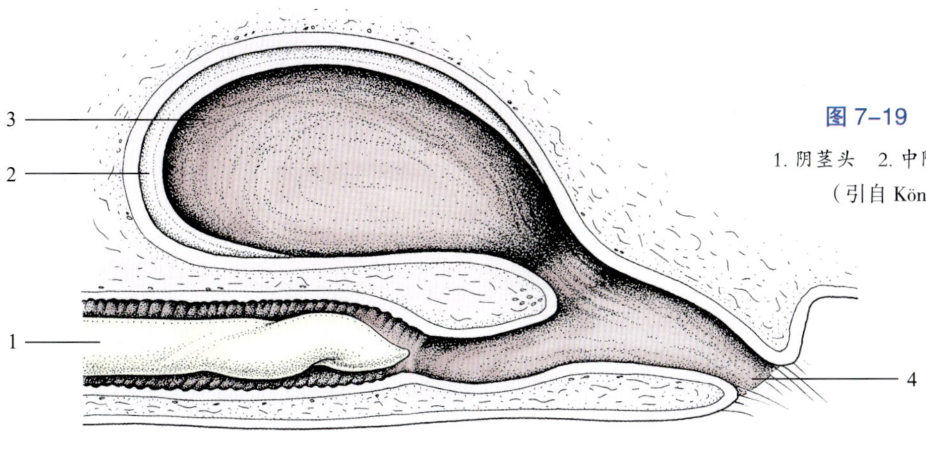

图7-19 公猪阴茎头和包皮

1. 阴茎头 2. 中隔 3. 包皮憩室 4. 包皮口
（引自 König 和 Liebich，2007）

第二节 母畜生殖器官

母畜生殖器官包括卵巢、输卵管、子宫、阴道、尿生殖前庭和阴门（图 7-20 至图 7-23）。

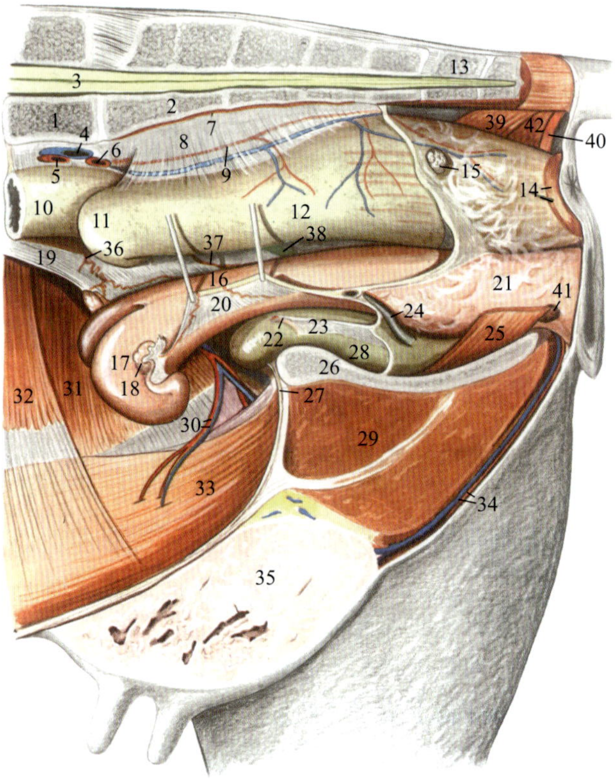

图 7-20 母牛生殖器官位置关系（左侧观）

1. 第 6 腰椎 2. 荐骨 3. 脊髓 4. 左髂总静脉 5. 左髂外动脉 6. 左髂内动脉 7. 荐正中动脉 8. 直肠系膜 9. 直肠前动、静脉 10. 降结肠 11. 乙状结肠 12. 直肠 13. 第 1 尾椎 14. 肛门外括约肌 15. 肛门直肠淋巴结 16. 子宫体 17. 左侧子宫角 18. 左侧卵巢 19. 右侧子宫阔韧带 20. 左侧子宫阔韧带 21. 阴道 22. 脐动脉 23. 膀胱侧韧带 24. 左侧输尿管 25. 前庭缩肌 26. 骨盆联合 27. 膀胱正中韧带 28. 膀胱 29. 股薄肌、内收肌 30. 腹壁后动、静脉 31. 腹内斜肌 32. 腹横肌 33. 腹直肌 34. 会阴腹侧动、静脉 35. 乳房 36. 卵巢动脉 37. 子宫动脉 38. 右侧输尿管 39. 右尾骨肌 40. 阴蒂缩肌 41. 前庭大腺 42. 肛提肌

（引自 Popesko，1985）

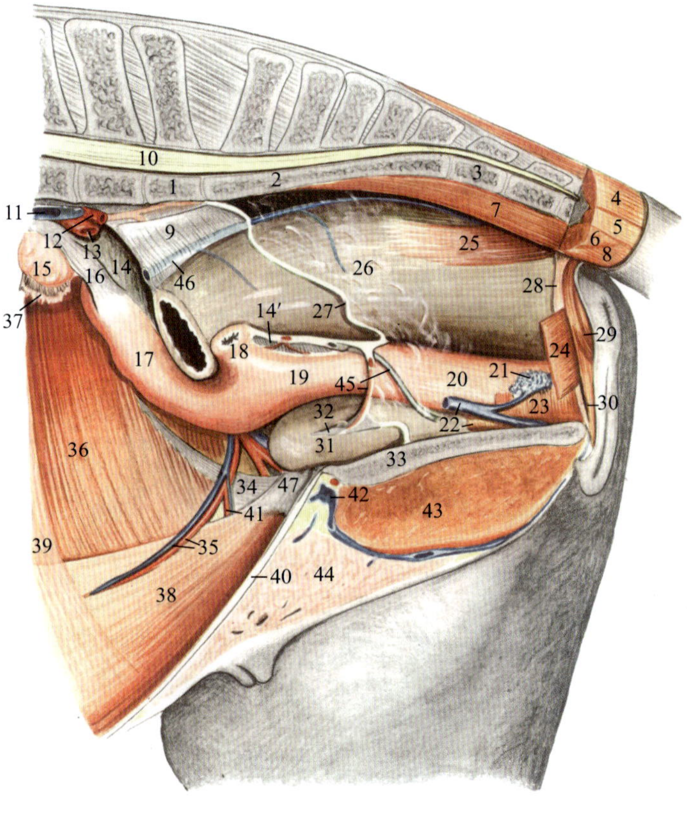

图 7-21 母马生殖器官位置关系（左侧观）

1. 第 6 腰椎 2. 荐骨 3. 第 1 尾椎 4. 荐尾背外侧肌 5. 尾横突间肌 6. 尾骨肌 7. 荐尾腹内侧肌 8. 荐尾腹外侧肌 9. 直肠系膜 10. 脊髓 11. 左髂总静脉 12. 左髂内动脉 13. 左髂外动脉 14. 右子宫阔韧带 14′. 左子宫阔韧带 15. 右侧卵巢 16. 卵巢固有韧带 17. 右子宫角 18. 左子宫角 19. 子宫体 20. 阴道 21. 前庭球 22. 尿道肌、阴部内静脉 23. 前庭缩肌 24. 肛提肌 25. 直肠尾骨肌 26. 直肠壶腹 27. 腹膜缘 28. 阴蒂缩肌 29. 肛门外括约肌 30. 阴门缩肌 31. 膀胱 32. 膀胱侧韧带 33. 骨盆耻骨联合 34. 腹外斜肌外侧脚 35 腹壁后动脉和静脉 36. 腹内斜肌 37. 输卵管漏斗 38. 腹直肌 39. 腹横肌 40. 腹白线 41. 阴部外动脉 42. 阴部外静脉 43. 股薄肌 44. 乳房体部 45. 脐动脉、左输尿管 46. 直肠中静脉 47. 膀胱正中韧带

（引自 Popesko, 1985）

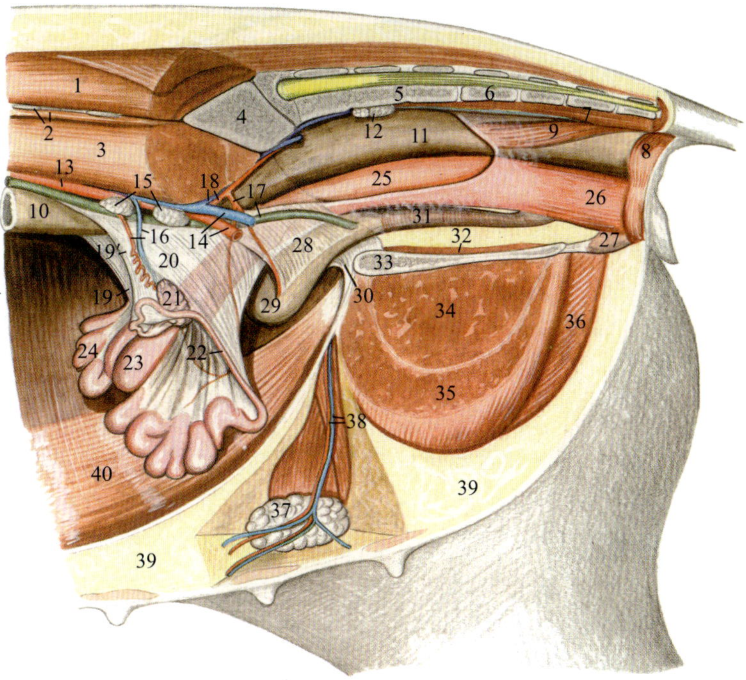

图 7-22　母猪生殖器官位置关系（左侧观）

1. 腰最长肌　2. 第 6 腰椎横突、腰方肌　3. 腰大肌　4. 髂骨
5. 荐骨　6. 第 1 尾椎　7. 荐尾腹侧肌　8. 肛门外括约肌
9. 直肠尾骨肌　10. 降结肠　11. 直肠壶腹　12. 荐内淋巴结
13. 腹主动脉　14. 左髂外动、静脉　15. 髂内淋巴结
16. 卵巢动、静脉　17. 左输尿管、左脐动脉　18. 左髂内动、静脉
19. 右卵巢系膜　19′. 左卵巢系膜　20. 子宫阔韧带　21. 左卵巢
22. 左输卵管　23. 左子宫角　24. 右子宫角　25. 阴道
26. 尿生殖前庭　27. 阴蒂脚　28. 膀胱侧韧带　29. 膀胱
30. 膀胱正中韧带　31. 尿道　32. 闭孔外肌盆腔部
33. 骨盆联合　34. 内收肌　35. 股薄肌　36. 半膜肌
37. 乳房淋巴结　38. 阴部外动、静脉
39. 脂肪体　40. 腹直肌
（引自 Popesko, 1985）

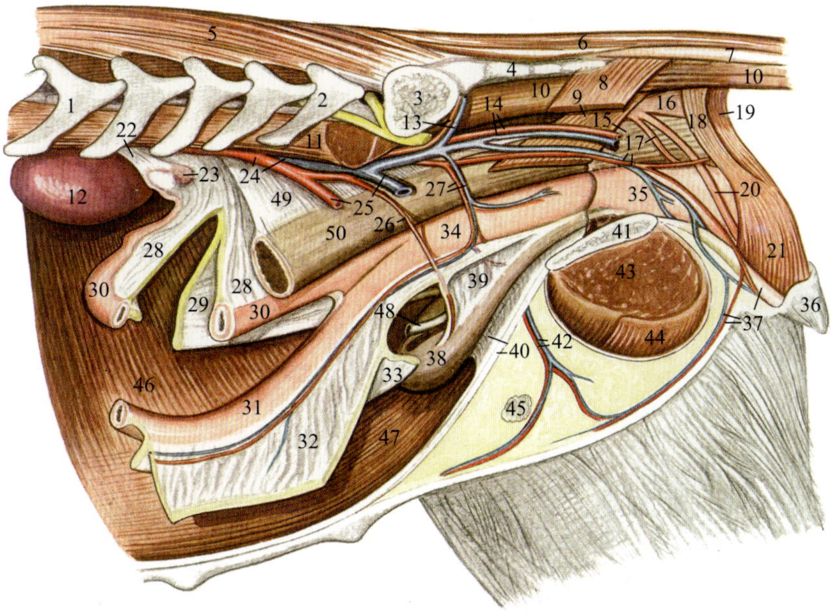

图 7-23　母犬生殖器官位置关系（左侧观）

1. 第 3 腰椎　2. 第 7 腰椎　3. 荐骨翼　4. 荐骨侧部　5. 腰多裂肌　6. 荐尾背外侧肌　7. 尾横突间肌　8.（外侧）尾骨肌　9. 肛提肌（内侧尾骨肌）　10. 荐尾腹外侧肌　11. 腰大肌　12. 左肾　13. 坐骨神经和臀前动、静脉　14. 臀后动、静脉　15. 直肠壶腹　16. 肛门缩肌　17. 阴部内动、静脉和直肠缩肌　18. 肛门外括约肌（前部）　19. 肛门外括约肌（后部）　20. 阴蒂缩肌　21. 前庭缩肌、阴唇缩肌　22. 卵巢系膜　23. 右侧卵巢　24. 主动脉、后腔静脉　25. 左髂外动、静脉　26. 脐静脉　27. 阴道动、静脉　28. 右侧子宫阔韧带　29. 右侧子宫圆韧带　30. 右侧子宫角　31. 左侧子宫角　32. 左侧子宫阔韧带　33. 左侧子宫圆韧带　34. 子宫体　35. 阴道　36. 阴唇　37. 阴蒂、会阴腹侧动脉和静脉　38. 膀胱　39. 膀胱侧韧带　40. 膀胱正中韧带、腹白线　41. 骨盆联合　42. 阴部外动、静脉　43. 内收肌　44. 股薄肌　45. 腹股沟浅淋巴结　46. 腹横肌　47. 腹直肌　48. 左输尿管　49. 直肠系膜　50. 直肠
（引自 Popesko，1985）

一、卵巢

1. 卵巢的形态与位置 卵巢（Ovary）是产生卵子和分泌雌性激素的器官，其形态、大小、位置和结构依母畜种类、年龄、妊娠与否、妊娠次数和性周期变化而异。成年未妊娠母畜的卵巢呈椭圆形，以卵巢系膜悬吊于腹腔内、肾后方的腰下部或骨盆腔前口处两侧。犬和猫的卵巢位于肾后方的腹腔背侧部，其位置不会随着发育而改变。其他家畜卵巢的位置在个体发育的过程中会有不同程度下行迁移（卵巢下降 Descensus ovarii），反刍动物的卵巢下降最大，几乎接近于腹底壁，前缘位于盆腔入口。猪的卵巢可下降至腹腔的中部，马的卵巢位于距腹腔背侧壁 8 ～ 10 cm 处。

卵巢分两端、两缘和两面。卵巢的前端为输卵管端，与输卵管伞相邻；卵巢的后端为子宫端，借卵巢固有韧带与子宫角相连。卵巢固有韧带（Proper ligament of ovary）是连于卵巢后端与子宫角之间的浆膜褶，位于输卵管的内侧。卵巢固有韧带与输卵管系膜之间形成卵巢囊（Ovarian bursa），卵巢位于其中。卵巢囊是保证卵巢排出的卵细胞进入输卵管的有利条件。卵巢的背侧缘有卵巢系膜附着，称为卵巢系膜缘或附着缘，此缘缺腹膜。系膜缘有血管、淋巴管和神经进出卵巢，称为卵巢门（Ovarian hilum）。卵巢的腹侧缘为游离缘。卵巢的解剖特征之一是没有排卵管道，成熟的卵细胞定期由卵巢表面破壁排出（马除外）。排出的卵细胞经腹膜腔落入输卵管的起始部。

2. 卵巢的结构 卵巢的一般结构可分为被膜、皮质和髓质（图 7–24）。被膜包括生殖上皮和白膜。卵巢表面除卵巢系膜附着部外，都覆盖着一层生殖上皮（马属动物仅在排卵窝处分布，其余部分由浆膜代替）。在生殖上皮的深面为一层由致密结缔组织构成的白膜。白膜内为卵巢的实质，可分为皮质和髓质两部分，一般皮质在外，髓质在内。而马属动物卵巢的皮质和髓质位置倒置，皮质在内，靠近排卵窝（图 7–24）。皮质是由基质、处于不同发育阶段的卵泡、闭锁卵泡和黄体等构成。髓质为富含弹性纤维、血管、淋巴管和神经等的疏松结缔组织。

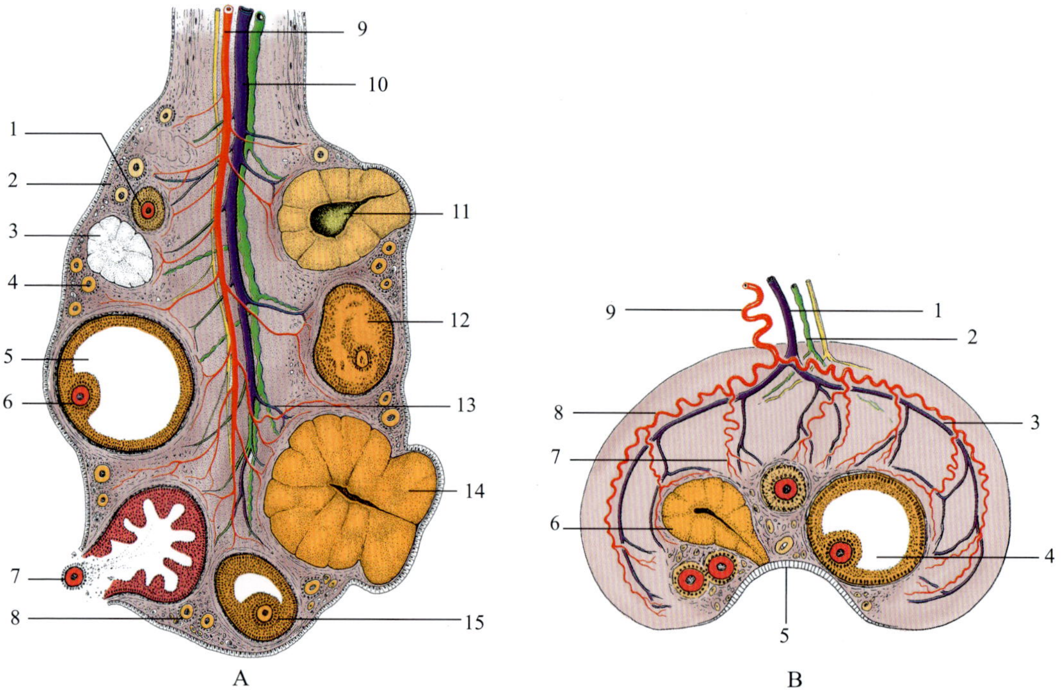

图 7–24 牛、马卵巢结构示意图

A. 牛：1. 次级卵泡 2. 皮质 3. 白体 4. 初级卵泡 5. 卵泡腔 6. 含卵母细胞的格拉夫卵泡 7. 排卵卵泡 8. 初级卵泡 9. 卵巢动脉 10. 卵巢静脉 11. 退化中的黄体 12. 闭锁卵泡 13. 髓质 14. 黄体 15. 三级卵泡

B. 马：1. 卵巢静脉 2. 淋巴管 3. 血管区 4. 格拉夫卵泡 5. 排卵窝 6. 黄体 7. 皮质 8. 血管区 9. 卵巢动脉

（引自 König 和 Liebich，2007）

3. 各种母畜卵巢的形态结构特征

母牛的卵巢呈稍扁的卵圆形，右侧常较大，水牛的略小，母羊的较圆、较小。性成熟后成熟的卵泡和黄体可突出于卵巢的表面。卵巢一般位于骨盆腔前口两侧中部偏下方。未经产母牛的卵巢稍向后移，多位于骨盆腔内，在耻骨前缘两侧稍后；经产母牛的卵巢位于腹腔内，耻骨前缘的下方。母牛的卵巢系膜较短，卵巢囊宽大。母牛的卵泡和黄体可突出于卵巢的表面，通过直肠检查能辨别其大小，为确定发情周期和配种时间提供参考。

母马的卵巢呈蚕豆形，表面光滑，大部分被覆浆膜。卵巢借卵巢系膜悬于腰下部肾的后方，约在第 4 或第 5 腰椎横突腹侧（一般左侧卵巢的位置较低，位于第 5 腰椎横突腹侧；右侧卵巢的位置较高，位于第 4 腰椎横突腹侧）。马属动物卵巢的游离缘有一凹陷部，称为排卵窝（Ovulation fossa），成熟的卵泡由此排出卵细胞。

母猪的卵巢较大，其位置、形态和大小因年龄和个体不同而有较大变化。4 月龄以前的未性成熟母猪，卵巢小，呈肾形或卵圆形，表面光滑，位于荐骨岬两侧稍后方，骨盆腔前口两侧上部或腰小肌腱附近，位置较固定。5 月龄以上接近性成熟时，卵巢体积增大，表面有突出的卵泡，呈桑葚状，位置稍下垂前移，位于第 6 腰椎前缘或髋结节前缘横断面的腰下部。性成熟后经产母猪卵巢变得更大，表面因有卵泡、黄体突出而呈结节状，卵巢向前向下移，位于髋结节前缘前方约 4 cm 的横断面上，或在髋关节与膝关节之间连线的中点上，包于发达的卵巢囊内。

母犬的卵巢小，呈长椭圆形，稍扁平。性成熟后卵巢内含有不同发育阶段的卵泡，表面呈现凹凸不平。左右侧卵巢位于第 3 ～ 4 腰椎横突腹侧，与同侧肾脏后端相距 1 ～ 2 cm 或相邻接。卵巢悬韧带（Suspensory ligament of ovary）连接卵巢至最后 1 ～ 2 肋骨的中下 1/3 处，临床上施卵巢子宫切除术时，需先切断此韧带，以便于摘除卵巢。卵巢完全被卵巢囊包裹，不易被观察。卵巢囊的腹侧有裂口。

二、输卵管

输卵管（Uterine tube, Oviduct）是连结卵巢和子宫角之间的一对弯曲的管道，被输卵管系膜包围固定。输卵管系膜位于卵巢外侧，是连结卵巢系膜和子宫阔韧带的浆膜褶。输卵管具有收集、输送卵细胞的功能，也是卵细胞受精的场所。

输卵管可分为输卵管漏斗、输卵管壶腹和输卵管峡 3 部分（图 7-25）。输卵管的前端扩大呈漏斗状，称为输卵管漏斗（Infundibulum of uterine tube），漏斗的边缘不规则皱褶，呈伞状，称输卵管伞（Pavilion of uterine tube）。漏斗中央深处有一口为输卵管腹腔口（Abdominal orifice of uterine tube），与腹膜腔相通，卵细胞由此进入输卵管。输卵管的前段管径最粗，称为输卵管壶腹（Ampulla of uterine tube），黏膜形成许多皱褶，卵细胞常在此处受精，之后进入子宫着床。输卵管的后段较短，细而直，管壁较厚，称输卵管峡（Isthmus of uterine tube），末端以输卵管子宫口与子宫角相连通。在马和犬，输卵管穿过子宫壁的部分称输卵管子宫部。

输卵管管壁由黏膜、肌层和浆膜构成。黏膜形成许多纵长的输卵管褶，便于卵子停留和受精以及吸收营养。黏膜上皮为单层柱状纤毛上皮，其上具有纤毛；纤毛向子宫方向摆动，有助于卵子运动。肌层主要是环形平滑肌。浆膜包围在输卵管的外面，并形成输卵管系膜。

牛的输卵管长为 20 ～ 28 cm，弯曲少，壶腹部不明显，输卵管逐渐变细，与子宫角相延续，二者间没有明显分界，卵巢囊宽大。猪的输卵管长为 19 ～ 22 cm，输卵管伞较大，壶腹部较细而弯曲，后部较平直，与子宫角之间无明显分界，卵巢囊大，完全包裹卵巢。马的输卵管较长为 20 ～ 30 cm，壶腹部明显，弯曲多，有输卵管子宫部，与子宫角连结处界线清楚，卵巢囊较窄。犬的输卵管长为 6 ～ 10 cm，细而弯曲，有输卵管子宫部，卵巢囊深，完全包裹卵巢。

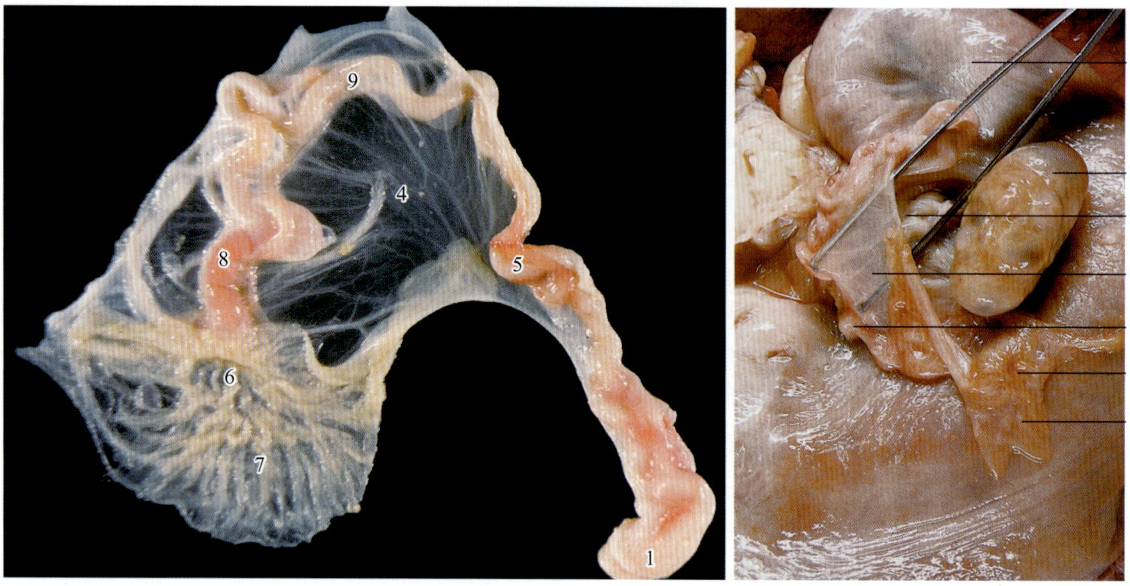

图 7-25　牛卵巢、输卵管和卵巢囊

1. 子宫角　2. 卵巢　3. 卵巢囊　4. 输卵管系膜　5. 输卵管　6. 输卵管腹腔口　7. 输卵管漏斗　8. 输卵管壶腹　9. 输卵管峡
（引自 König 和 Liebich，2007）

三、子宫

（一）子宫的形态与位置

子宫（Uterus）是有腔的肌质器官，壁较厚，胎儿在此发育成长。各种哺乳动物的子宫形态不一致，可分为双子宫、双角子宫和单子宫（图 7-26）。多数家畜属双角子宫（Uterus bicornis），即左、右侧子宫仅后部完全合并为子宫体和子宫颈，腔内无分隔，以子宫颈开口于阴道；而子宫前部分开，为成对的子宫角，见于马、牛、羊、猪和犬等动物。双子宫（Uterus duplex）是指左、右侧子宫独立存在，分别开口于阴道，或以一共同口开口于阴道，见于兔、袋鼠等动物。单子宫（Uterus simplex）是指左、右侧子宫完全合并，形成单一的子宫体，以子宫颈开口于阴道，见于高等灵长类和人。

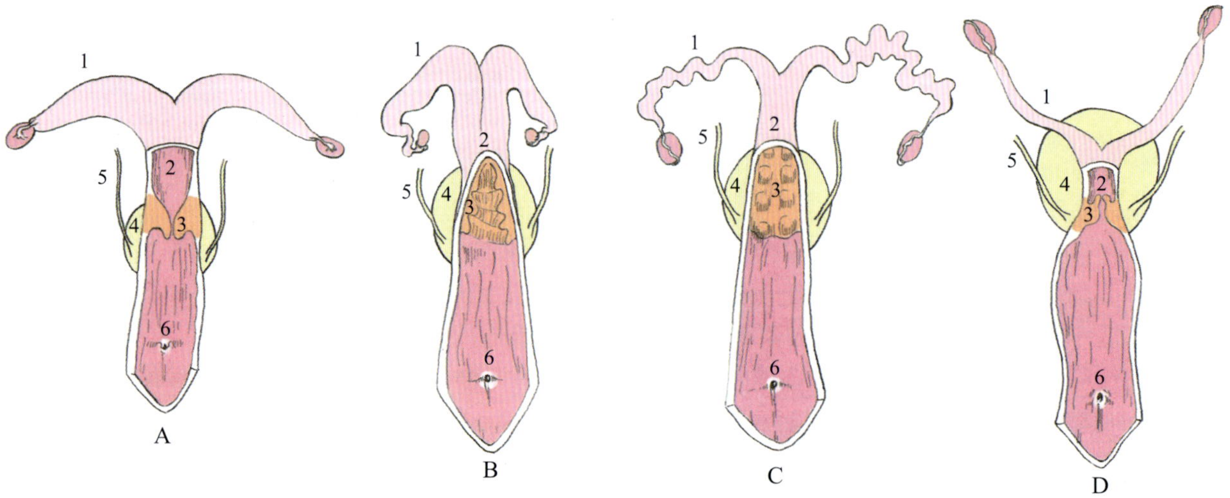

图 7-26　雌性动物子宫形态模式图

A. 马　B. 牛　C. 猪　D. 犬　1. 子宫角　2. 子宫体　3. 子宫颈　4. 膀胱　5. 输尿管　6. 尿道外口
（引自 Fails 和 Magee，2018）

家畜的子宫属双角子宫，分为子宫角（Uterus horn）、子宫体（Uterine body）和子宫颈（Uterine cervix）3 部分。子宫角为子宫的前部，呈弯曲的圆筒状，一对，常位于腹腔内；其前端以输卵管子宫口与输卵管相通，向后延续为子宫体。子宫体位于骨盆腔内，一部分伸入腹腔内，呈圆筒状，前接子宫角，向后延续为子宫颈。子宫角和子宫体内的空腔称子宫腔（Uterine cavity）。子宫颈为子宫后段的缩细部，呈圆筒状，位于骨盆腔内，壁很厚，黏膜形成许多纵褶，内腔狭窄，称为子宫颈管（Cervical canal of uterus）。前端以子宫颈内口（Internal uterine ostium）与子宫体相通，以子宫颈外口（External uterine ostium）向后通阴道。子宫颈向后突入阴道的部分，称为子宫颈阴道部（Vaginal part of cervix）。子宫颈管平时闭合，发情时稍松弛，分娩时扩大。

（二）子宫的结构

子宫为中空的肌性器官，子宫壁由子宫内膜、肌层和浆膜 3 层构成。子宫内膜（Endometrium）或黏膜呈粉红色，形成皱褶，内含子宫腺，其分泌物可营养早期胚胎。子宫肌层发达，由较厚的内环肌和较薄的外纵肌构成。子宫肌层在妊娠期增生，分娩过程中发挥重要的收缩作用。子宫颈环形肌发达，形成子宫颈括约肌，分娩时开张。

子宫被子宫阔韧带（Broad ligament of uterus）所固定。子宫阔韧带为一宽厚的腹膜褶，内有丰富的结缔组织、血管、神经及淋巴管，附着于子宫角背侧和子宫体两侧，将子宫悬挂于腰下方和骨盆侧壁，支持子宫并使之能在腹腔内移动。妊娠期子宫阔韧带随着子宫的增大而加长和增厚。子宫阔韧带的前部外侧缘有一发达的浆膜褶，称为子宫圆韧带（Round ligament of uterus），向下与腹股沟管深环处腹膜融合，为胚胎期睾丸引带的同源结构。子宫阔韧带内有分布至卵巢和子宫的血管通过。其中，动脉由前向后有卵巢动脉的子宫支（子宫前动脉）、脐动脉的子宫动脉（子宫中动脉）和阴道动脉的子宫支（子宫后动脉）。这些动脉在妊娠时增粗，其粗细和脉搏性质的变化可通过直肠检查触及到，常用于妊娠诊断。

（三）各种家畜子宫的形态结构特征

子宫的形态、大小、位置和结构，因畜种、年龄、个体、性周期以及妊娠时期等不同而有很大差异。

1. 牛、羊的子宫 子宫因受瘤胃的影响，成年个体大部分位于腹腔右侧。子宫角长，前部左、右分开，呈绵羊角状弯曲；后部由结缔组织和肌组织连结构成子宫伪体，其表面被以浆膜，形似子宫体，但剖面可见子宫帆，分隔左、右子宫腔，实为子宫角。子宫体很短。子宫颈黏膜突起互相嵌合成螺旋状，子宫颈管窄细。子宫颈阴道部明显，其中央有子宫颈外口（图 7–27）。外口周围有明显的辐射状黏膜褶，在青年母牛呈菊花瓣状，经产母牛皱

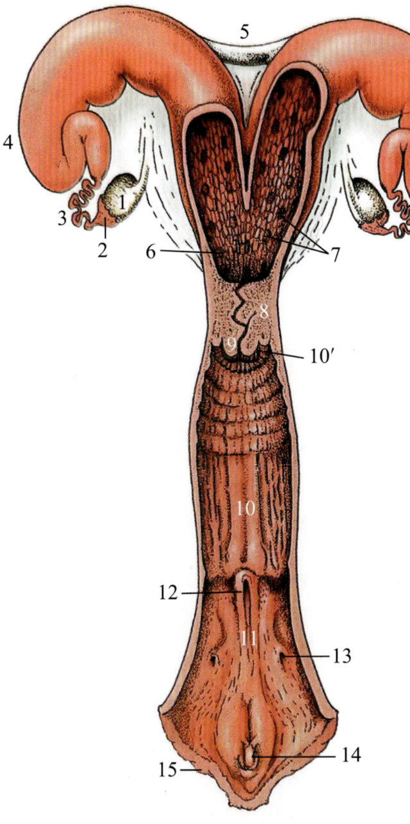

图 7–27　母牛生殖器官（部分剖开）

1. 卵巢　2. 输卵管伞　3. 输卵管　4. 子宫角　5. 角间韧带　6. 子宫体　7. 子宫阜　8. 子宫颈　9. 子宫颈阴道部　10. 阴道　10′. 阴道穹窿　11. 阴道前庭　12. 尿道外口　13. 前庭大腺口　14. 阴蒂　15. 阴唇

（引自 Singh 等，2018）

褶肥大，羊为环形皱褶。子宫角和子宫体内膜上有特殊的隆起为子宫阜（Uterine caruncle）。牛的子宫阜为圆形隆起，有 100 多个，排成 4 列。羊的子宫阜呈纽扣状，中央凹陷，有 60 多个（图 7–28）。

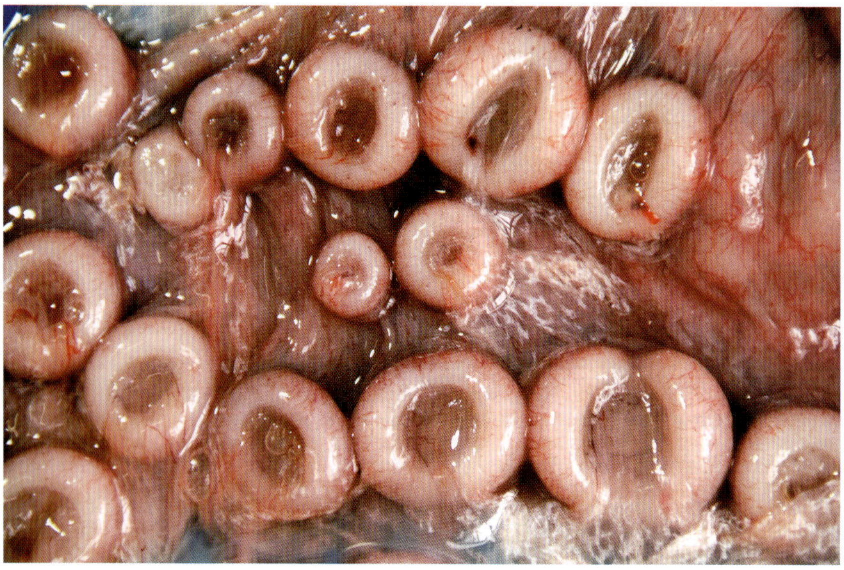

图 7–28　妊娠母羊子宫阜

（李健提供）

2. 马的子宫　子宫呈“Y”字形。子宫角向下弯曲呈弓形，凹缘朝向上方，是子宫阔韧带附着的地方。子宫体较长，约与子宫角等长，子宫角和体黏膜形成许多皱褶。子宫颈阴道部明显，黏膜褶呈花冠状（图 7–29）。

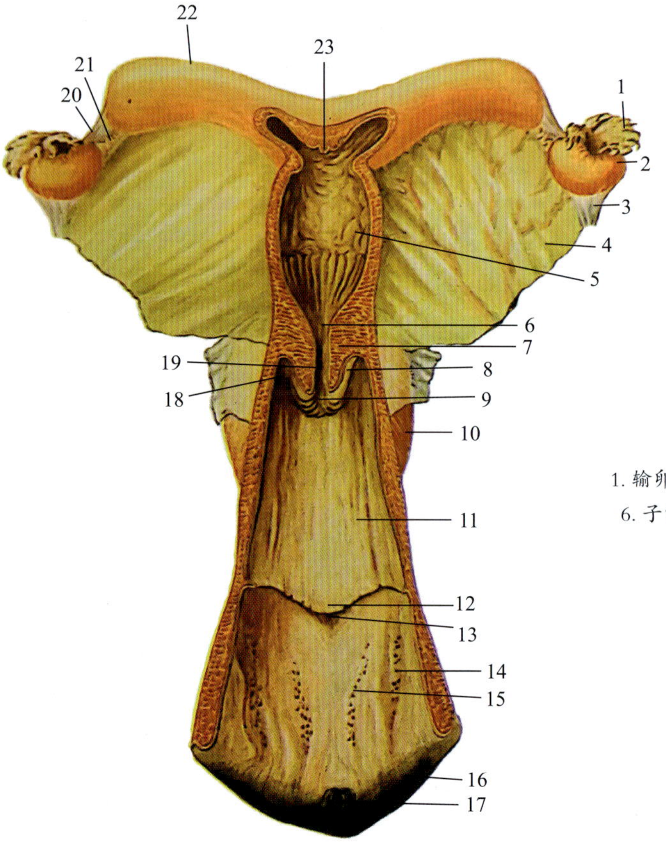

图 7–29　母马生殖器官（部分剖开）

1. 输卵管伞　2. 卵巢　3. 卵巢系膜　4. 子宫阔韧带　5. 子宫体　6. 子宫颈内口　7. 子宫颈　8. 子宫颈阴道部　9. 子宫颈外口　10. 膀胱　11. 阴道　12. 阴瓣　13. 尿道外口　14. 前庭背侧腺口　15. 前庭腹侧腺口　16. 阴唇　17. 阴蒂　18. 阴道穹隆　19. 子宫颈管　20. 卵巢固有韧带　21. 输卵管　22. 子宫角　23. 子宫底

（引自中国人民解放军兽医大学，1979）

3. 猪的子宫 子宫角发达、较长，形成袢状弯曲类似小肠。子宫体较短。子宫角和体黏膜形成大而多的皱褶。子宫颈长，子宫颈黏膜形成两列半球形隆起，相间排列，称为子宫颈枕（Pulvini cervicales），子宫颈管呈螺旋状。无子宫颈阴道部（图 7–30）。

4. 犬的子宫 子宫呈“Y”字形。子宫角较长，直而细。子宫体短，呈圆筒状。子宫颈短，但肌层发达，壁厚，子宫颈阴道部不明显（图 7–31）。

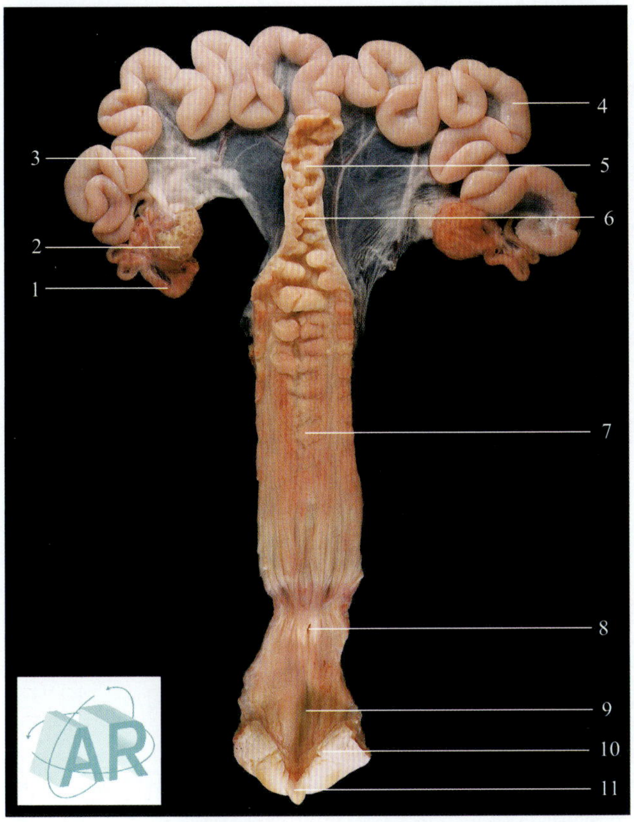

图 7–30 母猪生殖器官（部分剖开）

1. 输卵管 2. 卵巢 3. 子宫系膜 4. 子宫角
5. 子宫体（切开） 6. 子宫颈 7. 阴道
8. 尿道外口 9. 阴道前庭
10. 阴唇 11. 阴蒂
（引自 König 和 Liebich，2007）

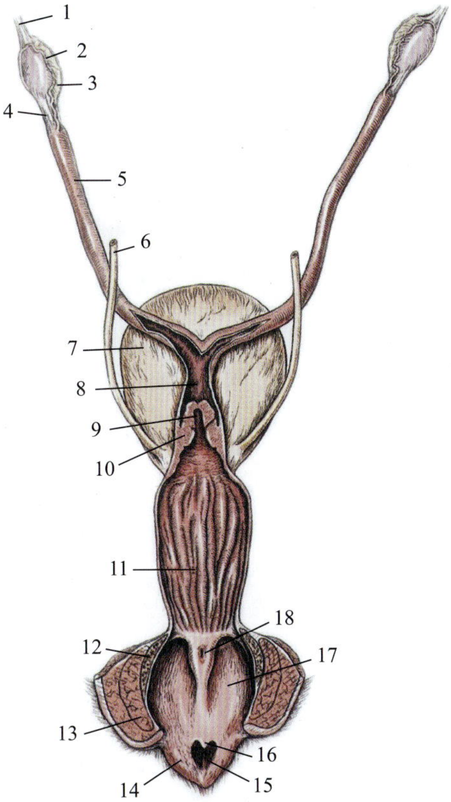

图 7–31 母犬生殖器官（部分剖开）

1. 卵巢悬韧带 2. 输卵管 3. 输卵管系膜 4. 卵巢固有韧带
5. 左侧子宫角 6. 输尿管 7. 膀胱 8. 子宫体 9. 子宫颈管
10. 子宫颈 11. 阴道 12. 前庭球 13. 前庭缩肌
14. 小阴唇 15. 阴蒂窝 16. 阴蒂
17. 阴道前庭 18. 尿道外口
（引自 Evans 和 Labunta，2013）

四、阴道

阴道（Vagina）是母畜的交配器官和产道，呈扁管状，位于骨盆腔内，在子宫后方，向后延接阴道前庭，其背侧与直肠相邻，腹侧与膀胱及尿道相邻（图 7–27、图 7–29 至图 7–31）。有些家畜的阴道前部由于子宫颈阴道部突入，形成陷窝状的阴道穹窿（Vaginal fornix）。

阴道壁的结构包括黏膜、肌层和外膜 3 层。黏膜呈粉红色，较厚，形成许多纵行皱褶，无腺体。肌层由平滑肌和弹性纤维构成，外膜在前部为腹膜，后端为结缔组织膜。在生产实践中，阴道涂片法可确定动物发情周期的各个阶段。

牛和马的阴道宽阔，周壁较厚。牛的阴道穹窿呈半环状，马的呈环状。猪的阴道相对较长，阴道腔直径较大，无阴道穹窿。犬的阴道比较长，前端尖细，肌层较厚，主要由环行肌组成。

五、阴道前庭

阴道前庭（Vestibule of vagina）又称尿生殖前庭（Urogenital vestibule），是交配器官和产道，也是尿液排出的径路。阴道前庭是一左、右压扁的短管，位于骨盆腔内、直肠的腹侧，其前接阴道，在前端腹侧壁上有一条横行黏膜褶称为阴瓣（Hymen），可作为前庭与阴道的分界；后端以阴门与外界相通。阴瓣在幼龄母畜较发达，交配过或经产母畜则不明显。阴道前庭比阴道短，大部分位于坐骨弓后方，并向后下方倾斜开口于阴门。使用阴道窥镜或其他器械做阴道检查时，就要充分考虑到生殖道的这种曲轴特点。在阴道前庭的腹侧壁上，靠近阴瓣的后方有尿道外口（External urethral orifice）。阴道前庭的黏膜呈粉红色，被覆复层扁平上皮，常形成纵褶。黏膜内有淋巴小结、前庭大腺和前庭小腺。前庭小腺（Lesser vestibular gland）位于前庭外侧和（或）腹侧壁，见于马、绵羊、猪和犬；前庭大腺（Greater vestibular gland）位于前庭两外侧壁，见于牛和猫。阴道前庭壁内有黏膜下静脉丛，在马和犬形成勃起组织，称前庭球（Vestibular bulbus），长为 6 ～ 8 cm（马），位于前庭侧壁。肌层为前庭缩肌，向后与阴门缩肌延续，两肌相当于公畜的球海绵体肌。

母牛的阴瓣不明显，在尿道外口腹侧有尿道下憩室（Suburethral diverticulum）（图 6-13），长约 3 cm。给母牛导尿时，应注意勿使导管误入尿道下憩室。幼龄母马阴瓣发达，经产老龄母马阴瓣常不明显。母猪的阴瓣为一环形褶，也有尿道下憩室。母犬的阴瓣不明显，尿道外口处有一小隆起，称尿道结节（Urethral tubercle），结节两侧各有一个凹沟，在进行膀胱导管插入术时不要将其误认为是阴蒂窝。

六、阴门

阴门（Vulva）位于肛门的腹侧，是阴道前庭的外口。由左、右两阴唇（Labium vulvae）构成，两阴唇间的裂缝称为阴门裂（Rima vulvae）。阴唇上、下两端的联合，分别称为阴唇背侧联合和阴唇腹侧联合。在腹侧联合前方有一阴蒂窝（Clitoral fossa），内有阴蒂（Clitoris），由海绵体组织构成，相当于公畜的阴茎（图 7-27、图 7-29 至图 7-31）。阴蒂可分为阴蒂脚、阴蒂体和阴蒂头 3 部分。

牛的阴唇背侧联合钝圆而腹侧联合尖，其下方有一束长毛；阴蒂头呈锥形，阴蒂窝不明显。马的阴唇背侧联合尖而腹侧联合钝圆，阴蒂较发达，阴蒂头圆而膨大，位于深的阴蒂窝内，可在阴门裂的腹侧端观察到。猪的阴蒂体细长而弯曲，位于浅而狭小的阴蒂窝内，突出于阴蒂窝的表面。犬的阴蒂体发达，阴蒂头不发达，略突出于浅的阴蒂窝内；阴蒂窝大，有一黏膜褶向后延展，覆盖在阴蒂的表面，褶的中央部有一向外突出的部分，常被误认为阴蒂。

自 / 学 / 知 / 识

生殖韧带

雌性生殖器官主要附着于成对的双层腹膜褶，即左、右子宫阔韧带（Ligamenta latum uteri）上。子宫阔韧带从两侧将卵巢、输卵管和子宫悬吊在腹腔顶壁和盆腔壁上。根据子宫阔韧带所悬吊的器官，可将其分为 3 部分：卵巢系膜、输卵管系膜、子宫系膜。与大多数腹膜褶不同，子宫阔韧带的浆膜包括大量的其他组织，其中主要是来自子宫肌层的纵行平滑肌。这种结构使子宫阔韧带在支持子宫中发挥积极作用，尤其是在大动物体内特别重要。卵巢系膜是子宫阔韧带的前部，将卵巢悬吊于腹壁的背外侧区，卵巢系膜内含有卵巢动脉和卵巢静脉，输卵管系膜从卵巢系膜向侧面延伸，因此将卵巢系膜分为近侧部和远侧部。近侧部的卵巢系膜从体壁延伸至输卵管系膜，远侧部的卵巢系膜从输卵管系膜延伸至卵巢。

卵巢系膜和输卵管系膜围成一个袋状囊，即卵巢囊（Bursa ovarica），卵巢被包裹其内。卵巢囊的大小不一，马的卵巢囊不能完全包含卵巢，而肉食动物的卵巢囊将整个卵巢包裹。

子宫阔韧带最大的部分为子宫系膜，附着于子宫和阴道的前部。子宫系膜附着于子宫颈和阴道部位的两层浆膜间分开的距离较宽，因此其后面为浆膜外区。浆膜通过一个子宫角到另一个子宫角，连结在两角之间形成角间韧带。在牛，背侧角间韧带和腹侧角间韧带共同构成一个小囊袋，袋口向前，在直肠检查时用于确定子宫的位置。

除了上述韧带附着以外，雌性生殖道还有另外一些韧带，如卵巢悬韧带、卵巢固有韧带和子宫圆韧带。

卵巢悬韧带（Ligamentum suspensorium ovarii）形成阔韧带的前界，连结在卵巢和最后一根肋骨之间。卵巢悬韧带在卵巢之后与后面的卵巢固有韧带（Ligamentum ovarii proprium）相延续，固有韧带附着在子宫角的前端，与子宫圆韧带相延续。子宫圆韧带（Ligamentum teres uteri）为一条肌纤维索，在子宫系膜侧面分出的腹膜褶的游离缘内向后延伸至腹股沟管。

在犬，子宫圆韧带并不终止于腹股沟内环，而是穿过腹股沟管（Canalis inguinalis），在止于近阴门处之前被鞘突（Processus vaginalis peritonei）环绕。母犬是唯一具有鞘突的家畜，易造成腹股沟疝，并限制其与雄性动物的交配。在正常情况下，老龄母犬的鞘突内常有大量的脂肪堆积，易触及，不应错误地判定为病理组织。雌性动物卵巢与雄性动物睾丸的似同源系膜、腹膜褶及韧带的比较见表 7-1。

表 7-1　雌性动物卵巢与雄性动物睾丸的似同源系膜、腹膜褶及韧带的比较

系膜		韧带	
雌性	雄性	雌性	雄性
近侧卵巢系膜	近侧睾丸系膜	卵巢前韧带（卵巢悬韧带）	睾丸前韧带（睾丸悬韧带）
远侧卵巢系膜	远侧睾丸系膜	卵巢后韧带（卵巢腹股沟韧带）	睾丸后韧带（睾丸腹股沟韧带）
输卵管系膜	附睾系膜	卵巢固有韧带	睾丸固有韧带
卵巢囊	睾丸囊	子宫圆韧带	附睾尾韧带

【思考题】

1. 公畜生殖器官的组成及功能如何？
2. 阴囊壁包括哪几层结构？
3. 母畜生殖器官的组成及功能如何？
4. 试比较牛（羊）、猪、马、犬子宫的形态结构特点。

第八章 心血管系统

【教学目标】

1. 熟悉心血管系统的组成，掌握肺循环、体循环、门脉循环和胎儿血液循环的概念和特点及其血流径路

2. 掌握心脏的位置、形态和内部结构

3. 了解血管的分类及分支特点

4. 掌握牛、犬等动物全身动脉、静脉主干和主要分支的名称和位置，熟悉临床采血、注射常用血管的名称和位置

心血管系统（Cardiovascular system）由心脏、动脉、毛细血管和静脉构成，管腔内充满血液（图8-1）。心脏（Heart）是血液循环的动力器官，在神经体液的调节下，能够进行节律性的收缩和舒张，推动血液按一定的方向流动。动脉（Artery）是将血液由心运送到全身各部的血管，起始于心，主动脉和肺动脉干在行程中如树枝状反复分支，管径越分越细，最后移行为毛细血管。毛细血管（Blood capillary）是位于动脉与静脉之间的微细血管，互相连接成网，遍布全身。毛细血管壁很薄，具有一定的通透性，是血液与组织液进行物质交换的场所。静脉（Vein）是将血液由全身各部运输到心的血管，起始于毛细血管，逐渐汇聚成小、中和大静脉，最后注入心。静脉及其属支与动脉及其分支伴行，管腔大，管壁薄，在尸体标本上常塌陷，含有瘀血。有些部位的静脉内有瓣膜，尤其是四肢部的静脉瓣较多，有防止血液倒流的作用。

血液由左心室泵出，经主动脉及其分支到达全身各部的毛细血管，进行物质和气体交换，然后通过静脉回流到右心房，称体循环（Systemic circulation），或大循环。血液由右心室泵出，经肺动脉干及其分支到达肺毛细血管，进行气体交换，然后通过肺静脉回流至左心房，称肺循环（Pulmonary circulation），或小循环。

心血管系统的主要功能是运输，即通过血液将营养物质运送到全身各部进行新陈代谢，将内分泌系统分泌的激素运送至靶器官，进行体液调节；同时又将全身各部的代谢产物如 CO_2、尿素等运送到肺、肾、皮肤等排出体外。心血管系统还是机体重要的防卫系统，存在于血液中的免疫细胞和抗体，能吞噬、杀伤和灭活侵入体内的细菌和病毒，并能中和它们所产生的毒素。心血管系统还具有内分泌功能，能分泌心钠素、脑钠素、血管活性肠肽、血管紧张素、内皮素等，参与机体多种功能的调节。心血管系统也参与体温的调节。心血管系统的结构和功能障碍，均可造成局部或全身性机能紊乱，甚至危及生命。

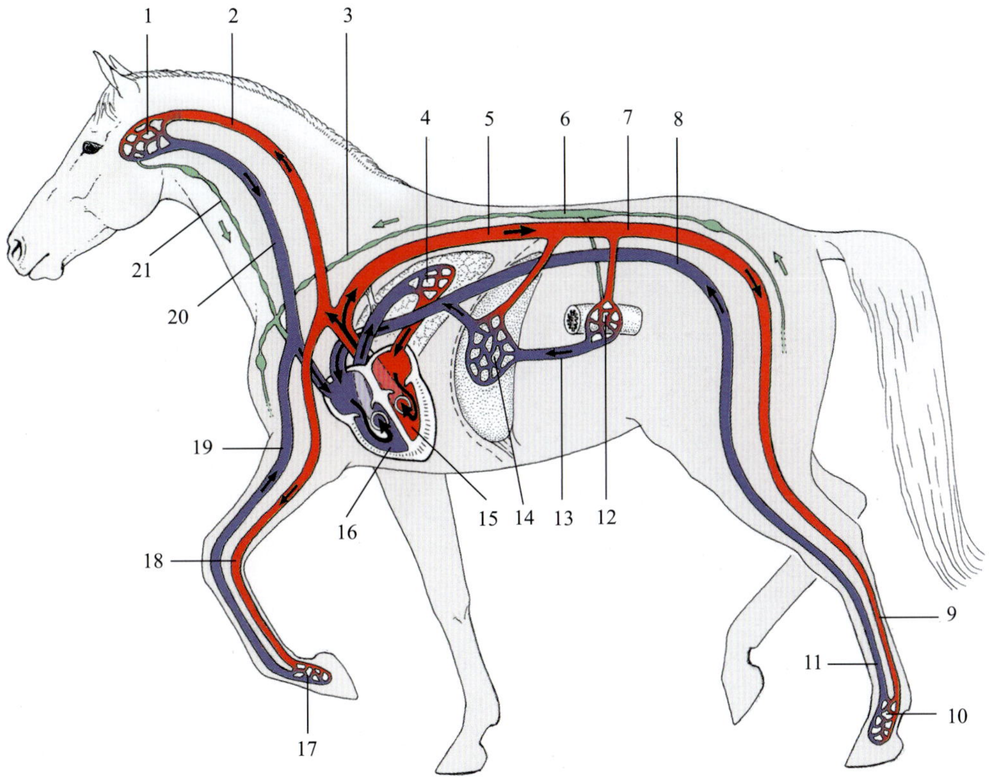

图 8-1　成年动物血液循环模式图

1. 头颈部毛细血管　2. 颈总动脉　3. 胸导管　4. 肺毛细血管　5. 胸主动脉　6. 乳糜池　7. 腹主动脉　8. 后腔静脉　9. 后肢动脉　10. 后肢毛细血管　11. 后肢静脉　12. 肠毛细血管　13. 门静脉　14. 肝毛细血管　15. 左心室　16. 右心室　17. 前肢毛细血管　18. 前肢动脉　19. 前肢静脉　20. 颈静脉　21. 淋巴干

（引自 König 和 Liebich，2007）

第一节　心脏

一、心脏的形态和位置

心脏（Heart）为中空的肌质器官，呈左、右稍扁的倒圆锥形，外有心包（Pericardium）包裹。心的上部宽大，为心底或心基（Cardiac base），与出入心脏的大血管相连，位置固定。心的下部尖而游离，为心尖（Cardiac apex）。心的前缘隆凸，称右心室缘（Right ventricular margin）；后缘短而平直，称左心室缘（Left ventricular margin）。心的左侧面称心耳面（Auricular surface），右侧面称心房面（Atrial surface）。

心脏表面有 3 条沟（冠状沟和左、右纵沟），可作为心腔的外表分界，沟内含有营养心脏的血管和脂肪。冠状沟（Coronary groove）位于心底，呈“C”形，将心分为上部的心房和下部的心室。锥旁室间沟（Paraconal interventricular groove）又称左纵沟，为心室左侧面的纵沟，略偏前方，自冠状沟向下延伸，几乎与左心室缘平行，不达心尖。窦下室间沟（Subsinuosal interventricular groove）又称右纵沟，为心室右侧面的纵沟，略靠后方，自冠状沟向下伸达心尖。两室间沟为左、右心室外表的分界，右心室位于室间沟的前方，左心室位于室间沟的后方。牛、羊左心室的心后缘稍前方还有一条纵行的副沟（Accessory groove），又称中间沟（Intermedial groove），向下伸向心尖。在冠状沟、室间沟和中间沟内有营养心脏的血管，并填充有脂肪（图 8–2 和图 8–3）。

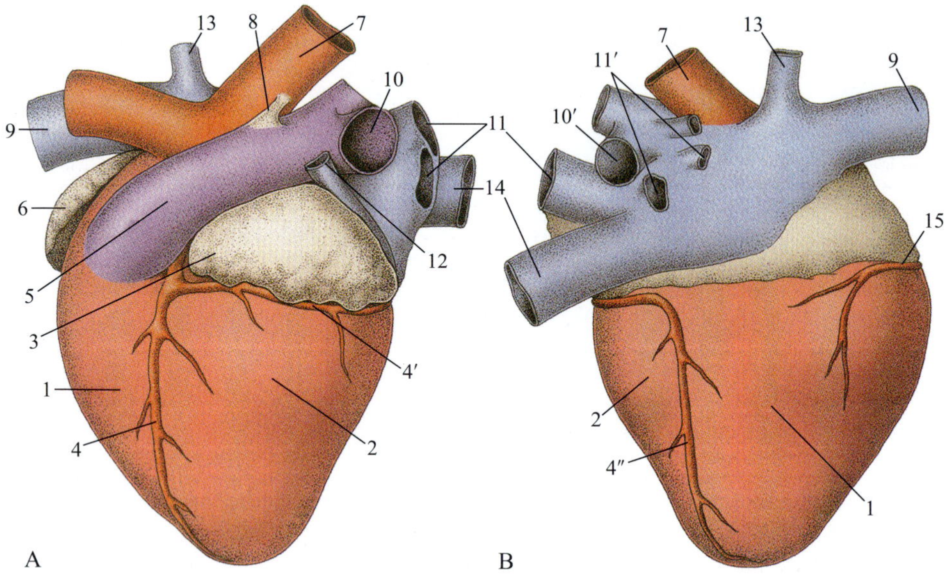

图 8–2 心脏

A. 左侧面 B. 右侧面

1. 右心室 2. 左心室 3. 左心房 4. 左冠状动脉锥旁室间支 4′. 左冠状动脉冠状支 4″. 左冠状动脉窦下室间支 5. 肺干 6. 右心耳 7. 主动脉 8. 动脉韧带 9. 前腔静脉 10,10′. 左、右肺动脉 11,11′. 左、右肺静脉 12. 左奇静脉 13. 右奇静脉 14. 后腔静脉 15. 冠状动脉

（引自 Singh 等，2018）

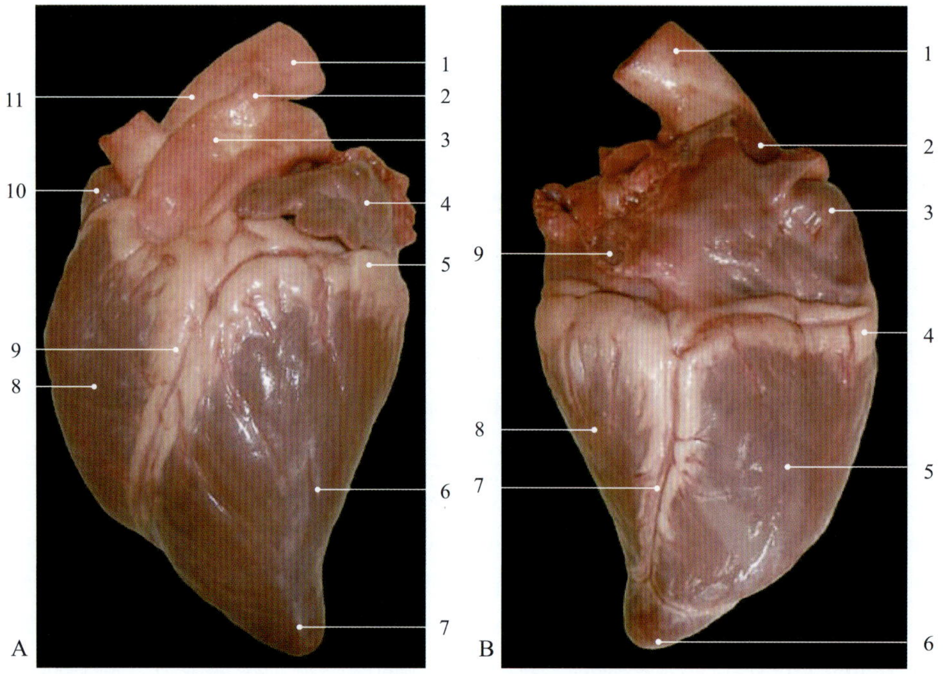

图 8–3 驴的心脏

A. 左侧面：1. 主动脉 2. 动脉韧带 3. 肺动脉干 4. 左心耳 5. 冠状沟 6. 左心室 7. 心尖 8. 右心室 9. 锥旁室间沟 10. 右心耳 11. 主动脉弓

B. 右侧面：1. 主动脉 2. 前腔静脉 3. 右心耳 4. 冠状沟 5. 右心室 6. 心尖 7. 窦下室间沟 8. 左心室 9. 后腔静脉

（引自陈耀星，2013）

心脏位于胸腔纵隔（Mediastinum）内，夹于左、右肺之间，约在胸腔下 2/3，第 3 肋骨（或第 2 肋骨间隙）至第 6（犬和猫为第 7）肋骨（或第 5 ~ 6 肋间隙）之间，略偏左侧（牛心约 5/7，马、猪心约 3/5 位于正中线左侧），心基大致位于胸腔中部水平面上，向后延伸至膈。心脏位置不仅在不同物种、品种、个体之间有所差异，而且与其年龄和体况有关。牛心基约位于肩关节水平线上，心尖位于最后胸骨片的背侧，距膈 2 ~ 5 cm。马心基大致位于胸高（鬐甲最高点至胸的腹侧缘）中点之下 3 ~ 4 cm，心尖距膈 5 ~ 8 cm，距胸骨 1 ~ 2 cm。猪的心位于第 2 ~ 6 肋之间，心尖与第 7 肋软骨和胸骨结合处相对，距膈较近。犬的心脏长轴与胸骨约成 45°（图 8-4）。

心脏的重量大约占体重的 0.75%。但由于品种不同，心脏的重量变化较大。成年牛心脏平均重约 2.5 kg，占体重的 0.4% ~ 0.5%；中等体型犬心脏重 170 ~ 200 g，占体重的 1% 左右。

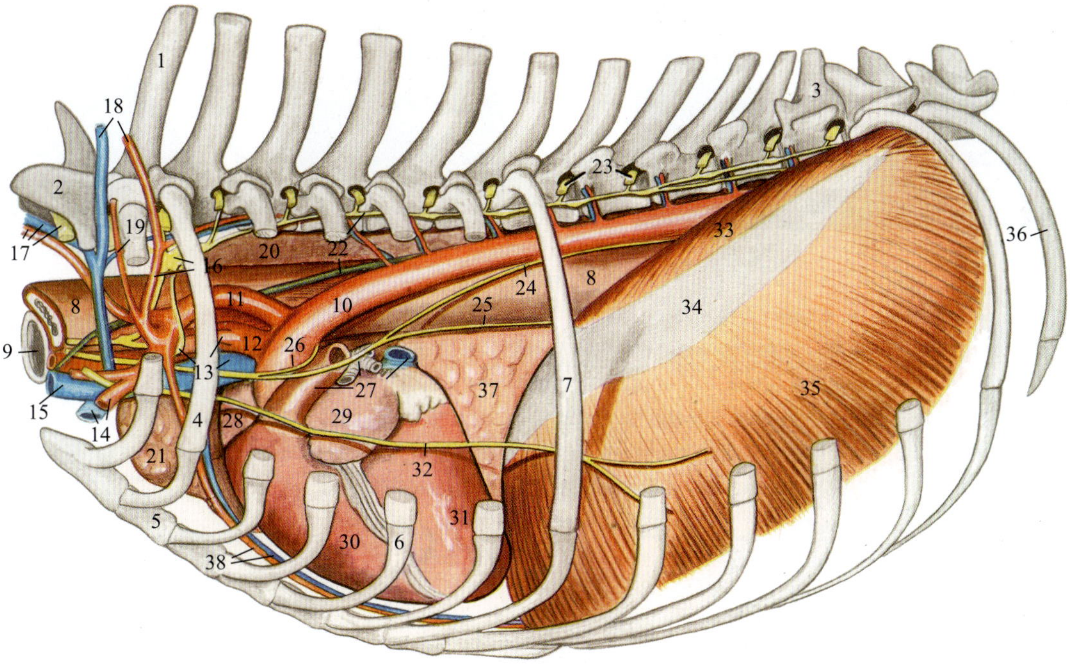

图 8-4　犬左侧胸腔器官

1. 第 1 胸椎　2. 第 7 颈椎　3. 第 11 胸椎　4. 第 2 肋骨　5. 胸骨　6. 第 5 肋软骨　7. 第 7 肋骨　8. 食管　9. 气管　10. 主动脉　11. 左锁骨下动脉　12. 臂头动脉干　13. 锁骨下袢、左颈总动脉、前腔静脉　14. 腋动、静脉　15. 左颈静脉　16. 肋颈动脉干、颈胸神经节（星状神经节）　17. 第 7 颈神经和椎动、静脉　18. 颈深动、静脉　19. 肩胛背侧动脉　20. 右肺　21. 右肺前叶　22. 交感干、胸导管　23. 胸神经　24. 迷走神经背侧干　25. 迷走神经腹侧干　26. 左喉返神经　27. 左主支气管、肺动脉干、肺静脉　28. 右心耳　29. 左心耳　30. 右心室　31. 左心室　32. 膈神经　33. 膈左内侧脚　34. 膈中心腱　35. 膈肋部　36. 第 13 肋骨　37. 肺副叶　38. 胸廓内动、静脉

（引自 Popesko，1985）

二、心腔的结构

心腔被纵走的房间隔（Interatrial septum）和室间隔（Interventricular septum）分为互不相通的左、右两半，每半又分为上部的心房和下部的心室。因此，心腔分为左心房、左心室、右心房和右心室 4 个腔，同侧的心房与心室经房室口（Atrioventricular orifice）相通（图 8-5 至图 8-9）。

1. 右心房（Right atrium） 位于右心室的背侧，构成心基的右前背侧部，接纳来自前、后腔静脉和冠状窦的血液，壁薄腔大，由腔静脉窦和右心耳组成。

腔静脉窦（Sinus of venae cavae）为体循环静脉的入口，背侧壁及后壁分别有前、后腔静脉口，两

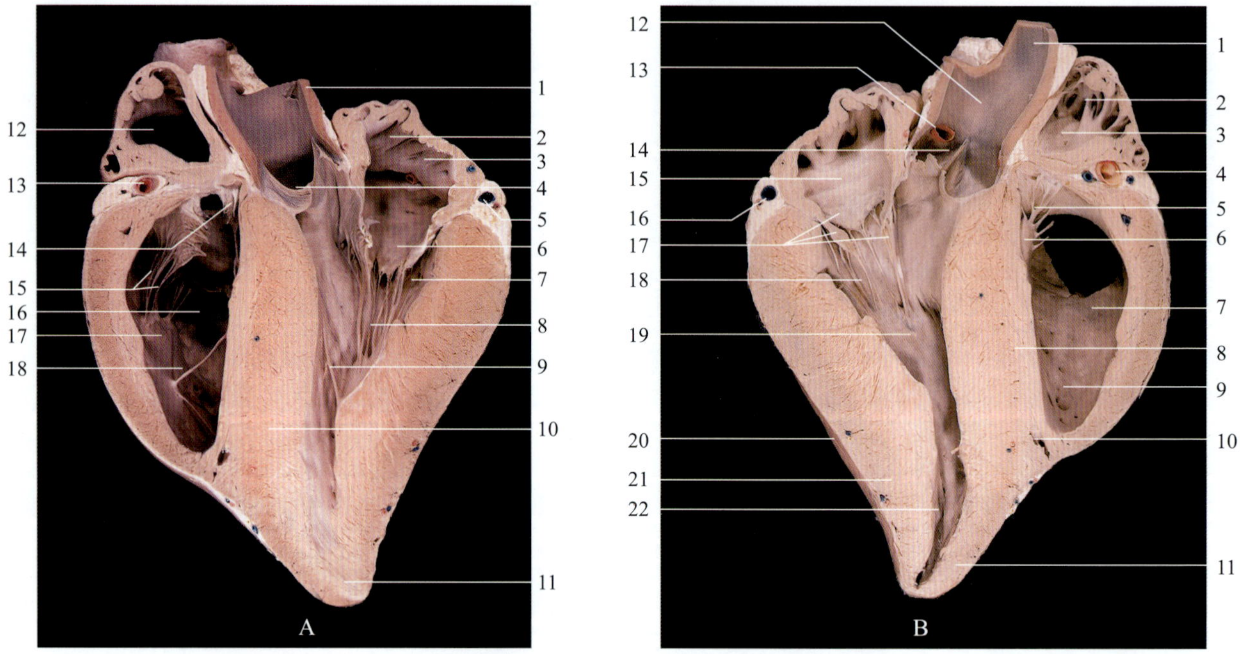

图 8-5 马心脏的内部构造

A. 左侧观：1. 主动脉 2. 左心耳 3. 梳状肌 4. 主动脉瓣 5. 左冠状动脉旋支和大冠状静脉 6. 二尖瓣 7. 左心室 8. 腱索 9. 隔缘肉柱 10. 室间隔 11. 心尖 12. 右心耳 13. 冠状沟和右冠状动脉 14. 三尖瓣 15. 腱索 16. 右心室 17. 乳头肌 18. 隔缘肉柱
B. 右侧观：1. 主动脉 2. 梳状肌 3. 右心耳 4. 右冠状动脉旋支 5. 三尖瓣的腱索 6. 乳头肌 7. 右心室 8. 室间隔 9. 肉柱 10. 圆锥旁室间支 11. 心尖 12. 主动脉 13. 左冠状动脉 14. 主动脉瓣 15. 左心房 16. 大冠状静脉 17. 二尖瓣 18. 腱索 19. 左心室 20. 心外膜 21. 心肌膜 22. 心内膜

（引自 König 和 Liebich，2007）

腔静脉口之间有半月形的静脉间结节（Intervenous tubercle），具有分流腔静脉血液，避免互相撞击的作用（图 8-6）。后腔静脉口的腹侧有冠状窦（Coronary sinus）的开口。冠状窦为心大静脉、心中静脉和牛猪左奇静脉的入口，窦口常有瓣膜（冠状窦瓣），可防止血液倒流。在后腔静脉口附近的房间隔上，有深浅不一的凹窝，为卵圆窝（Oval fossa），为胚胎时期卵圆孔的遗迹。牛出生后 3 ～ 4 周仅有 50% 的个体卵圆孔闭合，成年牛、羊、猪仍有约 20% 的卵圆孔闭锁不全，但一般不影响心功能。马、犬的右奇静脉开口于右心房背侧的前、后腔静脉口之间或前腔静脉根部。

右心耳（Right auricle）为圆锥形盲囊，尖端向左伸达肺动脉干前方，内面有许多方向不同的肉嵴，称梳状肌（Pectinate muscle），终止于终嵴。右心房经右房室口与右心室相通。

2. 右心室（Right ventricle） 位于右心房腹侧，心室的右前方，略呈曲面三角形，不达心尖。上部有 2 个开口，右口较大，为右房室口；左口较小，为肺动

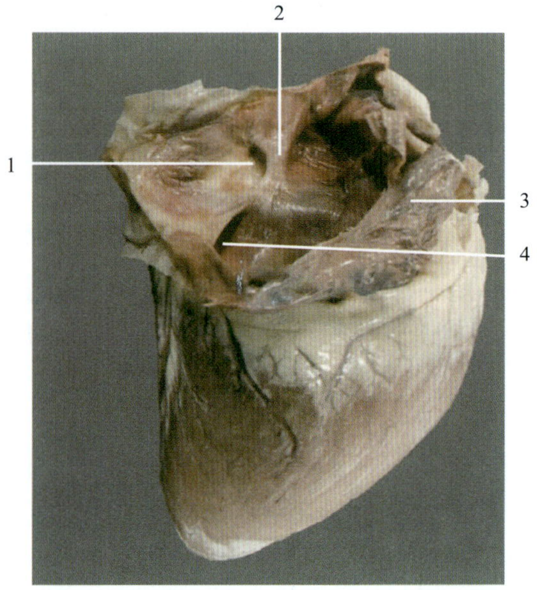

图 8-6 右心房和右心室内侧面

1. 卵圆窝 2. 静脉间结节
3. 右心房 4. 冠状窦

（引自 Mansour 等，2018）

脉口。右心室接受来自右心房的静脉血，通过动脉圆锥把血液泵入肺动脉干（Pulmonary trunk），进而把血液运送至肺（Lung）。

右房室口（Right atrioventricular orifice）为右心室的入口，呈卵圆形，以致密结缔组织构成的纤维环为支架，周缘附着有3片三角形的瓣膜，称右房室瓣（Right atrioventricular valve），又称三尖瓣（Tricuspid valve），由心内膜折转形成，瓣膜向下突入心室，其游离缘有腱索（Chordae tendineae）与乳头肌（Papillary muscle）相连。一般有3个乳头肌，为由心室壁和室间隔突入心室腔的圆锥状肌肉。通过腱索，每个乳头肌连接2个瓣膜，同时每个瓣膜与2个乳头肌相连。这种构造可防止心室收缩时瓣膜翻向右心房。三尖瓣是右心室的“进气阀”，朝向右心室，当心房收缩时，房室口打开，血液由心房流入心室；当心室收缩时，室内压升高，心室内的血液将瓣膜向上推使其相互合拢，关闭房室口，并由于腱索和乳头肌的牵引，可防止瓣膜向心房翻转和血液倒流。

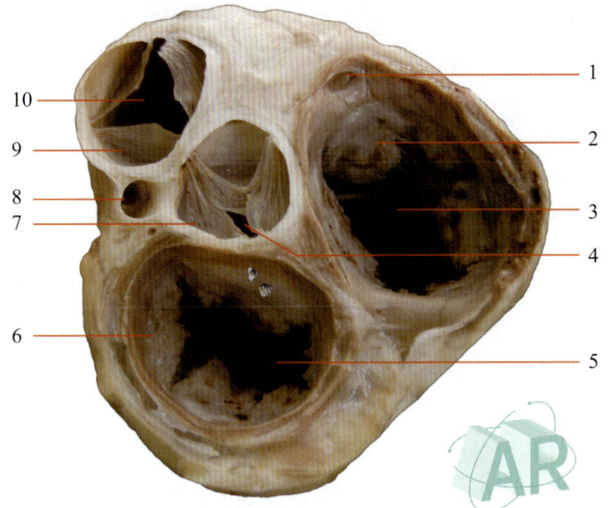

图 8-7　牛心瓣膜

1. 冠状窦　2. 右房室瓣　3. 右房室口　4. 主动脉口
5. 左房室口　6. 左房室瓣　7. 主动脉瓣
8. 左冠状动脉　9. 肺动脉瓣　10. 肺动脉口
（陈耀星供图）

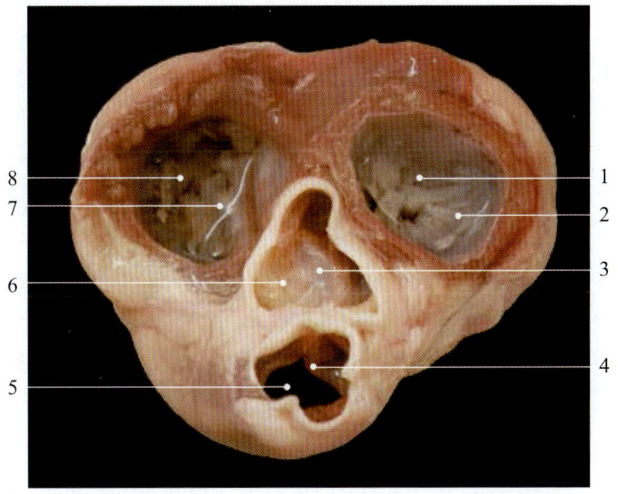

图 8-8　猪心瓣膜

1. 左房室口　2. 左房室瓣　3. 主动脉口
4. 肺动脉瓣　5. 肺动脉口　6. 主动脉瓣
7. 右房室瓣　8. 右房室口
（引自陈耀星和王子旭等，2018）

肺动脉口（Orifice of pulmonary trunk）为右心室的出口，位于右心室左上方，亦由纤维环围成，周缘附着有3片口袋状的瓣膜，称肺动脉瓣（Pulmonary valve），亦称半月瓣（Semilunar valve），袋口朝向肺动脉干。每个瓣膜游离缘中点增厚形成半月瓣小结节（Nodule of semilunar valve），可使瓣膜关闭更为严密。当心室收缩时，瓣膜开放，血液进入肺动脉口；当心室舒张时，室内压降低，肺动脉内的血液流入半月瓣的袋口，使其互相靠拢，从而关闭肺动脉干口，防止血液倒流入右心室。靠近肺动脉口处的右心室部分呈圆锥形，称动脉圆锥（Arterial cone）。

右心室壁上有乳头肌和隔缘肉柱。乳头肌（Papillary muscle）有3个，其中一个位于前壁，另两个在室间隔。隔缘肉柱（Septomarginal trabecula）又称心横肌，连于心室侧壁与室间隔之间，有防止心室过度扩张的作用，故亦称节制索（Moderator band）。右心室腹侧有很多从外侧壁突入的心肌嵴，它们被认为有减少血液涡流的作用。

3. 左心房（Left atrium）　位于左心室的背侧，构成心基的左后部，接受来自肺静脉的动脉血，其构造与右心房相似，可分前、后两部。左心房背侧壁的后部，有5～8个肺静脉口（Orifice of pulmonary vein）。左心耳（Left auricle）位于左心房前部，为锥形盲囊，其盲端向前伸达肺动脉干后方，腔内亦有梳状肌。左心房经左房室口与左心室相通。

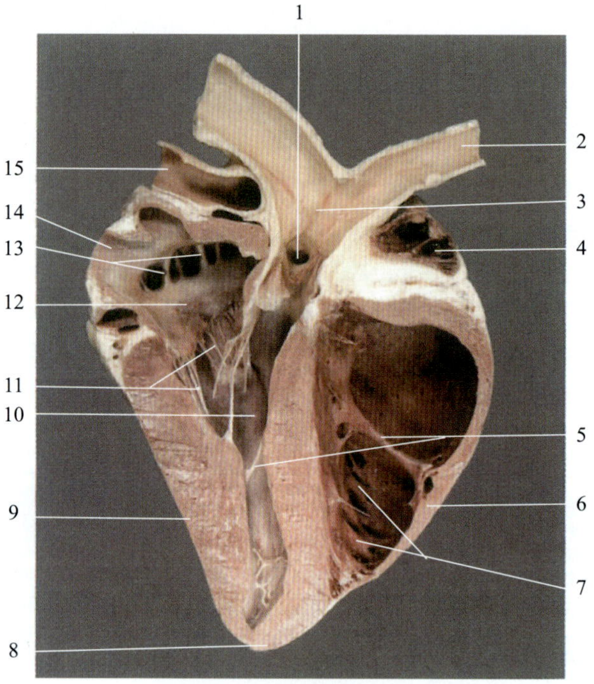

图 8–9 心横肌

1. 左冠状动脉 2. 臂头动脉干 3. 主动脉 4. 右心耳 5. 隔缘肉柱 6. 右心室 7. 肉柱 8. 心尖 9. 左心室 10. 乳头肌 11. 腱索 12. 左房室口 13. 梳状肌 14. 左心房 15. 肺动脉干

（引自 Mansour 等，2018）

4. 左心室（Left ventricle） 位于左心房腹侧，心的左后方，呈圆锥状，向下伸达心尖，其构造与右心室相似，但左心室壁比右心室壁厚。上部有 2 个开口，前口较小，为主动脉口；后口较大，为左房室口。它接受来自肺的动脉血，并通过主动脉把血液运送到身体的绝大部分。左心室内有 2 个乳头肌和 2 条较粗大的隔缘肉柱。

左房室口（Left atrioventricular orifice）为左心室的入口，圆形或卵圆形，由纤维环围成，周缘有 2 片三角形的瓣膜，称左房室瓣（Left atrioventricular valve），又称二尖瓣（Bicuspid or mitral valve），其游离缘亦借腱索与乳头肌相连，作用与右房室瓣相同。

主动脉口（Aortic orifice）为左心室的出口，位于心基中部，呈圆形，其构造与肺动脉口相似，纤维环上也附着有 3 片袋状的瓣膜，称主动脉瓣（Aortic valve）。牛的纤维环内有左、右 2 块心骨（Cardiac bone），右侧心骨较大，左侧心骨较小；马、猪、犬则为心软骨，老年常骨化。主动脉瓣与肺动脉瓣相似，但其半月瓣小结节比肺动脉瓣的更明显。每一主动脉瓣周围的主动脉壁膨大形成主动脉窦（Aortic sinus），此处的升主动脉基部变粗形成主动脉球（Aortic bulb）。

三、心壁的构造

心壁由心外膜、心肌和心内膜构成（图 8–9）。

1. 心外膜（Epicardium） 为覆盖心外表面的浆膜，即心包浆膜的脏层，表面光滑、湿润，由间皮及薄层结缔组织构成，其深面分布有血管、神经、淋巴管等。

2. 心肌（Myocardium） 为心壁的中层，最厚，由心肌纤维组成，被房室口纤维环分为心房肌和心室肌两个独立的肌系，因此心房和心室可分别收缩和舒张。心房肌薄，分浅、深两层。浅层为左、右心房所共有，深层为各心房所独有。心室肌厚，左心室壁最厚，约为右心室壁的 3 倍，分外斜行、中环行和内纵行 3 层，肌纤维呈螺旋状排列。心肌纤维属于横纹肌（Striated muscle），其特征是由自主神经系统控制，细胞核位于中央；肌纤维末端相互吻合，形成交织排列的闰盘（Intercalary disc）。

3. 心内膜（Endocardium） 为紧贴心肌内表面的光滑薄膜，与心基血管的内膜相连续，其深面有血管、淋巴管、神经和心脏传导系的分支。在房室口和动脉口折叠形成房室瓣、主动脉瓣和肺动脉瓣；瓣膜表面为内皮，内部为致密结缔组织。

四、心传导系统

心传导系统（Conduction system of heart）由特殊的心肌纤维所组成，能自发性地产生和传导兴奋，使心肌进行有规律的收缩和舒张。心传导系统包括窦房结、房室结、房室束和浦肯野纤维（图 8–10）。

1. 窦房结（Sinuatrial node） 为心脏的起搏点，位于前腔静脉与右心耳之间的界沟内、心外膜下。除分支到心房肌纤维外，还分出数支结间束与房室结和心房肌相连。窦房结内的细胞主要为起搏细胞（P 细胞）和过渡细胞（T 细胞）。如果实验性破坏窦房结，心跳就会减缓或停止。

2. 房室结（Atrioventricular node） 位于房间隔右心房侧的心内膜下，在冠状窦口的前方，由排列不规则的小分支状的细胞构成，与心房肌和房室束相连。

3. 房室束（Atrioventricular bundle） 起始于房室结，穿过纤维环至室间隔上部，分为左、右脚（Left and right limbs or crura）。左脚较粗，穿过室间隔后，与右脚分别沿室间隔的左、右侧面心内膜下面向下伸延，分支分布于室间隔，并转折至心室侧壁，也有分支经隔缘肉柱分布于心室侧壁。

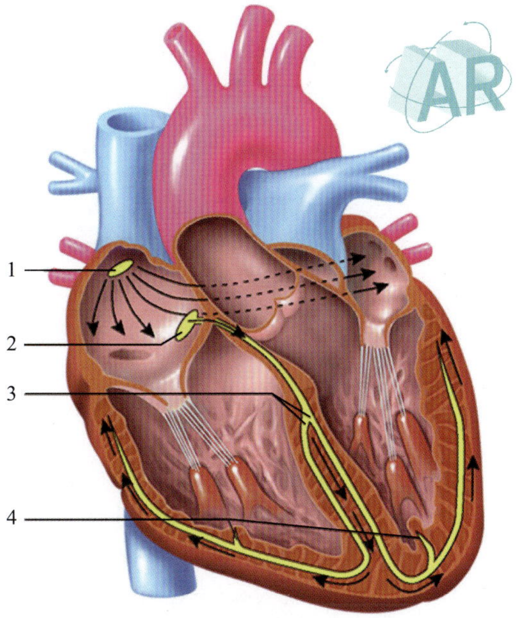

图 8–10 心传导系统示意图

1. 窦房结 2. 房室结 3. 房室束的左、右束支 4. 浦肯野纤维

4. 浦肯野纤维（Purkinje fibers） 与房室束左、右脚的细小分支相延续，在心内膜下交织成浦肯野纤维网，与心室肌相连。

一般认为窦房结的兴奋性最高，能自主产生节律性的兴奋，传至心房肌，使心房收缩；同时经心房肌传至房室结，再经房室束及其分支和浦肯野纤维传至心室肌，使心室收缩。如果心传导系统发生功能障碍，就会出现心律失常等症状。

五、心的血管和淋巴管

心本身的血液循环称冠状循环（Coronary circulation），由冠状动脉、毛细血管和心静脉组成。动物心脏上的血管接受 5% 以上的左心室输出血量（图 8–11）。

1. 冠状动脉（Coronary artery） 为心的营养动脉，分左、右两支，分别起始于主动脉根部，经左、右心耳与肺动脉干之间穿出，沿冠状沟和室间沟走行，分支分布于心房和心室，在心肌内形成丰富的毛细血管网。

左冠状动脉（Left coronary artery）一般较粗，起始于主动脉球的左窦。通过左心耳与肺动脉干之间，伸入冠状沟后分为锥旁室间支和旋支。锥旁室间支沿着同名沟下行至心尖，为左心室壁和大部分室间隔运输血液。旋支沿冠状沟行至心脏后面，止于接近右室间沟处（马和猪）或一直延续进入心尖（肉食动物和反刍动物）。

右冠状动脉（Right coronary artery）起于主动脉球的右窦，通过右心耳与肺动脉干之间，伸入冠状沟后绕至心基的前面，或者逐渐变细伸向右室间沟起始处或进入右室间沟（食肉动物和反刍动物）。左冠状动脉不分布至心尖的动物（马和猪），其右冠状动脉伸延至心尖。

2. 心静脉（Cardiac veins） 心的静脉包括冠状窦及其属支、心右静脉和心最小静脉。冠状窦（Coronary sinus）位于冠状沟内，经冠状窦口注入右心房，其属支有心大静脉和心中静脉。心大静脉（Great cardiac vein）沿锥旁室间沟向上入冠状沟，绕过左心室缘至心右侧，注入冠状窦，沿途有左冠状动脉及其分支伴行。心中静脉（Middle cardiac vein）沿窦下室间沟向上延伸，注入冠状窦，沿途有右冠状动脉的分支伴行。心右静脉（Right cardiac vein）有数支，沿右心室上行注入右心房。心最小静脉（Smallest cardiac vein）是行于心肌内的小静脉，直接开口于各心腔，或者主要开口于右心房梳状肌之间。

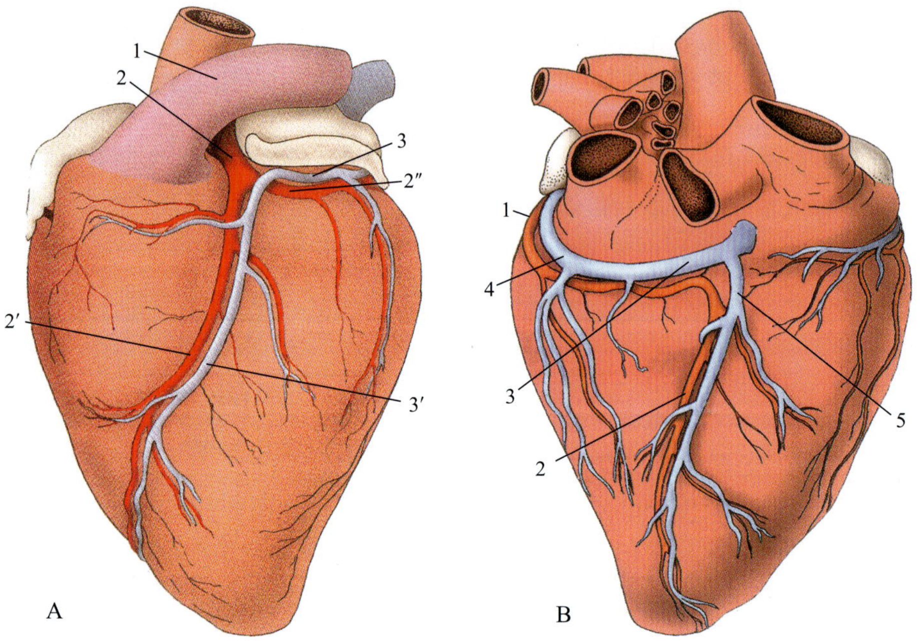

图 8-11　心血管系统示意图

A. 左侧观：1. 肺干　2. 左冠状动脉　2′. 锥旁室间支　2″. 冠状支　3. 心大静脉　3′. 心大静脉的锥旁室间支
B. 右侧观：1. 左冠状动脉冠状支　2. 左冠状动脉窦下室间支　3. 冠状窦　4. 心大静脉　5. 心中静脉
（引自 Singh 等，2018）

心脏中的一部分组织液进入毛细淋巴管（Lymphocapillary vessel），在心外膜下汇聚形成小淋巴管，小淋巴管向心基延伸，在冠状沟和左室间沟汇合处形成大淋巴管，最后注入前、后纵隔淋巴结和气管支气管淋巴结。

六、心的神经

心脏接受自主神经系统（Autonomic nervous system）的支配，包括交感神经和副交感神经。这些神经有运动神经纤维和感觉神经纤维。交感神经（Sympathetic nerve）来自颈胸神经节、胸交感干等的心支，可使窦房结兴奋，心跳加快，心收缩力增强，所以常称为心兴奋性神经（Accelerant nerve）。副交感神经（Parasympathetic nerve）来自迷走神经和喉返神经的心支，其作用与交感神经相反，故常称为心抑制神经（Depressor nerve）。所有的神经纤维在纵隔前部形成心神经丛（Cardiac plexus）。大部分交感神经是节后纤维，而副交感神经是节前纤维，在位于心室壁心外膜下靠近大血管处的小神经节中形成突触。节后纤维分布于窦房结、房室结、心房、心室肌和冠状动脉等。

心的感觉神经（Sensory nerve）分布于心壁各层，随交感神经和迷走神经进入脑和脊髓。交感神经的传入纤维主要传导痛觉，副交感神经的传入纤维主要传导压力和牵张感觉。

七、心包

心包（Pericardium）为包在心外的锥形囊，囊壁由纤维层和浆膜层组成，具有保护心脏的作用（图 8-12）。纤维层又称纤维性心包（Fibrous pericardium），为心包的外层，薄而坚韧，背侧附着于心基部的大血管，腹侧以胸骨心包韧带（Stenopericardiac ligament）附着于胸骨后部。在犬还有膈心包韧带

(Phrenopericardiac ligament)，它将纤维层固定于膈上。浆膜层又称浆膜性心包(Serous pericardium)，为心包的内层，分壁层和脏层。壁层(Parietal layer)紧贴于纤维层内面，沿心基大血管转折为脏层。脏层(Visceral layer)被覆于心肌外表面，构成心外膜。壁层与脏层之间的腔隙称心包腔(Pericardial cavity)，内有少量淡黄色的液体，称心包液(Pericardial fluid)，具有减少心搏动时产生的摩擦的作用。心包发炎导致心包液增多或心包增厚，通过超声检查，可检测到无回声区域，为心包积液。此外，在纤维性心包外面被覆有心包胸膜。

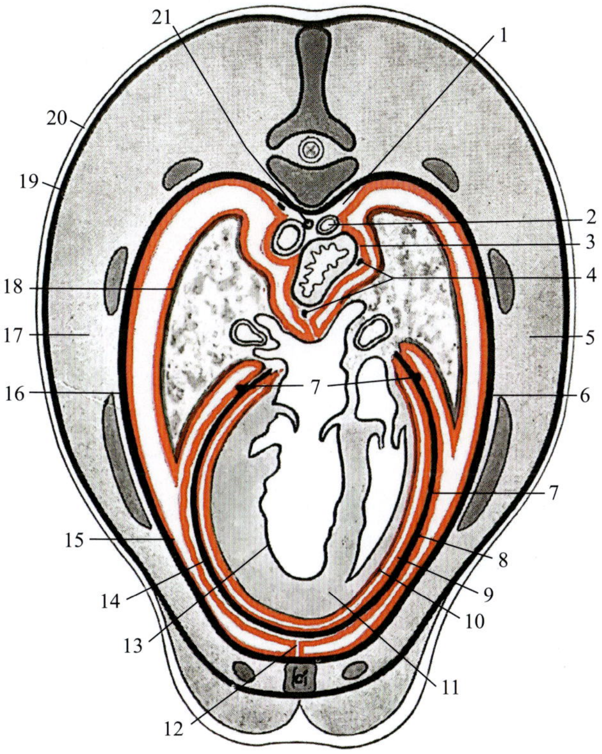

图 8-12 心包模式图

1. 交感干 2. 右奇静脉 3. 纵隔胸膜 4. 迷走神经 5,17. 胸壁肌肉 6,16. 胸内筋膜 7,14. 心包胸膜 8. 纤维心包 9. 心包壁层 10. 心包脏层(心外膜) 11. 心肌 12. 胸骨心包韧带 13. 心内膜 15. 肋胸膜 18. 肺胸膜 19. 深筋膜 20. 浅筋膜 21. 胸导管

(引自 Nickel 等，1979)

八、血液在心内的流向

心为血液循环的动力器官，相当于一个“泵”，心内的瓣膜类似于泵的“阀门”，在神经系统的支配下，心房和心室进行有规律的交替收缩和舒张，在此过程中，瓣膜能够顺血流而开张，逆血流而关闭，从而保证血液在心腔内按一定的方向流动(图 8-13)。体循环(Systemic circulation)血液流动的方向为：左心房→左心室→主动脉及其属支→全身毛细血管网→全身静脉→前腔静脉和后腔静脉→右心房。肺循环(Pulmonary circulation)血液流动的方向为：右心房→右心室→肺动脉干及其属支→肺毛细血管网→肺静脉→左心房。

心房收缩时，心室舒张。这时房内压大于室内压，推开左、右房室瓣，左、右心房的血液分别经左、右房室口流入左、右心室。与此同时，肺动脉和主动脉内的压力大于室内压，将肺动脉瓣和主动脉瓣关闭，动脉内的血液不能逆流入心室。

心室收缩时，心房舒张。这时室内压大于房内压，压迫左、右房室瓣，关闭房室口，使心室的血液不致逆流入心房。与此同时，室内压大于动脉内的压力，推开肺动脉瓣和主动脉瓣，将左、右心室内的血液分别压入主动脉和肺动脉。心房舒张时，肺静脉和前、后腔静脉的血液分别流入左、右心房。由于心房和心室这种交替性的收缩和舒张，才能使血液在心血管系统中按一定的方向周而复始的循环不息。体循环由于行程远，分布范围广，亦称大循环(Axial circulation)。肺循环因其行程短，亦称小循环(Lesser circulation)。体循环和肺循环是心血管系统中不可分割的两部分，血液由体循环到肺循环，再由肺循环到体循环，如此循环往复，共同完成机体的运输功能。

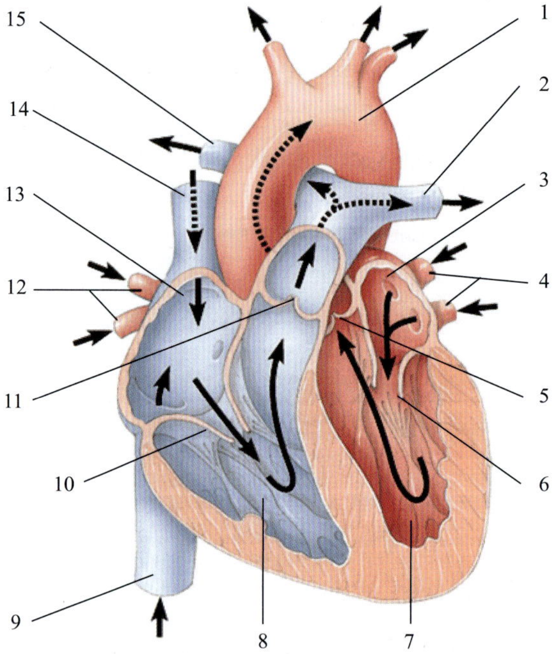

图 8-13　心腔内血液循环的径路

1. 主动脉　2. 左肺动脉　3. 左心房　4. 肺静脉　5. 主动脉口　6. 左房室口　7. 左心室　8. 右心室　9. 后腔静脉　10. 右房室口　11. 肺动脉口　12. 肺静脉　13. 右心房　14. 前腔静脉　15. 右肺动脉

第二节　血管

一、血管的种类及分布规律

血管（Vessel）是有着强大分支、闭合的管状系统。在人类，如果这个系统所有血管的长度加在一起，会有 40 000 km 长。血管根据其结构和功能分为动脉、毛细血管和静脉。动脉（Artery）管壁厚，富有收缩性和弹性，是将血液由心引出，流向畜体各部器官的血管。毛细血管（Blood capillary）是介于小动脉与小静脉之间的微小血管，壁很薄，仅由一层内皮细胞构成，是体内分布最广的血管，在器官组织内分支相互吻合成网，与周围组织进行物质交换。静脉（Vein）是将全身各部的血液引入心脏的血管，管壁薄，管腔较大，有些部位的静脉内有静脉瓣（膜）（Valve of vein），尤其四肢部的静脉瓣较多，有防止血液倒流的作用。

动、静脉在动物体内的分布具有一定的规律性。动、静脉的分布与机体的结构尤其是骨骼的结构相似，躯体的血管主干如主动脉、腔静脉为单支，沿中轴骨骼（脊柱）分布；由主动脉发出分布于躯干和四肢的分支，呈两侧对称分布；在机体分节明显的胸、腰部，血管分布也呈现分节现象，如肋间背侧动脉、静脉，腰动脉、静脉等。较粗的血管主干多沿躯干的深面、四肢的内侧、关节的屈侧和安全隐蔽的部位，如骨、肌肉和筋膜形成的沟和管内延伸，不易遭受损伤，且常与神经伴行，包在共同的结缔组织鞘内，形成血管神经束，所以在结扎血管时应注意分离神经。

由血管主干分出的侧支常以最短的距离到达所分布的器官，其管径粗细不取决于器官的大小，而取决于器官的功能，如分布于心、肾和甲状腺等代谢功能旺盛的器官的血管较粗。血管一般以锐角分支，以利于血液快速流动；但分布于主干附近器官的侧支，常以近似直角的角度分出。由小叶构成的器官，如肝、肺、肾，动脉常由“门”进入，按小叶结构分布；在肌肉、韧带和神经，动脉由数处进入，按纤维的行程分布。侧副支是与血管主干平行的侧支，其末端合并于本干，形成侧副循环，即主干的血液可经侧副支再流回至主干。当主干血流因某种原因（如压迫和结扎）受阻时，侧副支可代替主干发挥作用，其在兽医临床上有重要意义。血流方向与主干相反的侧副支称返支。此外，相邻血管之间常有分支相连，称吻合（Anastomose），该分支称吻合支。吻合有平衡血压、转变血流方向和起侧副支的作用。常见的血管吻合有：①动脉弓（Arterial arcade），相邻两动脉的分支呈弓状吻合，如空肠动脉弓。②动脉网（Arterial rete），动脉的终末分支在同一平面上互相吻合呈网状，如腕背侧动脉网。③血管丛（Vascular plexus），稠密的血管网结合在一起形成血管丛，如脑室脉络丛。④异网（Rete mirabile），由动脉网再次聚集形成动脉称异网，如硬膜外异网。动静脉吻合是小动脉与小静脉之间的直接连接，为动、静脉间的捷径，以缩短循环的通路，起调节血流的作用，这种吻合多见于指（趾）、唇部等。

静脉分为深静脉和浅静脉。深静脉多与同名动脉伴行，常比伴行动脉粗，数目较多，一条中动脉和小动脉常有两条静脉伴行。浅静脉位于皮下，称皮下静脉（Subcutaneous vein），无动脉伴行，在体表可见，临床上常用于采血、放血和静脉注射等。

二、肺循环的血管

肺循环（Pulmonary circulation）的血管包括肺动脉、毛细血管和肺静脉。

肺（动脉）干（Pulmonary trunk）起始于右心室的肺干口，在左、右心耳之间、主动脉左侧向上向后伸延，分为左、右肺动脉（Pulmonary artery）经肺门入肺，牛、羊和猪的右肺动脉还分出一支至右肺的前叶。肺动脉在肺内随支气管反复分支，最后在肺泡周围形成毛细血管网，在此进行气体交换。肺动脉干与主动脉之间有一短的动脉韧带（Arterial ligamentum）相连，为胚胎期动脉导管的遗迹。肺静脉（Pulmonary vein）由肺毛细血管汇集而成，与肺动脉和支气管伴行，最后形成数支（牛约 7 支、马有 5 ～ 8 支，猪约 5 支，犬约 6 支）肺静脉，从肺门处出肺，注入左心房。

三、体循环的血管

（一）体循环的动脉

体循环（Systemic circulation）的动脉包括主动脉及其各级分支。主动脉（Aorta）起始于左心室的主动脉口，在肺动脉干与左、右心房之间上升，称升主动脉（Ascending aorta），出心包后向后向上呈弓状延伸至第 5 ～ 6 胸椎腹侧，称主动脉弓（Aortic arch）。主动脉弓向后延续为降主动脉（Descending aorta），细分为胸主动脉和腹主动脉（图 8–14）。胸主动脉（Thoracic aorta）沿胸椎腹侧向后延伸至膈，穿过膈上的主动脉裂孔（Aortic foramen）后为腹主动脉（Abdominal aorta），沿腰椎腹侧向后伸延，在第 5 或第 6 腰椎腹侧分为左右髂外动脉（External iliac artery）、左右髂内动脉（Internal iliac artery）及荐正中动脉（Median sacral artery）。升主动脉起始处膨大形成主动脉球（Aortic bulb），内面有 3 个主动脉窦（Aortic sinus），从此处分出左、右冠状动脉，供应心的血液。

1. 主动脉弓 从主动脉弓凸面向前分出臂头（动脉）干（Brachiocephalic trunk），供给前肢、颈部、头部和胸廓腹侧部的血液（图 8–15 和图 8–16）。臂头（动脉）干沿胸段气管腹侧与前腔静脉之间向前延伸，至第 1（牛）或第 2（马）肋间隙处分出左锁骨下动脉（Left subclavian artery），在胸前口处分出双颈（动脉）干（Bicarotid trunk）后，延续为右锁骨下动脉（Right subclavian artery）。猪、犬和猫的左锁骨下动脉独立，直接从主动脉弓分出，位于臂头动脉干背侧。

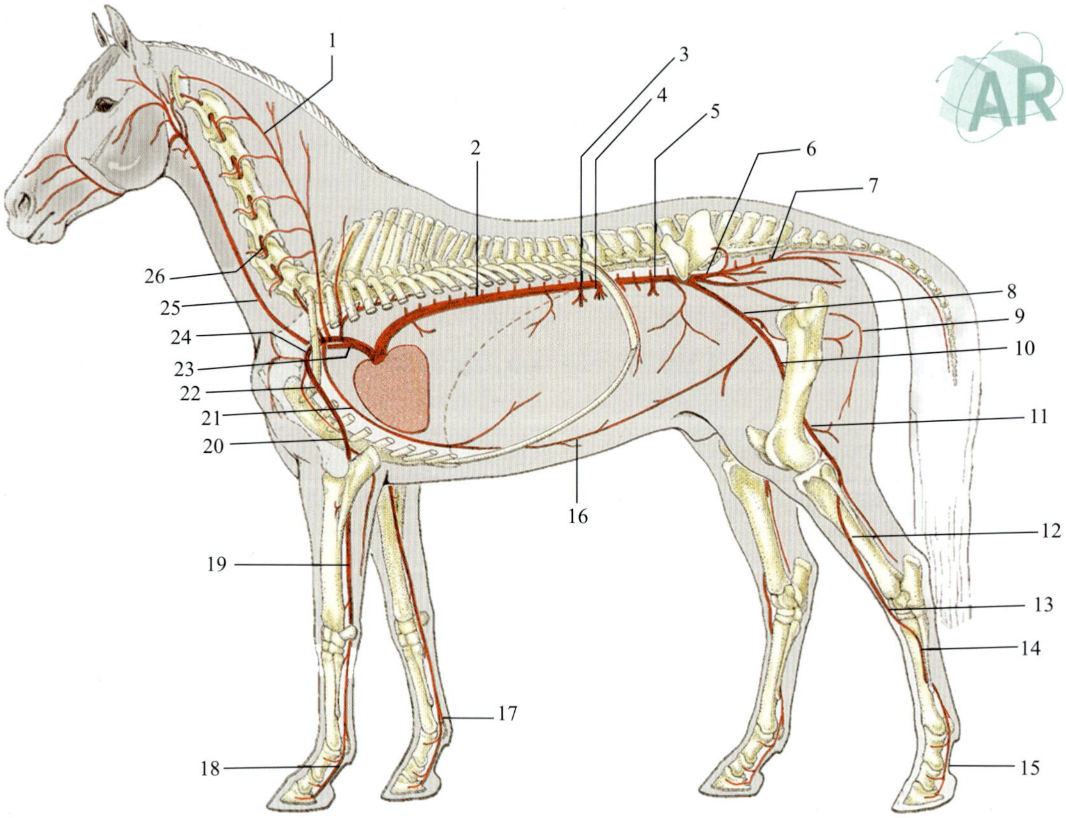

图 8–14　马全身动脉

1. 颈深动脉　2. 胸主动脉　3. 腹腔动脉　4. 肠系膜前动脉　5. 肠系膜后动脉　6. 髂内动脉　7. 荐中动脉　8. 髂外动脉　9. 阴部内动脉　10. 股动脉　11. 腘动脉　12. 胫前动脉　13. 足背动脉　14. 跖背侧第 3 动脉　15. 趾跖外侧动脉　16. 腹壁后动脉　17. 指掌侧第 2 总动脉　18. 指掌外侧动脉　19. 正中动脉　20. 臂动脉　21. 胸廓内动脉　22. 腋动脉　23. 臂头（动脉）干　24. 左锁骨下动脉　25. 颈总动脉　26. 椎动脉

（引自 König 和 Liebich，2007）

主动脉及其主要分支与分布

动脉 …… **分布**

- 左心室 → 主动脉弓
  - 左、右冠状动脉 …… 心脏
  - 臂头动脉干
    - 左锁骨下动脉
      - 左腋动脉 …… 左前肢
      - 胸腔分支 …… 胸壁、颈后部
    - 臂头动脉
      - 双颈动脉干 …… 头、颈部
      - 右锁骨下动脉
        - 右腋动脉 …… 右前肢
        - 胸腔分支 …… 胸壁、颈后部
- 胸主动脉
  - 肋间动脉（第 6 肋以后）…… 胸壁、脊髓
  - 支气管食管动脉 …… 肺内支气管、食管
- 腹主动脉
  - 壁支 …… 腰腹部肌肉、皮肤和脊髓
  - 脏支 …… 胃、肠、肝、胰、脾、肾等
  - 髂内动脉 …… 骨盆及骨盆腔器官
  - 髂外动脉 …… 后肢

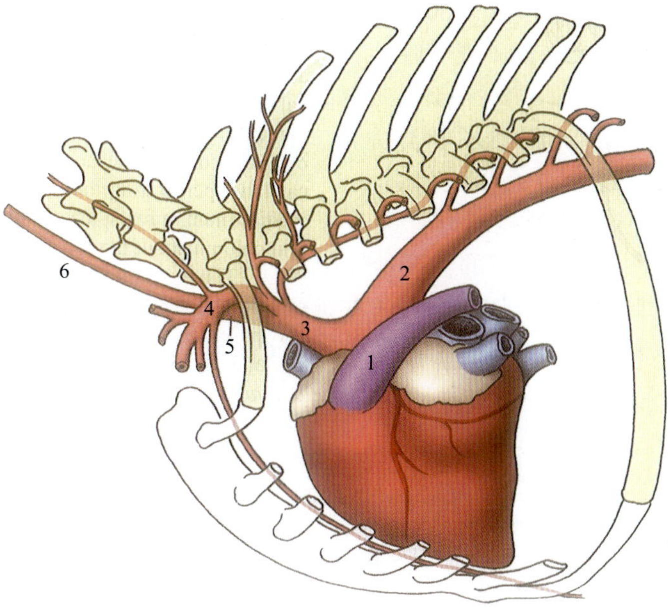

图 8-15　马臂头动脉总干的分支

1. 肺动脉干　2. 主动脉弓　3. 臂头动脉干
4. 左锁骨下动脉　5. 双颈动脉干
6. 左颈总动脉
（引自 Singh 等，2018）

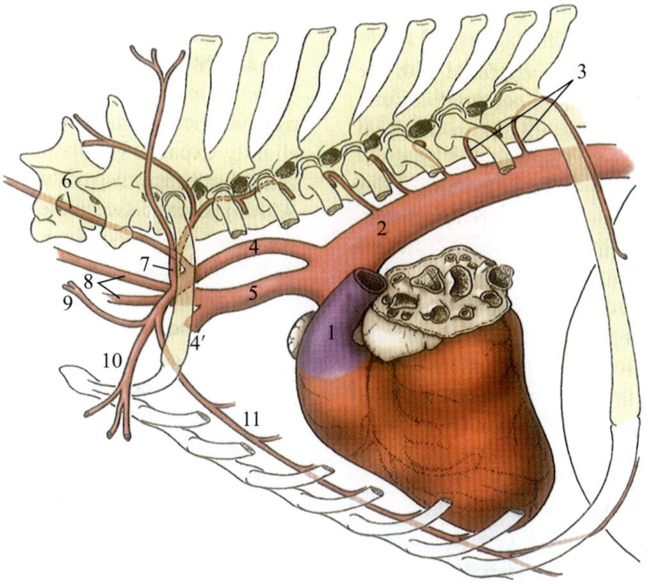

图 8-16　犬臂头动脉总干的分支

1. 肺动脉干　2. 主动脉　3. 肋间动脉
4. 左锁骨下动脉　4′. 右锁骨下动脉
5. 臂头动脉干　6. 椎动脉
7. 肋颈（动脉）干　8. 左、右颈总动脉
9. 颈浅动脉　10. 腋动脉
11. 胸廓内动脉
（引自 Singh 等，2018）

（1）双颈（动脉）干及其分支　双颈（动脉）干为一短的动脉总干，起源于臂头（动脉）干，向前延伸，为分布于头颈部的动脉主干，在胸前口处气管腹侧分为左、右颈总动脉。犬和猫的颈总动脉分别起源于臂头（动脉）干，且右颈总动脉的起点位置更靠前，因此猫和犬没有双颈（动脉）干。

双颈动脉分支与分布

动脉 …… 分布

- 双颈动脉干
  - 左颈总动脉
    - 枕动脉 …… 枕部肌肉和皮肤、咽、中耳、脑、脊髓
    - 颈内动脉（成年牛退化） …… 脑、脑膜
    - 颈外动脉
      - 舌面动脉干 ⟶ 面动脉 …… 下颌间隙、面部
      - 上颌动脉 …… 齿、齿龈、鼻腔、眼部
  - 右颈总动脉 …… 同左颈总动脉

颈总动脉（Common carotid artery）位于颈静脉沟（Carotid vein groove）深部，与颈内静脉（牛、羊、猪、犬）和迷走交感干形成血管神经束，沿食管（左侧）或气管（右侧）的背外侧向前延伸，沿途分支分布于颈部肌肉、食管、气管、皮肤、甲状腺、咽、喉等结构，例如分出甲状腺后动脉（Caudal thyroid artery）和甲状腺前动脉（Cranial thyroid artery），供给甲状腺血液。在寰枕关节腹侧，颈总动脉分3大支，即枕动脉、颈内动脉（成年牛退化）和颈外动脉（图8-17至图8-19）。猪的枕动脉和颈内动脉以一总干起于颈总动脉。在颈总动脉分叉处或附近有颈动脉窦和颈动脉球。颈动脉窦（Carotid sinus）为颈内动脉起始处的膨大部分，壁内含有丰富的舌咽神经游离神经末梢，为压力感受器（Pressure receptor），可感受血压的变化。颈动脉球（Carotid glomus）亦称颈动脉体（Carotid body），是颈总动脉分叉处一个小结节，为化学感受器（Chemoreceptor），可感受血液中 CO_2 和 O_2 含量的变化。

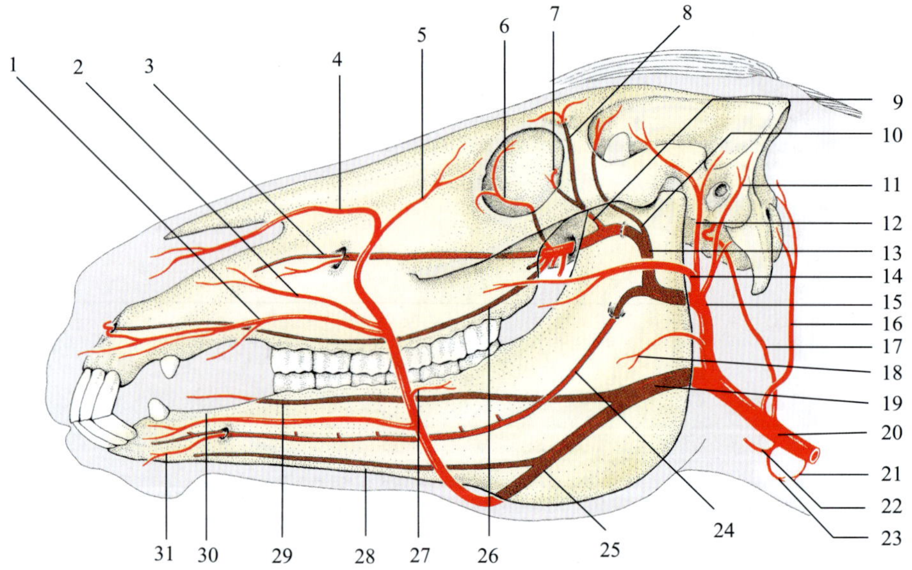

图 8-17　马头部主要动脉

1. 上唇动脉　2. 鼻外侧动脉
3. 眶下动脉　4. 鼻背侧动脉
5. 眼眶角动脉　6. 颧动脉
7. 筛动脉　8. 眶上动脉
9. 眼外动脉　10. 颞深动脉
11. 耳后动脉　12. 耳前动脉
13. 上颌动脉　14. 面横动脉
15. 颞浅动脉　16. 枕动脉
17. 颈内动脉　18. 咬肌支
19. 舌面动脉干　20. 颈总动脉
21. 甲状腺后动脉　22. 喉前动脉
23. 甲状腺前动脉　24. 下颌齿槽动脉
25. 面动脉　26. 腭大动脉
27. 咬肌动脉　28. 舌下动脉
29. 舌动脉　30. 下唇动脉　31. 颏动脉
（引自 König 和 Liebich，2007）

图 8-18　牛头部主要动脉

1. 颈总动脉　2. 枕动脉　3. 腭升动脉　4. 残留的颈内动脉
5. 脑膜内动脉　6. 颈外动脉　7. 舌面动脉干　8. 舌动脉
9. 面动脉　10. 舌深动脉　11. 舌下动脉　12. 颏下动脉
13. 下唇动脉　14. 上唇动脉　15. 眶下孔　16. 耳后动脉
17. 咬肌支　18. 颞浅动脉　19. 面横动脉　20. 角动脉
21. 上颌动脉　22. 下齿槽动脉　23. 颏动脉
24. 硬膜外异网的前、后支　25. 颧动脉
26. 眼眶角动脉　27. 鼻后外侧动脉
28. 鼻背侧动脉　29. 眶下动脉
30. 蝶腭动脉　31. 腭大和腭小动脉
（引自 Singh 等，2018）

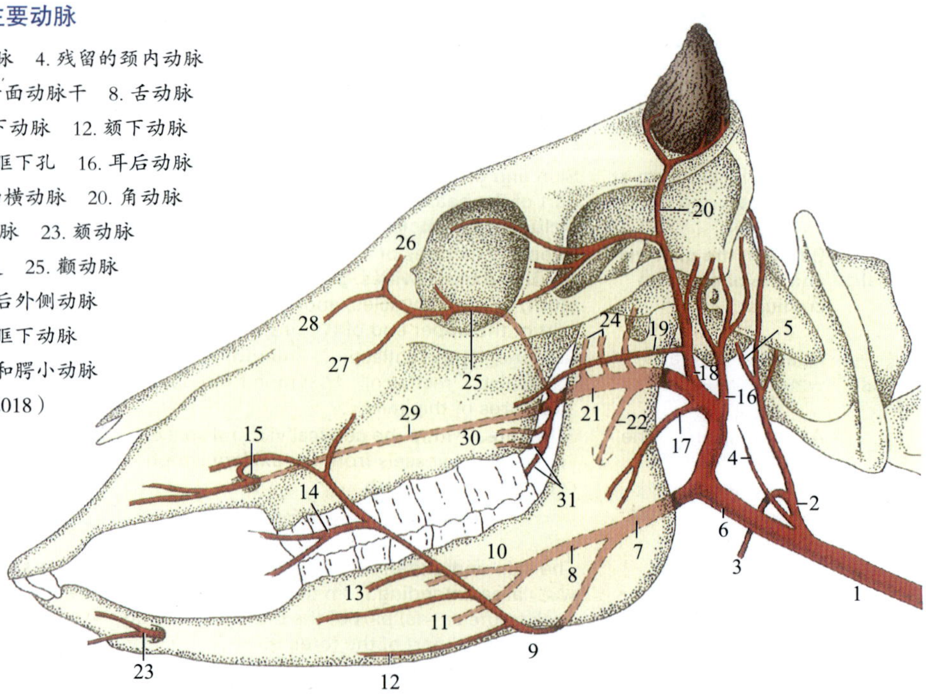

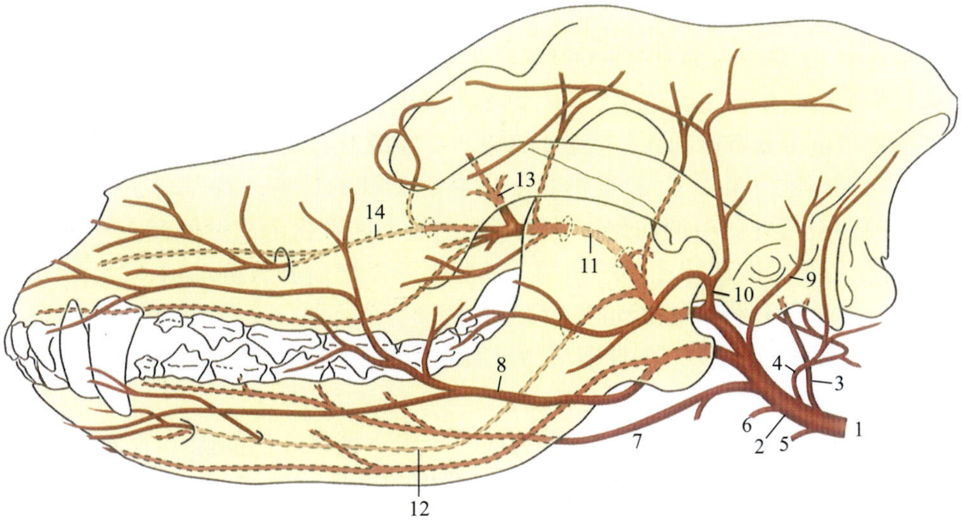

图 8-19 犬头部主要动脉

1. 颈总动脉 2. 颈外动脉
3. 颈内动脉 4. 枕动脉
5. 喉前动脉 6. 咽升动脉
7. 舌动脉 8. 面动脉
9. 耳后动脉 10. 颞浅动脉
11. 上颌动脉 12. 下齿槽动脉
13. 眼外动脉 14. 眶下动脉
（引自 Singh 等，2018）

①枕动脉（Occipital artery） 起自颈动脉窦背侧（牛、猪）或颈外动脉（马、犬）起始部，经下颌腺深面向背侧延伸至寰椎腹侧，沿途分出腭升动脉、枕支、茎乳突深动脉、脑膜中动脉和髁动脉，分布于枕部的肌肉和皮肤、咽、中耳、脑膜、脑、脊髓等。

②颈内动脉（Internal carotid artery） 细小，起自颈动脉窦背侧、枕动脉起始处的后方，经颈静脉孔（犊牛、猪）或破裂孔（马）进入颅腔，分支分布于脑和脑膜。在成年牛，颈内动脉颅外部退化为小的结缔组织索带，其功能由颈外动脉的分支代替。

③颈外动脉（External carotid artery） 粗大，是颈总动脉的直接延续，向前上方伸达颞下颌关节腹侧，分出颞浅动脉后，延续为上颌动脉，沿途有舌面干、耳后动脉等分支，分布于面部、口腔、鼻、脑和脑膜（牛）、眼、耳、腮腺等结构。颈外动脉在伸延途中，有以下主要侧支。

舌面动脉干（Linguofacial trunk）：曾称颌外动脉（External maxillary artery），由颈外动脉起始处腹侧分出，经二腹肌内侧走向前下方，分为舌动脉和面动脉。猪和犬的舌动脉与面动脉单独起始；羊无面动脉，舌动脉单独起始，无舌面干。舌动脉（Lingual artery）为舌面干走向舌根的分支，分出舌下动脉后延续为舌深动脉，前者分布于舌腹侧肌和舌下腺，后者分布于舌肌。面动脉（Facial artery）在二腹肌与翼肌之间向前下方延伸，绕过下颌骨血管切迹至面部，沿咬肌前缘走行，分出颏下动脉（Submental artery）、下唇动脉（Inferior labial artery）、上唇动脉（Superior labial artery）、鼻外侧动脉（Lateral nasal artery）等分支分布于面部。由于此动脉绕过下颌骨血管切迹时位置浅表，临床上常在此处探取马属动脉的脉搏或作为动脉血样取点。

耳后动脉（Caudal auricular artery）：起于颈外动脉中部后缘，沿腮腺深层伸至耳基，分出耳深动脉进入耳廓内面，主要分布于皮肤。本干向上分为耳外侧支和中间支，分布于耳廓外面的皮肤和耳肌。

颞浅动脉（Superficial temporal artery）：在下颌关节腹侧由颈外动脉分出，经腮腺深面上行至眶上突后方。其主要侧支有面横动脉，起于颞浅动脉起始部，穿出腮腺至咬肌表面，沿途分支分布于腮腺和咬肌等。牛的还分出角动脉，分布于角的真皮。

上颌动脉（Maxillary artery）：曾称颌内动脉（Internal maxillary artery），为颈外动脉的主干延续，向前向内伸至翼腭窝，分为眶下动脉（Infraorbital artery）和腭降动脉（Descending palatine artery），沿途分支有下齿槽动脉（Inferior alveolar artery）、颞深动脉（Deep temporal artery）、颊动脉（Buccal artery）、眼外动脉（External ophthalmic artery）、颧动脉（Malar artery）等，分布于咀嚼肌、口腔、鼻、眼、脑和脑膜等结构。

（2）锁骨下动脉及其分支 锁骨下动脉（Subclavian artery）自臂头（动脉）干或主动脉弓（猪、犬左锁骨下动脉）分出后向前、向下和向外侧呈弓状延伸，绕过第 1 肋骨前缘移行为腋动脉，为前肢动脉的主干。锁骨下动脉在胸腔内分出侧支，主要分布于胸背部和颈后部的肌肉和皮肤。牛锁骨下动脉在胸腔内的分支有肋颈（动脉）干、胸廓内动脉和颈浅动脉。马左锁骨下动脉在胸腔内的分支有肋颈（动脉）干、颈深动脉、椎动脉、胸廓内动脉和颈浅动脉，但右侧的肋颈干、颈深动脉和椎动脉由臂头（动脉）干分出。犬锁骨下动脉在胸腔内的分支有椎动脉、肋颈（动脉）干、胸廓内动脉和颈浅动脉（图 8-16）。

①肋颈（动脉）干（Costocervical trunk） 起自锁骨下动脉起始部的背侧，为锁骨下动脉的第 1 个分支，在第 1 肋的前缘向前向上延伸。牛的肋颈（动脉）干由后向前顺次分出肋间最上动脉、肩胛背侧动脉和颈深动脉后，主干延续为椎动脉；犬的肋颈（动脉）干发出肩胛背侧动脉、颈深动脉、胸椎动脉等分支；马的肋颈（动脉）干分肋间最上动脉、肩胛背侧动脉。

肋间最上动脉（Supreme intercostal artery） 在胸椎与颈长肌之间的沟中向后伸延，沿途分出前数对肋间背侧动脉（牛 1 ～ 3 对，马 2 ～ 5 对，猪 3 ～ 5 对，犬 2 ～ 3 对）。

肩胛背侧动脉（Dorsal scapular artery） 在第 1 肋骨前方（牛、犬）或第 2 肋间隙（马），起始于肋颈（动脉）干，沿颈腹侧锯肌的深面向上延伸，分布鬐甲部的肌肉和皮肤。

颈深动脉（Deep cervical artery） 一般认为犬的颈深动脉是肋颈（动脉）干向前背侧延伸的终末分支，而大动物的颈深动脉直接起于锁骨下动脉。颈深动脉经第 1 肋前缘（牛）、第 1 肋间隙（马、犬）或第 2 肋间隙（猪）出胸腔，在头半棘肌与项韧带之间前行，分布于颈背、外侧的肌肉和皮肤。

椎动脉（Vertebral artery） 经横突管向前向上延伸，最后经第 2、第 3 颈椎之间的椎间孔（牛）或翼孔进入椎管，左、右椎动脉前端合并形成基底动脉；在每一椎间孔附近，椎动脉发出背侧支、腹侧支和脊髓支，分别分布于颈背侧肌、颈腹侧肌和脊髓。牛的椎动脉还分布于脑后部。这一点对于宗教屠宰仪式中经颈总动脉放血使动物致死很重要。在这些动物，脑电图（EEG）显示采取这种方法致死的动物比采取人道技术致死的动物具有更长时间的脑活动。

②胸廓内动脉（Internal thoracic artery） 较大，在第 1 肋内侧面自锁骨下动脉分出，沿胸骨背侧面向后延伸至第 7 肋软骨间隙，分为肌膈动脉和腹壁前动脉，沿途分支分布于心包、胸腺、纵隔、胸壁肌和乳房（猪、犬）。肌膈动脉（Musculophrenic artery）沿腹横肌在肋弓上的附着缘向后、向上延伸，分布于膈和腹横肌。腹壁前动脉（Cranial epigastric artery）经第 9 肋软骨与剑状软骨之间出胸腔，沿腹直肌深面向后延伸至脐部，与腹壁后动脉吻合，分布于腹底壁。

③颈浅动脉（Superficial cervical artery） 曾称颈升动脉（Ascending cervical artery）（牛）或肩颈（动脉）干，在胸前口处由锁骨下动脉分出，在臂头肌、肩胛横突肌和斜方肌深面向前、向上延伸，分布于肩关节前方的肌肉及颈浅淋巴结。

2. 前肢的动脉 锁骨下动脉为前肢的动脉主干，绕过第 1 肋骨前缘延续为腋动脉。前肢动脉的主干根据其位置分为腋动脉、臂动脉、正中动脉和指总动脉（图 8-20 和图 8-21）。

前肢动脉分支与分布

	动脉	分布
腋动脉	肩胛上动脉	肩部及肩前部肌肉、皮肤
	肩胛下动脉	肩后部肌肉、皮肤
↓ 臂动脉	臂深动脉	肩后部肌肉、皮肤
	尺侧副动脉	前臂掌侧肌肉、皮肤
	桡侧副动脉	前臂背侧肌肉、皮肤
	骨间总动脉	前臂骨及背侧肌肉、皮肤
↓ 正中动脉	掌心内侧动脉（牛—正中桡动脉）	掌骨后面
	掌心外侧动脉	掌骨后面
↓ 指总动脉		

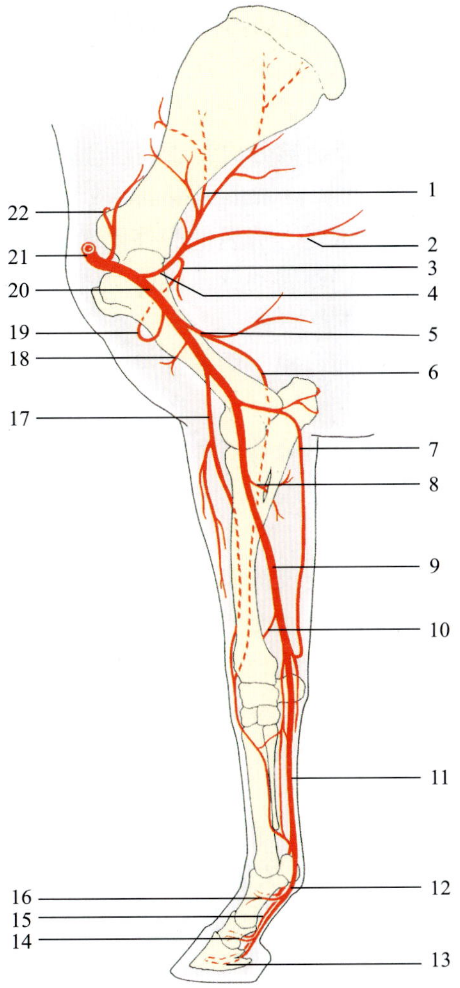

图 8-20　马前肢动脉（内侧面）

1. 旋肩胛动脉　2. 胸背动脉　3. 旋肱后动脉　4. 肩胛下动脉　5. 臂深动脉　6. 桡侧副动脉　7. 尺侧副动脉　8. 骨间总动脉　9. 正中动脉　10. 桡动脉　11. 掌内侧动脉　12. 指内侧动脉　13. 终弓　14. 中指节背侧支　15. 指外侧动脉　16. 近指节背侧支　17. 肘横动脉　18. 二头肌动脉　19. 旋肱前动脉　20. 臂动脉　21. 腋动脉　22. 肩胛上动脉

（引自 König 和 Liebich，2007）

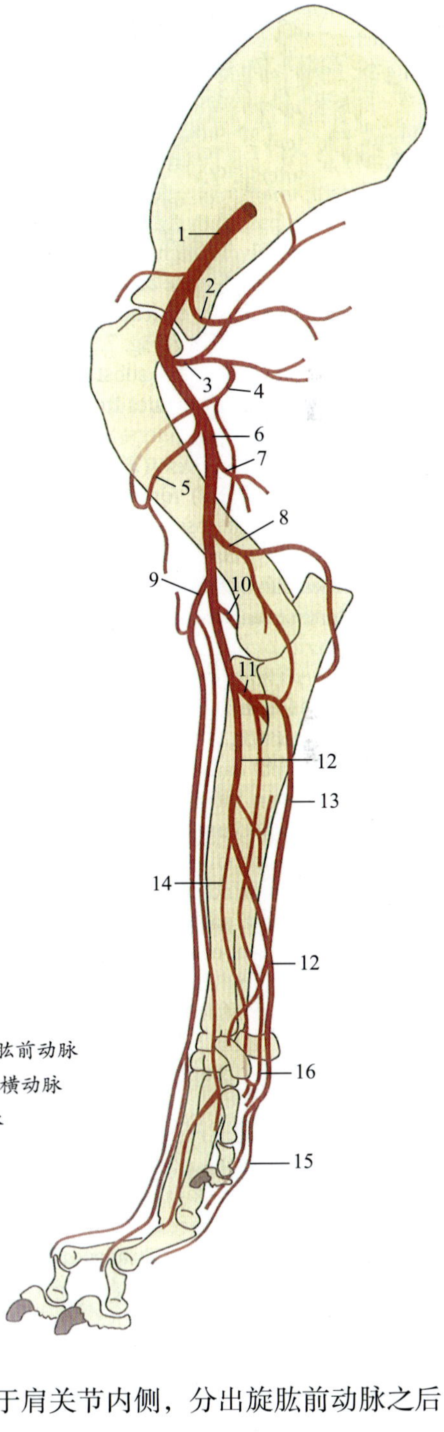

图 8-21　犬前肢动脉（内侧面）

1. 腋动脉　2. 胸背动脉　3. 肩胛下动脉　4. 旋肱后动脉　5. 旋肱前动脉　6. 臂动脉　7. 臂深动脉　8. 尺侧副动脉　9. 臂浅动脉　10. 肘横动脉　11. 骨间总动脉　12. 正中动脉　13. 尺动脉　14. 桡动脉　15. 掌浅弓　16. 掌深弓

（引自 König 和 Liebich，2007）

（1）腋动脉（Axillary artery）　为锁骨下动脉的直接延续，位于肩关节内侧，分出旋肱前动脉之后延续为臂动脉。主要分支有：

①胸外动脉（External thoracic artery）　在第 1 肋骨前缘由腋动脉分出，沿胸外侧沟延伸，分布于臂头肌、胸肌、臂二头肌等。

②肩胛上动脉（Suprascapular artery） 在肩关节的内侧前方由腋动脉的起始部向上分出，与同名静脉、神经一起，经冈上肌与肩胛下肌之间至肩胛骨外侧，分布于冈上肌、肩胛下肌和肩关节等。犬的肩胛上动脉起自颈浅动脉。

③肩胛下动脉（Subscapular artery） 较粗，在肩关节内侧后方自腋动脉分出，于肩胛下肌与大圆肌之间向后向上延伸，分出胸背动脉（Thoracodorsal artery）、旋肱后动脉（Caudal circumflex humeral artery）和旋肩胛动脉（Circumflex scapular artery），分布于肩胛下肌、大圆肌、肩后部和外侧面的肌肉（背阔肌、胸深肌、臂三头肌、三角肌等）。旋肱后动脉在臂肌后方分出桡侧副动脉，再由后者分出前臂前浅动脉，沿前臂背侧皮下延伸至掌背侧下1/3处，分为指背侧第2、3总动脉。

④旋肱前动脉（Cranial circumflex humeral artery） 由腋动脉内侧面分出，向前穿过喙臂肌至臂二头肌，分布于此二肌。

（2）臂动脉（Brachial artery） 为腋动脉向下的延续，位于臂部内侧，沿喙臂肌和臂二头肌后缘向下延伸，沿途除分支分布与喙臂肌、臂二头肌、胸深肌和肱骨外，在前臂近端分出骨间总动脉后延续为正中动脉。主要分支如下。

①臂深动脉（Deep brachial artery） 较细，在臂中部自臂动脉分出，分支分布于臂三头肌、前臂筋膜张肌、肘肌等。

②尺侧副动脉（Collateral ulnar artery） 在臂部下1/3起自臂动脉，沿臂三头肌内侧头腹侧缘走向后下方，与同名静脉和尺神经一起经尺沟下行，沿途分支分布于臂三头肌、肘肌、腕尺侧屈肌和指屈肌等，在腕部分出腕背侧支，除参与形成腕背侧网外，牛的还沿掌骨背外侧下行成为指背侧第4总动脉（Dorsal common digital artery Ⅳ）。

③二头肌动脉（Bicipital artery） 在尺侧副动脉起点稍下方由臂动脉分出，向前进入臂二头肌。

④肘横动脉（Transverse cubital artery） 在前臂远端由臂动脉分出，常与二头肌动脉起于同一总干，在臂二头肌深面、臂肌和腕桡侧伸肌之间向下延伸，分支分布于臂肌、臂二头肌、腕桡侧伸肌和指总伸肌等。

⑤骨间总动脉（Common interosseous artery） 在前臂近端由臂动脉分出，向后外侧走向前臂近骨间隙，分为骨间前动脉和骨间后动脉。骨间后动脉（Posterior interosseous artery）分布于指屈肌和前臂骨骨膜。骨间前动脉（Anterior interosseous artery）穿过前臂近骨间隙，沿前臂骨背外侧面伸向腕部，分布于前臂背外侧、腕部等。

犬的臂动脉在肘关节近侧1/3处分出臂浅动脉（Superficial brachial artery），在头静脉的深面环绕臂二头肌远端的前面，在前臂部延续为前臂浅动脉，并分出一内侧支，分别沿头静脉的两侧，与桡浅神经的内外侧支伴行走向远侧，形成指背侧总动脉，分布于前爪背侧部。

（3）正中动脉（Median artery） 为臂动脉的直接延续，位于前臂内侧，与同名静脉、神经一起沿正中沟下行，分布于前臂部的肌肉和皮肤。主要分支如下。

①前臂深动脉（Deep antebrachial artery） 在前臂近端自正中动脉发出，分布于腕桡侧屈肌、腕尺侧屈肌、指浅屈肌、指深屈肌。

②桡动脉（Radial artery） 在前臂中部由正中动脉分出，沿桡骨与腕桡侧屈肌之间向下延伸，主要分支有腕背侧支、腕掌侧支、掌浅支等，分布于腕、掌和指部。

③掌浅弓（Superficial palmar arch） 由正中动脉、骨间前动脉和桡动脉的分支在系关节上方吻合而成。

（4）指总动脉（Common digital artery） 从掌浅弓分出，为正中动脉在前臂远端的延续，位于掌骨的掌内侧，分布于前肢远端的皮肤和肌肉。牛（羊）、猪、马和犬的指个数不同，该动脉的分支与分布也不同。牛和猪有指掌侧第2～4总动脉，其中指掌侧第3总动脉粗大，可视为正中动脉的延续；马为指掌侧第2总动脉；犬有指掌侧第1～4总动脉。指掌侧总动脉伸向指部，形成指掌侧固有动脉，分布于指部。

3. 胸主动脉及其分支 胸主动脉（Thoracic aorta）是主动脉弓的直接延续，为胸部的粗大动脉主干，

沿胸椎椎体腹侧稍偏左向后延伸，穿过膈的主动脉裂孔后延续为腹主动脉。胸主动脉的侧支分为壁支和脏支，壁支为成对的肋间背侧动脉、肋腹背侧动脉，马还有膈前动脉，分布于胸壁、膈及腹前部的肌肉和皮肤；脏支为支气管动脉和食管动脉，分布于肺和食管等处。

（1）肋间背侧动脉（Dorsal intercostal artery） 牛和犬有 12 对，马 17 对，猪 13 ～ 14 对。前几对（牛、犬 1 ～ 3 对，马 2 ～ 5 对，猪 3 ～ 5 对）由肋颈（动脉）干分出，马的第 1 对肋间背侧动脉由颈深动脉分出，猪的第 2 对由肩胛背侧动脉分出，其余均由胸主动脉分出。肋间背侧动脉沿椎体的外侧面向上至相应肋间隙的上端，分出背侧支后，主干沿相应肋骨后缘的血管沟下行，末端与胸廓内动脉或肌膈动脉的分支吻合，分布于胸壁的肌肉和皮肤。背侧支分出肌支和脊髓支，分布于脊柱背侧的肌肉、皮肤和脊髓。猪、犬的肋间背侧动脉还分出乳房支至胸部乳房。

（2）肋腹背侧动脉（Dorsal costoabdominal artery） 沿最后肋骨的后缘下行，分支与肋间背侧动脉相似，分布于腹前部的肌肉、皮肤和脊髓。

（3）支气管食管动脉（Bronchoesophageal artery） 猪和马的支气管食管动脉起始于胸主动脉，犬的常起始于第 5 肋间背侧动脉，然后分为支气管支和食管支。牛的支气管动脉和食管动脉单独起始，在气管分叉相对处起于胸主动脉起始部。支气管动脉伴随左、右支气管入肺，为肺的营养动脉。食管动脉分为前、后 2 支，分布于食管、心包和纵隔。

4. 腹主动脉及其分支 腹主动脉（Abdominal aorta）是胸主动脉的直接延续，位于腰椎腹侧，向后延伸至第 5、第 6 腰椎处分成左、右髂外动脉和左、右髂内动脉。牛的腹主动脉在分出左、右髂外动脉和左、右髂内动脉后，还延至荐部和尾部的荐正中动脉。腹主动脉的侧支分为壁支和脏支，壁支主要为成对的腰动脉，有的动物有膈后动脉、腹前动脉和旋髂深动脉（犬）；脏支有不成对的腹腔动脉、肠系膜前动脉和肠系膜后动脉，成对的肾动脉、睾丸动脉或卵巢动脉。腹主动脉在腹腔内的主要分支如下（图 8-22）。

腰腹部动脉分支与分布

		动脉	分布
腹主动脉		腰动脉	腰腹部肌肉、皮肤和脊髓
		腹腔动脉	胃、肝、脾、胰、部分十二指肠
	马	脾动脉	脾、胰、胃、网膜
		胃左动脉	胃、胰、部分食管
		肝动脉	肝、胰、十二指肠、胃
	牛	脾动脉	脾、瘤胃
		瘤胃左动脉	瘤胃、网胃
		胃左动脉	瓣胃、皱胃
		肝动脉	肝、胰、十二指肠、皱胃、网膜
		肠系膜前动脉	肠管
	马	空肠动脉	小肠
		结肠中动脉和结肠右动脉	上大结肠、小结肠起始部
		回结肠动脉（盲肠内侧动脉、盲肠外侧动脉）	回肠、盲肠、下大结肠
	牛	空肠动脉	小肠
		胰十二指肠后动脉	胰、十二指肠
		结肠中动脉	结肠终袢
		回结肠动脉	回肠、盲肠、升结肠
		肾动脉	肾、肾上腺
		肠系膜后动脉	结肠后部和直肠
		睾丸动脉	精索、睾丸、附睾
		或卵巢动脉	卵巢、子宫角

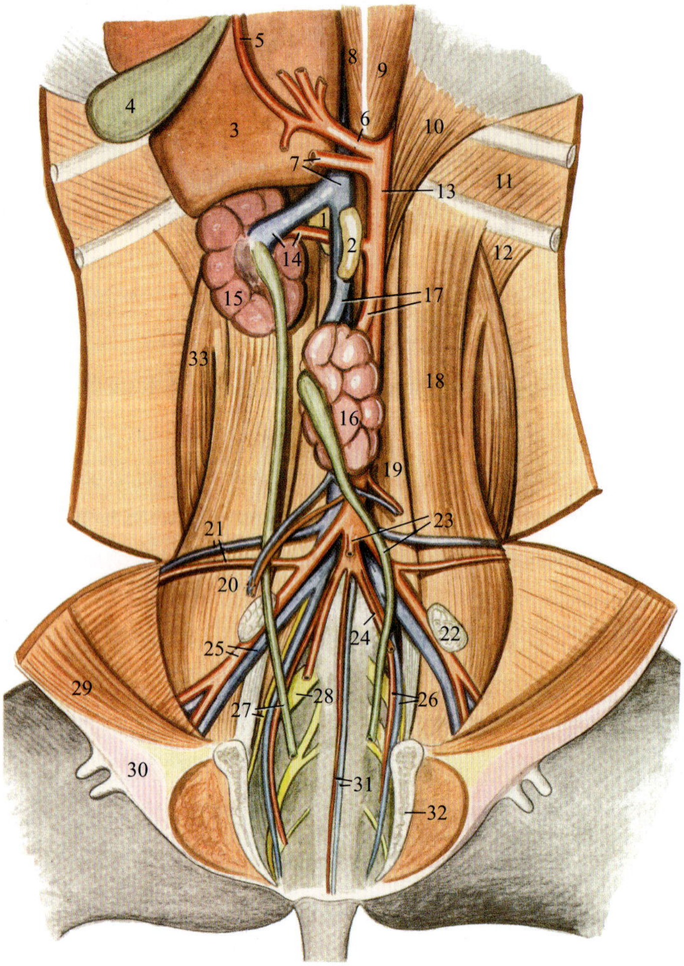

图 8–22　牛腹主动脉及分支

1. 右肾上腺　2. 左肾上腺　3. 肝　4. 胆囊　5. 肝动脉　6. 腹腔动脉　7. 肠系膜前动脉、后腔静脉　8. 膈右内侧脚　9. 膈左内侧脚　10. 膈左外侧脚　11. 肋间内肌　12. 肋退肌　13. 主动脉　14. 右肾动、静脉　15. 右肾　16. 左肾　17. 左肾动、静脉　18. 腰大肌　19. 腰小肌　20. 卵巢动、静脉　21. 旋髂深动、静脉　22. 髂内淋巴结　23. 肠系膜后动脉、左输尿管　24. 左脐动脉　25. 髂外动、静脉　26. 髂内动、静脉　27. 右输尿管、闭孔神经　28. 坐骨神经　29. 腹直肌　30. 乳房　31. 荐正中动、静脉　32. 骨盆联合　33. 腰方肌

（引自 Popesko，1985）

（1）腰动脉（Lumbar artery）　牛、马有 6 对，猪 6 ～ 7 对，犬 7 对。除最后 1 对腰动脉起始于髂内动脉外，其余均起自腹主动脉，在相应腰椎横突的后缘向外延伸，分出脊髓支、背侧支等，分布于脊髓、腰腹部的肌肉和皮肤。

（2）腹腔动脉（Celiac artery）　短而粗，在第 1 腰椎（牛、犬）或第 17 ～ 18 胸椎（马）平面起自腹主动脉，常分为 3 ～ 4 支，分布于肝、胃、脾、胰、十二指肠前部等腹腔脏器。不同家畜腹腔动脉分支的差异较大，下面分别叙述。

①牛的腹腔动脉　主要分为膈后动脉、肝动脉、脾动脉和胃左动脉（图 8–23）。

肝动脉（Hepatic artery）　走向前腹侧，与肝门静脉一起经肝门入肝，分为左、右 2 支，分布于肝和胆囊，并分出胃右动脉、胃十二指肠动脉和胰支，分布于皱胃、网膜、十二指肠和胰。

脾动脉（Splenic artery）　走向左前方，经贲门后方越过瘤胃背侧，经脾门入脾，沿途分出瘤胃左动脉、瘤胃右动脉和胰支，分布于瘤胃、网胃和胰。

瘤胃左动脉（Left ruminal artery）　有时起于胃左动脉，沿瘤胃背囊右侧走向前腹侧，经瘤胃前沟至左侧，沿左纵沟向后延伸，分布于瘤胃，并分出网胃动脉分布于网胃、膈和食管。

瘤胃右动脉（Right ruminal artery）沿瘤胃右纵沟向后延伸，绕过后沟至瘤胃左侧，与瘤胃左动脉吻合，分布于瘤胃。

胃左动脉（Left gastric artery）　也称瓣皱胃动脉，为腹腔动脉的延续干，沿瘤胃右侧走向前腹侧，分出胃网膜左动脉和网胃副动脉后，沿瓣胃大弯和皱胃小弯向后延伸，分支分布于瓣胃、皱胃、大网膜和网胃右侧壁。

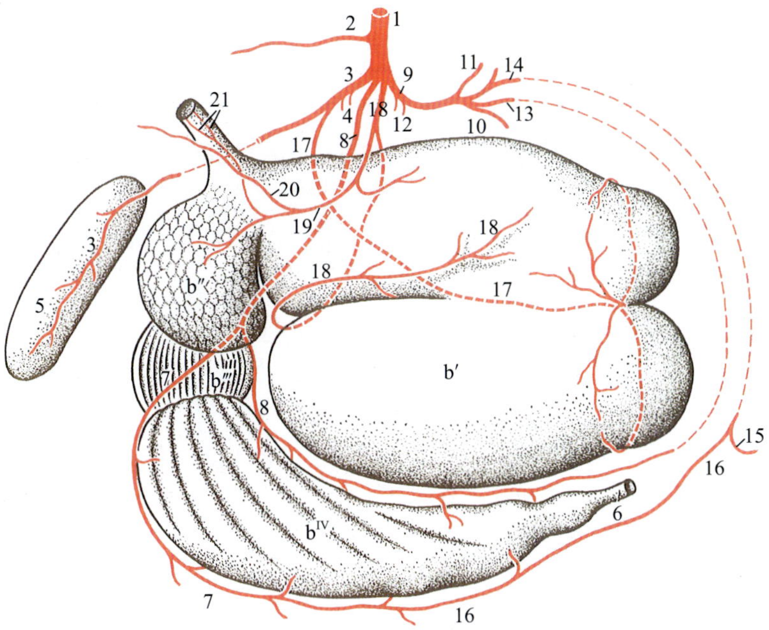

图 8-23　牛腹腔动脉分支

1. 腹腔动脉　2. 膈后动脉　3. 脾动脉　4,12. 胰支　5. 脾　6. 十二指肠　7. 胃网膜左动脉　8. 胃左动脉　9. 肝动脉　10. 肝左支　11. 肝右支　13. 胃右动脉　14. 胃十二指肠动脉　15. 胰十二指肠动脉　16. 胃网膜右动脉　17. 瘤胃右动脉　18. 瘤胃左动脉　19. 网胃动脉　20. 膈支　21. 食管支　b′. 瘤胃　b″. 网胃　b‴. 瓣胃　b^{IV}. 皱胃

（引自 Nickel，1981）

②马、犬的腹腔动脉　分为肝动脉、脾动脉和胃左动脉，分支情况与牛的相似（无瘤胃左、右动脉），但脾动脉分出胃短动脉（Short gastric artery），犬的肝动脉无胰支（图 8-24）。

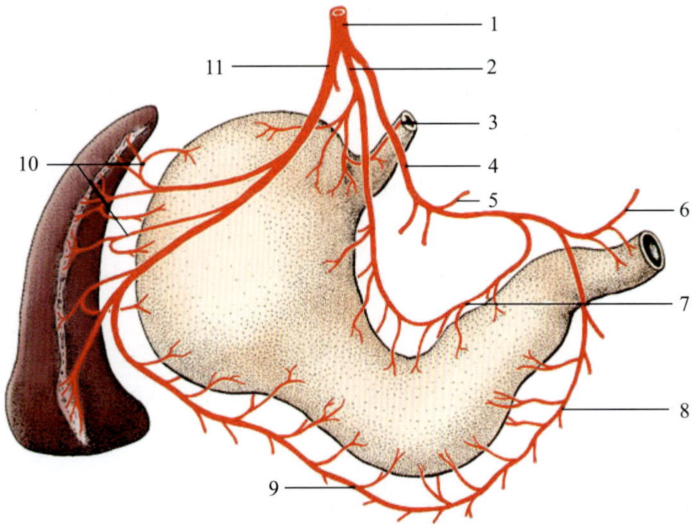

图 8-24　犬腹腔动脉分支

1. 腹腔动脉　2. 胃左动脉　3. 食管支　4. 肝动脉　5. 肝支　6. 胰十二指肠前动脉　7. 胃右动脉　8. 胃网膜右动脉　9. 胃网膜左动脉　10. 胃短动脉　11. 脾动脉

（引自 König 和 Liebich，2007）

③猪的腹腔动脉　分为膈后动脉、肝动脉和脾动脉，胃左动脉由脾动脉分出。脾动脉还分出胃脾支、憩室动脉（Diverticulum artery）。肝动脉分成胰支、右外侧支、右内侧支、左支、胃右动脉和胃十二指肠动脉。

膈后动脉（Caudal phrenic artery）起于腹腔动脉（牛、猪）或腹主动脉（犬），分布于膈。马无膈后动脉。

（3）肠系膜前动脉（Cranial mesenteric artery）不成对，为腹主动脉的最大分支，在第 1（马、猪）或第 2（牛、犬）腰椎腹侧起始于腹主动脉腹侧，分布于小肠、盲肠、大部分结肠和胰。不同家畜肠系膜前动脉分支差异较大，下面分别叙述。

①牛的肠系膜前动脉　经胰左叶与后腔静脉之间，于横结肠后方进入总肠系膜，主干在结肠旋袢与空肠之间的空肠系膜内走行，末端延续为回肠动脉（Ileal artery），分布于回肠（图 8-25）。主要分支有：

图 8–25　牛肠系膜前、后动脉分支

1. 肠系膜前动脉　1′. 侧副支　2. 胰十二指肠后动脉
3. 空肠动脉　4. 回肠动脉　5. 回结肠动脉　6. 结肠支
7. 盲肠动脉　8. 回肠游离系膜支　9. 回肠系膜支
10. 结肠右动脉　11. 结肠中动脉　12. 肠系膜后动脉
13. 结肠左动脉　14. 乙状结肠动脉　15. 直肠前动脉
a. 皱胃　b. 十二指肠　c. 空肠　d. 回肠　e. 盲肠
f. 结肠袢　g. 横结肠　h. 降结肠
i. 乙状结肠　k. 直肠
（引自 Nickel，1981）

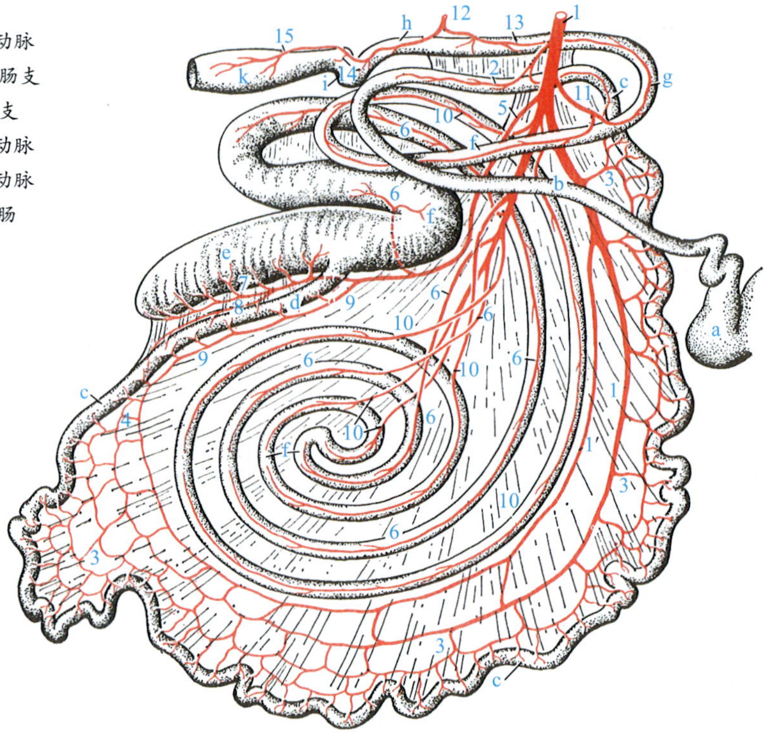

胰十二指肠后动脉（Caudal pancreaticoduodenal artery） 分布于胰和十二指肠升部。

结肠中动脉（Meddle colic artery） 分布于横结肠和降结肠。

回结肠动脉（Ileocolic artery） 较粗，分为结肠右动脉、结肠支、回肠系膜支和盲肠动脉，分布于升结肠、回肠和盲肠。

侧副支（Ramus collateralis） 在结肠旋袢与主干之间向后走行，两者之间有分支吻合，末端与主干会合，分布于空肠。羊无侧副支。

空肠动脉（Jejunal arteries） 有多条，如羊有 18 ～ 28 支，相继自主干分出，并互相吻合形成动脉弓，分布于空肠。

②马肠系膜前动脉　缺胰支和侧副支，结肠中动脉和结肠右动脉以一总干起自肠系膜前动脉，分布于盲肠的动脉有 2 条（盲肠内侧动脉和盲肠外侧动脉）（图 8–26）。

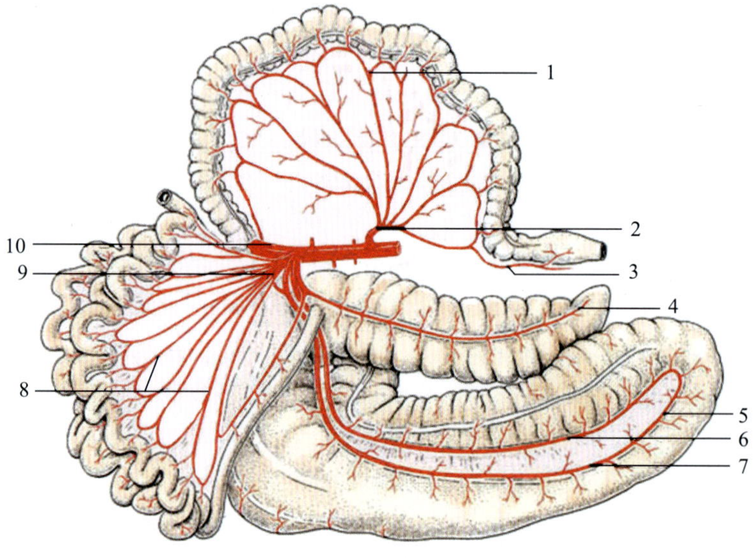

图 8–26　马肠系膜前、后动脉分支

1. 结肠左动脉　2. 肠系膜后动脉　3. 直肠前动脉
4. 盲肠内侧动脉　5. 骨盆曲吻合
6. 结肠支　7. 结肠右动脉
8. 空肠动脉　9. 肠系膜前动脉
10. 腹主动脉
（引自 König 和 Liebich，2007）

③猪肠系膜前动脉　缺胰支和侧副支，结肠右动脉和结肠中动脉以一总干起始于肠系膜前动脉。

④犬肠系膜前动脉　缺胰支和侧副支，结肠右动脉、结肠中动脉与回结肠动脉以一总干起自肠系膜前动脉。

（4）肠系膜后动脉（Caudal mesenteric artery）　不成对，在第 4 ～ 5 腰椎腹侧起自腹主动脉，行于结肠系膜内，分为前、后 2 支。前支为结肠左动脉（Left colic artery），分布于降结肠后部，如降结肠（牛）或小结肠（马）。后支为直肠前动脉（Cranial rectal artery），分布于直肠前部及降结肠末端。

（5）肾动脉（Renal artery）　成对，约在第 2 腰椎腹侧起始于腹主动脉，左肾动脉起点略靠后且较长。肾动脉经肾门入肾，分布于肾及脂肪囊。入肾前还有分支至肾上腺和输尿管。

（6）睾丸动脉（Testicular artery）或卵巢动脉（Ovarian artery）　成对，在肠系膜后动脉附近起自腹主动脉。睾丸动脉沿腹侧壁向下经腹股沟管腹环进入精索，分布于睾丸、附睾、精索等。卵巢动脉在子宫阔韧带中向后延伸，经卵巢系膜缘入卵巢，分布于卵巢。尚有输卵管支和子宫支分布于输卵管和子宫角。

5. 髂内动脉及其分支　髂内动脉（Internal iliac artery）为骨盆部的动脉主干，成对，在第 6 腰椎腹侧有腹主动脉分出，沿荐骨翼的盆面、荐结节阔韧带的内侧面向后延伸，分布于荐臀部的肌肉、皮肤和骨盆腔内的器官（图 8–22）。不同家畜髂内动脉分支的差异较大，下面分别叙述。

骨盆部和尾部动脉分支与分布

	动脉	分布
马髂内动脉	荐动脉	荐、臀、尾部肌肉、皮肤和荐部脊髓
	阴部内动脉	骨盆内脏器官、会阴、阴茎或阴道前庭
	闭孔动脉	股后、股内肌群、阴茎
牛髂内动脉	脐动脉	膀胱、输尿管、输精管
	子宫动脉	子宫角、子宫体
	尿生殖动脉	直肠、膀胱、尿道、阴茎、阴道
	子宫后动脉	子宫后部和会阴
	阴部内动脉	前庭、会阴、乳房或阴茎
牛荐中动脉		荐部脊髓、荐尾部肌肉、皮肤

（1）牛的髂内动脉　在骨盆壁中部发出臀后动脉后，延续为阴部内动脉（Internal pudendal artery）。主要分支有脐动脉、髂腰动脉、臀前动脉、前列腺动脉或阴道动脉（图 8–27 和图 8–28）。

①脐动脉（Umbilical artery）　在骨盆前口处起自髂内动脉，沿膀胱侧韧带的游离缘伸向膀胱及脐。胎儿时期粗大，出生后管壁增厚，管腔变小，末端闭塞而成为膀胱圆韧带（Round ligament of bladder）。主要分支有输尿管支、膀胱前动脉、输精管动脉（公牛）或子宫动脉（母牛），分布于输尿管和膀胱前部、公牛的输精管及精索的筋膜或母牛的子宫角和子宫体。

子宫动脉（Uterine artery）曾称子宫中动脉（Mid–uterine artery），粗大，分布于子宫角和子宫体，并与卵巢动脉的子宫支、阴道动脉的子宫支吻合。妊娠后变粗大，直肠检查时可触及此动脉的搏动，用于妊娠诊断。

②髂腰动脉（Iliolumbar artery）　细小，起点不定，常在脐动脉起点后方分出，主要分布于髂腰肌，还分出第 6 对腰动脉。

③臀前动脉（Cranial gluteal artery）　常有 1 ～ 2 支，在髂腰动脉后方分出，经坐骨大孔出盆腔，分布于臀肌和臀股二头肌。

④前列腺动脉（Prostatic artery）或阴道动脉（Vaginal artery）　曾称尿生殖动脉（Urogenital artery），约在坐骨棘中部起自髂内动脉。前列腺动脉分支分布于输尿管、输精管、膀胱后部、尿道、阴茎、前

列腺和精囊腺。阴道动脉在阴道腹侧分为子宫支、直肠中动脉和会阴背侧动脉。子宫支曾称子宫后动脉，向前分布于子宫颈、子宫体、阴道、膀胱后部、输尿管和尿道。直肠中动脉向后背侧分布于直肠中段。会阴背侧动脉向后延伸，分支分布于阴道前庭、直肠后段和肛门。

⑤臀后动脉（Caudal gluteal artery） 为髂内动脉的终支之一，经坐骨小孔出盆腔，分布于臀股二头肌、孖肌等。

⑥闭孔动脉（Obturator artery） 牛的非常小，走向闭孔，分布于股内肌群。

⑦阴部内动脉（Internal pudendal artery） 为髂内动脉的延续干，分出尿道动脉（Urethral artery，公牛）或前庭动脉（Vestibular artery，母牛）和会阴腹侧动脉（Ventral perineal artery）后，延续为阴茎动脉（Penile artery，公牛）或阴蒂动脉（Clitoral artery，母牛），在公牛分布于尿道骨盆部、尿道球腺、直肠后部、肛门、坐骨海绵体肌、会阴部和阴茎，在母牛分布于尿道、阴道前庭、会阴部、阴唇、乳房和阴蒂。

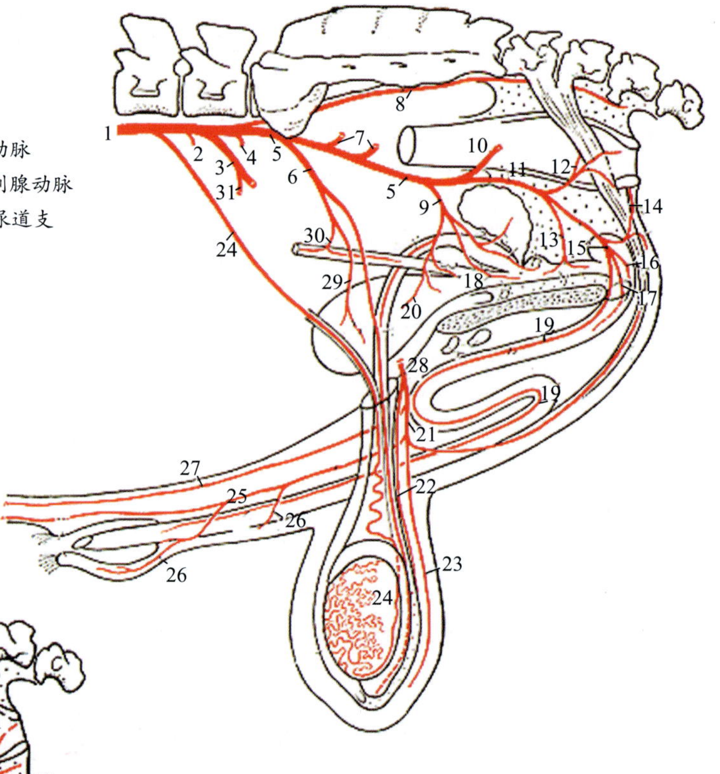

图 8-27　公牛骨盆部动脉

1. 腹主动脉　2. 肠系膜后动脉　3. 髂外动脉　4. 髂腰动脉　5. 髂内动脉　6. 脐动脉　7. 臀前动脉　8. 荐中动脉　9. 前列腺动脉　10. 臀后动脉　11. 阴部内动脉　12. 直肠后动脉　13,18. 尿道支　14. 会阴腹侧动脉　15. 阴茎动脉　16. 阴茎球动脉　17. 阴茎深动脉　19. 阴茎背动脉　20. 膀胱后动脉　21. 阴部外动脉　22. 提睾肌动脉　23. 阴囊腹侧支　24. 睾丸动脉　25. 腹壁后浅动脉　26. 包皮支　27. 腹壁后动脉　28. 阴部腹壁动脉干　29. 膀胱前动脉　30. 输精管动脉　31. 旋髂深动脉

（引自 Nickel，1981）

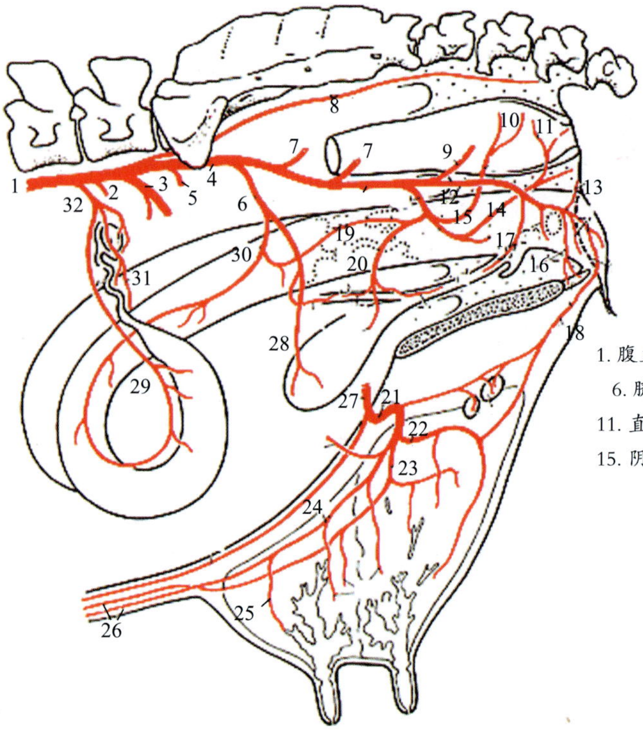

图 8-28　母牛骨盆部动脉

1. 腹主动脉　2. 肠系膜后动脉　3. 髂外动脉　4. 髂内动脉　5. 髂腰动脉　6. 脐动脉　7. 臀前动脉　8. 荐中动脉　9. 臀后动脉　10. 直肠中动脉　11. 直肠后动脉　12. 阴部内动脉　13. 会阴腹侧动脉　14. 会阴背侧动脉　15. 阴道动脉　16. 阴蒂动脉　17. 尿道动脉　18. 阴唇背侧动脉和乳房支　19. 阴道动脉子宫支　20. 膀胱后动脉　21. 阴部外动脉　22. 阴唇腹侧支（乳房后动脉）　23,25. 乳房支　24. 腹壁后浅动脉（乳房浅动脉）　26. 腹壁后动脉　27. 阴部腹壁动脉　28. 膀胱前动脉　29. 卵巢动脉子宫支　30. 子宫动脉　31. 输卵管支　32. 卵巢动脉

（引自 Nickel，1981）

（2）马的髂内动脉 分支与牛的差异较大，主要分出第5和第6腰动脉、臀后动脉和阴部内动脉。臀后动脉分出臀前动脉、荐支、尾正中动脉和尾腹外侧动脉，自臀前动脉分出髂腰动脉和闭孔动脉。阴部内动脉分出脐动脉、前列腺动脉或阴道动脉、会阴腹侧动脉、阴茎动脉或阴蒂动脉。马的子宫动脉由髂外动脉分出，而不是由脐动脉分出。

（3）猪的髂内动脉 分支与牛相似，主要有脐动脉、髂腰动脉、臀前动脉、前列腺动脉或阴道动脉、臀后动脉和阴部内动脉。

（4）犬的髂内动脉 分为脐动脉、臀后动脉和阴部内动脉。臀后动脉分出臀前动脉、髂腰动脉等。阴部内动脉分出前列腺动脉或阴道动脉、会阴腹侧动脉、阴茎动脉或阴蒂动脉（图8-29和图8-30）。

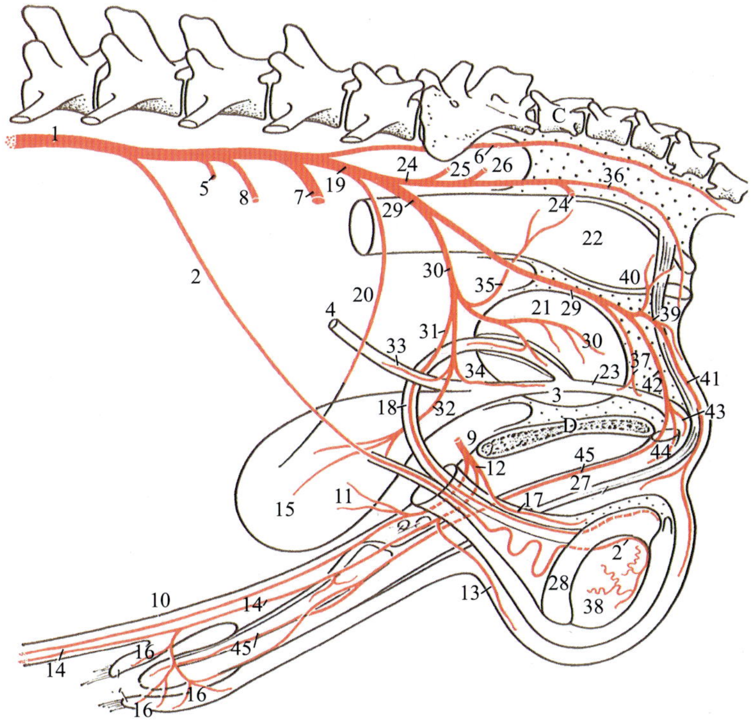

图8-29 公犬的骨盆腔动脉

1. 腹主动脉 2. 睾丸动脉 3. 尿道 4. 输尿管 5. 肠系膜后动脉 6. 荐中动脉 7. 髂外动脉 8. 旋髂深动脉 9. 阴部腹壁动脉干 10. 腹壁后动脉 11. 膀胱中动脉 12. 阴部外动脉 13. 阴囊腹侧支 14. 腹壁后浅动脉 15. 膀胱 16. 包皮支 17. 提睾肌动脉 18. 输精管 19. 髂内动脉 20. 脐动脉 21. 前列腺 22. 直肠 23. 尿生殖道 24. 臀后动脉 25. 髂腰动脉 26. 臀前动脉 27. 阴茎 28. 附睾 29. 阴部内动脉 30. 前列腺动脉 31. 输精管动脉 32. 膀胱后动脉 33. 输尿管动脉 34. 尿道支 35. 直肠中动脉 36. 会阴背侧动脉 37. 尿道动脉 38. 睾丸 39. 会阴腹侧动脉 40. 直肠后动脉 41. 阴囊背侧支 42. 阴茎动脉 43. 阴茎球动脉 44. 阴茎固有动脉 45. 阴茎背侧动脉

（引自 Nickel，1981）

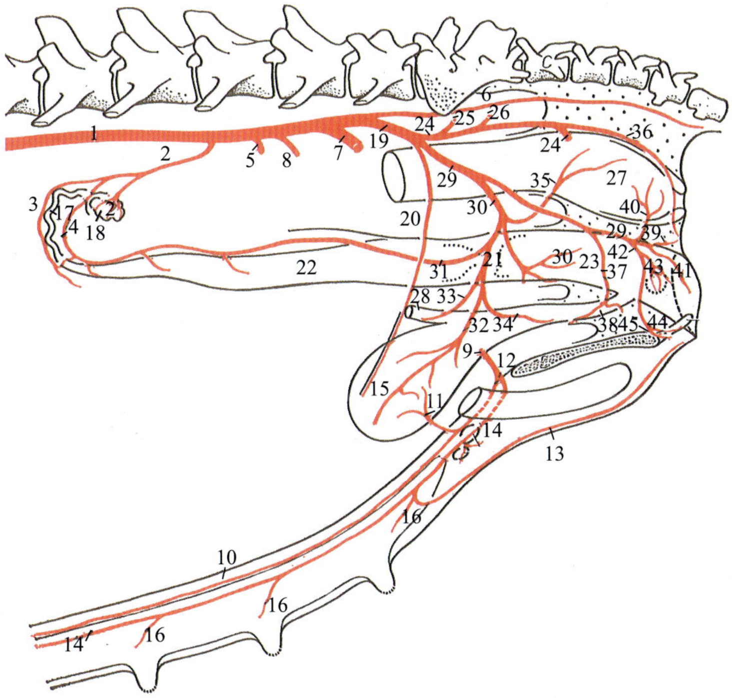

图8-30 母犬的骨盆腔动脉

1. 腹主动脉 2. 卵巢动脉 3. 输卵管支 4. 子宫支 5. 肠系膜后动脉 6. 荐中动脉 7. 髂外动脉 8. 旋髂深动脉 9. 阴部腹壁动脉干 10. 腹壁后动脉 11. 膀胱中动脉 12. 阴部外动脉 13. 阴唇腹侧支 14. 腹壁后浅动脉 15. 膀胱 16. 乳房支 17. 输卵管 18. 卵巢 19. 髂内动脉 20. 脐动脉 21. 子宫颈 22. 子宫 23. 阴道 24. 臀后动脉 25. 髂腰动脉 26. 臀前动脉 27. 直肠 28. 输尿管 29. 阴部内动脉 30. 阴道动脉 31. 子宫动脉 32. 膀胱后动脉 33. 输尿管动脉 34. 尿道支 35. 直肠中动脉 36. 会阴背侧动脉 37. 尿道动脉 38. 雌性尿道 39. 会阴腹侧动脉 40. 直肠后动脉 41. 阴蒂背侧支 42. 阴蒂动脉 43. 前庭球动脉 44. 阴蒂固有动脉 45. 阴蒂背侧动脉

（引自 Nickel，1981）

6. 后肢的动脉 髂外动脉是后肢的动脉主干，按部位顺次为髂外动脉、股动脉、腘动脉、胫前动脉、足背动脉、跖背侧第 3 动脉和趾背侧固有动脉（图 8–31 和图 8–32）。

后肢动脉分支与分布

动 脉			分 布
髂外动脉	旋髂深动脉		腰腹部肌肉、皮肤
	精索外动脉（马）		公畜的鞘膜和精索
	子宫动脉（马）		子宫角、子宫体
	股深动脉	阴部外动脉	阴囊、阴茎或乳房
↓ 股动脉	股前动脉		股前肌肉
	隐动脉（牛隐动脉发达，下行至趾部）		股部、小腿内侧皮肤
	股后动脉		股后肌肉、皮肤
↓ 腘动脉		胫后动脉	小腿后部肌肉、皮肤
↓ 胫前动脉			小腿背外侧肌肉、皮肤
↓ 跖背外侧动脉（马）			趾部
↓ 趾总动脉			趾部
↓ 跖背侧动脉（牛）			趾部
↓ 趾背侧动脉			趾部

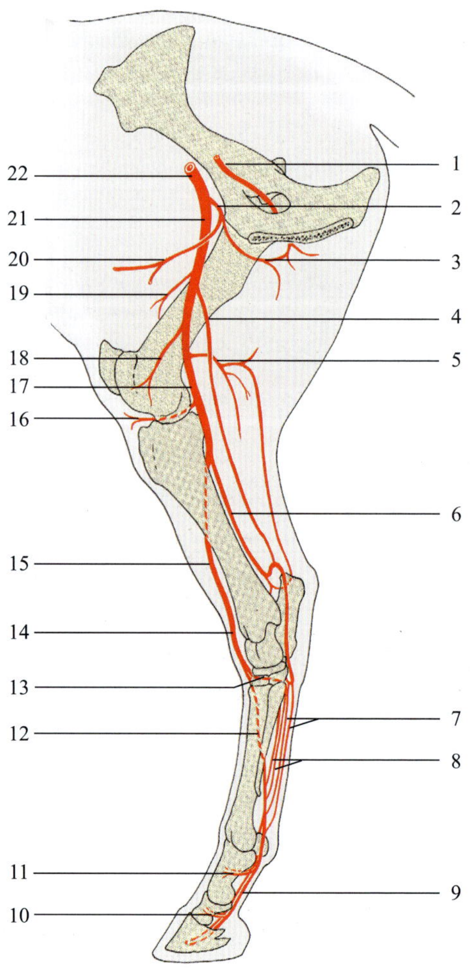

图 8–31 马后肢动脉

1. 闭孔动脉 2. 股深动脉 3. 旋股内侧动脉 4. 隐动脉 5. 股后远动脉 6. 胫后动脉 7. 跖内、外侧动脉 8. 足底内、外侧动脉 9. 趾跖内侧动脉 10. 中趾节背侧支 11. 近趾节背侧支 12. 跖背侧第 3 动脉 13. 跗穿动脉 14. 足背动脉 15. 胫前动脉 16. 膝中动脉 17. 腘动脉 18. 膝降动脉 19. 旋股外侧动脉 20. 阴部腹壁动脉干 21. 股动脉 22. 髂外动脉

（引自 König 和 Liebich，2007）

（1）髂外动脉（External iliac artery） 约在第5腰椎腹侧起始于腹主动脉，沿骨盆前口向后下方延伸，至耻骨前缘分出股深动脉后，延续为股动脉。主要分支如下。

①旋髂深动脉（Deep circumflex iliac artery） 在骨盆前口上1/3处由髂外动脉前缘分出，沿腹壁内侧面向前延伸，在髋结节附近分为前、后2支，分布于腹壁的肌肉和皮肤。犬的旋髂深动脉由腹主动脉分出。

②股深动脉（Deep femoral artery） 约在耻骨前缘、骨盆前口中1/3处，由髂外动脉后方分出，向前分出阴部腹壁干后延续为旋股内侧动脉。

阴部腹壁干（Pudendoepigastric trunk） 走向前腹侧，在腹股沟管腹环处分为腹壁后动脉和阴部外动脉。腹壁后动脉（Caudal epigastric artery）沿腹直肌外缘向前伸达脐部，与腹壁前动脉吻合，分布于腹直肌和腹内斜肌。阴部外动脉（External pudendal artery）穿过腹股沟管，分为腹壁后浅动脉和阴囊腹侧支（或阴唇腹侧支），分布于腹底壁的肌肉和皮肤、母畜的乳房、公畜的包皮和阴囊。

旋股内侧动脉（Medial circumflex femoral artery） 走向后腹侧，分布于股内侧和股后肌群。

③子宫动脉（Uterine artery）或提睾肌动脉［（Cremasteric artery）或精索外动脉（External spermatic artery）］ 马有，分布于子宫或提睾肌。

（2）股动脉（Femoral artery） 在股管内向下延伸至膝关节后方，延续为腘动脉。主要分支有旋股外侧动脉、隐动脉和股后动脉。

①旋股外侧动脉（Lateral circumflex femoral artery）曾称股前动脉（Cranial femoral artery），走向前方，经股直肌与股内侧肌之间进入股四头肌，分布于股四头肌、髂腰肌和臀肌。

②隐动脉（Saphenous artery） 牛的隐动脉发达，在股中部由股动脉向后分出，与隐内侧静脉和隐神经伴行，于股部和小腿内侧皮下向下延伸，在跟骨内侧分为足底内侧动脉和足底外侧动脉，二者沿跖内侧或外侧下行，分浅支和深支。其浅支在跖远端分别成为趾跖侧第2、第3总动脉和第4总动脉，在趾部延续为趾跖侧固有动脉，分布于趾部；而深支参与组成足底深弓，分布于趾部。

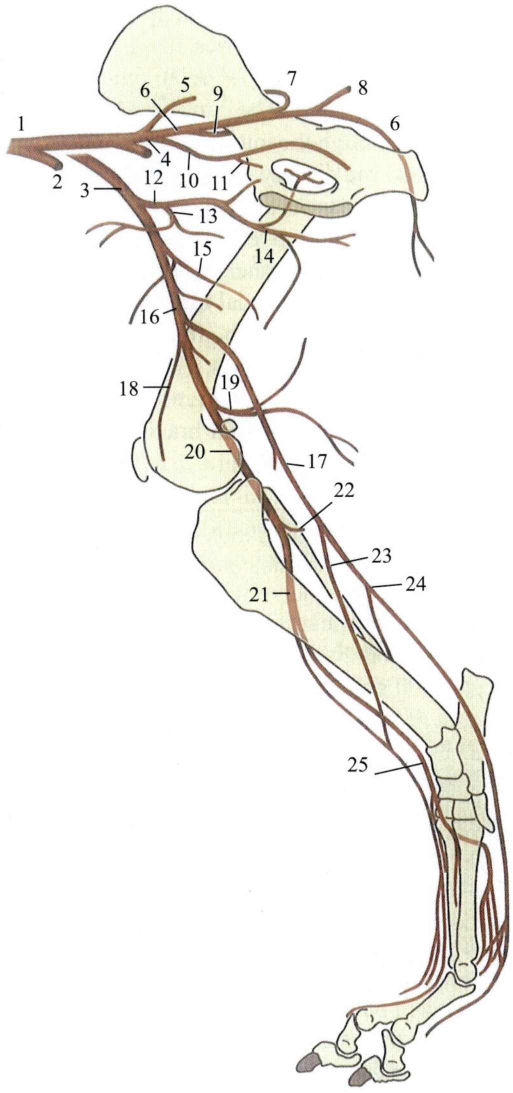

图8-32 犬后肢动脉

1. 腹主动脉 2. 左髂外动脉 3. 右髂外动脉 4. 左、右髂内动脉 5. 荐中动脉 6. 臀后动脉 7. 臀前动脉 8. 外侧尾动脉 9. 髂腰动脉 10. 阴部内动脉 11. 阴道动脉 12. 股深动脉 13. 阴部腹壁动脉干 14. 旋股内侧动脉 15. 旋股外侧动脉 16. 股动脉 17. 隐动脉 18. 膝降动脉 19. 股后远动脉 20. 腘动脉 21. 胫前动脉 22. 胫后动脉 23. 隐动脉近前支 24. 隐动脉后支 25. 足背动脉

（引自Singh等，2018）

③股后动脉（Caudal femoral artery） 由股动脉向后分出，主干短，入腓肠肌内、外侧头，分为近和远2支，在犬有近、中和远3支，分布于股后肌群、腓肠肌、趾浅屈肌、腘淋巴结等。

（3）腘动脉（Popliteal artery） 在腘肌深面，分为胫后动脉和胫前动脉。胫后动脉（Caudal tibial artery）细小，分布于腘肌、趾浅屈肌、趾深屈肌等。

（4）胫前动脉（Cranial tibial artery） 为腘动脉的直接延续，粗大，穿过小腿骨间隙，沿胫骨前肌与胫骨之间向下延伸，至跗背侧延续为足背动脉，沿途分支分布于胫骨背外侧的肌肉和胫骨，并有浅支向下延伸至跖背侧中部，分为趾背侧第 2、第 3、第 4 总动脉，向下分布于趾部。

（5）足背动脉（Dorsal pedal artery） 为胫前动脉的延续，位于跗关节背侧，分出跗外侧动脉、跗内侧动脉和跗穿动脉后，延续为跖背侧第 3 动脉。犬足背动脉分出弓状动脉，由后者分出跖背侧动脉。

（6）跖背侧第 3 动脉（Dorsal metatarsal Ⅲ） 沿跖背侧沟向下延伸，在系关节附近与趾背侧第 3 总动脉吻合，向下延伸为趾背侧固有动脉，分布于趾部。

7. 荐正中动脉及其分支 荐正中动脉（Median sacral artery）为腹主动脉的延续干，沿荐骨腹侧正中向后延伸，分出荐支入荐腹侧孔，分布于脊髓和附近的肌肉；主干向后伸达尾椎腹侧称尾正中动脉（Caudal median artery），分支分布于尾部。该动脉在第 4、第 5 尾椎腹侧浅出至皮下，可在此触摸脉搏，是牛的诊脉部位。马的荐正中动脉常由臀后动脉分出。

（二）体循环的静脉

体循环的静脉包括心静脉、奇静脉、前腔静脉和后腔静脉（图 8-33 和图 8-34）。

1. 心静脉（Cardiac vein） 为心脏的静脉总称，属支有心大静脉、心中静脉、心右静脉和心小静脉（参见心的血管）。

2. 奇静脉（Azygos vein） 为收集大部分胸壁、气管、食管和腹壁前部血液回流的静脉主干，其属支有第 1、第 2 对腰静脉、肋腹背侧静脉、肋间背侧静脉（前几对除外）、食管静脉、支气管静脉。牛、猪为左奇静脉（Left azygos vein），马、犬为右奇静脉（Right azygos vein）。左奇静脉起于第 1、第 2 腰椎腹侧（牛），经膈主动脉裂孔入胸腔，沿胸主动脉左背侧缘向前延伸，然后向下越过主动脉左侧注入右心房冠状窦。右奇静脉沿胸主动脉右背侧伴胸导管前行，在第 6 胸椎附近向下横过食管、气管右侧面注入前腔静脉或右心房。牛也有右奇静脉，但较小，由右侧第 2（3）～5（6）肋间背侧静脉汇集而成，注入前腔静脉。

全身静脉回流路径

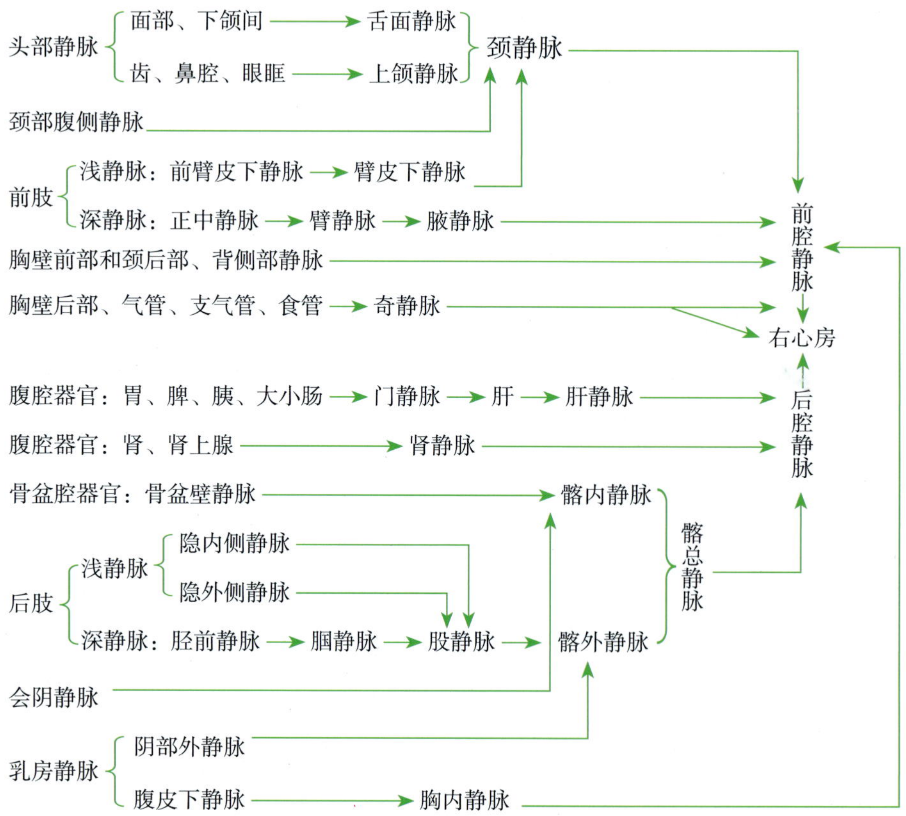

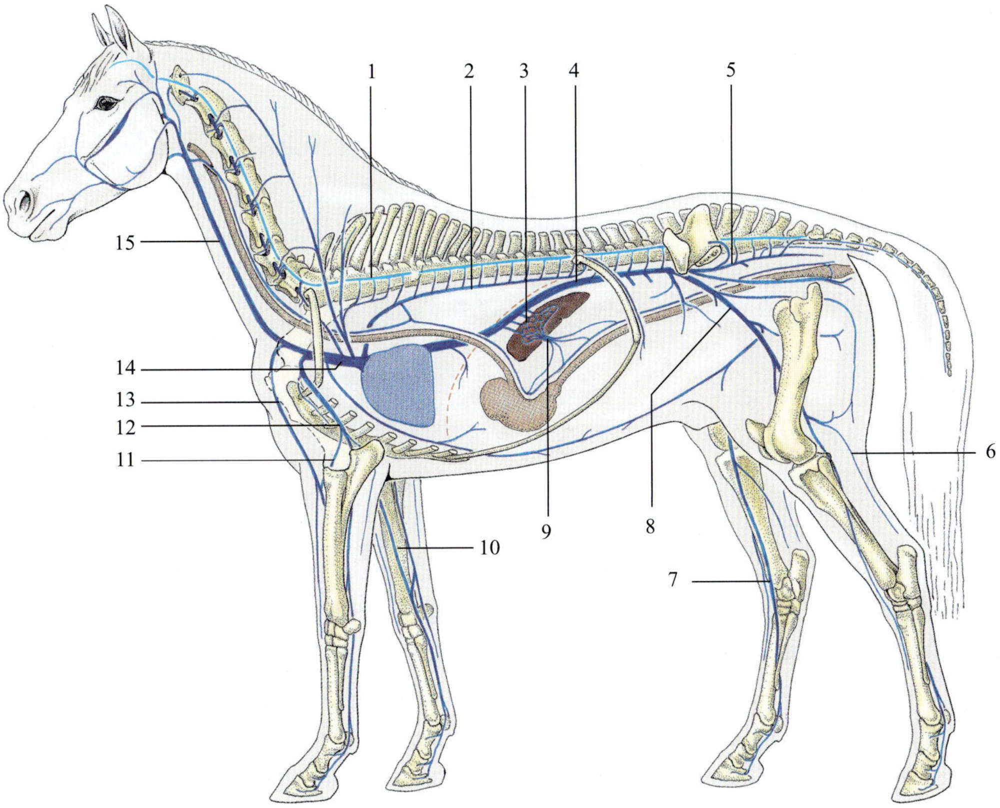

图 8-33　马全身静脉分布模式图

1. 椎骨静脉丛　2. 右奇静脉　3. 肝静脉　4. 后腔静脉　5. 髂内静脉　6. 隐外侧静脉　7. 隐内侧静脉　8. 髂外静脉　9. 门静脉　10. 正中静脉　11. 肘正中静脉　12. 臂静脉　13. 头静脉　14. 前腔静脉　15. 颈外静脉

（引自 König 和 Liebich，2007）

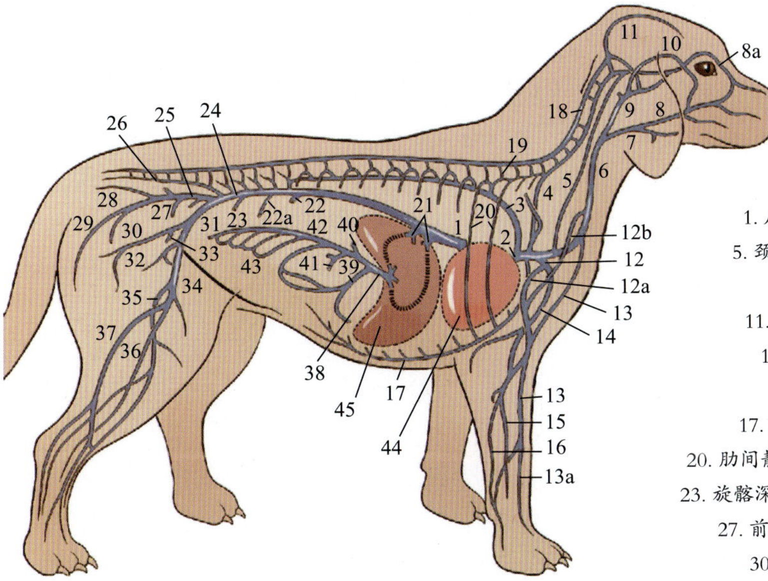

图 8-34　犬的静脉系

1. 后腔静脉　2. 前腔静脉　3. 奇静脉　4. 椎静脉　5. 颈内静脉　6. 颈外静脉　7. 舌面静脉　8. 面静脉　8a. 眼角静脉　9. 颌内静脉　10. 颞浅静脉　11. 背侧矢状静脉窦　12. 腋静脉　12a. 腋臂静脉　12b. 肩胛臂静脉　13. 头静脉　13a. 副头静脉　14. 臂静脉　15. 正中静脉　16. 尺静脉　17. 胸廓内静脉　18. 椎骨静脉丛　19. 椎骨间静脉　20. 肋间静脉　21. 肝静脉　22. 肾静脉　22a. 睾丸或卵巢静脉　23. 旋髂深静脉　24. 髂总静脉　25. 右髂内静脉　26. 荐中静脉　27. 前列腺或阴道静脉　28. 尾外侧静脉　29. 臀后静脉　30. 阴部内静脉　31. 右髂外静脉　32. 股深静脉　33. 阴部腹壁静脉干　34. 股静脉　35. 隐内侧静脉　36. 胫前静脉　37. 隐外侧静脉　38. 肝门静脉　39. 胃十二指肠静脉　40. 脾静脉　41. 肠系膜后静脉　42. 肠系膜前静脉　43. 空肠静脉　44. 心脏　45. 肝脏

（引自 Evans 和 de Lahunta，2013）

3. 前腔静脉（Cranial vena cava） 为收集头、颈、前肢和部分胸壁和腹壁血液回流的静脉干，由左、右颈内、外静脉（牛、猪、犬）或颈静脉（马）和左、右锁骨下静脉在胸前口处汇合而成。猪、犬的左、右颈外静脉和左、右锁骨下静脉先汇集成左、右臂头静脉（Brachiocephalic veins），然后合并形成前腔静脉。前腔静脉位于气管和臂头动脉干的腹侧，在心前纵隔内向后延伸，于第4肋骨相对处穿过心包，经主动脉右侧注入右心房的腔静脉窦。前腔静脉的侧支有肋颈静脉、胸廓内静脉和右奇静脉。

（1）颈内静脉（Internal jugular vein） 见于牛、猪、犬，由甲状腺静脉、枕静脉等汇集而成，较颈外静脉细小，与颈总动脉、迷走交感神经干伴行，沿食管（左侧）或气管（右侧）的背外侧缘向后延伸，汇入左、右颈外静脉。

（2）颈外静脉（External jugular vein） 为头颈部粗大的静脉干，由舌面静脉和上颌静脉汇集而成，属支有舌面静脉、上颌静脉、颈浅静脉和头静脉等。马因为无颈内静脉，称其为颈静脉（Carotid vein）。颈外静脉位于颈静脉沟内，因其直接位于皮下而易触及，是临床上采血、放血、注射的主要静脉。

①舌面静脉（Linguofacial vein） 由面静脉和舌静脉汇集而成，收集来自面部、眼（马、猪）、下颌间隙和口腔的血液。面静脉属支有眼角静脉、鼻背静脉、鼻外侧静脉、上唇静脉、口角静脉、下唇静脉、面深静脉等。舌静脉由舌下静脉和舌深静脉汇聚而成。

②上颌静脉（Maxillary vein） 在颞下颌关节腹侧处，由翼丛、颞浅静脉、耳后静脉等汇聚而成，收集来自耳部、齿、鼻腔、颞部、眼（牛、犬）和脑等部位的血液。上颌静脉向后下方穿过腮腺，至腮腺后下角处与舌面静脉汇合成颈外静脉。翼丛接受翼肌静脉、颊静脉、咬肌静脉、颞深静脉、下齿槽静脉、咽静脉等。颞浅静脉汇集耳内侧静脉、耳前静脉、面横静脉等。耳后静脉的属支有腮腺静脉、茎乳静脉、耳外静脉、耳中间静脉和耳深静脉。其中，耳外静脉、耳中间静脉分布于耳廓，临床上常用此静脉采血、输液，也是耳针穴位。

③颈浅静脉（Superficial cervical vein） 收集肩前部的静脉血注入颈外静脉。

④头静脉（Cephalic vein） 为前肢的浅静脉干，曾称臂皮下静脉，无动脉伴行，在腕的掌内侧面起自桡静脉，沿前臂内侧面上行，并经前臂前面入胸外侧沟向上向内延伸，最后注入颈外静脉。头静脉经肘正中静脉与臂静脉或正中静脉相连。副头静脉（Accessory cephalic vein）起自蹄静脉丛，位于前脚部背侧，在前臂部汇入头静脉。头静脉因其位置浅表，在肘部施压使其隆起即可触及，常用于小动物静脉注射或采血等。

（3）锁骨下静脉（Subclavian vein） 为前肢的深静脉干，起于蹄静脉丛。在前肢的延续干依次为腋静脉、臂静脉、正中静脉、指掌侧总静脉和指掌侧固有静脉，上述静脉多与同名动脉伴行。

（4）肋颈静脉（Costocervical vein） 与肋颈（动脉）干伴行，有肋间最上静脉、肩胛背侧静脉、颈深静脉、椎静脉等属支，均与同名动脉伴行。

（5）胸廓内静脉（Internal thoracic vein） 与同名动脉伴行，有腹壁前静脉、肌膈静脉等属支。腹壁前静脉的分支腹壁前浅静脉又称腹皮下静脉，在母牛很发达，主要收集乳房的静脉血，沿腹壁腹外侧面向前迂回延伸，常凸出于皮下，经“乳井”穿过腹壁入胸腔，汇入腹壁前静脉。

4. 后腔静脉（Caudal vena cava） 为收集腹部、骨盆部、尾部及后肢血液汇流的静脉干。由左、右髂总静脉在第5～6腰椎腹侧汇合而成，沿腹主动脉右侧向前延伸，经过肝膈面的腔静脉沟，穿过膈的腔静脉裂孔进入胸腔，汇入右心房。后腔静脉沿途有腰静脉、肝静脉、肾静脉、睾丸静脉或卵巢静脉等汇入。

（1）肝静脉（Hepatic veins） 有数支，完全位于肝实质内，在腔静脉沟内直接汇入后腔静脉。

肝门静脉（Portal vein） 是收集腹腔内不成对脏器［胃、脾、胰、小肠、大肠（直肠后段除外）］血液回流的静脉干，其属支有胃十二指肠静脉、脾静脉、肠系膜前静脉和肠系膜后静脉。门静脉位于后腔静脉腹侧，穿过胰，与肝动脉一起经肝门入肝（图 8–35）。两者在肝小叶间的分支分别称为小叶间动、静脉，均开口于肝小叶的窦状隙。窦状隙的血液汇流入中央静脉，后者汇合成小叶下静脉，最后汇集成数支肝静脉。肝动脉为肝的营养血管，门静脉为肝的功能性血管。门静脉与一般的静脉不同，两端均为毛细血管网。

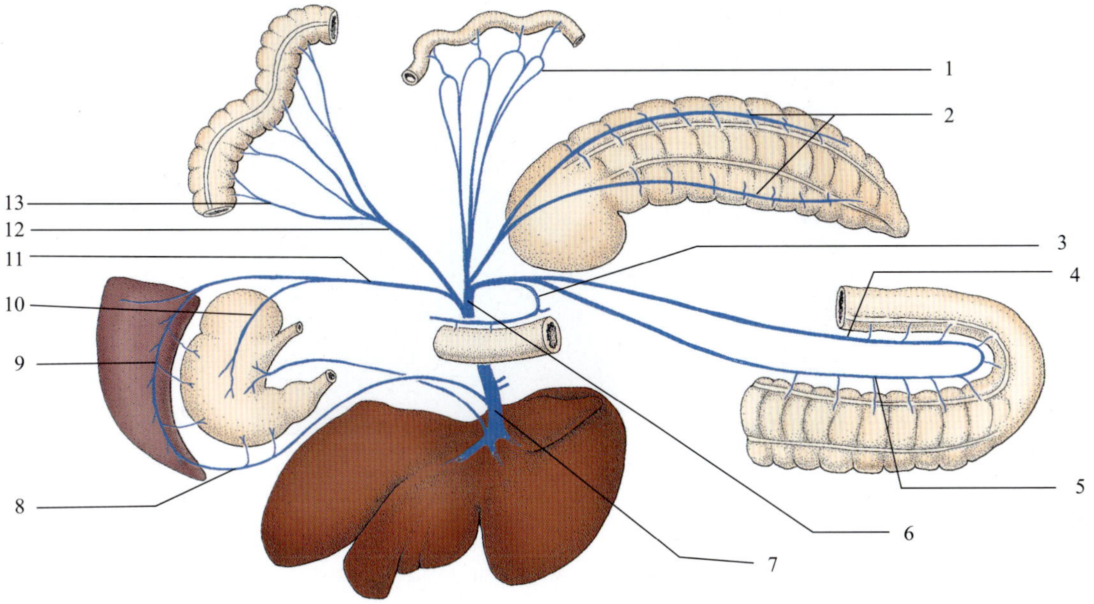

图 8–35　马的门静脉及其属支

1. 空肠静脉　2. 盲肠静脉　3. 结肠中静脉　4. 结肠右静脉　5. 结肠支　6. 肠系膜前静脉　7. 门静脉
8. 胃网膜右静脉　9,11. 脾静脉　10. 胃左静脉　12. 肠系膜后静脉　13. 结肠左静脉
（引自 König 和 Liebich，2007）

（2）肾静脉（Renal veins）　收集肾和肾上腺血液回流的粗短静脉，与同名动脉伴行。

（3）睾丸静脉（Testicular veins）或卵巢静脉（Ovarian veins）　收集睾丸、附睾或卵巢、子宫角等处血液回流的细长静脉，与同名动脉伴行。一般注入后腔静脉，但左侧的睾丸静脉和左侧的卵巢静脉常直接注入髂总静脉。

（4）髂总静脉（Common iliac veins）　由髂内静脉和髂外静脉在盆腔入口处汇集而成，为收集骨盆腔、尾部和后肢等处血液回流的静脉干。

①髂内静脉（Internal iliac vein）　为骨盆部的静脉主干，其属支有臀前静脉、臀后静脉、阴道静脉或前列腺静脉、阴部内静脉等，均与同名动脉伴行。

②髂外静脉（External iliac vein）　为后肢的静脉主干，沿髂骨体走向股管，向下依次为股静脉、腘静脉、胫前静脉和足侧背静脉，均与同名动脉伴行。

后肢的浅静脉干为隐内侧静脉和隐外侧静脉，均注入深静脉干。隐内侧静脉（Medial saphenous vein）亦称隐大静脉（Great saphenous vein）或小腿内侧皮下静脉，在跗关节内侧起始于足底内侧静脉，与隐动脉和隐神经伴行，汇入股静脉。隐外侧静脉（Lateral saphenous vein）亦称隐小静脉（Small saphenous vein）或小腿外侧皮下静脉，无动脉伴行，约在小腿下 1/3 处由前、后两支汇合而成，前支由趾背侧总静脉组成，后支连接足底外侧静脉（牛、猪）。牛和猪的隐外侧静脉汇入旋股内侧静脉，马、犬的注入股后静脉。隐外侧静脉常用于小动物静脉注射等（图 8–36）。

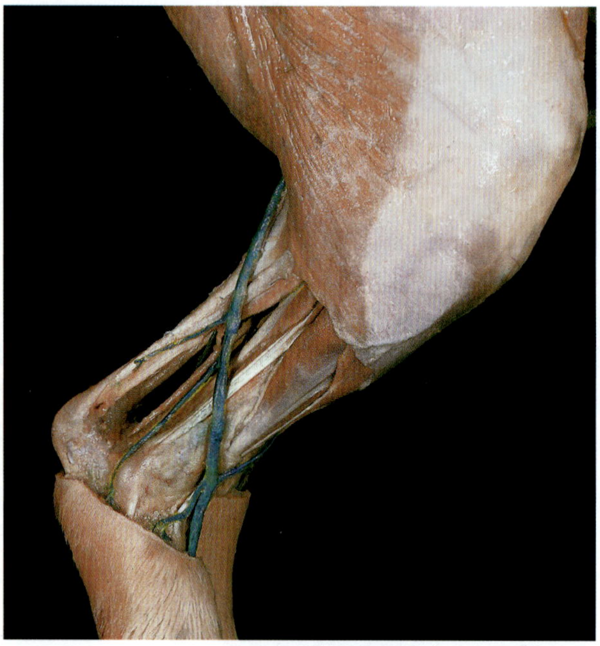

图 8-36　犬的隐外侧静脉

（引自 König 和 Liebich，2007）

第三节　胎儿血液循环的特点

胎儿在母体子宫内发育，所需要的营养物质和氧气全部由母体供给，代谢产物也经母体排出。因此，胎儿的心血管系统就有与之相适应的一些特点（图 8-37）。

一、胎儿心血管系统的结构特点

（1）脐动脉（Umbilical artery）和脐静脉（Umbilical vein）　脐动脉为髂内动脉（牛、猪、犬）或阴部内动脉（马）的分支，沿膀胱侧韧带至膀胱顶，再沿腹底壁前行至脐孔，经脐带至胎盘，分支形成毛细血管网，与母体子宫的毛细血管网进行物质交换。脐静脉（牛、犬有两条，马、猪一条）起始于胎盘毛细血管网，经脐带由脐孔进入胎儿腹腔，沿肝镰状韧带前行，经肝圆韧带切迹入肝。

（2）静脉导管（Venous catheter）　见于牛和食肉动物，为脐静脉在肝内的一个小分支，连接脐静脉与后腔静脉。脐静脉血约有 1/9 经此旁道绕过肝。

（3）卵圆孔（Oval foramen）　为房间隔上的裂孔，连通左、右心房，孔的左侧有瓣膜，保证血液只能从右心房流向左心房。

（4）动脉导管（Arterial catheter）　位于肺动脉干与主动脉之间的短管。由右心室入肺动脉干的血液大部分经动脉导管流入主动脉。

二、胎儿血液循环的径路

胎盘毛细血管经脐静脉（血氧饱和度为 80%）入肝，经肝窦、肝静脉或静脉导管至后腔静脉（血氧饱和度为 67%），与身体后躯的静脉血（氧饱和度 26%）相混合，然后流入右心房，约 3/5 的血液经卵圆孔进入左心房、左心室，再经臂头（动脉）干至头颈部及前肢。头颈部及前肢的静脉血由前腔静脉（血氧饱和度为 31%）回流至右心房、右心室，然后进入肺动脉干，约有 4/5 的血液经动脉导管流入主动脉弓，再经胸主动脉、腹主动脉至躯体后部，然后由髂内动脉（牛）或阴部内动脉（马）的分支（脐动脉）到达胎盘。降主动脉内的血液约有 2/3 进入脐动脉。由此可见，胎儿的动脉血液为混合血，但各部血液的混合程度不同。至头颈部、前肢的动脉血，氧含量和营养物质较丰富，以适应胎儿发育的需要。至肺和后躯的血液，主要是胎儿头颈部和前肢的静脉血，氧含量和营养物质均较少，所以胎儿后躯发育较缓慢。

三、出生后心血管系统的变化

（1）脐动脉、脐静脉和静脉导管退化　由于脐带切断，胎盘循环终止，脐动脉与脐静脉肌系的痉挛性收缩足以使其闭合，脐动脉（膀胱顶至脐）退化形成膀胱圆韧带（Round ligament of bladder），脐静脉退化形成肝圆韧带（Round ligament of liver），静脉导管退化为静脉导管索（Chorda ductus venosi）。

（2）卵圆孔封闭　由于肺循环开放，自肺静脉流入左心房的血液大量增加，左心房压力增高，压迫卵圆孔瓣膜紧贴房中隔，使卵圆孔封闭形成卵圆窝，从而使体循环和肺循环相互独立。

（3）动脉导管退化　出生后动脉导管收缩闭合，形成动脉韧带（Arterial ligament）。

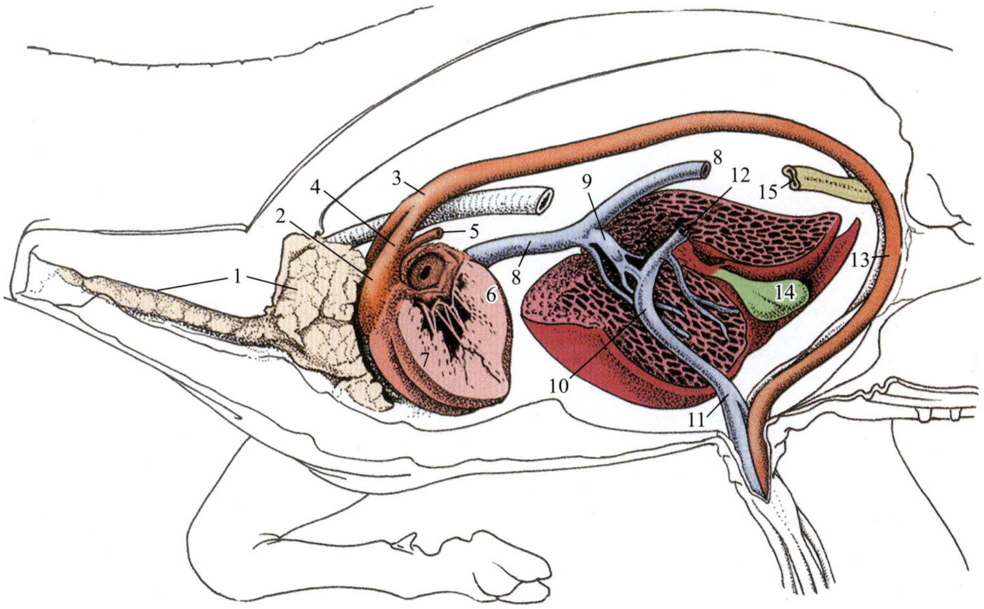

图 8-37　胎儿血液循环模式图

1. 胸腺　2. 肺干　3. 主动脉弓　4. 动脉导管　5. 肺动脉　6. 卵圆孔　7. 左心室壁　8. 后腔静脉
9. 静脉导管　10. 肝内门静脉与脐静脉连结部　11. 脐静脉　12. 门静脉
13. 左脐动脉　14. 胆囊　15. 降结肠
（引自 Singh 等，2018）

【思考题】

1. 心血管系统由哪些器官组成？
2. 心脏的外形及心腔的结构如何？
3. 主动脉分段及各段主要分支有哪些？
4. 体循环静脉系由哪些静脉组成？
5. 胎儿血液循环有哪些特点？

第九章 淋巴系统

【教学目标】

1. 明确淋巴系统的概念及其与心血管系统的关系
2. 掌握主要淋巴器官的位置和形态
3. 熟悉体表浅在淋巴结的位置大小，了解内脏淋巴结的分布规律

淋巴系统（Lymphatic system）由淋巴管道、淋巴组织、淋巴器官和淋巴组成。淋巴管道（Lymphatic vessel）是起始于组织间隙，最后注入静脉的管道系；淋巴组织（Lymphatic tissue）为含有大量淋巴细胞的网状组织，包括弥散淋巴组织和淋巴小结；被膜包裹淋巴组织即形成淋巴器官（Lymphatic organ）。淋巴组织（器官）可产生淋巴细胞（Lymphocyte），参与免疫活动，因而淋巴系统是机体内主要的防卫系统。此外，淋巴系统的免疫活动还协同神经及内分泌系统构成神经 – 内分泌 – 免疫网络，参与机体神经体液调节，共同维持代谢平衡、生长发育和繁殖等。

淋巴系统与心血管系统有着密切的联系。血液经动脉输送至毛细血管，其中一部分液体经毛细血管动脉端滤出，进入组织间隙形成组织液。组织液与周围组织细胞进行物质交换后，大部分渗入毛细血管静脉端，少部分则渗入毛细淋巴管，成为淋巴（Lymph）。淋巴是无色透明或微黄色的液体，由淋巴浆和淋巴细胞组成。在未通过淋巴结的淋巴内，没有淋巴细胞，只有通过淋巴结后才含有淋巴细胞。小肠绒毛内的毛细淋巴管尚可吸收脂肪，其淋巴呈乳白色，称为乳糜（Chyle）。淋巴管周围的动脉搏动、肌肉收缩、呼吸时胸腔压力变化，对淋巴管的影响和新淋巴的不断产生可促使淋巴管内的淋巴向心流动，最后经淋巴导管进入前腔静脉，形成淋巴循环，以协助体液回流。因此，可将淋巴循环看作血液循环的辅助部分（图 9–1）。在淋巴管的通路上有许多淋巴结，淋巴在向心流动的行程中，流经多个淋巴结。

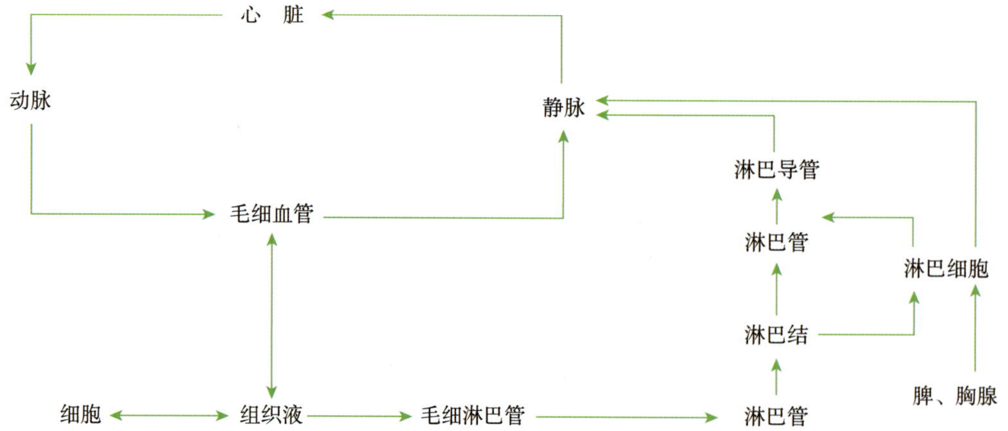

图 9–1　淋巴循环通路及其与心血管系统的关系

第一节 淋巴管道

淋巴管道为淋巴液通过的管道，根据汇集顺序、管径大小及管壁薄厚，可分为毛细淋巴管、淋巴管、淋巴干和淋巴导管（图 9–2 和图 9–3）。

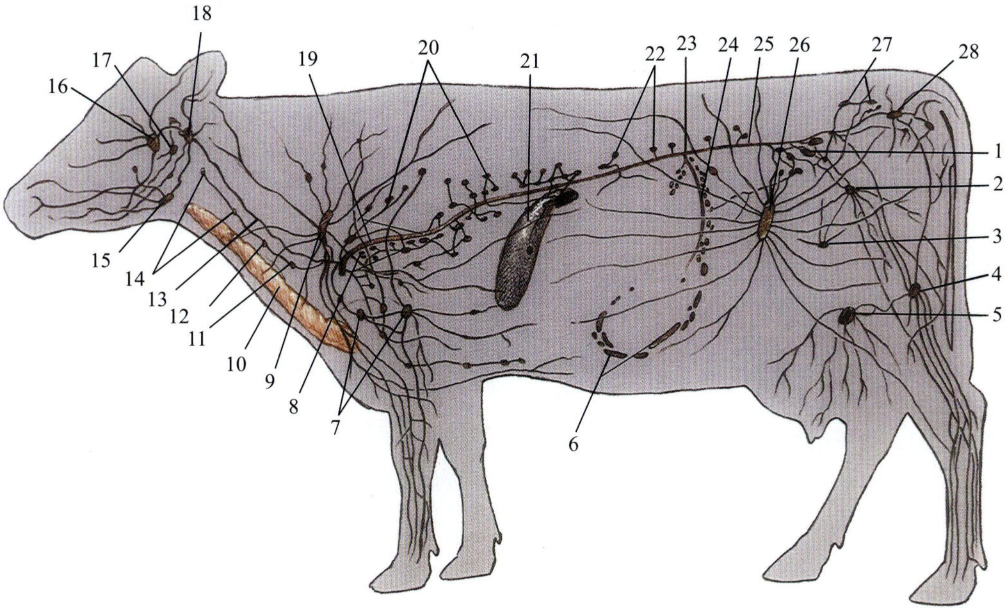

图 9–2 牛全身淋巴系统示意图

1. 髂内侧淋巴结 2. 髂外侧淋巴结 3. 腹壁淋巴结 4. 腘淋巴结 5. 腹股沟浅淋巴结 6. 肠系膜淋巴结 7. 腋淋巴结 8. 气管支气管淋巴结 9. 颈浅淋巴结 10. 犊牛胸腺 11. 颈后淋巴结 12. 颈深淋巴结 13. 左气管淋巴干 14. 颈深前淋巴结 15. 下颌淋巴结 16. 腮腺淋巴结 17. 咽后外侧淋巴结 18. 咽后内侧淋巴结 19. 胸导管 20. 肋间淋巴结 21. 脾 22. 腰主动脉淋巴结 23. 乳糜池 24. 肠淋巴干 25. 腰淋巴干 26. 髂下淋巴结 27. 荐淋巴结 28. 臀淋巴结

（引自 Fails 和 Magee，2018）

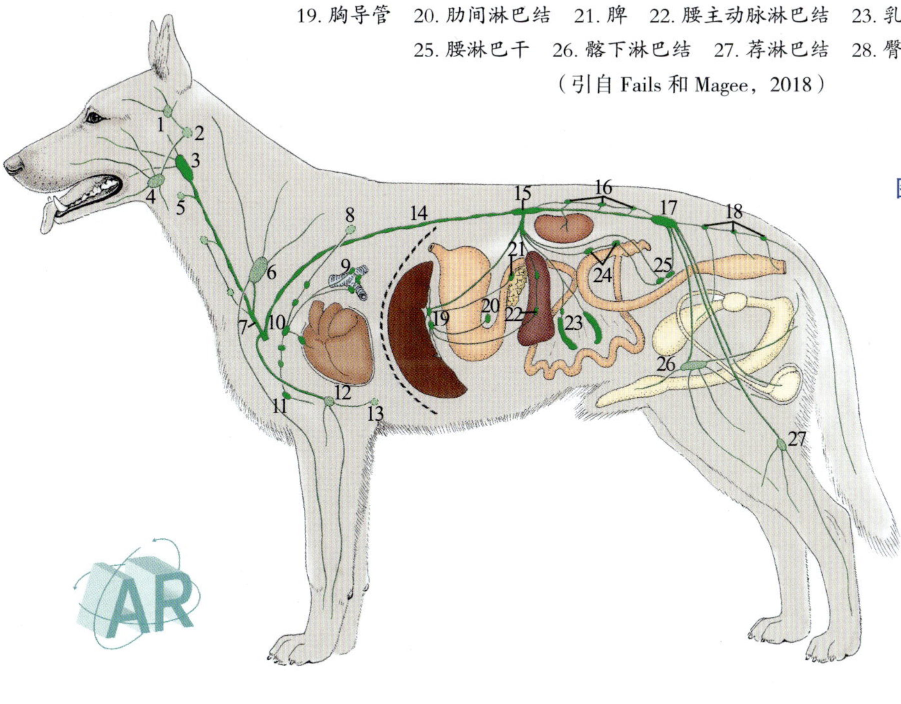

图 9–3 犬全身淋巴结和淋巴管分布示意图

1. 腮腺淋巴结 2. 咽后外侧淋巴结 3. 咽后内侧淋巴结 4. 下颌淋巴结 5. 颈深淋巴结 6. 颈浅淋巴结 7. 气管淋巴干 8. 肋间淋巴结 9. 气管支气管淋巴结 10. 纵隔前淋巴结 11. 胸骨前淋巴结 12. 腋淋巴结 13. 腋副淋巴结 14. 胸导管 15. 乳糜池 16. 腹主动脉淋巴结 17. 髂内淋巴结 18. 荐淋巴结 19. 肝淋巴结 20. 胃淋巴结 21. 胰十二指肠淋巴结 22. 脾淋巴结 23. 空肠淋巴结 24. 结肠淋巴结 25. 肠系膜后淋巴结 26. 腹股沟浅淋巴结 27. 腘淋巴结

（引自 König 和 Liebich，2007）

一、毛细淋巴管

毛细淋巴管（Lymph capillary）结构似毛细血管，其特点是以盲端起始于组织间隙，起始部稍膨大；毛细淋巴管的管径较毛细血管大，但粗细不均，管壁只有一层内皮细胞，通常无基膜和外膜细胞，且相邻细胞以叠瓦状排列，细胞之间裂隙多而宽，因此，其通透性也比毛细血管大。一些不能透过毛细血管壁的大分子物质，如蛋白质、细菌、异物等可透过毛细淋巴管。毛细淋巴管常彼此吻合成网，但小肠绒毛内的毛细淋巴管常为 1 ～ 2 条较直小管，因收集小肠吸收的脂肪微粒而使淋巴呈乳色，故称乳糜管（Lacteal vessel）。

毛细淋巴管分布较广，除无血管分布的组织器官，如上皮、角膜、晶状体，以及中枢神经、骨髓、脾髓、齿和软骨等外，几乎遍布全身。

二、淋巴管

淋巴管（Lymphatic vessel）由毛细淋巴管汇集而成，其形态结构与静脉相似，但管壁较薄，管径较细，瓣膜更多，故管径粗细不均，常呈串珠状。在淋巴管的行程中，通常要通过一个或多个淋巴结。淋巴管内的瓣膜是由淋巴管内膜突入管腔形成的，以保证淋巴向心脏流动。

淋巴管按所在位置，可分为浅层淋巴管和深层淋巴管，二者以深筋膜为界。前者汇集皮肤及皮下组织的淋巴，多与浅静脉伴行；后者汇集肌肉、骨和内脏的淋巴，多伴随深层血管和神经。在浅、深层淋巴管之间有吻合支相连通。

此外，根据淋巴液在淋巴结内的流向，淋巴管还可分成输入淋巴管（Afferent lymph vessel）和输出淋巴管（Efferent lymph vessel）。前者较多，可从淋巴结的整个表面进入淋巴结。后者较少，从淋巴结门出淋巴结。

三、淋巴干

淋巴干（Lymphatic trunks）为身体一个区域内大的淋巴集合管，由淋巴管汇集而成，多与大血管伴行。主要淋巴干有以下几条。

1. 气管淋巴干（Tracheal lymphatic trunks） 左、右侧各一条，由咽后外侧淋巴结的输出淋巴管汇合而成，分别伴随左、右颈总动脉沿气管腹侧后行，收集左、右侧头颈、肩带和前肢的淋巴。左气管淋巴干最后注入胸导管，右气管淋巴干注入右淋巴导管或前腔静脉或颈静脉。

2. 腰淋巴干（Lumbar lymphatic trunks） 左、右侧各一条，由髂内侧淋巴结的输出淋巴管汇合形成，分别伴随腹主动脉和后腔静脉前行，收集骨盆壁、部分腹壁、后肢、骨盆内器官、结肠末端的淋巴，注入乳糜池。

3. 内脏淋巴干（Visceral lymphatic trunks） 由肠淋巴干和腹腔淋巴干汇合形成，注入乳糜池。有时两者分别单独注入乳糜池。

（1）腹腔淋巴干（Coeliac lymphatic trunks） 收集胃、肝、脾、胰和十二指肠的淋巴。

（2）肠淋巴干（Intestinal lymphatic trunks） 收集空肠、回肠、盲肠和大部分结肠的淋巴。

四、淋巴导管

淋巴导管（Lymphatic duct）为全身最大的淋巴集合管，由淋巴干汇集而成，包括胸导管和右淋巴导管。

1. 胸导管（Thoracic duct） 为全身最大的淋巴管道，起始于乳糜池，穿过膈上的主动脉裂孔进入胸腔，沿胸主动脉的右上方，右奇静脉的右下方前行，约至第 6 胸椎处，越过食管和气管的左侧向前下行，在胸腔前口处注入前腔静脉。胸导管在伸延途中还收集胸上壁、胸侧壁、左侧胸下壁、左肺和心脏左半部的淋巴。左侧气管干也注入胸导管的末端。

乳糜池（Chyle cistern）是胸导管的起始部，呈长梭形膨大，位于最后胸椎和前 3 个腰椎的腹侧，在腹主动脉和右膈脚之间。注入乳糜池的有左、右腰淋巴干和腹腔淋巴干。

2. 右淋巴导管（Right lymphatic duct） 又称右胸导管（Right thoracic duct），短而粗，为右侧气管干的延续，收集右侧头颈、右前肢、右肺、心脏右半部及右侧胸下壁的淋巴，末端注入前腔静脉。

第二节 淋巴组织

淋巴组织是富含淋巴细胞的网状结缔组织，即在网状纤维的网眼中充满淋巴细胞，并含有少量的单核细胞和浆细胞。淋巴组织主要分布于消化道、呼吸道和尿生殖道的黏膜内，可因淋巴细胞的聚集程度和方式的不同，分为弥散淋巴组织和淋巴小结。

1. 弥散淋巴组织（Diffuse lymphoid tissue） 淋巴细胞分布弥散，没有特定的外形，与周围组织无明显界限，常分布于消化道、呼吸道和泌尿生殖道等与外界接触较频繁的部位或器官的黏膜内，以抵御外来细菌和异物的入侵。此外，该组织也分布于淋巴结的副皮质区、扁桃体的淋巴小结间的弥散淋巴细胞、脾白髓动脉周围淋巴鞘等处。

2. 淋巴小结（Lymphatic nodule） 淋巴细胞排列紧密，具有一定的形态，多呈球形或卵圆形，轮廓清晰，分布于淋巴器官及消化道和呼吸道等处的黏膜。其中，单独存在的淋巴小结称淋巴孤结，成群存在的淋巴小结称淋巴集结，如回肠黏膜内的淋巴孤结和淋巴集结。

第三节 淋巴器官

淋巴器官是由被膜包裹淋巴组织构成的实质性器官。根据发生和机能的特点，可分为中枢淋巴器官（Central lymphoid organ）和周围淋巴器官（Peripheral lymphoid organ）。

中枢淋巴器官又称初级淋巴器官（Primary lymphoid organ），包括胸腺和腔上囊（鸟类）。在胚胎发育过程中出现较早，其原始淋巴细胞来源于骨髓的干细胞，在胸腺内胸腺素的作用下，分化成 T 淋巴细胞。腔上囊又称法氏囊，是 B 淋巴细胞成熟的器官，哺乳动物没有腔上囊，而胚胎时期的肝和骨髓有类似鸟类腔上囊的功能，B 淋巴细胞在胚胎早期先后在肝和骨髓内分化成熟。中枢淋巴器官发育较早，退化也快，一般认为动物性成熟后即逐渐退化，其中 T 淋巴细胞和 B 淋巴细胞逐渐转移至周围淋巴器官。

周围淋巴器官也称次级淋巴器官（Secondary lymphoid organ），包括淋巴结、脾、扁桃体、血淋巴结等。周围淋巴器官发育较迟，其淋巴细胞最初由中枢淋巴器官迁移而来，定居在特定区域内，在抗原的刺激下可进行分裂分化。其中，T 淋巴细胞形成具有特异性的免疫淋巴细胞，起细胞免疫作用；B 淋巴细胞转化为能产生抗体的浆细胞，参与体液免疫反应。

一、胸腺

胸腺（Thymus）位于胸腔前部纵隔内及颈部气管两侧，呈红色或粉红色。单蹄类和食肉类动物的胸腺主要在胸腔内；猪和反刍动物的胸腺除胸部外，颈部也很发达，向前延伸至喉部（图 9-4）。胸腺的大小和结构随年龄增长有很大变化，幼畜发达，到性成熟期最大，以后逐渐萎缩退化，到老龄时几乎全被脂肪组织代替。

胸腺开始退化的年龄：马 2～3 岁，牛 4～5 岁，羊 1～2 岁，猪、犬 1 岁。胸腺退化后被结缔组织或脂肪所代替，但并不完全消失，即使在老龄期，在胸腺原位的结缔组织中，仍可找到有活性的胸腺组织。

胸腺既是淋巴器官，能产生淋巴细胞，又兼有内分泌功能，其网状上皮细胞分泌胸腺素，可使原始淋巴细胞分化成为 T 淋巴细胞，并促进 T 淋巴细胞的成熟和提高其免疫能力。

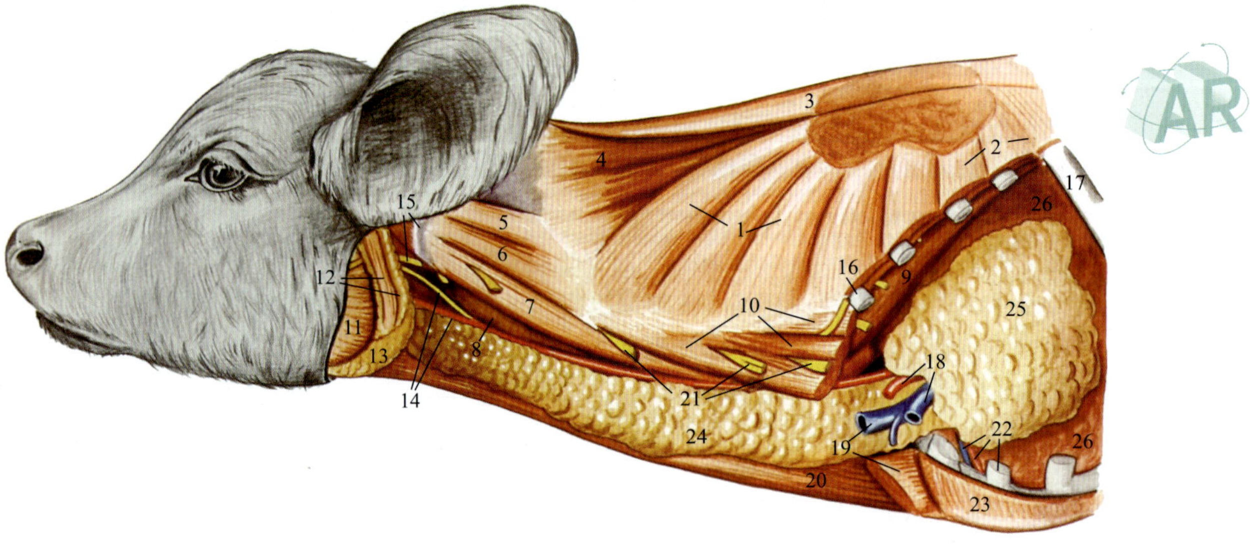

图 9-4　犊牛胸腺

1. 颈腹侧锯肌　2. 胸腹侧锯肌　3. 颈菱形肌　4. 夹肌　5. 头最长肌　6. 寰最长肌　7. 横突间肌　8. 头长肌　9. 颈长肌　10. 斜角肌　11. 咬肌　12. 腮耳肌和腮腺　13. 颌下腺　14. 颈总动脉和迷走交感干　15. 副神经和寰椎翼　16. 第 1 肋骨　17. 第 5 肋骨　18. 左锁骨下动、静脉　19. 颈外静脉和胸头肌　20. 胸骨舌骨肌　21. 颈神经　22. 第 2 肋软骨和胸廓内动、静脉　23. 胸肌　24. 胸腺颈叶　25. 胸腺胸叶　26. 肺

（引自 Popesko，1985）

二、脾

脾（Spleen）是动物体内最大的淋巴器官，位于腹腔前部、胃的左侧（图 9-5）。脾的壁面略凸，光滑，与膈和左侧腹壁相适应；脏面较平，近中央有一个长嵴为脾门所在处，是脾动脉、静脉、神经和淋巴管出入脾的位置。脾的表面包以结缔组织构成的被膜。被膜伸入脾实质内形成小梁，小梁互相吻合形成网状支架。脾的实质为脾髓，分白髓和红髓。白髓呈灰白色，由淋巴细胞聚集而成；红髓位于白髓周围，是富于血管的弥散淋巴组织。脾可产生淋巴细胞和巨噬细胞，参与机体免疫活动，同时脾还具有造血、灭血、滤血、贮血等功能。在胚胎时期，脾是一个重要的造血器官。出生后，在正常情况下，脾只产生淋巴细胞和单核细胞，参与免疫反应，但在病理情况下及大出血后可以产生各种血细胞。脾具有大量血窦，是血液循环过程中重要的过滤器，能清除血液中的异物、病菌以及衰老死亡的细胞，特别是红细胞和血小板。当脾功能亢进时会引起红细胞和血小板减少。

1. 牛脾　呈长而扁的椭圆形，蓝紫色，质较硬，位于瘤胃背囊左前方，上端与最后 2 个肋骨椎骨端相对，下端一般与第 8、第 9 肋骨下 1/3 相对。

2. 羊脾　扁平略呈钝三角形，红紫色，质软，位于瘤胃左侧。

3. 猪脾　狭而长，呈紫红色，质软，以胃脾韧带与胃大弯相连，上端稍宽，与最后 3 个肋骨椎骨

端相对；下端稍窄，位于脐区靠近腹底壁。

4. 马脾 呈扁平镰刀形，蓝红或铁青色，位于胃大弯左侧。上端宽，与最后 2、3 肋骨椎骨端和第 1 腰椎相对；下端窄，约与第 10、第 11 肋骨下 1/3 相对；前缘凹，其内侧有一纵沟，为脾门所在地；后缘凸，其上端可达最后肋骨后方。

5. 犬脾 略呈舌形，中部稍窄，紫红褐色，质地硬，位于胃底的左后方，包在大网膜的浅层内。上端与最后肋骨椎骨端和第 1 腰椎相对，与膈左脚、胃的左侧面及左肾相紧邻。壁面凸，贴于左腹壁，脏面凹，上有纵嵴，为脾门所在处。

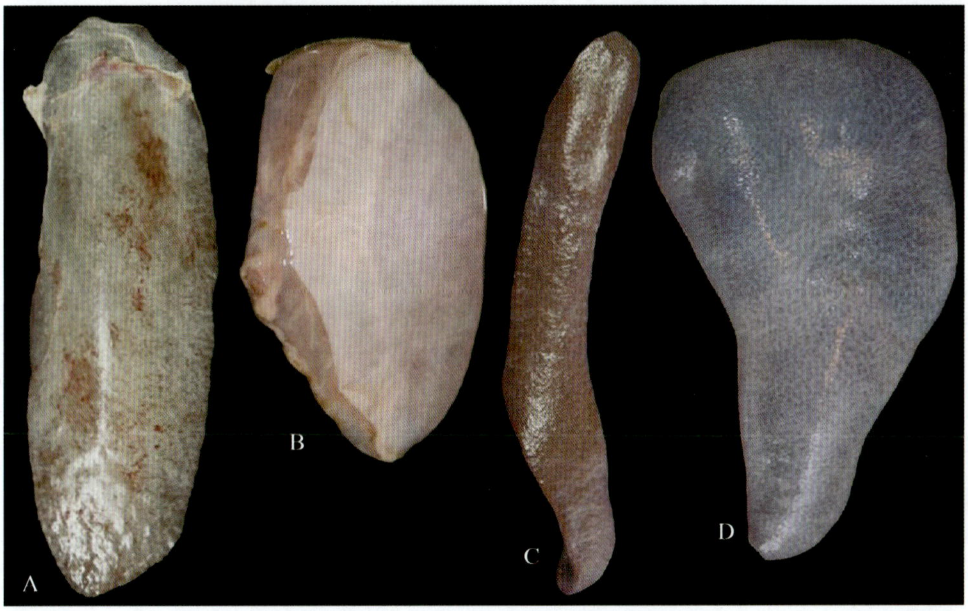

图 9–5 动物脾的形状

A. 牛 B. 羊 C. 猪 D. 马

（引自陈耀星，2013）

三、淋巴结

淋巴结（Lymph node）大小不一，直径从 1 mm 至几厘米不等，形状多样，有球形、卵圆形、肾形、扁平状等。淋巴结颜色差异较大，活体标本呈粉红色或微红褐色，尸体标本则呈不同程度的灰白色，并略带黄色。在牛和羊，有的淋巴结呈扩散性黑色或褐色的色素沉积。淋巴结一侧凹陷为淋巴结门，是输出淋巴管、血管及神经出入之处，另一侧隆凸，有多条输入淋巴管进入（猪淋巴结输入管和输出管的位置正好相反）（图 9–6）。淋巴结是位于淋巴管径路上唯一的淋巴器官，其数量较多，有浅、深之分，多沿血管径路散布，单个或群聚于躯体的较安全部位，如腋窝、关节屈侧、内脏器官门及大血管附近。机体每一个较大器官或局部均有一个主要的淋巴结群。

淋巴结由被膜和实质构成。被膜是结缔组织薄膜，含有少量弹性纤维和平滑肌纤维。被膜深入实质形成许多小梁，小梁构成淋巴结的支架。实质分外围的皮质和中央的髓质。皮质颜色较深，有许多圆形或梨形淋巴小结，在被膜下方和小梁与淋巴小结之间有不规则裂隙，称为皮质窦。髓质颜色较淡，有许多淋巴细胞形成髓索，小梁和髓索之间的空隙称髓质窦，同皮质窦相通，是淋巴流经的地方。

淋巴结的主要功能是产生淋巴细胞，过滤淋巴，清除侵入体内的细菌和异物，参与免疫反应，是机体重要的防卫器官，同时又是造血器官。局部淋巴结肿大，常反映其汇流区域有病变，尤其是畜体主要浅在淋巴结（图 9–7）对临床诊断和兽医卫生检疫有重要意义。

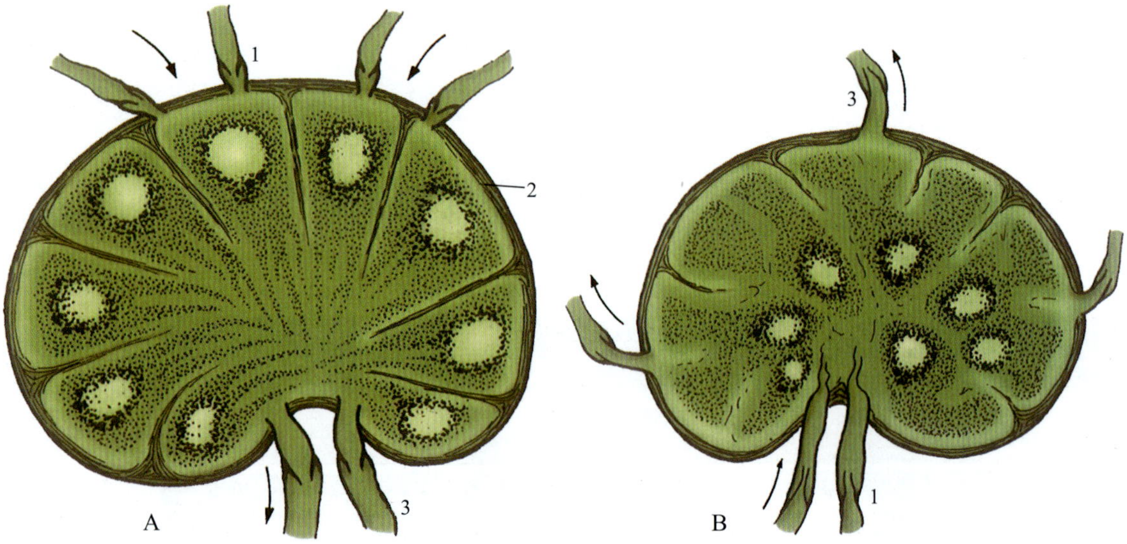

图 9-6　淋巴结结构模式图

A. 其它家畜　B. 猪

1. 输入淋巴管　2. 被膜　3. 输出淋巴管

（引自陈耀星，2013）

图 9-7　牛主要浅层淋巴结和淋巴管

1. 腮腺浅淋巴结　2. 下颌淋巴结　3. 咽后外侧淋巴结　4. 颈浅淋巴结　5. 髂下淋巴结　6. 坐骨淋巴结　7. 腘淋巴结　8. 坐骨结节淋巴结　9. 腰旁窝淋巴结（不恒定）　a. 至对侧颈浅淋巴结的淋巴管　b,b′. 从胸腹侧区和前肢内侧面至同侧颈浅淋巴结的淋巴管　c, c′,c″. 从股后面、乳房和后肢内侧面至腹股沟浅淋巴结的淋巴管　d,d′. 至腘淋巴结的淋巴管　e. 坐骨结节淋巴结的淋巴管

（引自 Nickel 等，1979）

四、扁桃体

扁桃体（Tonsil）位于舌、软腭和咽的黏膜下，形状和大小因动物种类而不同，仅有输出管注入附近的淋巴结，没有输入管。

家畜的扁桃体主要有：①腭扁桃体（Palatine tonsil），位于口咽部两侧，由淋巴组织聚集而成。牛形成腭扁桃体窦，开口于口咽部侧壁上；犬有腭扁桃体窝，容纳腭扁桃体；猪无腭扁桃体。②舌扁桃体（Lingual tonsil），位于舌根部背侧。③腭帆扁桃体（Palatal sail tonsil），位于软腭口腔面黏膜下，猪的特别发达。④咽扁桃体（Pharyngeal tonsil），位于鼻咽部顶壁。⑤咽鼓管扁桃体（Tubal tonsil），位于咽鼓管咽口的侧壁内。⑥会厌旁咽扁桃体（Paraepiglottic tonsil），位于会厌基部两侧，马和牛缺如。

扁桃体在机体免疫系统中扮演的角色目前正在研究中。现有研究表明，扁桃体内含有直接杀死病原体的自然杀伤细胞，而且扁桃体组织能分泌一种称为 IgA 的免疫球蛋白。此外，扁桃体内的白细胞还能分化为分泌抗体的细胞。

五、血淋巴结

血淋巴结（Hemolymph node）一般呈圆形或卵圆形，紫红色，直径为 5 ～ 12 mm，结构似淋巴结，但无淋巴输入管和输出管，其中充盈血液而非淋巴。血淋巴结主要分布于主动脉附近、胸腹腔脏器的表面和血液循环的通路上，有滤血的作用。

血淋巴结多见于牛、羊，灵长类和马属动物也有分布。

第四节　淋巴中心和淋巴结

哺乳动物中，一个淋巴结或淋巴结群常位于身体的同一部位，并汇集几乎相同区域的淋巴，这个淋巴结或淋巴结群就是该区域的淋巴中心（Lymph center）。偶蹄类家畜全身有 18 个淋巴中心，单蹄类有 19 个淋巴中心。

淋巴中心和淋巴结的命名主要是根据其所在部位或引流区域。全身的淋巴中心可分属于 8 个部位，即头部、颈部、前肢、胸腔、腹腔、腹壁、骨盆壁和后肢。

一、头部淋巴中心和淋巴结

头部有 3 个淋巴中心。

1. 下颌淋巴中心（Mandibular lymph center）　有一群淋巴结，主要有下颌淋巴结、翼肌淋巴结（牛）或下颌副淋巴结（猪）。下颌淋巴结（Mandibular lymph node）位于下颌间隙，牛的位于下颌间隙后部，其外侧与颌下腺前端相邻；在猪，其位置更靠后，表面有腮腺覆盖；在马，则与血管切迹相对。下颌淋巴结主要引流头下半部的皮肤和肌肉、口腔、鼻腔下半部以及唾液腺的淋巴，输出淋巴管主要汇入咽后外侧淋巴结。该淋巴结是兽医卫生检验和兽医临床诊断所要检查的重要淋巴结（图 9–8）。

2. 腮腺淋巴中心（Parotid lymph center）　有一群淋巴结，即腮腺淋巴结（Parotid lymph nodes），通常有 1 ～ 4 个，位于颞下颌关节后下方，部分或全部被腮腺覆盖。其引流头上半部皮肤、肌肉及鼻腔后部、唇、颊、外耳、眼部的淋巴，输出淋巴管主要汇入咽后内、外侧淋巴结。

3. 咽后淋巴中心（Retropharyngeal lymph center）　主要有咽后内侧淋巴结和咽后外侧淋巴结，位于咽后背外侧至寰椎翼腹侧及腮腺和下颌腺的深层。在牛，还有舌骨前、后淋巴结。咽后淋巴结的输入淋巴管来自口腔、咽、喉、唾液腺、鼻部、外耳等处，输出淋巴管形成左、右气管淋巴干。

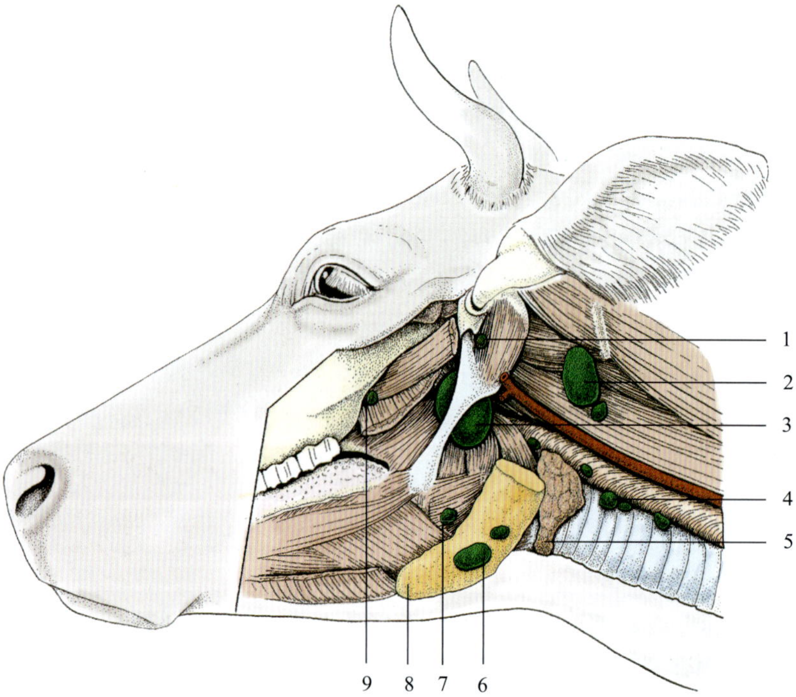

图 9-8　牛头部和颈前部的深层淋巴结

1. 舌骨后淋巴结　2. 咽后外侧淋巴结
3. 咽后内侧淋巴结　4. 颈深前淋巴结
5. 甲状腺　6. 下颌淋巴结
7. 舌骨前淋巴结　8. 颌下腺
9. 翼肌淋巴结
（引自 König 和 Liebich，2007）

二、颈部淋巴中心和淋巴结

颈部淋巴中心有 2 个，即颈浅淋巴中心和颈深淋巴中心（图 9-9）。

1. 颈浅淋巴中心（Superficial cervical lymph center） 牛有颈浅淋巴结和颈浅副淋巴结 2 群，猪有颈浅背侧、颈浅中和颈浅腹侧淋巴结。颈浅淋巴结（Superficial cervical lymph nodes），又称为肩前淋巴结，在肩关节前上方，被臂头肌和肩胛横突肌（牛）覆盖。猪的颈浅背侧淋巴结相当于其它家畜的颈浅淋巴结，腹侧淋巴结则位于腮腺后缘和胸头肌之间。输入淋巴管来自颈部、胸壁和前肢，输出淋巴管分别汇入胸导管和右淋巴导管。

2. 颈深淋巴中心（Deep cervical lymph center） 有颈深前淋巴结（Cranial deep cervical lymph node）、颈深中淋巴结（Middle deep cervical lymph node）、颈深后淋巴结（Caudal deep cervical lymph node），分别位于气管的前、中、后段的两侧，输入淋巴管收集颈部肌肉、甲状腺、气管、食管以及肩臂部的淋巴，输出淋巴管注入右淋巴导管或胸导管。

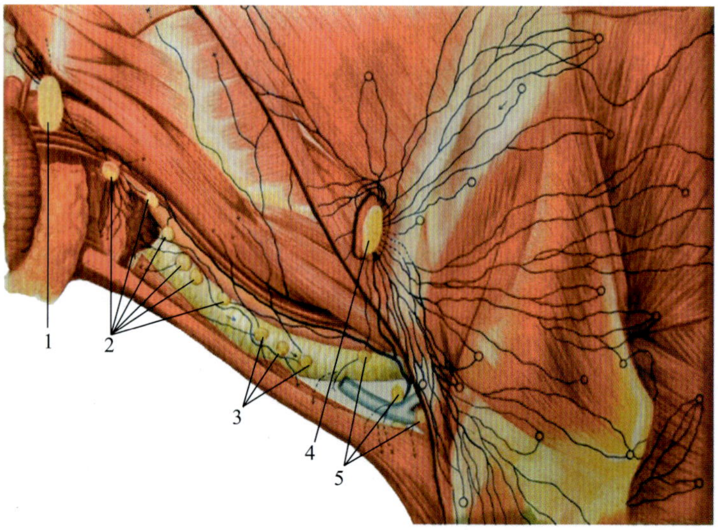

图 9-9　牛头颈部淋巴结

1. 咽后外侧淋巴结　2. 颈深前淋巴结
3. 颈深中淋巴结　4. 颈浅淋巴结
5. 颈深后淋巴结

三、前肢淋巴中心和淋巴结

前肢仅有1个腋淋巴中心（Axillary lymph centre），有腋淋巴结（Axillary lymph node）、肘淋巴结（Cubital lymph node）和冈下肌淋巴结（Infraspinatus lymph node）。腋淋巴结是肩关节与胸壁之间一群淋巴结的总称，根据其位置的不同，可分为腋固有淋巴结（Proper axillary lymph node）、第1肋腋淋巴结（Primary costal axillary lymph node）和腋副淋巴结（Accessory axillary lymph node）3个（图9–10）。

牛有腋固有淋巴结、第1肋腋淋巴结、腋副淋巴结和冈下肌淋巴结。马有腋固有淋巴结和肘淋巴结。猪只有第1肋腋淋巴结。犬有腋固有淋巴结和腋副淋巴结。腋固有淋巴结位于肩关节后方，大圆肌远端内侧面。第1肋腋淋巴结位于肩关节的前内侧，第1肋或第1肋间的胸骨端，胸深肌深面。腋副淋巴结位于胸深肌和背阔肌之间。肘淋巴结位于肘关节内侧面。冈下肌淋巴结位于冈下肌后缘与臂三头肌长头之间。输入淋巴管引流前肢、胸下壁和腹底壁前部皮肤的淋巴，输出淋巴管汇入颈深后淋巴结、气管干、颈静脉或胸导管。

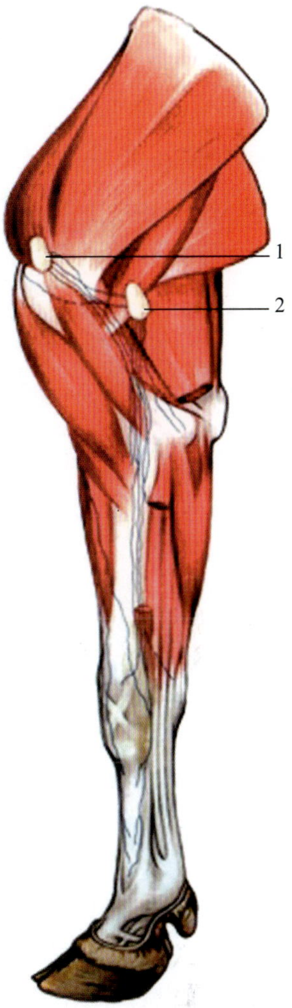

图9–10　牛前肢淋巴结

1. 第1肋腋淋巴结　2. 腋固有淋巴结

四、胸腔淋巴中心和淋巴结

胸腔内有4个淋巴中心，即胸背侧淋巴中心、胸腹侧淋巴中心、纵隔淋巴中心和支气管淋巴中心（图9–11）。

1. 胸背侧淋巴中心（Dorsal thoracic lymph center） 有胸主动脉淋巴结和肋间淋巴结。输入淋巴管收集胸壁、胸膜及纵隔等处的淋巴，输出淋巴管注入胸导管或纵隔淋巴结。

（1）胸主动脉淋巴结（Thoracic aortic lymph nodes） 分布于胸主动脉背侧与胸椎椎体之间的脂肪内。犬缺如。

（2）肋间淋巴结（Intercostal lymph nodes） 位于各肋间隙近端的胸膜下。猪缺如。

2. 胸腹侧淋巴中心（Ventral thoracic lymph center） 有胸骨淋巴结（Sternal lymph node）和膈淋巴结（Phrenic lymph node）。胸骨淋巴结是沿胸骨背侧胸廓内动、静脉分布的一些淋巴结，牛、马的分为胸骨前淋巴结和胸骨后淋巴结，猪、犬只有胸骨前淋巴结。胸骨前淋巴结位于胸骨柄背侧，左、右胸廓内动、静脉之间。胸骨后淋巴结位于胸骨中后部背侧。输入淋巴管收集胸底壁、腹底壁、纵隔和胸膜等处的淋巴，输出淋巴管左侧注入胸导管，右侧汇入右淋巴导管。膈淋巴结小，位于膈的胸腔面，后腔静脉裂孔附近，收集膈和纵隔的淋巴，汇入纵隔后淋巴结。

3. 纵隔淋巴中心（Mediastinal lymph center） 有3群淋巴结，即纵隔前淋巴结（Cranial mediastinal lymph node）、纵隔中淋巴结（Middle mediastinal lymph node）和纵隔后淋巴结（Caudal mediastinal lymph node），分别位于心前和心后纵隔内。输入淋巴管收集食管、气管、肺、心包、纵隔和胸腺等处的淋巴，输出淋巴管注入胸导管或右淋巴导管。猪常缺纵隔中淋巴结，犬常缺纵隔中、后淋巴结。

4. 支气管淋巴中心（Bronchial lymph center） 有气管支气管左淋巴结（Left tracheobronchial lymph node）、气管支气管右淋巴结（Right tracheobronchial lymph node）、气管支气管中淋巴结（Middle tracheobronchial lymph node）和肺淋巴结（Pulmonary lymph node），分别位于气管分叉处的左侧、右侧和夹角内，以及沿肺内支气管分布。牛、羊和猪还有气管支气管前淋巴结（Cranial tracheobronchial lymph node），位于气管支气管起始处。输入淋巴管收集食管、支气管、心和肺等处的淋巴，输出淋巴管注入胸导管或右淋巴导管。

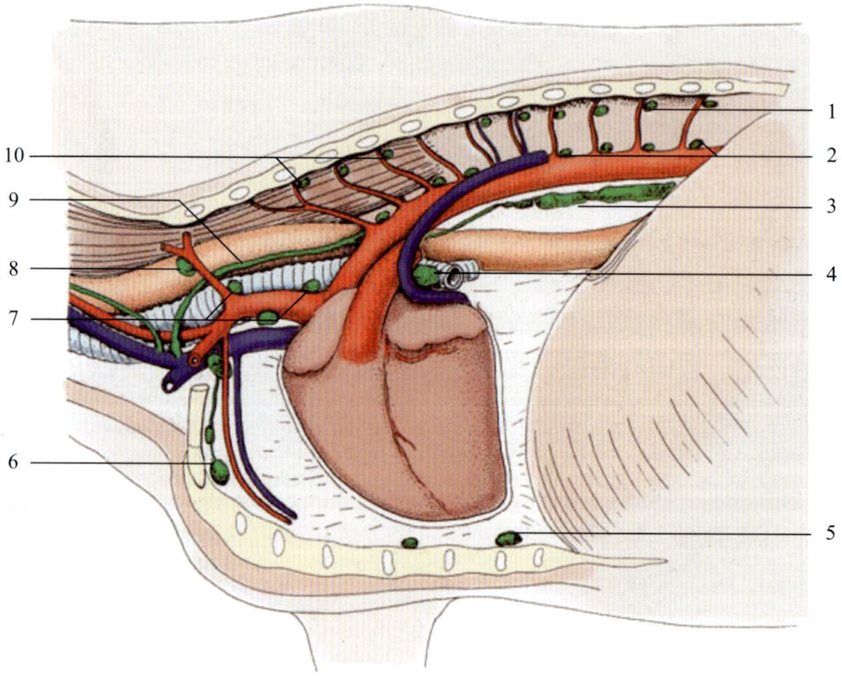

图 9-11　牛胸腔淋巴结

1. 肋间淋巴结　2. 胸主动脉淋巴结　3. 纵隔后淋巴结　4. 气管支气管左淋巴结　5. 胸骨后淋巴结
6. 胸骨前淋巴结　7. 纵隔前淋巴结　8. 肋颈淋巴结　9. 胸导管　10. 肋间淋巴结
（引自 König 和 Liebich，2007）

五、腹腔内脏淋巴中心和淋巴结

腹腔内脏淋巴中心有 3 个，即腹腔淋巴中心、肠系膜前淋巴中心和肠系膜后淋巴中心（图 9-12 和图 9-13）。

1. 腹腔淋巴中心（Coeliac lymph center） 有腹腔淋巴结（Coeliac lymph node）、胃淋巴结（Gastric lymph node）、胰十二指肠淋巴结（Pancreaticoduodenal lymph node）、肝淋巴结（Hepatic lymph node）和脾淋巴结（Splenic lymph node），分别位于腹腔动脉起始处、胃部、胰与十二指肠之间、肝门区和脾门附近。它们引流各淋巴结所在器官的淋巴，注入腹腔淋巴结，输出淋巴管汇入腹腔淋巴干。

2. 肠系膜前淋巴中心（Cranial mesenteric lymph center） 有肠系膜前淋巴结（Cranial mesenteric lymph node）、空肠淋巴结（Jejunal lymph node）、盲肠淋巴结（Caecal lymph node）和结肠淋巴结（Colic lymph node），分别位于肠系膜前动脉起始处和肠管沿途的肠系膜内。引流空肠、盲肠和结肠的淋巴，汇入肠系膜前淋巴结；输出淋巴管形成肠淋巴干，与腹腔淋巴干汇成内脏淋巴干后，注入乳糜池。

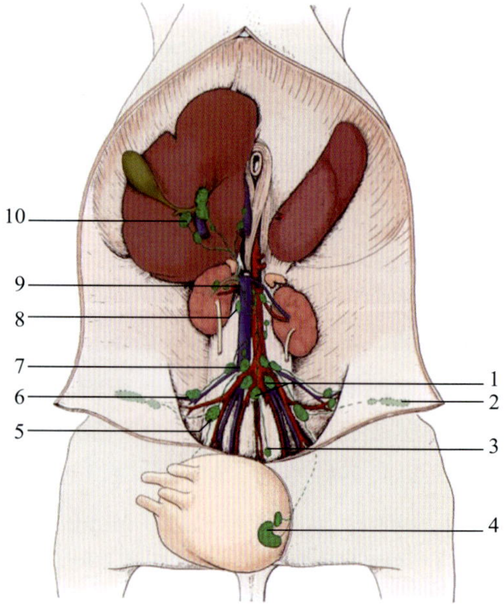

图 9-12　牛腹腔淋巴结

1. 荐淋巴结　2. 髂下淋巴结　3. 肛门直肠淋巴结
4. 腹股沟浅淋巴结　5. 腹股沟深淋巴结
6. 髂外淋巴结　7. 髂内淋巴结
8. 腹主动脉淋巴结　9. 肾淋巴结　10. 肝淋巴结
（引自 König 和 Liebich，2007）

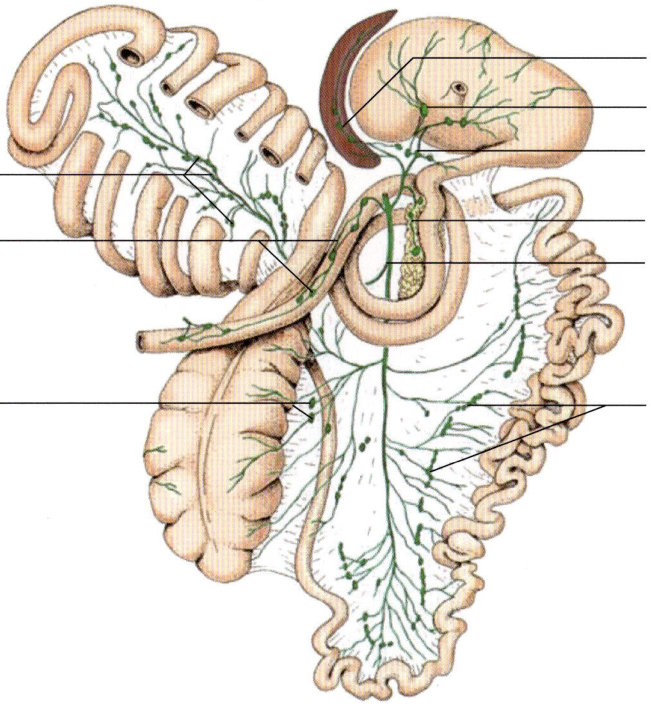

图 9-13　猪小肠淋巴结和淋巴导管

1. 脾淋巴结　2. 胃淋巴结　3. 肝淋巴结　4. 胰十二指肠淋巴结　5. 肠淋巴干　6. 空肠淋巴结
7. 荐髂淋巴结　8. 结肠左淋巴结　9. 结肠淋巴结
（引自 König 和 Liebich，2007）

3. 肠系膜后淋巴中心（Caudal mesenteric lymph center）　有肠系膜后淋巴结（Caudal mesenteric lymph node），分布于肠系膜后动脉起始处附近。输入淋巴管收集降结肠和直肠前段等处的淋巴，输出淋巴管汇入髂内淋巴结或直接注入腰淋巴干。

六、腹壁和骨盆壁淋巴中心和淋巴结

腹壁和骨盆壁有 4 个淋巴中心，即腰淋巴中心、荐髂淋巴中心、腹股沟股淋巴中心和坐骨淋巴中心。

1. 腰淋巴中心（Lumbar lymph center）　有腰主动脉淋巴结（Lumbar aortic lymph node）和肾淋巴结（Renal lymph node）等，位于腹主动脉和后腔静脉的径路上及肾门附近。输入淋巴管引流腰部肌肉、腹膜和泌尿生殖器官的淋巴，输出淋巴管注入腰淋巴干或乳糜池。

2. 荐髂淋巴中心（Iliosacral lymph center）　有髂外淋巴结（Lateral iliac lymph node）、髂内淋巴结（Medial iliac lymph node）和肛门直肠淋巴结（Anorectal lymph node）等，分别位于髂外动脉起始处、旋髂深动脉分支处及直肠后部的背侧。输入淋巴管引流后肢、荐臀部、腹壁后部及直肠、肛门、会阴部等处的淋巴，输出淋巴管形成左、右腰淋巴干。

3. 腹股沟股淋巴中心（Inguinofemoral lymph center）　又称为腹股沟浅淋巴中心（Superficial inguinal lymph centre），有腹股沟浅淋巴结（Superficial inguinal lymph node）和髂下淋巴结（Subiliac lymph node）等（图 9-14）。腹股沟浅淋巴结位于腹底壁皮下，大腿内侧，腹股沟管皮下环附近，公畜位于阴茎背侧，精索后上方，称阴囊淋巴结（Scrotal lymph node）；母畜的位于乳房的后上方，称乳房淋巴结（Mammary lymph node）。此淋巴结在母猪位于倒数第 2 对乳头的外侧。髂下淋巴结又称股前淋巴结（Praefemorale lymph node），位于膝关节上方，在股阔筋膜张肌前缘皮下。犬无髂下淋巴结。输入淋巴管引流腹壁、后肢、阴囊、乳房和外生殖器等处的淋巴，输出淋巴管注入髂内侧淋巴结。

4. 坐骨淋巴中心（Ischial lymph center）　有坐骨淋巴结（Ischial lymph node）、臀淋巴结（Rump lymph node）和坐骨结节淋巴结（Ischial tubercle lymph node），分别位于坐骨大孔、坐骨小孔和坐骨结节内侧附近。但猪无坐骨结节淋巴结，马只有坐骨淋巴结。主要引流臀部、尾部和肛门等处的淋巴，输出淋巴管注入髂内侧淋巴结。

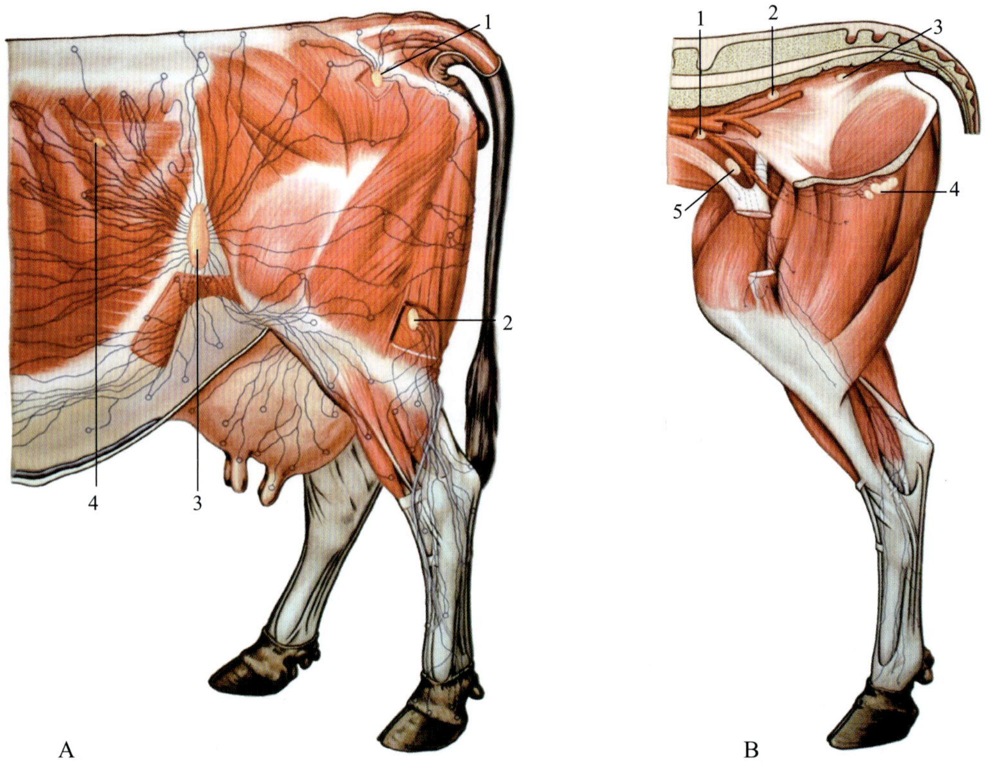

图 9–14　牛腹壁、骨盆壁及后肢淋巴结

A. 腹壁及后肢淋巴结：1. 臀淋巴结　2. 腘淋巴结　3. 髂下淋巴结　4. 腰旁窝淋巴结

B. 骨盆附近淋巴结：1. 髂内侧淋巴结　2. 腹下淋巴结　3. 肛门直肠淋巴结　4. 髂外淋巴结　5. 腹股沟浅淋巴结

七、后肢淋巴中心和淋巴结

后肢淋巴中心有腘淋巴中心和髂股淋巴中心。

1. 腘淋巴中心（Popliteal lymph center） 仅有一群腘淋巴结（Popliteal lymph nodes），位于膝关节后方，腓肠肌外侧头近端的表面。输入淋巴管引流小腿部以下的淋巴，输出淋巴管注入髂内淋巴结或坐骨淋巴结（图 9–14）。

2. 髂股淋巴中心（Iliofemoral lymph center） 又称腹股沟深淋巴中心（Deep inguinal lymph center），仅有一群髂股淋巴结（Iliofemoral lymph nodes），位于腹壁阴部动脉干起始部与股管之间，靠近股深动脉。有人认为该淋巴结就是腹股沟深淋巴结（Deep inguinal lymph nodes）。输入淋巴管引流后肢和腹壁等处的淋巴，输出淋巴管汇入髂内淋巴结或腰淋巴干。

【思考题】

1. 淋巴系统的组成有哪些？
2. 中枢淋巴器官有哪些？有何特征？
3. 周围淋巴器官有哪些？有何特征？
4. 牛、羊、猪和马主要的浅表淋巴结有哪些？位于何处？

第十章 神经系统

【教学目标】

1. 明确神经系统的基本结构、功能和划分
2. 掌握神经系统的常用术语：灰质、皮质、神经核、神经节、白质、神经和网状结构
3. 认识脑和脊髓的外部形态和内部结构
4. 了解周围神经的组成及分布特点，特别是植物性神经的概念、组成和分布特点

第一节 概述

神经系统（Nervous system）是动物体内起主导作用的调节机构，在内分泌、免疫和感觉器官的配合下，通过对各种刺激的应答反应，调节和协调环境与机体、体内各个器官系统之间的关系。神经系统的功能体现在两大方面，一方面是使机体适应外界环境的变化；另一方面是协调机体内各系统、各器官、器官内各组织的活动，使机体成为统一的整体。动物体的运动与平衡，动物体内内脏的活动、血液的分布、代谢产物的排放等均受神经系统的控制和调节。因此，一旦神经系统发生异常，其支配的组织器官就会发生相应变化，或肌肉松弛，或代谢障碍等，甚至危及动物的生命。

一、神经系统的基本结构

神经系统的基本结构是神经组织。神经组织由神经细胞和神经胶质细胞构成。神经细胞是神经系统结构和功能的基本单位，故亦称神经元（Neuron）。神经胶质细胞是神经系统的辅助成分，简称神经胶质（Neuroglia）。

（一）神经元的构造

神经元是一种高度特化的细胞，具有感受刺激和传导冲动的功能，其结构可分胞体和突起两部分（图 10-1）。

1. 胞体 也称核周体（Perikaryon），是神经元的营养和代谢中心、信息整合中心和神经递质合成中心。胞体由细胞核、细胞质和细胞膜组成。细胞核多为 1 个，呈球形，直径为 3 ～ 18 μm，通常位于胞体的中央，但也有位于胞体的一侧。核膜清晰、核质染色浅、核仁大是神经元细胞核的特点。胞质中除含有一般的细胞器外，尼氏体（Nissl body）和神经原纤维（Neurofibril）特别发达。尼氏体是由粗面内质网形成的团块状物质，在碱性苯胺颜料染色的标本上，呈深蓝色。尼氏体一般环绕细胞核分布，使整个胞体的外观似虎皮，故又称虎斑。神经原纤维由特化的微管和微丝组成，在胞体内通常交织成网。细胞膜与其他细胞的细胞膜结构相似。各类神经元胞体的形态和大小有很大差异，小的有

4 μm，大的可达 100 μm。一般而言，执行相似功能的神经元或分布于神经系统既定区域的神经元，其形态常彼此相似。但不同部位的神经元由于机能不同形态也有很大差别，运动的神经元多为星形，有的呈锥状；而感觉神经元多为圆形或棱形等。

2. 突起 由胞体发出，可分为树突和轴突两种。树突（Dendrite）有一个至多个，自胞体发出后可以反复分支，逐渐变细而终止。树突表面不光滑，发出多种形态的细小突起，称为树突棘。除个别神经元外，所有神经元都有一条细的、均匀的、表面光滑的轴突（Axon）。轴突的起始部稍凸起称轴丘，其内无尼氏体分布。轴突通常在终端处呈直角发出侧支，侧支的末端膨大称终扣，与另一神经元或效应器发生联系。轴突内有神经原纤维和胞浆。其中，胞浆称轴浆，胞浆在胞体和轴突之间存在着双向流动，称轴浆流，起物质运输的作用。

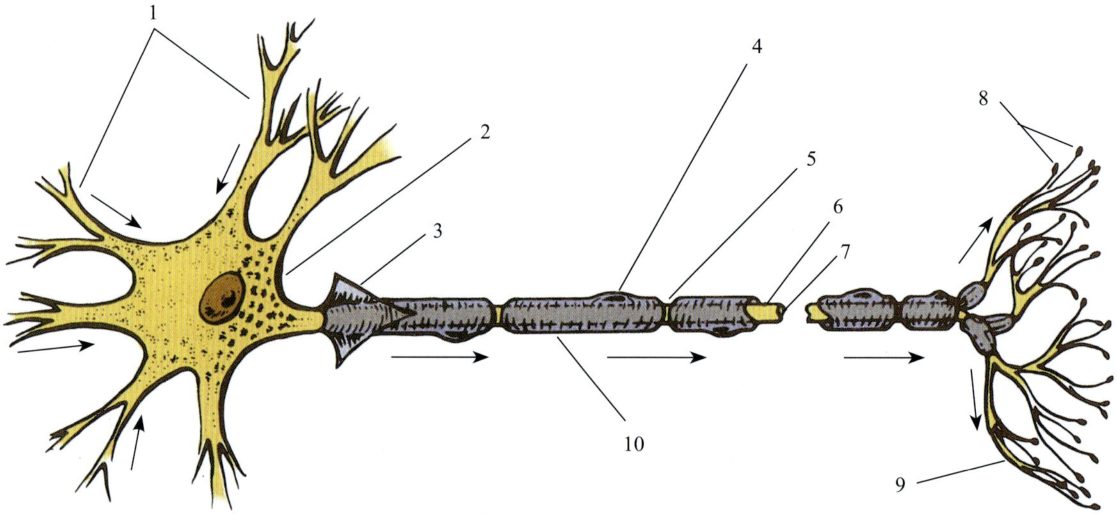

图 10-1 神经元的构造模式图

1. 树突 2. 神经元细胞体 3. 神经髓鞘 4. 施万细胞核 5. 郎飞结 6. 轴膜
7. 轴突 8. 终扣 9. 运动终板 10. 髓鞘
（引自 Reece 和 Rowe，2017）

（二）神经元的分类

神经元的分类方式有多种。

1. 根据神经元突起的多寡 可分为 3 类：①多极神经元（Multipolar neuron），有一个轴突和多个树突，此类神经元分布最广；②双极神经元（Bipolar neuron），有一条轴突和一条树突，自胞体相对的两极伸出，见于视器、位听器和嗅黏膜等感觉器官的感觉神经元；③假单极神经元（Pseudo-unipolar neuron），只有一个突起，从胞体发出，但很短，随之呈“丁”字形分为一条中枢突和一条外周突，中枢突相当于轴突，连中枢神经，外周突相当于树突，至外周感受器（图 10-2）。此类神经元分布于脑和脊神经节中。

2. 根据神经元功能和神经冲动传导方向 可分为 3 类：①感觉神经元（Sensory neuron），将内、外环境的刺激由周围传向中枢神经，又称传入神经元，属假单极或双极神经元；②运动神经元（Motor neuron），将中枢的冲动传向骨骼肌、心肌、平滑肌或腺体，引起肌肉活动或腺体分泌，又称传出神经元，属多极神经元；③联络神经元，见于脑或脊髓中，位于感觉神经元与运动神经元之间，起联络作用，又称中间神经元（Interneuron），属多极神经元。

3. 根据神经元胞体大小及轴突长短 可分为高尔基Ⅰ型神经元（胞体较大，轴突较长）和高尔基Ⅱ型神经元（胞体小，轴突短）。

4. 根据神经元含有或释放的神经递质 可分为胆碱能神经元、单胺能神经元（儿茶酚胺能神经元、5-羟色胺能神经元）、氨基酸能神经元和肽能神经元。

5. 根据神经元产生的效应 可分为兴奋性神经元和抑制性神经元。

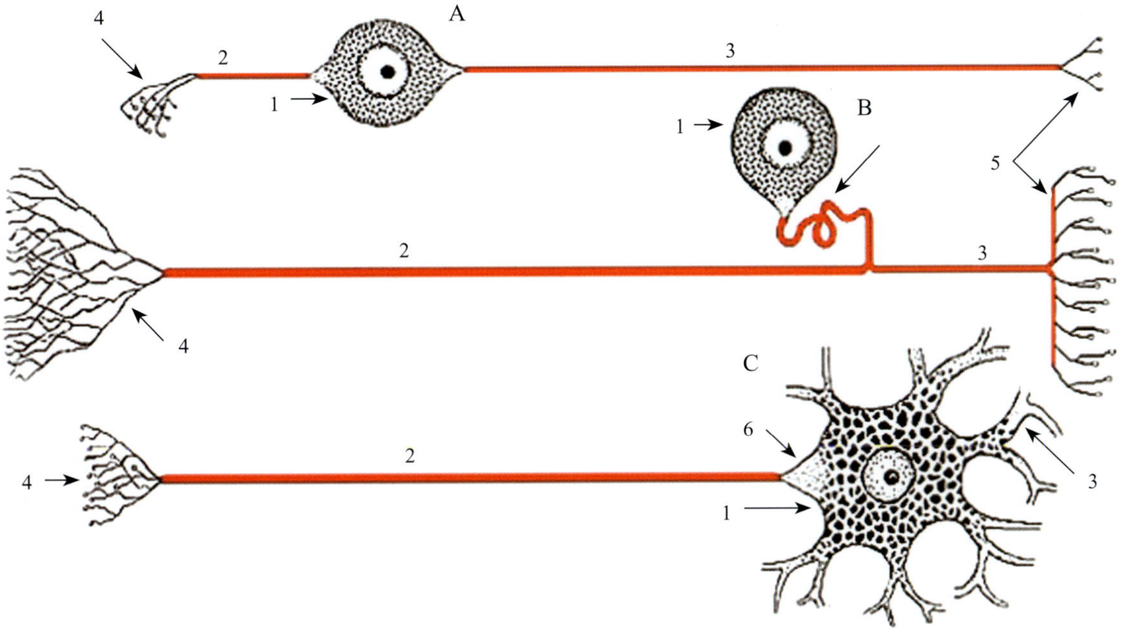

图 10-2 神经元的分类

A. 双极神经元 B. 假单极神经元 C. 多极神经元

1. 细胞体 2. 轴突或中枢突 3. 树突或周围突 4. 神经末梢 5. 感受器 6. 轴丘

（三）神经胶质细胞

神经胶质细胞（Neuroglia cell，Gliocyte）是构成神经组织的另一类细胞，其功能是对神经元起着支持、营养、保护、修复的作用，并参与形成髓鞘。神经胶质细胞内无尼氏体和神经原纤维，细胞核染色深。根据形态和分布的差异，神经胶质细胞可分为位于中枢神经系统内的星形胶质细胞、小胶质细胞、少突胶质细胞和室管膜细胞，位于周围神经系统内的施万细胞和卫星细胞。

（四）神经纤维

神经纤维由神经元的突起（主要为轴突）和包在外面的神经胶质细胞组成。参与组成中枢神经系统内神经纤维的神经胶质细胞为少突胶质细胞，而在周围神经系统内则是施万细胞。神经纤维可划分为有髓鞘的有髓神经纤维（Myelinated nerve fiber）和无髓鞘的无髓神经纤维（Nonmyelinated nerve fiber）。髓鞘是由包绕在神经元突起外面的神经胶质细胞的细胞膜构成。不同神经纤维的髓鞘厚度各异。髓鞘是分节的，每节髓鞘称一个结节体。神经冲动传导的速度取决于有无髓鞘、髓鞘的厚薄和结节体的长度。髓鞘厚、结间体长的纤维传导速度快。

（五）突触

一个最简单的节段性反射至少需要有 2 个神经元参与。在普通的神经反射中，在感觉神经元和运动神经元之间都至少有一个中间神经元参与。由此可见，所有的反射环路都由神经元和神经元间的相互联系构成。神经元之间相互接触并发生功能联系的部位，称突触（Synapse）。突触分 2 类：一类称化学性突触，由突触前膜、突触间隙、突触后膜组成，其冲动传递需借助于神经递质；另一类称电突触，其冲动传递不需要神经递质。机体内常见的突触类型是化学性突触。

（六）神经末梢

神经纤维的末端在动物体各组织或器官内形成的特殊装置，称神经末梢，可分感觉神经末梢和运动神经末梢两类。

感觉神经末梢可分为游离神经末梢和被膜神经末梢。前者分布于体表、浆膜和黏膜，可接受痛、温、触觉等刺激；后者分触觉小体、环层小体、肌梭、腱梭等，可接受压觉、触觉和本体感觉。感觉神经末梢连同其特殊装置一起称感受器。

运动神经末梢可分为分布到骨骼肌上的运动终板，以及分布至心肌、平滑肌和腺体的植物性神经终末，可引起骨骼肌、心肌和平滑肌的收缩及腺体的分泌等。

二、神经系统活动的基本方式

神经系统的基本活动方式是反射。反射是指在神经系统的直接参与下，机体对刺激做出的有规律的应答。反射是通过反射弧实现的。反射弧包括感受器、传入神经、反射中枢、传出神经和效应器5个部分，是完成反射的结构基础（图10–3）。反射弧的任何一个部分发生异常，反射即不能完成。反射可分为条件反射和非条件反射。非条件反射的中枢位于中枢神经系统的特定部位，例如膝跳反射的中枢在腰部脊髓，角膜反射的中枢在延髓和脑桥。因此，临床上常用检查反射的方法来诊断神经系统的疾病。

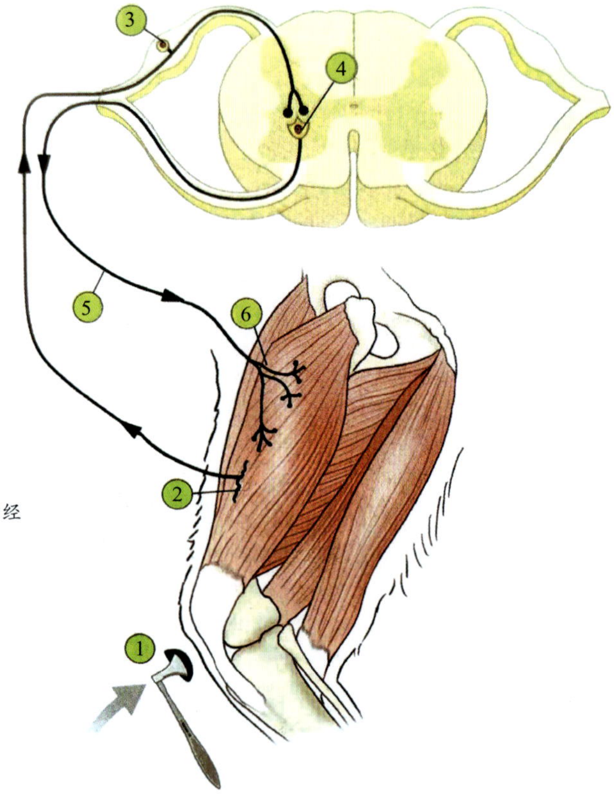

图10–3　反射弧

1. 击打肌腱　2. 肌梭（感受器）　3. 传入神经
4. 脊髓（反射中枢）　5. 传出神经
6. 肌肉（效应器）
（引自 Singh 等，2018）

三、神经系统的组成

神经系统由位于颅腔和椎管中的脑和脊髓，以及与脑和脊髓相连并分布于全身各处的周围神经所组成。神经系统是一个不可分割的整体，为了学习的方便，按照其结构和机能可分为中枢神经系统（Central nervous system）和周围神经系统（Peripheral nervous system）。中枢神经系统包括脑和脊髓。周围神经系统是指脑和脊髓以外的神经成分，一端与脑或脊髓相连，另一端通过各种末梢装置与全身各器官、系统相联系。在周围神经系统中，分布于骨、关节、骨骼肌、皮肤及其衍生物和感觉器官的神经，称躯体神经（Somatic nerves），其中与脑相连的，称脑神经（Cranial nerve），同脊髓相连的，称脊神经（Spinal nerve）；分布于内脏、血管平滑肌、心肌及腺体的神经，称植物性神经（Vegetative nerve）或自主神经（Autonomic nerve）。植物性神经又分为交感神经（Sympathetic nerve）和副交感神经（Parasympathetic nerve）。

现将神经系统的组成概括如下：

- 神经系统
  - 中枢神经系统
    - 脊髓
    - 脑
      - 大脑
      - 小脑
      - 脑干：间脑、中脑、脑桥、延髓
  - 周围神经系统
    - 脊神经
    - 脑神经
    - 植物性神经：交感神经、副交感神经

四、神经系统常用的一些术语

灰质、白质、皮质、神经核、神经束和网状结构等是中枢神经系统常用的术语，神经和神经节则是周围神经系统常用的术语。

1. 灰质（Grey matter） 为位于脑、脊髓内的神经元胞体集中存在的部位，因富含血管，新鲜标本呈暗灰色，故称灰质。位于脊髓内部的灰质，称脊髓灰质。位于大脑和小脑表面的灰质称皮质（Cortex），分别称大脑皮质和小脑皮质。

2. 神经核（Nucleus） 指位于中枢神经系统中，由形态和功能相似的神经元胞体构成的灰质团块。

3. 白质（White matter） 是指位于中枢神经系统的神经纤维集聚的区域，白质一般位于脊髓和脑干的周围以及大脑和小脑的内部。

4. 神经束（Fasciculus） 由白质内行程和功能基本相同的神经纤维构成。

5. 网状结构（Reticular formation） 指中枢神经系统内，交织成网的神经纤维间散布有神经元胞体的区域。网状结构的神经元在神经系统发生史上相当古老，较低等动物的网状结构在神经系统中占有十分重要的地位，分布也广泛，而在较高等的脊椎动物，由于大脑高度发达，其作用和分布已减退。

6. 神经（Nerve） 由周围神经系统内的神经纤维聚集而成。

7. 神经节（Ganglion） 指周围神经系统中神经元胞体聚集的区域。神经节分脊神经节、脑神经节和植物性神经节。

第二节　中枢神经系统

中枢神经系统由脑和脊髓组成，脑位于颅腔内，脊髓居椎管中，二者之间无明显的分界线，通常以枕骨大孔处锥体交叉的最下端作为二者的分界。脑和脊髓在外观上呈两侧对称，两者均由胚胎期的神经管分化而成。脑和脊髓是各种反射弧的中枢部分，起协调各种刺激，以达到全身活动平衡的作用。它们主要由中间神经元、运动神经元以及上、下传导冲动的神经束和感觉神经纤维等构成。脑和脊髓外面被覆着几层脑脊膜，后者围成了充有液体的腔隙。因而，中枢神经通过外包的骨和脑脊液的减震作用而受到保护。

一、脊髓

脊髓（Spinal cord）位于椎管内，自枕骨大孔后缘向后伸延至荐部，其前端在枕骨大孔与延髓相连，后端止于第2荐椎前半部。脊髓是中枢神经系统内的低级反射中枢，能直接完成一些低级反射，同时，脊髓也是脑和躯体相联系的中继站。一方面，来自外周的各种信息经处理后通过脊髓内的上行传导路径传递至脑；另一方面，脑的冲动可通过脊髓内的下行传导路径传递至运动神经元，并经后者传至外周，引起外周的各种活动。在正常情况下，脊髓的活动是在脑的控制下进行的。

（一）脊髓的外形

脊髓呈白色，背腹向稍扁的长圆柱状，依据与其联系的神经进出椎管的部位可将其划分为颈髓、胸髓、腰髓、荐髓和尾髓（图10–4）。脊髓更可细分为与椎骨数相等的髓段，此特性称脊髓的节段性。脊髓全长粗细不均，由于需要强大的神经干分布至四肢，其神经元的数量也需要相应增多，故在脊髓上形成两个膨大部，位于颈髓后部和胸髓前部（第6颈髓至第2胸髓）的称颈膨大（Cervical intumescence，Cervical enlargement），由其发出的脊神经形成臂神经丛，分布于前肢；位于腰荐髓间（第4腰髓至第2荐髓）的称腰膨大（Lumbar intumescence，Lumbar enlargement），由其发出的脊神经分布于骨盆腔及后肢。腰膨大之后的脊髓逐渐缩细形成圆锥状，称为脊髓圆锥（Medullary cone）。自脊髓圆锥向后的细丝称为终丝（Terminal filament），其中央由软膜构成，外面包裹的硬膜附着于尾椎椎体的背侧，有固定脊髓的作用。

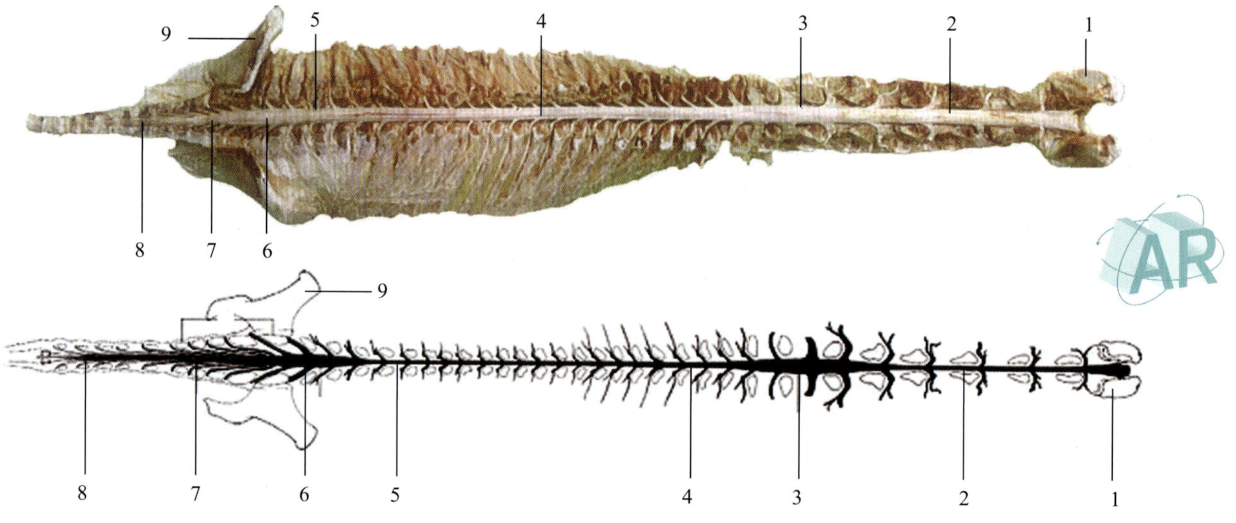

图10–4 脊髓背侧面

1. 第1颈椎 2. 颈髓 3. 颈膨大 4. 胸髓 5. 腰髓
6. 腰膨大 7. 荐髓 8. 马尾 9. 髂骨
（引自Singh等，2018）

胎儿时期，脊髓和脊柱等长，且每一脊神经经其起始平面的椎间孔出椎管。在发育过程中，由于脊柱比脊髓生长快，脊髓逐渐短于椎管，故在腰段脊髓以前的脊神经根与各该节段的椎间孔相对；而在腰段后部与荐部，由于脊髓缩短，荐神经根和尾神经根斜向后外侧，在椎管内伸延一段距离才出其相应的椎间孔。因此，在脊髓圆锥和终丝的周围被荐神经和尾神经包围，形似马尾状，此结构总称为马尾（Cauda equina）（图 10-5）。

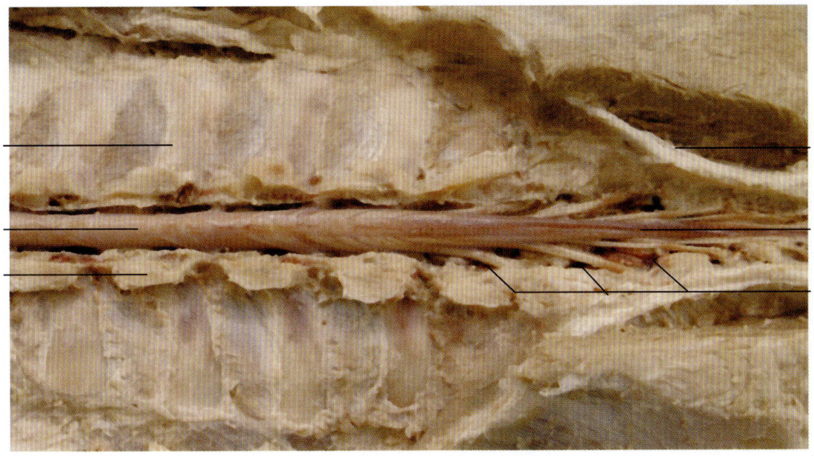

图 10-5　猪的马尾（背侧面观）

1. 腰椎横突　2. 脊硬膜　3. 腰椎椎弓　4. 髂骨翼　5. 马尾　6. 腰荐神经根

（引自 König 和 Liebich，2007）

脊髓的背侧正中有纵向的浅沟称为背正中沟（Dorsal median groove），腹侧正中有纵向的深裂称为腹正中裂（Ventral median fissute）。在背正中沟的左、右侧分别有一背外侧沟（Dorsal lateral groove），脊神经背侧根（感觉根）经此沟进入脊髓。在腹正中裂的左、右侧，也分别有浅的腹外侧沟（Ventral lateral groove），是脊神经腹侧根（运动根）发出的部位。

脊髓分为若干节段，脊神经根（Spinal root）作为脊髓节段的外在标志，所以每一对脊神经根丝所附着的一段脊髓就是脊髓的一个节段。每一节段的脊髓均接受来自脊神经的感觉神经纤维并发出运动神经纤维，分别形成背侧根（Dorsal root）和腹侧根（Ventral root）。背侧根较长，是感觉性的，由脊神经节内感觉神经元的中枢突组成，它的根丝分散成扇形进入脊髓的背外侧沟。背侧根的外侧有脊神经节（Spinal ganglion），是感觉神经元胞体集结的部位。各段脊神经节的大小不完全相同，但第 1 颈神经的背根内没有脊神经节或仅有退化的神经节。腹侧根是运动性的，由脊髓腹侧柱内运动神经元的轴突构成，其根丝亦呈扇形出腹外侧沟。背侧根和腹侧根在椎间孔附近合并成脊神经（Spinal nerve），经椎间孔出椎管。腰髓前部以前的脊神经根与各该节段的椎间孔相对。腰髓后部以后的脊神经根参与形成马尾，需向后延伸一段距离后出其相应的椎间孔。

（二）脊髓的内部结构

脊髓内部中央有细长纵走的中央管（Central canal），前通第 4 脑室，后达终丝的起始部，在脊髓圆锥内扩张形成棱形状称终室。中央管内含脑脊髓液（Cerebrospinal fluid）。在脊髓内部中央周围的是灰质，灰质外面是白质（图 10-6）。

1. 灰质（Grey matter） 在脊髓的横断面上，灰质呈“H”形，其背侧的突起称背侧角（Dorsal horn），腹侧的突起称腹侧角（Ventral horn）。在背侧角与腹侧角之间是外侧中间质（Lateral intermediate substance），内侧为中央管周围的中央中间质（Central intermediate substance）。在胸髓和腰髓段灰质的外侧，腹角的基部有一浅的隆起称外侧角（Lateral horn）。在中央管周围连接左、右侧的灰质称为灰质连合（Grey commissure）。背侧角、外侧角、腹侧角的脊髓全长形成纵柱，分别称背侧柱（Dorsal column）、外侧柱（Lateral column）和腹侧柱（Ventral column）。各段脊髓灰质的大小形态均不同，颈膨大和腰膨大处的腹侧柱特别发达，内含较多的运动神经元。

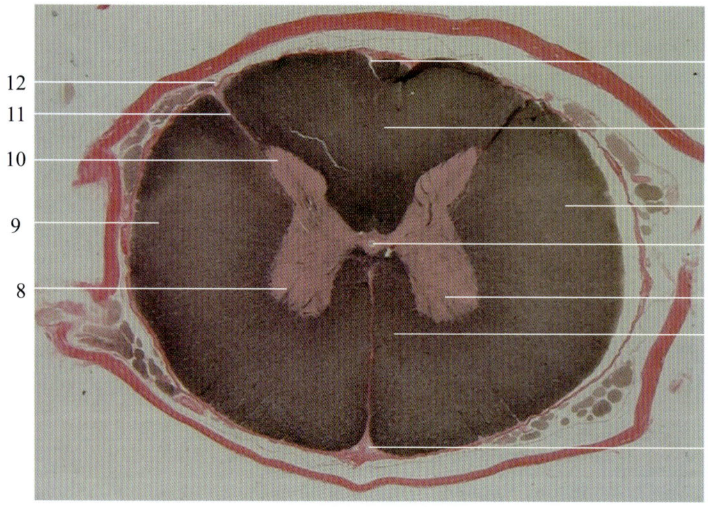

图 10-6　脊髓横切面

1. 背正中沟　2. 背侧索　3. 白质　4. 中央管　5. 灰质　6. 腹侧索　7. 腹正中裂　8. 腹侧角　9. 外侧索　10. 背侧角　11. 背侧根　12. 背外侧沟

（引自陈耀星，2013）

脊髓灰质是由大量的神经元胞体、少量的神经纤维以及神经胶质细胞构成的。背侧柱主要是中间神经元的胞体，接受脊神经节内感觉神经元的冲动，传导至运动神经元或下一个中间神经元，这些神经元聚集成一些核团，如背角固有核。腹侧柱内侧为运动神经元的胞体，分为内、外两群，内侧群支配躯干肌，外侧群支配四肢肌。腹侧柱内的神经元有大型的 α 运动神经元和小型的 γ 运动神经元，前者支配一般的骨骼肌，后者支配肌梭内的肌纤维。胸腰段脊髓外侧柱为交感神经节前神经元的胞体，荐段脊髓的中间外侧柱内为副交感神经节前神经元的胞体。根据灰质内细胞的形态和功能，一般将其划分为 10 个板层（神经核），背侧角分为 6 层，中间带为第 7 层，腹侧角分为 2 层，中央管周围为第 10 层。灰质内富含血管。

2. 白质（White matter） 呈亮白色，位于脊髓表面，包围着灰质的周围。根据位置的不同，白质可划分背侧索、外侧索和腹侧索（图 10-7）。背侧索（Dorsal funiculus）为背侧正中沟至背外侧沟之间的白质；外侧索（Lateral funiculus）为背外侧沟与腹外侧沟之间的白质；腹侧索（Ventral funiculus）为腹外侧沟至腹正中裂之间的白质。白质主要由神经纤维集合而成的纤维束构成，为脊髓上、下行传导冲动的传导路径。这些神经纤维能根据是否具有相同的起点、止点和走行路径划分为不同的神经束（亦称传导束）。脊髓白质的神经束可划分为脑与脊髓之间长距离的上行（感觉性）、下行（运动性）传导束和脊髓内短距离联络性的固有束（Proper fascicle）。

图 10-7　脊髓白质神经束的部位模式图

Ⅰ. 背侧索　Ⅱ. 外侧索　Ⅲ. 腹侧索

1. 薄束　2. 楔束　3. 皮质脊髓外侧束　4. 红核脊髓束　5. 脊髓小脑背侧束　6. 脊髓小脑腹侧束　7. 脊髓丘脑外侧束　8. 脊髓固有束　9. 脊髓橄榄束　10. 脊髓丘脑腹侧束　11. 前庭脊髓束　12. 脊髓顶盖束和顶盖脊髓束　13. 皮质脊髓腹侧束　14. 腹正中裂　15. 背正中沟

（引自 Singh 等，2018）

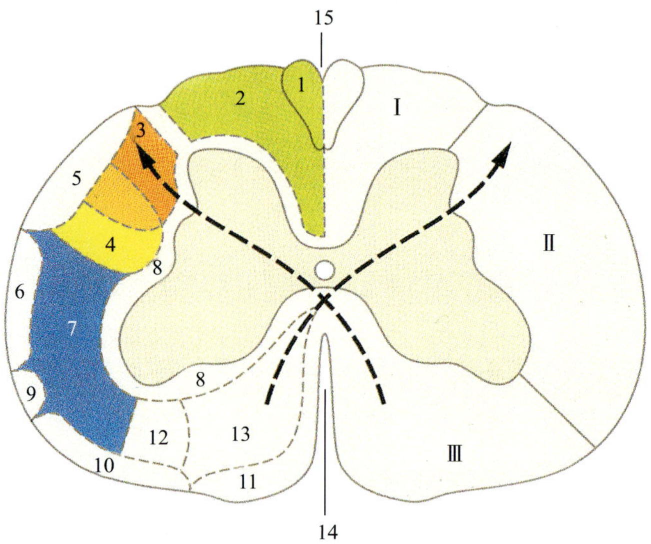

背侧索内的神经束是由脊神经节内感觉神经元的中枢突和背侧柱内部分联络神经元的轴突构成，向前伸向延髓，分为内侧的薄束和外侧的楔束，有传导意识性本体感觉和精细触觉的作用。

在外侧索内的神经束中，位于浅部的是传导本体感觉的上行传导束，有通向小脑的脊髓小脑束，通向间脑的脊髓丘脑束和通向中脑的脊髓顶盖束，主要由脊髓灰质中联络神经元的突起所组成。位于外侧索较深部的神经束是下行传导束，有皮质脊髓外侧束、红核脊髓束和前庭脊髓束，它们分别由来自大脑半球皮质、中脑红核和延髓的前庭核神经元的轴突组成，终止于脊髓灰质腹侧柱内的运动神经元。

腹侧索内的神经束主要是下行传导束，有通向脊髓腹侧柱的皮质脊髓腹侧束和顶盖脊髓束，它们分别起于大脑皮质和中脑顶盖，通至脊髓腹侧柱的运动神经元。此外还有一些传入的神经束。

固有束主要由背侧柱内的联络神经元的轴突组成，上行或下行一段距离后又返回灰质，以联系脊髓的不同节段。

感觉纤维（脊神经节感觉神经元的中枢突）进入脊髓后分为上行支和下行支，沿途分出侧支进入背侧柱，与中间神经元相联系，一些中间神经元的纤维参与形成固有束联系同侧或对侧腹侧柱的运动神经元，因此刺激某一节段脊髓的感觉纤维，可引起本节段或上、下各节段的反应。一些感觉纤维和中间神经元纤维形成远程的传导束传至脑，引起更复杂的反射。家畜在生活过程中，某些部位的皮肤接受刺激时，可引起直接的反应，如皮肌的收缩，就是以脊髓作为反射中枢。而引起心跳变化的反射、呼吸变化的反射，则是更复杂的、反应范围更大的反射，这些反射需要脑的调节。临床上，背侧索的损坏会导致感觉丧失，腹外侧索的损伤可导致感觉和运动障碍及某些肌肉麻痹，如动物患椎间盘突出症时就有类似的症状。由于脊髓有分节的特性，临床症状能提供有关脊髓损伤部位的信息。

（三）脊膜

脊髓外面包裹的 3 层结缔组织膜，总称为脊膜（Spinal meninges）。由内向外依次为脊软膜、脊蛛网膜和脊硬膜（图 10–8）。

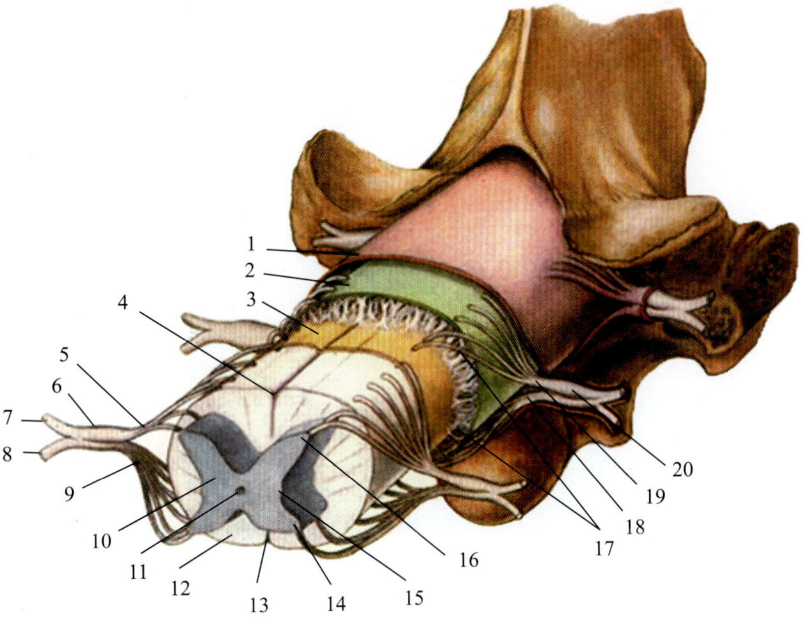

图 10–8　脊膜、脊神经根和脊髓模式图

1. 脊硬膜　2. 脊蛛网膜　3. 脊软膜　4. 背正中沟　5. 右脊神经背根　6. 右脊神经节　7. 脊神经背侧支　8. 脊神经腹侧支　9. 右脊神经腹根　10. 灰质　11. 中央管　12. 腹侧索　13. 腹正中裂　14. 腹侧柱　15. 外侧柱　16. 背侧柱　17. 蛛网膜下腔　18. 左脊神经腹根　19. 左脊神经背根　20. 左脊神经节

1. 脊软膜（Spinal pia mater） 薄，内含丰富的血管和神经纤维，紧贴在脊髓的表面，并突入至背正中沟和腹正中裂。脊软膜在两侧沿着脊髓的外侧面加厚，形成齿状韧带（Denticulate ligament）。齿状韧带延伸穿过蛛网膜下间隙附着于硬膜，因此脊髓被悬吊在蛛网膜下腔的脑脊液中。

2. 脊蛛网膜（Spinal arachnoid） 薄而透明，发出很多蛛网膜小梁与软膜相连。蛛网膜与软膜之间形成相当大的腔隙，称为蛛网膜下腔（Subarachnoid cavity）。该腔向前与脑蛛网膜下腔相通，内含脑脊髓液以营养脊髓。在腰荐间隙或荐骨与第 1 尾椎间空隙处的蛛网膜下腔间隙增大，可作为临床抽取脑脊液或注射药物的部位。

3. 脊硬膜（Spinal dura mater） 是白色致密的结缔组织膜，与脊蛛网膜之间形成狭窄的硬膜下腔（Subdural cavity），内含淋巴液，前方与脑硬膜下腔相通。在脊硬膜与椎管之间有一较宽的腔隙，称为硬膜外腔（Epidural cavity），内含静脉和大量脂肪，有脊神经通过。在临床上做硬膜外麻醉时，即通过在最后腰椎与第 1 荐椎间（腰荐间隙）或最后荐椎与第 1 尾椎间将麻醉药注入硬膜外腔，阻滞脊神经的传导作用。

（四）脊髓的血管

脊髓的营养主要来自脑脊液，少量来自随脊软膜伸入脊髓的血管。脊髓腹侧动脉位于腹正中裂的脊软膜中。脊髓的静脉有两条，统称静脉窦，位于脊柱背侧纵韧带的两侧，两条静脉间有很多的交通支。

二、脑

脑（Encephalon）位于颅腔内，是神经系统的高级中枢。脑可分为大脑（Cerebrum）、小脑（Cerebellum）和脑干（Brain stem）3 部分（图 10-9 至图 10-16）。大脑在前，脑干位于大脑和脊髓之间，小脑位于脑干的背侧。大脑和小脑之间有一大脑横裂分开。相对于头的大小，家畜的脑较小；脑位于通过眼眶后缘和外耳水平线所做的两个横断面之间。牛和猪的颅顶有宽大的额窦，内含气体。因此，大脑位于更深处且离头骨外骨板较远。在小的反刍动物、猫和短头犬，大脑半球在颅骨的额部和顶部，位置较浅。

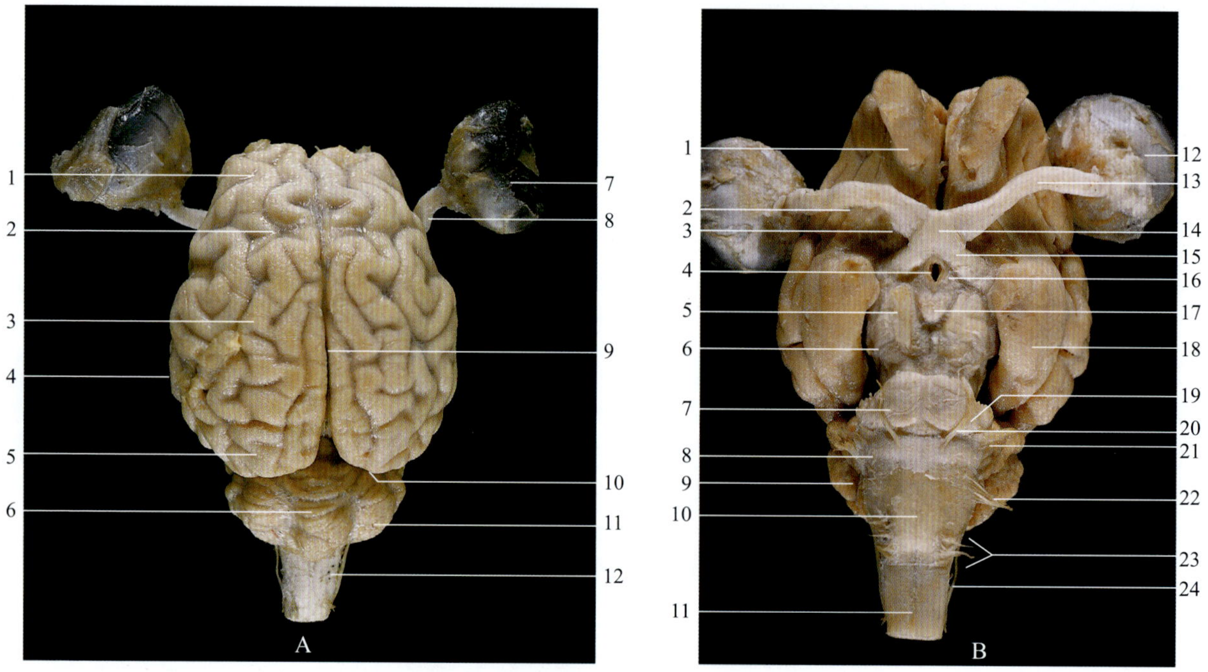

图 10-9 羊脑背侧面和腹侧面（固定标本）

A. 背侧面：1. 额叶 2. 十字沟 3. 顶叶 4. 颞叶 5. 枕叶 6. 小脑蚓部 7. 眼球 8. 视神经 9. 大脑纵裂 10. 大脑横裂 11. 小脑半球 12. 延髓

B. 腹侧面：1. 嗅球 2. 外侧嗅束 3. 嗅三角 4. 漏斗 5. 动眼神经根 6. 大脑脚 7. 脑桥 8. 斜方体 9. 前庭耳蜗神经根 10. 锥体 11. 脊髓 12. 眼球 13. 视神经 14. 视交叉 15. 视束 16. 灰结节 17. 乳头体 18. 梨状叶 19. 三叉神经根 20. 外展神经根 21. 面神经根 22. 舌咽神经根和迷走神经根 23. 舌下神经根 24. 副神经根

（引自 König 和 Liebich，2007）

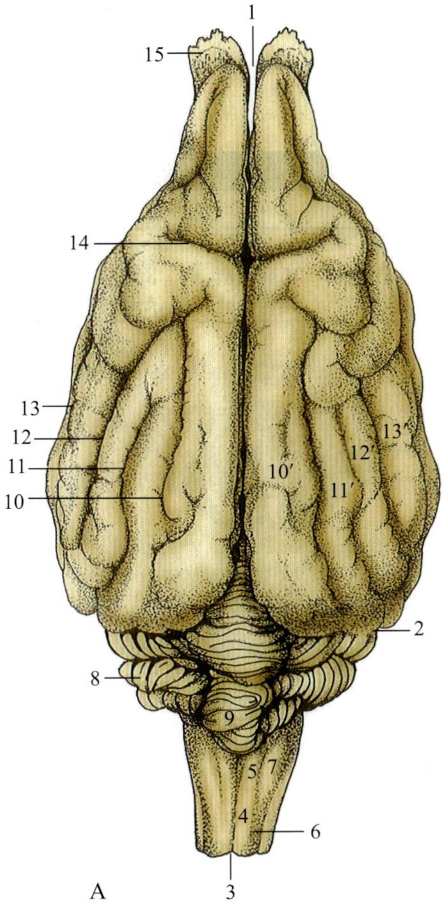

A

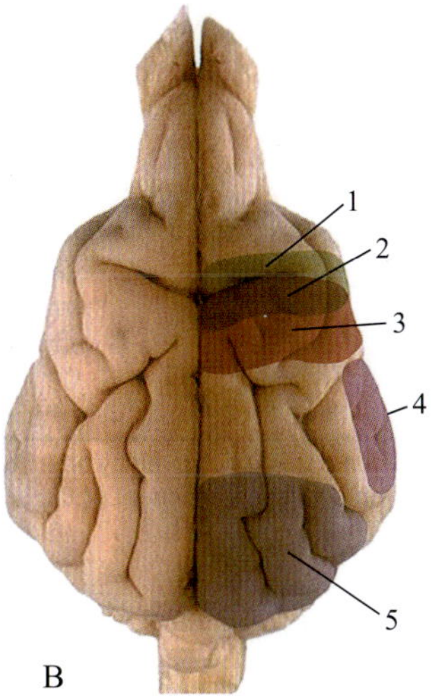

B

图 10–10　犬脑背侧面

A. 模式图：1. 大脑纵裂　2. 大脑横裂　3. 背正中沟　4. 薄束　5. 薄束核　6. 楔束　7. 楔束核　8. 小脑半球　9. 小脑蚓部　10. 缘沟　10′. 缘回　11. 外缘沟　11′. 外缘回　12. 上薛氏沟　12′. 上薛氏回　13. 外薛氏沟　13′. 外薛氏回　14. 十字沟　15. 嗅球

B. 实物固定标本：1. 运动皮质区　2. 运动与躯体感觉的皮质重叠区　3. 躯体感觉皮质区　4. 听觉皮质区　5. 视觉皮质区

（引自 Singh 等，2018）

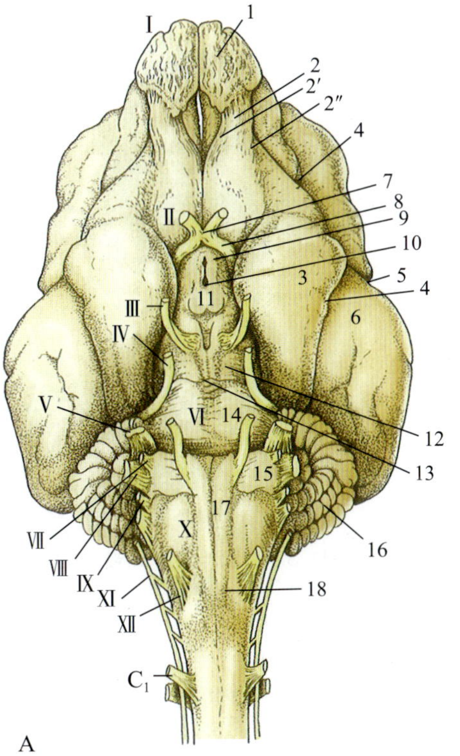

A

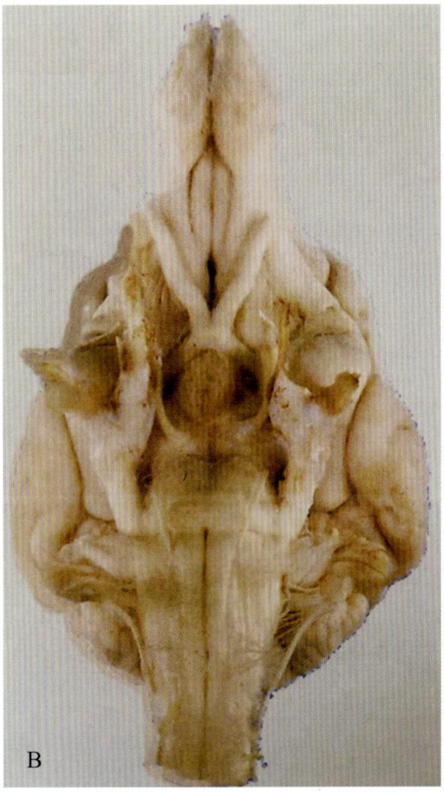

B

图 10–11　犬脑腹侧面

A. 模式图　B. 实物固定标本

1. 嗅球　2. 嗅束　2′. 内侧嗅束　2″. 外侧嗅束　3. 梨状叶　4. 嗅沟　5. 薛氏沟　6. 外薛氏回　7. 视神经交叉　8. 视束　9. 灰结节　10. 下丘脑漏斗　11. 乳头体　12. 大脑脚　13. 脚间窝　14. 脑桥　15. 斜方体　16. 小脑半球　17. 锥体束　18. 锥体束交叉

Ⅰ. 嗅神经根　Ⅱ. 视神经　Ⅲ. 动眼神经根　Ⅳ. 滑车神经根　Ⅴ. 三叉神经根　Ⅵ. 外展神经根　Ⅶ. 面神经根　Ⅷ. 前庭耳蜗神经根　Ⅸ. 舌咽神经根　Ⅹ. 迷走神经根　Ⅺ. 副神经根　Ⅻ. 舌下神经根

C_1. 第 1 颈神经根

（引自 Singh 等，2018）

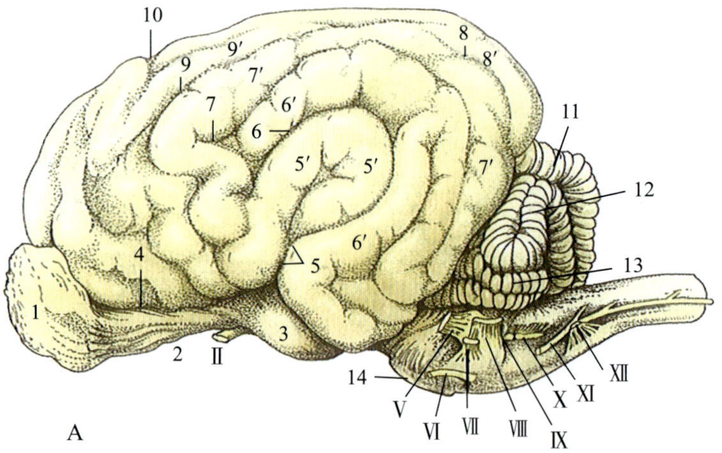

A

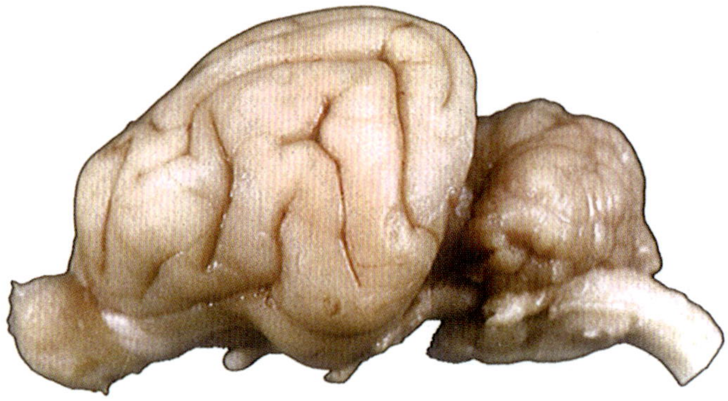

B

图 10-12　犬脑外侧面

A. 模式图　B. 实物固定标本

1. 嗅球　2. 嗅束　3. 梨状叶　4. 嗅沟
5. 薛氏沟　5′. 薛氏回　6. 外薛氏沟
6′. 外薛氏回　7. 上薛氏沟　7′. 上薛氏回
8. 外缘沟　8′. 外缘回　9. 冠状沟
9′. 冠状回　10. 十字沟　11. 小脑蚓部
12. 小脑半球　13. 旁绒球　14. 脑桥
Ⅱ. 视神经　Ⅴ. 三叉神经根
Ⅵ. 外展神经根　Ⅶ. 面神经根
Ⅷ. 前庭耳蜗神经根　Ⅸ. 舌咽神经根
Ⅹ. 迷走神经根　Ⅺ. 副神经根
Ⅻ. 舌下神经根
（引自 Singh 等，2018）

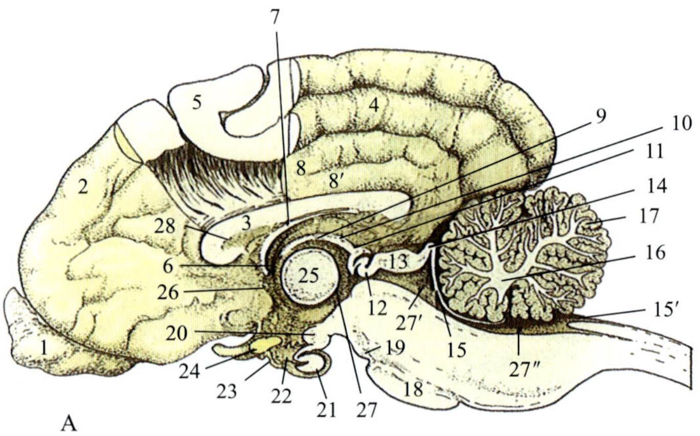

A

B

图 10-13　犬脑正中矢面

A. 模式图　B. 实物固定标本

1. 嗅球　2. 大脑半球　3. 胼胝体
4. 胼胝体压部沟　5. 大脑皮质
6. 脑室间孔　7. 穹窿　8. 扣带回
8′. 上胼胝体回　9. 丘脑　10. 上丘脑
11. 松果体　12. 后连合　13. 前丘
14. 后丘　15. 前髓帆　15′. 后髓帆
16. 髓树　17. 小脑皮质　18. 脑桥
19. 大脑脚　20. 乳头体　21. 垂体
22. 漏斗　23. 灰结节　24. 视交叉
25. 丘脑黏合部　26. 前连合
27. 第 3 脑室　27′. 中脑导水管
27″. 第 4 脑室　28. 透明隔
（引自 Singh 等，2018）

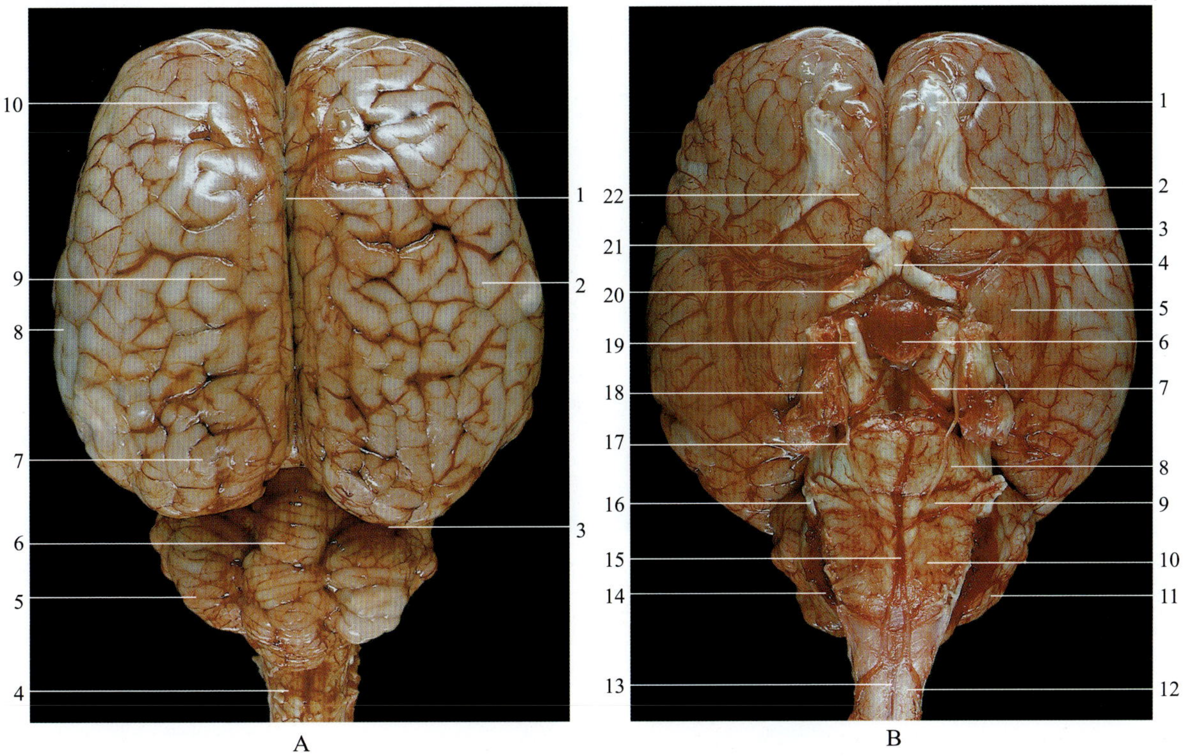

图 10-14 马脑背侧面和腹侧面（新鲜标本）

A. 背侧面：1. 大脑纵裂 2. 大脑半球 3. 大脑横裂 4. 延髓 5. 小脑半球 6. 小脑蚓部 7. 枕叶 8. 颞叶 9. 顶叶 10. 额叶

B. 腹侧面：1. 嗅球 2. 外侧嗅束 3. 嗅三角 4. 视交叉 5. 梨状叶 6. 垂体 7. 大脑脚 8. 脑桥 9. 斜方体 10. 延髓 11. 小脑半球 12. 脊髓 13. 脊髓正中动脉 14. 第 4 脑室脉络丛 15. 基底动脉 16. 前庭耳蜗神经根 17. 外展神经根 18. 三叉神经的上颌神经 19. 动眼神经根 20. 视束 21. 视神经 22 内侧嗅束

（引自 König 和 Liebich，2007）

图 10-15 马脑外侧面（实物固定标本）

1. 嗅球 2. 嗅束 3. 梨状叶 4. 嗅沟 5. 薛氏沟 5′. 薛氏回 6. 外薛氏沟 6′. 外薛氏回 7. 上薛氏沟 7′. 上薛氏回 8. 外缘沟 8′. 外缘回 9. 十字沟 10. 小脑蚓部 11. 小脑半球 12. 旁绒球 13. 脑桥 14. 大脑脚 15. 后髓帆

（引自 Singh 等，2018）

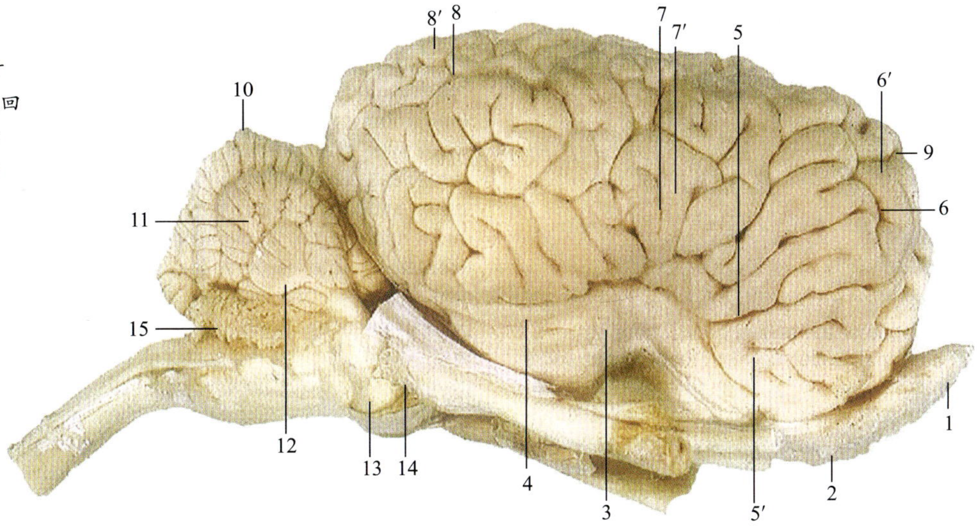

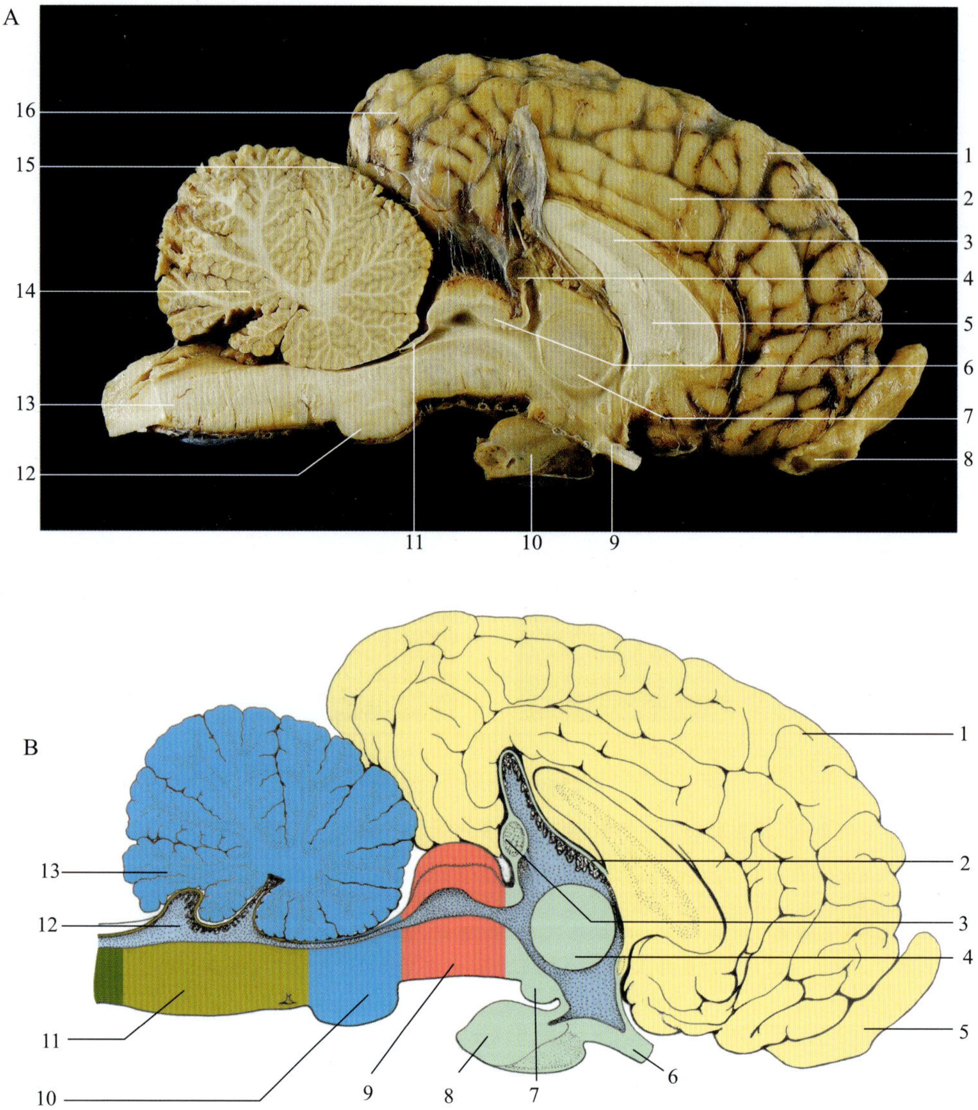

图 10-16 马脑正中矢状切面

A. 固定标本：1. 额叶 2. 扣带回 3. 胼胝体 4. 松果体 5. 透明隔 6. 中脑顶盖（四叠体） 7. 丘脑黏合块 8. 嗅球 9. 视交叉 10. 垂体 11. 前髓帆 12. 脑桥 13. 延髓 14. 小脑髓树 15. 大脑横裂 16. 枕叶

B. 模式图：1. 端脑 2. 第 3 脑室 3. 松果体 4. 丘脑黏合块 5. 嗅球 6. 视神经 7. 乳头体 8. 垂体 9. 中脑 10. 脑桥 11. 延髓 12. 第 4 脑室 13. 小脑

（引自 König 和 Liebich，2007）

（一）脑干

脑干由后向前依次分为延髓、脑桥、中脑和间脑，是脊髓向前的直接延续。脑干从前向后依次发出第 3 ～ 12 对脑神经，大脑、小脑、脊髓之间要通过脑干进行联系。此外，脑干中还有许多与生命有关的重要中枢。

脑干的结构与脊髓基本相似，差别是脑干的灰质不像脊髓灰质那样形成连续的灰质柱，而是由形态、功能相同的神经元胞体集合成团块状的神经核，散在于白质中。脑干内的神经核可分为两类：一类是与脑神经直接相连的神经核，其中位于脑干外侧部，接受感觉纤维的，称脑神经感觉核；位于感觉核内侧，靠近中线处，发出运动纤维的，称脑神经运动核。另一类为传导径上的神经核，是传导径上的联络站，如薄束核、楔束核、红核等。此外，脑干内还有网状结构，它是由纵横交错的纤维网和散在其中的神经元胞体所构成，在一定程度上也集合成团，形成神经核。网状结构既是上行和下行传导径的联络站，又是某些活动的反射中枢。

脑干的白质也有上、下行传导径。较大的上行传导径多位于脑干的背外侧部，较大的下行传导径位于脑干的腹侧部。

1. 延髓（Medulla oblongata） 延髓为脑干的末段，其后端在枕骨大孔处接脊髓，前端连脑桥，腹侧部位于枕骨基底部上方，背侧部大部分被小脑遮盖。

延髓呈前宽后窄、背腹侧稍扁的四边形。在腹侧面，正中有腹侧正中裂，为脊髓腹正中裂的延续。腹正中裂的两侧各有一条纵行隆起，称为延髓锥体（Pyramid of medulla oblongata），由大脑皮质发出的运动纤维束（锥体束）构成。锥体束在延髓的后端、脊髓延髓连结处，向背内侧越过中线交叉至对侧，形成锥体交叉（Pyramidal decussation）。锥体交叉的两侧有前后长的卵圆形隆起，称橄榄体（Olivary body）。橄榄体的外侧缘有第Ⅻ对脑神经根。在延髓前端、锥体的两侧有横向隆凸的神经束，称斜方体（Trapezoid body），由耳蜗神经核发出并走向对侧的神经纤维构成。在锥体与斜方体交界处有第Ⅵ对脑神经根，在斜方体的腹外侧缘有第Ⅷ对脑神经根。在第Ⅷ对脑神经根的最后方为第Ⅶ对脑神经根。在延髓的腹外侧缘，自前向后依次有Ⅸ、Ⅹ、Ⅺ对脑神经根。

在延髓的背侧面，其后部的形态与脊髓相似，也有中央管，称延髓的闭合部；前部的中央管开放，形成第4脑室底的后部，称延髓的开放部（图10-17）。闭合部的正中有背正中沟，沟的外侧分别是薄束、楔束，薄束和楔束的前端稍呈膨大分别形成薄束结节和楔束结节。开放部的两侧壁为走向小脑的粗大的纤维束，称绳状体（Restiform body）或小脑后脚（Caudal cerebellar peduncle），主要由来自脊髓

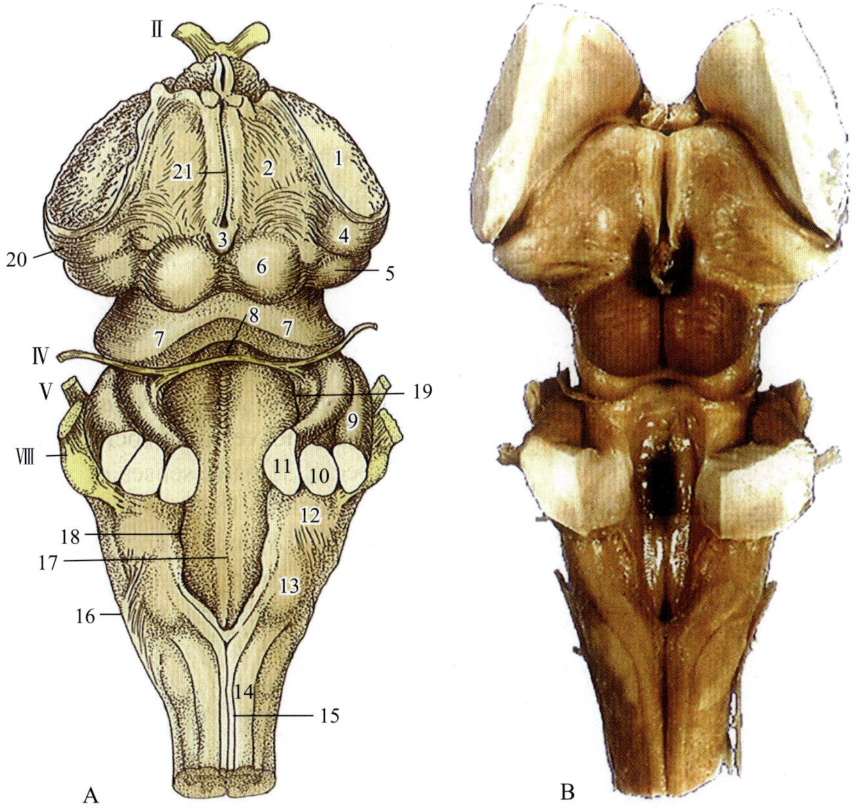

图 10-17　犬脑干背侧面

A. 模式图　B. 实物固定标本
1. 内囊断面　2. 丘脑背侧部　3. 松果体
4. 外侧膝状体　5. 内侧膝状体　6. 前丘
7. 后丘　8. 前髓帆　9. 小脑中脚
10. 小脑后脚　11. 小脑前脚
12. 耳蜗背侧核　13. 楔束核结节
14. 楔束　15. 薄束　16. 弓状纤维
17. 正中沟　18. 内侧隆起　19. 界沟
20. 视束　21. 第3脑室　Ⅱ. 视神经
Ⅳ. 滑车神经根　Ⅴ. 三叉神经根
Ⅷ. 前庭耳蜗神经根
（引自 Singh 等，2018）

和延髓的纤维组成，向前伸延进入小脑。绳状体的前端背侧有一横行的灰质隆起，称听结节（Auditory tubercle）。左、右绳状体内侧的凹陷称小脑延髓池（Cerebellomedullary cistern）。小脑延髓池顶壁的薄膜称后髓帆（Caudal medullary vela），其腔面由围成中央管的细胞构成，后髓帆的前端插入小脑白质。在闭合部和开放部的交界处，有呈“V”字白质薄板附着在中央管前端的背侧，称闩（Obex）。

延髓内有第6～12对脑神经核、第5对脑神经（三叉神经）感觉核的一部分、薄束核、楔束核、下橄榄核以及网状结构等。延髓的两侧由前向后依次有面神经根、前庭耳蜗神经根、舌咽神经根、迷走神经根和副神经根。锥体前端的两侧有外展神经根，后部两侧有舌下神经根。

延髓是生命中枢所在地，呼吸、心跳等均直接由延髓控制，此外还是唾液分泌、吞咽、呕吐等中枢。

2. 脑桥（Pons） 脑桥位于延髓的前端，中脑的后方，小脑的腹侧。脑桥由腹侧部和背侧部组成。背侧面凹，为第4脑室底壁的前部，脑室的前外侧壁称结合臂（Brechium conjunctivum）或小脑前脚（Rostral cerebellar peduncle），是联系小脑和中脑的纤维（图10–17）。脑室顶壁的薄膜称前髓帆（Rostral medullary vela）。脑桥腹侧有发达的横行纤维，又分为背侧的被盖（Tegmentum）和腹侧及两侧的基底部。基底部呈横行隆起，由纵行和横行纤维构成。横行纤维是主要的，自两侧向上伸入小脑，形成小脑中脚（Middle cerebellar peduncle）或脑桥臂（Brechium pontis）。纵行纤维为大脑皮质至延髓和脊髓的锥体束。被盖部为位于横行纤维与第4脑室之间的部位，与延髓的相似，内有脑神经核、中继核和网状结构等。脑桥的两侧有粗大的三叉神经根。

第4脑室（Fourth ventricle） 位于延髓、脑桥和小脑之间，前方通中脑（导）水管，后方通脊髓的中央管，充满脑脊髓液。第4脑室顶壁由前向后依次为前髓帆、小脑、后髓帆和第4脑室脉络丛。第4脑室底呈菱形，亦称菱形窝（Rhomboid fossa），前部属脑桥，后部属延髓的开放部。窝前部的侧壁是小脑前脚，窝后部的侧壁是小脑后脚。菱形窝被正中沟分为左、右两半（图10–17）。

3. 中脑（Mesencephalon，midbrain） 位于脑桥和间脑之间，其脑室是中脑（导）水管，前方通第3脑室，后方通第4脑室。中脑（导）水管（Mesencephalic aqueduct）将中脑分为背侧的四叠体和腹侧的大脑脚（图10–16）。

（1）四叠体（Quadrigeminal bodies） 又称顶盖（Tectum），由前、后两对圆丘组成（图10–17）。其中位于前背侧的一对称前丘（Rostral colliculi），后腹侧的一对称后丘（Caudal colliculi）。前、后丘之间有横沟相隔，左、右两丘之间有正中沟。前丘较大，是光反射的联络站，为灰质和白质相间的分层结构，接受视神经的纤维，发出纤维至外侧膝状体，再至大脑皮质。前丘亦接受后丘的纤维，发出纤维形成顶盖脊髓束下行至脊髓，完成视觉和听觉所引起的反射活动。后丘是声反射的联络站，其表面为白质、深部为灰质的后丘核，主要接受耳蜗神经核的纤维，发出纤维至内侧膝状体，再至大脑皮质；并有纤维至前丘，再经顶盖脊髓束完成听觉的反射活动。后丘与结合臂交界处有第Ⅳ对脑神经根。

（2）大脑脚（Cerebral peduncle） 以黑质为界分背侧的被盖（Tegmentum）和腹侧的大脑脚底（Basis pedunculi cerebri）。大脑脚底为白质，主要由大脑皮质至脑桥、延髓和脊髓的运动束组成。被盖在中脑水管与脚底之间，相当于脑桥被盖的延续，内有脑神经核（如动眼神经核和滑车神经核）、中继核（如红核、黑质）、网状结构和一些上、下行纤维。左、右侧大脑脚形成“V”字形，大脑脚之间的区域称脚间窝。大脑脚的内侧缘有第Ⅲ对脑神经根。

黑质（Substantia nigra）：属于锥体外系神经核，位于中脑大脑脚脚底与被盖之间，分致密部和网状部，细胞内含黑素颗粒和多巴胺。黑质接受纹状体和大脑皮质等处的纤维，发出纤维至纹状体和丘脑等。

4. 间脑（Diencephalon） 位于中脑的前方，前外侧被大脑半球所遮盖，腹侧的前端为视交叉，后端为乳头体的后缘，内有第3脑室。间脑背侧的前界是室间孔，后界为前丘的前端。间脑一般划分为上丘脑、丘脑、后丘脑和下丘脑。

（1）上丘脑（Epithalamus） 位于间脑背侧中央的区域，包括松果体、丘脑髓纹、缰三角和第3脑室顶等。松果体（Pineal gland，Pineal body）呈卵圆形，位于中脑顶盖正中沟的前端与第 3 脑室顶部的后端之间，因富含血管故颜色灰红，属内分泌腺，主要分泌褪黑激素。缰三角（Habenular trigone，Trigonum habenulais）位于第 3 脑室顶壁后端的两侧，呈三角形的灰质隆起，由缰核组成，接受来自端脑的纤维，并向中脑发出纤维。缰是嗅觉通路的一个重要组成部分。左、右侧缰三角间有缰连合相连。丘脑髓纹（Thalamic medullary stria）为位于左、右间脑的背内侧缘的纤维束，后端止于缰三角。第 3 脑室顶位于左、右丘脑髓纹之间，由脉络丛构成。

（2）丘脑（Thalamus） 占间脑的最大部分，为一对卵圆形的灰质团块，其前端较窄，后端较宽。左、右两丘脑的内侧部相连，断面呈圆形，称丘脑间黏合（Interthalamic adhesion），其周围的环状裂隙为第 3 脑室（图 10–13 和图 10–16）。但有些动物缺少丘脑间黏合。丘脑由白质髓板分隔为许多不同机能的核群组成，是皮质下的主要感觉中枢，接受来自脊髓、脑干和小脑的纤维，由此发出纤维至大脑皮质。丘脑还有一些与运动、记忆和其他功能有关的核群。

丘脑还可以进一步细分为背侧丘脑和底丘脑。背侧丘脑由大量的神经核组成，通过这些神经核向大脑皮质传入信息，包括来自味觉、视觉、听觉和前庭器官（不包括嗅觉器官）传入纤维束的感觉信息。底丘脑（Subthalamus）是中脑被盖前端的延伸，位于大脑脚背内侧、下丘脑外侧和丘脑腹外侧，从外表观察不到，它包含有底丘脑核，为锥体外系运动通路的中继站。

（3）后丘脑（Metathalamus） 位于丘脑的背外侧，由 2 个小丘状的内侧膝状体和外侧膝状体组成，其内的神经核主要为特异性感觉的中继核。外侧膝状体（Lateral geniculate body）较大，位于前丘的前外侧，后内侧接前丘，前腹侧连视束，发出纤维至大脑皮质，是视觉冲动传向大脑皮质的联络站。内侧膝状体（Medial geniculate body）较小，位于外侧膝状体的后下方，后端经后丘臂与后丘相连。内侧膝状体接受由耳蜗神经核发出的纤维，发出纤维至大脑皮质，是听觉冲动传向大脑的联络站。

（4）下丘脑（Hypothalamus） 又称丘脑下部，位于间脑的腹侧，居视交叉、视束和左右大脑脚之间的区域，构成第 3 脑室的底壁，是植物性神经和调控内分泌的重要中枢。

下丘脑的腹侧面有视交叉（Optic chiasm）、视束（Optic tract）、灰结节（Gray tubercle）、漏斗（Infundibulum）、垂体（Hypophysis）和乳头体（Mammillary body）。因此，从脑底面看，自前向后可将下丘脑分为视前部、视上部、灰结节部和乳头体部 4 部分。视交叉由左、右视神经交叉形成，后外侧连视束。视前部在视交叉的前方，视上部在视束的背侧，灰结节部位于视束与乳头体之间，其正中腹侧紧邻视交叉处向下突出形成漏斗，有垂体柄与垂体连接（垂体是内分泌腺）。乳头体呈小球状，位于脚间窝中，在灰结节的后方（图 10–9、图 10–11、图 10–13 至图 10–16）。下丘脑的背侧正中有第 3 脑室，后者伸达漏斗和垂体柄。

下丘脑内有许多重要的神经核，如视交叉上核、视上核、室旁核等，产生的神经递质除少部分直接参与调控机体的功能外，大部分作用于其内分泌器官或组织，通过对后者的调控实现对机体细胞功能的调控，故下丘脑是植物性神经和调控内分泌的皮层下中枢，有很多的研究者将下丘脑归入内分泌器官。视交叉上核（Suprachiasmatic nucleus，SCN）位于视交叉背侧，接受来自视网膜的神经纤维，参与调节内分泌的昼夜节律。视上核（Supraoptic nucleus）位于视束的背侧，为一对扁平的核，发出的纤维集合成视上垂体束，经漏斗、垂体柄至垂体并构成垂体后叶，主要分泌加压素和催产素。室旁核（Paraventricular nucleus）位于第 3 脑室底部的两侧壁内，发出的纤维一部分终止于垂体后叶，另一部分终止于植物性神经的节前神经元（如孤束核、疑核、脊髓外侧柱内的神经元）。在下丘脑内还贯穿着两对粗大的纤维束，一对是穹窿束，由穹窿伸向乳头体，另一对是乳丘束，由乳头体伸向丘脑和中脑。在两对束的内侧为下丘脑腹内侧核，有饱食中枢，其外侧为外侧核，有摄食中枢。

（5）第 3 脑室（Third ventricle） 呈环形，围绕在丘脑间黏合部。第 3 脑室后通中脑水管，前方借一对室间孔通侧脑室。顶壁为第 3 脑室脉络丛，向前经室间孔与侧脑室脉络丛相接；腹侧形成凹陷，突入视交叉前方形成视隐窝，伸入漏斗形成神经垂体隐窝（漏斗隐窝），在后连合上方突入松果体形成松果体隐窝；前壁的上 1/3 为前连合和穹窿，下 2/3 为灰质终板。

（二）小脑

小脑（Cerebellum）略呈球形，位于大脑后方，在延髓和脑桥的背侧（图 10–9 至图 10–16）。小脑的表面有许多平行的横沟和两条平行的纵沟。横沟深浅不一，浅的横沟将小脑表面分隔成小脑回，深的横沟将小脑分成许多小叶。纵沟将小脑分隔为两侧的小脑半球和中央的蚓部。小脑腹面的两侧部有小脑脚。

蚓部（Vermis）呈圆嵴状，比小脑半球高，由一系列的小叶组成，最后一小叶称小结，向两侧伸入小脑半球腹侧，与小脑半球的绒球合称绒球小结叶（Flocculonodular lobe）。小脑半球（Cerebellar hemisphere）位于蚓部两侧，其中位于小脑半球腹侧，小脑脚外侧和后方的部分称绒球（Flocculus）。

小脑的表面为灰质，称小脑皮质；深部为白质，称小脑髓质。由于横沟的深浅不一，故髓质呈树枝状伸入小脑各叶，形成髓树（Medullary arbor），又称小脑树（Cerebellar arbor）。髓质内有 3 对灰质神经核，在外侧的称为小脑外侧核，中间的称为小脑中位核，内侧的为顶核。髓质连小脑脚。小脑脚由小脑后脚（Caudal cerebellar peduncle）、小脑中脚（Middle cerebellar peduncle）及小脑前脚（Rostral cerebellar peduncle）构成，分别与延髓、脑桥和中脑相连。小脑前端通过小脑前脚与前髓帆相连。小脑后脚连结后髓帆和延髓。小脑中脚向腹外侧延伸到达脑桥。小脑与脑其他部分的连结反映了小脑的功能。后脚主要由来自前庭神经核、橄榄核和网状结构的传入纤维组成。中脚也是由传入纤维构成，这些传入纤维起于脑桥各神经核。前脚主要由投射向中脑红核、网状结构和丘脑的传出纤维构成。前脚也包含来自脊髓的传入纤维。

根据种系发生的先后，小脑又可划分为古小脑（Archicerebellum）、旧小脑（Palaeocerebellum）和新小脑（Neocerebellum）。古小脑包括绒球和小结，主要与延髓的前庭核相联系，主管平衡。旧小脑由除了小结外的蚓部其他部分构成，主要与脊髓相联系，调节肌紧张。新小脑是随大脑半球发展起来的，由大部分小脑半球组成，与随意运动的准确性相关。因此，小脑的主要功能是参与平衡、骨骼肌群共济活动调节，与身体的姿势及运动有关。

（三）大脑

大脑（Cerebrum）或称端脑（Telencephalon），位于脑干前背侧，后端以大脑横裂（Transverse cerebral fissure）与小脑分开，背侧正中的大脑纵裂（Longitudinal cerebral fissure）将大脑分为左、右大脑半球（Cerebral hemisphere），纵裂的底是连结两半球的横行宽厚的纤维板，即胼胝体（Corpus callosum）。每个大脑半球包括大脑皮质、白质、嗅脑和基底核。大脑半球内有侧脑室。

1. 大脑半球的外形 大脑表层被覆一层灰质，称大脑皮质（Cerebral cortex），其表面凹凸不平，凹陷处为脑沟（Cerebral sulcus），凸起处为脑回（Cerebral gyrus），以增加大脑皮质的面积。每个大脑半球可分为背外侧面、内侧面和腹侧面。

（1）背外侧面 背外侧面的皮质为新皮质，根据功能的差异可分为 4 叶。前部为额叶（Frontal lobe），是运动区；后部为枕叶（Occipital lobe），是视觉区；外侧部为颞叶（Temporal lobe），是听觉区；背侧部为顶叶（Parietal lobe），是一般感觉区。各区的面积和位置因动物种类不同而异。

（2）内侧面 位于大脑纵裂内，与对侧半球的内侧面相对应。内侧面上有位于胼胝体背侧并环绕胼胝体的扣带回。

（3）腹侧面 又称底面，为构成嗅脑（Rhinencephalon）的各组成部分，系大脑半球中接受与整合嗅觉冲动的皮质部分，包括嗅球、嗅束、嗅回、嗅三角、梨状叶、海马和齿状回等部分（图 10–9、图 10–11、图 10–14）。

嗅球（Olfactory bulb）略呈卵圆形，位于大脑半球底面的最前端，接受来自鼻腔嗅区的第 I 对脑神经（嗅神经）。犬的嗅球内有嗅球腔。嗅球的后面接嗅束（Olfactory tract）。嗅束向后分为内侧嗅束和外侧嗅束。内侧嗅束伸向半球的内侧面到达隔区，外侧嗅束向后延续为梨状叶。内、外侧嗅束之间的三角区称为嗅三角（Olfactory trigone）。嗅三角的后部有大量小血管穿入的部位称为前穿质（Rostral perforated substance），它们的深部为基底核（纹状体）。

梨状叶（Piriform lobe）似梨状，表层是灰质，称为梨状叶皮质。梨状叶内有腔，是侧脑室的后角。在梨状叶的前端深部有杏仁核（Amygdaloid nucleus），在侧脑室的底面。

梨状叶的内侧缘向背侧面折转，为海马回（海马旁回）。海马回转至侧脑室成为海马（图 10–18）。海马回在折转处，借海马裂与内侧的齿状回相邻。海马（Hippocampus）呈双角状，亦称海马角。海马由后向前内侧伸延，在正中与对侧海马相接，形成侧脑室底壁的后部。海马的脑室面覆盖一层白质，白质伸向海马的内侧缘集中形成海马伞。伞的纤维向前内侧伸延并与对侧的相连形成穹窿（Fornix）。穹窿在脑的正中矢状面位于胼胝体腹侧，与胼胝体间有透明隔，向前下方终止于下丘脑的乳头体。

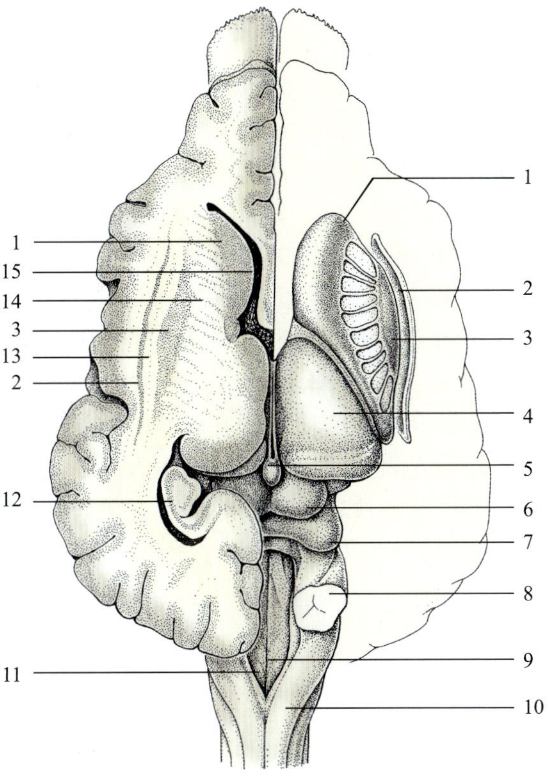

图 10–18　纹状体模式图

（左示水平切面，右示三维结构）

1. 尾状核　2. 屏状核　3. 壳　4. 丘脑　5. 松果体　6. 前丘　7. 后丘　8. 小脑脚　9. 菱形窝　10. 延髓　11. 闩　12. 海马　13. 外囊　14. 内囊　15. 侧脑室

（引自 König 和 Liebich，2007）

2. 大脑半球的内部结构　两侧大脑半球的表面覆盖着大脑皮质，皮质深面为白质，由各种神经纤维构成。在大脑基底部有一些灰质团块，称基底核（纹状体）。半球内各有一个内腔称侧脑室（图 10–19）。

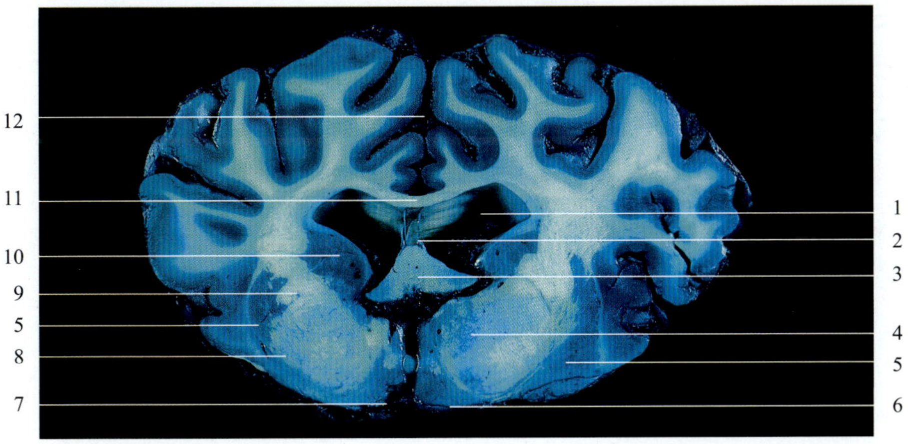

图 10–19　大脑半球横断面

（甲苯胺蓝染色）

1. 侧脑室　2. 透明隔　3. 穹窿　4. 丘脑　5. 壳　6. 下丘脑　7. 漏斗　8. 苍白球　9. 内囊　10. 尾状核　11. 胼胝体　12. 大脑纵裂

（引自 König 和 Liebich，2007）

（1）基底核（Basal nucleus） 是皮质下运动中枢，位于嗅三角的深部、侧脑室前部的底部。基底核由尾状核、豆状核和屏状核构成。各核团间均有白质分隔（图 10–18 和图 10–19）。

尾状核（Caudate nucleus）的前部隆起于侧脑室前部底壁，后部沿侧脑室下角向后能伸达梨状叶。豆状核（Lentiform nucleus）位于尾状核的外侧，可分为两部，外侧部较大，称为壳（Putamen）；内侧部较小，色浅，称苍白球（Pallidum）。豆状核与尾状核之间的白质称内囊（Internal capsule）。屏状核（Claustrum）是位于豆状核与大脑皮质之间的一薄层灰质，其与豆状核间的白质称外囊（External capsule），与大脑皮质间的白质称最外囊（Extreme capsule）。尾状核、豆状核和位于其间的内囊，外观上呈灰、白质相间的条纹状，故合称纹状体（Striate body）。

基底核接受丘脑和大脑皮质的纤维，发出纤维至红核和黑质，是锥体外系的主要联络站，有维持肌紧张和协调肌肉运动的作用。

（2）白质 大脑半球内的白质由以下 3 种纤维构成。

①连合纤维（Commissural fibers） 是连接左、右大脑半球的纤维，主要为胼胝体。

②联络纤维（Association fibers） 是连接同侧半球各脑回、各叶之间的纤维。

③投射纤维（Projection fibers） 是连接大脑皮质与脑其他各部分及脊髓之间的上、下行纤维，内囊就是由投射纤维构成的。

（3）侧脑室（Lateral ventricle） 为每侧大脑半球内的不规则腔体，经室间孔与第 3 脑室相通，侧脑室的内侧壁是透明隔（Pellucid septum），位于胼胝体与穹窿之间；顶壁为胼胝体；底壁的前部为尾状核，后部是海马。侧脑室内有脉络丛，在室间孔处与第 3 脑室脉络丛相连，可产生脑脊液。侧脑室很不规则，前部通嗅球腔，后部向腹侧可伸到达梨状叶。

边缘系统（Limbic system） 是脑结构中有关情绪活动的集合体，包括皮质和皮质下成分。皮质部分在半球内侧面和基底面构成相互联系的端脑结构，包括扣带回、海马回、齿状回和海马等，因其位置在大脑和间脑交界处的边缘，所以称为边缘叶（Limbic lobe）。皮质下结构包括基底核、杏仁核、隔区、下丘脑、丘脑前核和中脑的被盖等，在结构和功能上与边缘叶有密切联系（图 10–20）。边缘系统的功能与情绪变化（如恐惧、攻击、愉悦）、记忆、内脏活动（如口渴、饥饿）和性行为等有关。

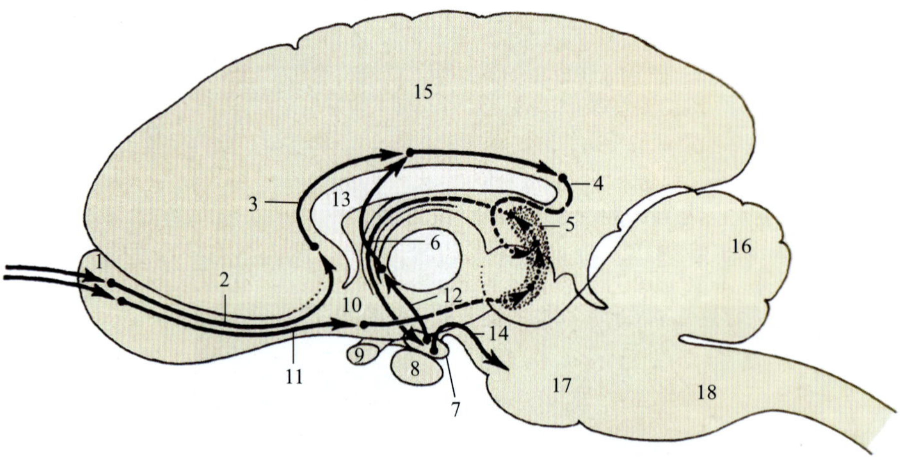

图 10–20 示嗅球信号传至边缘系统

1. 嗅球 2. 内侧嗅束 3. 扣带回 4. 齿状回 5. 海马 6. 穹窿 7. 乳头体 8. 垂体 9. 视交叉 10. 梨状叶 11. 外侧嗅束 12. 乳丘束 13. 至扣带回的投射纤维 14. 投射至网状结构的纤维 15. 大脑半球 16. 小脑 17. 脑桥 18. 脑髓

（引自 Singh 等，2018）

（四）脑膜和脑脊髓液

脑的外面包有 3 层膜，即脑硬膜、脑蛛网膜和脑软膜。

1. 脑软膜（Encephalic pia mater） 薄，富含血管，紧贴于脑的表面并深入脑沟，随血管分支进入脑质的软膜形成鞘状结构包围于小血管的外面。进入侧脑室、第 3 脑室和第 4 脑室的脑软膜与其内含的大量的毛细血管，特化形成脉络丛（Choroid plexus），能产生脑脊髓液。

2. 脑蛛网膜（Encephalic arachnoid） 也很薄，包于软膜的外面，并以纤维与软膜相连，但不伸入脑沟内。位于蛛网膜与软膜之间的腔隙称蛛网膜下腔（Subarachnoid cavity），内含脑脊髓液。蛛网膜下腔通过第 4 脑室脉络丛上的孔与脑室相通。在小脑后面与延髓背侧面相汇处，蛛网膜下腔间隙增大，称为小脑延髓池（Cerebellomedullary cistern），是临床上可以用来抽取脑脊液或注射药物的重要部位。

3. 脑硬膜（Cranial dura mater） 厚，包围于蛛网膜之外。位于硬膜与蛛网膜之间的腔隙称硬膜下腔（Subdural cavity），内含淋巴。脑硬膜紧贴于颅腔壁，其间无腔隙存在。脑硬膜在两半球间的大脑纵裂内形成大脑镰（Cerebral falx），在大脑半球与小脑之间的横沟内形成小脑幕（Tentorium of cerebellum），在垂体与丘脑下部之间形成鞍隔（Diaphragma sellae）。在大脑镰和小脑幕的根部内含有脑硬膜静脉窦，接受来自脑的静脉血。

4. 脑室（Ventricle）和脑脊液（Cerebrospinal fluid） 由胚胎神经管腔发育来，构成脑室和脊髓中央管。脑室系统由侧脑室（每个大脑半球各有一个）、第 3 脑室、中脑水管和第 4 脑室组成（图 10-21）。每一侧脑室通过室间孔与第 3 脑室相通。第 3 脑室是一个位于正中矢状面的窄腔，环绕着间脑的丘脑间黏合。中脑的中脑水管连通第 3 脑室和第 4 脑室。第 4 脑室位于菱脑，向后延续为脊髓中央管。

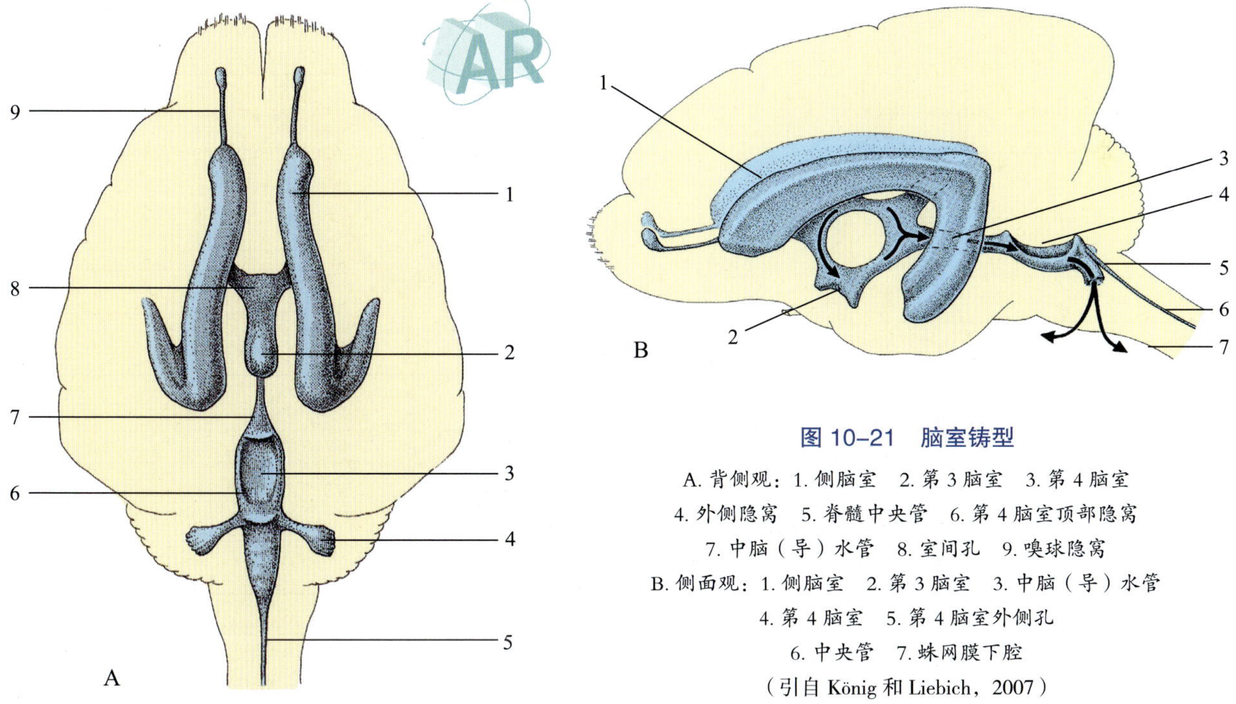

图 10-21 脑室铸型

A. 背侧观：1. 侧脑室 2. 第 3 脑室 3. 第 4 脑室 4. 外侧隐窝 5. 脊髓中央管 6. 第 4 脑室顶部隐窝 7. 中脑（导）水管 8. 室间孔 9. 嗅球隐窝

B. 侧面观：1. 侧脑室 2. 第 3 脑室 3. 中脑（导）水管 4. 第 4 脑室 5. 第 4 脑室外侧孔 6. 中央管 7. 蛛网膜下腔

（引自 König 和 Liebich，2007）

脑脊液是无色透明的液体，由侧脑室、第 3 脑室和第 4 脑室的脉络丛产生（每个侧脑室有 1 个脉络丛，第 3 脑室和第 4 脑室有 2 个脉络丛），充满于脑室和脊髓中央管，通过第 4 脑室脉络丛上的孔（正中孔和外侧孔）进入蛛网膜下腔。蛛网膜下腔内的脑脊液通过硬膜静脉窦而归入静脉。由此可见，脑脊液不断由脉络丛产生，沿一定途径循环，又不断被重吸收流到血液，此过程称为脑脊液循环。如果脑室系统的通路发生阻塞，脑脊液循环即发生障碍，可产生脑积水或颅内压增高。

脑脊液具有营养脑、脊髓的作用，并在维持脑组织的渗透压和颅内压的相对恒定及减少外力振荡有重要作用。发生病变时，脑脊液的成分和压力发生变化，故临床进行“腰穿”，抽取脑脊液进行检查，协助对某些疾病做出诊断。

（五）脑血管

在马和犬，脑的血液供给主要来自成对的颈内动脉（图 10-22）。在猫和反刍动物，颈内动脉在出生后很短的时间内就会闭合，脑的血液供给主要来自上颌动脉的分支。这些分支在脑的底部形成复杂的动脉网，由前、后硬膜外异网（Epidural rete mirabile）构成，再联合成大脑颈动脉。猪的颈内动脉同样形成前异网。

马和犬的颈内动脉和其他家养哺乳动物的大脑颈动脉相似，均从鞍隔穿入硬膜，形成围绕着下丘脑腹侧漏斗柄的环。这个大脑动脉环（Cerebral arterial circle），或称 Willis 环，只有在犬是完整的，而在其他家养哺乳动物中前端是开放的。动脉环的后部与基底动脉和椎动脉相连。牛的 Willis 环中的椎动脉占有相当大的比例。从大脑动脉环和基底动脉发出侧支，分布于脑。

脑的静脉汇于脑硬膜中的静脉窦。脑背侧部的静脉血液注入矢状窦、直窦等处，然后经大脑上静脉入颞浅静脉；脑腹侧部的静脉汇入海绵窦和基底窦，二窦相通，并有眼外静脉连于海绵窦。基底窦借大脑下静脉入枕静脉。海绵窦收集大脑腹侧和面部部分区域的大量血液，这种结构有助于冷却供应到脑部的动脉血，因为当颈内动脉通过海绵窦时，沐浴在温度较低的静脉血中。

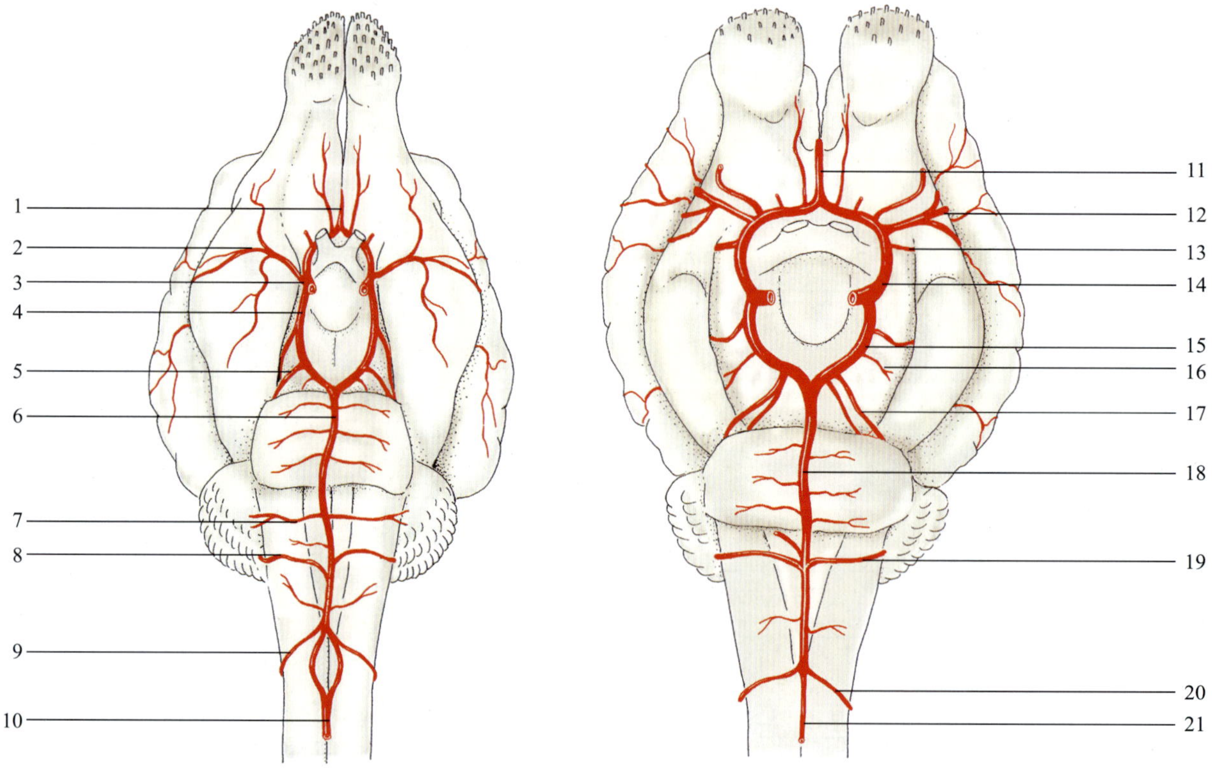

图 10-22　犬（左）和马（右）脑的基底动脉（腹侧观）

1. 胼胝体动脉　2. 大脑中动脉　3. 颈内动脉　4. 动脉环　5. 大脑后动脉　6. 基底动脉　7. 小脑前动脉　8. 小脑后动脉　9. 椎动脉分支　10. 脊髓腹侧动脉　11. 前总动脉　12. 大脑中动脉　13. 大脑前动脉　14. 颈内动脉　15. 动脉环　16. 大脑后动脉　17. 小脑前动脉　18. 基底动脉　19. 小脑后动脉　20. 椎动脉分支　21. 脊髓腹侧动脉

（引自 König 和 Liebich，2007）

第三节　周围神经系统

一、概述

周围神经系统（Peripheral nervous system）是指脑和脊髓以外的由神经元胞体和神经纤维组成的神经干、神经丛、神经节和神经末梢装置。周围神经系统可划分为脊神经、脑神经和植物性神经，是中枢神经与外周各器官间联系的结构基础（图 10–23）。

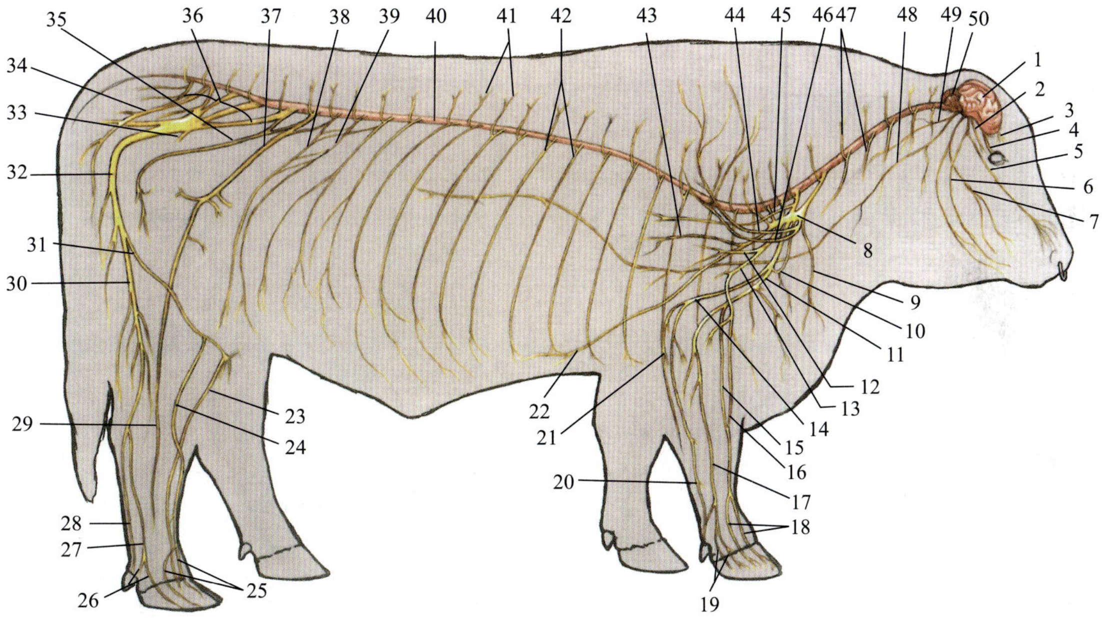

图 10–23　牛周围神经模式图

1. 大脑　2. 眼神经　3. 嗅神经　4. 视神经　5. 上颌神经　6. 下颌神经　7. 面神经　8. 臂神经丛　9. 胸前神经　10. 肌皮神经　11. 正中神经　12. 腋神经　13. 桡神经　14. 尺神经　15. 前臂内侧皮神经　16. 桡神经浅支　17. 正中神经　18. 指背侧神经　19. 指掌侧神经　20. 尺神经掌侧支　21. 前臂后皮神经　22. 胸外侧神经　23. 腓深神经　24. 腓浅神经　25. 趾背侧神经　26. 趾跖侧神经　27. 足底内侧神经　28. 足底外侧神经　29. 隐神经　30. 胫神经　31. 腓总神经　32. 坐骨神经　33. 臀前神经　34. 阴部神经　35. 闭孔神经　36. 腰荐神经丛　37. 股神经　38. 生殖股神经　39. 髂腹股沟神经　40. 脊髓　41. 脊神经背侧支　42. 肋间神经　43. 胸背神经　44. 肩胛下神经　45. 胸长神经　46. 肩胛上神经　47. 颈神经　48. 迷走神经　49. 副神经　50. 小脑

（引自 Fails 和 Magee，2018）

（一）神经干、神经丛和神经根

1. 神经干（Nerve trunk）　简称神经（Nerve），白色，呈带状或索状，内有许多纵行的神经纤维构成的粗细不等的神经纤维束。神经纤维束在神经干内的行径并非平行，而是反复重排，构成神经丛，因此，在同一条神经的不同部位，神经纤维束的数目和配布均不相同。通常在易受压的部位和关节处，神经纤维束变细，但数目增加。

2. 神经丛（Nerve plexus）　是由许多神经错综交织构成，由此再发出神经分布至支配的器官，如臂神经丛、腰荐神经丛等。

3. 神经根（Nerve root） 周围神经借神经根与中枢神经相联系。神经根有两类：一类为感觉根，由感觉神经元的中枢突组成，其神经元的胞体集中于感觉根上，形成结节状，称为神经节（Ganglion）。另一类为运动根，由脊髓的腹侧柱或脑运动核的神经元发出的轴突组成。

（二）周围神经的分类

根据神经的功能性质，周围神经可分为将感觉冲动由器官传至中枢的感觉神经（传入神经）；将神经冲动由中枢传至效应器而引起肌肉收缩或腺体分泌的运动神经（传出神经）；既有感觉神经纤维，又有运动神经纤维构成的混合神经。根据分布部位的不同，周围神经可分为躯体神经（Somatic nerves）和内脏神经（Visceral nerve）。躯体神经分布于体表和骨骼肌，自脊髓发出的为脊神经（Spinal nerve），自脑发出的为脑神经（Cranial nerve）。内脏神经分布于内脏、腺体和心血管，又称植物性神经（Vegetative nerve）根据其功能的不同，内脏神经又分为交感神经（Sympathetic nerve）和副交感神经（Parasympathetic nerve）。

（三）周围神经的分布规律

左、右侧的周围神经一般对称分布和分支，但分布至腹腔内非对称性器官的神经例外。

大的神经干多与分布至相同区域的血管伴行，共同包裹在一个结缔组织鞘内，组成血管神经束。

较大的躯体神经一般具有 3 种分支：肌支、关节支和皮支。①肌支，主要为躯体运动神经纤维，也有少量的躯体感觉神经纤维和分布至肌肉内血管壁的交感神经节后纤维。大多数肌支从所支配肌肉的起点处发出，并随该肌肉的肌膜进入骨骼肌组织；②关节支，主要由感觉神经纤维组成，大多数在关节附近发出，一条大的神经要经过数个关节，故有若干条关节支。同样地，一个关节可接受多条神经的关节支；③皮支，主要由感觉神经纤维和交感神经节后纤维（分布至血管、竖毛肌和腺体）组成，自神经干发出后穿越深筋膜到达皮下。主要的皮神经多与一条大的皮下静脉伴行。

（四）神经的血液供应

神经内有丰富的血液供应。供应神经的动脉称神经动脉，一般来自与之伴行的血管或邻近的血管，其数目和管径差异很大。神经动脉通常垂直到达神经，然后发出分支进入神经束膜。分布于神经干中的血管形成 3 层血管网，分别位于神经干的外膜内、神经束膜内和神经束内，神经束内的血管为微血管。阻断一条或数条神经动脉，通常不影响神经的功能。神经内的静脉分布通常与动脉相似，但不一定伴行。

二、脊神经

脊神经（Spinal nerve）是与脊髓相连的周围神经，在椎间孔附近由背侧根（感觉根）和腹侧根（运动根）聚集而成（图 10-24）。背侧根与腹侧根汇合之前有一膨大，属感觉神经节，主要由假单极神经元（Pseudounipolar neuron）的胞体聚集而成，称脊神经节（Spinal ganglion）。脊神经节内的神经元发出的中枢突构成背侧根，自脊髓背外侧沟进入脊髓；外周突参与组成脊神经。腹侧根由脊髓的腹外侧沟发出，内含运动神经纤维，在胸腰段还有交感神经节前纤维，后者在脊神经穿出椎间孔后离开脊神经。脊神经为混合神经，内有躯体感觉神经纤维、内脏感觉神经纤维、躯体运动神经纤维和内脏运动神经纤维。①躯体感觉神经纤维，神经元胞体位于脊神经节，其周围突分布于皮肤和骨骼肌的外感受器，中枢突止于脊髓背侧角或延髓；②内脏感觉神经纤维，神经元胞体位于脊神经节，其周围突分布于心血管和胸腹腔脏器的内感受器，中枢突止于脊髓灰质；③躯体运动神经纤维，起始于脊髓腹侧角运动神经元，支配骨骼肌；④内脏运动神经纤维，起始于脊髓灰质中间外侧核的植物性节前神经元，换元后节后纤维支配心肌、平滑肌和腺体。脊神经由椎间孔或椎外侧孔伸出后，分为背侧支和腹侧支。背侧支分布于脊柱及脊柱背侧的肌肉和皮肤；腹侧支分布于脊柱腹侧和四肢的肌肉和皮肤。

脊神经呈节段性排列，每一对脊神经与一个脊髓节段相连，按部位分为颈神经、胸神经、腰神经、荐神经和尾神经（表 10–1 和图 10–24）。除颈椎和尾椎外，脊柱各段脊神经对的数量与椎骨数相一致。第 1 颈神经通过寰椎的椎外侧孔，其后的颈神经自同序数颈椎前方的椎间孔走出，而最后颈神经经第 7 颈椎和第 1 胸椎之间穿出，因此有 8 对颈脊神经对应 7 节颈椎。尾部的尾神经数少于尾椎数。

表 10–1　各种家畜脊神经的对数　　对

名称	牛、羊	马	猪	犬	猫
颈神经	8	8	8	8	8
胸神经	13	18	14 ～ 15	13	13
腰神经	6 ～ 7	6	7	7	7
荐神经	5	5	4	3	3
尾神经	5 ～ 7	5 ～ 6	5	5 ～ 6	7 ～ 8
合　计	37 ～ 40	42 ～ 43	38 ～ 39	36 ～ 37	38 ～ 39

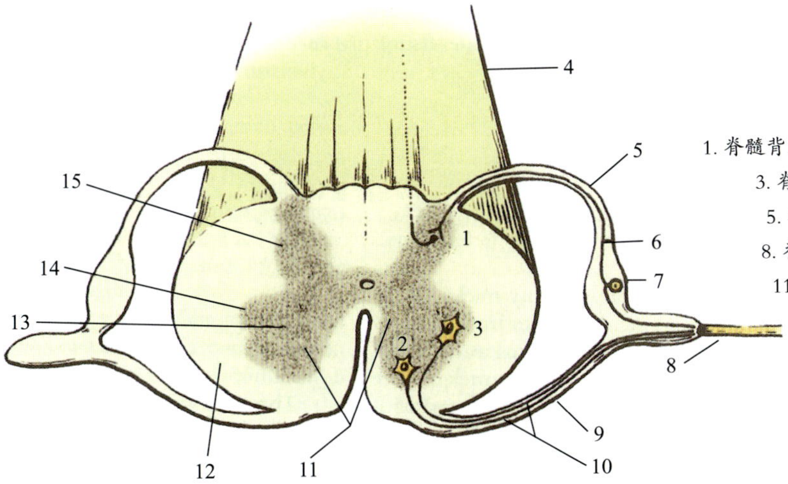

图 10–24　脊神经根

1. 脊髓背角感觉神经元胞体　2. 脊髓腹角运动神经元胞体　3. 脊髓外侧角植物性运动神经元胞体　4. 脊髓　5. 脊神经背根　6. 传入神经元　7. 脊神经节　8. 脊神经　9. 脊神经腹根　10. 传出神经纤维　11. 脊髓灰质　12. 脊髓白质　13. 脊髓腹角　14. 脊髓外侧角　15. 脊髓背角

（引自 Reece 和 Rowe，2017）

（一）颈神经（Cervical nerve）

1. 背侧支　又分为内侧支和外侧支，分别穿行头半棘肌的内侧面，或头最长肌、颈最长肌和夹肌之间，最终分布于颈部背外侧的肌肉和皮肤。

2. 腹侧支　自前向后逐渐变粗。前 4 或 5 对颈神经的腹侧支小，分布于颈部腹外侧的肌肉和皮肤。后 3 对颈神经的腹侧支较大，参与组成臂神经丛和膈神经。

（1）耳大神经（Great auricular nerve）　为第 2 颈神经腹侧支的分支，在腮腺表面沿腮耳肌向上延伸，分布于耳廓凸面。

（2）颈横神经（Nervus transversus colli）　为第 2 对颈神经腹侧支的分支，穿过臂头肌，沿颈静脉向后伸延，分出小支至腮腺部、喉部的皮肌和皮肤，并有一支向前至下颌间隙。

（3）膈神经（Phrenic nerve）　为混合神经，由来自第 5 ～ 7（猫 4 ～ 7）颈神经腹侧支的分支形成。膈神经沿斜角肌的腹侧缘向后伸延，经胸前口入胸腔，沿胸腔纵隔的两侧向后伸延，横过心包，分布于膈。

（二）胸神经（Thoracic nerve）

1. 背侧支　又分为内侧支和外侧支。内侧支分布于背多裂肌和棘肌等背部深层肌肉。外侧支分布于背最长肌和背髂肋肌，并从髂肋肌沟穿出后成为背皮神经，分布至背部皮肤、胸壁上方 1/3 部的皮肤。

2. 腹侧支 较大，称肋间神经（Intercostal nerve）。第1和第2胸神经的腹侧支主要参与形成臂神经丛。肋间神经位于肋间隙，沿肋骨后缘向下伸延，与同名血管并行，主要分布于肋间肌。肌间神经的皮支有3组，背侧组从腰背筋膜腹缘穿出，中间组约自腹外斜肌的背侧缘稍上方穿出，腹侧组的后部在肋弓的稍腹侧，前部约在肋软骨起始部穿出。最后胸神经（Last thoracic nerve）的腹侧支，又称为肋腹神经（Costoabdominal nerve），沿最后肋骨后缘，向下伸延，进入腹直肌，有浅支穿过腹外斜肌形成皮神经，分布于腹部的皮肤，也分出分支至乳腺。

（三）臂神经丛

臂神经丛（Brachial plexus）由第6～8颈神经的腹侧支和第1、第2胸神经腹侧支组成，经斜角肌背腹侧两部之间穿出（在食肉动物，神经丛的根部经过斜角肌中部的腹侧），至肩关节的内侧，分出下列分支，主要分布于前肢的肌肉和皮肤以及部分肩带肌、胸腔和腹腔侧壁（图10–25和图10–26）。在臂神经丛的神经分支，也有来自星状神经节的自主神经纤维加入其中。但是，臂头肌、肩胛横突肌、菱形肌、斜方肌和上肩区皮肤等接受颈神经和胸神经的腹侧支和背侧支支配，而不受臂神经丛的支配。

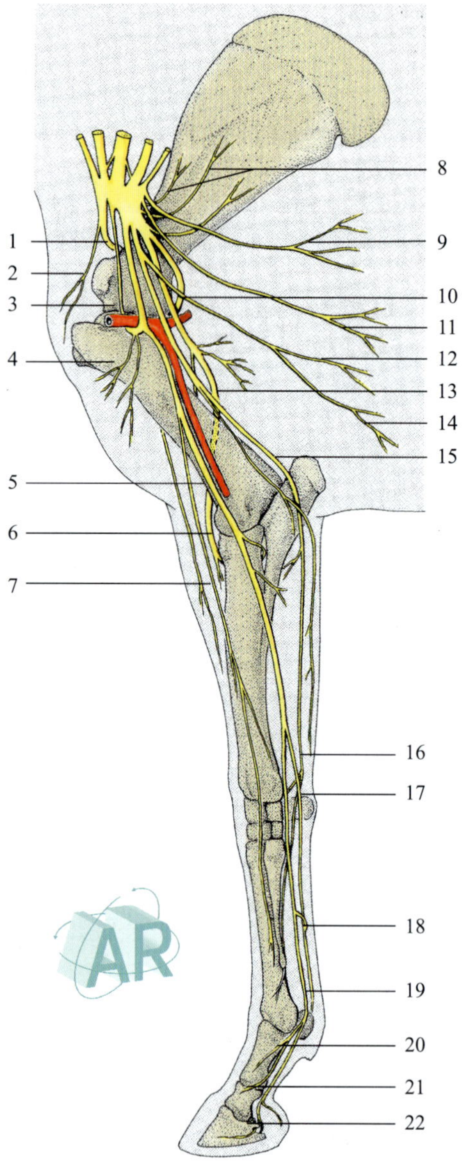

图10–25 马臂神经丛的分支（内侧面）

1. 肩胛上神经 2. 胸肌前神经 3. 肌皮神经 4. 肌皮神经近支 5. 正中神经 6. 桡神经 7. 肌皮神经远支 8. 肩胛下神经 9. 胸长神经 10. 腋神经 11. 胸背神经 12. 胸外侧神经 13. 桡神经 14. 胸肌后神经 15. 尺神经 16. 掌外侧神经 17. 掌内侧神经 18. 交通支 19. 指内侧神经 20. 近指节骨背侧支 21. 中指节骨背侧支 22. 指掌内侧支

（引自König和Liebich，2007）

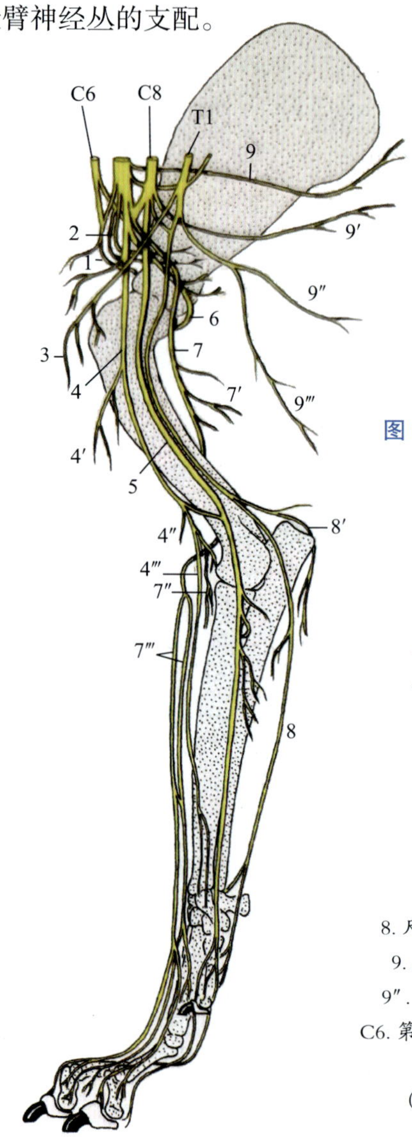

图10–26 犬右前肢神经（内侧面）

1. 肩胛上神经
2. 肩胛下神经
3. 胸前神经
4. 肌皮神经
4′. 肌皮神经近端分支
4″. 肌皮神经远端分支
4‴. 前臂内侧皮神经
5. 正中神经
6. 腋神经 7. 桡神经
7′. 至臂三头肌肌支
7″. 至伸肌肌支
7‴. 前臂前皮神经
8. 尺神经 8′. 前臂后皮神经
9. 胸长神经 9′. 胸背神经
9″. 胸外神经 9‴. 胸后神经
C6. 第6颈神经 C8. 第8颈神经
T1. 第1胸神经

（引自Singh等，2018）

1. 肩胛上神经（Suprascapular nerve） 由臂神经丛的前部发出，纤维来自第 6、第 7、第 8 颈神经的腹侧支，经肩胛下肌与冈上肌之间进入，绕过肩胛骨前缘，至肩胛骨的外侧面，分布于冈上肌、冈下肌及肩胛骨。因其位置关系，肩胛上神经与肩胛骨紧密接触，所以肩胛上神经易受压迫，发生肩胛上神经麻痹，通常导致它所支配的肌肉萎缩。在站立的动物，肩胛外展，且这种现象在运动过程中表现得更加明显（“肩脱臼”）。这种状况在马最为常见，在临床上被称为“马肩肌萎缩症”。它通常是由外伤引起，即当肢体过分外展或强烈收缩时，牵拉神经抵住肩胛骨。

2. 肩胛下神经（Subscapular nerve） 在肩胛上神经的后方自臂神经丛发出，纤维来自第 6、第 7、第 8 颈神经的腹侧支，有 2 ～ 4 支分布于肩胛下肌及肩关节。

3. 腋神经（Axillary nerve） 由臂神经丛中部发出，纤维来自第 7、第 8 颈神经的腹侧支，在肩关节后缘穿过肩胛下肌与大圆肌之间的缝隙，分支主要分布于肩胛下肌、大圆肌、三角肌、小圆肌、臂肌以及肩关节囊等。腋神经在三角肌的深面分出前臂前皮神经，分布于前臂近端背侧和前臂外侧的皮肤。

4. 胸肌神经（Pectoral nerves） 分为胸肌前神经和胸肌后神经。

（1）胸肌前神经（Cranial pectoral nerve） 2 ～ 4 支，纤维来自第 7、第 8 颈神经的腹侧支，由臂神经丛的前部和腋袢发出，向腹侧伸延，分布于胸浅肌、胸深肌及肩关节囊。

（2）胸肌后神经（Caudal pectoral nerve） 纤维来自第 7、第 8 颈神经的腹侧支，包括胸长神经、胸背神经和胸外侧神经。胸长神经（Long thoracic nerve）向后行于腹侧锯肌胸部的外侧面，并分布于胸腹侧锯肌；胸背神经（Thoracodorsal nerve）向后伸延越过大圆肌，分布于背阔肌和大圆肌；胸外侧神经（Lateral thoracic nerve）沿胸廓外静脉向后伸延，分布于胸腹皮肌和皮肤。

5. 肌皮神经（Musculocutaneous nerve） 纤维来自第 6、第 7、第 8 颈神经的腹侧支，在肩胛下神经的后方自臂神经丛的中部分出，经腋动脉的外侧，在腋动脉的腹侧有一粗交通支与正中神经相连，形成腋襻。在肩关节附近分出肌支至喙臂肌和臂二头肌的近端，本干与正中神经合并，沿臂动脉前缘向下伸延，至臂中部与正中神经分开，并分出肌支至臂二头肌、臂肌和肘关节囊，主干经臂二头肌与臂肌之间到达前臂部背内侧面的皮下，为前臂内侧皮神经，分布于前臂部、腕部、掌部内侧面的皮肤。

肌皮神经的损伤是罕见的，但是一旦损伤将使肘部的主要屈肌瘫痪。然而，桡神经也有分支分布于臂肌。因此，肌皮神经的损伤可以由桡神经补偿。前臂内侧部的皮肤丧失感觉将有助于诊断肌皮神经损伤。

6. 桡神经（Radial nerve） 纤维来自第 8 颈神经和第 1 胸神经的腹侧支，是臂神经丛的最大分支，且分布广泛。桡神经分布于除肩关节以外的所有前肢伸肌。除马以外的所有家畜，桡神经分布于从前臂至前肢指端外侧面的所有皮肤，但马只分布至腕的远端部。

桡神经自臂神经丛的后部分出，与尺神经一起沿臂动脉的后缘向下伸延，在臂内侧中部，从臂三头肌长头与内侧头之间进入，沿臂肌后缘向下伸延，分出肌支分布于肘关节的伸肌（臂三头肌、肘肌、前臂筋膜张肌），在臂三头肌外侧头的深面分为深、浅两支。深支分布于腕和指的伸肌。牛的浅支较粗，可继续下行，分布于指部。马的浅支分布于前臂外侧的皮肤。

桡神经易受压迫，在临床上常见桡神经麻痹。桡神经麻痹的临床症状由损伤的位置决定，损伤部位越接近神经的近端，症状越严重，预后也就越不良。臂中部近侧桡神经的损伤，通常导致肘部伸肌的麻痹和腕部、指部伸肌麻痹及皮肤的感觉缺失，受伤的动物不能固定肘关节，因此表现为不能负重的拖指跛行。发生于桡骨远端的桡神经损伤，可导致腕和指伸肌（腕桡侧伸肌、腕尺侧伸肌、指总伸肌）的麻痹，使患病动物指关节贴地，并试图以指背侧面着地站立。

7. 尺神经（Ulnar nerve） 纤维来自第 1、第 2 胸神经的腹侧支，与正中神经共同起于臂神经丛的后部，自肱骨中部向后下方伸延，经肱骨内侧髁与肘突之间，进入前臂后面的尺神经沟，在腕外侧屈肌与腕尺侧屈肌之间继续向下伸延至腕部。在臂部远端和前臂部近端，尺神经有皮支（前臂后皮神经）分布于前臂后面的皮肤，有肌支分布于屈腕关节和指关节的肌肉。牛的尺神经在腕关节上方分为背侧支和掌侧支，背侧支沿掌部的背外侧面向下伸延，分布于第 4 指背外侧面；掌侧支在掌近端分出一深支分布于悬韧带后，沿指浅屈肌腱的外侧缘向下伸延，分布于悬蹄和第 4 指掌外侧面。马的尺神经在腕关节上方分为背侧支（浅支）和掌侧支（深支），浅支分布于腕、掌部的背外侧和掌侧的皮肤，深支参与组成掌外侧神经。

8. 正中神经（Median nerve） 由第 8 颈神经和第 1、第 2 胸神经的腹侧支构成，为臂神经丛最大的分支，与臂动脉、正中动脉伴行。在臂部近端，牛、马的正中神经与肌皮神经合成肌皮正中神经干，在臂中部二者分开。正中神经在臂中部分出肌皮支后，沿肘关节内侧进入前臂骨和腕桡侧屈肌之间的肌沟中向下伸延。它在前臂近端分出肌支，分布于腕桡侧屈肌和指深屈肌；在正中沟内还分出骨间神经，进入前臂骨间隙，分布于骨膜。

牛的正中神经分出肌支，分布于腕、指屈肌之后，沿指浅屈肌向下伸延，穿过腕管后在掌部下 1/3 处分为内侧支和外侧支。内侧支分为 2 支，分布于悬蹄和第 3 指掌内侧。外侧支也分为两支，一支合并于尺神经的掌侧支，分布于第 4 指掌外侧；一支在指间隙分布于第 3、第 4 指。

马的正中神经主干在前臂远端掌侧，分为掌内侧神经和掌外侧神经。掌内侧神经即指掌侧第 2 总神经，和掌心浅动脉一起沿指深屈肌腱的内侧缘向下伸延，在掌中部分出交通支，绕过指屈腱掌侧面合并于掌外侧神经。掌内侧神经在掌的远端分为背侧支（指背侧神经）和掌侧支（指掌侧神经）分布于指内侧的皮肤和关节。掌外侧神经即指掌侧第 3 总神经，与尺神经的深支合并后，沿指深屈肌腱外侧缘向下伸延，在掌部下 1/3 处接受来自掌内侧神经的交通支，其在指部的分支和分布情况，与掌内侧神经相同，但分布于指外侧。

9. 前脚部的神经分布 除马外，动物的每个指分布有 4 条神经，即 2 条指背侧神经和 2 条指掌侧神经。除了最外侧指的指背侧神经是尺神经的分支以外，其他指的指背轴侧和远轴侧神经都是桡神经浅支的终末分支。第 1、第 2 和第 3 指的指掌侧神经来源于正中神经，第 4 和第 5 指的指掌侧神经来源于尺神经。

（四）腰神经（Lumbar nerve）

1. 背侧支 背侧支又分为内侧支和外侧支。内侧支在背腰最长肌深面分布于多裂肌等。外侧支有肌支至背腰最长肌，主干穿出背腰最长肌和臀中肌分布于腰臀部的皮肤。

2. 腹侧支 第 1 ～ 4 腰神经的腹侧支形成髂腹下神经、髂腹股沟神经、生殖股神经和股外侧皮神经（图 10–27），第 4 ～ 6 腰神经的腹侧支参与构成腰荐神经丛。

（1）髂腹下神经（Iliohypogastric nerve） 来自第 1 腰神经的腹侧支。在腰大肌与腰方肌之间穿出，马的向后向外，行经第 2 腰椎横突末端腹侧，牛的行经第 2 腰椎横突腹侧及末端的外侧缘，分为浅、深 2 支。浅支最初沿腹横肌外侧面向后下方伸延，以后在腹外斜肌和腹内斜肌之间下行，并穿过腹外斜肌后继续向后下方行走，分布于腹下壁及膝关节外侧的皮肤，且有分支分布于腹外斜肌和腹内斜肌。深支先后在腹膜与腹横肌之间以及腹横肌和腹内斜肌之间向下伸延，进入腹直肌，且有分支分布于腹横肌和腹内斜肌。

猫和犬有 7 枚腰椎，因此前 2 个腰神经的腹侧支分别称为髂腹下前神经和髂腹下后神经。

（2）髂腹股沟神经（Ilioinguinal nerve） 来自第 2（食肉动物为第 3）腰神经的腹侧支。在腰大肌与腰小肌之间向后外侧行走，马的行经第 3 腰椎横突末端，牛的行经第 4 腰椎横突末端外侧缘，分为浅、深两支。浅支分布至膝外侧及以下的皮肤，深支分布的情况与髂腹下神经的相似，分布区域略靠后方。

（3）生殖股神经（Genitofemoral nerve） 由第 2 ～ 4 腰神经腹侧支的分支组成。沿腰大肌内侧缘下行，分为肌支和腹股沟支，肌支分布于腹内斜肌和睾提肌，腹股沟支进入腹股沟管，公畜分布于阴囊和包皮，母畜分布于乳房，母猫和母犬分布于阴门周围的皮肤。

（4）股外侧皮神经（Lateral femoral cutaneous nerve） 由第 3 和第 4 腰神经腹侧支的分支组成。经腰大肌与腰小肌间向后外侧伸延，与旋髂深动脉的后支伴行，在髋结节附近穿出腹壁，分布于膝关节以上股前部和股外侧部的皮肤。

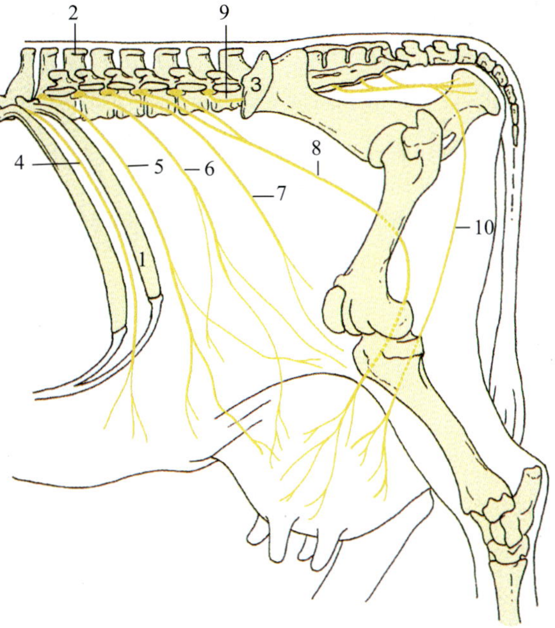

图 10-27　母牛的腹壁神经

1. 最后肋骨　2. 第 2 腰椎棘突
3. 髋结节　4. 第 12 肋间神经
5. 第 13 肋间神经（肋腹神经）
6. 髂腹下神经（第 1 腰神经）
7. 髂腹股沟神经（第 2 腰神经）
8. 生殖股神经（第 3、第 4 腰神经）
9. 第 5 腰神经　10. 会阴腹侧神经
（引自 Singh 等，2018）

（五）荐神经（Sacral nerve）

1. 背侧支　经荐背侧孔出椎管，分布于臀部的皮肤以及尾根部的肌肉和皮肤。

2. 腹侧支　经荐腹侧孔出椎管，第 1、第 2 荐神经的腹侧支参与构成腰荐神经丛。第 3 ～ 4 对荐神经的腹侧支形成阴部神经与直肠后神经（图 10-28）。最后一对荐神经的腹侧支分布于尾的腹侧。

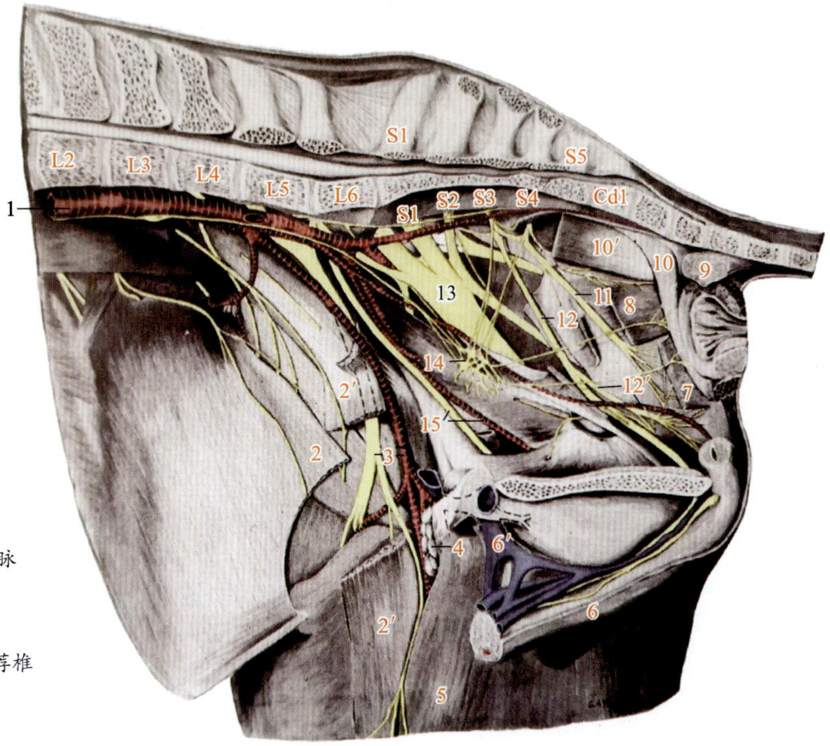

图 10-28　马骨盆腔和会阴部神经

1. 腹主动脉　2. 腹内斜肌
2′. 缝匠肌（断面）　3. 股动脉和股神经
4. 腹股沟深淋巴结　5. 股薄肌
6. 阴茎　6′. 阴部外静脉
7. 肛提肌（断面）　8. 尾骨肌
9. 直肠尾骨肌　10. 阴茎缩肌
10′. 腹侧尾肌　11. 直肠后神经
12. 阴部神经　12′. 阴部深神经和阴部内动脉
13. 坐骨神经　14. 盆神经丛
15. 闭孔神经和血管　Cd1. 第 1 尾椎
L2 ～ L6. 第 2 ～ 6 腰椎　S1 ～ S5. 第 1 ～ 5 荐椎
（引自 Singh 等，2018）

（1）阴部神经（Pudendal nerve）　由第 3、第 4 荐神经腹侧支的分支组成，沿荐结节阔韧带的内侧面向后下方伸延，分支分布于尿道、肛门、会阴及股内侧皮肤后，主干绕过坐骨弓成为阴茎背神经，沿阴茎背侧缘向前延伸分布于阴茎和包皮。在母畜则为阴蒂背神经，分布于阴唇和阴蒂。

（2）直肠后神经（Caudal rectal nerve） 来自第4、第5（牛）或第3、第4（马）荐神经的腹侧支，有1～2支，在阴部神经背侧，沿荐结节阔韧带内侧面向后、向下伸延，分布于直肠和肛门。母畜还分布于阴唇。

（六）腰荐神经丛

腰荐神经丛（Lumbosacral plexus） 由第4～6腰神经和第1～2荐神经的腹侧支构成，位于腰荐部腹侧，分出下列分支，主要分布于后肢（图10-29和图10-30）。

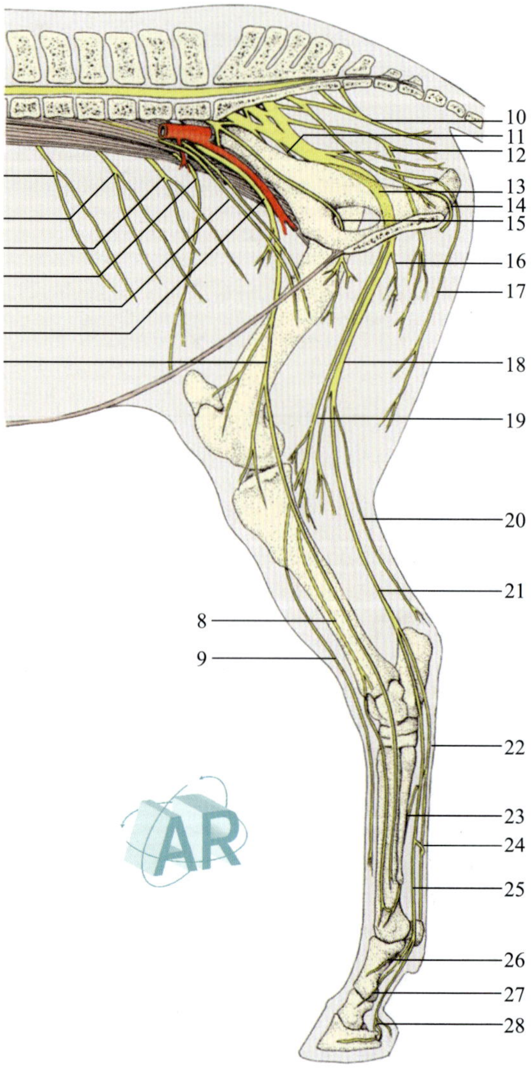

图10-29 马腰荐神经丛的分支

1. 最后肋间神经 2. 髂腹下神经 3. 髂腹股沟神经 4. 股外侧皮神经 5. 生殖股神经 6. 股神经 7. 隐神经 8. 腓深神经 9. 腓浅神经 10. 直肠后神经 11. 臀前神经 12. 臀后神经 13. 坐骨神经 14. 阴部神经 15. 闭孔神经 16. 胫神经近侧皮支 17. 股后皮神经 18. 胫神经 19. 腓总神经 20. 小腿后侧皮神经 21. 胫神经 22. 趾跖侧第3总神经 23. 趾跖侧第3总神经的深支 24. 交通支 25. 趾跖侧第2总神经 26. 近趾节骨背侧支 27. 中趾节骨背侧支 28. 趾内侧神经跖支

（引自König和Liebich，2007）

图10-30 犬的后肢神经（内侧面）

1. 股神经 1′. 至股四头肌肌支 1″. 隐神经 2. 闭孔神经 3. 盆神经 4. 至闭孔内肌、孖肌和股方肌的肌支 5. 坐骨神经 6. 腓总神经 6′. 小腿外侧皮神经 6″. 腓浅神经 6‴. 腓深神经 7. 胫神经 7′. 小腿后皮神经 7″. 跖内侧神经 7‴. 跖外侧神经 8. 阴部神经 8′. 会阴深神经 9. 股后皮神经 10. 直肠后神经 L5. 第5腰神经 L7. 第7腰神经 S1. 第1荐神经 S3. 第3荐神经

（引自Singh等，2018）

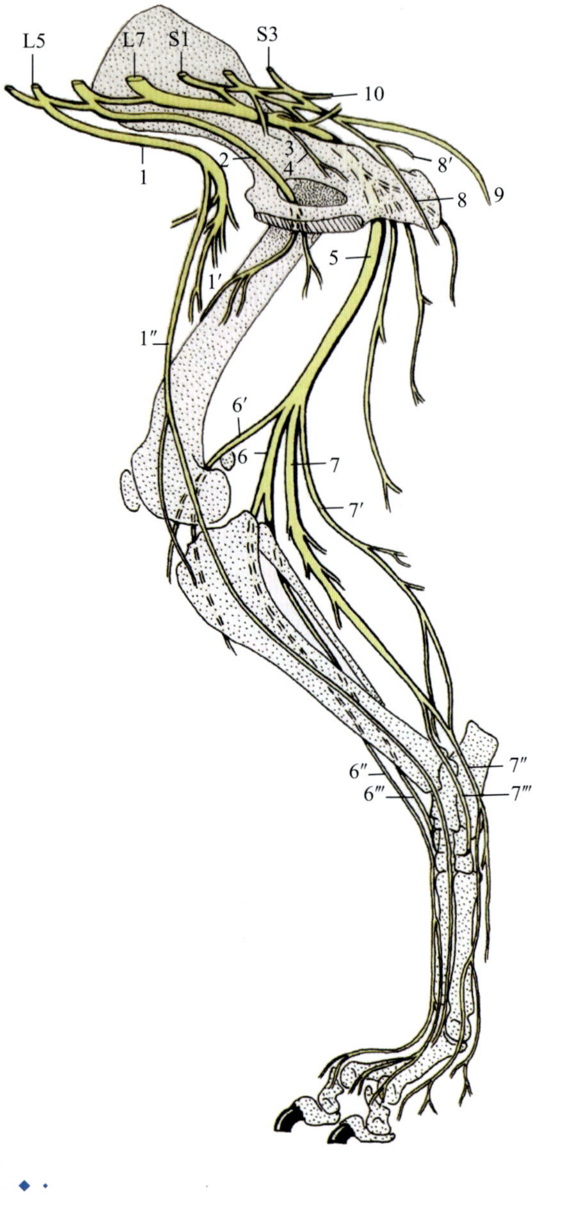

1. 股神经（Femoral nerve） 由腰荐神经丛前部发出，其纤维主要来自第4、第5腰神经的腹侧支，经腰大肌与腰小肌之间向后、向外、向下伸延，穿出腹腔后，在缝匠肌的深面分出隐神经及至髂腰肌的肌支，主干进入股直肌与股内肌之间，分数支分布于股四头肌。由于股神经在耻骨梳附近通过，此处容易受机械损伤。如动物在麻醉之后到苏醒过程或骨盆骨折后的康复过程中，股四头肌的过度伸展，是导致股神经损伤的最常见的原因。股神经损伤导致股四头肌瘫痪，妨碍了膝关节的固定，而使后肢无法支撑体重。

隐神经（Saphenous nerve）在缝匠肌覆盖下由股神经分出，分出肌支分布于缝匠肌、耻骨肌和股薄肌。伴随股动脉通过股管后，在后肢的内侧面下行，于股中部，隐神经延伸至皮下。在膝关节水平处，分出一小支伴膝降动脉分布于膝关节。隐神经继续由股部向跗部下行，并与同名动脉和隐内侧静脉伴行，分布于小腿内侧皮肤（从股部至跗部）。

2. 坐骨神经（Sciatic nerve） 为全身最粗大的神经，纤维主要由第6腰神经和第1荐神经腹侧支的分支组成。坐骨神经自坐骨大孔出盆腔，沿荐结节阔韧带的外侧向后下方伸延，经大转子与坐骨结节之间绕过髋关节后下行于股后部，向下伸延在股二头肌、半膜肌和半腱肌之间，并沿途分支分布于半膜肌、半腱肌、股二头肌和髋关节囊。坐骨神经约在股骨中部分为腓总神经和胫神经。

股骨骨折、肌肉注射不当或臀部外科手术的并发症都可能导致坐骨神经或其终末分支的损伤。这些损伤通常可通过后肢不能支撑体重的跛行，以及由其导致的损伤肌肉的快速萎缩和后肢主要感觉缺失等临床症状来诊断。

（1）胫神经（Tibial nerve） 胫神经是坐骨神经的大终末分支。在与腓总神经刚分开处，胫神经分出强大的近侧肌支分布于股后肌群（股二头肌、半腱肌和半膜肌）的坐骨头。在股远端，胫神经向后发出小腿后皮神经（Caudal sural cutaneous nerve），该神经与外侧隐静脉一起延伸至小腿后部，分布于小腿后面和跗跖外侧面的皮肤。在膝关节的后方，胫神经沿股二头肌深面进入腓肠肌的内、外侧头之间，在此分出远侧肌支，分布于腓肠肌、趾深屈肌、趾浅屈肌和腘肌。胫神经继续沿跟腱和趾深屈肌头部之间下行至小腿远端的跗内侧面，在大动物，这个位置可触及此神经。在跟骨处，胫神经分为足底内侧神经（Medial plantar nerve）和足底外侧神经（Lateral plantar nerve），继续向下伸延。

牛的足底内侧神经沿趾浅屈肌腱的内侧缘向下伸延，在系关节上方分为内侧支和外侧支。内侧支分布于第3趾的跖内侧面，外侧支在趾间隙分布于第3、第4趾。足底外侧神经沿趾浅屈肌腱的外侧缘向下伸延，分布于第4趾的跖外侧面。

马的足底内侧神经沿趾屈肌腱的内侧缘向下伸延，分支分布于趾内侧的皮肤及趾关节。在跖部分出交通支，绕过趾屈肌腱的表面，合并于足底外侧神经。足底外侧神经沿趾屈肌腱的外侧缘向下伸延，分支分布于趾外侧的皮肤及趾关节。

（2）腓总神经（Common fibular nerve） 较胫神经略细，在股二头肌的深面沿腓肠肌外面向前下方伸延，到腓骨近端外侧分为腓浅神经（Superficial fibular nerve）和腓深神经（Deep fibular nerve）。腓总神经在股部远端分出小腿外侧皮神经（Lateral sural cutaneous nerve），穿过股二头肌的远端分布于小腿外侧皮肤。

牛的腓浅神经较粗，在跗、跖部的背侧沿趾长伸肌腱向下伸延，在趾间隙分支分布于第3、第4趾。在跖近端分出侧支向下伸延，分布于第3趾背内侧和第4趾背外侧。腓深神经沿胫骨的背侧肌和趾外侧伸肌的沟中向下伸延，在跖部与跖背侧动脉伴行，肌支分布于小腿前部的肌肉，主干末端与腓浅神经合并后分出第3趾背外侧神径和第4趾背内侧神经。

马的腓浅神经较小，沿趾长伸肌与趾外侧伸肌之间向下伸延，分布于趾外侧伸肌以及小腿和跖外侧皮肤。腓深神经进入趾外侧伸肌与趾长伸肌之间，除分布于小腿背外侧部肌肉外，还分布于跗、跖及趾背内侧和趾背外侧的皮肤。

3. 闭孔神经（Obturator nerve） 由第4～6腰神经腹侧支的分支组成，沿髂骨内侧面向后下方伸延，穿出闭孔，分支分布于闭孔外肌、耻骨肌、内收肌和股薄肌。因为闭孔神经与骨比较贴近，所以容易损伤。在骨盆骨折和小牛、小驹生产过程中，神经受压迫是最常见的病因。

4. 臀前神经（Cranial gluteal nerve） 由第 6 腰神经和第 1 荐神经腹侧支的分支组成，与臀前动、静脉一起出坐骨大孔，分数支分布于臀肌和股阔筋膜张肌。

5. 臀后神经（Caudal gluteal nerve） 由第 1、第 2 荐神经的腹侧支的分支组成，沿荐结节阔韧带外侧面向后伸延，分支分布于股二头肌、半腱肌和臀肌。此外，还分出一皮支，分布于股后部的皮肤。

（七）尾神经

尾神经（Coccygeal nerve） 分背侧支和腹侧支。背侧支相互吻合形成尾背侧神经，伸至尾尖；腹侧支相互吻合形成尾腹侧神经，伸至尾尖。分别分布于尾背侧和尾腹侧的肌肉和皮肤。

三、脑神经

脑神经（Cranial nerve）是指与脑相连的周围神经，共有 12 对，按其与脑相连的前后顺序及其功能、分布和行程而命名。脑神经通过颅骨上的孔或裂进出颅腔，主要分布于头部和颈部。脑神经的神经纤维成分比脊神经复杂，可分为一般躯体传入纤维（传导头部的一般感觉）、特殊躯体传入纤维（接受光、声、位的刺激）、一般内脏传入纤维（接受内脏、心血管、腺体的信息）、特殊内脏传入纤维（接受嗅黏膜、味蕾、颈动脉窦的刺激）、一般躯体传出纤维（支配头部的骨骼肌）和副交感神经纤维（支配头部的腺体、瞳孔括约肌、睫状肌）。所以，有的脑神经是感觉神经，有的为运动神经，有的是含有感觉纤维和运动纤维的混合神经。支配头部平滑肌、血管、腺体的交感神经纤维来自脊髓。脑神经的先后次序、与脑联系的部位、神经纤维的性质以及主要分布情况如表 10–2 和图 10–31 所示。

表 10–2　脑神经简表

名　称	与脑联系的部位	纤维性质	分　布
Ⅰ. 嗅神经	嗅球	感觉纤维	嗅黏膜
Ⅱ. 视神经	间脑外侧膝状体	感觉纤维	视网膜
Ⅲ. 动眼神经	中脑的大脑脚	运动纤维 *	眼球肌、瞳孔括约肌
Ⅳ. 滑车神经	中脑	运动纤维	眼上斜肌
Ⅴ. 三叉神经	脑桥		
眼神经		感觉纤维	眶、额部皮肤、泪腺、结膜
上颌神经		感觉纤维	鼻腔、硬腭黏膜、上齿根、口唇鼻皮肤
下颌神经		混合纤维	咀嚼肌、下唇皮肤、下齿根、舌
Ⅵ. 外展神经	延髓	运动纤维	眼外直肌、眼球退缩肌
Ⅶ. 面神经	延髓	混合纤维 *	颜面部肌肉、耳、味蕾、唾液腺
Ⅷ. 前庭耳蜗神经	延髓	感觉纤维	耳蜗、前庭及半规管
Ⅸ. 舌咽神经	延髓	混合纤维 *	舌、咽、味蕾、唾液腺
Ⅹ. 迷走神经	延髓	混合纤维 *	咽、喉、腺体、内脏
Ⅺ. 副神经	延髓	运动纤维	斜方肌、胸头肌及臂头肌
Ⅻ. 舌下神经	延髓	运动纤维	舌肌及舌骨肌

注：* 含有副交感神经成分。

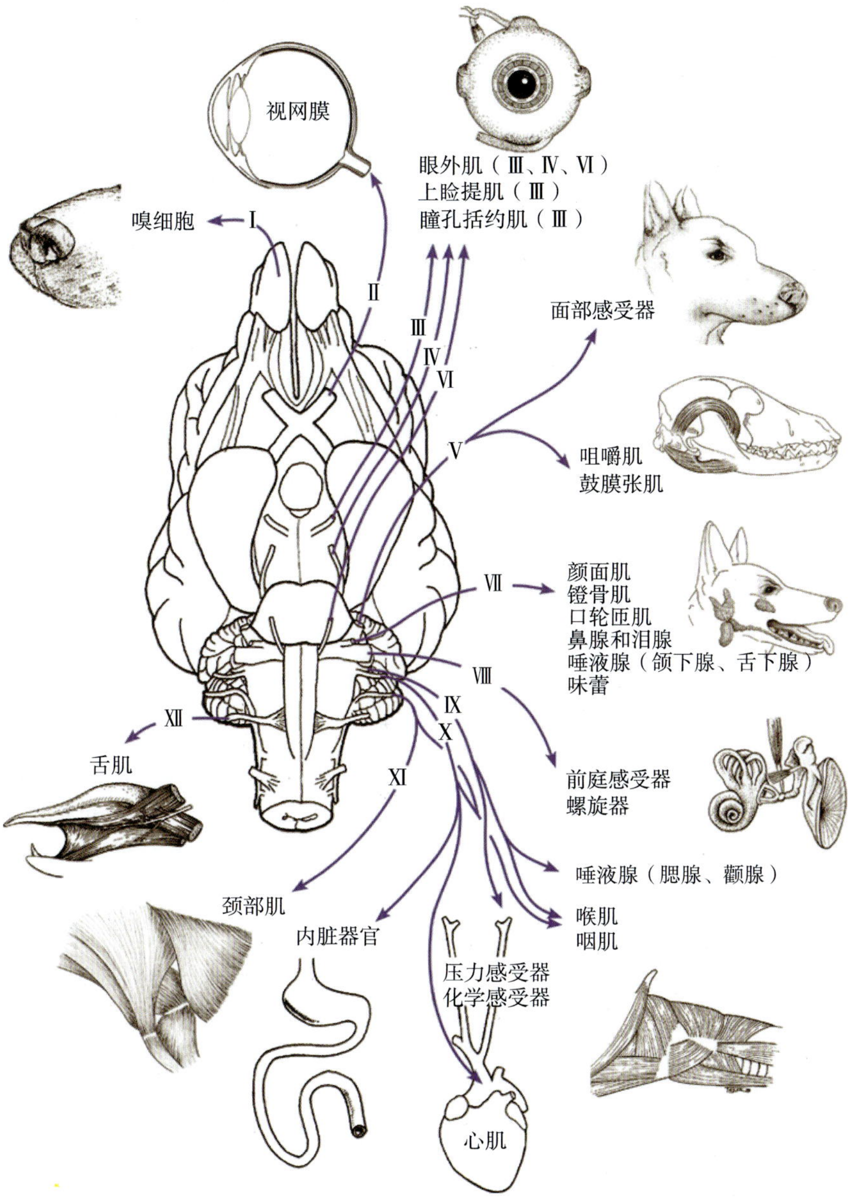

图 10-31　脑神经分布示意图

Ⅰ～Ⅻ. 第 1～12 对脑神经

（一）嗅神经

嗅神经（Olfactory nerve）为传导嗅觉的感觉神经，起于鼻腔嗅区黏膜中的嗅细胞。嗅细胞为双极神经元，其周围突伸向嗅区黏膜；中枢突聚集成许多嗅丝，穿过筛板，入颅腔连接嗅球。

（二）视神经

视神经（Optic nerve）为传导视觉的感觉神经，由眼球视网膜神经节细胞的轴突构成，经视神经孔入颅腔，两侧视神经在下丘脑的腹侧部互相交叉，形成视交叉及视束，至间脑外侧膝状体、四叠体的前丘和丘脑核，将视觉冲动传至大脑皮质或对光反射中枢。

（三）动眼神经

动眼神经（Oculomotor nerve）由来自运动核的躯体传出纤维和副交感核的内脏传出神经组成。运动神经纤维起于中脑的动眼神经核，自脚间窝外缘、大脑脚内侧缘出脑，经圆孔（马）或眶圆孔（牛）出颅腔，分背、腹 2 支分布于眼球肌（背侧支支配上眼睑提肌和背侧直肌，腹侧支支配内侧直肌、腹侧直肌和腹侧斜肌），支配眼球和上眼睑的运动。副交感神经纤维起于中脑动眼神经核背内侧的副交感核，副交感纤维于腹侧支内前行，与位于腹侧斜肌分支起点的睫状神经节（Ciliary ganglion）内的节后神经元形成突触，节后神经纤维（睫状短神经，Short ciliary never）支配瞳孔括约肌和睫状肌的活动，参与瞳孔和晶状体对光反射的调节。

（四）滑车神经

滑车神经（Trochlear nerve）为眼肌运动神经，起于中脑的滑车神经核，自结合臂与后丘交界处的背侧出脑，是唯一一对自脑干背侧发出的脑神经。滑车神经在小脑幕的腹侧褶穿过硬脑膜，在上颌神经的外侧前行，通过圆孔离开颅腔。但马例外，有独立的孔（滑车孔，Trochlear foramen）。滑车神经分布于眼球背侧斜肌，参与调节眼球的运动。

（五）三叉神经

三叉神经（Trigeminal nerve）为最粗大的脑神经，属混合神经，由大的感觉根和较小的运动根组成，与脑桥的腹外侧部相连。三叉神经的感觉纤维来自头部的皮肤和深部组织，感觉根有半月神经节或三叉神经节（Trigeminal ganglion），该神经节位于颈静脉孔的前外侧，其感觉神经元的中枢突组成感觉根入脑桥，终止于三叉神经感觉核（三叉神经脑桥感觉核和三叉神经脊束核）；周围突组成眼神经、上颌神经和下颌神经。头部的一般性感觉主要由三叉神经传导。运动根起自三叉神经脑桥运动核，参与组成下颌神经，运动纤维支配咀嚼肌、下颌舌骨肌、二腹肌的前部、软腭张肌和鼓膜张肌。眼神经、上颌神经和下颌神经是三叉神经的 3 大分支（图 10–32）。

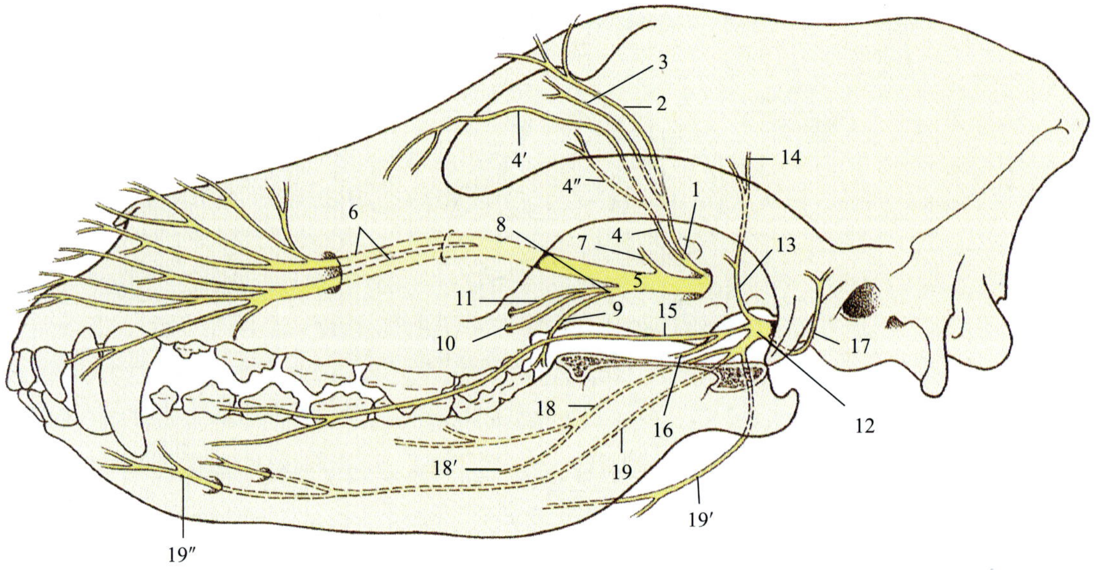

图 10–32　犬三叉神经的分布

1. 眼神经　2. 额神经　3. 泪腺神经　4. 鼻睫神经　4′. 滑车下神经　4″. 睫状长神经　5. 上颌神经　6. 眶下神经　7. 颧神经　8. 翼腭神经　9. 腭小神经　10. 腭大神经　11. 鼻后神经　12. 下颌神经　13. 咬肌神经　14. 颞深神经　15. 颊神经　16. 翼神经　17. 耳颞神经　18. 舌神经　18′. 舌下神经　19. 下颌齿槽神经　19′. 下颌舌骨肌神经　19″. 颏神经

（引自 Singh，2018）

1. 眼神经（Ophthalmic nerve） 为感觉神经，较细，从眶圆孔（牛）或圆孔（马）出颅腔后，分为泪腺神经、额神经或眶上神经和鼻睫神经。

（1）泪腺神经（Lacrimal nerve） 在眶骨膜覆盖下沿眼球外侧直肌延伸，分布于泪腺、上眼睑及颞部的皮肤。牛的眼神经分出角神经，沿额嵴腹侧向后伸延，分布于角基部，临床上做断角手术时常封闭此神经。

（2）额神经（Frontal nerve）或眶上神经（Supraorbital nerve） 在眼球背侧斜肌和背侧直肌背侧的眶骨膜下方前行，到达眼眶背侧缘后，穿过眶骨膜，并绕过其背侧缘。在马通过眶上孔走出，分布于额部皮肤、上眼睑的皮肤和结膜，有分支也分布至颞部的皮肤。在牛，一般称额神经，在马多称眶上神经。

（3）鼻睫神经（Nasociliary nerve） 是眼神经中最大的分支，开始前行于视神经的外侧，越过视神经后到达眼眶的内侧面。鼻睫神经在眼球内直肌与上斜肌之间分出筛神经和滑车下神经，在形成筛神经和滑车下神经两分支之前发出睫状神经。①睫状神经（Ciliary nerve）于巩膜和脉络膜之间前行至虹膜，分睫状长神经（Long ciliary nerve）和睫状短神经（Short ciliary nerve），分支分布至球结膜、睫状肌和角膜。睫状短神经经过睫状神经节。②筛神经（Ethmoidal nervus）通过筛孔返回颅腔，位于硬膜的外侧，行至筛板并通过筛板进入鼻腔。筛神经的感觉纤维分布于嗅黏膜，并有分支至额窦、鼻腔顶壁至鼻尖。③滑车下神经（Infratrochlear nerve）沿眼眶内侧面到达鼻侧眼角，分布于结膜、第 3 眼睑和泪阜。

2. 上颌神经（Maxillary nerve） 为感觉神经，自眶圆孔（牛）或圆孔（马）出颅腔，主干在蝶腭窝处进入眶下管后口，成眶下神经。在蝶腭窝内，上颌神经还发出颧神经和翼腭神经。

（1）颧神经（Zygomatic nerve） 前行于眼眶的外侧面，与泪腺神经、额神经和耳睑神经一起，分布于下眼睑、眼外角及该区域的皮肤。在反刍动物，颧神经有支配角的角神经分支。猫不存在颧神经。

（2）翼腭神经（Pterygopalatine nerve） 或称蝶腭神经（Sphenopalatine nerve），起始部扁平，由上颌神经的深面发出，向前延伸形成 3 个分支，即鼻后神经、腭大神经和腭小神经。①鼻后神经（Caudal nasal nerve）离开翼腭窝经蝶腭孔进入鼻腔，分为内侧支和外侧支，其感觉纤维分布于鼻中隔与下鼻甲、下鼻道和中鼻道的鼻黏膜。②腭大神经（Major palatine nerve）由腭大孔进入腭管分布于硬腭的黏膜。③腭小神经（Minor palatine nerve）较细，包含感觉纤维，分布于软腭。

（3）眶下神经（Infraorbital nerve） 是上颌神经的直接延续，从上颌孔进入眶下管，发出的齿槽支分布于臼齿、齿龈和齿槽。主干自眶下孔穿出后，分为 3 支（上唇支、鼻外支和鼻内支），分布于上唇、鼻背、鼻孔（皮肤、黏膜）。

3. 下颌神经（Mandibular nerve） 与三叉神经的其他分支不同，为既有感觉神经又有运动神经的混合神经，经卵圆孔（牛）或破裂孔卵圆切迹（马）出颅腔，运动神经形成肌支，如咬肌神经、颊肌神经、翼肌神经，分布于咀嚼肌；感觉神经主要有颞浅神经、下颌齿槽神经和舌神经。下颌神经在接近咀嚼肌神经起始部有一耳神经节（Otic ganglion）。

（1）咀嚼肌神经（Masticatory nerve） 为下颌神经于卵圆孔出来之后分出肌支，沿颞下颌关节的前方向外侧延伸，分为咬肌神经和颞深神经。①咬肌神经（Masseteric nerve）通过下颌髁和下颌骨冠状突之间的下颌切迹由下颌骨外侧面进入咬肌。②颞深神经（Deep temporal nerve）提供的运动神经支配颞肌。

（2）翼内、外肌神经（Medial and lateral pterygoid nerves） 由下颌神经腹内侧发出，支配同名的咀嚼肌。

（3）颊神经（Buccal nerve） 最粗，在翼外侧肌和颞肌之间前行至颊。颊神经具有的感觉神经，分布于颊的皮肤和黏膜，并能传送来自耳神经节调控分泌的纤维分布至颊腺和腮腺。

（4）颞浅神经（Superficial temporal nerve） 或称耳颞神经（Auriculotemporal nerve），由下颌神经的后缘发出，被腮腺覆盖，绕过下颌骨后缘，于颞下颌关节的腹侧至面部，分为耳支和颞支。耳支沿外耳道的前缘延伸至外耳基部，与中间面神经的耳前支一起分布于此区的皮肤。颞支分出一些小的神经分布于外耳道、腮腺和颊部的皮肤。

（5）下颌齿槽神经（Inferior alveolar nerve） 为下颌神经终支的后支，在翼内侧肌和翼外侧肌之间走行，在由下颌孔进入下颌齿槽管之前，分出最后一个运动支称下颌舌骨肌神经（Mylohyoid nerve），支配下颌舌骨肌和二腹肌的前腹。下齿槽神经在下颌齿槽管内前行，发出齿槽感觉神经分布于齿，主干再由颏孔走出后即为颏神经（Mental nerve），分布于下唇的皮肤和黏膜及颏部。

（6）舌神经（Lingual nerve） 为下颌神经终支，与下颌齿槽神经同一总干起始，在翼内侧肌的外侧面走向腹侧，走在茎舌骨的外侧，接受来自面神经的鼓索（Chorda tympani），然后沿着下颌舌骨肌内侧至舌，在此分成深支和浅支，其具有的感觉纤维分布于舌的前 2/3 和口腔底的黏膜。面神经的一个分支鼓索神经加入舌神经内，传递感觉纤维和来自下颌神经节的副交感纤维，这些调控分泌的纤维分布至下颌腺和舌下腺。

三叉神经损伤引起咀嚼肌麻痹，其特征是颌下垂，犬最常见。在许多病例中，经常与舌下神经麻痹同时发生，导致患病动物的舌由口腔脱出。常由脑脓肿、脑损伤和狂犬病引起。

（六）外展神经

外展神经（Abducent nerve）为运动神经，起于延髓内的外展神经核，自延髓的前端锥体的两侧发出，经眶窝孔伸入眶窝，分布于眼球外直肌和眼球退缩肌，参与调节眼球的运动。

（七）面神经

面神经（Facial nerve）由延髓斜方体的外侧发出，与前庭耳蜗神经一起进入内耳道，在内耳道底部独自进入面神经管，并从茎乳突出颅壁。面神经属混合神经，内含 4 种神经纤维成分（图 10–33）。

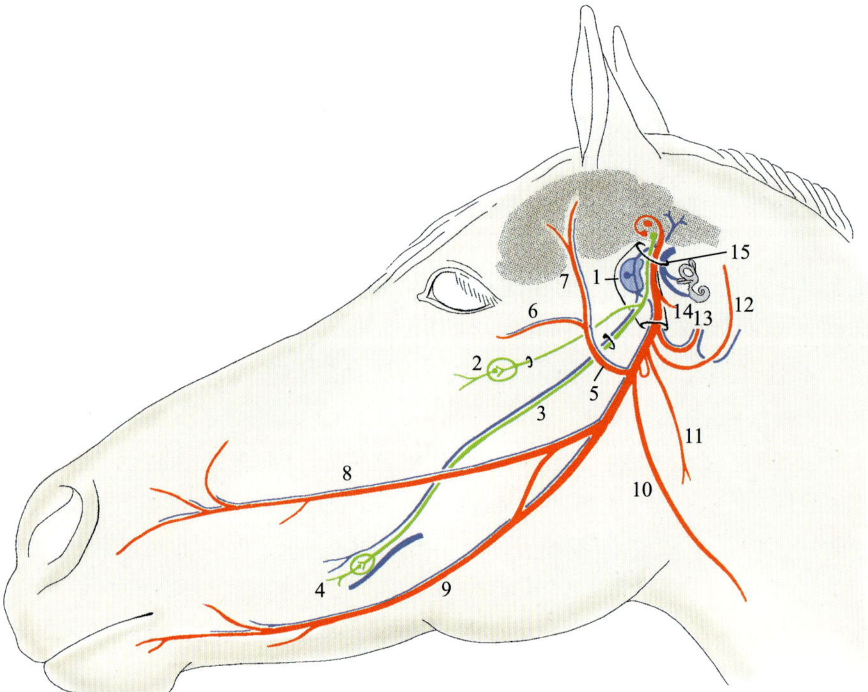

图 10–33　马面神经分布

蓝线为感觉纤维
红线为运动纤维
绿线为副交感纤维
1. 膝神经节　2. 翼腭神经节和岩大神经
3. 鼓索神经　4. 下颌神经节和舌神经
5. 耳睑神经　6. 颧支　7. 耳前支
8. 颊背侧支　9. 颊腹侧支
10. 颈支　11. 二腹肌支
12. 耳后神经　13. 耳内神经
14. 镫骨肌神经　15. 内耳道
（引自 König 和 Liebich，2007）

（1）运动神经纤维来自延髓内的面神经核，主要构成颊背侧支和颊腹侧支，二者都沿咬肌表面前伸，分布于颜面肌群，另有很多小分支分布于耳部肌肉、眼轮匝肌和腮腺表面的肌肉。

（2）躯体一般感觉神经的神经元位于膝神经节（Geniculate ganglion），后者位于面神经管内，其中枢突止于三叉神经脊束核，周围突分布于外耳凸面和凹面的皮肤。

（3）特殊和一般内脏传入神经的神经元位于膝神经节，其中枢突止于孤束核，周围突参与组成鼓索神经（Chorda tympani nerve），后者在茎乳突孔处由颜面神经分出，沿下颌骨内侧向前下方伸至下颌孔处，与下颌神经的舌神经相连，分布于舌前 2/3 处的味蕾，这些神经纤维将味觉冲动传入中枢。

（4）副交感神经神经纤维为一般内脏运动纤维，起始于面神经副交感核，主要组成岩大神经（Major petrosal nerve），后者经茎乳突孔附近的小孔出岩颞骨，在翼腭窝内形成翼腭神经节（Pterygopalatine ganglion），节后神经纤维分布至头部除腮腺以外的腺体，如泪腺、鼻腺和腭腺。

面神经麻痹的临床表现完全取决于损伤的部位。如损伤发生在面神经的中枢部，则会使耳、眼睑、鼻和唇的肌肉麻痹，以及导致泪腺和唾液腺的分泌活动减弱或丧失。但较多的是面周围部的损伤，如发生在中耳或颅外部，可引起单侧的颜面肌麻痹。这种情况的特征是不对称的口鼻下垂和闭眼能力丧失。在人类表现出对声音的敏感性增强（听觉过敏）。马的皮下神经如果受到过紧笼头的过分压力将受到损伤，也可能会引起唇和颊部肌肉的麻痹。

（八）前庭耳蜗神经

前庭耳蜗神经（Vestibulocochlear nerve）在面神经根外侧，连斜方体的外侧缘，自内耳道进入耳内。属感觉神经，传导听觉和平衡觉，亦称位听神经，分为前庭神经和耳蜗神经。

1. 前庭神经（Vestibular nerve） 传导平衡觉，感觉神经元的胞体位于内耳道底部的前庭神经节（Vestibular ganglion），内含双极神经元，其周围突分布于内耳前庭和半规管内膜迷路中的位置感受器，中枢突构成前庭神经，至延髓的前庭神经核（前庭前核、前庭脊髓核、前庭内侧核和前庭外侧核），部分纤维直接终止于小脑。

2. 耳蜗神经（Cochlear nerve） 传导听觉，感觉神经元位于内耳的螺旋神经节（Spiral ganglion），位于蜗轴内，内含双极神经元，其周围突分布于内耳膜迷路听觉感受器，与耳蜗管内的柯蒂氏器（Corti's organ）上的毛细胞形成突触；其中枢突组成耳蜗神经，至延髓的耳蜗神经背侧核和腹侧核。两耳蜗核是中枢听觉径路的起点，纤维经交叉后进入内侧膝状体和四叠体的后丘，在外侧丘系上行至大脑皮层，投射到颞叶的听觉区。

（九）舌咽神经

舌咽神经（Glossopharyngeal nerve）自延髓的腹外侧缘发出，其神经根在前庭耳蜗神经根后方与迷走神经根的前面，经颈静脉孔出颅腔，属混合神经。其运动纤维起自延髓疑核的前部，副交感纤维起自舌咽神经副交感核。舌咽神经接受来自颈前神经节的交感纤维。舌咽神经出颅腔后，在咽外侧沿舌骨大支向前下方伸延，分为咽支和舌支。咽支发出分支进入咽神经丛，迷走神经也有分支加入该丛，主要分布于咽部的肌肉；舌支具有感觉和副交感纤维，分布于舌后 1/3 的味蕾。在此之前还分出一支窦神经，分布至颈动脉窦。舌咽神经感觉神经元的胞体位于岩神经节（Petrosal ganglion）内，感觉神经分布于舌后 1/3、软腭、咽和颈动脉窦，司味觉和一般感觉。运动神经分布于咽肌，司咽的运动。

马的舌咽神经通过喉囊的内侧间隔，与舌下神经走在一个共同的皱襞内。喉囊炎能够引起该神经损伤，其症状表现为吞咽困难。

（十）迷走神经

迷走神经（Vagus nerve）为混合神经，含有感觉传入纤维和躯体传出与内脏传出纤维。其根丝附着于延髓的腹侧面，在舌咽神经根的后方，是脑神经中行程最远、分布区域最广的神经（详见植物性神经部分）。

（十一）副神经

副神经（Accessory nerve）为运动神经，由颅根和脊髓根组成。颅根起自延髓腹外侧缘，位于迷走神经根的后方；脊髓根由前部颈段脊髓腹侧柱发出的腹根分支组成，经枕骨大孔入颅腔，与颅根合并成副神经后自颈静脉孔（牛）或破裂孔（马）出颅腔，分为 2 支：内支加入迷走神经，分布于喉和咽肌；外支分布于胸头肌、斜方肌和臂头肌。

（十二）舌下神经

舌下神经（Hypoglossal nerve）为运动神经，起自延髓的舌下神经核，自延髓腹侧下橄榄体的外侧缘发出，经舌下神经孔出颅腔，分布于舌肌和舌骨肌。

马的舌下神经通过喉囊的内侧间隔与舌咽神经走在一个共同的皱襞内，越过颈内动脉，与舌面动脉干伴行至舌根。喉囊发生传染性疾病或原发性损伤可能引起此神经损伤，其症状表现为舌麻痹。

四、植物性神经系

植物性神经系统（Vegetative nervous system）又称自主神经系统（Autonomic nervous system），是指分布至内脏器官、血管和皮肤的平滑肌、心肌和腺体的神经，有的学者亦称其为内脏神经系统（Visceral nervous system）。

（一）植物性神经的一般特征

植物性神经与躯体神经（Somatic nerves）在起源、分布范围、功能与形态结构上有如下区别。

1. 起源不同 植物性神经起始于脑干脑神经副交感核及胸段、腰前段和荐段脊髓灰质外侧柱，而躯体神经则起自脑干脑神经运动核和脊髓灰质腹侧柱。

2. 支配器官不同 植物性神经支配平滑肌、心肌和腺体，躯体神经则支配骨骼肌。植物性神经支配内脏正常有节律的活动，如呼吸、消化、循环和排泄等，以调节机体的新陈代谢，并在环境突变时，使机体能应付应急情况。而躯体神经则能使横纹肌产生迅速适宜的运动。

3. 从中枢到效应器的神经元数目不同 躯体传出神经由中枢到效应器只有一个神经元，其胞体位于中枢内；而植物性传出神经则要经过 2 个神经元（图 10-34）。植物性传出神经的第 1 个神经元称节前神经元（Preganglionic neuron），其胞体位于脑干和脊髓灰质内，由它发出的纤维称为节前神经纤维，伸延至植物性神经节中，与第 2 个神经元形成突触。第 2 个神经元称节后神经元（Postganglionic neuron），其胞体位于植物性神经节内，发出的纤维称为节后神经纤维，分布于平滑肌、心肌和腺体。节后神经元数目多，一个节前神经元能与许多节后神经元构成突触，可使许多效应器同时活动。

植物性神经节（Automatic ganglion）有 3 类：第 1 类位于椎体两侧，沿脊柱排列，称椎神经节（Vertebral ganglion）或椎旁神经节（Paravertebral ganglion），如交感神经干上的神经节；第 2 类在脊柱的下方，主动脉的腹侧，称椎下神经节（Subvertebral ganglion），如腹腔肠系膜前神经节和肠系膜后神经节等；第 3 类位于内脏器官附近或器官壁内，称终末神经节（Terminal ganglion），如副交感神经的盆神经节和壁内神经节。植物性神经的节前神经纤维，可能通过 2 个或 2 个以上的植物性神经节，但只在其中的 1 个神经节内交换神经元。

4. 神经纤维的粗细不同 躯体运动神经元为大型多极细胞，发出粗的有髓神经纤维（A 类）；而植物性神经的节前和节后神经元多为中小型细胞，节前神经纤维为细的有髓神经纤维（B 类），节后神经纤维为细的无髓神经纤维（C 类）。

5. 分布方式不同 植物性神经的节后神经纤维常攀附血管或脏器表面形成神经丛，由丛发出分支至效应细胞周围形成茸细的丛网；而躯体运动神经纤维以干的形式分布至效应器，所以仅在末端分支，

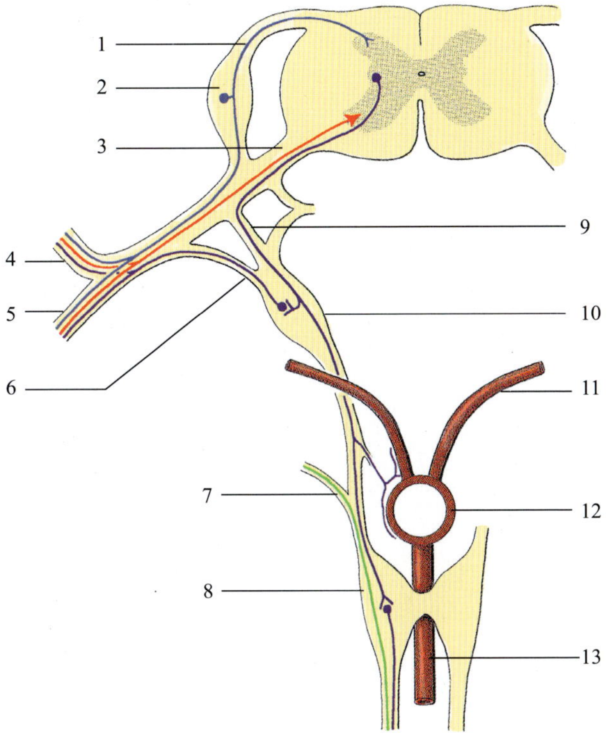

图 10-34　植物性神经纤维和躯体运动神经纤维分布的比较

1. 脊神经背根　2. 脊神经节　3. 脊神经腹根　4. 脊神经背侧支　5. 脊神经腹侧支　6. 灰交通支
7. 迷走神经纤维　8. 椎下神经节　9. 白交通支　10. 椎旁神经节　11. 肋间动脉
12. 腹主动脉　13. 肠系膜前动脉
（引自 König 和 Liebich，2007）

其末端形成运动终板。植物性神经的分布无显著的节段性，而每一条脊神经都支配和分布到与其相对应的肌节和皮节发育而来的肌肉和皮肤。

6. 功能不同　植物性神经亦分为传入（感觉）和传出（运动）纤维，其传入纤维传导内脏来的冲动，它对机体内在环境的调节起重要作用；而感觉躯体传入纤维是传导来自体表浅部和躯体深部的感觉刺激，以调节机体的运动和平衡。植物性神经传入纤维的数量远少于躯体传入纤维，而且主要为细纤维。内脏感觉的传入途径分散，一个脏器的感觉可经多个节段的脊神经传入脊髓，又可经副交感神经至脑干。每一条植物性神经传入纤维的感受野远大于躯体传入神经。因此，内脏感觉很模糊，难以精确定位。

7. 受意识支配的程度不同　躯体运动神经一般都受意识支配，而植物性神经在一定程度上不受意识的直接控制，有相对的自主性。

8. 神经分类不同　植物性神经分为交感神经和副交感神经（图 10-35）。分布于内脏器官的植物性神经，一般来说是双重的，既有交感神经，也有副交感神经，它们对同一种器官的作用是不相同的。在中枢的调节下，既相互对抗，又相互统一。如交感神经使心跳加强，血压升高；而副交感神经使心跳减慢，血压降低，以维持心脏的正常活动。这两个系统能够根据它们的神经递质而区分。交感神经最后一个突触的神经递质是去甲肾上腺素，副交感神经的神经递质则是乙酰胆碱，而躯体神经分为脑神经和脊神经。

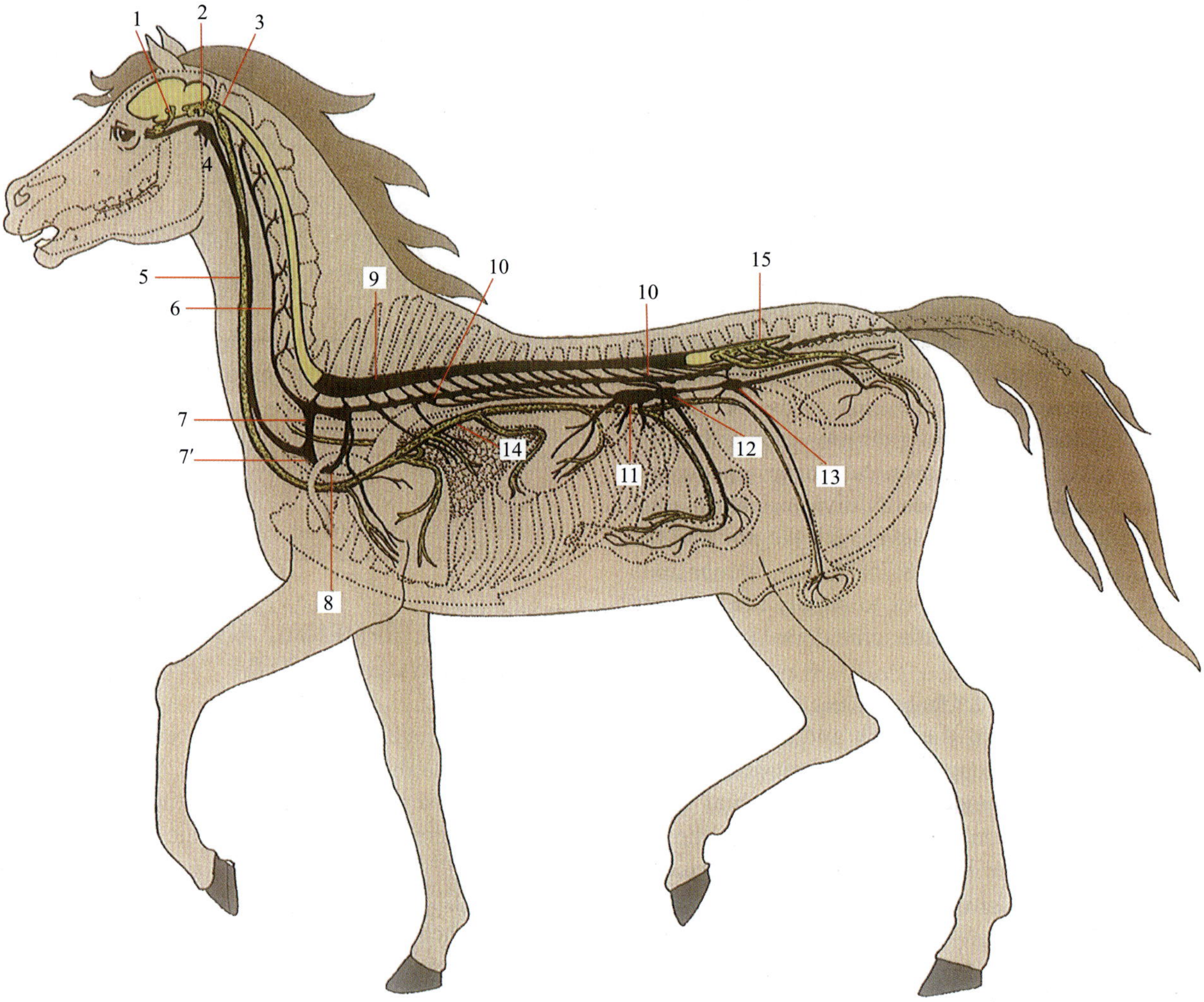

图 10-35　交感神经和副交感神经分布示意图

黑线为交感神经　黄线为副交感神经

1. 动眼神经副交感核　2. 泌涎核（副交感神经核）　3. 迷走神经背核　4. 颈前神经节　5. 迷走交感干　6. 椎神经
7. 颈胸神经节　7′. 颈中神经节　8. 锁骨下袢　9. 发出交感神经的脊髓　10. 交感干及椎旁神经节
11. 腹腔神经节　12. 肠系膜前神经节　13. 肠系膜后神经节
14. 迷走神经及胸腹腔脏器的分支　15. 荐部副交感神经

（引自 Singh，2018）

（二）交感神经

交感神经（Sympathetic nerve）的节前神经元胞体位于脊髓第 1 胸段至第 3 腰段的灰质外侧柱内。发出的节前神经纤维经脊髓腹侧根至脊神经，出椎间孔后经白交通支到，①相应部位的交感神经干的椎神经节；②经椎神经节而至椎下神经节，与其中的节后神经元形成突触；③部分节前纤维通过椎神经节向前、后伸延，终止于前、后段的椎神经节，因而在脊柱两侧形成两条交感神经干（图 10-36）。白交通支（White communicating branch）是连接交感神经干与脊神经的有髓节前神经纤维，因髓鞘反光发亮，故呈白色。

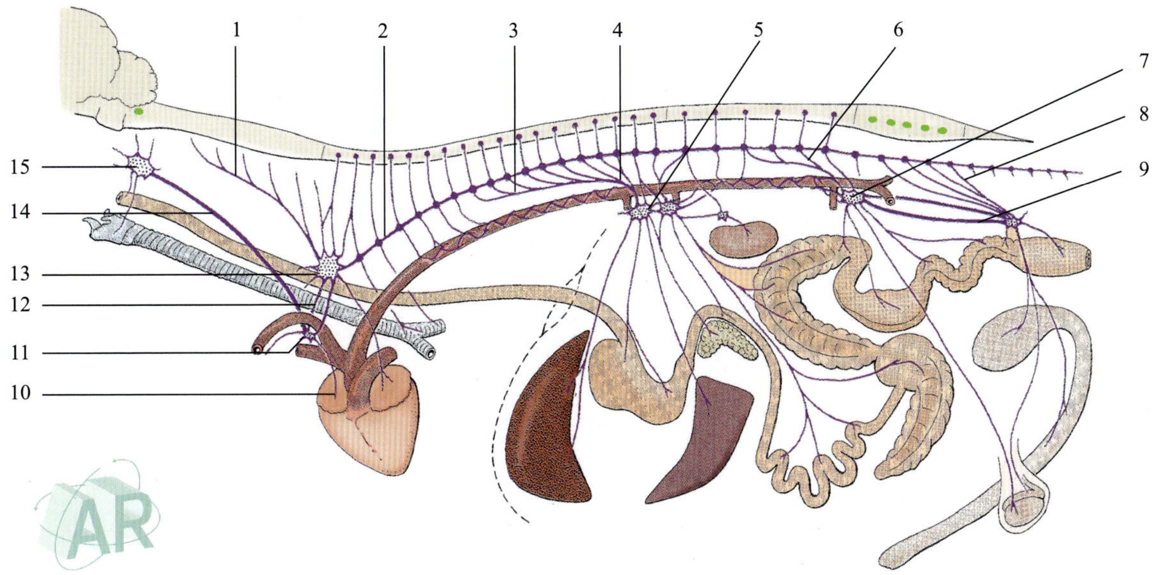

图 10-36 交感神经系示意图

1. 椎神经 2. 胸交感干 3. 内脏大神经 4. 内脏小神经 5. 腹腔肠系膜前神经节 6. 腰内脏神经 7. 肠系膜后神经节 8. 荐内脏神经（盆神经） 9. 腹下神经 10. 心支 11. 颈中神经节 12. 锁骨下袢 13. 星状神经节 14. 颈交感干 15. 颈前神经节

（引自 König 和 Liebich，2007）

节后神经元的胞体位于椎神经节和椎下神经节内。椎神经节发出的节后神经纤维或经灰交通支返回至脊神经，随脊神经分布于躯体的血管、汗腺和立毛肌，或围绕动脉形成神经丛，随动脉至其所分布器官的血管、平滑肌、腺体及心肌。椎下神经节的节后纤维形成神经丛分布于它所支配的器官。灰交通支（Gray communicating branch）是连接交感神经干与脊神经的节后神经纤维，大多数无髓鞘，故颜色灰暗。

交感（神经）干（Sympathetic trunk）是由一系列椎神经节和节间支所组成的两条椎神经节链，位于脊柱的腹外侧，从颈前端向后伸至尾部，左右对称。交感神经干的椎神经节借灰、白交通支与脊神经相连。交感神经干可分为颈部、胸部、腰部和荐尾部（图 10-36）。

1. 颈部交感（神经）干 由前部胸段脊髓发出的节前神经纤维构成，沿气管的背外侧向前伸延至颅腔底面，在颈部与迷走神经并行，合称迷走交感干（Vagosympathic trunk），并与颈总动脉一起包在结缔组织鞘内。颈部交感干上有颈前、颈中和颈后 3 个神经节。

（1）颈前神经节（Cranial cervical ganglion） 呈长梭形，位于颅底腹面。牛的颈前神经节位于枕骨颈静脉突的内侧、鼓泡的腹内侧。马的颈前神经节沿颈内动脉走行于喉囊内侧室后褶中。犬的颈前神经节位于鼓泡后方，与颈内动脉和迷走神经结状节密切接触。颈前神经节发出灰交通支（躯体支，如颈静脉神经）加入附近的脑神经和第 1、第 2 颈神经，分布于头部和颈前部的血管、汗腺和立毛肌。发出的节后神经纤维（内脏支，如颈内动脉神经、颈外动脉神经）围绕颈内、外动脉形成神经丛，分布于头部的唾液腺、泪腺、瞳孔开大肌和平滑肌。

颈内动脉神经（Internal carotid nerve）起源于颈前神经节的顶端，其前行至脑，与颈内动脉一起通过破裂孔，分布于颅腔内的血管，并分出纤维混入三叉神经和其他脑神经。

（2）颈中神经节（Middle cervical ganglion） 位于颈后部、胸腔入口处，多数动物的颈中神经节与颈后神经节合并，马的位于颈后部交感神经干与迷走神经的分叉处，牛、羊的位于椎动脉起始部附近，猪的位于第 6 颈椎腹侧的后方。该神经节发出的节后神经纤维或经灰交通支加入第 5、第 6 颈神经，或经心支（内脏支）参与组成心神经丛，分布于主动脉、心、气管和食管。

（3）颈后神经节（Caudal cervical ganglion） 与第 1、第 2 胸神经节合并成星状神经节（Stellate ganglion)，又称颈胸神经节（Cervicothoracic ganglion）。星状神经节位于胸前口内，在第1肋骨椎骨端的内侧，呈星芒状，向四周发出节后神经纤维：①向前上方发出椎神经（Vertebral nerve），伴随椎动脉进入横突管；②向前背侧缘分出灰交通支加入第2～8颈神经和臂神经丛；③向后下方发出数支粗大的分支，如颈心神经（Cervical cardiac nerve），参与构成心神经丛、肺神经丛，分布于心、肺、血管和食管等胸腔内器官。

2. 胸部交感（神经）干 紧贴于胸椎椎体及颈长肌的外侧，每一节有1个胸神经节（Thoracic ganglion）。第1、第2胸神经节参与组成星状神经节。由胸神经节发出节后神经纤维，组成灰交通支返回胸神经，分布于胸壁的血管、平滑肌和腺体；另一些节后神经纤维形成小支，如胸心神经（Thoracic cardiac nerve），至主动脉、食管、气管和支气管，并参与心和肺神经丛。胸部交感神经干还发出内脏大神经和内脏小神经。

（1）内脏大神经（Greater splanchnic nerve） 自胸部交感神经干的中后段分出，并与其并行，在最后胸椎后方离开胸部交感干，后穿过膈脚的背侧入腹腔，连于腹腔肠系膜前神经节和神经丛。

（2）内脏小神经（Lesser splanchnic nerve） 由胸部交感干的后段分出，在内脏大神经的后方，也连腹腔肠系膜前神经节和神经丛，主要参与构成肾神经丛。

3. 腰部交感（神经）干 主要由第1～3腰段脊髓发出的节前纤维和腰神经节组成，位于腰椎椎体的两侧，沿腰小肌内侧缘向后伸延，较细，有2～5个腰神经节，发出节后神经纤维组成灰交通支返回腰神经。腰部交感干尚发出腰内脏神经（Lumbar splanchnic nerve），连于肠系膜后神经节。

腹腔内有2个主要神经节，即腹腔肠系膜前神经节和肠系膜后神经节。

腹腔肠系膜前神经节（Coeliac ganglion and cranial mesenteric ganglion）位于腹腔动脉根部的两侧和肠系膜前动脉根部的后方，由两个腹腔神经节和一个肠系膜前神经节构成，由节间纤维连在一起。此神经节接受内脏大神经和内脏小神经的纤维。从此神经节发出的节后纤维，构成腹腔肠系膜前神经丛，沿动脉的分支分布至肝、胃、脾、胰、小肠、大肠和肾等器官，但到肾上腺髓质的纤维属节前纤维。腹腔肠系膜前神经节与肠系膜后神经节之间有节间支，该分支沿主动脉腹侧伸延。

肠系膜后神经节（Caudal mesenteric ganglion）在肠系膜后动脉根部附近，较小，接受来自腰内脏神经和来自腹腔肠系膜前神经节的节间支。从肠系膜后神经节发出的节后神经纤维沿动脉分布至结肠后段、精索、睾丸、附睾或卵巢、输卵管和子宫角。还分出一对腹下神经（Hypogastric nerve），向后伸延至盆腔内，参与构成盆神经丛，分布于结肠后段、直肠、膀胱、前列腺和阴茎（公畜）或子宫和阴道（母畜）。

4. 荐尾部交感（神经）干 沿荐骨骨盆面向后伸延并逐渐变细，前部的神经节较大，后部的变小，节后神经纤维组成灰交通支连荐神经和尾神经。

（三）副交感神经

副交感神经（Parasympathetic nerve）的节前神经元胞体位于脑干和荐部脊髓，分为颅部副交感神经和荐部副交感神经（图10-37和图10-38）。节后神经元的胞体位于所支配器官旁或器官内，统称终末神经节，节后神经纤维较短。用肉眼或低倍解剖镜可观察到的终末神经节。头部的终末神经节较大，主要有睫状神经节、翼腭神经节、下颌神经节和耳神经节等。胸腔、腹腔和骨盆腔的终末神经节均较小。

1. 颅部副交感神经 其节前神经元胞体位于中脑和延髓的脑神经副交感核，节前神经纤维位于动眼神经、面神经、舌咽神经和迷走神经内，走行至副交感神经节，节后纤维分布于特定的器官（图10-37）。

动眼神经（Oculomotor nerve）内的副交感神经节前纤维，起于中脑的动眼神经副交感核（缩瞳核），伴随动眼神经至眼眶内的睫状神经节（Ciliary ganglion），交换神经元，其节后纤维分布于眼球的睫状肌和瞳孔括约肌，调节晶状体的曲率和瞳孔直径。

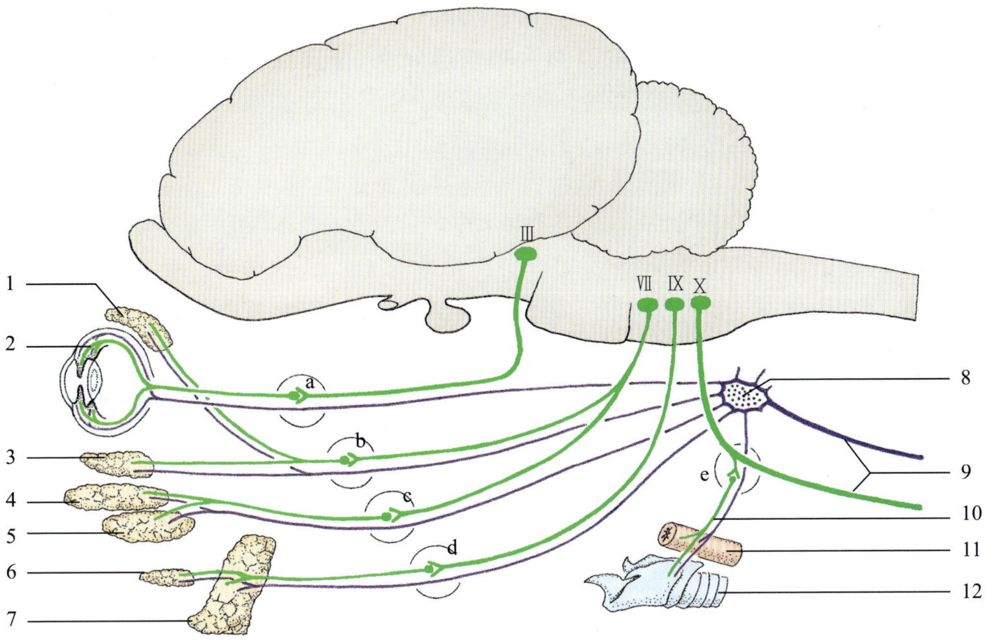

图 10-37　颅部副交感系分布模式图

Ⅲ、Ⅶ、Ⅸ、Ⅹ分别表示动眼神经、面神经、舌咽神经和迷走神经的副交感运动核，绿色表示副交感纤维，紫色表示交感纤维

1. 泪腺　2. 虹膜和睫状肌　3. 鼻腺　4. 舌下腺　5. 颌下腺　6. 颊腺　7. 腮腺　8. 颈前神经节　9. 迷走交感干

10. 喉前神经　11. 食管　12. 喉和气管　a. 睫状神经节　b. 翼腭神经节

c. 下颌神经节　d. 腮神经节　e. 结状神经节

（引自 König 和 Liebich，2007）

面神经（Facial nerve）内的副交感神经节前纤维，起于脑桥的面神经副交感核（泌涎核），一部分至上颌神经上的翼腭神经节（Pterygopalatine ganglion），节后纤维伴随上颌神经的分支分布于泪腺、腭腺、颊腺和鼻黏膜腺；另一部分通过鼓索神经至下颌神经节（Mandibular ganglion），节后纤维分布于舌下腺和颌下腺。

舌咽神经（Glossopharyngeal nerve）内的副交感神经节前纤维起于延髓的舌咽神经副交感核，至下颌神经内侧面的耳神经节（Otic ganglion），节后纤维分布于腮腺。

迷走神经（Vagus nerve）内的副交感神经节前纤维起于延髓的迷走神经背核，随迷走神经伸延至终末神经节，在发出分支分布于咽、喉、食管、胃、肠、肝、胰、肺、心和肾等器官，调节平滑肌、心肌和腺体的活动，所以迷走神经的分布广泛。除含有大量副交感神经节前纤维（内脏传出纤维，占 80% 以上）外，迷走神经还含有：①内脏传入纤维，其胞体位于结状神经节（Nodose ganglion），后者位于颈静脉孔腹后方，其周围突分布于内脏，中枢突止于延髓孤束核；②躯体传入纤维，数量少，胞体位于颈静脉神经节（Jugular ganglion）内，后者处于迷走神经出颅腔前的神经干上，其周围突分布于外耳皮肤，中枢突止于三叉神经脊束核；③躯体运动纤维起于延髓疑核，分布于咽和喉的骨骼肌。迷走神经接受来自颈前神经节的交感纤维。犬、猫和猪的迷走神经远神经节肉眼可见，但在马、牛和绵羊则由几个分散的细胞体构成，需要显微镜观察。在山羊则可见断续的和弥散的神经节。

迷走神经经颈静脉孔（牛）或破裂孔（马）出颅腔，伴副神经走向后腹侧，此段神经上有近、远神经节。近神经节（Proximal ganglion）又称颈静脉神经节（Jugular ganglion），明显，位于颈静脉孔，分出耳支加入面神经，分布于外耳道内面的皮肤。这是迷走神经中仅有的分布于皮肤的分支，推测该分支在耳灸中发挥重要作用。远神经节（Distal ganglion）又称结状神经节（Nodose ganglion），常不明显，马的位于咽支与喉前神经之间。迷走神经在鼓泡腹侧缘接受副神经内支后，在颈前部分出 2 支，①咽支（Pharyngeal branches），通常在迷走神经结状节的前方分出，在颈内动脉与颈前神经节外侧伸向咽部，行走于咽的外侧面，分布于咽和食管前端；②喉前神经（Cranial laryngeal nerve），在寰椎平面、颈外动脉起始部自迷走神经结状节的后端发出分支，向前腹侧伸向喉部，分为外支和内支。外支支配咽后缩肌，而内支为感觉神经分布于喉。在分出内、外支之前，喉前神经发出一减压神经支，单独或与迷走交感干一起行走至心神经丛，其作用是降低心率。

迷走神经分出上述2支后，与颈部交感神经干合并成迷走交感干（Vagoaympathetic trunk），沿颈总动脉的背侧缘向后伸延，在颈胸交界处离开交感神经干，经锁骨下动脉腹侧进入胸腔，在纵隔中继续向后伸延，约于心脏背侧分为食管背侧支和食管腹侧支。左、右迷走神经的食管背侧支合成迷走神经背侧干，食管腹侧支合成迷走神经腹侧干，分别沿食管的背侧缘和腹侧缘向后伸延，穿过膈的食管裂孔进入腹腔（图10-38）。迷走神经腹侧干（Ventral vagal trunk）分布于胃、幽门、十二指肠、肝和胰；迷走神经背侧干（Dorsal vagal trunk）除分布于胃外，向后伸延，通过腹腔肠系膜前神经节，参与构成腹腔肠系膜前神经丛，分布于胃、肠、肝、胰、脾、肾等器官。迷走神经在胸腔分出的侧支主要有喉返神经、心支和支气管支等。①喉返神经（Recurrent laryngeal nerve）在胸腔纵隔前部分出，左侧的喉返神经绕过主动脉弓沿气管背侧向前，右侧的喉返神经绕过右锁骨下动脉沿气管腹侧向前，沿途还发出分支分布于食管和气管。两侧喉返神经前行途中发出分支至气管、食管和心丛，其末端为喉后神经（Caudal laryngeal nerve），其运动纤维支配除环甲肌以外的所有喉肌；感觉纤维分布于喉后部的黏膜。喉后神经在沿其颈部的路径上分出一些小的分支至气管和食管。马、牛左侧喉后肌麻痹导致的一种病症，被称作"喘鸣症"。②心支（Cardiac branches）常有2～3支，在胸腔内发出，参与构成心神经丛，分布于心和附近大血管。③支气管支由食管背侧干和腹侧干在胸腔中分出，参与构成肺神经丛，分布于肺。

2. 荐部副交感神经 其节前神经元胞体位于荐部脊髓第1～4节的外侧柱内，节前纤维随第2～4荐神经的腹侧支出椎管，形成1～2条盆神经（图10-38）。盆神经（Pelvic nerve）沿骨盆侧壁向腹侧伸延至直肠或阴道外侧，与来自肠系膜后神经节的腹下神经一起构成盆神经丛（Pelvic plexus），节前纤维在盆神经丛中的终末神经节（盆神经节，Pelvic ganglion）交换神经元，节后纤维分布于结肠末段、直肠、膀胱、前列腺和阴茎（公畜）或子宫和阴道（母畜）。

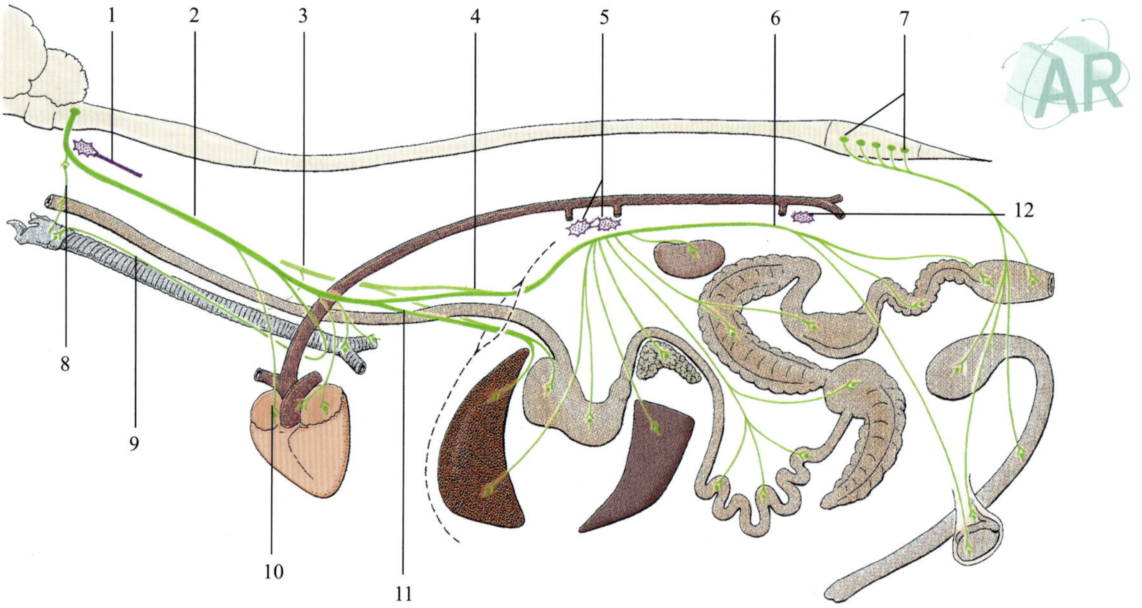

图10-38 迷走神经和盆神经副交感纤维分布示意图

1. 颈交感干 2. 左迷走神经 3. 右迷走神经 4. 迷走神经背干 5. 腹腔肠系膜前神经节 6. 腹部的迷走神经 7. 荐部副交感节前神经元 8. 喉前神经 9. 左喉返神经 10. 减压神经 11. 迷走神经腹侧支 12. 肠系膜后神经节

（引自König和Liebich，2007）

（四）肠神经系统

肠神经系统由胃肠道中位于内环肌与外纵肌之间的肌间神经丛（Myenteric nerve plexus）、位于黏膜肌外围的黏膜下神经丛（Submucosal nerve plexus）和位于肌层外围的浆膜下神经丛（Subserosal nerve plexus）组成。由于阻断外来神经与胃肠的联系，胃肠道的共济运动如蠕动和节段性收缩等仍然存在，故现今已不再将肠神经系统简单地划归为副交感神经的终末神经丛（节）。

在肠神经丛中主要有3类神经元：①双极或假单极的感觉神经元，参与局部反射活动，其中有部分轴突投射到腹腔肠系膜前神经节；②副交感节后神经元，发出的节后神经纤维支配平滑肌和腺体，副交感神经节前纤维、交感神经的节后纤维及神经丛内中间神经元的轴突能与其形成突触；③小型的中间神经元。肠神经丛内的3类神经元形成反射装置协调胃肠道的共济运动，而交感和副交感神经则对这些活动起高层次的调节作用。

（五）内脏感觉（传入）神经

内脏神经里也含有许多传入神经。传入神经元与躯体神经相似，属假单极神经元，胞体位于脑和脊神经节内，其外周突随交感和副交感神经而分布，中央突到脑干的有关感觉核和脊髓灰质背侧柱。在中枢内，这些中央突一部分借中间神经元直接与内脏神经的节前神经元或躯体运动神经元相联系，以完成内脏反射活动或内脏—躯体反射活动；另一部分可经过特定的传导路径，到内脏神经在脑干的高级中枢，直至大脑皮质而产生内脏感觉，从而对内脏活动进行综合调整作用。一般内脏痛觉的传入纤维主要行于交感神经内，内脏特殊感觉（如饥饿、膨胀等）的传入纤维主要行于副交感神经内。

第四节　脑、脊髓传导路

畜体在生命活动中，通过感受器不断地接受内外环境的刺激。感受器兴奋后，转化为神经冲动，经传入神经传至中间神经元，再经中间神经元到大脑皮质，经过分析综合活动，产生适当的神经冲动，经另一些中间神经元传出，最后经传出神经元到效应器，做出相应的反应。一般把感受器经周围神经、脊髓、脑干到大脑皮质或小脑皮质的神经通路，称为感觉传导路（Sensory pathway）；由大脑皮质经脑干、脊髓、周围神经到效应器的神经通路，称为运动传导路（Motor pathway）。

一、躯体感觉（上行）传导路

感觉传导路分为躯体感觉传导路和内脏感觉传导路。躯体感觉传导路有深感觉（本体感觉）、浅感觉（温、痛及触压觉）及特殊感觉（视觉、听觉、平衡觉、味觉和嗅觉等）传导路。大多数感觉传导路由三级神经元组成。第一级神经元位于脊神经节或脑神经节，第二级神经元位于脊髓或脑干，第三级神经元位于丘脑。

（一）躯体深感觉传导路

躯体深感觉又叫本体感觉，包括位置觉和运动觉，分为到大脑和小脑的传导路，到大脑的称意识性感觉传导路，到小脑的称反射性感觉传导路。

1. 意识性深感觉传导路　有薄束和楔束，本传导路由三级神经元构成。第一级神经元的胞体位于脊神经节内，其周围突构成脊神经的感觉纤维，分布于躯干和四肢的肌、腱、关节等处的深感受器（肌梭、腱梭）；其中枢突由脊神经的背侧根进入脊髓，在脊髓的背侧索中前行，来自躯体后半的纤维构成薄束，前半的纤维构成楔束。二者前行至延髓，与薄束核和楔束核的第二级神经元发生突触。第二级神经元的轴突在延髓后端形成弓状纤维，经中央灰质腹侧交叉至对侧，在锥体背侧上行，形成内侧丘系，经脑桥和中脑核的背侧至丘脑。与丘脑的腹后外侧核的第三级神经元发出突触。第三级神经元的轴突经内囊至大脑皮质的感觉区（图 10–39）。

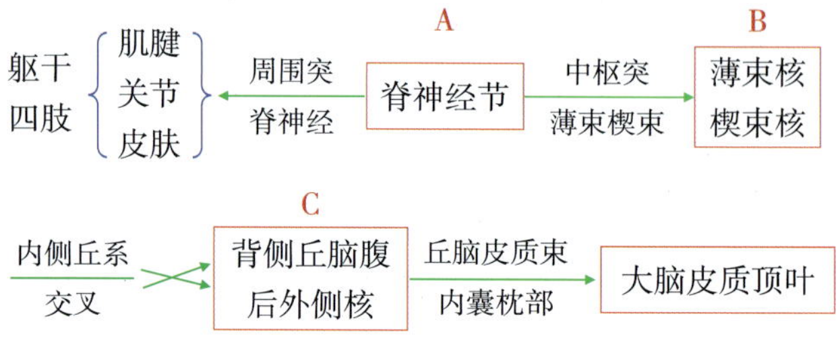

图 10–39　躯体和四肢深感觉传导路

A. 一级神经元　B. 二级神经元　C. 三级神经元

2. 反射性深感觉传导路　有脊髓小脑束，是由二级神经元组成。第一级神经元位于脊神经节内，其周围突构成脊神经的感觉纤维，分布于肌、腱和关节的深部感受器；中枢突经背侧根入脊髓，与脊髓背侧柱的第二级神经元发生突触。第二级神经元的轴突进入脊髓的外侧索，构成脊髓小脑背侧束和腹侧束，向上伸延，分别经小脑后脚和前脚至小脑蚓部皮质，反射地调节肌肉的紧张度，以维持身体的平衡。

头部深感觉传导路尚不清楚，可能是起于三叉神经中脑核，其径路不明。

（二）躯体浅感觉传导路

浅感觉传导路是传导皮肤和黏膜的痛温觉和触压觉。

1. 躯干和四肢的浅感觉

（1）痛温觉的传导路为脊髓丘脑侧束，本传导路由三级神经元组成。第一级神经元胞体位于脊神经节中，其周围突构成脊神经的感觉纤维，随脊神经分布于躯干和四肢的游离神经末梢、感觉终末等浅感受器。中枢突经脊神经的背侧根进入脊髓的背侧柱，与固有核的神经元发生突触。第二级神经元的轴突经白质连合交叉至对侧的外侧索，构成脊髓丘脑侧束，经脊髓、延髓、脑桥、中脑向前至丘脑腹后外侧核，与第三级神经元发生突触。第三级神经元的轴突经内囊至大脑皮质的感觉区（图 10–40）。

（2）触压觉的传导路为脊髓丘脑腹侧束，本传导路亦由三级神经元组成，其行程和终止点基本上同脊髓丘脑侧束，唯第一级神经元的周围突分布于触觉小体、环层小体等感受器，第二级神经元的轴突大部分经白质连合交叉至对侧的腹侧索，构成脊髓丘脑腹侧束。家畜的脊髓丘脑侧束和腹侧束是分开存在或合在一起，迄今尚无定论。

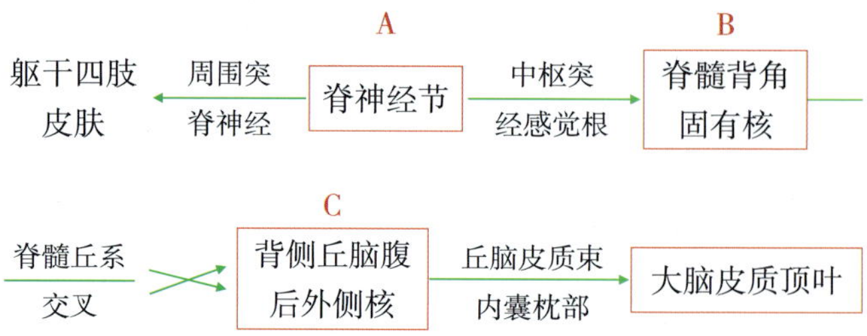

图 10–40　躯干和四肢的浅感觉传导路

A. 一级神经元　B. 二级神经元　C. 三级神经元

2. 头面部的浅感觉 头面部的浅感觉传导路，也由三级神经元构成，第一级神经元位于三叉神经半月状神经节内，周围突分布于头面部的皮肤和黏膜浅感受器。中枢突进入脑部分为升支和降支；升支至三叉神经主核，传导触压觉；降支到三叉神经脊束核，传导痛温觉。在三叉神经主核和脊束核起始的神经元为第二级神经元，它的轴突大部分交叉至对侧，上行至丘脑腹后内侧核。第三级神经元的轴突经内囊至大脑皮质感觉区（图 10–41）。

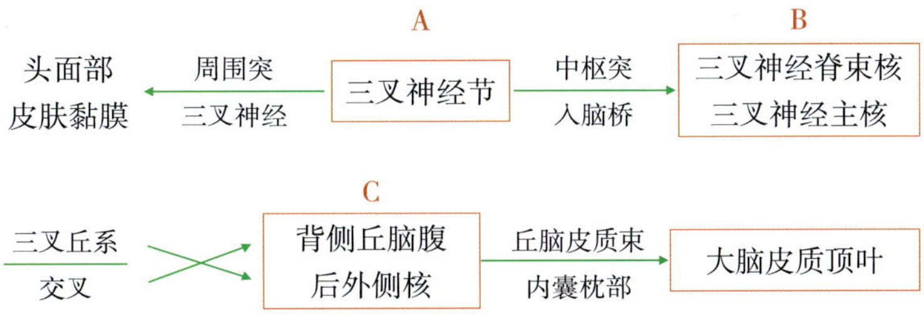

图 10–41 头面部的浅感觉传导路

A. 一级神经元 B. 二级神经元 C. 三级神经元

（三）视觉传导路

视觉传导路分为视觉冲动传导路、视觉反射传导路和瞳孔对光反射传导路。

1. 视觉冲动传导路 由三级神经元组成。第一级神经元为视网膜的双极神经元，其周围突到视觉感受器的视锥细胞和视杆细胞，中枢突与视网膜神经节细胞形成突触。第二级神经元为视网膜神经节细胞的轴突，在视神经乳头处集合成视神经。视神经由视神经孔进入颅腔，形成视神经交叉后，延续为视束。在视神经交叉中，只有部分视神经纤维交叉（鱼类、两栖类、鸟类的全部交叉，马和兔的 90% 交叉，猫、犬的 80% 交叉，灵长类的 50% 交叉），即两眼视网膜鼻侧的纤维交叉，颞侧的纤维不交叉而走在同侧。故每侧的视神经束包含同侧视网膜颞侧和对侧视网膜鼻侧的纤维，视束的多数纤维至外侧膝状体（皮质下视觉中枢），与第三级神经元（外侧膝状体）发生突触。第三级神经元的轴突经过内囊至大脑皮质的枕叶，产生视觉（图 10–42）。

2. 视觉反射传导路 视束的少数纤维至中脑的前丘。前丘是视觉反射中枢，前丘发出的纤维形成顶盖脊髓束和顶盖脑干束，投射至脊髓腹侧柱和脑干的脑运动神经核，它们发出纤维至躯干、四肢和头部的肌肉，传导视觉反射，可产生保护性的自动控制，如强光刺目时，可引起转动头部的反射作用。

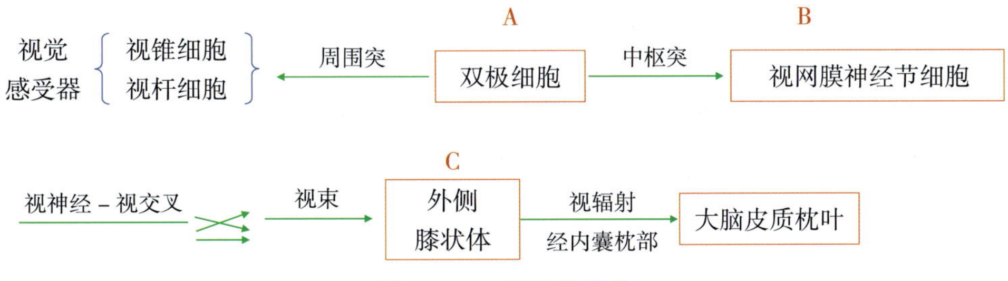

图 10–42 视觉传导路

A. 一级神经元 B. 二级神经元 C. 三级神经元

3. 瞳孔对光反射传导路 强光刺激一侧瞳孔时，引起两眼瞳孔同时收缩，称瞳孔对光反射。传入路径由三级神经元组成，第一和第二级神经元同视觉传导路。视束中的第二级神经元的纤维大部分投射至外侧膝状体，经第三级神经元再投射至大脑皮质，产生视觉；一部分纤维投射至前丘，形成视觉反射；另一部分纤维，至中脑顶盖前区的两侧动眼神经副核。副交感核发出的节前纤维，随动眼神经至睫状神经节。睫状神经节发出的节后纤维分布于瞳孔括约肌和睫状肌，使瞳孔缩小并调节晶状体的凸度。

（四）听觉传导路

听觉传导路分为听觉冲动传导路和听觉反射传导路。

1. 听觉冲动传导路 由三级神经元组成。第一级神经元是构成螺旋神经节的双级神经元，其周围突至内耳的螺旋器，中枢突构成耳蜗神经，与前庭神经共同形成前庭耳蜗神经，经内耳道至延髓的耳蜗神经核（背、腹侧核），与耳蜗神经核的神经元（第二级神经元）发生突触。第二级神经元发出的纤维经斜方体交叉至对侧，一部分纤维不交叉，不交叉的纤维和由对侧来的交叉纤维共同形成外侧丘系，前行至丘脑的内侧膝状体（皮质下听觉中枢），与第三级神经元发生突触。第三级神经元发出的纤维经内囊至大脑皮质的颞叶，产生听觉（图 10–43）。

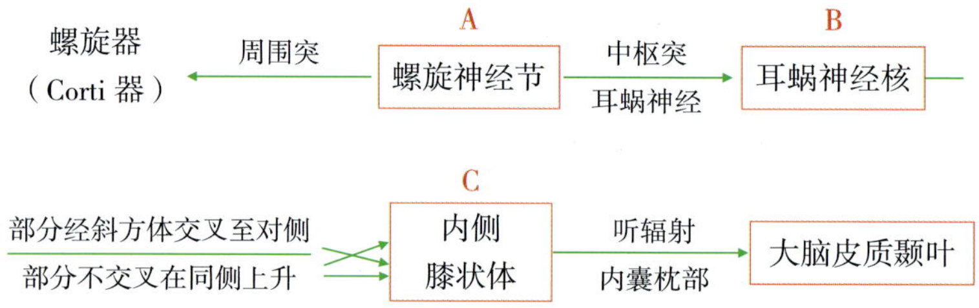

图 10–43　听觉传导路

A. 一级神经元　B. 二级神经元　C. 三级神经元

2. 听觉反射传导路 由耳蜗神经核发出的另一部分纤维投射至中脑的后丘。后丘发出的纤维参与顶盖脊髓束和顶盖脑干束，至脊髓腹侧柱和脑干的运动神经核，发出纤维至躯干、四肢和头部肌肉，完成听觉反射。因而，家畜听到特殊声音后，除产生听觉外，还有躯干、四肢和头部的反应。

（五）平衡位觉传导路

平衡位觉传导路分为平衡冲动传导路和平衡反射传导路。

1. 平衡冲动传导路 第一级神经元位于内耳前庭神经节内的双极神经元，其周围突分布于半规管的壶腹嵴与前庭的球状囊和椭圆囊的位觉斑，其中枢突构成前庭神经，经内耳道至延髓的前庭核，与第二级神经元发生突触。前庭核发出的纤维一部分至大脑皮质，但径路尚不清。当前庭器损伤时，可发生晕眩。

2. 平衡反射传导路 前庭核发出的纤维，一部分形成内侧纵束，至动眼、滑车、外展、迷走、舌咽和副神经核及网状结构（前庭脑干束）与脊髓腹侧柱的运动神经元（前庭脊髓束），引起眼球反射和躯体四肢的反射性调节，如前庭器官损伤时，能引起恶心、呕吐等反应。还有一部分纤维经小脑皮质、齿状核交换神经元至红核，红核发出红核脊髓束至脊髓腹侧柱的运动神经元，完成平衡反射。

（六）非特异性传导路

各种传入神经的传导路经过脑干时，均分出侧支与脑干网状结构发生联系。传入冲动至网状结构与很多神经元相互作用，便失去感觉的特异性，将这种非特异性冲动上传至大脑皮质的广泛区域，提高皮质的兴奋性。传导非特异性冲动的神经，一般称为非特异性传导系。当非特异性传导系损伤时，动物陷入昏睡状态，失去知觉。

二、躯体运动（下行）传导路

运动传导路包括躯体运动传导路和内脏运动传导路。躯体运动传导路管理骨骼肌的运动，由于其具体路径和结构的不同，又分为锥体系和锥体外系，但两个系统不是独立的，而是相互协调管理骨骼肌的运动（图 10-44）。

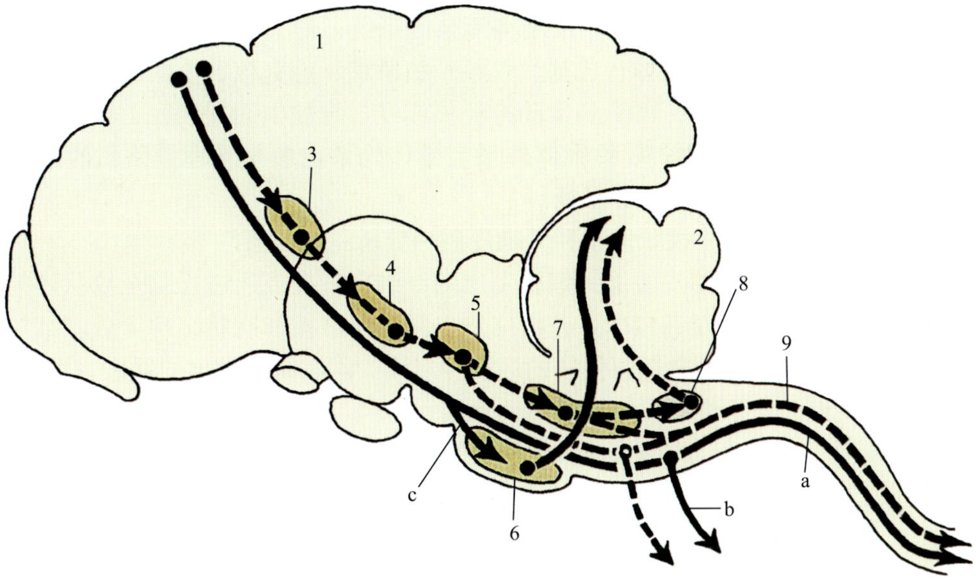

图 10-44　运动传导路模式图

实线及箭头为锥体系　虚线及箭头为锥体外系

1. 大脑运动皮质　2. 小脑　3. 基底核　4. 黑质（中脑）　5. 红核（中脑）　6. 脑桥核（中脑）　7. 网状结构　8. 橄榄核　9. 红核脊髓束　a. 皮质脊髓束　b. 皮质延髓束　c. 皮质脑桥束

（引自 Singh 等，2018）

（一）锥体系

锥体系（Pyramidal system）起于大脑皮质的锥体细胞，是由锥体细胞的轴突构成的纤维束，经过内囊、间脑、大脑脚、脑桥和延髓锥体，故称锥体束。终止于脑干运动神经核的锥体束称皮质脑干束，终止于脊髓腹角运动神经元的锥体束称皮质脊髓束。

1. 皮质脑干束　锥体束下行至脑干，接近脑运动神经核时，先通过中间神经元再到两侧的脑运动神经核（动眼神经核、滑车神经核、外展神经核、三叉神经运动核、面神经核上群、疑核和副神经核）。这些脑神经核的轴突构成脑神经的运动纤维，分布至两侧的眼肌、咀嚼肌、咽肌和喉肌。另一部分皮质脑干束的纤维，至对侧的面神经核下群和舌下神经核，管理表情肌和舌肌的运动。

中间神经元的功能还不够清楚，但一般认为它对脊髓腹侧柱或脑神经运动核的神经元的活动起抑制或兴奋的作用。

2. 皮质脊髓束　有蹄类动物的皮质脊髓束不发达，仅到颈部脊髓，且通过脊髓的中间神经元，再至脊髓腹侧柱的运动神经元。皮质脊髓束在延髓锥体的后端，纤维交叉至对侧，形成锥体交叉。交叉后的纤维至对侧脊髓的外侧索，形成皮质脊髓侧束。在后行途中陆续止于脊髓各节同侧的中间神经元，再至腹侧柱运动神经元（不交叉的纤维在脊髓的腹侧索后行，称皮质脊髓腹侧束，是人和猿类所专有）。脊髓腹侧柱运动神经元的轴突组成运动神经纤维，分布于躯干和四肢的骨骼肌，管理这些肌肉的运动。

皮质脊髓束在后行途中，亦发出纤维至网状结构。网状结构发出网状脊髓束，通过中间神经元至脊髓腹侧柱，对腹侧柱运动神经元的活动有控制和调节作用。

（二）锥体外系

锥体外系（Extrapyramidal system）是一个结构复杂的系统，即大脑皮质锥体细胞发出的纤维不直接至脑干或脊髓，而是先在脑的纹状体、丘脑、红核、脑桥核、前庭核、小脑或脑干的网状结构中交换神经元，组成复杂的神经元链后，再至脑运动神经核或经过脊髓中间神经元，再与腹侧柱的运动神经元形成突触。因不经过延髓锥体，故称锥体外系。锥体外系也参与管理骨骼肌的运动，调节肌紧张性，协调肌肉活动，维持畜体的姿势和平衡。

锥体外系主要包括大脑皮质—纹状体系和大脑皮质—脑桥—小脑系。

1. 大脑皮质—纹状体系 大脑皮质锥体细胞发出的纤维，直接或通过丘脑至纹状体的尾状核和壳核，由尾状核和壳核发出的纤维至苍白球。苍白球发出纤维至红核和网状结构等处。红核发出的纤维形成红核脊髓束，左右交叉，止于脊髓腹侧柱的运动神经元。网状结构发出的纤维，形成网状脊髓束，有一部分纤维交叉至对侧，止于脊髓腹侧柱的运动神经元。

2. 大脑皮质—脑桥—小脑系 大脑皮质锥体细胞发出的纤维经内囊、间脑、中脑至脑桥的脑桥核。脑桥核发出的纤维经对侧的脑桥臂入小脑，至小脑皮质后叶新区。小脑皮质细胞的轴突至齿状核。齿状核发出纤维交叉至对侧的红核。红核发出的纤维组成红核脊髓束，交叉后至对侧的脊髓腹侧柱。脊髓腹侧柱发出的纤维至躯干和四肢的骨骼肌，以调节骨骼肌的运动和紧张性。小脑皮质的纤维还通过齿状核和丘脑至大脑皮质，以影响大脑的活动。

除上述两个系统外，还有与平衡有关的前庭脊髓束和视听反射有关的顶盖脊髓束。前庭脊髓束由延髓的前庭核至脊髓腹侧柱的运动神经元。顶盖脊髓束起于中脑的顶盖，交叉后至对侧脊髓腹侧柱的运动神经元。

三、内脏神经的传导路

内脏神经的中枢是在大脑皮质的边缘叶、丘脑和小脑等处，但这些部位多数是通过下丘脑而实现其功能的，故下丘脑常被认为是调节植物性神经活动的高级中枢。还证明下丘脑的前内侧部是副交感神经中枢，而后外侧部是交感神经中枢。内脏的低级中枢在脑干和脊髓，如吸气中枢位于延髓后部腹侧网状结构内，呼气中枢位于延髓后部背侧网状结构内，长吸中枢位于脑桥后部背外侧网状结构内。这些中枢均受脑前部的呼吸调节中枢的影响。心血管调节中枢位于延髓前部外侧网状结构和延髓后部内侧网状结构。

另外，小脑也可影响植物性神经的活动。

（一）内脏感觉传导路

内脏感觉传导路分为一般内脏感觉传导路和特殊内脏感觉（味觉、嗅觉）传导路。内脏感觉传导路目前仍不清楚，但一般认为内脏的痛觉经交感神经传导，但骨盆腔脏器痛觉经盆内脏神经传导。痛觉第一级感觉神经元胞体位于脊神经节，周围突随交感神经分布，中枢突进入脊髓与背侧柱细胞成突触，第二级神经元的纤维与脊髓丘脑束伴行，向上至丘脑腹后核，再至大脑边缘叶，或沿脊髓固有束上行，经多次突触再经脑干网状结构至丘脑内侧核群，向上至大脑。

有些内脏感觉如饥饿感、膨满感和尿意等则由副交感神经传导。传导一般内脏感觉的第一级神经元胞体位于迷走神经结状神经节内，周围突随副交感神经至内脏，中枢突至孤束核。第二级神经元轴突可能随三叉丘系至丘脑，再传至大脑。盆腔器官的感觉神经完全随盆神经传入。味觉由迷走神经、舌咽神经和面神经传导。

（二）内脏运动传导路

内脏运动传导路尚不明确，但一般认为是一条弥散的多突触通路。它们从边缘叶下行至下丘脑，再经乳头被盖束、背侧纵束至中脑，再下行分出侧支或终支至脑干内脏核。在脊髓靠近外侧固有束和网状脊髓束下行，与脑干和脊髓的交感或副交感神经元相突触。

【思考题】

1. 神经系统由哪些部分组成？
2. 脊髓的外部形态及内部结构如何？
3. 脑各部的结构如何？
4. 植物性神经的特点有哪些？

第十一章 内分泌系统

【教学目标】

1. 理解内分泌系统的存在形式，内分泌腺、激素的概念
2. 掌握垂体、松果体、甲状腺、甲状旁腺、肾上腺等内分泌器官的位置、形态及其结构特点
3. 了解内分泌细胞、组织和器官的特点和 APUD 系统的概念

内分泌系统（Endocrine system）由内分泌器官、内分泌组织、内分泌细胞组成。内分泌系统有 4 种存在形式：①形成独立的内分泌器官，如垂体、甲状腺、甲状旁腺、肾上腺、松果体；②存在于其他器官内的内分泌细胞群（内分泌组织），如胰岛、黄体、肾小球旁器等；③散在分布的内分泌细胞，如消化道黏膜内的内分泌细胞等；④兼具内分泌功能的器官、组织和细胞，如胎盘、胸腺、心肌、血管内皮细胞、各种免疫细胞等。

内分泌腺（Endocrine gland）是内分泌器官的主要组成部分，其与外分泌腺的主要区别是无输出管，腺细胞的分泌物直接进入血液或淋巴，随血液循环输送至全身。内分泌腺细胞分泌的物质称为激素（Hormone）。激素具有很强的生物活性和特异性，极微量的激素就能使器官或细胞发生效应。激素特异性作用的器官或细胞称为该激素的靶器官（Target organs）或靶细胞（Target cells），靶细胞上有与激素特异性结合的蛋白质，称为受体（Receptors），受体与激素结合后就可改变细胞的代谢活动。

内分泌系统是机体内一个重要的调节系统，其以体液调节的方式，对机体的新陈代谢、生长发育和繁殖等生理活动起着重要的调节作用。各种内分泌腺的功能活动相互联系，且内分泌腺还受到神经系统和免疫系统活动的影响，三者相互作用和调节，共同组成一个网络，即神经－内分泌－免疫网络（Neuro-endocrine-immune network）。

第一节 内分泌器官

一、垂体

垂体（Hypophysis）是动物体内最复杂的内分泌腺，所产生的激素不但与骨骼和软组织的生长有关，而且还可影响其他内分泌腺（甲状腺、肾上腺、性腺）的活动。垂体位于下丘脑的腹侧、蝶骨体颅腔面的垂体窝内，为一卵圆形小体，其形状大小在各种家畜略有不同。垂体呈褐色或灰白色，借漏斗连于下丘脑，外包坚韧的结缔组织硬脑膜（图 11-1）。

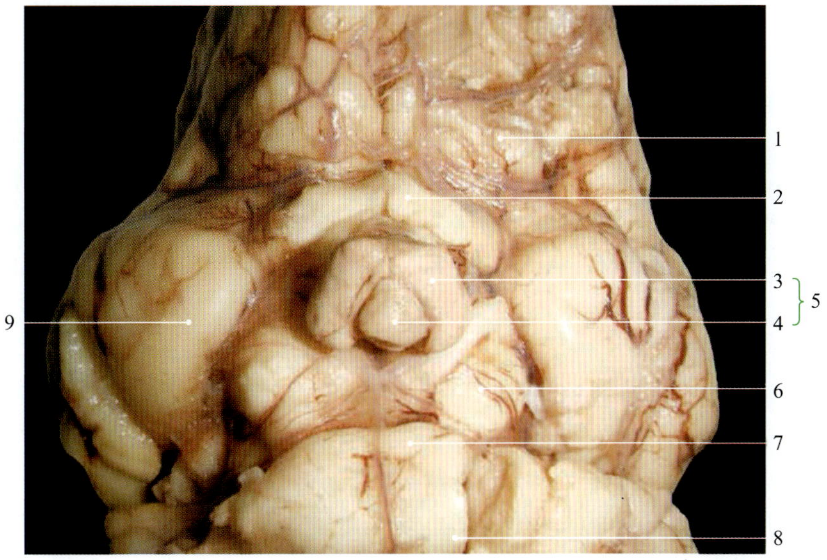

图 11-1 猪垂体

1. 嗅三角 2. 视交叉 3. 腺垂体 4. 神经垂体 5. 垂体 6. 大脑脚 7. 脑桥 8. 延髓 9. 梨状叶

（引自陈耀星和王子旭等，2018）

根据垂体发生和结构特点，垂体可分为腺垂体和神经垂体两大部分（图 11-2）。腺垂体包括远侧部（Distal part）、中间部（Intermediate part）和结节部（Tuberal part）。神经垂体位于腺垂体的后方，较小，由第 3 脑室底向下突出形成，由神经部（Nervous part）和漏斗部（Infundibular part）组成。

- 垂体
  - 腺垂体
    - 远侧部 ┐ 前叶
    - 结节部 ┘
    - 中间部 ┐ 后叶
  - 神经垂体
    - 神经部 ┘
    - 漏斗部

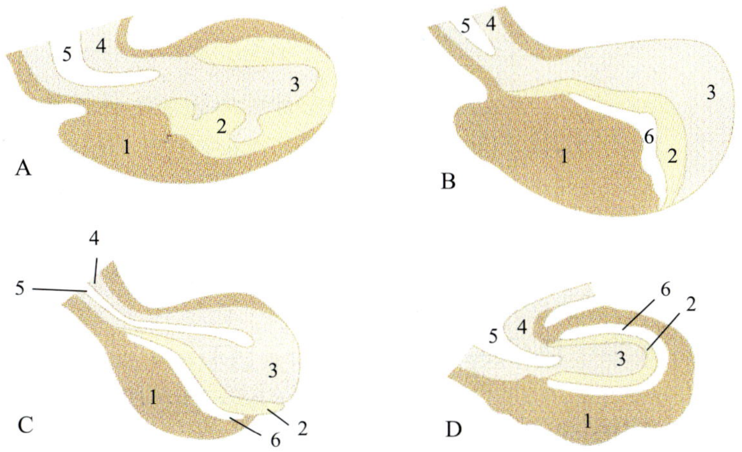

图 11-2 垂体结构模式图

A. 马 B. 牛 C. 猪 D. 犬

1. 腺垂体 2. 中间部 3. 神经垂体 4. 垂体柄 5. 漏斗 6. 垂体腔

（引自 Singh 等，2018）

（一）腺垂体

腺垂体（Adenohypophysis）来源于胚胎期原始口腔外胚层上皮形成的拉克氏囊（Rathke's pouch），可分为远侧部、中间部和结节部。远侧部（Distal part）一般位于垂体的前腹侧（牛）或垂体的外周部（马）。中间部（Intermediate part）位于远侧部和神经垂体之间，呈狭长带状，与远侧部之间有垂体裂。习惯上以垂体裂为分界线，位于垂体裂前方的部分称垂体前叶（Anterior lobe of hypophysis），位于垂体裂后方的中间部和神经部称垂体后叶（Posterior lobe of hypophysis），结节部（Tuberal part）位于垂体柄的周围。

腺垂体内有丰富的腺细胞，腺细胞呈团状、索状或滤泡状，细胞团索之间有丰富的血窦和少量的网状纤维。远侧部的腺细胞根据着色的差异，可分为嗜酸性细胞、嗜碱性细胞和嫌色细胞 3 种。根据腺细胞分泌激素的不同，可进一步分类，并按所分泌的激素进行命名（表 11–1）。分布于下丘脑的毛细血管汇集成垂体前动脉（Artery of rostral hypophyseal），后者在腺垂体内形成次级毛细血管网，此结构称垂体门脉循环（Hypophyseoportal circulation），这是腺垂体的分泌活动受下丘脑分泌的神经递质控制的结构基础。中间部由嫌色细胞及嗜碱性细胞组成，可分泌黑色素细胞刺激素，可使黑色素细胞分泌增加，皮肤变黑。结节部包围着神经垂体的漏斗，此处有垂体门脉通过，含丰富的纵行毛细血管，腺细胞呈索状纵向排列于血管之间，由嫌色细胞和少量嗜色细胞组成，能分泌少量促性腺激素和促甲状腺激素。

表 11–1　腺垂体细胞的鉴别特征

细胞名称	染色特性（光镜）	分泌颗粒（电镜）	分泌激素
催乳素细胞	嗜酸性	最大，形态多样，充满胞质	催乳素（PRL）
生长激素细胞	嗜酸性	较大而均匀的圆形颗粒，充满胞质	生长激素（GH）
促甲状腺素细胞	嗜碱性	最小，少，靠细胞周边分布	促甲状腺激素（TSH）
促性腺激素细胞	嗜碱性	中等圆形致密颗粒，充满胞质	促卵泡激素（FSH），促黄体激素（LH）
促肾上腺皮质激素细胞	嗜碱性	颗粒小、少，致密度不一	促肾上腺皮质激素（ACTH）
嫌色细胞	嫌　色	无或极少	

（二）神经垂体

神经垂体（Neurohypophysis）与下丘脑直接相连，由神经部和漏斗部组成。神经部（Nervous part）位于垂体的深部（马和犬）或背侧部（牛、羊和猪），主要由来自下丘脑视上核和室旁核的无髓神经纤维和神经胶质细胞构成，并含有较丰富的窦状毛细血管和少量网状纤维。神经垂体不含腺细胞，不具备分泌功能，但可储存下丘脑视上核和室旁核神经细胞的分泌物，如抗利尿素（Antidiuretic hormone，ADH）和催产素（Oxytocin，OXT）。ADH 的主要作用是促进肾远曲小管和集合管重吸收水，使尿量减少；ADH 分泌若超过生理剂量，可导致小动脉平滑肌收缩，血压升高，故又称加压素，形成的分泌颗粒有加压素和 OXT，分泌颗粒沿轴突运送至神经部储存，进而释放入窦状毛细管内。因此，下丘脑与神经垂体是一个整体，两者之间的神经纤维构成下丘脑神经垂体束（Hypothalamo neurohypophyseal tract）（图 11–3）。

神经部的血管主要来自左、右颈内动脉发出的垂体下动脉，血管进入神经部，分支成为窦状毛细管网。部分毛细血管血液经垂体下静脉汇入海绵窦，部分毛细血管血液逆向流入漏斗，然后从漏斗再循环至远侧部或下丘脑。

漏斗部（Infundibular part）包括正中隆起（Median eminence）和漏斗柄。正中隆起起始于下丘脑的灰结节，是围绕漏斗隐窝的隆起部，主要由神经纤维组成，并含有丰富的神经分泌物质和毛细血管网。

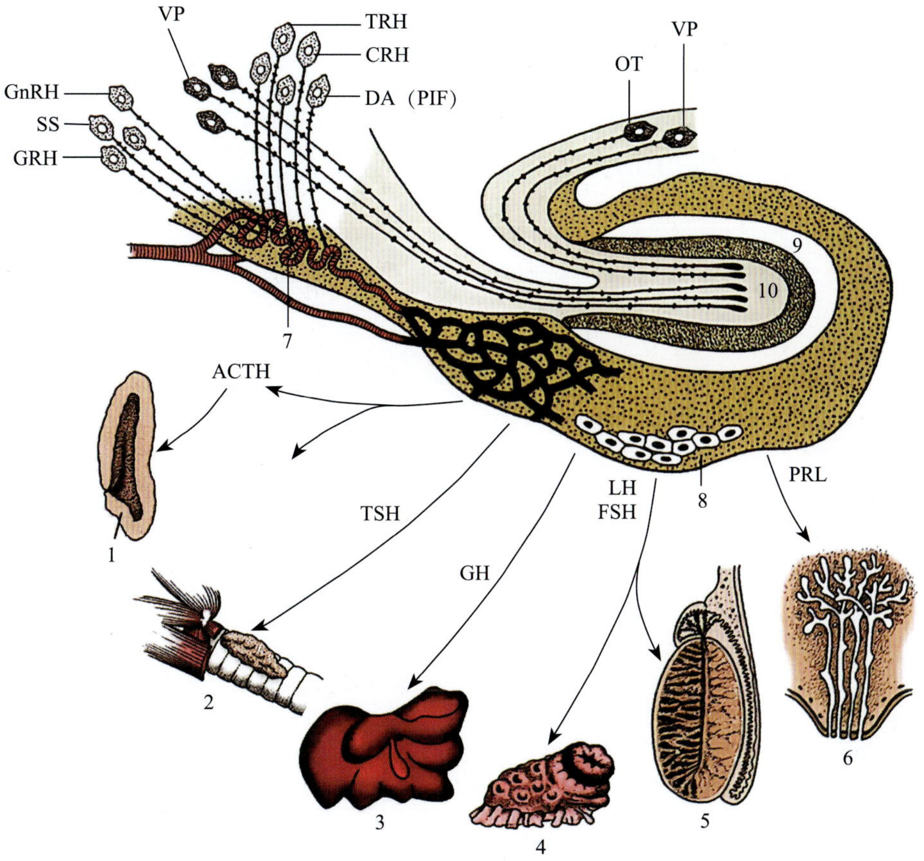

图 11–3　脑—垂体—外周器官轴示意图

1. 肾上腺皮质　2. 甲状腺　3. 肝　4. 卵巢　5. 睾丸　6. 乳腺　7. 正中隆起　8. 垂体前叶　9. 垂体中间部　10. 神经垂体
ACTH. 促肾上腺皮质激素　CRH. 促肾上腺皮质激素释放激素　DA. 多巴胺　FSH. 促卵泡激素　GH. 生长激素
GnRH. 促性腺激素释放激素　GRH. 生长激素释放激素　LH. 促黄体激素　OT. 催产素　PIF. 催乳素抑制因子
PRL. 催乳素　SS. 生长抑素　TRH. 促甲状腺激素释放激素　TSH. 促甲状腺激素　VP. 加压素
（引自 Singh 等，2018）

（三）各种家畜垂体的形态特点

马的垂体如蚕豆大，远侧部位于垂体的外周部，中间部围绕神经部，远侧部和中间部之间无垂体腔。牛的垂体较大，远侧部位于垂体的腹侧部，远侧部和中间部之间有垂体腔。猪的垂体较小，同牛一样具有垂体腔（图 11–2）。犬、猫的垂体较小，呈圆形，中间部围绕神经垂体伸延，有垂体腔。

二、甲状腺

甲状腺（Thyroid gland）的形态因动物种类不同而异，一般位于喉后方，在前 3 ～ 5 个气管环的两侧面和腹侧面，由左、右两个侧叶（Lateral lobes）和中间的腺峡（Isthmus）组成，形如“H”，棕红色或黄褐色（图 11–4）。甲状腺外覆有纤维囊，称甲状腺被囊（Tunic of the thyroid gland），此囊伸入腺组织将腺体分成大小不等的小叶，囊外包有颈深筋膜（气管前层），在甲状腺侧叶与环状软骨之间常有韧带样的结缔组织相连接，故吞咽时，甲状腺可随吞咽而前后移动。

牛的甲状腺为黄褐色，位于喉后方和前 2 ～ 3 气管环周围，由左、右两个侧叶和中间的腺峡组成。侧叶呈不规则的扁三角形，腺小叶明显，腺小叶间结缔组织发达；腺峡较发达，由腺组织构成。绵羊甲状腺呈长椭圆形，山羊甲状腺的两侧叶不对称，二者腺峡均较细或缺如。

马甲状腺呈红褐色，左、右两侧叶呈卵圆形，表面光滑；腺峡不发达，细，且由结缔组织组成。

猪的甲状腺呈深红色，位于胸前口气管的腹侧面，腺峡与左、右侧叶连成一个整体，呈贝壳状，腺小叶明显。

犬的甲状腺呈暗红色，位于气管前部，在第6、第7气管环的两侧，包括两个侧叶和两叶之间的腺峡；侧叶呈卵圆形，表面光滑。有的犬无腺峡。

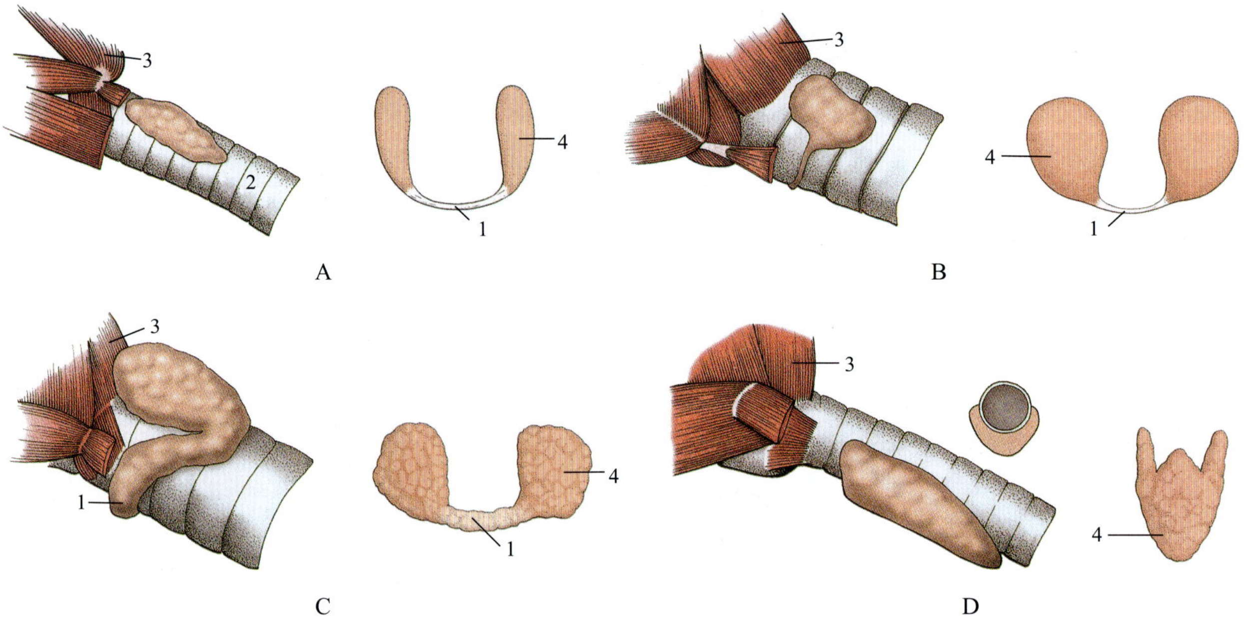

图 11-4 甲状腺的位置及结构模式图

A. 犬 B. 马 C. 牛 D. 猪

1. 甲状腺腺峡 2. 气管软骨 3. 环咽肌 4. 甲状腺侧叶

（引自 Singh 等，2018；König 和 Liebich，2007）

甲状腺由许多滤泡组成，滤泡由单层立方的腺上皮细胞环绕而成，中心为滤泡腔。腺上皮细胞是甲状腺激素合成和释放的部位，滤泡腔内充满均匀的胶状物，是甲状腺激素复合物，也是甲状腺激素的贮存库。甲状腺的分泌接受下丘脑 – 垂体的调节，构成下丘脑 – 垂体 – 甲状腺轴（Hypothalamic-pituitary-thyroid axis）。下丘脑神经内分泌细胞分泌促甲状腺激素释放激素（Thyrotropin-releasing hormone，TRH），促进腺垂体分泌促甲状腺激素（Thyrotropic-stimulating hormone，TSH）。TSH 是调节甲状腺分泌的主要激素。而甲状腺激素在血中的浓度可反馈调节腺垂体分泌 TSH 的活动。当血中游离的甲状腺激素浓度增高时，将抑制腺垂体分泌 TSH，是一种负反馈调节。这种反馈抑制是维持甲状腺功能稳定的重要环节。甲状腺激素分泌减少时，TSH 分泌增加，促进甲状腺滤泡代偿性增大，以补充合成甲状腺激素，供给机体的需要。食物中碘的含量对甲状腺激素的生成非常重要，所以当食物中碘缺乏时会引起甲状腺肿大（甲状腺肿）。

甲状腺主要分泌甲状腺素（Thyroxine），促进机体生长发育。它主要促进骨骼、脑和生殖器官的生长发育。若没有甲状腺激素，垂体的生长激素（Growth hormone，GH）也不能发挥作用，而且甲状腺激素缺乏时，垂体生成和分泌生长激素也减少。所以先天性或幼龄时缺乏甲状腺激素，引起呆小病。此外，甲状腺的滤泡旁细胞或者 C 细胞还分泌降钙素（Calcitonin），有增强成骨细胞活性、促进骨组织钙化、使血钙降低等作用。

三、甲状旁腺

甲状旁腺（Parathyroid gland）较小，呈圆形或椭圆形的黄褐色小体，位于甲状腺附近或埋于甲状腺实质内。甲状旁腺表面覆有薄层的结缔组织被膜，被膜的结缔组织携带血管、淋巴管和神经伸入腺内，成为小梁，将腺分为不完全的小叶。小叶内腺实质细胞排列成索或团状，其间有少量结缔组织和丰富的毛细血管。腺细胞有主细胞和嗜酸性细胞。主细胞分泌甲状旁腺素（Parathyroid hormone），以胞吐方式释放入毛细血管。甲状旁腺素主要功能是影响体内钙与磷的代谢，维持正常血钙水平。若甲状旁腺分泌功能低下，血钙浓度降低，动物出现抽搐症；如果功能亢进，则引起骨质过度吸收，容易发生骨折。甲状旁腺功能失调会引起血中钙与磷的比例失常。嗜酸性细胞较主细胞大，数量少，常聚集成群，其功能目前尚不清楚。

牛甲状旁腺有内、外两对，外甲状旁腺（External parathyroid gland）又称甲状旁腺Ⅲ，位于甲状腺前方，颈总动脉附近；内甲状旁腺（Medial parathyroid gland）又称甲状旁腺Ⅳ，较小，位于甲状腺腹侧面或内侧面的背侧缘附近（图 11-5）。羊的甲状旁腺Ⅳ在甲状腺之内。

马的甲状旁腺有前、后两对，前一对（前甲状旁腺）呈球形，多数位于甲状腺前半部与气管之间，少数位于甲状腺背侧缘或甲状腺内；后一对（后甲状旁腺）呈扁椭圆形，常位于颈后部气管的腹侧，左、右颈静脉之间，埋于颈深淋巴结内，两侧腺体不对称。

猪的甲状旁腺只有一对，呈球形，通常位于甲状腺前方、颈总动脉分叉处附近，有胸腺时则埋于胸腺内，色深、质硬。

犬、猫、兔等甲状旁腺有 2 对小腺体，体积似粟粒，外甲状旁腺位于甲状腺前端附近或前半部内，内甲状旁腺在甲状腺叶的内侧面，偶见包于甲状腺实质内。

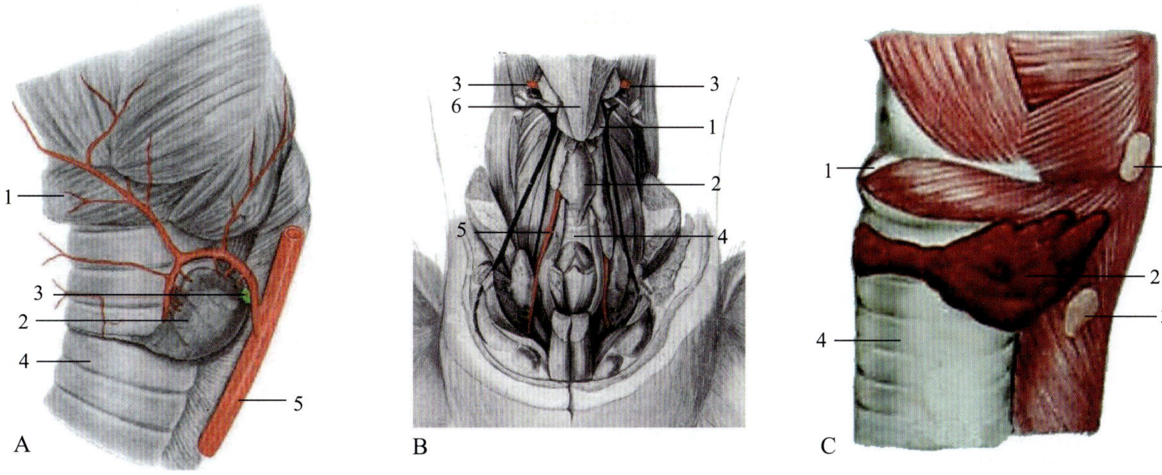

图 11-5　甲状旁腺位置示意图

A. 马　B. 猪　C. 牛

1. 环状软骨　2. 甲状腺　3. 甲状旁腺　4. 气管软骨　5. 颈总动脉　6. 甲状软骨

四、肾上腺

肾上腺（Adrenal gland）一对，分别位于左、右肾的前内侧缘附近，呈红褐色，通常左肾上腺比右肾上腺大，其形态因动物而异（图 11-6 和图 11-7）。牛的右侧肾上腺呈心形，位于右肾前端内侧；左侧肾上腺呈肾形，位于左肾前方。羊的左、右肾上腺均为扁椭圆形。马的肾上腺呈深红色，扁平，近似三角形或椭圆形，位于肾内侧缘稍前上方，靠近肾门处，一般右肾上腺较大。猪的肾上腺长而窄，表面有沟，位于肾内侧缘的前半部下方；左肾上腺前半部呈三棱形，后半宽而薄，后端常有尖突；右肾上腺呈长三棱形，前尖后钝。犬两侧肾上腺的形态位置有所不同，右肾上腺略呈菱形，位于右肾内侧缘前部与后腔静脉之间；左肾上腺较大，为不正的梯形，前宽后窄，背腹扁平，位于左肾前端内侧与腹主动脉之间；皮质部呈黄褐色，髓质部为深褐色。

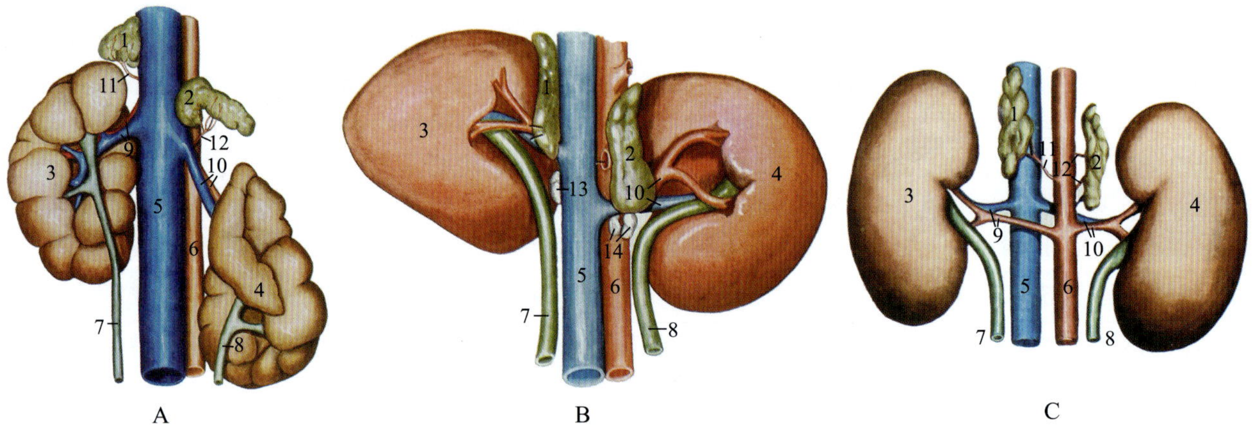

图 11–6　肾上腺位置

A. 牛　B. 马　C. 猪

1. 右肾上腺　2. 左肾上腺　3. 右肾　4. 左肾　5. 后腔静脉　6. 腹主动脉　7. 右输尿管　8. 左输尿管　9. 右肾动、静脉　10. 左肾动、静脉　11. 右肾动脉肾上腺支　12. 左肾动脉肾上腺支　13. 右肾淋巴结　14. 左肾淋巴结

（引自 Popesko，1985）

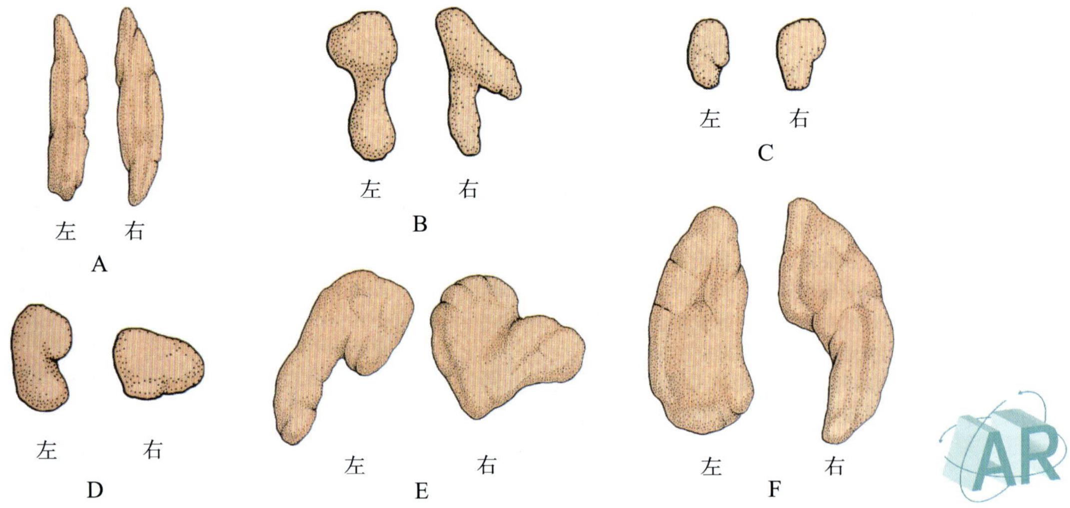

图 11–7　肾上腺形态模式图

A. 猪　B. 犬　C. 猫　D. 小型反刍动物　E. 牛　F. 马

（引自 König 和 Liebich，2007）

肾上腺实质可分为周围的皮质和中央的髓质两部分。在发生学上，皮质与髓质的来源不同，而且两者也都和肾脏无关。皮质来自体腔上皮（中胚层性），髓质与交感神经系统均来自神经冠（外胚层性）。胚胎期，皮质和髓质相互靠近，形成肾上腺器官，此时与髓质同系统的若干细胞，则不参与髓质的形成，而呈小块散在主动脉附近，这些细胞块称为旁神经节（Paraganglion）。皮质占腺体大部分，从外往内可分为球状带、束状带和网状带 3 部分。球状带细胞分泌盐皮质激素，主要代表为醛固酮，调节电解质和水盐代谢；束状带细胞分泌糖皮质激素，主要代表为可的松和氢化可的松，调节糖、脂肪和蛋白质的代谢；网状带分泌雄激素，但分泌量较少，在生理情况下意义不大。髓质分泌肾上腺素和

去甲肾上腺素，可使小动脉收缩，心跳加快，血压升高。

五、松果体

松果体（Pineal gland）是位于丘脑和四叠体之间的红褐色（反刍动物和马）或灰白色（猪和犬）卵圆形小体，在大脑半球深部，以柄连接于丘脑上部（图 11–8 和图 11–9）。由于其位于第 3 脑室顶，故又称为脑上腺（Epiphysis），其一端借细柄与第 3 脑室顶相连，第 3 脑室凸向柄内形成松果体隐窝。牛的松果体呈长卵圆形，长为 1.2 ～ 2.0 cm；马的松果体呈卵圆形。松果体柄分为前、后两脚，前脚以缰连于丘脑背侧，后脚连于四叠体的前丘。

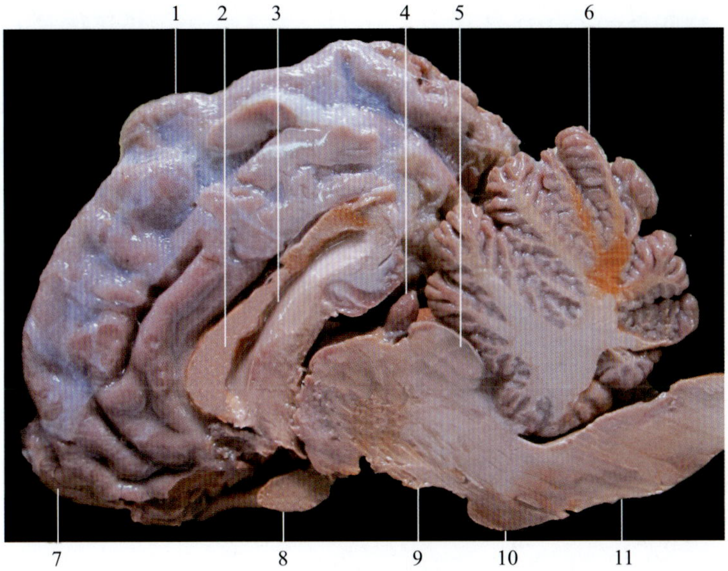

图 11–8　牛松果体

1. 大脑　2. 胼胝体　3. 侧脑室　4. 松果体　5. 四叠体　6. 小脑　7. 嗅球　8. 垂体　9. 中脑　10. 脑桥　11. 延髓

（引自陈耀星和崔燕等，2019）

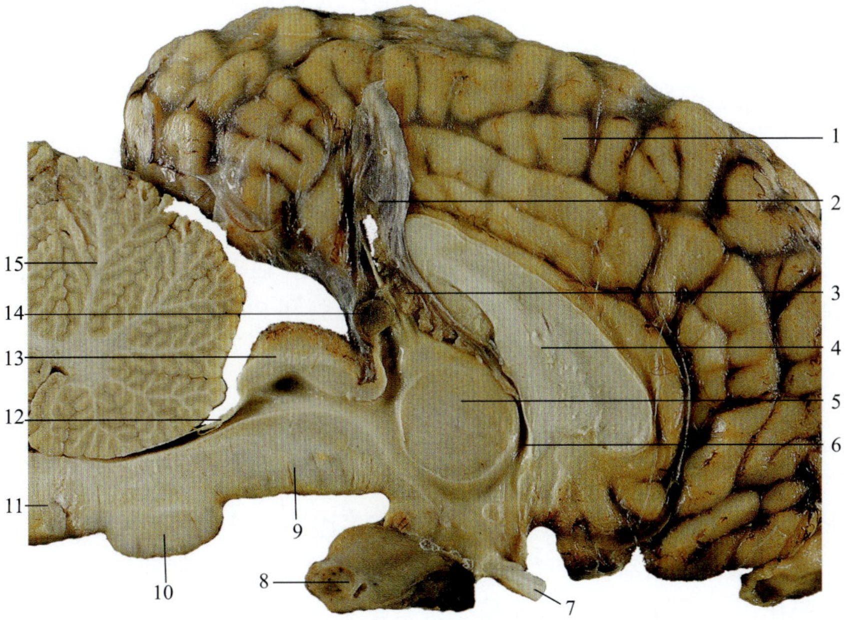

图 11–9　马松果体

1. 大脑　2. 松果体上隐窝　3. 第 3 脑室脉络丛　4. 透明隔　5. 丘脑间黏合　6. 第 3 脑室　7. 视神经　8. 垂体　9. 大脑脚　10. 脑桥　11. 延髓　12. 前髓帆　13. 四叠体　14. 松果体　15. 小脑

（引自 König 和 Liebich，2007）

松果体表面被以由软脑膜延续而来的结缔组织被膜，被膜随血管伸入实质内，将实质分为许多不规则小叶，小叶实质主要由松果体细胞（Pinealocyte）、神经胶质细胞和神经纤维等组成，常有钙质沉积物，称脑砂。松果体细胞内含有丰富的5-羟色胺，在特殊酶的作用下转变为褪黑激素（Melatonin，MT），这是松果体分泌的特定激素，其功能与垂体中间部分泌的促黑色素细胞激素相拮抗。研究发现，MT的分泌与光照有关。当强光照射时，MT分泌减少；在暗光下MT分泌增加。科学家在试验时，分别取在12 h明、暗交替的光照条件下饲养的鸡的松果体加以培养，把它分散成一个个细胞，然后在明、暗环境中观察其中合成MT所需酶的活性。结果证明，每个松果体及其分散的细胞都有生物钟作用，它们能记忆明、暗的规律，并逐步适应新的规律。松果体能合成促性腺激素释放激素（Gonadotrophin-releasing hormone，GnRH）、TRH及8-精氨酸催产素等肽类激素。在多种哺乳动物（鼠、牛、羊、猪等）的松果体内GnRH比同种动物下丘脑所含的GnRH量高4～10倍。有人认为，松果体是GnRH和TRH的补充来源。

松果体在调节马、绵羊等动物的季节性生殖周期方面起着重要作用。在马，褪黑激素有抗促性腺激素生成的作用，而光线刺激则抑制褪黑激素的生成。所以，在春天随光照时间的延长，褪黑激素生成减少，其对性腺的抑制活动减弱（长日照繁育）。蛋鸡延长光照后产蛋率上升也是这个道理。在绵羊，长光照同样抑制褪黑激素，所以随着夜间时间的增加，褪黑激素释放增加。然而，绵羊的褪黑激素促进性腺的功能，所以绵羊的繁殖季节在秋季。其生产实践的意义在于通过褪黑激素可调控绵羊的繁殖周期。

第二节　内分泌组织

一、胰岛

胰岛（Pancreatic islets）位于胰腺内，是胰腺的内分泌部，由不规则的细胞团组成，分布于腺泡之间，形如岛屿。胰岛细胞排列成团索状，细胞之间有丰富的有孔毛细血管，有利于激素的透过。胰岛各类细胞用Mallory等特殊染色法可分为A、B、D和PP 4种细胞，还有少量D1细胞和C细胞等。A细胞约占胰岛细胞总数的20%，细胞体积较大，分泌胰高血糖素，能促进肝细胞的糖原分解为葡萄糖，并抑制糖原的合成，使血糖升高；B细胞约占胰岛细胞总数的70%，主要位于胰岛的中央部，分泌胰岛素（降低血糖），它能促进肝细胞、肌细胞和脂肪细胞将血糖合成糖原或转化为脂肪；D细胞分泌生长抑素，约占胰岛细胞总数的5%，它能抑制A、B细胞和PP细胞的分泌；PP细胞数量很少，此细胞分泌胰多肽，抑制胰液的分泌和胃肠的蠕动。

二、睾丸内的内分泌组织

睾丸虽然是生殖器官，但其内还具有分泌功能的组织，主要是间质细胞和支持细胞。间质细胞分布于睾丸曲精小管之间的结缔组织，细胞较大，圆形或多边形，核大而圆，胞质嗜酸性，能分泌雄激素（主要是睾酮），促进雄性生殖器官发育及第二性征的出现，同时有促使生精细胞发育成精子和促进机体合成代谢的重要作用。支持细胞位于曲精小管管壁上偏于基膜侧，核呈椭圆形或三角形，淡染，有明显的核仁，精子发育的各个阶段都发生在支持细胞的表面，故不易分辨其细胞界限；支持细胞可分泌少量雌激素，为发育中的精子提供营养和保护。

三、卵巢内的内分泌组织

卵巢内的内分泌组织主要有门细胞、卵泡膜和黄体。门细胞（Hilus cell）位于卵巢门近系膜处，为一些较大的上皮样细胞，细胞结构与睾丸间质细胞类似，胞质内富含胆固醇和脂色素等；妊娠期的门细胞较明显，有分泌雄激素的功能。卵泡膜（Membrana follicularis）是包围卵泡的间质细胞层，分内、外 2 层，主要分泌雌激素。黄体（Corpus luteum）由排卵后的卵泡细胞和卵泡膜内层细胞演化而成，分泌孕酮和雌激素。黄体的发育程度和存在时间决定于卵子是否受精及胚胎是否着床。若排出的卵受精并妊娠，黄体继续生长，并可维持到妊娠后期，称妊娠黄体或真黄体；若排出的卵没有受精，则黄体仅维持 2 周左右便开始退化，称发情黄体或假黄体。

四、其他内分泌组织或细胞

心房壁内的一些细胞可分泌心房肽（Atrial natriuretic pepitide，ANP），ANP 又称心钠肽，是近十几年来研究极为活跃的一个神经内分泌激素。它既可以在心肌细胞内合成、贮存和释放，又可以在中枢神经系统内合成、贮存和释放。ANP 具有强大的利尿排钠、扩张血管和降压等生理效应。

在胃、小肠与大肠的上皮与腺体中分布着种类繁多的内分泌细胞，其中尤以胃幽门部和十二指肠上段为多。由于胃肠道黏膜的面积巨大，这些细胞的总量超过其他内分泌腺腺细胞的总和。因此，在某种意义上，胃、肠是体内最大、最复杂的内分泌器官。它们分泌的多种激素统称胃肠激素（Gut hormone），一方面协调胃肠道自身的运动和分泌功能，同时也参与调节其他器官的活动。目前已知有十余种胃肠内分泌细胞（表 11-2）。

表 11-2　胃肠内分泌细胞

细胞名称	分布部位		分泌物
	胃	肠	
D	胃底、幽门	空肠、回肠、结肠	生长抑素（somatostatin）
D1	胃底、幽门	空肠、回肠、结肠	血管活性肠肽（vasoactive intestinal peptide VIP）
EC	胃底、幽门	空肠、回肠、结肠	5-羟色胺（5-hydroxytryptamine，5-HT）、P 物质（substance P）
ECL	胃底		组胺（histamine）
G	幽门	十二指肠	胃泌素（gastrin）
I		十二指肠、空肠	胆囊收缩素－促胰酶素（cholecystokinin-pancreozymin，CCK-PZ）
K		空肠、回肠	抑胃多肽（gastric inhibitory polypeptide，GIP）
L		空肠、回肠、结肠	肠高血糖素（enteroglucagon）
M_0		空肠、回肠	胃肠动素（motilin）
N		回肠	神经降压素（neurotensin）
P	胃底、幽门	空肠	蛙皮素（bombesin）
PP	胃底、幽门	结肠	胰多肽（pancreatic polypeptide）
S		十二指肠、空肠	促胰液素（secretin）

五、APUD 细胞系统与弥散神经内分泌系统（DNES）

APUD 细胞系统，全称为摄取胺前体脱羧细胞（Amine precursor uptake and decarboxylation），是指具有摄取胺前体，经过脱羧后分泌胺类物质的功能，广泛散布于除内分泌器官和组织之外其他器官内的细胞。现已知有50余种，广泛分布于消化、呼吸、泌尿、生殖、心血管系统及神经系统等处。

弥散神经内分泌系统（Diffuse neuroendocrine system，DNES）是指具有调节和控制机体生命活动的动态平衡的功能，在形态、生理、生化、发生等方面有很多相似性，是能分泌生物活性物质的系统。DNES由中枢和周围两部分组成，中枢部分包括下丘脑、垂体和松果体中的神经内分泌细胞；周围部分包括消化、呼吸、泌尿和生殖道内的各种内分泌细胞，如甲状腺旁细胞、甲状旁腺细胞、肾上腺髓质细胞，以及血管内皮细胞、心肌细胞、平滑肌细胞和各类型的白细胞等。这些细胞在功能上既协调统一，又互相制约，精细地调节着机体的许多生理活动与机能。

下丘脑（Hypohalamus）不属于内分泌腺，但与内分泌系统有着密切的联系。一方面，下丘脑内视上核、室旁核等的轴突投射至神经垂体，其分泌物也在神经垂体内贮存；另一方面，下丘脑分泌的多种神经肽通过垂体门脉系统到达腺垂体，对腺垂体的分泌活动进行调节，从而组成下丘脑－垂体－性腺轴和下丘脑—垂体—肾上腺轴等，对整个内分泌系统产生影响。

【思考题】

1. 内分泌系统有哪些存在形式？
2. 内分泌系统包括哪些器官？各器官的形态、位置及功能如何？
3. 除内分泌器官外，还有哪些内分泌组织？这些内分泌组织的形态、位置及功能如何？
4. 如何理解APUD细胞系统与弥散的神经内分泌系统（DNES）？

第十二章 感觉器官

【教学目标】

1. 了解感受器的概念和分类
2. 掌握眼球的结构和功能
3. 了解眼的附属器官的结构和功能
4. 掌握耳的结构和功能
5. 了解视觉和听觉的产生过程

感觉器官（Sense organs）是由感受器和附属器构成。感受器是感觉神经末梢的特殊装置，广泛分布于身体各器官和组织内。感受器的功能是接受机体内、外环境各种不同的刺激，并将刺激转变为神经冲动，经过感觉神经传入中枢神经，最后到达大脑皮层，产生相应的感觉。

感受器通常根据其所在部位和所受刺激的来源，分为外感受器（Exteroceptor）、内感受器（Interoceptor）和本体感受器（Proprioceptor）3 大类。外感受器主要接受外界环境刺激，如皮肤的痛觉、温觉和触压觉，舌的味觉，鼻的嗅觉，以及接受光波和声波的感觉器官（眼和耳）。内感受器分布于内脏以及心血管等部位（如颈动脉窦和颈动脉体等），能感受体内各种物理、化学变化，如压力、渗透压、温度、离子浓度等刺激。本体感受器分布于肌腱、关节和内耳，能接受运动器官所处状态和身体位置的刺激。

第一节　视觉器官

视觉器官（Visual organ）又称眼（Eye），由眼球和附属器官构成。能感受光的刺激，经视神经传至中枢而产生视觉。动物的眼在头部的位置与其栖息环境、习性和摄食方式有关。肉食动物（犬、猫）眼的位置靠前，双眼的视野大，允许集中在物体附近和景深感觉；而被猎动物（食草动物：马、反刍动物、兔）眼的位置靠外侧，使左、右视野几乎不重叠，尽管它们能随时感知周围环境，但它们没有双眼视觉的能力。

一、眼球

眼球（Eyeball) 是视觉器官的主要部分，位于眼眶内，后端有视神经与脑相连。眼球近似球形，由眼球壁和眼球内容物组成。眼球的形状和大小在种属和个体之间有相当大的差异。肉食动物的眼球为球形（直径 20 ～ 24 mm），而马的眼球，其宽度（50 mm）超过其高度（42 mm）和长度（45 mm）。牛的眼球（直径 40 ～ 43 mm）比马的眼球小。相对于个体大小，猫的眼球最大，其次是犬、马、牛，猪的眼球最小（图 12–1）。

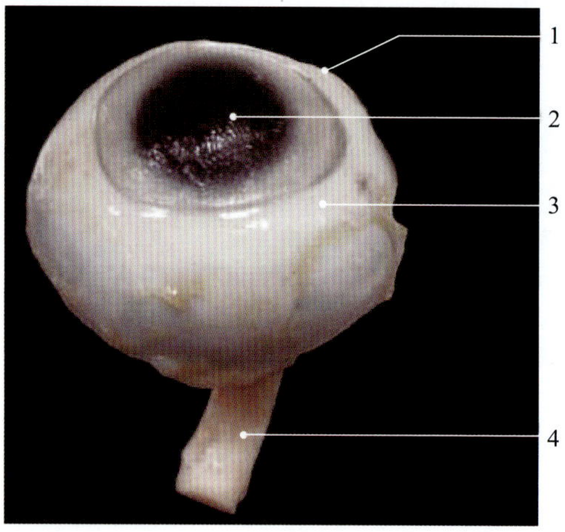

图 12-1　猪眼球外观

1. 角膜巩膜缘　2. 角膜
3. 巩膜　4. 视神经
（引自陈耀星和王子旭等，2018）

（一）眼球壁

眼球壁从外向内由纤维膜、血管膜和视网膜 3 层构成（图 12-2）。

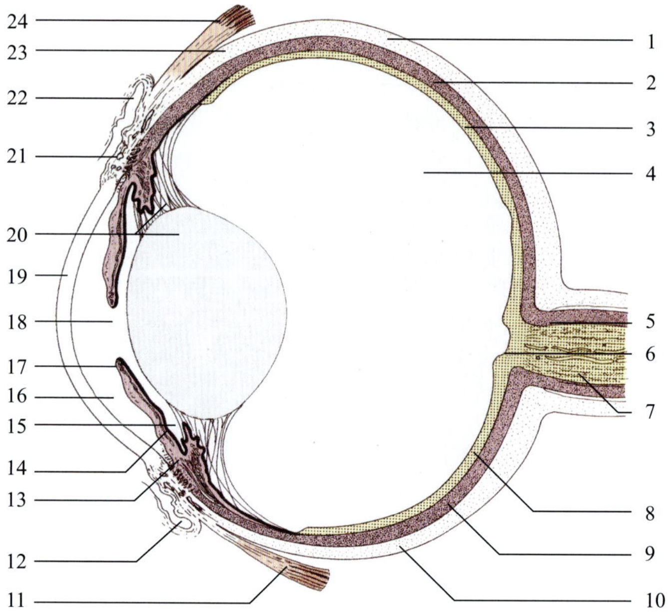

图 12-2　眼球纵切面模式图

1. 纤维膜　2. 血管膜　3. 视网膜　4. 玻璃体
5. 视神经鞘　6. 视神经乳头　7. 视神经
8. 视网膜视部　9. 脉络膜　10,23. 巩膜
11. 下直肌　12. 结膜下穹隆　13. 睫状体
14. 视网膜盲点　15. 眼后房　16. 眼前房
17. 虹膜　18. 瞳孔　19. 角膜
20. 晶状体及小带纤维
21. 巩膜环　22. 结膜上穹隆
24. 上直肌
（引自 König 和 Liebich，2007）

1. 纤维膜（Tunica fibrosa） 又叫白膜，由致密结缔组织构成，厚而坚韧，具有保护眼球内容物的作用。位于眼球壁外层（形成眼球的外壳），分为前部的角膜和后部的巩膜两部分。

（1）角膜（Cornea） 占纤维膜的前 1/5，无色透明，具有折光作用。角膜前面隆凸，后面凹陷。周缘较厚，中部薄，嵌入巩膜中。角膜主要由平行排列的胶原纤维组成，呈板层状。角膜的最高点称为角膜顶，其外周为角膜缘。肉食动物的角膜为圆形，而有蹄类为卵圆形，鼻侧眦钝，颞侧眦尖。

角膜内无血管（其营养由角膜周围的血管供给），但分布有丰富的感觉神经末梢，故感觉灵敏。角膜发炎时应及时治疗，否则会造成角膜混浊，影响视力。

（2）巩膜（Sclera） 占纤维膜的后 4/5，由白色不透明而坚韧的致密结缔组织构成，即由相互交织的胶原纤维束构成致密网，其中散在分布有少量的弹性纤维，具有保护眼球和维持眼球形状的作用。巩膜前部与角膜相连接的地方为角巩膜缘（Corneoscleral junction），呈环状，其深面有巩膜静脉窦，是眼房水流出的通道，有调节眼压的作用。如果眼房水不能顺利流出，眼压就会增加，动物就会变为青光眼。在巩膜的后腹侧，视神经纤维穿出的部位有巩膜筛板（Lamina cribrosa sclerae）。

2. 血管膜（Vascular tunic） 是眼球壁的中层，位于纤维膜与视网膜之间，富有血管和色素细胞，具有输送营养和吸收眼内分散光线的作用，并形成暗的环境，有利于视网膜对光色的感应。血管膜由后向前分为脉络膜、睫状体和虹膜 3 部分。

（1）脉络膜（Choroid） 呈暗褐色，衬于巩膜的内面，与巩膜疏松相连（除猪以外）。在脉络膜的后部内面、视神经乳头上方，有呈青绿色且带金属光泽的三角区，称为照膜（Tapetum lucidum），是由透明细胞组成的反射层（含锌和半胱氨酸）。由于照膜区域的视网膜没有色素，所以反光很强，它有加强对视网膜刺激的作用，有助于动物在暗光情况下对光的感应。除了猪以外，所有家畜都有照膜。肉食动物的照膜为细胞膜（细胞毯），而草食动物的为纤维膜（纤维毯）。动物的种属不同，照膜的颜色亦不同（猫为黄色，犬为绿色，牛和马为蓝绿色），所以动物眼睛的虹彩亦不同。

（2）睫状体（Ciliary body） 位于脉络膜和虹膜之间，是血管膜中部的增厚部分，呈环带形围于晶状体周围（宽约 1 cm），形成睫状环。肉食动物的睫状体形成对称的环，而反刍动物和马则为非对称性的环，其视网膜的视部向前延伸越过睫状体。

睫状环可分为内部的睫状突和外部的睫状肌。睫状突是睫状体内表面许多呈放射状排列的皱褶，有 100 ～ 110 个。睫状突以睫状小带（又叫晶状体悬韧带）与晶状体相连。睫状肌由平滑肌构成，位于睫状体的外部，肌纤维起于角膜与巩膜连接处，向后止于睫状环。在注视近或远距离的物体时，睫状肌能调节晶状体的形状变化。马的这种调节能力相对较弱，但肉食动物较强。睫状肌接受交感神经和来源于睫状神经节的副交感神经的共同支配。副交感神经兴奋引起睫状肌收缩，可向前拉睫状突，晶状体变圆，使眼睛聚焦在近距离的物体上。交感神经兴奋则引起睫状肌舒张，晶状体变扁，眼睛聚焦在远距离的物体上。

（3）虹膜（Iris） 位于血管膜的前部、晶状体之前，呈圆盘状（可从眼球前面透过角膜看到）。虹膜的颜色因色素细胞的数量多少和分布不同而有差异，一般为棕色。虹膜的周缘连于睫状体，其中央有一孔以透过光线，称为瞳孔（Pupilla）（图 12-3）。猪的瞳孔为圆形，其他家畜为横椭圆形。马属动物在瞳孔的上游离缘有一些小块颗粒状突起，称为虹膜粒（Granula iridis），下游离缘的较小；牛的是

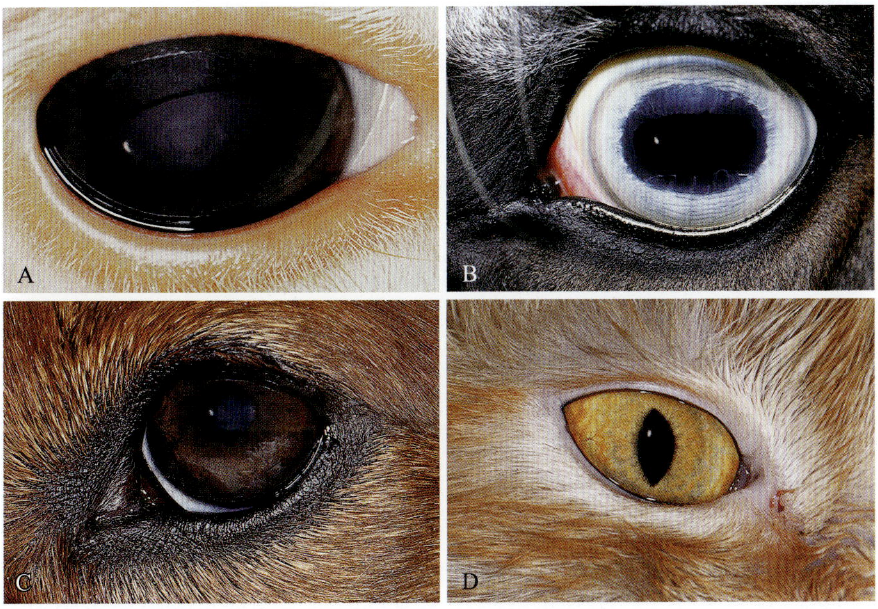

图 12-3 动物眼

A. 牛 B. 马 C. 犬 D. 猫

（引自 König 和 Liebich，2007）

一些小颗粒。虹膜内分布有色素细胞、血管、肌肉和神经等。虹膜的色素细胞含有黑色素，保护视网膜受强光刺激。色素细胞的数量和大小决定了虹膜呈现不同色彩，其遗传性由一些共显性基因决定。如果虹膜基质中有丰富的胶原纤维，而缺乏色素细胞，则眼睛呈蓝色或灰色（猪和山羊）。如果薄的胶原纤维网状结构中富含色素细胞，虹膜的颜色为暗褐色（牛和马）。如果色素细胞非常少，虹膜呈黄色（犬、猪和小型反刍动物）。白化病动物，眼球呈红色，因为在血液供应的虹膜区内完全缺乏色素细胞。

虹膜肌有两种，一种叫瞳孔括约肌（Sphincter muscle of pupil），围于瞳孔缘，呈环状排列，其收缩可缩小瞳孔，受副交感神经支配；另一种为放射状肌纤维，称为瞳孔开大肌（Dilator muscle of pupil），其收缩可开大瞳孔。在强弱不同的光照下，此两肌肉能缩小或开大瞳孔，以调节进入眼球的光线。

3. 视网膜（Retina） 又叫神经膜，位于眼球壁内层，分为视部和盲部。

（1）视部（Retinal optic part） 具有感光作用，衬于脉络膜的内面，且与其紧密相连，薄而柔软。活体略呈淡红色，死后混浊，变为灰白色，易于从脉络膜上脱落。在视网膜后部有一视神经盘（Optic disc）或视神经乳头（Papilla of optic nerve），为一卵圆形白斑，表面略凹，是视神经纤维穿出视网膜的地方，没有感光能力，又称盲点（Blind spot）。在视神经乳头的外上方，约在视网膜的中央，有一圆形小区，称视网膜中心（Foveal region of retina），是感光最敏锐的地方，相当于人的黄斑（Macula lutea）。视网膜中央动脉在视神经乳头处分支呈放射状分布于视网膜，临床上在做眼底检查时可以看到。

视网膜视部的外层是色素上皮层，内层是神经层。神经层由浅至深由三级神经元构成。最浅层为感光细胞，包括视锥细胞（Cone cell）和视杆细胞（Rod cell）。前者有感知强光和辨别颜色的能力；后者有感知弱光的能力。第二级神经元为双极神经元（Bipolar cell），是中间神经元。第三级为多极神经元，称为视网膜神经节细胞（Retinal ganglion cell），其轴突向视神经乳头聚集，形成视神经（Optic nerve）。猫眼能够区分绿色和蓝色，但其他颜色视觉很弱。反刍动物和马不能分辨红色和蓝色，而猪与人类的视觉色谱相似。犬具有二色觉，能够辨别短波长和长波长的光。

（2）盲部（Retina caeca part） 位于睫状体和虹膜的内面，较薄，无感光作用，外层为色素上皮，内层无神经元。被覆于睫状体内面的称为视网膜睫状体部（Retina ciliary part），被覆在虹膜内面的称为视网膜虹膜部（Retina iridial part）。

（二）眼球内容物

眼球内容物是眼球内一些无色透明的折光结构，包括晶状体、眼房水和玻璃体。其作用是与角膜一起组成眼的折光系统，将通过眼球的光线经过屈折，使焦点集中在视网膜上，形成影像。

1. 晶状体（Lens） 位于虹膜与玻璃体之间，像一个圆形的双凸透镜，无血管和神经，无色透明，富有弹性，外面包有一层透明且有弹性的被膜，称晶状体囊。晶状体周缘借着睫状小带连于睫状突。睫状肌的收缩和弛缓，可以改变睫状小带对晶状体的拉力，从而改变晶状体的凸度，以调节视力。晶状体混浊时，影响光线进入眼内到达视网膜，使动物看不清物体，此时便发生了白内障（Cataract）。人应做白内障摘除术来治疗，手术后需配上眼镜加以矫正，以提高视力。

2. 眼房和眼房水 眼房（Eye chamber）是位于角膜后面和晶状体前面之间的空隙，被虹膜分为眼前房和眼后房，两者以瞳孔相交通。眼房水（Humor aqueous）为眼房里的无色透明液体，由睫状突和虹膜产生，从眼后房经瞳孔进入眼前房，然后在眼前房的周缘渗入巩膜静脉窦而至眼静脉。眼房水有运送营养（供给角膜和晶状体营养）及代谢产物、折光和维持眼内压的作用。犬的眼内压为 2.26 ～ 2.80 kPa（17 ～ 21 mmHg）。如果眼房水循环障碍，则眼房水增多，眼内压升高，导致青光眼。马属动物和牛易患混睛虫病，是由丝状线虫的幼虫误入眼房而引起，常引发角膜炎、虹膜炎和白内障，严重时可致失明。该病多见于马，其次是牛，临床上多采取手术刺破角膜随房水流出的方法治疗。

3. 玻璃体（Vitreous body） 位于晶状体与视网膜之间，是无色透明的半流动状胶体，外包一层很薄的透明膜，称玻璃体膜。玻璃体除有折光作用外，还有支持视网膜的作用。

二、眼的附属器官

眼的附属器官（Adnexa of eye）有眼睑、泪器、眼球肌和眶骨膜等，它们对眼球有保护、运动和支持作用（图 12-4）。

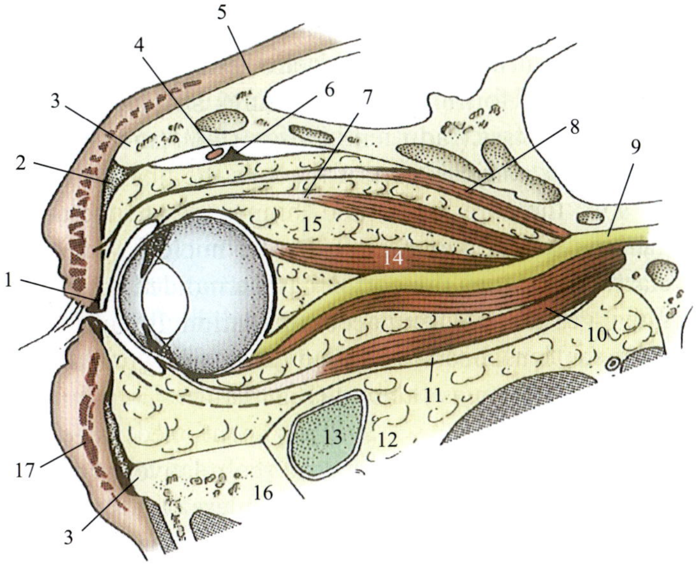

图 12-4　眼的附属器官

1. 眼睑软骨　2. 眶隔　3. 眶缘　4. 眼球上斜肌　5. 面骨骨膜　6. 滑车神经　7. 眼球上直肌　8. 上眼睑提肌　9. 视神经　10. 眼球下直肌　11. 眶骨膜　12. 眶骨膜外脂肪　13. 泪泡（上颌窦后口）　14. 眼球退缩肌　15. 眶骨膜内脂肪　16. 颧弓　17. 眼轮匝肌

（引自 Singh 等，2009）

（一）眼睑

眼睑（Eyelid）为覆盖于眼球前方的皮肤褶，分为上眼睑和下眼睑。上眼睑和下眼睑间形成眼裂（Rima oculi），其内、外侧端分别称眼内侧角和眼外侧角。眼睑的外面为皮肤，中间主要为眼轮匝肌，内面衬着一薄层湿润而富有血管的膜，称为睑结膜（Palpebral conjunctiva）。睑结膜还折转覆盖在眼球巩膜的前部，称为球结膜（Bulbar conjunctiva）。睑结膜与球结膜共同称为眼结膜。正常时，眼结膜呈淡粉红色，在某些疾病时常发生变化，可作为诊断的依据（如感冒发烧时结膜充血变红，肠炎时黄染变红，贫血或大失血时变苍白等）。当眼睑闭合时，结膜合成一个完整的结膜囊（Conjunctival sac），牛的眼虫常寄生于此囊。眼睑外侧面皮肤向内侧面结膜的移行处为眼睑缘，长有睫毛。

第 3 眼睑（Third eyelid），又称瞬膜（Palpebra tertius），是位于眼内侧角的半月状结膜皱褶，常见色素，褶内有一块 T 形软骨，在马、猪和猫为弹性软骨，犬和反刍动物为透明软骨（图 12-5）。软骨深部有第 3 眼睑腺围绕。瞬膜内含有许多淋巴结（结膜淋巴小结），当眼球受到慢性感染时，淋巴结肿大。家畜发生破伤风时，一刺激即瞬膜外露，故瞬膜外露是破伤风病的主要症状之一。

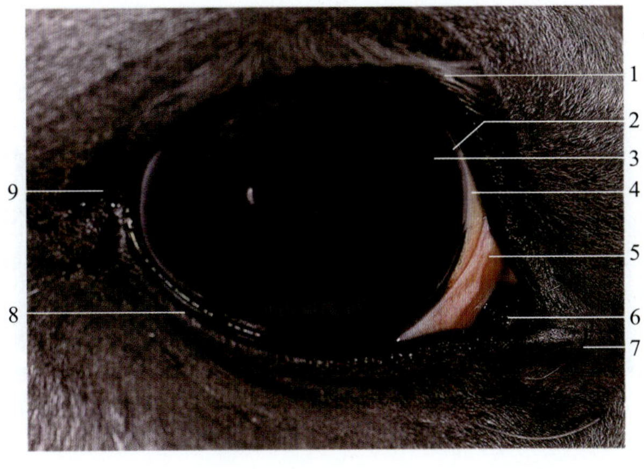

图 12-5　马眼睑

1. 上眼睑及睫毛　2. 角膜缘　3. 角膜　4. 被覆结膜的虹膜　5. 第 3 眼睑（瞬膜）　6. 泪阜　7. 眼角鼻侧角　8. 下眼睑　9. 眼睑颞侧角

（引自 König 和 Liebich，2007）

（二）泪器

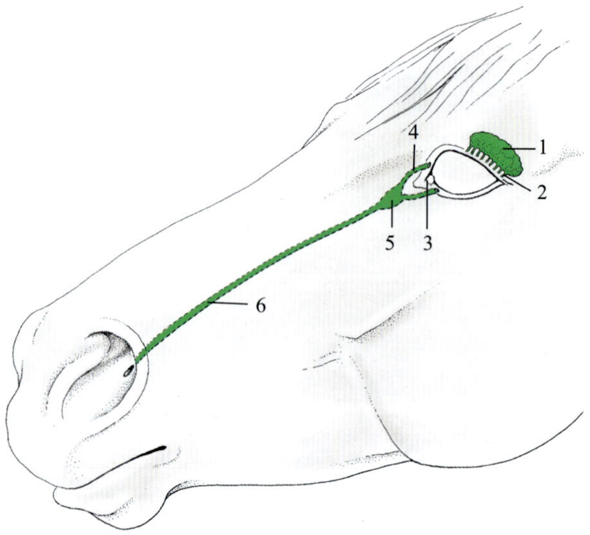

图 12-6　马泪器

1. 泪腺　2. 排泄管　3. 泪阜　4. 泪小管　5. 泪囊　6. 鼻泪管

（引自 König 和 Liebich，2007）

泪器（Lacrimal apparatus）由泪腺和泪道所组成（图 12-6）。

1. 泪腺（Lacrimal gland） 位于额骨眶上突的基部、眼球的背外侧，呈扁平卵圆形，长约 5 cm，宽约 3 cm，以数条输出管开口于上眼睑结膜。泪腺为管泡腺，猪的泪腺分泌物为黏液型，其他哺乳动物的为浆液型。泪腺分泌泪液，借眨眼运动分布于眼球和结膜表面，有湿润和清洁结膜及角膜的作用。

2. 泪道（Lacrimal passages） 是泪液排出的通道，由泪点、泪小管、泪囊和鼻泪管组成。泪点（Lacrimal punctum）位于眼内侧角附近上、下睑缘的 2 个缝状小孔。泪小管（Lacrimal ductile）为 2 条短管，均位于眼内侧角，起始于泪点，下端共同汇入泪囊。泪囊（Lacrimal sac）呈漏斗状，位于泪骨的泪囊窝内，为膜性囊，是鼻泪管的起始膨大部。鼻泪管（Nasolacrimal duct）是将泪液从眼运送至鼻腔的膜性管，位于骨性鼻泪管中。马的鼻泪管长，沿鼻腔侧壁向前、向下延伸，开口于鼻腔前庭腹侧壁的鼻泪管口。泪液在此随呼吸的空气所蒸发。当泪道受阻时，泪液就不能正常排泄，而从睑缘溢出，长期刺激可使眼睑发生炎症。猪无泪囊，鼻泪管开口于下鼻道后部。

（三）眼球肌

眼球肌（Muscles of eyeball）是一些使眼球灵活运动的横纹肌，位于眶骨膜内，均起始于视神经孔周围的眼眶壁，止于眼球巩膜，包括眼球退缩肌、眼球直肌、眼球斜肌和上睑提肌。

1. 眼球退缩肌（Retractor muscles of eyeball） 略呈喇叭形，位于最深部，1 块，沿视神经孔周缘起始，包着视神经走向眼球，以肌齿附着于巩膜，收缩时可使眼球向后移位。

2. 眼球直肌（Straight muscles of eyeball） 共 4 块，按位置分眼球上直肌、下直肌、外直肌和内直肌，均呈带状，收缩时使眼球作上、下、内、外转动。

3. 眼球斜肌（Oblique muscles of eyeball） 有 2 块，包括眼球上斜肌和眼球下斜肌，收缩时可旋转眼球。

4. 上睑提肌（Levator muscle of upper eyelid） 属颜面肌，位于上直肌的背侧，起于筛孔附近，止于眼睑内，收缩时可提举上眼睑。

（四）眶骨膜

眶骨膜（Orbital periosteum）为眼眶内衬的一层致密坚韧的圆锥状纤维鞘，又称为眼鞘，包围着眼球、眼肌、眼的血管和神经及泪腺。它源于骨膜，其内、外间隙中充填着大量脂肪，与眼眶和眶骨膜一起构成眼的保护器官。

三、视觉传导径

视网膜（Retina）由三级神经元组成，其中一级神经元是感光细胞，二级神经元是双极细胞，三级神经元是视网膜神经节细胞。视网膜内的感光细胞将光线的刺激转变为神经冲动，经双极细胞传至节细胞，通过节细胞轴突构成视神经（Optic nerve）、视交叉（Optic chiasm）和视束（Visual tract）。大部分视神经纤维经下丘脑前部而至间脑的外侧膝状体（Lateral geniculate body），更换神经元后，由外侧膝状体发出纤维经内囊投射至大脑皮质视觉区而产生视觉（Visual sense）；小部分纤维止于中脑前丘和顶盖前区（顶盖前核）。前丘为视觉的反射中枢，发出纤维至脑干的眼球肌运动神经核（如动眼神经核、滑车神经核和外展神经核）和颈部脊髓腹侧柱的运动神经元（通过顶盖脊髓束），产生头、颈和眼球对光的反射。顶盖前核为瞳孔反射中枢，发出节前纤维至睫状神经节，由睫状神经节再发出节后纤维至瞳孔括约肌。当视网膜受强光刺激时，引起瞳孔括约肌收缩，使瞳孔缩小。

第二节　位听器官

位听器官包括位觉器官（Position sense organ）和听觉器官（Auditory organ）2 部分。这两部分机能虽然不同，而结构上难以分开。位听器官由外耳、中耳和内耳 3 部分构成（图 12-7）。外耳收集声波，中耳传导声波，内耳是听觉感受器和位置觉感受器的所在地。

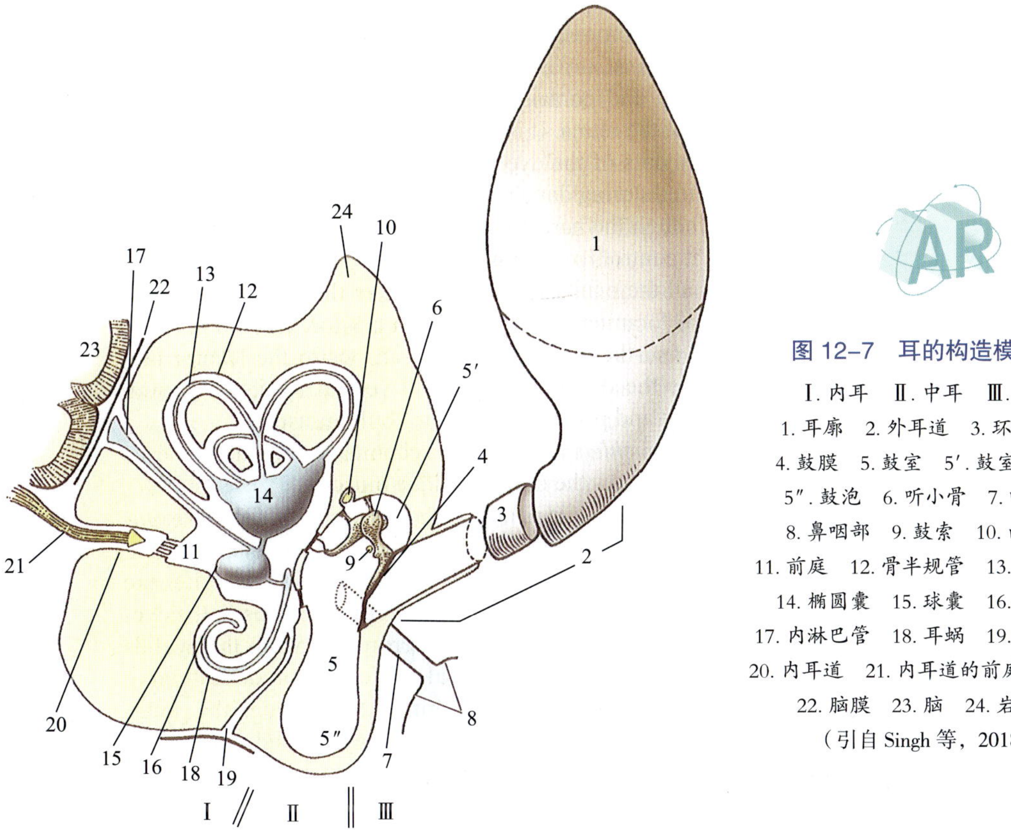

图 12-7　耳的构造模式图

Ⅰ. 内耳　Ⅱ. 中耳　Ⅲ. 外耳
1. 耳廓　2. 外耳道　3. 环状软骨
4. 鼓膜　5. 鼓室　5′. 鼓室上隐窝
5″. 鼓泡　6. 听小骨　7. 咽鼓管
8. 鼻咽部　9. 鼓索　10. 面神经
11. 前庭　12. 骨半规管　13. 膜半规管
14. 椭圆囊　15. 球囊　16. 耳蜗管
17. 内淋巴管　18. 耳蜗　19. 淋巴周管
20. 内耳道　21. 内耳道的前庭耳蜗神经
22. 脑膜　23. 脑　24. 岩颞骨
（引自 Singh 等，2018）

一、外耳

外耳（External ear）包括耳廓、外耳道和鼓膜 3 部分。

1. 耳廓（Auricle）　以耳廓软骨为基础，内、外均覆有皮肤，其形状大小因动物种类不同而异，一般呈圆筒状。耳廓背面隆凸称为耳背，与耳背相对应的凹面称为耳舟。耳廓前、后缘向上汇合形成耳尖，耳廓下部叫耳根，在腮腺深部连于外耳道。耳廓软骨基部外面附着有许多耳肌，故耳廓转动灵活，便于收集声波。

家畜耳廓的大小和形状在不同的品种和种属之间有着很大的差异。耳廓的种特异性在犬尤为突出（表 12–1）。许多动物的外耳能够灵活摆动，这对个体之间的交流起到很重要的作用。

表 12–1　犬耳形品种特异性

· 短竖立耳：尖嘴竖耳丝毛犬、北方雪撬犬	· 搭在头上带有耳尖的玫瑰耳：灰猎犬
· 长竖立耳：德国牧羊犬	· 悬挂耳：丹麦种大犬、部分猎犬
· 蝙蝠耳：法国牛头犬	· 悬挂耳（长）：纯血猎犬、部分狩猎犬
· 下垂耳：猎狐小犬、柯利犬	

2. 外耳道（External acoustic meatus） 是从耳廓基部到鼓膜的通道，外口大、内口小，内口朝向中耳。外耳道由软骨性外耳道和骨性外耳道两部分构成。外侧部是软骨性外耳道，其上部与耳廓软骨相接，下部固着于骨性外耳道的外口。内侧部是骨性外耳道即颞骨的外耳道，呈漏斗状，长为 2.5～3.5 cm，内面衬有皮肤。在软骨管部的皮肤含有皮脂腺和耵聍腺（Ceruminous gland）。后者为变异的汗腺，分泌耳蜡，又叫耵聍。

3. 鼓膜（Tympanic membrane） 是一片椭圆形半透明的纤维膜，坚韧而有弹性，位于外耳道底部，是外耳和中耳的分界。鼓膜厚约 0.2 mm，外表面呈浅凹面，内表面隆凸。鼓膜分 3 层，外层为表皮层，来自外耳道皮肤；中层为纤维层，由致密胶质纤维构成；内层为黏膜层，为鼓室黏膜的延续部分。

犬的鼓膜呈椭圆形，猫的呈尖形，猪的呈圆形，牛和马的呈椭圆形。鼓膜富含血管，由感觉神经纤维支配。

二、中耳

中耳（Middle ear）由鼓室、听小骨和咽鼓管组成。

1. 鼓室（Tympanic cavity） 是颞骨里一个含有空气的骨腔，内面被覆黏膜。鼓室的外侧壁是鼓膜，与外耳道隔开；内侧壁为骨质壁或迷路壁，与内耳为界。在内侧壁上有一个隆起称为岬（Promontory），岬的前方有前庭窗（Vestibular window），被镫骨底及环状韧带封闭；岬的后方有蜗窗（Oval window），被第 2 鼓膜所封闭。鼓室的前下方有孔通咽鼓管。

2. 听小骨（Auditory ossicule） 位于鼓室内，共有 3 块，由外向内依次为锤骨（Malleus）、砧骨（Incus）和镫骨（Stapes）。它们彼此以关节连成一个骨链，一端以锤骨柄附着于鼓膜，另一端以镫骨底的环状韧带附着于前庭窗。鼓膜接受声波而振动，再经此骨链将声波传递至内耳。

3. 咽鼓管（Eustachian tube） 又称耳咽管（Auditory tube），起自鼓室开口于咽腔为连接于咽和鼓室之间的一个沟状管道。外壁由软骨和骨质构成，内面衬有黏膜。鼓室口在鼓室的前部，咽口位于咽的侧壁。马属动物的咽鼓管膨大形成一对咽鼓管囊。空气从咽经此管到鼓室，以调节鼓室内压与外界气压的平衡，防止鼓膜被冲（震）破。

三、内耳

内耳（Internal ear）又称迷路（因结构复杂而得名），位于岩颞骨岩部内，分为骨迷路和膜迷路两部分。它们是盘曲于鼓室内侧骨质内的骨管，在骨管内套有膜管。骨管称骨迷路，膜管称膜迷路。膜迷路内充满内淋巴，在膜迷路与骨迷路之间充满外淋巴，它们起着传递声波刺激和感受动物体位置变动刺激的作用。

（一）骨迷路

骨迷路（Bony labyrinth）位于鼓室内侧的骨质内，由前庭、3 个骨质半规管和耳蜗 3 部分构成（图 12–8）。

1. 前庭（Vestibule） 为位于骨迷路中部扩大的空腔，呈球形，向前下方与耳蜗相通，向后上方与骨半规管相通。前庭的外侧壁（即鼓室的内侧壁）上有前庭窗和蜗窗；前庭的内侧壁是构成内耳道底的部分，壁上有前庭嵴，嵴的前方有一球囊隐窝（Spherical recess），后方有一椭圆囊隐窝（Elliptical recess），后下方有一前庭小管内口。

2. 骨半规管（Bony semicircular canals） 位于前庭的后上方，由 3 个彼此互相垂直的半环形骨管组成，按其位置分别称为前半规管、后半规管和外半规管。每个半规管的一端膨大，称为骨壶腹（Osseous ampulla），另一端称为骨脚（Bony crura）。

3. 耳蜗（Cochlea） 位于前庭的前下方，由一耳蜗螺旋管围绕蜗轴（由骨松质构成）盘旋数圈（牛羊 3.5 圈，马 2.5 圈，猪 4 圈，犬猫 3 圈）而成，呈圆锥形。管的起端与前庭相通，盲端终止于蜗顶。沿蜗轴向螺旋管内发出骨螺旋板，将螺旋管不完全地分隔为上部的前庭阶和下部的鼓室阶 2 部分。蜗轴底即内耳道的一部分，该处凹陷，有许多小孔，供耳蜗神经通过。

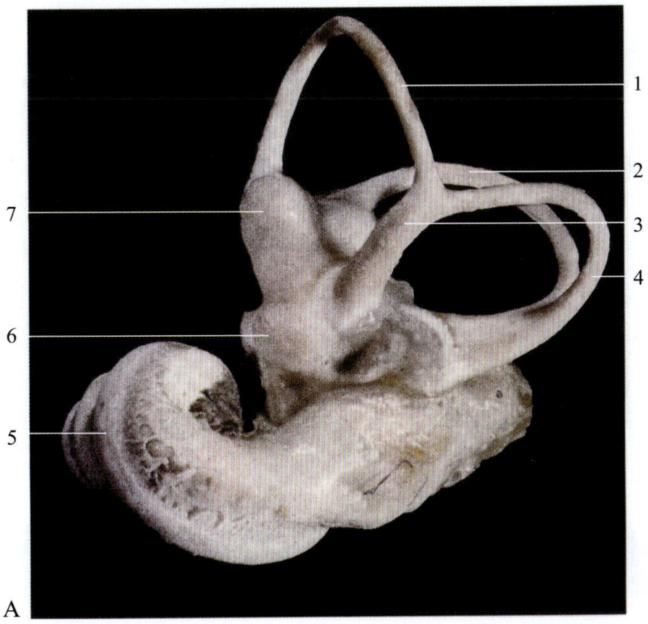

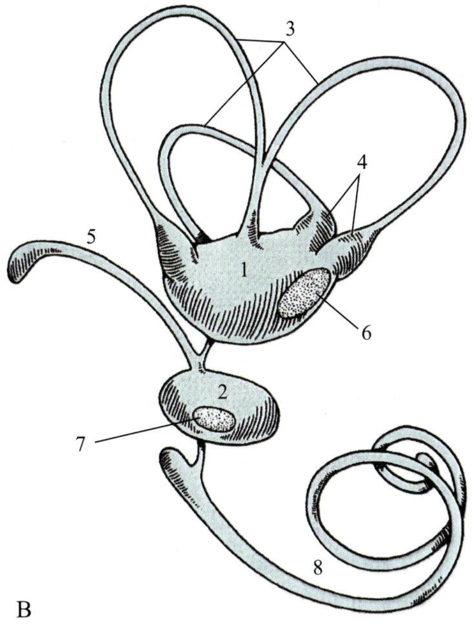

图 12–8 骨迷路和膜迷路

A. 骨迷路：1. 前半规管 2. 外半规管 3. 总脚 4. 后半规管 5. 耳蜗 6. 前庭 7. 骨壶腹
B. 膜迷路：1. 椭圆囊 2. 球囊 3. 膜半规管 4. 含有壶腹嵴的壶腹 5. 内淋巴管
6. 椭圆囊斑 7. 球囊斑 8. 耳蜗管
（引自 König 和 Liebich，2007；Singh 等，2018）

（二）膜迷路

膜迷路（Membranous labyrinth）为套于骨迷路内，互相连通的膜性囊和管（由纤维组织构成，内面衬有单层上皮），形状与骨迷路相似，由椭圆囊、球囊、膜半规管和耳蜗管组成（图 12–8）。

1. 椭圆囊（Utriculus） 位于前庭的椭圆隐窝内，后壁有 5 个孔与 3 个膜半规管相通。

2. 球囊（Sacculus） 位于前庭的球状隐窝内，一端与椭圆囊相通，另一端与耳蜗管相通。

3. 膜半规管（Semicircular ducts） 套于骨半规管内，与骨半规管的形状一致，膜壶腹和膜脚均开口于椭圆囊。

在椭圆囊、球囊和膜半规管壶腹的壁上，均有一增厚的部分，分别形成椭圆囊斑（Macula utriculi）、球囊斑（Macula Sacculi）和壶腹嵴（Crista ampullaris），它们是位置觉（平衡觉）感受器，调节动物的运动，以维持机体平衡，并与小脑密切相连。

4. 耳蜗管（Cochlear duct） 位于耳蜗螺旋管内，与耳蜗螺旋管的形状一致。一端与球囊相通连，另一端终止于蜗顶。在耳蜗管的基底膜上有感觉上皮的隆起，称为螺旋器（Spiral organ），又称柯蒂氏器（Organ of Corti），为听觉感受器，声波经一系列途径传至耳蜗后，由耳蜗管内的螺旋器将其转化为神经冲动，再经前庭耳蜗神经的耳蜗支传至脑，产生听觉。

四、听觉和位置觉传导径

1. 听觉传导径 声波经外耳道传至鼓膜，鼓膜感受声波而振动，然后借听小骨将振动传至前庭的外淋巴，再经内淋巴传至螺旋器。螺旋器的毛细胞因受声音刺激而产生神经冲动，传至螺旋神经节（位于蜗轴内）的细胞，通过该细胞轴突构成的前庭耳蜗神经的耳蜗支，至延髓的耳蜗神经核。由耳蜗神经核发出的纤维，大部分伸延至间脑内侧膝状体，更换神经元后，由内侧膝状体发出纤维经内囊投射至大脑皮质听觉区，产生听觉；小部分纤维终止于中脑后丘，后丘是听觉反射中枢，由此发出纤维至脑干的眼球肌运动神经核和颈部脊髓腹侧柱运动神经元（通过顶盖脊髓束），而产生对声音的朝向反射。

2. 位置觉（平衡觉）传导径 当头部位置改变时，在重力影响下，刺激内耳位置觉感受器（壶腹嵴、椭圆囊斑和球囊斑）的毛细胞而产生神经冲动，经前庭神经节（位于内耳道底部）的中枢突构成的前庭神经，至延髓的前庭核。由前庭核发出的纤维，一部分至脑干的滑车、外展和动眼神经核，使眼球肌发生反射活动；一部分形成前庭脊髓束至脊髓各段的腹侧柱，完成头、颈、躯干和四肢的姿势反射；另一部分至小脑蚓部，由小脑蚓部发出纤维经锥体外系传至脊髓腹侧柱，完成平衡调节。

【思考题】

1. 简述眼球的结构及各部结构的作用。
2. 简述耳的结构。
3. 简述视觉是如何产生的。
4. 简述听觉是如何产生的。

第十三章 被皮系统

【教学目标】

1. 掌握皮肤的结构
2. 掌握牛乳房的形态、位置和结构
3. 掌握牛蹄的结构，了解马蹄的结构特点
4. 了解角的形态和结构

被皮系统（Common integument system）包括皮肤和皮肤的衍生物。皮肤被覆于畜体表面，由复层扁平上皮和结缔组织构成，内含大量的血管、淋巴管、汗腺以及丰富的感受器（如痛、温、触、压觉感受器）。因此，皮肤是畜体重要的感觉器官，并具有保护深部组织、防止体液蒸发、调节体温和排泄废物的功能。毛、汗腺、皮脂腺、乳腺、枕、蹄（爪）等，都是由皮肤衍变而成，故称为皮肤的衍生物。

第一节 皮肤

皮肤（Skin）覆盖于动物体表，在天然孔（口裂、鼻孔、肛门和尿生殖道外口等）处与黏膜相接。一般皮肤可分为表皮、真皮和皮下组织 3 层（图 13–1），但皮肤的厚度因动物种类、品种、年龄、性别

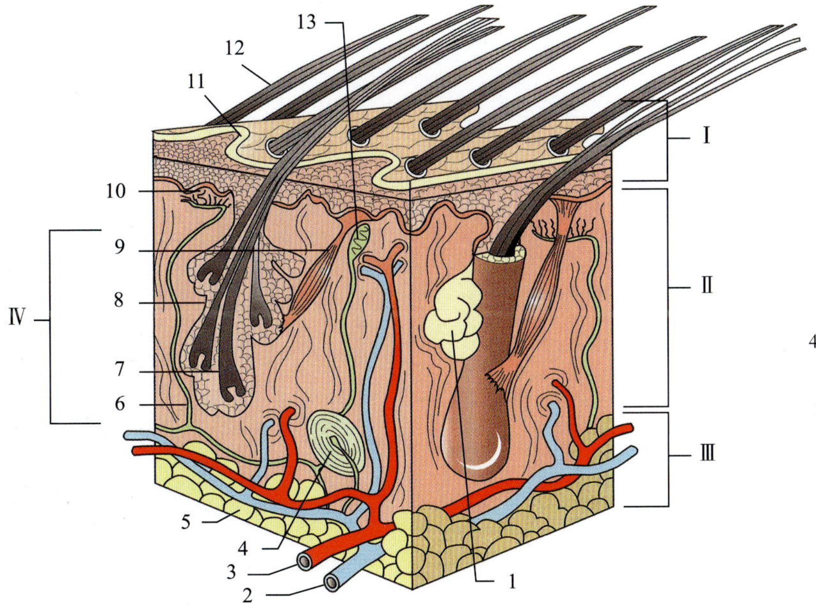

图 13–1 皮肤结构模式图

Ⅰ. 表皮 Ⅱ. 真皮 Ⅲ. 皮下组织
Ⅳ. 毛囊复合体
1. 皮脂腺 2. 静脉 3. 动脉
4. 环层小体（Pacinian 小体） 5. 脂肪组织
6. 神经 7. 毛根 8. 皮脂腺 9. 立毛肌
10. 游离神经末梢 11. 鳞状褶 12. 毛干
13. 触觉小体（Meissner 氏小体）
（引自 Colville 和 Bassert，2008）

以及身体部位而有差异。家畜中以牛的皮肤最厚，马、猪的次之，羊的最薄；老龄动物的皮肤较幼畜的厚；公畜的皮肤比母畜的厚；枕部、背部和四肢外侧的皮肤比腹部和四肢内侧的厚。

一、表皮

表皮（Epidermis）为皮肤最表面的结构，由复层扁平上皮构成。完整的表皮可分4层，由浅至深依次为角质层（Horny layer）、透明层（Clear layer）、颗粒层（Granular layer）和生发层（Malpighian layer）。生发层与真皮相连，其细胞增殖能力很强，可不断产生新的细胞，以补充表层角化脱落的细胞；角质层由大量角化的扁平细胞堆积而成，细胞死亡后即脱落。表皮内有丰富的游离神经末梢，有接受疼痛刺激的功能，但表皮内无血管和淋巴管。

二、真皮

真皮（Dermis）位于表皮的深层，是皮肤最厚的一层，由致密结缔组织构成，坚韧且富有弹性。皮革就是由真皮鞣制而成的。真皮内有汗腺、皮脂腺和丰富的血管与神经。临床上做皮内注射，就是把药物注入真皮内。真皮由浅至深可分为乳头层和网状层，两层互相移行，无明显界限。

1. 乳头层（Papillary layer） 为真皮的浅层，较薄，在与表皮相衔接处形成许多乳头状的突起，称为真皮乳头（Dermal papilla）。乳头内有丰富的毛细血管和感受器。生发层细胞的营养代谢靠乳头层供给。

2. 网状层（Reticular layer） 为真皮的深层，较厚。网状层内含有大量粗大的胶原纤维和少量的弹性纤维，两者交错排列，故皮肤坚韧而富有弹性。网状层内还有较大的血管、淋巴管和神经。

三、皮下组织

皮下组织（Hypodermis, Subcutaneous layer）位于真皮的深层，由疏松结缔组织构成，又称浅筋膜（Superficial fascia）。皮下组织内有皮血管、皮神经和皮肌。营养好的家畜还蓄积大量的脂肪，如猪膘。马、牛、羊颈侧部的皮下组织较发达，是常用的皮下注射部位。

第二节　毛

一、毛的形态和分布

毛（Hairs）是一种角化的表皮结构，坚韧而有弹性，是温度的不良导体，具有保温作用。家畜的毛具有重要的经济价值。

家畜的被毛（Clothing hair）遍布全身，并有粗毛与细毛之分。马、牛和猪的被毛多为短而直的粗毛，绵羊的被毛多为细毛。粗毛多分布于头部和四肢。在畜体的某些部位，还有一些特殊的长毛，如马颅顶部的鬣、颈部的鬃、尾部的尾毛和系关节后部的距毛、公山羊颏部的髯和猪颈背部猪鬃。此外，有些部位的毛在根部富有神经末梢，称触毛（Tactile hair），如牛、马、羊和猫唇部的触毛（图13–2）。

图13–2　猫的触毛

唇上的黑点示口周腺

家畜体表被毛的分布随动物种类不同而异。牛和马的被毛是均匀分布的。绵羊的被毛是成组分布的。猪常是 3 根集合成一组，其中较长的一根称主毛。犬的被毛一般以 4 ～ 8 根为一簇，其中有长而粗的主毛及细弱的副毛。兔毛可分为针毛（枪毛）、绒毛和触毛 3 种。优良毛皮品种的兔，绒毛密而细。

毛在畜体体表按一定方向排列，称毛流（Hair streams）。在畜体的不同部位，毛流的排列形状也不同。毛流的方向一般来说与外界气流和雨水在体表流动的方向相适应，但在特殊部位可形成特殊方向的毛流，如点状集合性毛流、点状分散性毛流、旋毛和线状集合性毛流等形式（图 13–3）。

图 13–3　牛头部的旋毛

（引自陈耀星等，2013）

二、毛的结构

毛是表皮的衍生物，由角化的上皮细胞构成。毛露于皮肤表面的部分称毛干（Hair shafts），埋在皮肤内的部分称毛根（Hair root），毛根末端膨大呈球状的为毛球（Hair bulb），毛球细胞分裂能力强，是毛的生长点。毛球的顶端内陷呈杯状，真皮结缔组织伸入其内形成毛乳头（Hair papilla），相当于真皮的乳头层，含有丰富的血管和神经，毛球可通过毛乳头获得营养物质。

毛囊（Hair follicle）包围于毛根周围，可分成表皮层和真皮层（图 13–4）。表皮层由皮肤表皮向真皮内陷入，包围于毛根之外，称根鞘（Root sheath）；真皮层构成结缔组织鞘，包于根鞘之外。在毛囊的一侧有一束斜行的平滑肌，称为立毛肌（Arrectores pilorum），受交感神经支配，收缩时使毛竖立。

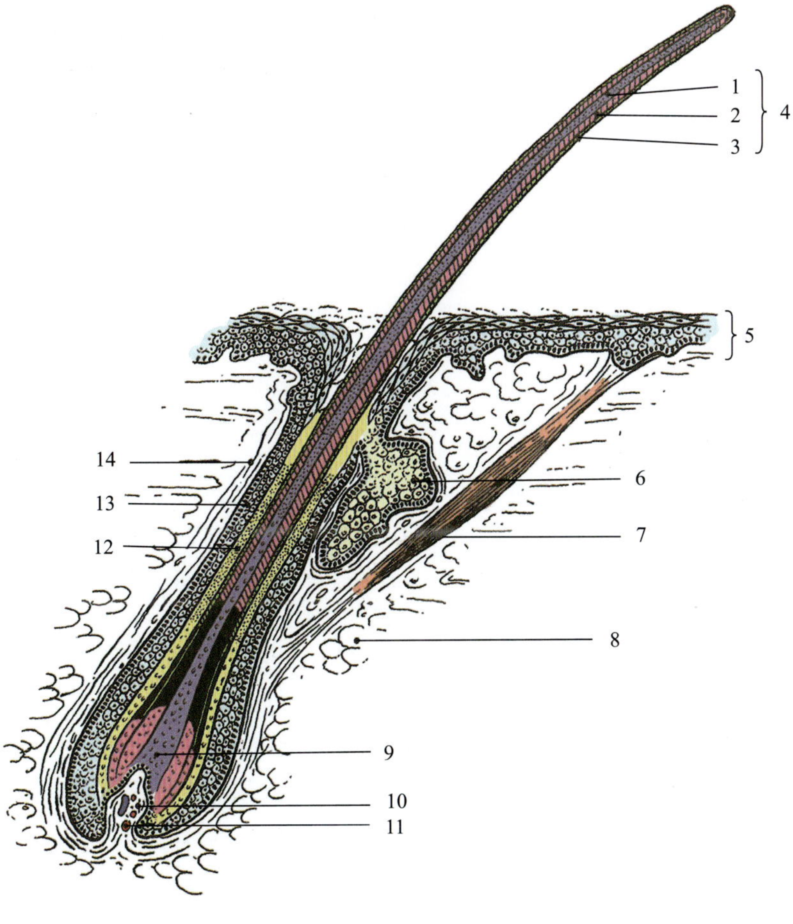

图 13–4　毛的结构模式图

1. 毛髓质　2. 毛皮质
3. 毛小皮　4. 毛干　5. 表皮
6. 皮脂腺　7. 立毛肌
8. 结缔组织　9. 毛球
10. 毛乳头　11. 毛细血管
12. 毛囊内上皮根鞘
13. 毛囊外上皮根鞘
14. 毛囊真皮根鞘
（引自 Fails 和 Magee，2018）

三、换毛

毛有一定寿命，生长到一定时期就会衰老脱落，为新毛所代替，这个过程称为换毛（Molting）。换毛的方式有 2 种，一种为持续性换毛，即换毛不受季节和时间的限制，如马的鬣毛、尾毛，猪鬃，绵羊的细毛等；另一种为季节性换毛，即每年春秋两季各进行一次换毛，如驼毛、兔毛。大部分家畜既有持续性换毛，又有季节性换毛，因而是一种混合性的换毛。不论什么类型的换毛，其过程和毛的形态变化都是相同的。当毛生长到一定时期，毛乳头的血管萎缩，血流停止，毛球的细胞停止增生，并逐渐退化和萎缩，最后与毛乳头分离，毛根逐渐脱离毛囊向皮肤表面移动（图 13–5）。由于紧靠毛乳头周围的细胞增殖形成新毛，最后旧毛被新毛推出而脱落。

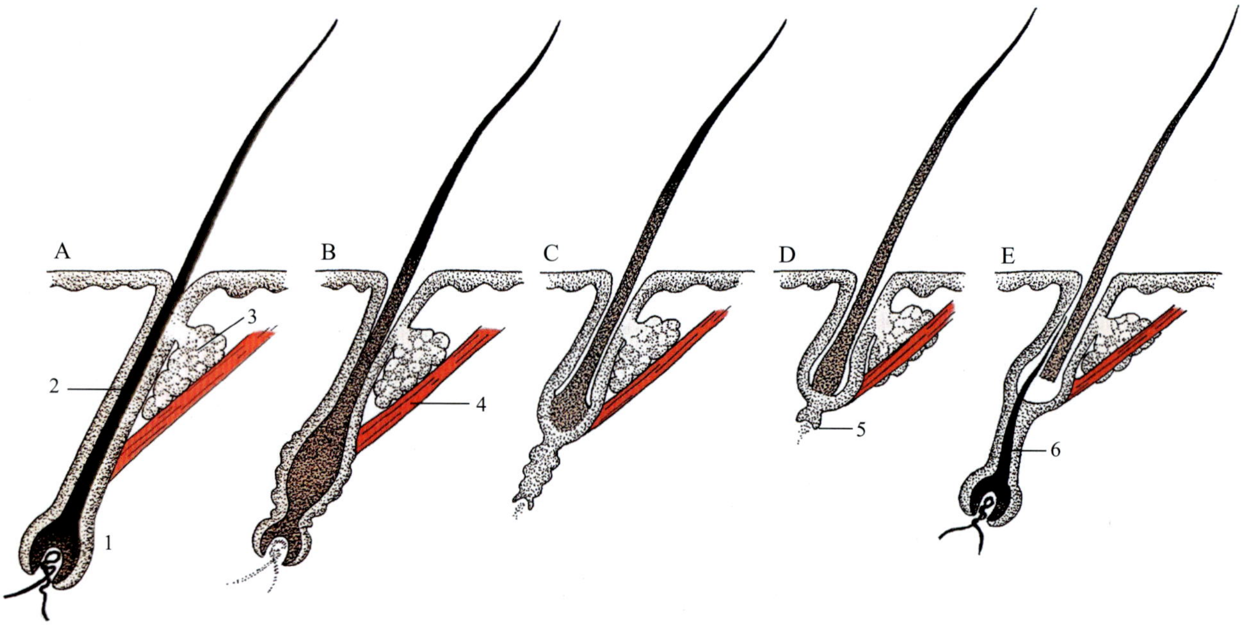

图 13–5　毛发育周期模式图

A. 功能性毛囊，生长期阶段　B. 毛囊开始萎缩，早期退行阶段　C. 毛囊进一步萎缩，晚期退行阶段
D. 毛囊萎缩，毛发向远端迁移，新生毛球开始生长，休止期阶段　E. 新毛球形成，新毛开始生长，早期生长阶段
1. 毛囊　2. 毛根　3. 皮脂腺　4. 立毛肌　5. 新生毛球　6. 新毛
（引自 Singh 等，2018）

第三节　皮肤腺

皮肤腺（Skin gland）由表皮陷入真皮内形成，包括乳腺、汗腺和皮脂腺。

一、乳腺

乳腺（Mammary gland）属复管泡状腺，为哺乳动物所特有。在雌性动物和雄性动物虽都有乳腺，但只有雌性的能充分发育并具有泌乳能力。雌性动物的乳腺均形成较发达的乳房。在兽医临床上，奶牛易患乳房炎，老龄母犬易发乳腺肿瘤。各种雌性动物乳房的数目、位置和形态均不相同（图 13–6）。

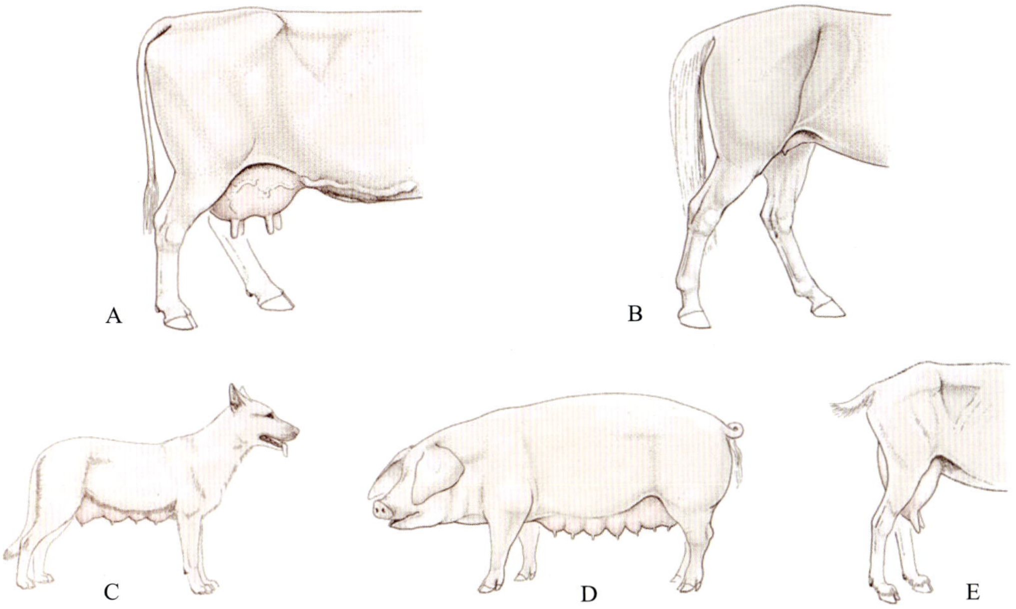

图 13-6　母畜乳房位置示意图

A. 母牛　B. 母马　C. 母犬　D. 母猪　E. 母羊

（引自 König 和 Liebich，2007）

（一）乳房的结构

乳房（Mamma）由皮肤、筋膜和实质组成。其最外面是薄而柔软的皮肤，皮肤的深面为一浅筋膜和一深筋膜。浅筋膜由疏松结缔组织构成，使乳房皮肤具有活动性。深筋膜的结缔组织富含弹性纤维，伸入乳腺实质内，构成乳腺的间质，将腺实质分隔成许多腺叶和腺小叶。牛、羊和马的深筋膜形成乳房的悬器。悬器包括两内、外侧板，分别紧覆于左、右乳房的内、外侧面。两内侧板沿正中面互相紧贴，形成乳房悬韧带，即乳房间隔，向上附着于腹黄膜。外侧板沿乳房外侧面上行，附着于联合腱（图 13-7）。

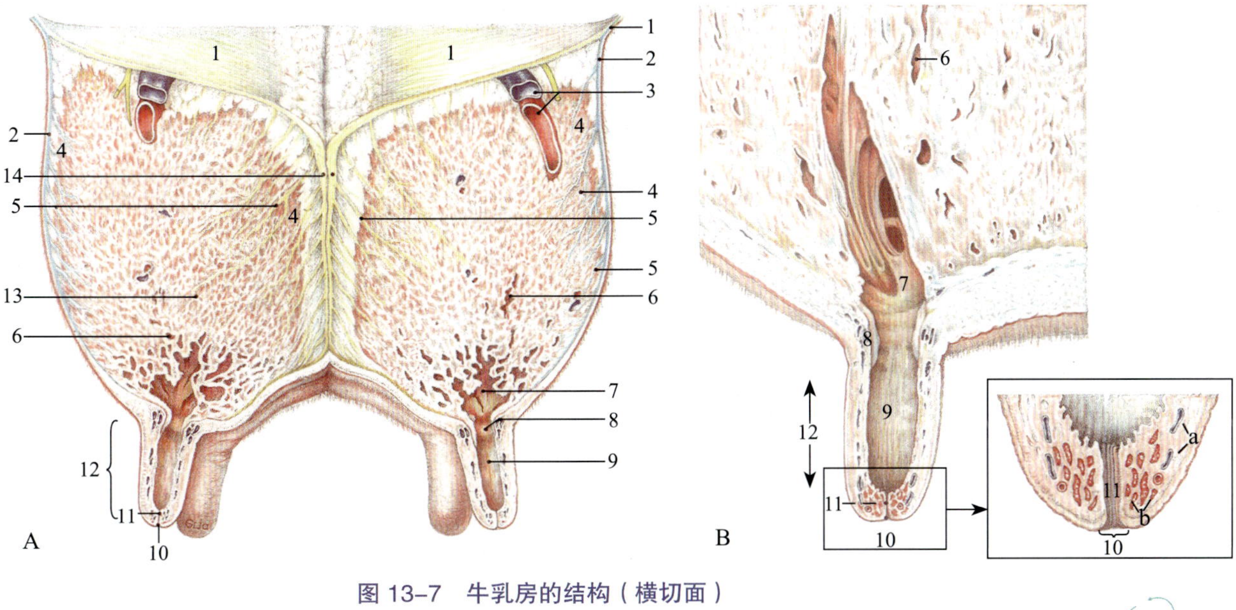

图 13-7　牛乳房的结构（横切面）

1. 腹黄膜　2. 外侧板　3. 乳房前动、静脉和生殖股神经前支　4. 乳腺腺叶　5. 悬板　6. 输乳管　7. 乳池　8. 环形褶和静脉环　9. 乳头窦　10. 乳头孔　11. 乳头管　12. 乳头　13. 乳房体部　14. 内侧板

（引自 Budras 和 Habel，2003）

乳腺实质由分泌部和导管部组成。分泌部包括腺泡和分泌小管，其周围有丰富的毛细血管网。导管部由许多小的输乳管汇合成较大的输乳管，较大的输乳管再汇合成乳道，开口于乳头（Teat）上方的乳池（Lactiferous sinus）。乳池为不规则的腔体，经乳头管（Papillary duct）向外开口。

（二）不同动物乳房的特点

1. 牛乳房 母牛有4个乳房。整个乳房呈倒置圆锥状，悬吊于耻骨部腹下壁，两股之间，可分为紧贴腹壁的基部、中间的体部和游离的乳头部。乳房腹侧面中央有一前后纵行的乳房间沟，将乳房分成左、右两半，每半又由一不明显的横沟分为前、后两部，共4个乳丘（Quarters）。每个乳丘有一个乳头，每个乳头有一个乳头管。左、右两侧乳腺的深筋膜在中线合并成乳房间隔（悬韧带），向上与腹黄膜相连。牛乳房与阴门裂之间呈线状毛流的皮肤纵褶称为乳镜（Milk mirror），对鉴定产乳能力有重要意义。

2. 羊乳房 母羊有2个乳房，位置和结构与牛的相似，位于腹股沟部。山羊的乳房呈圆锥形，绵羊的呈扁平的半球形，被乳房间沟分为左、右两半，但每半只有1个圆锥形的乳头。每个乳头有1个乳头管的开口。

3. 马乳房 母马有2个乳房，与羊的相似，位于两股之间，呈扁圆形，被一纵沟分为左、右两半，每半各有一个左、右扁平的乳头，但每个乳头有2～3个乳头管。

4. 猪乳房 成对排列于胸部和腹正中部的两侧，常有5～8对，每个乳房有1个乳头，每个乳头有2～3个乳头管。

5. 犬乳房 一般形成4或5对乳房，对称排列于胸、腹正中线两侧。每个乳房有1个乳头，呈两侧扁平的锥形。每个乳头有7～16个乳头管的开口。

6. 兔乳房 位于胸、腹正中线两侧，一般3～6对，每个乳头约有5个乳腺管开口。

二、汗腺

汗腺（Sweat gland）为单管状腺，分泌部位于真皮，导管长而扭曲，多开口于毛囊，少数直接开口于皮肤表面。汗腺分泌汗液，起排泄废物和调节体温的作用。家畜中马和绵羊的汗腺最发达，几乎分布于全身；猪的汗腺比较发达，但以指（趾）间分布最密；牛的汗腺以面部和颈部为最显著，水牛的汗腺较黄牛少；犬和猫的汗腺不发达，特别是被毛密集的部位汗腺更少。在家畜中，犬、猫出汗最少。

三、皮脂腺

皮脂腺（Sebaceous gland）为分枝泡状腺，位于真皮内，毛囊和立毛肌之间（图13-1）。在有毛的部位，其导管开口于毛囊；在无毛部位，则直接开口于皮肤表面。皮脂腺分泌脂肪，有润滑皮肤和被毛的作用。动物除角、蹄、爪、乳头和鼻唇镜等处的皮肤没有皮脂腺外，几乎全身都有分布。马的皮脂腺较发达，绵羊的眶下窦、趾间窦等处都有发达的皮脂腺，猪的皮脂腺不发达。

四、其他特化的皮肤腺

在一些家畜，有的皮肤腺的分泌物是作为一种性气味和领地识别的标记。以下为在家畜中发现的腺体，其名称表明了它们的位置。

- 肛旁窦腺（Perianal gland） 犬和猫肛窦壁上的皮脂腺和浆液腺。
- 肛周腺（Circumanal gland） 犬肛门附近的皮脂腺。
- 尾腺（Tail gland） 猫尾部背侧的皮脂腺和浆液腺，犬已退化。
- 口周腺（Circumoral gland） 猫唇的皮脂腺。

- 肉食动物足垫和马蹄叉的皮肤腺（枕腺，Glandulae tori）。
- 颏腺（Mental gland）和腕腺（Carpal gland） 猪的顶浆分泌汗腺（图 13-8）。
- 眶下窦腺（Gland of the infraorbital pouch）。
- 指（趾）间窦腺（Gland of the interdigital pouch）。
- 绵羊的腹股沟窦腺（Gland of the inguinal pouch）。
- 山羊的角腺（Horn glands）。
- 耳道的腺体（耵聍腺，Ceruminous gland） 顶浆分泌腺和皮脂腺生成耵聍，存在于所有家畜。

第四节 蹄

蹄（Hoof）是家畜四肢的着地器官，位于指（趾）端。由皮肤演变而成，其结构似皮肤，也具有表皮、真皮和少量皮下组织。表皮因角质化而称角质层，构成蹄匣（Hoof capsule），无血管和神经；真皮部含有丰富的血管和神经，呈鲜红色，感觉灵敏，通常称肉蹄（Dermis of hoof）。蹄与皮肤相连的部分称蹄缘（Perioplic segment of hoof），蹄缘与蹄壁之间为蹄冠（Coronary segment of hoof）。

一、牛（羊）蹄的结构

牛、羊为偶蹄动物，每指（趾）端有 4 个蹄，由内向外分别称第 2 ～ 5 指（趾）蹄。第 3、第 4 指（趾）蹄发达，直接与地面接触，称为主蹄（Principal hoof）；第 2、第 5 指（趾）蹄小，不与地面接触，附着于系关节掌（跖）侧面，称为悬蹄（Dewclaw hoof）（图 13-8 和图 13-9）。

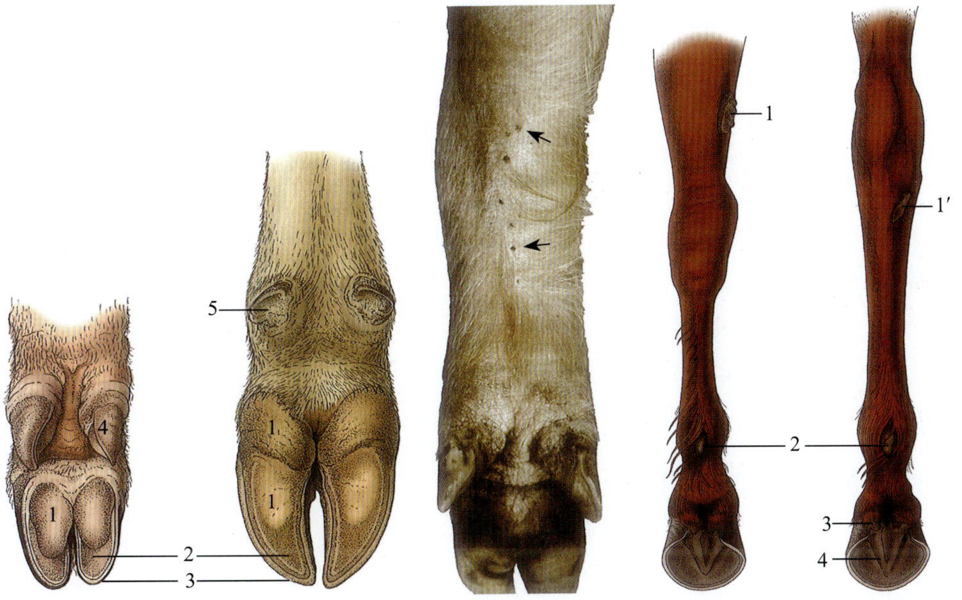

图 13-8 马、牛和猪蹄后面观

A. 猪蹄 B. 牛蹄：1. 蹄球（指 / 趾垫） 2. 蹄底 3. 蹄壁 4. 副蹄 5. 悬蹄 C. 示猪的腕腺（箭头所指）
D. 马蹄：左图为左前肢，右图为左后肢，1，1′. 位于腕关节上方和跗关节下方的附蝉 2. 距 3. 蹄球 4. 蹄叉
（引自 Singh 等，2018）

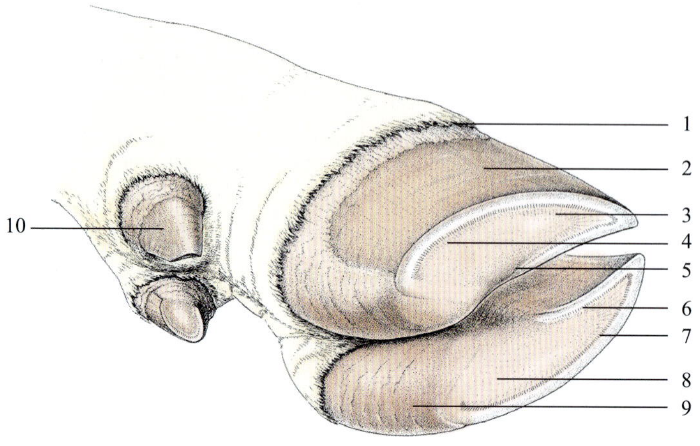

图 13-9 牛蹄底面观

1. 蹄缘 2. 蹄冠 3. 蹄底体 4. 蹄底远轴部 5. 蹄底轴部 6. 蹄白线轴部 7. 蹄白线远轴部 8. 蹄枕顶部 9. 蹄枕基部 10. 悬蹄

（引自 König 和 Liebich，2007）

（一）主蹄

主蹄包括蹄匣和蹄真皮两部分。主蹄的形状与远指（趾）节骨相似，呈三面菱锥状。

1. 蹄匣（Hoof capsule） 由表皮衍生而成，为蹄的角质层，可分为蹄壁角质（蹄壁表皮）、蹄底角质（蹄底表皮）和蹄球角质（蹄枕表皮）3 部分。

（1）蹄壁角质（Wall epidermis） 构成蹄匣的背壁和侧壁，位于远指（趾）节骨轴面和远轴面，由釉层、冠状层和小叶层构成。釉层（External layer）位于体壁表皮的最表面，由角质化扁平细胞构成。冠状层（Midlle layer）是蹄壁最厚的一层，由纵行的角质小管和小管间角质构成。角质中常有色素，使蹄壁呈深暗色；最内层角质较软，缺乏色素。小叶层（Internal layer）是蹄壁表皮的最内层，由角质小叶构成。

（2）蹄底角质（Sole epidermis） 位于远指（趾）节骨底面的前部，与地面接触，与蹄壁角质下缘有蹄白线分开。蹄白线是由角质小叶层向蹄底延伸而成。蹄底角质的内表面有许多小孔，容纳肉蹄真皮上的乳头。

（3）蹄球角质（Bulb epidermis） 位于远指（趾）节骨底面的后部，呈球状隆起，由较柔软的角质构成。

2. 蹄真皮（Pododerm） 又称肉蹄，由真皮演化而成，富含血管神经，供应表皮营养，并有感觉作用，分为蹄壁真皮、蹄底真皮和蹄球真皮（蹄枕真皮）3 部分。

（1）蹄壁真皮（肉壁，Wall dermis） 和蹄壁角质相对应，无皮下组织，与蹄骨的骨膜紧密接合，包括蹄缘真皮、蹄冠真皮和真皮小叶 3 部分。

（2）蹄底真皮（肉底，Sole dermis） 与蹄底角质相对应，其乳头插入蹄底角质的小孔中，也无皮下组织，和骨膜紧密相连。

（3）蹄球真皮（肉球，Bulb dermis） 皮下组织发达，含有丰富的弹性纤维，构成指（趾）端的弹力结构。

（二）悬蹄

悬蹄不与地面接触，其结构和主蹄相似。

二、马蹄结构特征

马为奇蹄动物，每一肢端有一个蹄，蹄由蹄匣和蹄真皮（肉蹄）组成（图 13-8 和图 13-10）。

（一）蹄匣

蹄匣是蹄的角质层，由蹄壁、蹄底和蹄叉组成。

1. 蹄壁（Wall） 构成蹄匣的背侧壁和两侧壁。蹄壁结构与牛蹄匣的角质壁相似，可分为 3 部分，前部为蹄尖壁，两侧为蹄侧壁，后部为蹄踵壁。蹄壁后部呈锐角向蹄底折转形成蹄支，至蹄底中部消失，其转折部形成的角称蹄踵角。蹄壁的下缘直接与地面接触的部分称蹄底缘。

2. 蹄底（Sole） 为蹄向着地面略凹陷的部分，位于蹄底缘和蹄叉之间，其结构似牛蹄匣的角质底。

蹄白线（White zone of hoof）或称蹄白带，为蹄壁角质与蹄底角质连接处的白色环状线，由蹄壁冠状层的内层与角小叶构成，是装蹄铁时下钉的标志。

3. 蹄叉（Frog） 呈楔形，位于蹄底的后方，夹在两蹄支之间，角质层较厚，富有弹性。蹄叉的前端尖为蹄叉尖，伸入蹄底中央；后部宽为蹄叉底，在蹄踵部形成2个蹄枕。蹄叉底正中有蹄叉中央沟，在蹄叉两侧与蹄支之间各形成一条蹄叉旁内、外侧沟。

（二）蹄真皮

由真皮组成，同样富含血管和神经。形态与蹄匣相似，分为蹄壁真皮、蹄底真皮和蹄叉真皮3部分，其结构分别相似于牛羊肉蹄的蹄壁真皮、蹄底真皮和蹄球真皮。

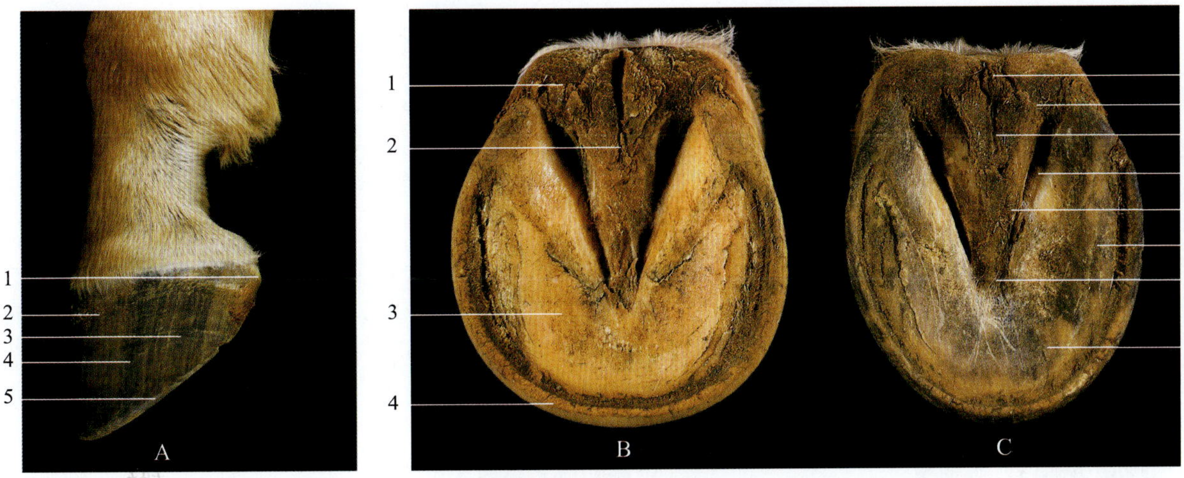

图 13-10 马蹄表面观

A. 侧面观：1. 外侧掌缘 2. 背侧部 3. 踵 4. 蹄面 5. 蹄底缘

B,C. 底面观：1. 踵球 2. 蹄叉 3. 蹄底 4. 蹄底缘 5. 凹入缘 6. 蹄叉底 7. 蹄叉中央沟 8. 叉旁沟 9. 叉状脚 10. 蹄脚 11. 蹄叉尖 12. 蹄底体

（引自 König 和 Liebich，2007）

三、猪蹄的特征

猪蹄为偶蹄，每肢有2个主蹄和2个副蹄，主蹄的结构与牛蹄相似。蹄内有完整的指（趾）节骨（图13-8）。猪前肢掌骨内侧表皮内陷，形成几个环形的腕腺（公、母猪均有此结构，图13-8）。当公、母猪交配时，公猪利用此结构给母猪做上“标记”。

四、犬爪的特征

根据指（趾）的数目，犬的前肢有5个爪，后肢有4个爪（图13-11）。前肢的第1指已经退化，不接触地面。后肢第1趾退化或有遗迹，但不含骨骼成分，位于爪内侧的跗骨下面。爪呈弯曲的弓形，两侧压扁，与爪骨的形态相适应。爪包括爪底、两个壁和一背侧嵴。背侧嵴将爪壁分为轴侧面和远轴侧面。爪壁位于爪骨壁面表面，爪底位于爪骨底面腹侧。

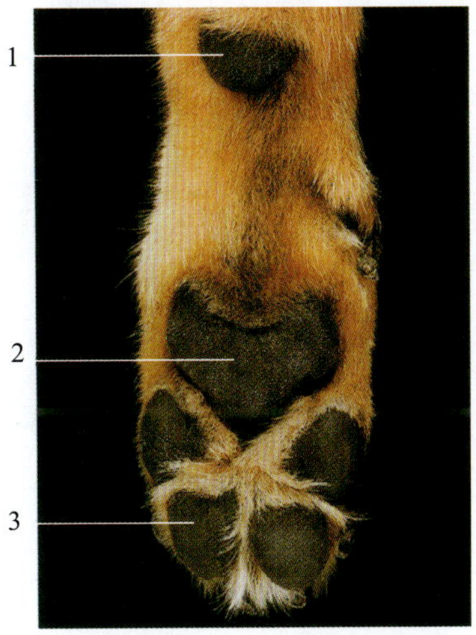

图 13-11 犬的枕

1. 腕枕 2. 掌枕 3. 指枕

（引自 König 和 Liebich，2007）

第五节　角

反刍动物的额骨上常有一对骨质角突，其表面盖有皮肤衍生物，成为角（Horn）。角分为角根（Horn base）、角体（Horn body）和角尖（Horn apex）3 部分。角根与额部皮肤相连续，此处角质柔软，有稀疏的毛（图 13–12）。角体是自角根向角尖延续部分，角质逐渐增厚。角的结构也分为表皮和真皮。表皮形成坚硬的角质，在角质表面可见一圈圈的角轮。角质由角小管（Horn tubules）构成。真皮紧贴在额骨角突的骨膜上，有发达的乳头。自乳头表面生发层不断增生角质。真皮内含血管、神经，因此角保持一定的温度。

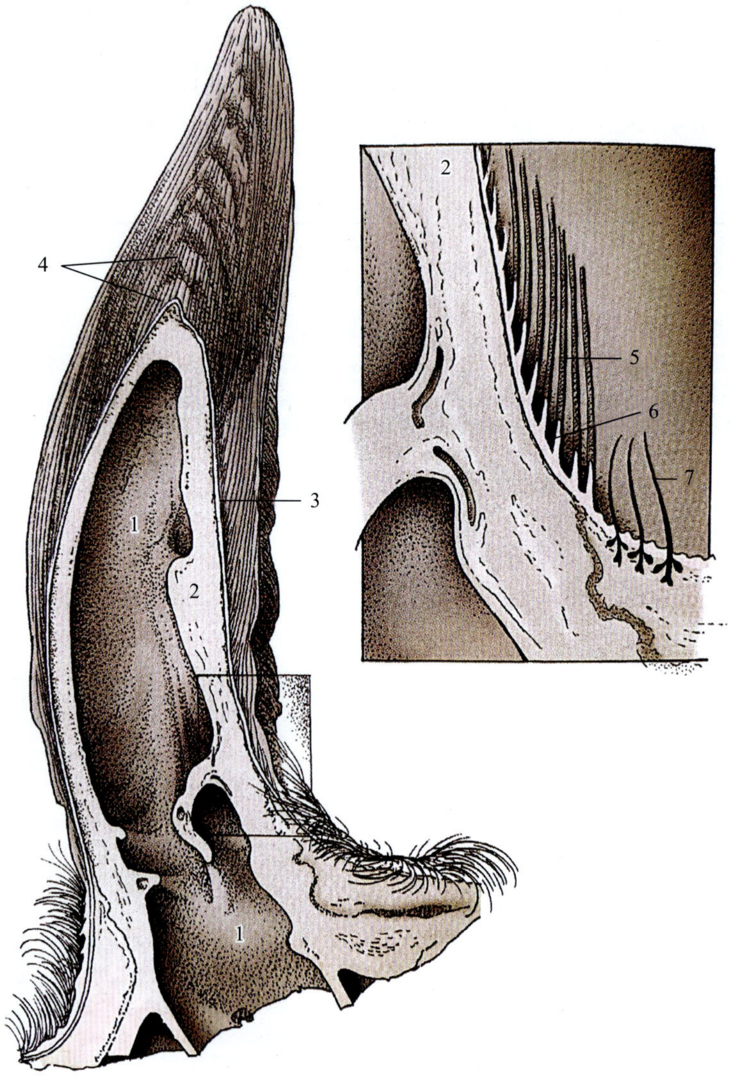

图 13–12　牛角纵切面

1. 额窦向角内延伸形成角憩室
2. 额骨角突
3. 真皮与表皮的非角质层融合成骨膜
4. 被内角管分开的角小管
5. 嵌入的角小管
6. 真皮乳头　7. 毛

（引自 Singh 等，2018）

第六节　枕

枕（Pulvini）为皮肤衍生物的特殊结构，是动物肢端的一种减震装置，其结构与皮肤相同，分为枕表皮、枕真皮和枕皮下组织。枕可分为腕（跗）枕、掌（跖）枕和指（趾）枕（图 13-11）。牛、羊和猪没有腕（跗）枕和掌（跖）枕。

1. 腕（跗）枕　马的腕（跗）枕退化呈黑色椭圆形角化物，俗称附蝉（Chestnut）。前肢的附蝉（腕枕）位于腕关节上方内侧；后肢的附蝉（跗枕）位于跗关节下方跖骨的内侧。驴仅前肢有附蝉，骡前、后肢均无附蝉。犬、猫有腕枕，无跗枕。

2. 掌（跖）枕　马的掌（跖）枕已退化成一堆角化物，俗称距（Ergot），分别位于前肢掌指关节的掌侧和后肢跖趾关节的跖侧，被距毛覆盖。犬、猫的掌（跖）枕发达，与地面接触。

3. 指（趾）枕　在有蹄类，指（趾）枕称蹄枕，与地面接触，具有功能。蹄枕通常包含在蹄中，在反刍动物和猪，其特征是有蹄球，在马则为蹄叉。犬、猫的指枕发达。犬的枕、猪的蹄球和马的蹄叉，其皮下组织含有汗腺。

【思考题】

1. 简述皮肤的结构。
2. 简述牛乳房的形态结构。
3. 牛（羊）蹄的结构是怎样的？
4. 马蹄的结构有哪些特点？

第十四章 家禽的解剖特征

【教学目标】

1. 掌握鸡的消化、呼吸、泌尿和生殖系统的特点
2. 了解禽类被皮、骨骼和肌肉的特点
3. 了解禽类心血管、淋巴、神经、内分泌和感觉器官的特点
4. 理解禽类解剖学特征与其生活习性的关系

家禽属于脊椎动物门鸟纲，包括鸡、鸽、鸭、鹅等，在漫长的进化过程中身体构造形成了一系列适应飞翔的特点，如体形呈流线形，身体被覆羽毛，前肢变成翼，骨中有气体、气囊等。由于人类的长期饲养和驯化，除鸽以外的其他家禽基本丧失了飞翔的能力，但仍保留着鸟类身体的构造特征。因此，禽类的解剖构造，既有许多共同之处，也有很多不同之点。本章按照系统解剖学的顺序叙述家禽的解剖构造，并着重介绍其特点。

第一节　骨骼

禽类骨骼因适应飞翔的生理功能需求而经历了漫长的进化过程，其进化结果与飞翔能力的发展及后肢运动和栖息的习性有关，表现出一些特有的骨骼特征，但基本构造与哺乳动物相似。禽类骨骼具有两种特性，即轻便性和坚固性。轻便性表现为骨密质薄，气囊腔扩展到许多骨内形成了含气骨，重量轻。坚固性体现为骨密质非常致密，并且一些骨发生了愈合而取代了关节，从而形成牢固的骨骼结构。

禽类骨骼同样是禽体钙磷的代谢库。为适应产蛋，在母禽的长骨、肋骨及髋骨内表面可周期性地形成类似骨松质的骨小梁结构，称为髓质骨（Medulla bone），因钙质转移到蛋壳而降解，以补充消化道钙、磷吸收的不足。禽类骨的化学成分与哺乳动物的相似，无机盐约占 70%。雏鸡和幼鸡骨骼的生长及代谢基本与哺乳动物的相似，但雏鸡对维生素 D 的缺乏特别敏感。

禽类全身骨骼分为头骨、躯干骨、前肢骨（翼骨）和后肢骨 4 部分（图 14–1）。

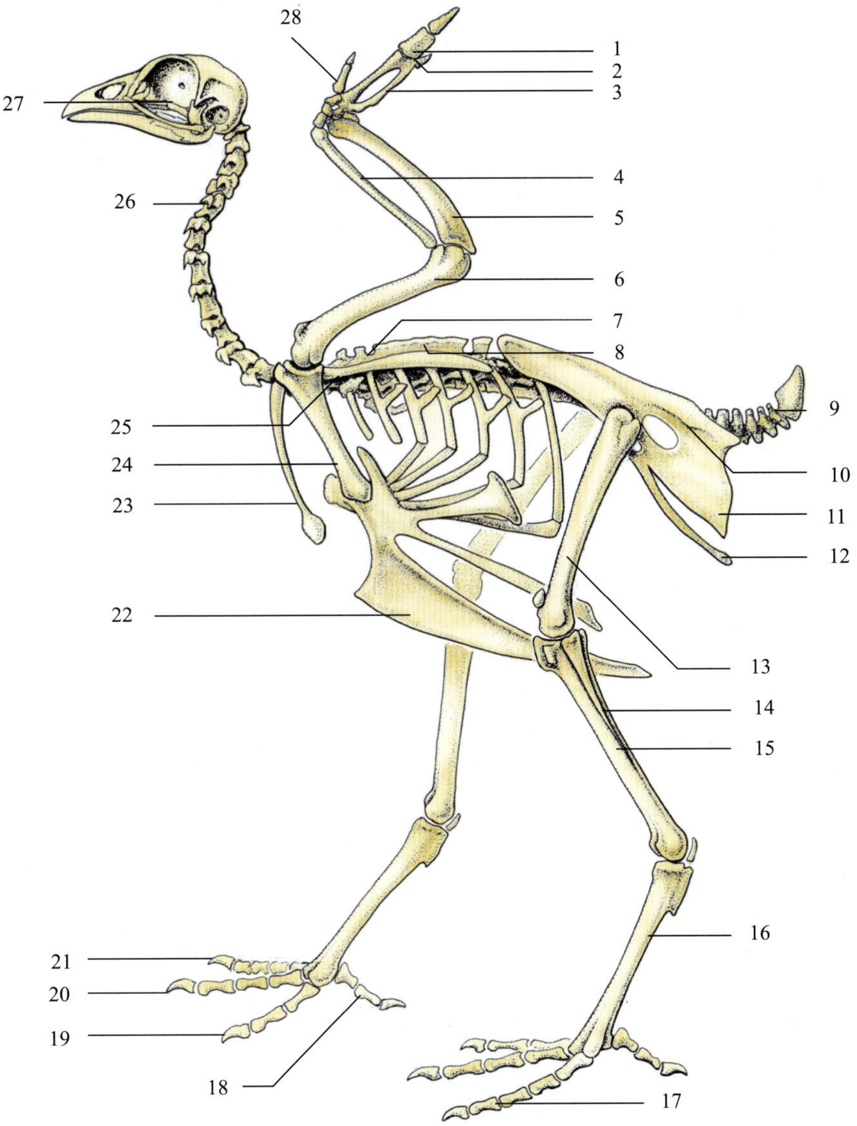

图 14-1　鸡的全身骨骼

1. 第 3 指　2. 第 4 指　3. 掌骨
4. 桡骨　5. 尺骨　6. 肱骨
7. 胸椎　8. 背骨　9. 尾椎
10. 髂骨　11. 坐骨　12. 耻骨
13. 股骨　14. 腓骨　15. 胫骨
16. 跖骨　17. 趾骨
18. 第 1 趾　19. 第 2 趾
20. 第 3 趾　21. 第 4 趾
22. 胸骨　23. 锁骨
24. 乌喙骨　25. 肩胛骨
26. 颈椎　27. 头骨
28. 第 2 指
（引自 König 和 Liebich，2020）

一、躯干骨

（一）椎骨和脊柱

脊柱由颈椎（C）、胸椎（T）、腰椎（L）、荐椎（S）和尾椎（Cy）组成。大多数禽类的椎骨属于鞍形椎，椎体两端的关节面呈马鞍形。椎骨椎体间连接为附有软骨的鞍状关节，取代了哺乳动物的椎间盘而形成可动连结，运动更加灵活。各种家禽的椎骨数目各不相同，脊柱式为：鸡 $C_{14}\,T_7\,L_3\,S_5\,Cy_{11\sim13}$，鸭 $C_{14\sim15}\,T_9\,L_4\,S_7\,Cy_{10}$，鹅 $C_{17\sim18}\,T_9\,L_{12\sim13}\,S_2\,Cy_8$，鸽 $C_{12\sim13}\,T_7\,L_6\,S_2\,Cy_8$。

1. 颈椎　禽类的颈部较长，呈“S”形弯曲，运动灵活。颈椎数目较多（鸡 14 枚，鸭 14 ～ 15 枚，鹅 17 ～ 18 枚，鸽 12 ～ 13 枚），椎体和关节突发达，椎体间形成鞍状的椎体间关节，运动灵活，便于转动，利于啄食、警戒和用喙梳理羽毛等。寰椎为一小的环行骨，前端深凹，与枕骨髁构成的寰枕关节为多轴关节（枕骨髁只有 1 个）；后端有 3 个关节面与枢椎成关节，寰枢关节为车轴关节。所有颈椎的横突孔连接成横突管，是椎动脉、静脉和交感神经的通道。

2. 胸椎　数目较少（鸡 7 枚、鸭、鹅各 9 枚），且大部分相互愈合，特别是鸡的第 2 ～ 5 胸椎愈合成一块，称背骨（Notarium），第 7 胸椎（鸭、鹅的最后 2 个胸椎）与所有的腰椎、荐椎及前 6 ～ 7 个尾椎愈合为大的综荐骨（Synsacrum），但第 1、第 6 胸椎不发生愈合，使胸腰段保留了轻微的可动性。胸椎椎体及横突上有与肋骨成关节的关节面。

3. 腰荐椎 包括腰椎、荐椎及第 1 ～ 6 尾椎（共 14 ～ 20 枚椎骨），它们在胚胎发育过程中就愈合为一块整骨，即腰荐骨，仅在腹侧可根据横突和椎间孔分辨出数目。最后的一个胸椎通常也与此骨愈合，称为综荐骨（图 14–2）。因此，禽类脊柱的胸部，特别是腰荐部，几乎没有活动性。

4. 尾椎 鸡共有 11 ～ 13 枚，前 6 枚参与综荐骨的形成，后 5 ～ 7 枚不愈合，最后一块是发达的三棱形尾综骨（Pygostyle），它是由最后几枚尾椎在胚胎时期相互愈合而成的，为尾脂腺和尾羽的附着提供基础，附着有发达的尾肌，其运动在飞禽飞翔时有重要的作用。

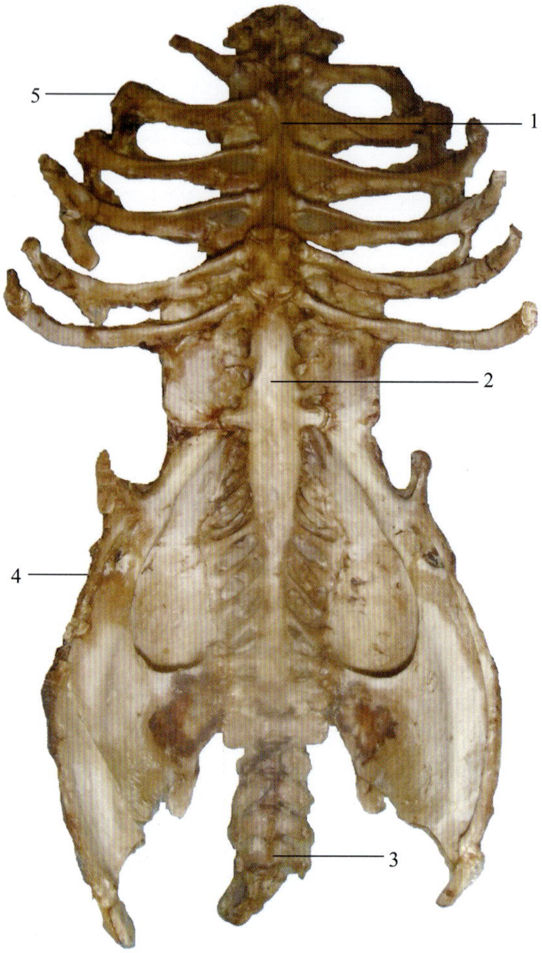

图 14–2 鸡的综荐骨（腹侧面）

1. 胸椎 2. 综荐骨 3. 尾椎 4. 髋骨 5. 肋

（引自陈耀星和崔燕等，2019）

（二）肋骨

肋骨的对数与胸椎数目一致。鸡的前 1、2 对肋骨为浮肋，其余的每一对肋包括背侧的椎肋（Vertebral rib）和腹侧的胸肋（Costae sternales）两段，几乎呈直角连接，最前一对肋骨只有椎肋骨一段。椎肋骨有肋骨头和肋骨结节，与相对的胸椎相连结；胸肋骨相当于骨化的肋软骨，除最后 1 ～ 2 对外，都直接与胸骨成关节。除第 1 和最后肋骨外，大部分椎肋骨还具有一钩突（Uncinate process）连结于后一肋骨的外面。这些特征均有加固胸廓的作用。

（三）胸骨

胸骨较大，其腹侧沿正中线有一胸骨嵴（Sternal crest）向腹侧突出，又称龙骨（Carina），发达程度与胸肌相一致。胸骨的前、后方均形成一正中突和一对外侧突。

禽类胸骨的后部差异较大，鸡因后外侧突分支而形成 4 个较深的切迹，其间填补以腱膜；鸭、鹅的后外侧突短，只形成一对较浅的切迹；有的禽类甚至无后外侧突，也不形成切迹，如鸵鸟。胸骨前缘两侧有一对关节沟，称乌喙沟（Coracoid sulcus），与乌喙骨（Coracoid）形成关节；胸骨侧缘较厚，具有与胸肋骨相接的关节面，胸骨的背面通常具有若干小孔，气囊经此与骨内部的气室相通。

（四）胸廓

胸廓由胸椎、肋骨、胸骨和乌喙骨及锁骨构成，略呈锥体形，锥顶向前，锥底向后。鸡的胸廓左右横径较小，背腹径略大于横径。鸡的胸廓因第 1 肋骨前部有乌喙骨，最后肋骨又突向后外方，所以胸阔向前、向后扩大了容积。

二、头骨

家禽头骨以大而明显的眶窝为界分为颅骨和面骨（图 14–3）。

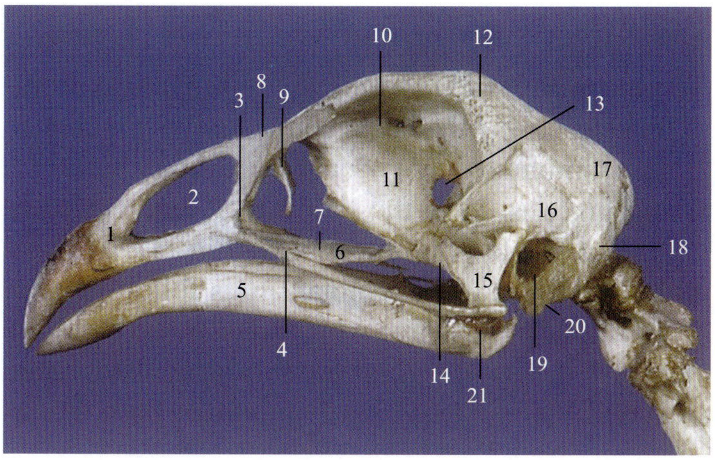

图 14-3 鸡的头骨

1. 颌前骨 2. 鼻孔 3. 上颌骨 4. 颧弓 5. 下颌骨 6. 腭骨 7. 犁骨 8. 鼻骨 9. 泪骨 10. 眼眶 11. 眶中隔 12. 额骨 13. 视神经孔 14. 翼骨 15. 方骨 16. 颞骨 17. 顶骨 18. 枕骨 19. 鼓室 20. 蝶骨 21. 关节骨

（引自 Singh 等，2018）

（一）颅骨

禽的颅骨为眶窝后方的部分，略呈尖端向前的锥状，主要由枕骨、顶骨、额骨、颞骨、蝶骨高度愈合而成。至成年已愈合成为一整体，各骨之间的骨缝极不明显，因而难以划分各骨的界线。颅骨较厚，也是含气骨，形成的颅腔并不大。禽类无顶间骨，由于眶窝大，筛骨前移，仅有一小部分参与围成颅腔，大部分构成分隔两眶窝的眶中隔，故认为筛骨不属于颅骨。

1. 枕骨 构成颅腔的后壁，有枕骨大孔，后与椎管相通。枕骨大孔的两旁有 2 ～ 3 个孔，为舌下神经孔、迷走和舌咽神经孔。枕骨的两侧参与形成鼓室壁，并有一颈静脉孔。枕髁仅有一个，位于枕骨大孔腹侧缘，与寰椎构成多轴关节。

2. 额骨 一对，大，构成颅腔顶壁的前半部，并参与形成眼眶。额骨前部有鼻骨覆盖。公鹅的额骨形成一发达的隆起。

3. 顶骨 一对，位于枕骨与额骨之间，构成颅腔顶壁的后半部。无顶间骨。雏禽在顶骨与枕骨间形成囟门。

4. 颞骨 一对，每一颞骨可分颞部和眶部，构成颅腔的侧壁、前下壁和眼眶的后壁，与方骨相连的关节面和一发达向前下方突出的颧突。

5. 蝶骨 构成颅腔的底壁，在鼓室略前方蝶骨与颞骨交界处形成一卵圆孔。

（二）面骨

禽的面骨主要构成喙的骨质基础，因无齿附着，重量较轻。禽的面骨除切齿骨、下颌骨和舌骨较发达外，其余各骨均较小。各种禽类间的面骨变异较大，鸡的面骨呈小圆锥形，鸭的面骨呈前方钝圆的长方形。

1. 切齿骨（又称颌前骨） 在面骨中比较发达，是构成上喙的骨质基础，左、右各一个，较早就愈合为一骨，其形态在不同禽类由于采食习性而有较大的变化。鸡的为一椎形体。从其后部发出 3 对突，即后上方长而狭的额突、位于外侧下方的鼻突以及最小的腭突。鸭、鹅的切齿骨长而宽，前端钝圆，腭面有一卵圆形孔，与鼻孔相对。

2. 鼻骨 较小，后端与额骨相连，生活时可屈曲。前缘凹、与切齿骨的颧骨及鼻突间形成卵圆形的鼻孔，鸡较大，鸭、鹅较小。

3. 上颌骨 较小，形态与哺乳动物不同，可分骨体和颧突两部分。骨体为三角形薄骨板，参与形成骨腭的后部；颧突向后伸延与颧骨相连，成禽则愈合。在眶的前方，有一较大的空隙，此处为眶下窦。

4. 泪骨 位于眼眶的前下缘。鸭、鹅的泪骨较大，为三角板状，下端与颞骨的颧突相对。鸡的泪骨小，也为三角板状骨，下端形成一长而略弯曲的突起。眼眶较大，眶缘不完整，缺腹侧缘、前缘及后下缘。

5. 筛骨　几乎完全位于面部，发达的垂直板构成两眼眶间的眶间隔。筛骨的上部与额骨相连，并形成一不规则形的筛孔，嗅神经由此通过。筛骨后部有一交通孔，视神经由此通过。在视神经孔的上方和下方还有几个小孔，也是脑神经的通道。

6. 颧骨　是一棒状小骨，长约 5 cm，从上颌骨颧突向后延伸到方骨，由两部分构成，前部称为轭骨（Jugal bone），后部称为方轭骨（Quadratojugal bone）。

7. 腭骨　在鸡可分两部，前部呈棒状，与切齿骨骼的腭突相连；后部为三角形薄骨板，内侧缘与蝶骨相连，后角与翼骨构成关节。两腭骨间形成纵长的鼻后孔。鸭、鹅的腭骨较大，前部为水平的横板、后部为纵板。

8. 犁骨　位于左、右腭骨的中线上，介于两鼻腔的中央。鸭、鹅的较发达，鸡的仅为一骨片。

9. 翼骨　呈三棱形，前内侧端与蝶骨及腭骨成关节，后外侧端与方骨成关节。

10. 方骨（Quadrate bone）　为禽类面骨所特有，呈不规则方形，具有一体和一对向上的突起，与颞骨、翼骨成关节，并与下颌骨形成下颌关节，方轭骨则连于方骨体的外侧面。

11. 下颌骨　为面骨中最大的骨，构成下喙的骨质基础。由骨体和一对下颌骨支构成，形状基本与切齿骨相一致。骨体较发达，称齿骨（Dentary bone）；骨支后部有下颌髁，与方轭骨成关节，内侧面有一孔，为下颌孔。

12. 舌骨　由舌骨体和一对舌骨支组成，舌骨体贯穿舌的全长，舌骨支细长而弯曲，向后延长为软骨，肌肉附着于其上可灵活地操纵舌的运动。鸭、鹅的舌骨体较发达。舌骨不与颅骨成关节，在静止时一对舌骨支从头后部绕至顶部。

三、前肢骨

禽类前肢由于适应飞翔而演变成翼，但和家畜前肢一样分为肩带部和游离部。

（一）肩带骨

禽的肩带骨包括乌喙骨、锁骨和肩胛骨。这 3 块骨彼此间由韧带牢固地结合在一起，以支持游离部。

1. 乌喙骨（Coracoid bone）　较大，呈长柱状，长约 6 cm，位于胸前口的两旁，下端与胸骨的乌喙沟形成关节；上端向前上方，其腹内侧有小关节面与肩胛骨相连接，形成关节盂；后外侧凹陷构成肩臼的一部分，与肱骨头形成关节。乌喙骨骨干的后下部有一气孔，通锁骨间气囊。鸭的乌喙骨比鸡强大，与肩胛骨形成的夹角近乎直角。

2. 锁骨（Clavicle）　位于乌喙骨前方，为稍弯曲的细棒状骨，近端接近乌喙骨钩突，通过韧带与肩臼连结。左、右锁骨的远端已愈合为一体，构成所谓的叉骨（Furcula）。鸡、鸽的叉骨呈“V”字形，鸭、鹅的呈“U”字形。锁骨的作用在于飞翔时撑开肩部，抵抗空气对翅的反作用力，稳固肩关节的位置。

3. 肩胛骨　位于胸廓背侧壁，狭长而扁，形似马刀，从肩部向后延伸至髂骨翼，与脊柱几乎平行。肩胛骨的前端与乌喙骨相连结，与肱骨头成关节。肩胛骨的肱骨端、乌喙骨的钩突和锁骨的肱骨端共同形成三骨孔（Foramen triosseum），供乌喙上肌的止腱通过。鸭的肩胛骨比鸡的长。

（二）前肢游离部骨

前肢游离部骨形成翼，分 3 段，平时褶皱成“Z”字形紧贴胸廓。第 1 段是肱骨；第 2 段是前臂骨；第 3 段相当于前脚骨，包括腕骨、掌骨和指骨 3 部分。

1. 肱骨　粗大，稍弯曲，近端有一大的卵圆形肱骨头与肩胛骨的关节盂成关节，外侧有大结节，具有一嵴，延伸至骨体；内侧面具有一大气孔。远端形成 2 个髁，内侧髁较小呈球形；外侧髁较大，延伸至骨体的前面。鸭、鹅的肱骨较长。

2. 前臂骨　由桡骨和尺骨组成。

（1）桡骨　较细，在翼折叠时位于尺骨的内侧，近端与肱骨的内侧髁成关节。远端略弯，与尺骨及桡腕骨成关节。

（2）尺骨　较桡骨发达，近端有一不明显的鹰嘴，与肱骨远端的两个髁成关节；远端较粗，与桡骨、桡腕骨、掌骨及尺腕骨相接。

3. 前脚骨　为第 3 段，相当于哺乳动物的前脚骨，分为腕骨、掌骨和指骨 3 部分，但多退化，腕骨只保留桡腕骨和尺腕骨两块。远列腕骨已和掌骨愈合。掌骨仅保留第 2、第 3、第 4 掌骨，并互相愈合。第 2 掌骨很小，为一小突起。指有第 2、第 3、第 4 指，以第 3 指最为发达。在鸡第 2、第 3、第 4 指分别有 2、2、1 枚指节骨；鸭、鹅则有 2、3、2 枚指节骨。指骨与掌骨联系紧密，活动性很小。

四、后肢骨

禽类后肢有支持身体、行走和栖息等作用，因此较发达。禽类后肢骨由盆带骨和游离部组成。

（一）盆带骨（髋骨）

与家畜相似，禽类盆带骨包括髂骨、坐骨和耻骨，互相愈合成髋骨。其特点是：①与腰荐骨形成牢固的连结；②左、右侧的髋骨并不对接形成骨盆联合，因此骨性骨盆腔的腹侧面是开放的，以适应产卵的需要。两耻骨间距离大小，以及耻骨后端与胸骨嵴后端的距离大小，常作为产卵多少的标志之一。

1. 髂骨　较长，与综荐骨愈合，前背部凹，后部隆起。盆腔面有一肾窝。

2. 坐骨　构成髋骨的后半部，与髂骨完全愈合，两骨之间形成一坐骨孔，供血管、神经通过。其前角与髂骨、耻骨共同形成较大、较深的髋臼。

3. 耻骨　狭长，从髋臼沿坐骨下缘向后伸延，末端越过坐骨后端游离。耻骨与坐骨之间，在髋臼的后方形成一小椭圆形闭孔。

（二）后肢游离部骨

后肢游离部骨分 3 段。第 1 段为股骨，第 2 段为小腿骨，第 3 段为后脚骨。

1. 股骨　强大，呈柱状，稍弯曲。近端的内侧有股骨头，外侧为大转子；远端有内、外侧髁，与小腿骨成关节。

膝盖骨　为三角形的小骨，背腹压扁。

2. 小腿骨　包括胫骨和腓骨。

（1）胫骨　粗而长，近端具有内、外两个关节面，与股骨成关节。远端已与近列两个跗骨愈合，因此也称胫跗骨。

（2）腓骨　细长，位于胫骨的外侧缘，呈锥状。近端较大，与胫骨及股骨成关节，远端约达胫骨的中段。

3. 后脚骨　跗骨在禽类已不单独存在。近列跗骨与胫骨愈合，其他跗骨与跖骨愈合，因此跖骨又称跗跖骨。禽的跗关节实际上相当于跗间关节。

（1）跖骨　发达，由 2、3、4 跖骨愈合而成。远端的 3 个关节面仍是分开的，内侧有一小的第 1 跖骨。公鸡跖骨内侧缘中部略下方有一距突，是距（Spur）的骨质基础。

（2）趾骨　禽类一般有 4 趾，即第 1、第 2、第 3、第 4 趾，其中第 3 趾最发达。第 1 趾向后，有两枚趾节骨；第 2、第 3、第 4 趾向前，分别有 3、4、5 枚趾节骨。最后一枚趾节骨呈爪状，位于角质爪鞘内。

第二节　骨连结

一、头骨的连结

只有 1 个颞下颌关节，由颞骨、方骨和下颌骨构成。其余骨的连结均属于直接连结，大部分连结属于不动连结，如颅骨的连结；部分连结属于微动连结，如鼻骨与额骨之间形成活动的骨缝。

二、躯干骨的连结

1. 脊柱　颈椎连结成乙状弯曲，颈椎间伸屈转动灵活，有利于采食、警戒和用喙梳理羽毛，或衔取尾脂腺分泌物润滑羽毛。枕骨髁只有 1 个，呈半球形，与寰椎形成多轴的寰枕关节。胸椎、腰椎、荐椎和尾椎的连结中，第 2 ～ 5 胸椎愈合在一起，鸡的第 7 胸椎（鸭和鹅最后 2 ～ 3 枚胸椎）及全部腰椎、荐椎和第 1 尾椎愈合在一起为不动连结，其他椎骨的连结是微动连结（图 14–2）。

2. 胸廓　肋椎关节和肋胸关节为微动连结。

三、前肢骨的连结

乌喙骨远端与胸骨的肋突构成不动关节，前肢各骨之间形成活动的关节，包括肩关节、肘关节、腕关节和趾关节。

1. 肩关节　由关节盂（肩臼）与肱骨头构成。关节囊较大。关节囊背外侧有肩关节囊背外侧横韧带和上乌喙肌的两个止点腱；肩关节腹内侧有臂二头肌的乌喙骨止点腱和乌喙骨锁骨腱。这些韧带和腱都起到固定肩关节的作用。主要作用是内收和外展翼，也能进行一定的转动和伸屈运动。

2. 肘关节　包括臂尺关节和臂桡关节。臂尺关节可进行伸屈运动，臂桡关节可进行有限的转动。

3. 腕关节　包括尺腕关节、桡腕关节和腕掌关节，有腕关节横韧带、腕关节内侧副韧带和腕关节外侧副韧带。其作用是进行伸屈运动，也能进行一定的滑动运动。

4. 指关节　包括掌指关节和指间关节，一般具有内、外侧副韧带。其作用是进行伸屈运动。

四、后肢骨的连结

后肢骨与躯干骨形成的荐髂关节为不动关节，而后肢各骨之间形成活动的关节，包括髋关节、膝关节、跗关节和趾关节。

1. 髋关节　由股骨头与髋臼组成。由于股骨的大转子与髋臼后方的对转子突相接，因此限制了髋关节的外展和转动，它对稳定后肢起一定的作用。髋关节的关节囊大，髋臼孔被髋韧带封闭，圆韧带从股骨头小凹附着于髋臼韧带中心，可进行伸屈运动。

2. 膝关节　包括股胫关节、股腓关节和股髌关节。股胫关节和股腓关节的关节囊呈袋状，囊内有前、后十字韧带，有股胫内、外侧副韧带，使膝关节能做一定的转动，以补偿髋关节转动的不足，主要是进行伸屈运动。股髌关节的关节囊大，有韧带附着于髌骨，止于胫骨嵴内、外侧的股骨髌骨韧带，作用是进行滑动运动。

3. 跗关节　由小腿骨远端和跖骨近端构成。有前、后关节囊，有内、外侧副韧带和胫背侧韧带。作用是进行伸屈运动。

4. 趾关节　包括跖趾关节和趾间关节，一般具有内、外侧副韧带。作用是进行伸屈运动。

第三节　肌肉

禽类的肌肉由红肌和白肌两种肌纤维构成。两者之间还有一种中间型肌纤维。其特点是肌纤维较细，肌内无脂肪沉积。屠宰率因品种而异，优良肉鸡占 70% ～ 75%，净肉率为 40% ～ 45%。

禽全身肌可分为皮肌、头颈、躯干、前肢和后肢肌等部分。每部又可按作用和位置分为若干肌群（图 14–4）。禽类的肌肉复杂，有 3 大特点：①颈部运动的多样性造成近头部的颈部肌系发达；②肌腱骨化早，尤其是四肢肌肉的长腱；③翼部肌系尤为发达，大部分固着于躯体上，与胸骨的连结面较广阔。

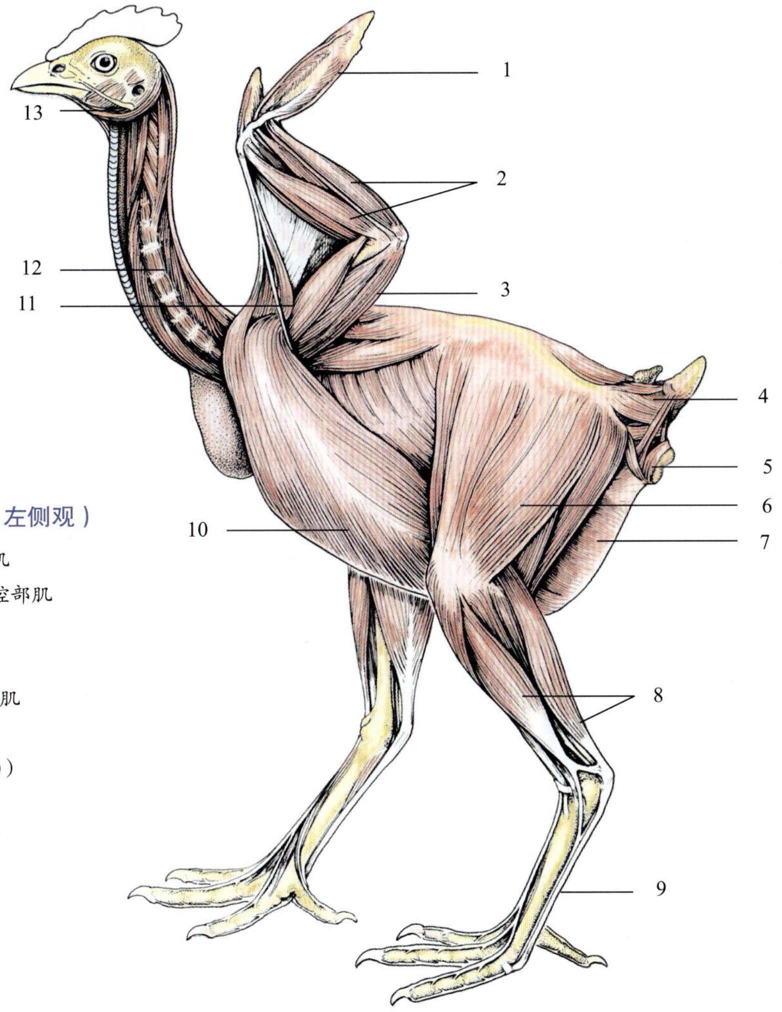

图 14–4　鸡的全身肌肉模式图（左侧观）

1. 指部肌　2. 腕指部伸、屈肌
3. 肘关节肌　4. 尾部肌　5. 泄殖腔部肌
6. 股部肌　7. 腹壁肌
8. 跗关节及趾部伸、屈肌
9. 趾部肌　10. 胸肌　11. 翼膜肌
12. 颈部肌　13. 头部肌
（引自 König 和 Liebich，2020）

一、皮肌

家禽的皮肌薄而广泛，分布于颈部、躯干部和四肢部。主要与皮肤的羽区相联系，控制皮肤的紧张性及羽囊的活动，有的有支持嗉囊的作用，有的终止于翼的皮肤褶，飞翔时起着紧张翼膜的作用，如前翼膜肌（Propatagial muscle）。

二、头颈部主要肌肉

（一）头部肌

头部肌包括颜面肌、咀嚼肌和舌骨肌。颜面肌不发达，仅有作用于眼睑的眼轮匝肌、上睑提肌、下睑降肌和颌上睑肌。咀嚼肌发达，除有咬肌、枕颌肌、伪颞肌、翼肌和下颌降肌外，还有作用于方骨的方骨前引肌（Quadrate protractor muscle）。舌固有肌不发达，而舌骨肌较发达，除有下颌间肌和舌骨颌肌外，还有茎突颌肌、舌骨横肌、茎突中舌骨肌和底舌中舌骨肌，舌间接靠这些肌的收缩做灵活而迅速的运动。

（二）颈部肌

禽颈肌发达，且分化程度高，均由多节肌组成，以适应头颈部的灵活运动。禽的颈肌与家畜的基本相似，在颈前端背侧正中有颈二腹肌，其两侧为复肌，深面有头背侧大、小直肌，外侧有头外侧直肌，腹侧有头腹侧直肌。在颈背侧、颈二腹肌的外侧有颈半棘肌，颈外侧主要为颈横突间肌，颈腹侧为颈长肌。

三、躯干肌

禽的躯干肌包括背肌、胸廓肌、腹壁肌和尾肌及泄殖腔肌。

（一）背肌

禽的背肌与家畜的相似，由胸最长肌、胸多裂肌和胸横突间肌组成。但因胸腰椎和综荐骨愈合不能活动，背肌显著退化。

（二）胸廓肌

胸廓肌与家畜相似，除有肋肌、肋间外肌、肋间内肌、斜角肌和胸横肌外，还有钩突肋肌。钩突肋肌为扁三角形小肌，自肋骨钩突向后止于后位肋骨的前缘。

（三）腹壁肌

1. 腹外斜肌　位于腹部的最外层，肌纤维方向主要为背腹向。
2. 腹内斜肌　位于腹壁背侧部腹外斜肌的内层。
3. 腹直肌　较宽，起于胸骨的后外侧突及最后肋骨，止于耻骨的后下部。
4. 腹横肌　起于骨盆下缘及后 3 个椎骨肋的内侧面，止于胸骨的后外侧突及腹中线。

（四）尾骨肌及泄殖腔肌

1. 尾提肌　较发达，位于尾部的背侧。
2. 尾外侧肌　位于尾提肌的外侧，较小。
3. 尾腹侧肌　为一小肌，位于尾综骨的腹侧。
4. 泄殖腔提肌　为一狭肌，起于髂骨后缘及前部尾椎横突，向后止于肛门括约肌。
5. 尾羽降肌　起于耻骨的后半部，向上止于尾综骨的腹侧面。有二肌腹，又分别称耻尾肌和坐尾肌。

四、前肢主要肌肉

（一）肩带肌

1. 背阔肌　分前、后 2 部分，起于胸椎棘突和棘上韧带，止于肱骨内侧。

2. 菱形肌 位于背阔肌的深面，起点基本与背阔肌相同，止于肩胛骨上缘。

3. 胸肌 为胸部最发达的浅层肌肉，其作用是将翼向下扑，起于胸骨和锁骨，分 3 部分，其中胸部是主体，以强腱膜止于肱骨大结节嵴腹侧面，是飞翔的主要肌肉。另两部分成为前翼膜部和腹部，均与同名皮肌相连。

4. 乌喙上肌 位于胸浅肌的深面，为一大的纺锤形羽状肌，起于胸骨锁骨和乌喙骨，以强的圆腱穿过三骨间孔，止于肱骨近端。作用将翼上举。

5. 乌喙后肌 位于胸大肌的深面、在乌喙下肌的外侧，较小，呈扁平三角形。起于乌喙骨，止于肱骨近端。

6. 乌喙下肌 位于乌喙后肌深面，起于乌喙骨，止于肱骨近端内侧结节。

7. 胸乌喙肌 又称锁下肌，起于胸骨肋突，止于乌喙骨，起固定乌喙骨的作用。

（二）肩部肌

1. 圆肌及冈下肌 起于肩胛骨的内侧面及下缘，向前以强腱止于肱骨的近端。作用为牵拉肱骨向后，贴近胸壁。

2. 三角肌 位于肱骨的背侧，起于肩胛骨和锁骨近端，止于肱骨近端的背侧。

（三）臂部肌

1. 臂二头肌 为纺锤形肌，较发达，位于肱骨外侧。起于肱骨的近端和乌喙骨，分别止于桡、尺骨的近端（图 14–5）。

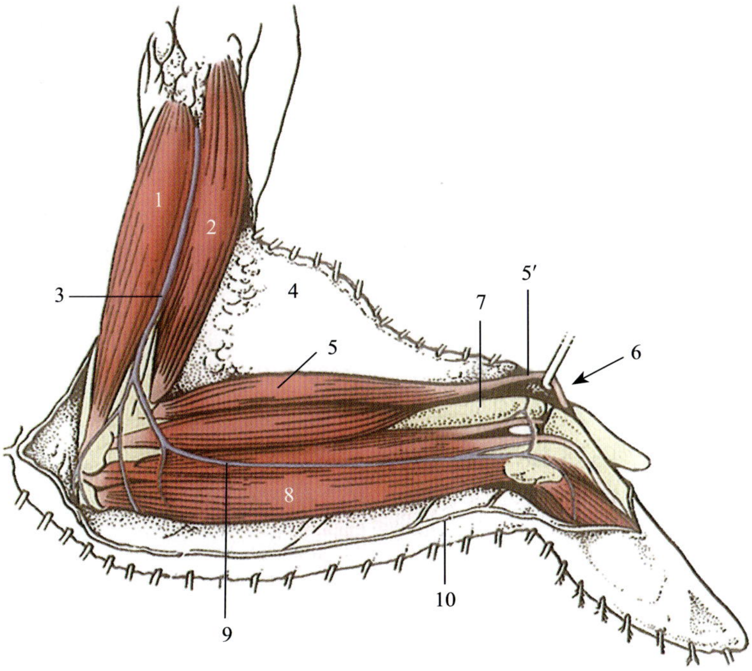

图 14–5 鸡翼部内侧浅层结构

1. 臂三头肌 2. 臂二头肌 3. 臂静脉
4. 皮肤褶 5. 腕桡侧伸肌
5′. 腕桡侧伸肌腱 6. 腕关节
7. 桡骨 8. 腕尺侧屈肌
9. 尺（翼）静脉 10. 皮肤切割线
（引自 Singh 等，2018）

2. 臂三头肌 较发达，位于肱骨内侧。有 3 个头，一个头起于肩胛骨，称肘长肌，另两个头起于肱骨近端及骨体，称肘内侧肌及肘外侧肌，合并止于尺骨的鹰嘴。

3. 臂肌 为三角肌，位于肘关节角的内侧面。

（四）前臂部肌

1. 腕桡侧伸肌 起于肱骨的外长髁，有两个头，以细腱通过腕部，掌部分支至第 2 指骨，止于腕掌骨。

2. 指总伸肌 起于肱骨的外长髁，细腱通过腕部，掌部分支至第 2 指骨，主腱止于第 3 指骨。

3. 腕尺侧伸肌 起于肱骨的外长髁，肌腹紧贴附于尺骨及次级翼羽，其腱经腕关节背侧面，止于掌骨近端的后外侧面。

4. 旋后肌 起于肱骨的外长髁，止于桡骨的背侧。

5. 第 2 指长伸肌 起于桡骨的掌侧，有两个头。止腱与腕桡侧伸肌合并止于掌骨。

6. 第 3 指长伸肌 位于前肌的深面。起于桡骨干的掌面，以扁腱通过腕部的筋膜鞘，止于第 3 指的第 2 指节骨。

7. 肘肌 发达，略呈长扇形，起于肱骨的外上髁，止于尺骨骨干的全长。

8. 旋内长肌 起于肱骨的内上髁，止于桡骨的前腹侧面，作用为屈及降前臂。

9. 旋内短肌 起于肱骨的内上髁，止于桡骨的后腹侧面，作用同旋内长肌。

10. 指深屈肌 起于尺骨的腹侧面，其腱包于鞘内经过尺腕骨和掌骨，止于第 3 指的第 2 指节骨。

11. 指浅屈肌 以腱膜起于肱骨的内上髁，其腱膜与腕尺侧屈肌相联系，通过尺腕骨，最后止于第 3 指骨。

12. 腕尺侧屈肌 较发达，以短而坚强的腱起于桡骨的内上髁，止于尺腕骨。

五、后肢主要肌肉

（一）股部肌

后肢盆带肌（荐臀肌）不发达，股部和小腿部肌肉多而发达，占全身肌肉的比重仅次于胸肌。在股部较大的肌肉如下。

1. 髂胫前肌 前称缝匠肌，但不与哺乳动物的缝匠肌同源。位于股部的前外侧缘，起于髋臼前的髂骨嵴及后部的胸椎，止于膝盖骨的内侧面。

2. 髂胫外侧肌 又称阔筋膜张肌，为一大的三角形薄肌，位于臀部和股部的外侧，起于髂骨嵴，向下止于小腿筋膜。

3. 髂腓肌 又称股二头肌，位于髂胫外侧肌的深面，呈三角形，起于髂骨嵴，以一圆腱穿过一腱袢后止于腓骨近端。

4. 小腿外侧屈肌 位于髂腓肌的后方，起于髂骨的后部及前 1 ～ 2 尾椎的横突，以腱止于胫骨近端的内侧面。

5. 小腿内侧屈肌 为一薄而扁的肌肉，位于前肌的深面，主要起于坐骨的腹外侧面，止腱常与前肌合并，附着于胫骨近端的内侧面。

6. 髂转子肌 起于髂骨，止于股骨的转子嵴，可分为前、中、后、外 4 部分。

7. 股胫肌 相当于股四头肌，仅能分为 3 部，即外部（股胫外肌）、中部（股胫中肌，相当于股直肌及股中间肌）和内部（股胫内肌）。3 部肌共止于膝盖骨。

8. 耻坐股肌 起于坐骨和耻骨，止于股骨的后面。相当于内收肌。

9. 迂回肌 又称耻骨肌，呈纺锤形，位于骨胫肌内侧，起于耻骨突，其腱经膝关节前面转到外侧，经腓骨头外侧面至膝关节的后部，合并于趾浅屈肌腱。由于该肌腱的特殊径路，在膝关节屈曲时，可使趾关节机械的屈曲，从而牢固地攀住栖架，故常称栖肌。

（二）小腿部肌

1. 腓骨长肌 位于小腿前外侧的浅层，鸡的较发达，在有些禽类甚至没有。

2. 胫骨前肌 位于腓骨长肌的深面和胫骨前背侧面，是后脚部最有力的屈肌。

3. 腓肠肌 是小腿部最发达的肌肉，一般由 3 部分构成，外部和中部相当于腓肠肌的两个头，内部相当于比目鱼肌。

4. 趾长伸肌 位于胫骨前肌的深面，肌腹呈羽状，腱长并通过胫骨远端和跖骨近端的 2 个环状韧带，行经于大跖骨背侧面的沟中，然后分为 3 支，止于第 2、第 3、第 4 趾的趾节骨。

5. 趾屈肌 为胫骨跖侧较大的肌组，可分为浅屈肌、中间屈肌和深屈肌 3 组。

（1）浅屈肌 有第 2、第 3、第 4 趾浅屈肌，位于中间屈肌的深面，每一肌都有两个头，即内侧头和外侧头。三肌的肌腹至小腿下部才较明显的分开，每一浅屈肌腱止于相应的趾，其止腱被中间屈肌腱穿过。

（2）中间屈肌 有第 2、第 3 趾浅屈肌及趾深屈肌，此两肌位于小腿后外侧和浅层，介于腓肠肌外侧头与腓骨长肌之间，在许多禽类包括鸡，第 2 趾浅屈肌及深屈肌位于第 3 趾浅屈肌及深屈肌的后方。它们的腱止于第 2 和第 3 趾，其止腱被趾长屈肌腱相应的分支通过。

（3）深屈肌 有拇长屈肌和趾长屈肌，为趾屈肌中位置最深的。趾长屈肌腱分为 3 支，最后穿过中间屈肌止腱，止于第 2、第 3、第 4 趾的最末趾节骨。趾屈肌在跖部常部分骨化。

第四节 消化系统

禽消化系统由口、咽、食管、胃、肠、泄殖腔、肛门、肝和胰等器官组成（图 14–6 和图 14–7）。

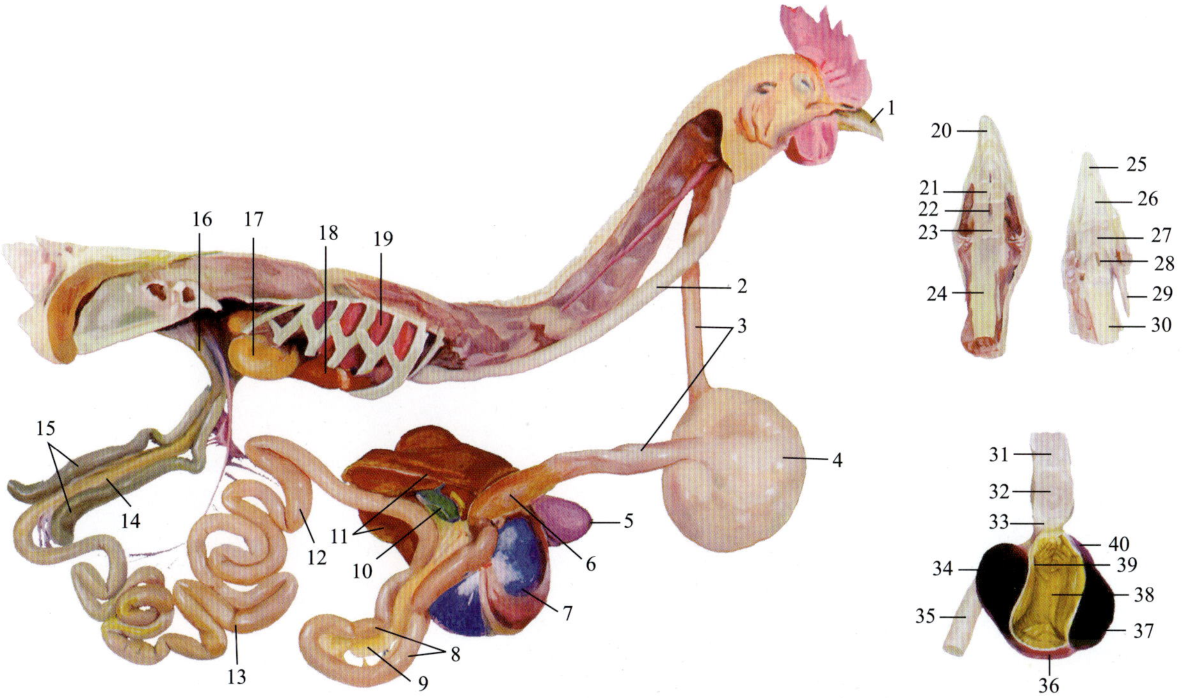

图 14–6 鸡的消化系统模式图

1. 喙 2. 气管 3. 食管 4. 嗉囊 5. 脾 6. 腺胃 7. 肌胃 8. 十二指肠 9. 胰 10. 胆囊 11. 肝 12. 空肠 13. 卵黄囊蒂 14. 回肠 15. 盲肠 16. 直肠 17. 睾丸 18. 心 19. 肺 20. 上喙 21. 硬腭 22. 鼻后孔 23. 咽鼓管口 24. 食管 25. 下喙 26. 舌 27. 舌根 28. 喉 29. 舌骨角 30. 气管 31. 食管切开 32. 腺胃 33. 中间带 34. 腹侧肌 35. 十二指肠 36. 后腹中间肌 37. 背侧肌 38. 肌胃黏膜 39. 幽门 40. 前背中间肌

（引自彭克美，2016）

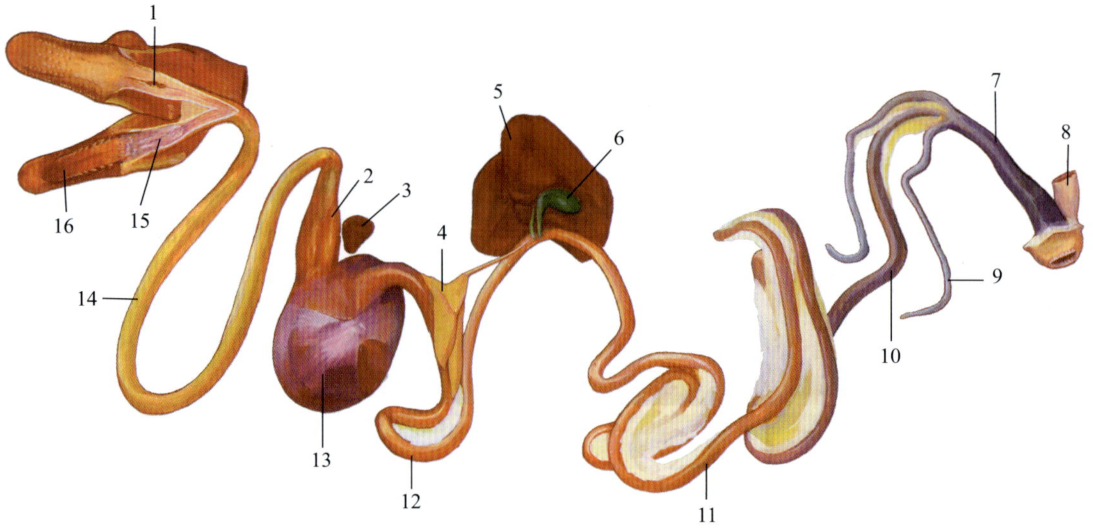

图 14-7　鸭的消化系统模式图

1. 鼻后孔　2. 腺胃　3. 脾　4. 胰　5. 肝　6. 胆囊　7. 直肠　8. 输卵管阴道部　9. 盲肠　10. 回肠　11. 空肠　12. 十二指肠　13. 肌胃　14. 食管　15. 喉　16. 舌

（引自彭克美，2016）

一、口、咽、食管和嗉囊

1. 口腔　无唇、齿和颊，它们在功能上被硬的角质喙代替，其形态构造因禽的种类而不同。鸡的喙为锥体形；鸭、鹅的喙长而扁（图 14-8）。硬腭的后部及咽顶壁的中线上有一鼻后孔，向前延续为腭裂（Cleft palate）。鸡的腭裂较长。舌的活动性不大，固有肌不发达，黏膜无味觉乳头。口腔黏膜分布有味蕾，但构造简单，数量较少。喙和硬腭黏膜，分布有感受器。

图 14-8　鸟类的喙

A～D. 几种鸟类的头部　E. 鸭喙

（引自 Singh 等，2018）

2. 咽　口腔及食管之间没有明显的分界线，由于没有软腭，故口腔和咽直接相延续。

3. 唾液腺　发达，数量多，在口咽壁内几乎连成一片。鸡的唾液腺有上颌腺、腭腺、前下颌腺和后下颌腺等。导管很多，开口于该腺所在部位的口腔黏膜和咽的黏膜上。

4. 食管和嗉囊　食管较宽，易扩张，颈段长，与气管一同偏于颈的右侧。食管的胸段短，末端变窄，与腺胃相连。食管黏膜的固有层内分布有较大的黏液性食管腺。嗉囊（Crop）为食管的膨大部，位于胸前口皮下，鸡的偏于右侧（图 14–6 和图 14–9）。嗉囊腺体很少，但有丰富的神经丛。鸭、鹅没有真正的嗉囊，但食管颈段可扩大呈纺锤形。嗉囊是食物的暂时储存处。鸽嗉囊的上皮细胞在育雏期增殖而发生脂肪变性，脱落后与分泌的黏液形成嗉囊乳（鸽乳），用以哺乳幼鸽。猫头鹰、鸥、企鹅等鸟类无嗉囊，食物直接进入腺胃。食鱼的鸟类，常见鱼从腺胃伸至口腔外，也不引起窒息或不适。

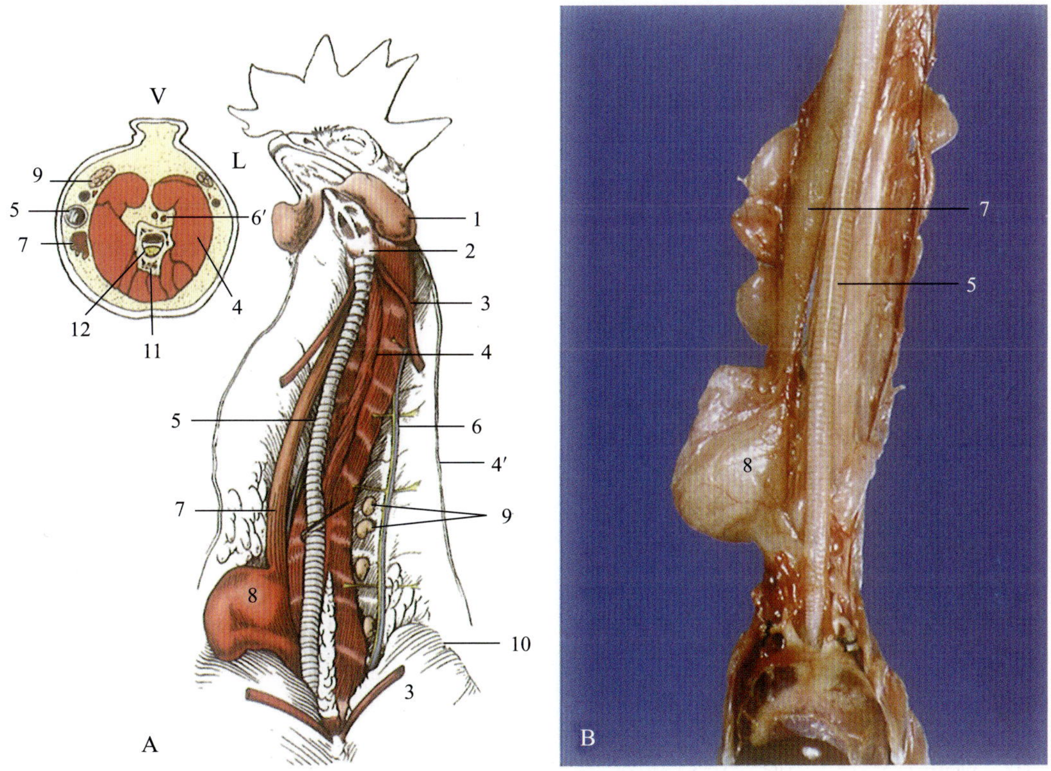

图 14–9　鸡颈部结构

A. 模式图，左上方插图示颈部中断横断面　B. 实物图

1. 肉髯　2. 喉　3. 胸骨甲状肌（断端）　4. 颈部肌　4′. 皮肤切割线　5. 气管　6. 颈静脉和迷走神经

6′. 颈内动脉　7. 食管　8. 嗉囊　9. 胸腺　10. 胸肌　11. 椎骨

12. 脊髓　L. 左侧　V. 腹侧

（引自 Singh 等，2018）

二、胃

禽的胃分前、后 2 部：前部为腺胃，后部为肌胃（图 14–10）。

1. 腺胃（Glandular stomach）　又称前胃（Proventriculus），呈短的纺锤形，位于腹腔的左侧，在两肝叶之间，偏背侧。胃壁较厚，但内腔不大。黏膜苍白，内含浅腺和深腺，浅层的浅腺为单管状腺，分泌黏液；深层的深腺为复管状腺，兼有分泌盐酸和胃蛋白酶原的功能。黏膜表面形成 20 ～ 40 个隆起的圆形腺胃乳头，鸡的较大，鸭的较小，但数量较多，乳头上有深层腺导管开口。腺胃的主要功能是分泌胃液和推移食团与胃液进入肌胃。

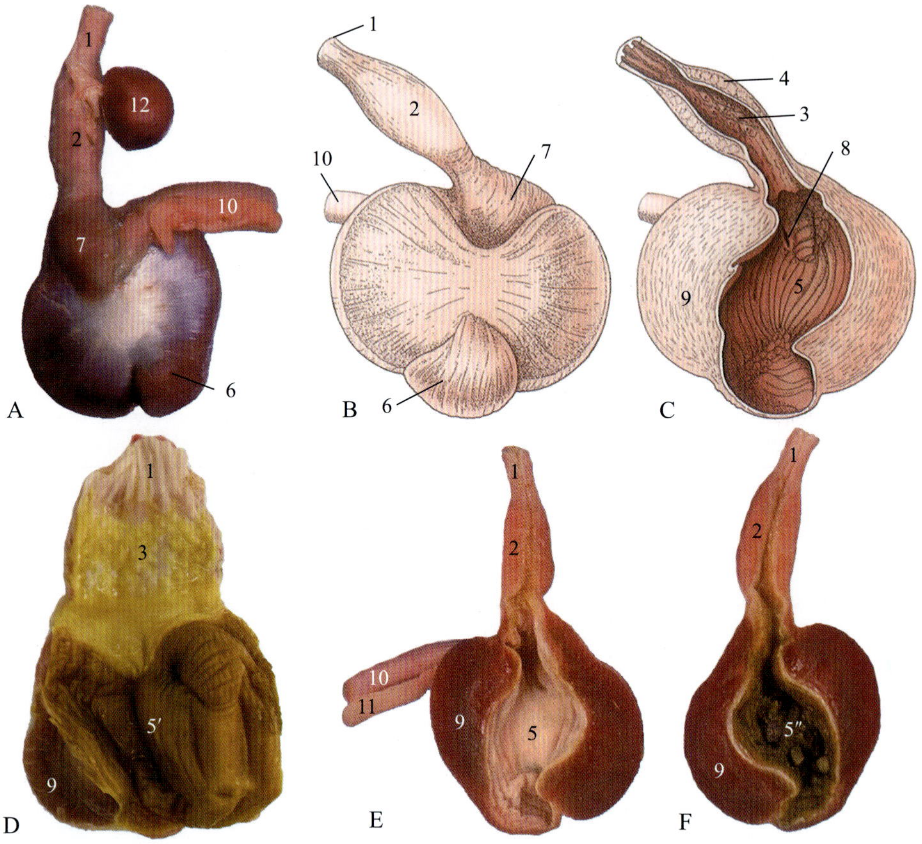

图 14-10 鸡的胃

A. 外观（背侧面） B. 模式图（腹侧面） C. 模式图（腹侧切开） D. 腹侧切开（示角质层） E. 腹侧切开（角质层剥离） F. 腹侧切开（示胃内容物）

1. 食管 2. 腺胃 3. 腺胃乳头 4. 腺胃深腺，断端表面可见 5. 肌胃内腔 5′. 角质层 5″. 胃内容物 6. 后盲囊 7. 前盲囊 8. 幽门口 9. 前侧厚肌 10. 十二指肠 11. 胰 12. 脾

（引自 Singh 等，2018；李方正供图）

2. 肌胃（Muscular stomach） 俗称肫。紧接腺胃之后，略呈扁的圆形或椭圆形，质地坚实，位于腹腔略偏左侧，在肝的 2 叶之间，与腺胃及十二指肠的通口相距很近。肌胃的肌层非常发达，仅由环行平滑肌构成，因富含肌红蛋白而呈暗红色。肌层分为 2 块强大的侧肌和 2 块较薄的中间肌。2 块大的侧肌位于背侧和腹侧，2 块薄肌位于前方和后方，4 块肌肉在胃的两侧以发达的腱相连，腱膜发亮称为腱镜。肌胃的内层有一厚的类角质膜，是由肌胃腺的分泌物和黏膜上皮的分泌物以及脱落的上皮细胞，在酸性环境中硬化而形成的，俗称“肫皮”，有保护胃黏膜的作用，此膜在鸭呈白色，在鸡呈黄色，俗称 “鸡内金”，可入药。肌胃的内腔较小，含有内吞沙砾，因此又称砂囊（Gizzard）。沙砾能加强肌胃运动时研磨谷类饲料的作用。

三、肠和泄殖腔

禽类的肠较短，也分小肠和大肠，后端延续至泄殖腔（图 14-11）。

1. 小肠 可分为十二指肠、空肠和回肠。十二指肠起始于幽门，向后延伸为降袢，再折转回来，形成十二指肠升袢，升袢末端可见胰管、胆囊管和肝管进入十二指肠。此肠袢位于肌胃的右侧，袢内夹有胰腺。空肠形成多个肠袢，由肠系膜悬挂于腹腔的右侧。鸭、鹅的空肠则形成较固定的 5 ～ 8 个圆形肠袢。空肠中部上常有一小突起，称为卵黄囊憩室（Diverticulum vitelline），是胚胎期卵黄囊柄的遗迹。回肠与盲肠等长，短而直，位于 2 条盲肠之间，三者间由腹膜构成的韧带连系。小肠黏膜内有肠腺，但无十二指肠腺。

2. 大肠 包括一对盲肠和一短的直肠。盲肠沿回肠两旁向前延伸，可分为盲肠基部、盲肠体和盲肠尖 3 部分。盲肠基部较细，开口于回肠、直肠连接处的最后方。盲肠体较宽，逐渐变尖而为盲肠尖。盲肠壁内含有丰富的淋巴组织，在盲肠基部处的淋巴小结集合成盲肠扁桃体（Cecal tonsil），鸡较明显。鸽盲肠不发达，如芽状。禽无明显的结肠，回肠、盲肠向后直接与直肠相接，有时也称为结直肠，后端和泄殖腔相通，直肠较短。

3. 泄殖腔（Cloacal chamber） 位于直肠之后，为一椭圆囊，是消化、泌尿和生殖 3 大系统末端的共同通道，向后以肛门开口于外界（图 14-12）。泄殖腔内面的黏膜形成一些褶皱，进一步将泄殖腔

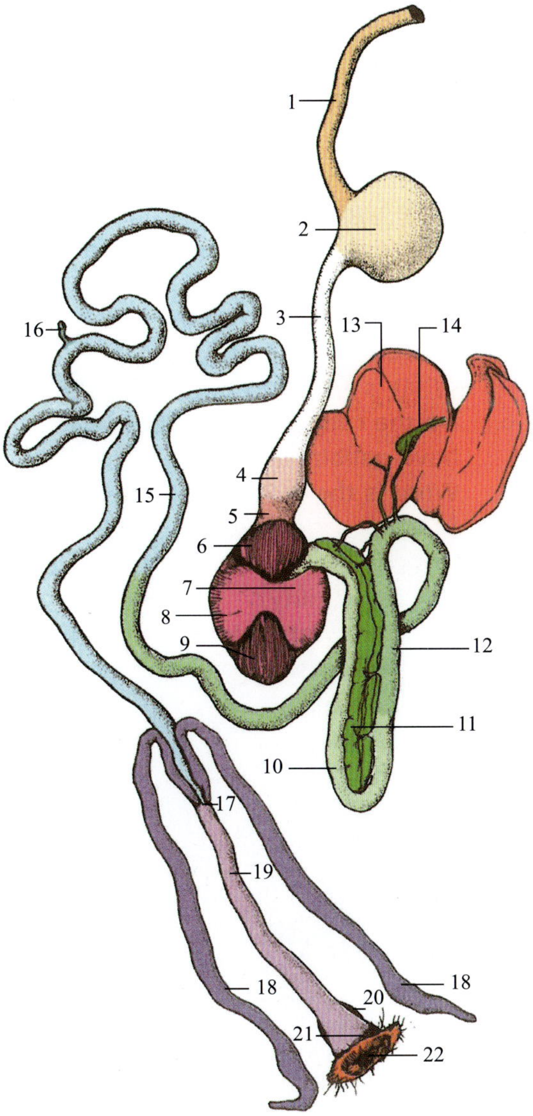

图 14-11 鸡肠组成模式图

1. 颈段食管 2. 嗉囊 3. 胸段食管 4. 腺胃 5. 峡 6～9. 肌胃 10. 十二指肠近段 11. 胰 12. 十二指肠远段 13. 肝 14. 胆囊 15. 空肠 16. 卵黄囊憩室 17. 回盲肠连接处 18. 盲肠 19. 直肠 20. 腔上囊 21. 泄殖腔 22. 肛门

（引自 Reece 和 Rowe，2017）

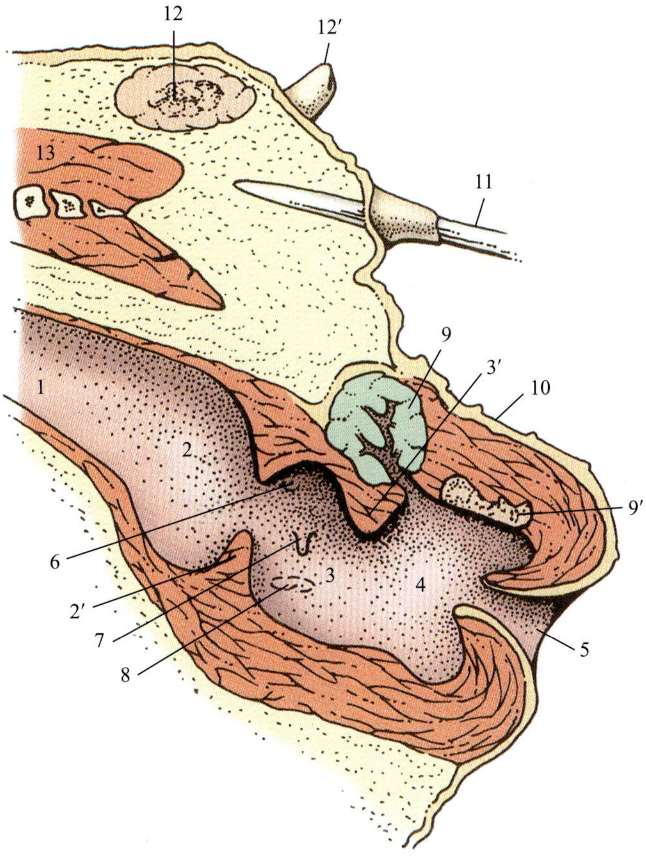

图 14-12 鸡的泄殖腔

1. 直肠 2. 粪道 2′. 粪道褶 3. 泄殖道 3′. 泄殖道褶 4. 肛道 5. 肛门 6. 输尿管开口 7. 输精管乳头 8. 输卵管开口的位置（近左侧） 9. 腔上囊 9′. 背侧肛道腺 10. 皮肤 11. 尾羽 12. 尾脂腺 12′. 尾脂腺乳头 13. 尾椎肌

（引自 Singh 等，2018）

内腔划分为3个部分，即前部为粪道（Coprodeum），较宽大，与直肠相连；中部为泄殖道（Urodaeum），最短，向前以环行褶与粪道为界，向后以半月褶与肛道（Proctodeum）为界，输尿管和输精管（公鸡）或输卵管（母鸡）开口于此；在肛道背侧壁有腔上囊的开口，开口处被半月形褶所遮盖。肛门由背侧唇和腹侧唇所围成。在肛道的壁内有括约肌和肛腺（Anal gland），以背侧肛腺较明显。肛腺为黏液腺，分布有淋巴组织。

四、肝和胰

1. 肝 较大，位于腹腔的前下部，分左、右2叶（图14–13）。右叶略大，具有胆囊（鸽无胆囊），两叶向前包住心室的后部，背侧包住腺胃，后部主要夹住肌胃。成禽的肝一般为暗褐色，但刚孵出的雏鸡为黄色。这是由于孵化期将类脂携带的色素自卵黄运至肝内的缘故。肝的两叶各有一肝门，每叶肝动脉、门静脉和肝管由此出入。肝管有2条，均从右叶走出。左叶的肝管直接开口于十二指肠末端；右叶的肝管先注入胆囊，再由胆囊发出胆囊管，与直接来自左叶的肝管共同开口与十二指肠末端（图14–11）。

2. 胰 位于十二指肠袢内，灰白或淡红色，长形，通常分为3叶，即背叶、腹叶和较小的脾叶（图14–11）。胰管在鸡有3条，鸭、鹅有2条，与胆囊管一起开口于十二指肠末端。胰腺内也有内分泌腺及外分泌腺，内分泌腺即胰岛，以脾叶内为最多。

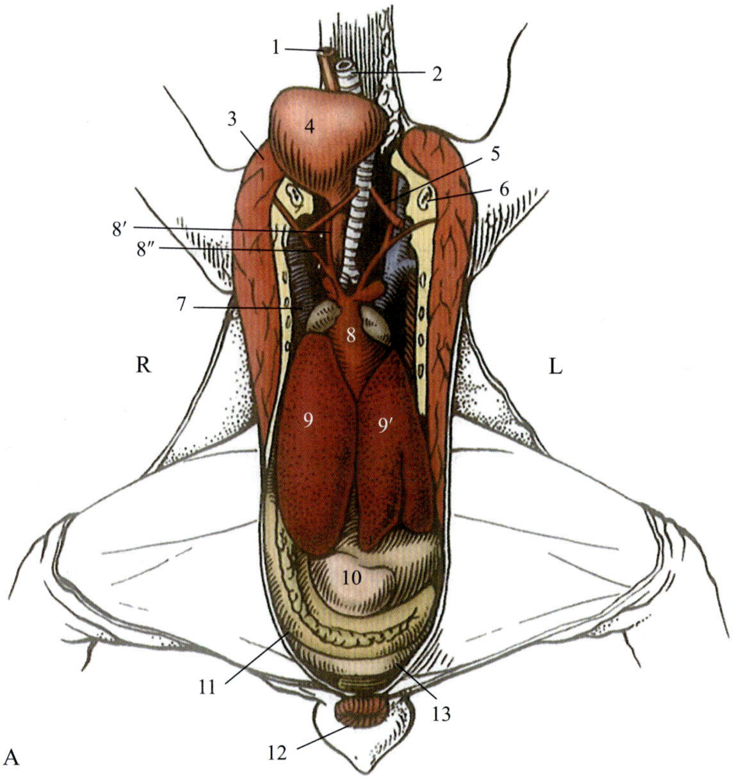

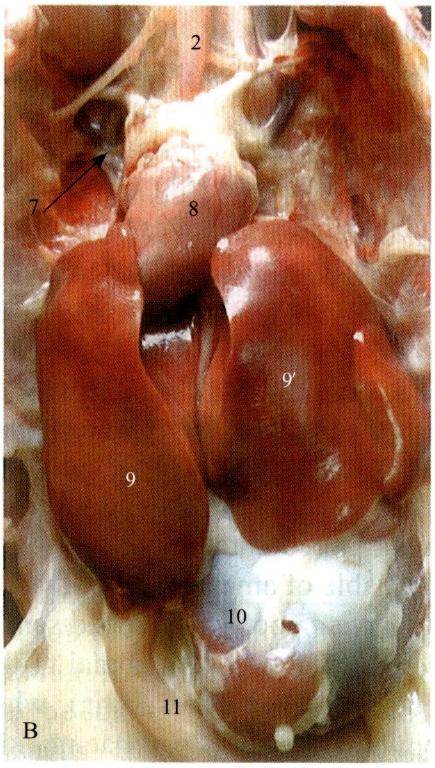

图14–13　腹腔内脏器官的腹侧观

A. 模式图　B. 实物标本

1. 食管　2. 气管　3. 胸肌断端　4. 嗉囊　5. 气管肌　6. 乌喙骨断端　7. 右前腔静脉　8. 心脏　8′. 颈总动脉　8″. 锁骨下动脉　9,9′. 右、左侧肝叶　10. 肌胃　11. 围绕胰腺的十二指肠肠袢　12. 泄殖孔　13. 盲肠　L. 左侧　R. 右侧

（引自Singh等，2018）

第五节　呼吸系统

禽类的呼吸系统由鼻、咽、喉、气管、鸣管（鸣囊）、支气管、肺和气囊等器官组成（图 14–14）。

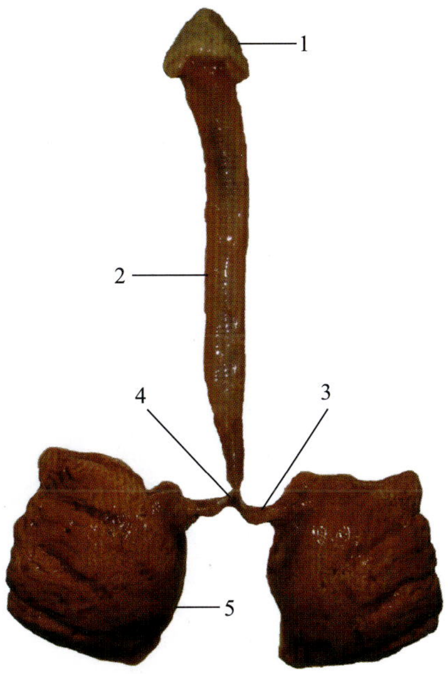

图 14–14　鸡呼吸系统各器官

1. 喉　2. 气管　3. 支气管　4. 鸣管　5. 肺

（引自陈耀星和崔燕等，2019）

一、鼻腔

1. 鼻腔　禽鼻腔狭窄。鼻孔位于上喙基部，两侧鼻腔由鼻中隔隔开，鼻中隔大部分由软骨构成。每侧鼻腔上有 3 个以软骨为支架的鼻甲，前鼻甲与鼻孔相对，为略弯的薄板。中鼻甲较大。后鼻甲呈圆形或三角形小泡状，内腔开口于眶下窦，黏膜有嗅神经分布。鸡的鼻孔上缘有一膜质鼻瓣；鸭、鹅鼻孔四周为柔软的蜡膜。

2. 眶下窦（Infraorbital sinus）　又称下颌窦，是禽唯一的鼻旁窦，位于上颌外侧和眼球前下方，为一略呈三角形的小腔。窦的外侧壁大部分为皮肤等软组织，窦的后上方有两个开口，分别通鼻腔和后鼻甲腔。患慢性呼吸道疾病时，此窦常有病变。

3. 鼻腺（Nasal gland）　位于鼻腔后部及眼球上方，输出管沿鼻骨内面向前，开口于鼻前庭。水禽的鼻腺较发达，特别是在海洋生活的禽类。鼻腺有分泌盐分的作用，又称盐腺（Salt gland）。

二、咽

见消化系统。

三、喉和气管

1. 喉　位于咽底壁，在舌根后方，与鼻后孔相对。喉口呈缝状，有一枚环状软骨和一对杓状软骨作为支架，无会厌软骨及甲状软骨，无声带。

2. 气管　为喉的直接延续，由一系列的软骨环作为支架。气管位于颈腹侧，与食管伴行（图 14–9），行至颈的下半部偏至右侧，入胸腔后在心基的背侧分为 2 个支气管，分叉处形成鸣管。

肾纤维膜，仅垫一腹气囊的肾憩室。禽肾没有肾门，肾的血管和输尿管直接从肾表面进出。

肾实质由许多肾小叶构成，轮廓可在肾表面看出（直径 1 ～ 2 mm）。肾小叶分为皮质区和髓质区，但由于小叶位置有深有浅，因此整个肾没有皮质和髓质的分界。

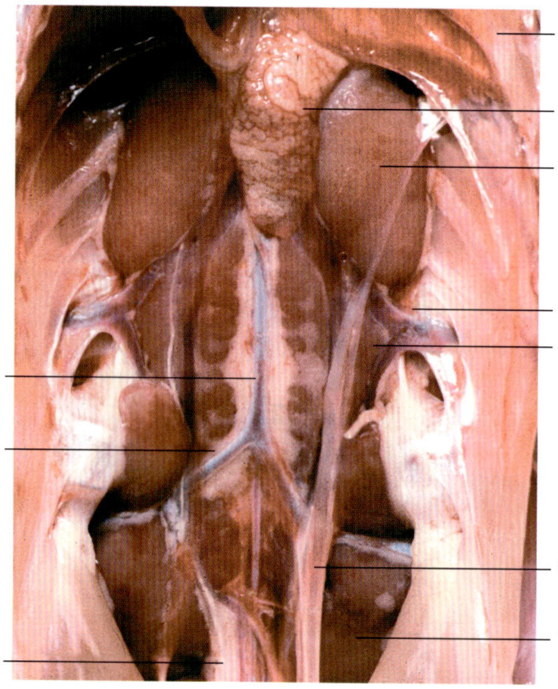

图 14–19　鸡肾和输尿管（腹面观）

1. 肺　2. 卵巢　3. 前肾　4. 髂外动脉　5. 中肾　6. 左输尿管　7. 后肾　8. 右输尿管　9. 坐骨动脉　10. 腹主动脉

（引自 König 和 Liebich，2020）

二、输尿管

输尿管为较直而细的管道，从每一个肾的中部走出，沿肾的腹侧面向后伸延，最后开口于泄殖道顶壁的两侧。禽类输尿管在肾内不形成肾盂、肾盏，只有在肾分支为初级和二级分支，每一肾叶的集合管直接注入二级分支。输尿管的壁很薄，有时可看到腔内有白色尿酸盐晶体。

第七节　生殖系统

一、公禽生殖器官

公禽生殖器官包括睾丸、附睾、输精管和交配器，无副性腺（图 14–20）。

1. 睾丸和附睾　禽的睾丸位于腹腔内，以短系膜悬挂于肾前部腹侧，体表投影在最后两个椎肋的上部。睾丸的大小因年龄和季节而变化，雏鸡只有米粒大，淡黄色，有的品种则部分或全部呈黑色（如乌骨鸡）。成禽睾丸具有明显的季节变化，生殖季节发育至最大，颜色也由黄色转为淡黄色甚至白色，如成年鸡在生殖季节，睾丸可达鸽蛋大小，颜色转变为白色。公鸡阉割术的部位在最后肋间。

附睾主要由睾丸输出管构成，附睾管短，出附睾后延续为输精管。附睾小，呈长纺锤形，紧贴于睾丸的背内侧缘。

2. 输精管　是一对弯曲的细管，与输尿管并列而行，因壁内的平滑肌逐渐增多而增粗。输精管的终部变直，然后扩大呈纺锤形，进入泄殖道内，末端形成输精管乳头，突出于输尿管口的略下方。禽

第五节 呼吸系统

禽类的呼吸系统由鼻、咽、喉、气管、鸣管（鸣囊）、支气管、肺和气囊等器官组成（图 14-14）。

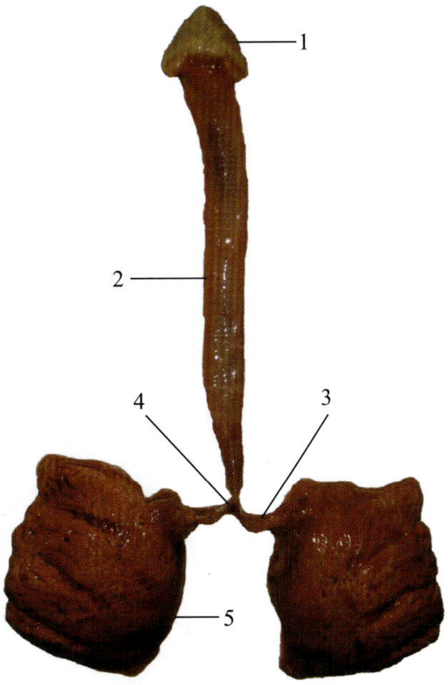

图 14-14 鸡呼吸系统各器官

1. 喉 2. 气管 3. 支气管 4. 鸣管 5. 肺

（引自陈耀星和崔燕等，2019）

一、鼻腔

1. 鼻腔 禽鼻腔狭窄。鼻孔位于上喙基部，两侧鼻腔由鼻中隔隔开，鼻中隔大部分由软骨构成。每侧鼻腔上有 3 个以软骨为支架的鼻甲，前鼻甲与鼻孔相对，为略弯的薄板。中鼻甲较大。后鼻甲呈圆形或三角形小泡状，内腔开口于眶下窦，黏膜有嗅神经分布。鸡的鼻孔上缘有一膜质鼻瓣；鸭、鹅鼻孔四周为柔软的蜡膜。

2. 眶下窦（Infraorbital sinus） 又称下颌窦，是禽唯一的鼻旁窦，位于上颌外侧和眼球前下方，为一略呈三角形的小腔。窦的外侧壁大部分为皮肤等软组织，窦的后上方有两个开口，分别通鼻腔和后鼻甲腔。患慢性呼吸道疾病时，此窦常有病变。

3. 鼻腺（Nasal gland） 位于鼻腔后部及眼球上方，输出管沿鼻骨内面向前，开口于鼻前庭。水禽的鼻腺较发达，特别是在海洋生活的禽类。鼻腺有分泌盐分的作用，又称盐腺（Salt gland）。

二、咽

见消化系统。

三、喉和气管

1. 喉 位于咽底壁，在舌根后方，与鼻后孔相对。喉口呈缝状，有一枚环状软骨和一对杓状软骨作为支架，无会厌软骨及甲状软骨，无声带。

2. 气管 为喉的直接延续，由一系列的软骨环作为支架。气管位于颈腹侧，与食管伴行（图 14-9），行至颈的下半部偏至右侧，入胸腔后在心基的背侧分为 2 个支气管，分叉处形成鸣管。

肾纤维膜，仅垫一腹气囊的肾憩室。禽肾没有肾门，肾的血管和输尿管直接从肾表面进出。

肾实质由许多肾小叶构成，轮廓可在肾表面看出（直径 1 ～ 2 mm）。肾小叶分为皮质区和髓质区，但由于小叶位置有深有浅，因此整个肾没有皮质和髓质的分界。

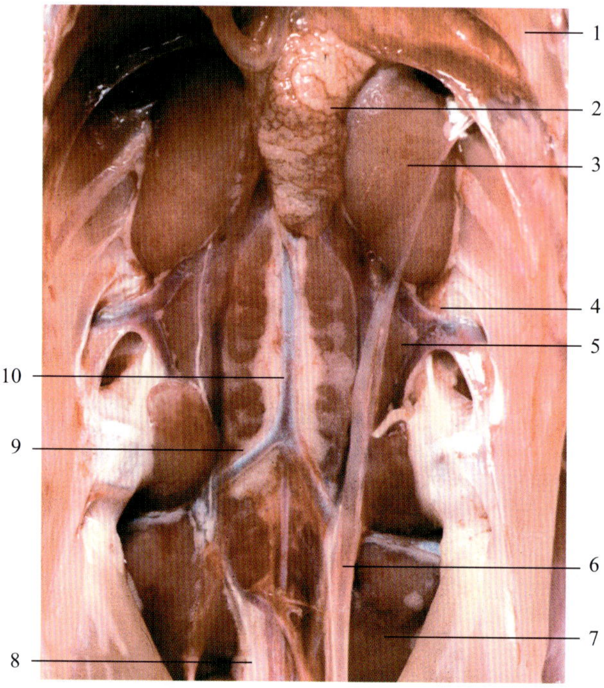

图 14–19　鸡肾和输尿管（腹面观）

1. 肺　2. 卵巢　3. 前肾　4. 髂外动脉　5. 中肾　6. 左输尿管　7. 后肾　8. 右输尿管　9. 坐骨动脉　10. 腹主动脉

（引自 König 和 Liebich，2020）

二、输尿管

输尿管为较直而细的管道，从每一个肾的中部走出，沿肾的腹侧面向后伸延，最后开口于泄殖道顶壁的两侧。禽类输尿管在肾内不形成肾盂、肾盏，只有在肾分支为初级和二级分支，每一肾叶的集合管直接注入二级分支。输尿管的壁很薄，有时可看到腔内有白色尿酸盐晶体。

第七节　生殖系统

一、公禽生殖器官

公禽生殖器官包括睾丸、附睾、输精管和交配器，无副性腺（图 14–20）。

1. 睾丸和附睾　禽的睾丸位于腹腔内，以短系膜悬挂于肾前部腹侧，体表投影在最后两个椎肋的上部。睾丸的大小因年龄和季节而变化，雏鸡只有米粒大，淡黄色，有的品种则部分或全部呈黑色（如乌骨鸡）。成禽睾丸具有明显的季节变化，生殖季节发育至最大，颜色也由黄色转为淡黄色甚至白色，如成年鸡在生殖季节，睾丸可达鸽蛋大小，颜色转变为白色。公鸡阉割术的部位在最后肋间。

附睾主要由睾丸输出管构成，附睾管短，出附睾后延续为输精管。附睾小，呈长纺锤形，紧贴于睾丸的背内侧缘。

2. 输精管　是一对弯曲的细管，与输尿管并列而行，因壁内的平滑肌逐渐增多而增粗。输精管的终部变直，然后扩大呈纺锤形，进入泄殖道内，末端形成输精管乳头，突出于输尿管口的略下方。禽

第五节 呼吸系统

禽类的呼吸系统由鼻、咽、喉、气管、鸣管（鸣囊）、支气管、肺和气囊等器官组成（图 14–14）。

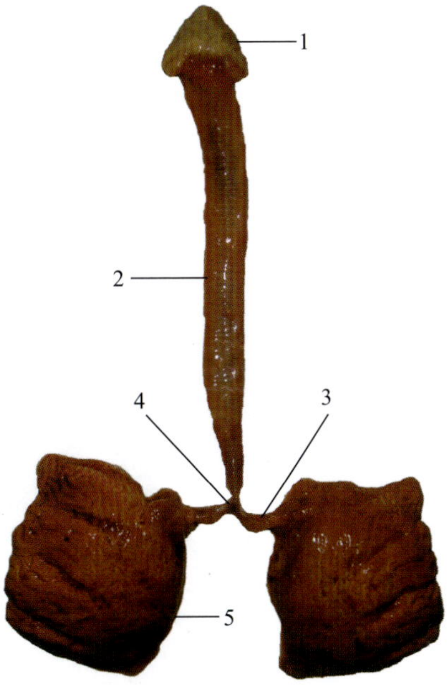

图 14–14 鸡呼吸系统各器官

1. 喉 2. 气管 3. 支气管 4. 鸣管 5. 肺

（引自陈耀星和崔燕等，2019）

一、鼻腔

1. 鼻腔 禽鼻腔狭窄。鼻孔位于上喙基部，两侧鼻腔由鼻中隔隔开，鼻中隔大部分由软骨构成。每侧鼻腔上有 3 个以软骨为支架的鼻甲，前鼻甲与鼻孔相对，为略弯的薄板。中鼻甲较大。后鼻甲呈圆形或三角形小泡状，内腔开口于眶下窦，黏膜有嗅神经分布。鸡的鼻孔上缘有一膜质鼻瓣；鸭、鹅鼻孔四周为柔软的蜡膜。

2. 眶下窦（Infraorbital sinus） 又称下颌窦，是禽唯一的鼻旁窦，位于上颌外侧和眼球前下方，为一略呈三角形的小腔。窦的外侧壁大部分为皮肤等软组织，窦的后上方有两个开口，分别通鼻腔和后鼻甲腔。患慢性呼吸道疾病时，此窦常有病变。

3. 鼻腺（Nasal gland） 位于鼻腔后部及眼球上方，输出管沿鼻骨内面向前，开口于鼻前庭。水禽的鼻腺较发达，特别是在海洋生活的禽类。鼻腺有分泌盐分的作用，又称盐腺（Salt gland）。

二、咽

见消化系统。

三、喉和气管

1. 喉 位于咽底壁，在舌根后方，与鼻后孔相对。喉口呈缝状，有一枚环状软骨和一对杓状软骨作为支架，无会厌软骨及甲状软骨，无声带。

2. 气管 为喉的直接延续，由一系列的软骨环作为支架。气管位于颈腹侧，与食管伴行（图 14–9），行至颈的下半部偏至右侧，入胸腔后在心基的背侧分为 2 个支气管，分叉处形成鸣管。

肾纤维膜，仅垫一腹气囊的肾憩室。禽肾没有肾门，肾的血管和输尿管直接从肾表面进出。

肾实质由许多肾小叶构成，轮廓可在肾表面看出（直径 1 ～ 2 mm）。肾小叶分为皮质区和髓质区，但由于小叶位置有深有浅，因此整个肾没有皮质和髓质的分界。

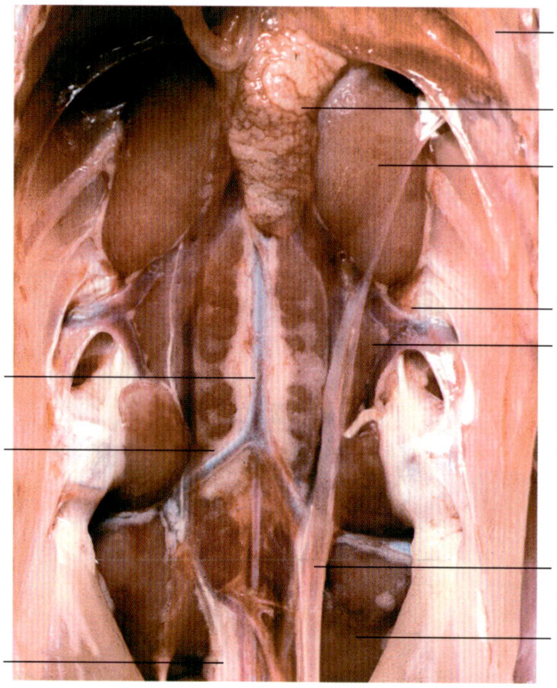

图 14–19 鸡肾和输尿管（腹面观）

1. 肺 2. 卵巢 3. 前肾 4. 髂外动脉 5. 中肾 6. 左输尿管 7. 后肾 8. 右输尿管 9. 坐骨动脉 10. 腹主动脉

（引自 König 和 Liebich，2020）

二、输尿管

输尿管为较直而细的管道，从每一个肾的中部走出，沿肾的腹侧面向后伸延，最后开口于泄殖道顶壁的两侧。禽类输尿管在肾内不形成肾盂、肾盏，只有在肾分支为初级和二级分支，每一肾叶的集合管直接注入二级分支。输尿管的壁很薄，有时可看到腔内有白色尿酸盐晶体。

第七节 生殖系统

一、公禽生殖器官

公禽生殖器官包括睾丸、附睾、输精管和交配器，无副性腺（图 14–20）。

1. 睾丸和附睾 禽的睾丸位于腹腔内，以短系膜悬挂于肾前部腹侧，体表投影在最后两个椎肋的上部。睾丸的大小因年龄和季节而变化，雏鸡只有米粒大，淡黄色，有的品种则部分或全部呈黑色（如乌骨鸡）。成禽睾丸具有明显的季节变化，生殖季节发育至最大，颜色也由黄色转为淡黄色甚至白色，如成年鸡在生殖季节，睾丸可达鸽蛋大小，颜色转变为白色。公鸡阉割术的部位在最后肋间。

附睾主要由睾丸输出管构成，附睾管短，出附睾后延续为输精管。附睾小，呈长纺锤形，紧贴于睾丸的背内侧缘。

2. 输精管 是一对弯曲的细管，与输尿管并列而行，因壁内的平滑肌逐渐增多而增粗。输精管的终部变直，然后扩大呈纺锤形，进入泄殖道内，末端形成输精管乳头，突出于输尿管口的略下方。禽

第五节 呼吸系统

禽类的呼吸系统由鼻、咽、喉、气管、鸣管（鸣囊）、支气管、肺和气囊等器官组成（图 14–14）。

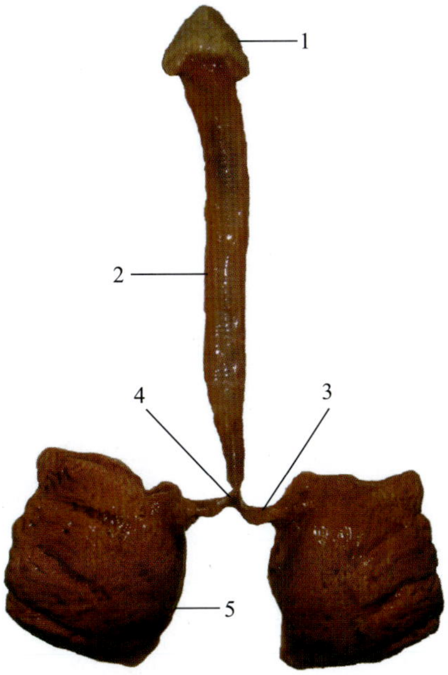

图 14–14 鸡呼吸系统各器官

1. 喉 2. 气管 3. 支气管 4. 鸣管 5. 肺

（引自陈耀星和崔燕等，2019）

一、鼻腔

1. 鼻腔 禽鼻腔狭窄。鼻孔位于上喙基部，两侧鼻腔由鼻中隔隔开，鼻中隔大部分由软骨构成。每侧鼻腔上有 3 个以软骨为支架的鼻甲，前鼻甲与鼻孔相对，为略弯的薄板。中鼻甲较大。后鼻甲呈圆形或三角形小泡状，内腔开口于眶下窦，黏膜有嗅神经分布。鸡的鼻孔上缘有一膜质鼻瓣；鸭、鹅鼻孔四周为柔软的蜡膜。

2. 眶下窦（Infraorbital sinus） 又称下颌窦，是禽唯一的鼻旁窦，位于上颌外侧和眼球前下方，为一略呈三角形的小腔。窦的外侧壁大部分为皮肤等软组织，窦的后上方有两个开口，分别通鼻腔和后鼻甲腔。患慢性呼吸道疾病时，此窦常有病变。

3. 鼻腺（Nasal gland） 位于鼻腔后部及眼球上方，输出管沿鼻骨内面向前，开口于鼻前庭。水禽的鼻腺较发达，特别是在海洋生活的禽类。鼻腺有分泌盐分的作用，又称盐腺（Salt gland）。

二、咽

见消化系统。

三、喉和气管

1. 喉 位于咽底壁，在舌根后方，与鼻后孔相对。喉口呈缝状，有一枚环状软骨和一对杓状软骨作为支架，无会厌软骨及甲状软骨，无声带。

2. 气管 为喉的直接延续，由一系列的软骨环作为支架。气管位于颈腹侧，与食管伴行（图 14–9），行至颈的下半部偏至右侧，入胸腔后在心基的背侧分为 2 个支气管，分叉处形成鸣管。

四、鸣管和支气管

1. 鸣管（Syrinx） 又称后喉，是禽的发声器官（图 14–15），位于胸腔入口后方，被锁骨间气囊包裹。鸣管由气管和支气管的几枚软骨环，以及一特殊的鸣骨构成支架。鸣骨呈楔形，位于支气管叉的顶部，将鸣腔一分为二，在支架上，具有 2 对弹性薄膜，称内、外鸣膜（Membrana tympani internus and externus），形成一狭缝；当禽呼气时，空气振动鸣膜而发声（图 14–16）。公鸭和天鹅的鸣管由软骨环作支架，在左侧形成一膨大的骨质鸣泡（Bulla syringeal），故发声嘶哑（图 14–15）。鸣禽的鸣管有一些小肌肉，能发出悦耳多变的声音。鹦鹉缺鸣骨。

2. 支气管 经心基背侧入肺，其支架由“C”形软骨环构成。

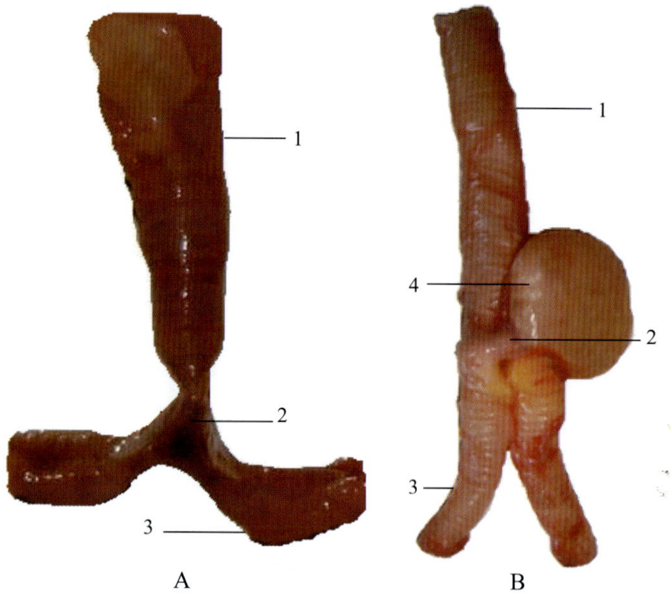

图 14–15 禽的鸣管

A. 鸡鸣管 B. 公鸭鸣管（腹侧面）

1. 气管 2. 鸣管 3. 支气管 4. 鸣泡

（引自陈耀星和崔燕等，2019）

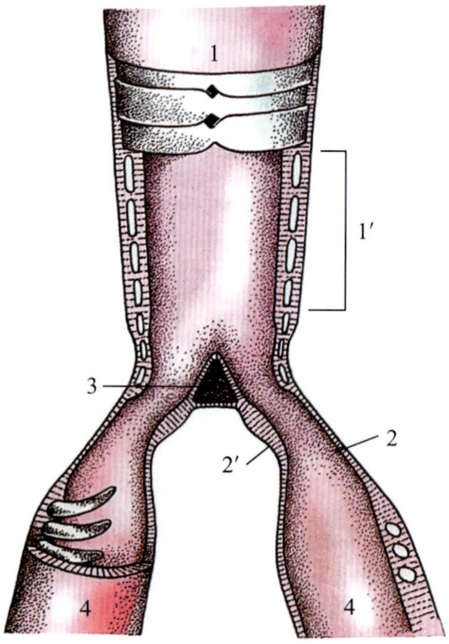

图 14–16 禽鸣管结构模式图（纵剖面）

1. 气管 1′. 鸣膜 2. 外鸣膜 2′. 内鸣膜

3. 鸣骨 4. 支气管

（引自 Singh 等，2018）

五、肺

禽肺不大，鲜红色，左、右两肺略呈扁平的四边形，一般不分叶，位于胸腔背侧部，两肺的背侧面嵌入肋间，表面有较深的肋压迹。腹侧面覆以膜质肺膈。左、右肺腹侧前部有肺门，支气管由肺门进入肺内，纵贯全肺，称之为初级支气管，出肺后连接于腹气囊。从初级支气管上分出 4 群次级支气管。禽类支气管在肺内形成互相通连的管道，而不形成支气管树（图 14–17）。

肺的结构可分为间质和实质。间质一面形成肺表面的浆膜，同时深入肺实质内，形成小叶间结缔组织和呼吸毛细管间结缔组织，构成肺的支架。

六、气囊

气囊（Saccus pneumaticus）是禽类特有的器官，是支气管黏膜的肺外延伸部，囊壁很薄。气囊共有 9 个，1 个是锁骨间气囊、1 对颈气囊、1 对胸前气囊、1 对胸后气囊和 1 对腹气囊（图 14–17）。颈气囊、锁骨气囊和胸前气囊均与腹内侧群的次级支气管相通，共同组成前气囊；胸后气囊与腹外侧群次级支气管相通，腹气囊直接与初级支气管相通，共同组成后气囊。

气囊壁是一层薄的透明弹性结缔组织膜，血液供应很少，因此不具有气体交换作用。气囊的功能主要是作为贮气装置参与肺的呼吸作用（图 14–18），同时还可以减轻体重、调节体温、调整中心位置等。禽类没有相当于哺乳动物的膈，只有胸气囊壁与腹膜或腹膜所形成的囊胸膜和囊腹膜。囊胸膜伸张于两肺腹侧，又称肺膈。囊腹膜又称斜膈，由腹膜和胸气囊壁所形成，将心及大血管和后部的腹腔内脏隔开，所以又称胸腹隔。

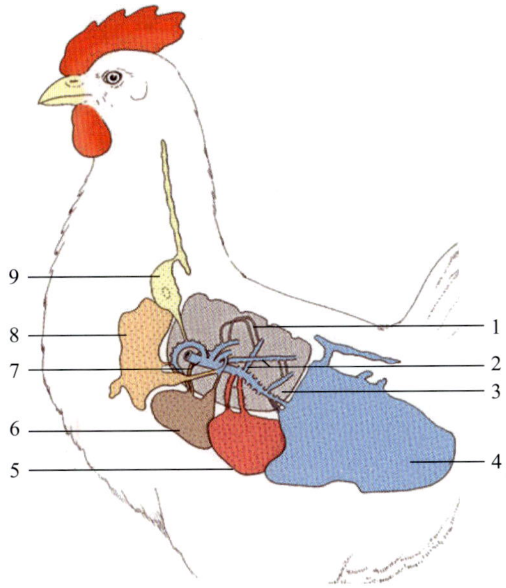

图 14–17　禽气囊及支气管分支模式图

1. 副支气管（三级支气管袢）　2. 次级支气管　3. 肺　4. 腹气囊　5. 胸后气囊　6. 胸前气囊　7. 初级支气管　8. 锁骨间气囊　9. 颈气囊

（引自 König 和 Liebich，2020）

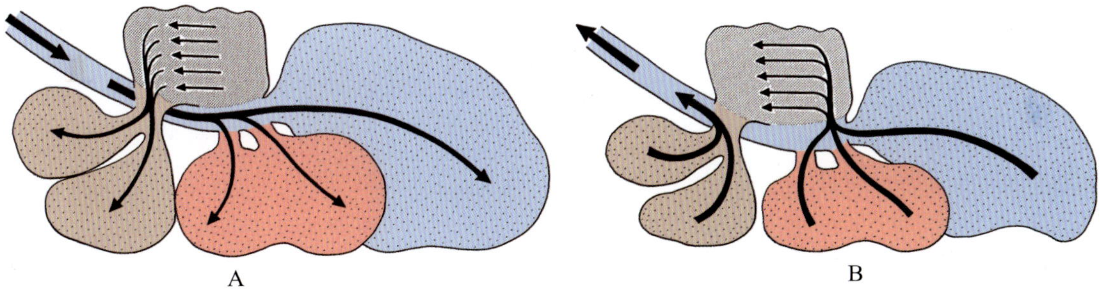

图 14–18　禽气囊作用模式图（箭头示空气流动径路）

A. 吸气　B. 呼气

（引自 König 和 Liebich，2020）

第六节　泌尿系统

禽泌尿系统包括肾和输尿管，没有膀胱和尿道，这样可使体重减轻，更适于飞翔。

一、肾

禽的肾比例较大，长约 7 cm，宽为 1 ～ 2 cm，呈褐红色，质软而脆，位于肺的后方，大肠背侧，深居于腰荐骨的两旁和髂骨的肾窝内（图 14–19），可分为前、中、后 3 部分，周围没有脂肪囊，亦无肾纤维膜，仅垫一腹气囊的肾憩室。禽肾没有肾门，肾的血管和输尿管直接从肾表面进出。

肾实质由许多肾小叶构成，轮廓可在肾表面看出（直径 1 ~ 2 mm）。肾小叶分为皮质区和髓质区，但由于小叶位置有深有浅，因此整个肾没有皮质和髓质的分界。

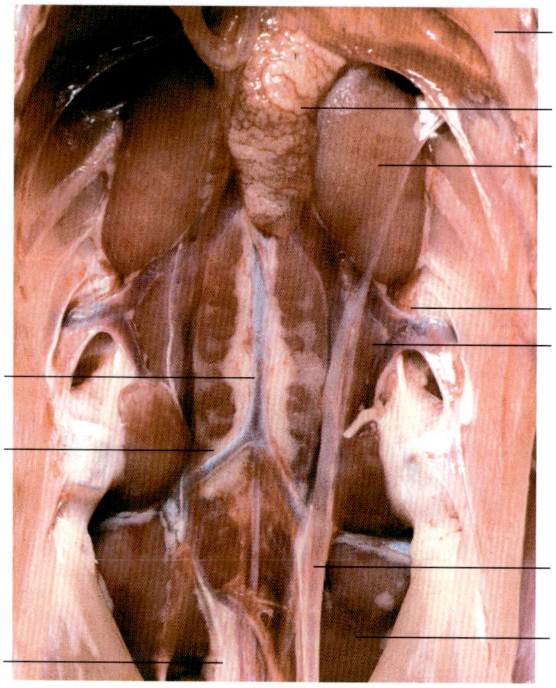

图 14-19　鸡肾和输尿管（腹面观）

1. 肺　2. 卵巢　3. 前肾　4. 髂外动脉　5. 中肾　6. 左输尿管　7. 后肾　8. 右输尿管　9. 坐骨动脉　10. 腹主动脉

（引自 König 和 Liebich，2020）

二、输尿管

输尿管为较直而细的管道，从每一个肾的中部走出，沿肾的腹侧面向后伸延，最后开口于泄殖道顶壁的两侧。禽类输尿管在肾内不形成肾盂、肾盏，只有在肾分支为初级和二级分支，每一肾叶的集合管直接注入二级分支。输尿管的壁很薄，有时可看到腔内有白色尿酸盐晶体。

第七节　生殖系统

一、公禽生殖器官

公禽生殖器官包括睾丸、附睾、输精管和交配器，无副性腺（图 14-20）。

1. 睾丸和附睾　禽的睾丸位于腹腔内，以短系膜悬挂于肾前部腹侧，体表投影在最后两个椎肋的上部。睾丸的大小因年龄和季节而变化，雏鸡只有米粒大，淡黄色，有的品种则部分或全部呈黑色（如乌骨鸡）。成禽睾丸具有明显的季节变化，生殖季节发育至最大，颜色也由黄色转为淡黄色甚至白色，如成年鸡在生殖季节，睾丸可达鸽蛋大小，颜色转变为白色。公鸡阉割术的部位在最后肋间。

附睾主要由睾丸输出管构成，附睾管短，出附睾后延续为输精管。附睾小，呈长纺锤形，紧贴于睾丸的背内侧缘。

2. 输精管　是一对弯曲的细管，与输尿管并列而行，因壁内的平滑肌逐渐增多而增粗。输精管的终部变直，然后扩大呈纺锤形，进入泄殖道内，末端形成输精管乳头，突出于输尿管口的略下方。禽

输精管是精子的主要贮存处，在生殖季节增长并加粗，因贮有精子而呈乳白色。禽没有副性腺。

3. 交配器官 公鸡的交配器不发达，位于肛门腹侧唇的背侧面、泄殖腔肛道的底壁上，包括一对输精管乳头、淋巴褶和位于泄殖道壁内输精管附近的一对泄殖腔旁血管体以及一个阴茎突。阴茎突是由一枚正中乳突和一对外侧乳突组成。交配射精时，正中乳突和外侧乳突因充满淋巴而勃起增大并伸入雌性生殖道内，精液则沿其间的沟导入输卵管阴道部。阴茎乳突在刚孵出的雏鸡较明显，可用以鉴别雌雄。鸽无交配器。

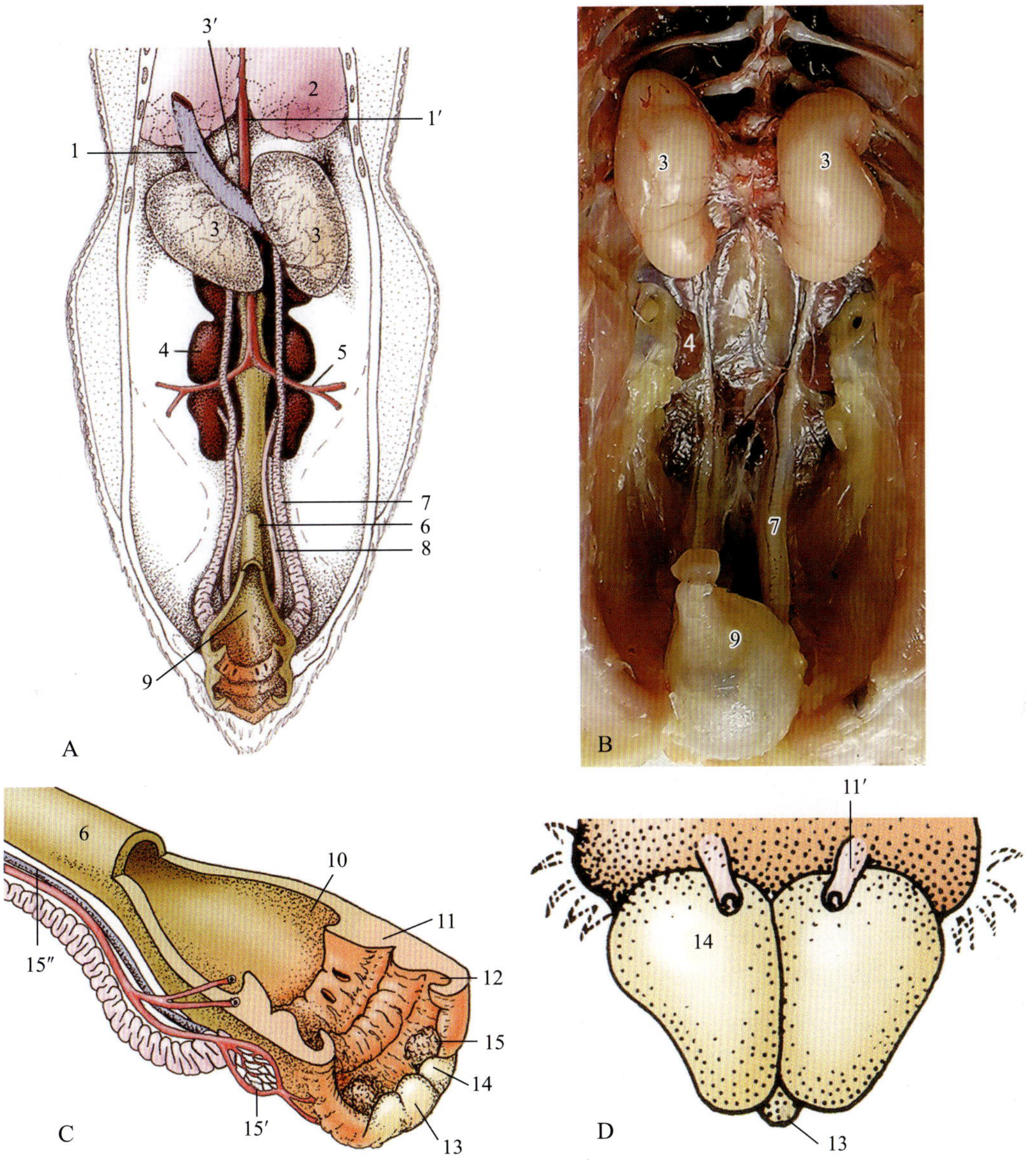

图 14-20 公鸡生殖器官腹侧观

A. 泄殖腔底部已被移除 B. 实物标本 C. 泄殖腔底部切除后的局部放大 D. 阴茎勃起时的后面观

1. 后腔静脉 1′. 主动脉 2. 肺 3. 睾丸 3′. 右肾上腺 4. 肾 5. 坐骨动脉 6. 直肠
7. 输精管 8. 输尿管 9. 泄殖腔 10. 粪道 11. 泄殖道 11′. 右侧输精管乳头
12. 肛道 13. 正中阴茎乳突 14. 外侧阴茎乳突 15. 淋巴褶
15′. 泄殖腔旁血管体 15″. 阴部动脉

（引自 Dyce 等，2010；李方正供实物标本图）

公鸭和公鹅有较发达的阴茎，由 2 个纤维淋巴体和 1 个产生精液的腺管构成。两纤维淋巴体之间在阴茎的表面形成螺旋状的精沟，勃起时，淋巴体内充满淋巴，阴茎变硬并加长，因而伸出肛门可达 5 cm 长，精沟则闭合成管，将精液导入雌性生殖道内（图 14–21）。

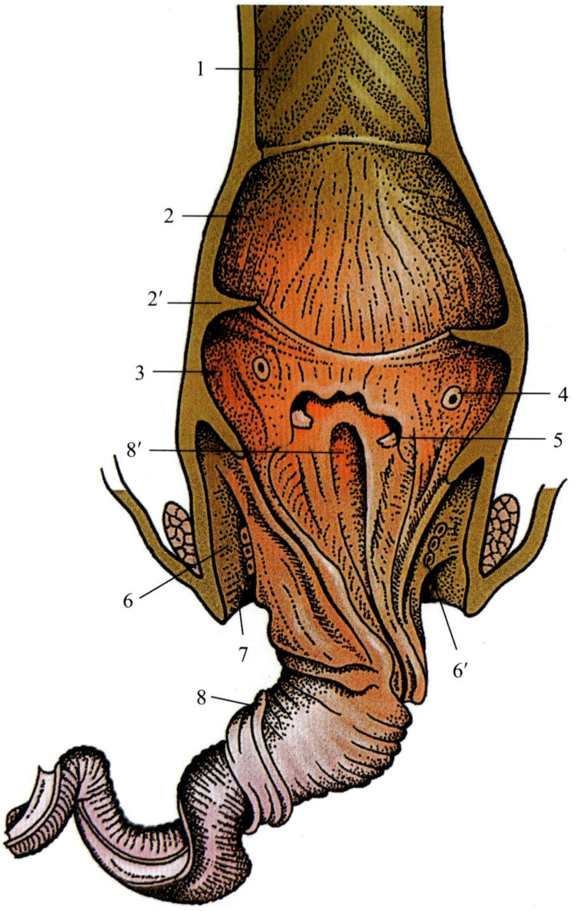

图 14–21 公鸭泄殖腔及伸出的阴茎（背侧观，末端切除）

1. 直肠 2. 粪道 2′. 粪道褶 3. 泄殖道 4. 输尿管口 5. 输精管乳头 6. 肛道 6′. 肛道腺 7. 泄殖孔唇 8. 阴茎螺旋沟 8′. 螺旋沟起始部

（引自 Singh 等，2018）

二、母禽生殖器官

母禽生殖器官包括卵巢和输卵管（图 14–22），仅左侧发育正常，右侧的在胚胎早期发生过程中停滞而退化。

1. 卵巢 左侧卵巢以系膜和结缔组织附着于左肾前部及肾上腺腹侧，雏禽卵巢为扁平椭圆形，表面呈颗粒状，卵泡很小，呈灰色或白色。随年龄增长和性活动，卵泡不断发育生长，并贮积大量卵黄，逐渐突出卵巢表面，直至以细柄相连，因而卵巢呈葡萄状。较大的成熟卵泡，在产卵期常有 4 ～ 5 个。停产时，卵巢萎缩，直到下次产卵期，卵泡再开始生长。

禽类的卵泡在发育过中，也发生大量的闭锁现象。较大的卵泡萎缩时，细胞膜和卵泡膜破裂，卵黄外溢可被卵巢吸收。当左侧卵巢机能衰退或丧失时，右侧未发育的生殖腺则重新发育，成为睾丸。卵巢在这种情况下，可能发生所谓性逆转现象。

2. 输卵管 左侧输卵管发育完全，在成禽为一条长而弯曲的管道，从卵巢向后延伸至泄殖腔，幼禽较细而直，成禽在停止产卵期间也萎缩。它以系膜（背侧韧带）悬挂在腹腔背侧偏左，系膜内含有平滑肌纤维，沿输卵管腹侧形成一个游离的腹侧韧带。游离缘短，含丰富的平滑肌，向后固定于阴道。输卵管根据形态和功能，可顺序分为 5 个部分：即漏斗部（伞部）、膨大部（卵白分泌部）、峡部、子宫部和阴道部。末端通入泄殖腔，开口于泄殖道顶壁。漏斗部（Infundibulum）是输卵管的最前部，呈漏斗状，朝向卵巢，以接纳排出的卵子；漏斗部中央有缝状的输卵管腹腔口，边缘薄而呈伞状，漏斗迅速变细，形成漏斗管，管壁内具有漏斗管腺，其分泌物可形成卵系带，漏斗也是精子和卵子相遇而受精的部位。膨大部（Magnum）又称卵白分泌部，是输卵管最长和弯曲最多的一段，产蛋期的膨大部最粗、最长，呈灰白色，有纵行皱褶，壁内有大量腺体，分泌物形成蛋白，它以短而细的峡部与子宫部相连接。峡部（Isthmus）略细而短，具有一窄的透明带，峡部的分泌物构成内、外两层壳膜。子宫部（Uterine part）也称壳腺部，呈囊状，较峡部粗大，壁较厚，卵在此部存留时间最长，形成坚硬的卵壳。阴道部（Vaginal portion）是输卵管的最后一段，弯曲呈“S”形的短袢，先从子宫部折转向前，再转向后，最后开口于泄殖道的左侧，其分泌物形成卵壳外面的一薄层角质（图 14–23）。在阴道壁内存在阴道腺，不参与卵壳的形成，而是母禽贮存精子的部位，以延长受精时间。

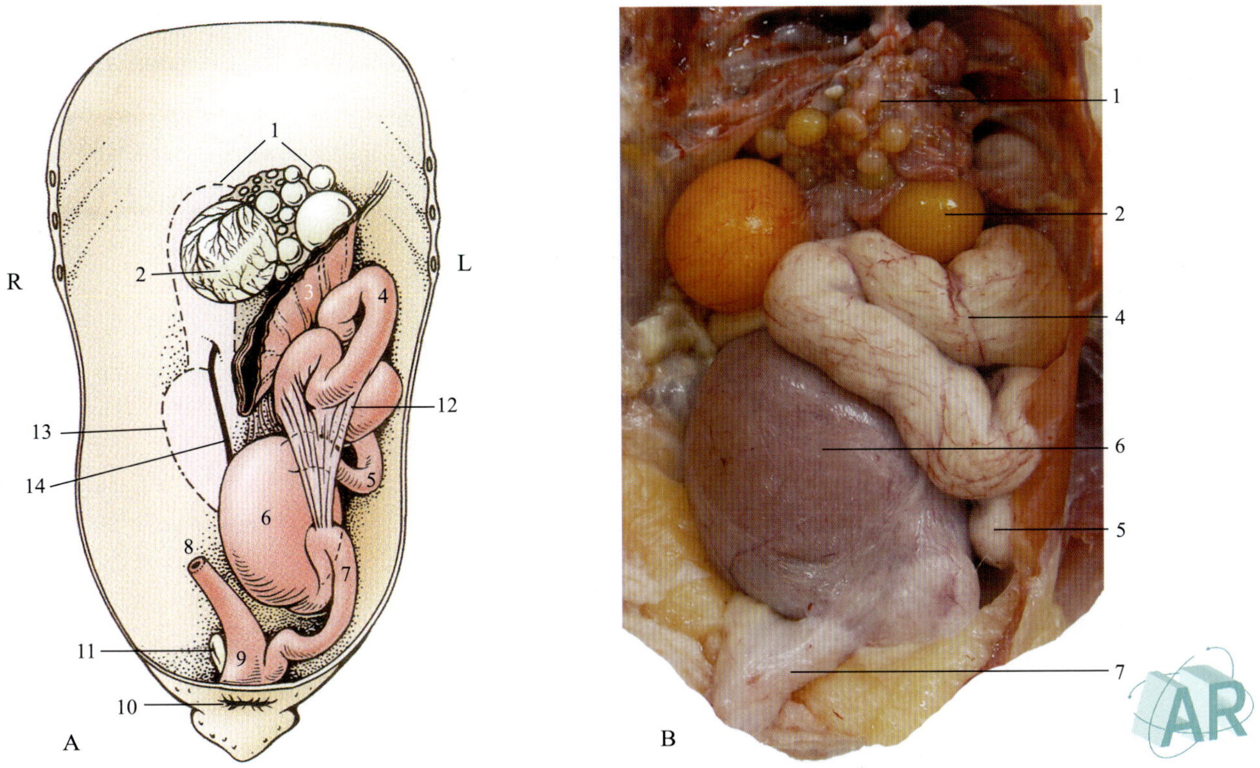

图 14-22　母鸡生殖器官（腹侧观）

A. 模式图　B. 实物标本

1. 卵巢　2. 成熟卵泡　3. 漏斗部　4. 膨大部　5. 峡部　6. 含有鸡蛋的子宫部　7. 阴道部　8. 直肠　9. 泄殖腔　10. 泄殖孔　11. 右输卵管遗迹　12. 输卵管腹韧带游离缘　13. 右肾轮廓　14. 右输尿管　L. 左侧　R. 右侧

（引自 Singh 等，2018；李方正供实物标本图）

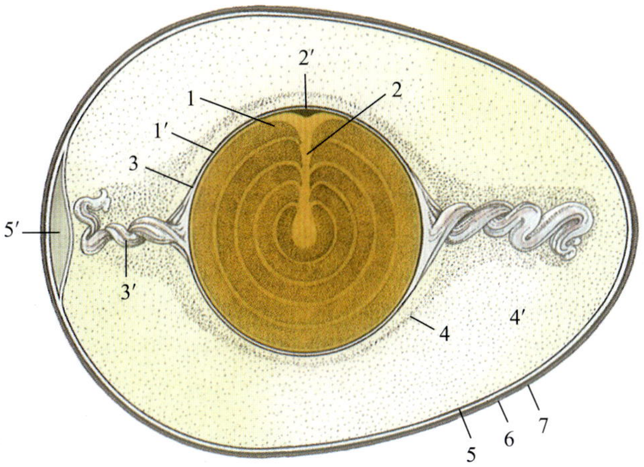

图 14-23　受精卵模式图

1. 卵黄　1′. 卵黄膜　2. 卵黄心　2′. 胚盘　3. 卵带层　3′. 卵黄系带　4. 浓蛋白　4′. 稀蛋白　5. 内壳膜和外壳膜　5′. 气室　6. 卵壳　7. 角质层

（引自 Singh 等，2018）

第八节　心血管系统

一、心

禽的心占整体的比例很大，位于胸腔的腹侧，呈圆锥形，心基朝向前上方，与第 1 肋骨相对；心尖斜向后上方，正对第 5 肋骨，夹于肝两叶之间的前部（图 14–24）。心的构造与哺乳动物相似，也分为两心房和两心室。右心房具有静脉窦（Venous sinus），它是前腔静脉和后腔静脉的注入处，且以窦房瓣（Sinoatrial valve）与心房为界。在右房室口上不是三尖瓣，而是一片肌肉瓣，没有腱索。左房室口、主动脉口和肺动脉口上的瓣膜则与哺乳动物的相似。心的传导系统、房室束除分为左、右两室间支外，还分出一返支，形成右房室环，绕过右房室口，回至房室结，主要分布到右房室瓣。

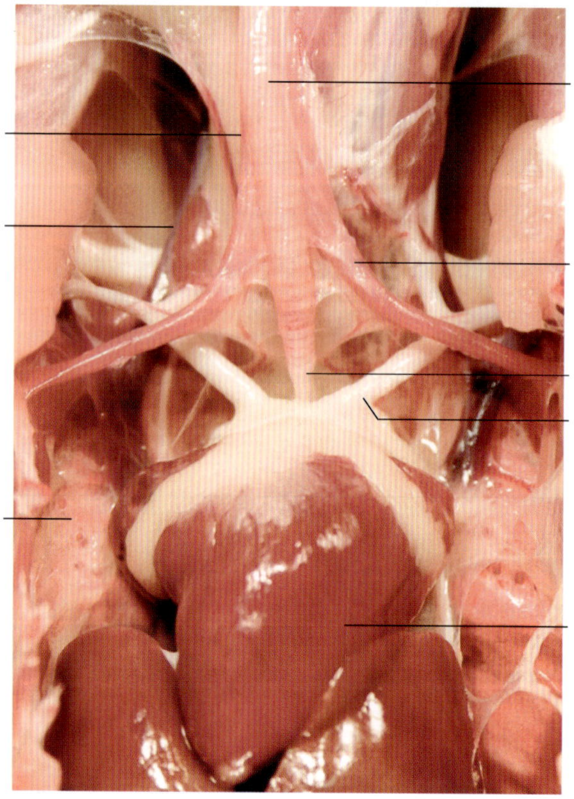

图 14–24　鸡心（腹面观）

1. 气管　2. 胸气管肌　3. 鸣管　4. 左臂头动脉　5. 心　6. 肺　7. 右前腔静脉和甲状腺　8. 食管

（引自 König 和 Liebich，2020）

二、动脉

禽右心室发出肺动脉干，分为左、右两支肺动脉入两肺。左心室发出主动脉，形成右动脉弓（哺乳动物为左动脉弓），延续为降主动脉。主动脉弓向前分出左、右臂头动脉，每一臂头动脉又分为颈总动脉和锁骨下动脉（图 14–13 和图 14–24）。两颈总动脉出胸前口后，进入颈椎腹侧的肌肉间，沿中线并列向前行，至颈前端从肌肉间走出，分向头部两侧。锁骨下动脉延续为翼部动脉。

降主动脉沿胸、腰、荐段脊柱的腹侧向后行，分出的体壁支有成对的肋间动脉和腰荐动脉，内脏支有腹腔动脉、肠系膜前动脉、肠系膜后动脉和一对肾前动脉。降主动脉在相当于肾前部与中部之间，分出一对髂外动脉至后肢；在相当于肾中部与后部之间，又分出 1 对较粗的坐骨动脉，穿过肾和髂坐孔而到后肢，是后肢的主要动脉。坐骨动脉在肾内分出肾中动脉和肾后动脉。降主动脉最后分出 1 对细的髂内动脉后，延续为尾动脉。

睾丸动脉和卵巢动脉由肾前动脉分出。输卵管动脉有前、中、后 3 支，分别从左侧肾前动脉、髂内动脉和坐骨动脉分出。

三、静脉

肺静脉有左、右 2 支，注入左心房。

体循环的静脉汇集成 2 支前腔静脉和 1 支后腔静脉，开口于右心房的静脉窦（图 14–24）。前腔静脉是由同侧的颈静脉和锁骨下静脉汇合而成。两颈静脉沿气管两侧延伸，位于皮下，右颈静脉较粗，它们在颅底常有粗的吻合支（又叫桥静脉）。腋静脉行经翼根部的内侧，在此处位置较浅（图 14–5）。后腔静脉是由两髂总静脉汇合而成。

髂总静脉由髂内静脉和髂外静脉汇集而成。髂内静脉穿行于肾后部和中部内成为肾门后静脉，部分埋入肾内，向前与髂外静脉汇合。髂外静脉是股静脉的延续干，与肾门后静脉汇合成为髂总静脉，行经肾前部和中部之间的腹侧面，与对侧髂总静脉汇合而成后腔静脉。肾门前静脉来自椎内静脉窦，行于肾前部的实质内，注入髂总静脉，从肾门静脉上分出若干支入肾静脉。肾前静脉有数支，位于肾前部的实质内；肾后静脉位于肾中部腹侧面偏内侧，它们都在肾门静脉之后注入髂总静脉。髂总静脉在肾门静脉与肾静脉注入处之前，有一肾门静脉瓣，其开闭可调节肾门静脉入肾的血量。

肝门静脉有左、右两干，分别入肝的左、右叶。左干较细，主要引流来自胃的血液；右干较粗，主要引流来自肠、胰、脾和部分胃的血液。此外，两髂内静脉吻合处有尾肠系膜静脉（Veancoccygeo mesenterica），又称肠系膜后静脉，也是右干的属支，体壁静脉借此与内脏静脉相联系。

第九节　淋巴系统

一、淋巴器官

1. 胸腺　位于颈部两侧皮下，每侧一般有 7（鸡）或 5（鸭、鹅和鸽）叶，呈淡黄或粉红色，椭圆片状，沿颈静脉分布，直到胸腔入口的甲状腺处（图 14–9）。性成熟前发育至最大，此后逐渐退化，但常保留一些遗迹，其组织结构与家畜的胸腺相似，仅胸腺小体不典型。

2. 腔上囊（Cloacal bursa）　又称法氏囊（Bursa of Fabricius），为禽类所特有的淋巴器官，位于泄殖腔的背侧，开口于肛道，呈球形（鸡）或长椭圆形（鸭、鹅）。禽孵出时已存在，性成熟前发育至最大（3～5 月龄），此后开始退化至小的遗迹（鸡 10 月龄，鸭 12 月龄），直至完全消失。囊壁由三层构成，黏膜形成皱褶（鸡 12～14 个，鸭、鹅 2～3 个），突入囊腔内。腔上囊主要与体液免疫有关，是产生 B 淋巴细胞的初级淋巴器官。

3. 脾　位于腺胃与肌胃交接处右侧（图 14–10），圆形、钝三角形或长形（鸽），质软而呈红褐色，其白髓与红髓分界不明显。脾小体的中央动脉有的不止一条，血管系属于开放循环。禽脾主要参与免疫功能，贮血作用不明显。

4. 淋巴结　仅见于水禽，如鸭、鹅等，有两对，在淋巴管壁内发育而成。一对为颈胸淋巴结，长纺锤形，位于颈基部和胸前口处，紧贴颈静脉；另一对为腰淋巴结，长形，位于腰部主动脉两侧。淋巴结的结构特点是中央贯穿有中央窦（Central sinus），淋巴小结分散于淋巴结内，小结之间是淋巴索和淋巴窦。鸡没有淋巴结。

二、淋巴管

禽的淋巴管通常沿血管干延伸，例如头颈部的淋巴干，伴随颈静脉，每侧常有一对，位于颈静脉的背腹侧，注入颈静脉。

胸导管常有一对，虽然是全身最大的淋巴管，在鸡其直径也不超过 1 mm，沿主动脉两侧延伸，两管之间常有许多横吻合支，最后开口于两前腔静脉。

第十节 神经系统

一、中枢神经系统

1. 脊髓

禽的脊髓于枕骨大孔与脑相连，向后延伸于脊柱椎管的全长，后端形成脊髓圆锥而不形成马尾。脊髓直径各部不等，颈胸部和腰荐部形成颈膨大和腰荐膨大（图 14–25），是翼和腿的低级运动中枢所在，后者更发达，其背侧面左、右分开，形成菱形窝（Rhomboid fossa），内有富含糖原的胶质细胞团，称胶质体，又叫糖原体。禽类脊髓的构造与哺乳动物相似，内部为中央管和灰质，外周为白质。

2. 脑

分后脑、中脑和前脑 3 部分（图 14–26）。后脑包括延髓和小脑，没有明显的脑桥。延髓与脊髓相似，但较粗，中央管扩大形成第 4 脑室；小脑只有一个发达的蚓部，呈长卵圆形，两侧压扁；蚓部的腹侧部向两侧突出，形成小脑绒球，很小。中脑包括大脑脚、视叶（Optic lobes）和中脑导水管。大脑脚是延髓向前的延续部分，位于视交叉后方、在左右视束和视叶之间。禽类中脑的特征是与视觉和平衡觉相关的结构如视顶盖特别发达，其向两侧突出形成一对视叶。视叶又称中脑丘或二叠体（Bigeminal bodies），很发达，相当于家畜的前丘，位于大脑脚与大脑之间，前端与视交叉相连形成视束。前脑包括大脑半球、嗅球、丘脑、松果腺、漏斗、垂体、视束、视交叉以及第 3 脑室和侧脑室。两大脑半球是脑最明显的部分，呈三棱锥形，向背侧凸出，皮质薄，表面光滑，仅有一条浅沟，称为脑谷。两半

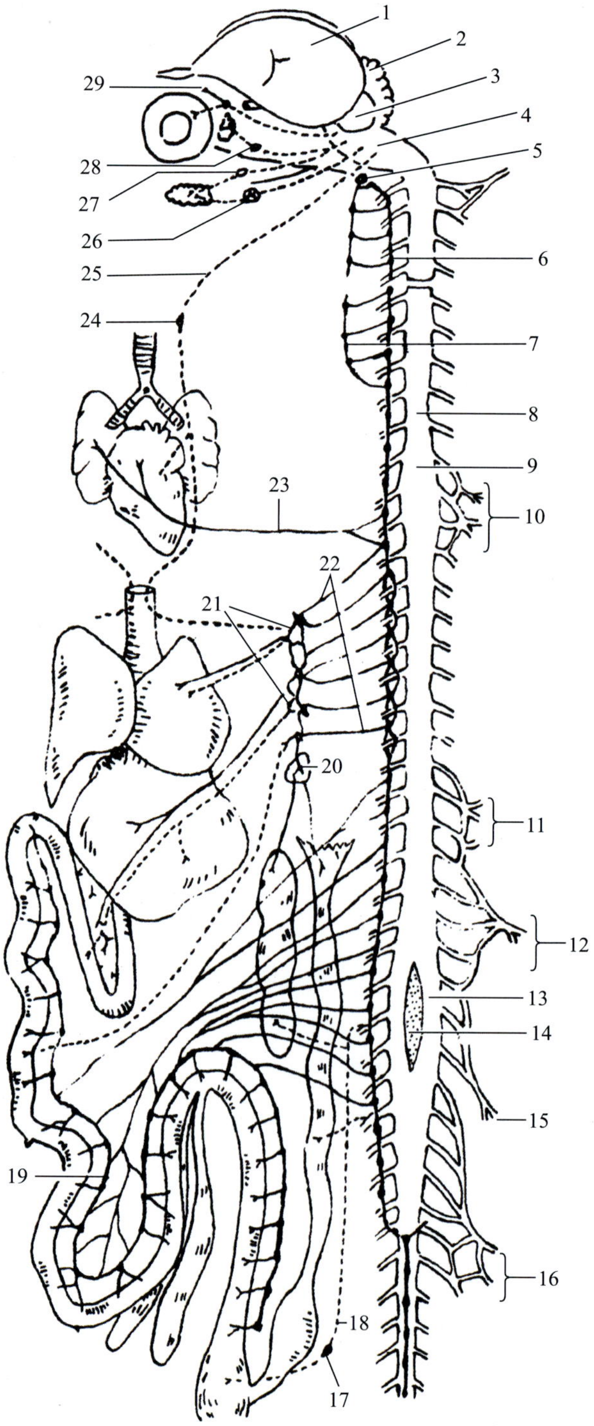

图 14–25 禽自主神经模式图

1. 大脑半球 2. 小脑 3. 中脑丘 4. 延髓 5. 颈前神经节 6. 交感神经干 7. 颈动脉神经 8. 脊髓 9. 颈膨大 10. 臂丛 11. 腰丛 12. 荐丛 13. 腰荐膨大 14. 胶质体 15. 阴部丛 16. 尾丛 17. 泄殖腔神经节 18. 盆神经 19. 肠神经 20. 肾上腺及肾上腺丛 21. 腹腔丛及肠系膜前神经丛 22. 内脏神经 23. 心肺支 24. 结状神经节 25. 迷走神经 26. 舌咽神经的副交感纤维 27. 下颌神经节及面神经中的副交感纤维 28. 蝶腭神经节及面神经中的副交感纤维 29. 睫状神经节及动眼神经中的副交感纤维

球的接触面平，胼胝体很不发达，联络两大脑半球的结构主要是前联合和皮质联合。半球内的纹状体很发达，可分副高纹体、高纹体、新纹体、旧纹体和古纹体等，是禽体最高级的神经中枢。嗅球位于两半球的前端，细长，中空为嗅球室。如将两半球向两侧分开，可见两个圆形隆起的丘脑，丘脑后面中央的小体为松果腺。垂体位于视交叉的后方，借垂体柄与脑腹侧面相连。

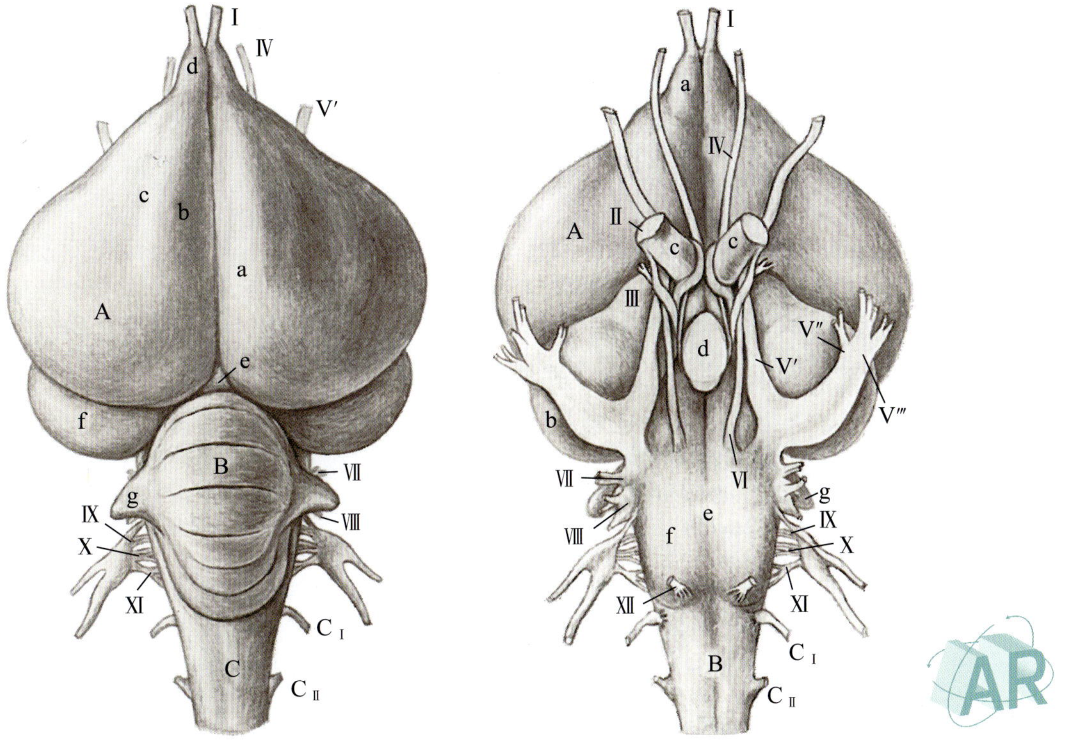

图 14-26　鸡脑

左图（背侧面）：A. 大脑半球　B. 小脑蚓部　C. 延髓　a. 大脑纵裂　b. 矢状隆突　c. 端脑谷　d. 嗅球　e. 大脑横裂　f. 视叶　g. 小脑绒球　Ⅰ～Ⅻ. 第 1～12 对脑神经　$C_{I,II}$. 第 1、2 颈神经
右图（腹侧面）：A. 大脑半球　B. 延髓　a. 嗅球　b. 视叶　c. 视神经　d. 垂体　e. 腹正中裂　f. 大脑脚　g. 小脑绒球　Ⅰ～Ⅻ. 第 1～12 对脑神经　$C_{I,II}$. 第 1、2 颈神经
（引自 Nickel 等，1977）

二、周围神经系统

1. 脊神经　成对排列，可分颈神经、胸神经、腰荐神经和尾神经。脊神经也由背侧根和腹侧根组成，并分为背侧支和腹侧支，其中主要的为臂神经丛和腰荐神经丛。臂神经丛由颈胸部 4～5 对脊神经的腹侧支构成，由该丛发出肩胛上神经、胸肌前神经、胸肌后神经、腋神经、桡神经、正中神经和尺神经，这些神经经锁骨、第 1 肋骨和肩胛骨之间穿出，分布于前肢及胸部的皮肤和肌肉。腰荐神经丛由 8 对腰、荐神经腹侧支构成，可分腰丛（前部）和荐丛（后部）2 部分，位于腰荐骨两旁，在肾的背侧。腰丛发出股神经，股内、外侧皮神经和闭孔神经；荐丛主要形成坐骨神经，经坐骨孔穿出腹腔，在股骨后缘向下伸延，至大腿中部分为腓总神经和胫神经，其分支分布于后肢和骨盆部，其中最大的坐骨神经穿经肾脏，经髂坐孔穿出分布于后肢。末端脊神经形成阴部神经丛，分布于尾腹侧肌以及泄殖腔、肛门肌肉和皮肤。

2. 脑神经　与家畜一样，禽脑神经也有 12 对（图 14-26）。嗅神经细小。视神经由中脑的视顶盖发出。三叉神经较发达，与喙的敏锐感觉有关。面神经较细，分布于颈皮肌和舌骨肌。舌咽神经分舌支、喉咽支和食管降支，后者细长，沿颈静脉下行，分布于食管，在嗉囊与迷走神经的返神经汇合，并分布于嗉囊。副神经根较细，起始部合并于迷走神经，穿出颅腔后，部分纤维从迷走神经分出，形成副神经外支，支配颈皮肌。舌下神经有前、后两个根，出颅腔汇合后，又与第 1、2 颈神经腹侧支的分支连合，并通过交通支与迷走神经、舌咽神经相连。舌下神经有两终支，一支为细长的舌支，分布于舌骨肌；另一支为气管支，沿气管两侧下行，分布于气管肌。

3. 自主神经系　包括交感神经系和副交感神经系（图 4–25）。

（1）交感神经系　交感干有一对，从颅底颈前神经节起沿脊柱向后延伸终止于尾神经节（奇神经节），干上有一系列椎旁神经节。交感干的颈段行走于颈椎横突管内；此外，还有一支沿颈总动脉而行的颈动脉神经（或称椎下干），也含有神经节。交感干胸段的节间支由背、腹两支构成，背支较粗。胸段分出的脏支有心肺支、内脏大神经和内脏小神经。心肺支与迷走神经的分支形成心肺丛，分布于心肺；内脏大神经由腹肠腔系膜前神经丛分出若干支，分布于食管末端、胃、肝、脾、胰和十二指肠；内脏小神经由肾上腺丛分出，沿肠系膜前动脉向小肠伸延，在小肠系膜与肠神经相连。交感干的腰荐段被肾遮盖，分支分布于主动脉和大肠以及输尿管、输精管、输卵管和泄殖腔，并形成肠神经。肠神经为禽类所特有，由直肠和泄殖腔连接处起，在肠系膜内沿肠管向前伸延至十二指肠后端，含有神经节，发出细支到肠。肠神经也接受来自迷走神经和盆神经丛的副交感纤维。

（2）副交感神经系　与家畜相似，头部副交感节前纤维也随动眼神经、面神经、舌咽神经和迷走神经分布，头部副交感神经节也有睫状神经节、翼腭神经节和下颌神经节，但末梢形成集中的耳神经节，而在舌侧面的神经丛中有一些分散的小节。迷走神经很发达，其根部有近神经节，穿出颅腔后，随颈静脉向下伸延，在胸腔入口处有远神经节（结状神经节），在该节后迷走神经分出返神经折转上行，分布于气管、食管，并与舌咽神经的食管降支在嗉囊处汇合。迷走神经分出返神经后，出心肺支，与交感神经心肺支构成心肺丛。然后左、右迷走神经在腺胃处汇合成迷走神经总干，分支分布于胃、肝、脾、胰，并进入腹腔神经节。迷走神经也有分支入肠神经。荐部副交感节前纤维也组成盆神经，加入阴部神经丛，由该丛分出阴部神经。节后纤维分布于盆腔器官。阴部神经丛也有纤维加入肠神经。

第十一节　内分泌系统

家禽的内分泌腺除垂体、松果体、肾上腺、甲状腺、甲状旁腺外，还有腮后体。

甲状腺为一对，无峡部（图 14–24）。位于胸腔入口处气管的两侧，迷走神经结状节附近，此处有甲状腺、甲状旁腺和腮后体紧密排列着。其中甲状腺最大，为椭圆形球状，棕红色；甲状旁腺位于甲状腺之后，腮后体又位于其后，后二者大小相似。甲状旁腺素具有升高血钙水平的作用，而腮后体分泌降钙素，相当于哺乳类的甲状腺滤泡旁细胞。

肾上腺有一对，呈卵圆形或三角锥状，黄色或橘黄色，肉眼难以区分皮质部和髓质部，因皮质与髓质是交错混合分布的。

第十二节　感觉器官

一、视器

1. 眼球　禽类眼球较大，在鸡两眼球的重量与脑之比约为 1 ∶ 1。家禽等白昼鸟的眼球前后较扁，角膜凸，其后方的眼前房宽大；巩膜坚硬，其后半部有软骨板，前半部近角膜处有许多骨板，并形成完整的巩膜骨环，以更好地保护眼球内部结构和维持眼球形状等作用。脉络膜位于眼球后部，为富含血管的一层暗色薄膜，无照膜；睫状体为脉络膜前方增厚的部分，其内面有许多呈辐射状排列的皱襞，睫状肌为横纹肌；虹膜位于晶状体的前方，中央为圆形的瞳孔，有不同颜色（鸡呈黄色），支配瞳孔的开大肌和括约肌也是横纹肌。视网膜较厚，在视神经入口处有特殊的眼梳膜，也称栉膜（Pecten），为富含血管的色素膜，呈扇状伸入玻璃体内，与视网膜的营养和代谢有关（图 14-27）。晶状体的外周部形成晶状体枕，与睫状体连接。

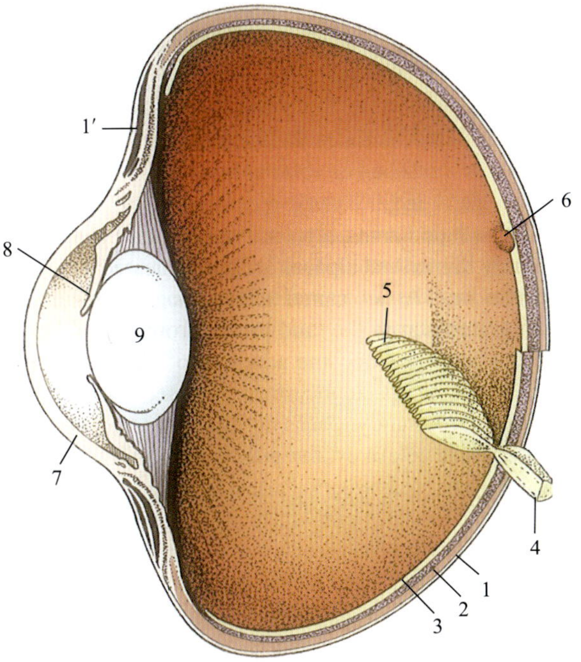

图 14-27　鸡眼球纵剖面

1. 巩膜　1′. 睫状体　2. 脉络膜　3. 视网膜
4. 视神经　5. 栉膜　6. 中央凹　7. 角膜
8. 虹膜　9. 晶状体
（引自 Singh 等，2018）

2. 辅助器官　下眼睑比上眼睑发达，活动性大；瞬膜（第 3 眼睑）明显，可以遮盖眼球的前表面，平时隐蔽在眼内角里，有瞬膜肌（两块小的横纹肌）支配瞬膜运动。眼睑无腺体，瞬膜腺（Glandula membrana nctitans）也称副泪腺（Accessory lacrimal gland）或哈氏腺，在鸡呈棕黄色的椭圆形片状，内含较多的淋巴组织，其分泌物如黏液样，有湿润和清洁作用；泪腺小，位于下眼睑后内侧，以导管开口于下眼睑内表面；泪管、泪囊和鼻泪管等结构与家畜基本相似。禽类眼球无退缩肌，只有两块斜肌和四块直肌。

二、位觉器和听器

禽类的耳也分外耳、中耳和内耳 3 部分。外耳无耳廓，仅有短而宽的外耳道，外耳门周缘有一圈细小的耳羽，有保护外耳道的作用。鼓膜位于外耳道底部，介于外耳与中耳之间，凸向外侧。中耳除以咽鼓管与咽相通外，还有与头骨气腔相通的小孔；听小骨只有一块，称为耳柱骨（Columella)，其一端以 2 ～ 3 个软骨突与鼓膜相连，另一端嵌于内耳的前庭窗。内耳与家畜的内耳结构基本相似，也由骨迷路和膜迷路两部分构成，但 3 个半规管很发达，耳蜗短，稍微弯曲，不形成螺旋状。

第十三节　皮肤及其衍生物

一、皮肤

禽皮肤较薄，也有表皮、真皮和皮下组织3层结构。表皮薄，表层经常脱落；真皮也分浅、深2层；浅层为羽毛着生的部位，不形成乳头；深层有羽囊和羽肌，相当于家畜的毛囊和立毛肌；皮下组织疏松，许多部位含有脂肪组织，营养良好的禽（如鸭、鹅）特别发达。禽皮肤没有汗腺和皮脂腺，只有在尾综骨背侧有尾脂腺（除极少数陆禽外）。尾脂腺（Uropygial gland）由两叶构成，鸡呈圆形，水禽为卵圆形，分泌物含有脂质，排入腺腔，经1～2支导管开口于总的尾脂腺乳头上（图14–28）。尾脂腺的分泌物可使毛润滑，起到防水浸湿的作用，因此水禽的尾脂腺较发达。

禽皮肤形成一些固定的皮肤褶，如翼部的翼膜，对飞翔起重要作用；水禽趾间的蹼，以利于飞翔和划水。

禽皮肤颜色因品种而异，与皮肤细胞内所含黑色素颗粒和类胡萝卜素有关。

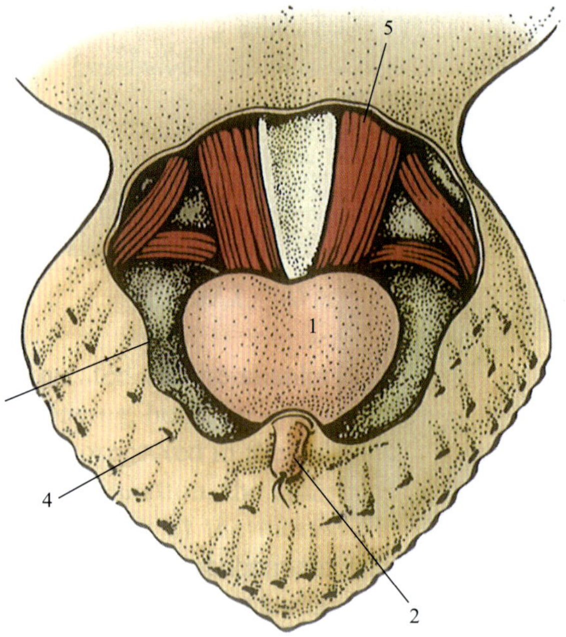

图14–28　尾脂腺模式图（背侧面）

1. 尾脂腺　2. 尾脂腺乳头　3. 皮肤断面　4. 羽毛囊　5. 尾椎肌

（引自Singh等，2018）

二、皮肤衍生物

1. 羽毛　羽毛是禽皮肤特有的衍生物，可分正羽、绒羽和纤羽3类。

正羽（Pennae contourae）又称廓羽（Contour feather）或被羽，构造典型，由羽轴和羽片2部分构成。羽轴包括下段着生于皮肤羽囊内的基翮（Calamus）或称羽根和上段的羽茎，羽根的下端有孔为下脐，真皮乳头伸入其内，上端的内侧也有一孔，为上脐，此处在鸡还有一丛小的副羽。羽茎两侧有羽片。羽片是由许多平行的羽枝构成的。每一羽枝又分两行小羽枝，近侧小羽枝的末端卷曲，远端小羽枝具有小钩，相邻小羽枝借此互相勾连，形成一片完整的弹性结构。正羽着生在禽体一定的部位，称为羽区，其余部位称裸区，以利肢体运动和散发体温。

绒羽（Plumae）羽茎细，羽枝长，小羽枝无小钩，主要起保暖作用。

纤羽（Filoplume）细小，有毛状羽轴，仅顶部有少数短羽枝。

2. 冠、肉髯和耳叶　冠（Comb）的表皮很薄，真皮厚，浅层含有丰富的窦状毛细血管，使冠呈红色；中间层为厚的纤维黏液组织，有维持冠直立作用，去势公鸡和停产母鸡黏液物质消失，冠也倾倒；冠中央由致密结缔组织构成，内含较大的血管。肉髯（Wattles）的构造与冠相似，但中央层为疏松结缔组织；耳叶（或耳垂，Earlobe）构造的特点是真皮不形成纤维黏液层，浅层无窦状毛细血管，但呈红色者例外（图 14–29）。

3. 鳞片、角质喙、爪和距　都是由表皮角质层加厚形成。喙、爪和距的角质由于角蛋白高度钙化，因此更为坚硬（图 14–30）。

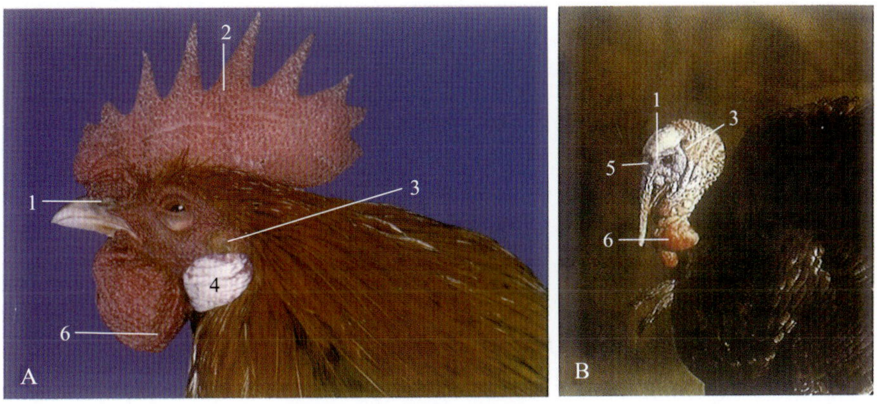

图 14–29　鸡和火鸡的头部

A. 鸡　B. 火鸡

1. 鼻孔　2. 鸡冠　3. 耳孔　4. 耳叶　5. 肉垂　6. 肉髯

（引自 Singh 等，2018）

图 14–30　公鸡和鹅的左爪

A. 公鸡　B. 鹅

1. 跖部　2. 距　3. 蹼　Ⅰ～Ⅳ. 第Ⅰ～Ⅳ趾

（引自 Singh 等，2018）

【思考题】

1. 请举例说明禽类骨骼的轻便性和坚固性。
2. 禽的食管易于扩张，请联系禽类的生活习性以及头部骨骼和口腔的结构特点说明其功能意义。
3. 简述前气囊、后气囊的概念。它们在呼吸中发挥怎样的作用？
4. 与家畜肺相比，禽肺的结构特点有哪些？
5. 为什么说泄殖腔是禽类消化、泌尿、生殖3个系统的共同器官。
6. 比较家畜与家禽生殖器官结构上的差异。

参考文献

[1] 陈耀星 . 动物解剖学及实验教程第一分册：畜禽解剖学 . 3 版 . 北京：中国农业大学出版社 , 2010.

[2] 陈耀星 . 动物解剖学彩色图谱 . 北京：中国农业出版社，2013.

[3] 陈耀星，曹静 . 动物解剖学彩色图谱 . 2 版 . 北京：中国农业出版社，2021.

[4] 陈耀星，崔燕 . 动物解剖学与组织胚胎学（全彩版）. 北京：中国农业出版社，2019.

[5] 陈耀星，李福宝 . 动物解剖学及实验教程第二分册：动物局部解剖学 . 2 版 . 北京：中国农业大学出版社，2010.

[6] 陈耀星，刘为民 . 家畜兽医解剖学教程与彩色图谱 . 北京：中国农业大学出版社，2009.

[7] 陈耀星，王子旭 . 猪解剖学与组织学彩色图谱 . 北京：北京科学技术出版社，2018.

[8] 董常生 . 家畜解剖学 . 5 版 . 北京：中国农业出版社 , 2015.

[9] 范光丽 . 家禽解剖学 . 西安 : 陕西科学技术出版社 , 1995.

[10] 雷治海 . 动物解剖学 . 2 版 . 北京：科学出版社 , 2021.

[11] 林大成 . 北京鸭解剖 . 北京 : 北京农业大学出版社 , 1994.

[12] 林德贵，陈耀星 . 犬猫解剖学彩色图谱 . 沈阳：辽宁科学技术出版社 , 2006.

[13] 南京农业大学，甘肃农业大学，北京农业大学，等 . 拉・汉兽医解剖学名词 . 长沙：湖南科学技术出版社，1986.

[14] 彭克美 . 畜禽解剖学 . 3 版 . 北京：高等教育出版社，2016.

[15] 杨维泰 , 张玉龙 . 家畜解剖学 . 北京：中国科学技术出版社 , 1993.

[16] 杨银凤 . 家畜解剖学及组织胚胎学 . 4 版 . 北京：中国农业出版社，2011.

[17] 中国人民解放军兽医大学 . 马体解剖图谱 . 长春：吉林人民出版社，1979.

[18] Budras K D, Habel R E. Bovine Anatomy an Illustrated Text. Hannover: Schlütersche GmbH & Co. KG, 2003.

[19] Colville T, Bassert J M. Clinical Anatomy and Physiology for Veterinary Technicians. 2nd ed. Canada: Mosby, Inc., 2008.

[20] Constantinescu G, Schaller O. Illustrated Veterinary Anatomical Nomenclature. 3rd ed. Berlin: Enke Verlag Stuttgart, 2012.

[21] Dyce K M, Sack W O, Wending C J G. Textbook of Veterinary Anatomy. Canada: W B Saunders Company, 1987.

[22] Dyce K M, Sack W O, Wensing C J G. Textbook of Veterinary Anatomy. 4th ed. St. Louis.: Saunders/ Elsevier, 2010.

[23] Evans H E, de Lahunta A. Miller's Anatomy of the Dog. 4th ed. New York: Elsevier Saunders, 2013.
[24] Fails A D, Magee C. Anatomy and Physiology of Farm Animals. 8th ed. New Jersey: Wiley, 2018.
[25] Getty R. Sisson and Grossman's the Anatomy of the Domestic Animals. 5th ed. London: W B Saunders Company Philadelphia, 1975.
[26] König H E, Liebich H-G. Veterinary Anatomy of Domestic Mammals: Textbook and Color Atlas. 3th ed. Stuttgart: Schattauer, 2007.
[27] König H E, Liebich H-G. Veterinary Anatomy of Domestic Animals Textbook and Colour Atlas. 7th ed. Stuttgart: Thieme, 2020.
[28] Mansour M, Wilhite R, Rowe J. Guide to Ruminant Anatomy. Dissection and Clinical Aspects. New Jersey: Wiley, 2018.
[29] McCracken T O, Kainer R A. Color Atlas of Small Animal Anatomy. David Carlson, Illustrator. Ames, Iowa: Blackwell Publishing, 2008.
[30] Nickel R, Schummer A, Seiferle E, et al. The Anatomy of the Domestic Animals. Vol. 2. The Viscera of the Domestic Mammals. Berlin: Verlag Paul Parey, 1979.
[31] Nickel R, Schummer A, Seiferle E, et al. The Anatomy of the Domestic Animals. Vol. 3. The Circulatory System, the Skin, and the Cutaneous Organs of the Domestic Mammals. Berlin: Verlag Paul Parey, 1981.
[32] Nickel R, Schummer A, Seiferle E. Anatomy of the Domestic Birds. Berlin: Verlag Paul Parey, 1977.
[33] Popesko P. Atlas of Topographical Anatomy of the Domestic Animals. London: W B Saunders Company Philadelphia, 1985.
[34] Reece WO, Rowe EW. Functional Anatomy and Physiology of Domestic Animals. 5th ed. New Jersey: Wiley, 2017.
[35] Singh B. Dyce, Sack and Wensing's Textbook of Veterinary Anatomy. 5th ed. St. Louis, Mo.: Saunders/Elsevier, 2018.
[36] World Association of Veterinary Anatomists. 4th ed. Belgium: Nomina Anatomica Veterinaria, 1992.
[37] 加藤嘉太郎 . 家畜比較解剖圖說 . 日本 : 東京株式会社養賢堂發行 , 1983.